新疆博斯腾湖流域水资源管理研究

陈亚宁　马玉其　朱成刚　主编

中国水利水电出版社
www.waterpub.com.cn
·北京·

内 容 提 要

本书共八章，第一章简要介绍了博斯腾湖流域的自然、社会经济状况及水资源开发情况；第二章重点分析了博斯腾湖流域气候变化下的水资源动态变化趋势及其未来流域供需水变化特征；第三章结合对博斯腾湖水环境问题分析，提出了博斯腾湖水环境保护与管理措施；第四章分析确立了博斯腾湖生态水位管控目标与入出湖水量的调度管理方案；第五章重点分析了博斯腾湖流域生态流量（水量）管控目标与生态流量（水量）调度管理方案及措施；第六章分析了博斯腾湖流域源流区水源涵养与水土保持现状，提出了源流区水土保持分区与水土流失综合治理措施；第七章围绕博斯腾湖流域下段孔雀河生态输水与保育恢复，分析了孔雀河沿河生态环境对生态输水的响应，并提出适宜输水方案；第八章介绍了博斯腾湖流域水资源管理决策支持系统。

本书可供水利、水文、水资源、地理、环境、公共管理等专业的科研、教学和管理人员，以及相关高等院校师生参考使用。

图书在版编目（ＣＩＰ）数据

新疆博斯腾湖流域水资源管理研究 / 陈亚宁，马玉其，朱成刚主编. -- 北京：中国水利水电出版社，2020.8
ISBN 978-7-5170-8861-5

Ⅰ. ①新… Ⅱ. ①陈… ②马… ③朱… Ⅲ. ①博斯腾湖－流域－水资源管理 Ⅳ. ①TV213.4

中国版本图书馆CIP数据核字(2020)第171995号

书　　名	**新疆博斯腾湖流域水资源管理研究** XINJIANG BOSITENG HU LIUYU SHUIZIYUAN GUANLI YANJIU	
作　　者	陈亚宁　马玉其　朱成刚　主编	
出版发行	中国水利水电出版社 （北京市海淀区玉渊潭南路 1 号 D 座　100038） 网址：www.waterpub.com.cn E-mail：sales@mwr.gov.cn 电话：(010) 68545888（营销中心）	
经　　售	北京科水图书销售有限公司 电话：(010) 68545874、63202643 全国各地新华书店和相关出版物销售网点	
排　　版	中国水利水电出版社微机排版中心	
印　　刷	北京印匠彩色印刷有限公司	
规　　格	184mm×260mm　16 开本　25.75 印张　610 千字	
版　　次	2020 年 8 月第 1 版　2020 年 8 月第 1 次印刷	
定　　价	**150.00 元**	

序

水是生命之源、生产之要、生态之基。当今世界，水资源已经成为战略性的自然资源和经济资源，水安全已上升到国家安全层面。人多水少、水资源时空分布不均是我国的基本国情和水情。当前，我国水安全面临的形势十分严峻，水资源短缺、水污染严重、水生态环境恶化等问题日益突出，已成为制约经济社会可持续发展的主要瓶颈。科学实施水资源管理，实现有限水资源的可持续开发利用，对保障国家水安全、支撑国民经济稳定发展具有重要的战略意义。

新疆地处内陆干旱区，远离海洋，干燥少雨，资源性缺水、结构性缺水与工程性缺水、管理性缺水交织并存。新疆各内陆河流域水资源开发强度普遍偏高，已经危及原本脆弱的生态环境，引发了一系列生态环境问题。优化并加强各内陆河流域的水资源管理，不仅是贯彻国家新时期治水思路、落实推进河（湖）长制、实现水资源可持续利用的需要，同时对保障并支撑国家新时期稳疆、兴疆和脱贫攻坚以及丝绸之路经济带战略构想顺利实施有着切实的重要意义。

博斯腾湖是我国最大的内陆淡水湖，水域面积 1000 余 km^2，既是开都河的尾闾，也是孔雀河的源头，两河一湖共同组成博斯腾湖流域（也称开都河-孔雀河流域）。博斯腾湖被誉为新疆巴音郭楞蒙古自治州的"母亲湖"，同时也是新疆生态环境保护的一张名片，防洪水安全、优质水环境、健康水生态、先进水文化是博斯腾湖流域建设的内在要求和基本标志。然而，伴随全球气候变化与近几十年经济社会发展中人为活动扰动的加剧，博斯腾湖流域水资源供需矛盾与生态环境问题日益凸显，河道断流，流域水系连通性降低，出入湖水量及生态水位保障能力下降，湖泊水环境恶化，流域中、下游的孔雀河生态退化，荒漠河岸林衰败危及塔里木河流域下游"绿色走廊"等问题已经引起社会各界的广泛关注。以博斯腾湖流域作为典型干旱区内陆河流域开展水资源管理与退化生态系统保育恢复深入研究，对进一步提升干旱区内陆河流域水资源保障与水安全、生态安全风险防范能力具有重要作用。

《新疆博斯腾湖流域水资源管理研究》一书是中国科学院新疆生态与地理研究所荒漠与绿洲生态国家重点实验室陈亚宁研究团队多年来在博斯腾湖流

域开展的一系列水文水资源与生态环境研究的总结，是在对博斯腾湖流域水资源调配管理、水环境保护及生态系统保育恢复科学分析及实验示范基础上编撰完成的，是一部聚焦干旱区内陆河流域水文水资源演变特征–水资源调配管理–水环境保护–水土保持–生态保育为一体的综合研究著作。

该书以大量翔实的研究数据为依托，以水为主线，内容涵盖了博斯腾湖流域水资源演变特征及供需水变化、流域水环境保护与科学管理、流域生态水位和生态水量调度管理、源流区水土保持、流域生态输水与退化生态修复以及流域水资源综合管理决策支持系统研发等多个方面，既有方法上的创新，也有理论上的突破，对促进干旱区内陆河流域水文水资源、生态水文学及干旱区地理学等学科的发展具有一定的学术意义，并对探寻和制定干旱区内陆河流域水资源科学管理及生态系统可持续保护与恢复的有效途径提供了有益的借鉴与重要依据。

该书资料丰富、数据翔实、技术规范、模式科学，是一本很好的科学研究本底资料书，对于相关学科科研同仁以及流域管理部门、地区各级政府而言，均具有极高的学习和参考价值。

2020.8.20.

前　言

博斯腾湖地处新疆塔里木盆地，既是开都河的尾闾，又是孔雀河的源头，与开都河、孔雀河共同构成博斯腾湖流域。流域内资源丰富，景观多样，社会、经济发展迅速，是新疆巴音郭楞蒙古自治州社会经济发展的重点区域。

博斯腾湖流域由山地、绿洲、湖泊、荒漠四大生态系统构成。在过去半个多世纪，伴随着流域经济社会的快速发展，上游水源涵养区的保育、中游绿洲农业生产用水保障、湖泊水环境改善以及下游荒漠河岸林生态系统保护等流域水资源、水环境及生态系统管理问题日趋凸显。加之全球气候变化，加剧了极端气候水文事件的强度，加大了水文波动和供水风险，加大了流域水资源开发过程中生态与生产的矛盾，流域水资源管理和生态安全保障面临着严峻挑战。

博斯腾湖是我国最大的内陆淡水湖，水域面积 1000 余 km²，主要由发源于天山南坡的开都河补给。开都河全长约 560km，多年平均年径流量为 35.51亿 m³，是天山南坡水资源最丰富的河流之一。开都河主要依靠山区冰雪融水和降水补给，受自然因素和气候变化的影响，地表径流量年际变化较大。近年来，随着全球气候变暖，冰雪融水增加，河流地表径流可能呈现出波动增加趋势。然而，就长时间尺度而言，随着气候变化，山区雪线上移，山区冰川储量减少，加之山区草场退化，涵养水能力降低，开都河流域水文情势可能会发生很大变化，出现更为复杂的情势。未雨绸缪，我们应该积极应对和适应全球气候变化可能带来的影响。

博斯腾湖流域水资源形成、转化和水循环过程复杂，全球气候变化将加剧流域水资源的不确定性，这些都加大了流域水资源高效利用和调度管理的难度。博斯腾湖水位受气候变化影响十分敏感，在未来全球气候变化和人类活动不断加剧干扰下，博斯腾湖水位可能会出现大幅度波动，甚至出现长时期低水位运行状态。届时，将会对博斯腾湖水环境带来严重影响。加之湖周农业排水的汇入，将对湖区及周边湿地生态系统带来负面影响，对博斯腾湖流域的工农业生产和生态安全带来威胁。

博斯腾湖是新疆生态环境保护的一张名片，防洪水安全、优质水环境、健康水生态、先进水文化是博斯腾湖流域生态保护的内在要求和基本标志，博斯腾湖水环境改善及流域生态安全保障任务日益艰巨。因此，深入系统地研究人类活动和气候变化下流域水资源发展趋势与水环境演变，阐明流域水循环过程、机理与生态系统时空格局关系，探讨流域水环境保护与管理措施，确定博斯腾湖生态水位管控目标与生态流量（水量）调度管理方案，提出流域源流区水源涵养和下游荒漠河岸林生态系统保护治理措施，对促进流域水资源可持续利用、生态环境可持续管理和社会经济可持续发展具有重要的现实意义。

本书成果是近年来在国家科技支撑计划项目、国家自然科学基金项目以及塔里木河流域管理局多个横向委托项目支持下完成的，是对博斯腾湖流域水资源开发利用问题研究的总结，包含了主要研究人员陈亚宁、马玉其、朱成刚、李卫红、周洪华、叶朝霞、方功焕、李稚和李玉焦、李肖杨、陈世峰、孙帆、夏振华等研究生的科研成果，以及塔里木河流域巴音郭楞管理局的程勇、杨疆卫、邢延霞、甄炳仁、克帕也木·尔肯、高玉亮、尤宣魁、李江红、赵秀齐、郭志刚的辛勤野外调查取样与室内样品化验分析的研究成果。本书以他们的最新研究成果为基础编著而成，分为八章：第一章简要介绍了博斯腾湖流域的自然、社会经济状况及水资源开发情况；第二章重点分析了博斯腾湖流域气候变化下的水资源动态变化趋势及其未来流域供需水变化特征；第三章结合对博斯腾湖水环境问题分析，提出了博斯腾湖水环境保护与管理措施；第四章分析确立了博斯腾湖生态水位管控目标与出入湖水量的调度管理方案；第五章重点分析了博斯腾湖流域生态流量（水量）管控目标与生态流量（水量）调度管理方案及措施；第六章分析了博斯腾湖流域源流区水源涵养与水土保持现状，提出源流区水土保持分区与水土流失综合治理措施；第七章围绕博斯腾湖流域下段孔雀河生态输水与保育恢复，分析了孔雀河沿河生态环境对生态输水的响应，并提出适宜输水方案；第八章介绍了博斯腾湖流域水资源管理决策支持系统。

本书的编写工作得到巴音郭楞蒙古自治州党委、政府以及水利局、环保局，塔里木河流域管理局，塔里木河流域巴音郭楞管理局及其下属各河流、湖泊管理处等单位的大力支持，中国水利水电科学研究院王浩院士为本书作序，在此一并表示最诚挚的感谢！

由于博斯腾湖流域水循环及水资源问题的复杂性，有些内容可能分析得不够深入，提出的观点和建议可能有不妥之处。加之作者水平有限，虽几易其稿，但书中的错误和缺点在所难免，欢迎广大读者不吝赐教。

作者

2020 年 7 月于乌鲁木齐

目　录

第一章　博斯腾湖流域概况

博斯腾湖位于新疆天山南麓的焉耆盆地，是博斯腾湖流域水资源时空分布的天然调节库，被誉为新疆巴音郭楞蒙古自治州（以下简称巴州）人民的"母亲湖"。作为丝绸之路经济带新疆核心区中部通道上的关键节点，博斯腾湖无论是从地理景观的独特性与重要性，还是在服务支撑区域经济社会发展、保障国家重大战略关键通道生态安全上，均有着不可替代的地位。

第一节　博斯腾湖流域自然概况

博斯腾湖流域主要由开都河、博斯腾湖和孔雀河三大水文单元构成。博斯腾湖流域面积约 7.73 万 km^2，其中，山区面积约 3.47 万 km^2，占 44.89%，平原区面积约 4.26 万 km^2，占 55.11%。

一、流域水系概况

1. 开都河

开都河发源于天山中部依连哈比尔尕山，由东向西，经小尤勒都斯盆地流至巴音布鲁克，之后向南流入大尤勒都斯盆地，再向东流入焉耆盆地，最后注入博斯腾湖。开都河是巴州境内最大一条河流，是一条典型的以冰雪融水和雨水混合补给为主的内陆河流。该河位于新疆天山南坡焉耆盆地北缘，流域东西长 300km，南北宽 170km，河道全长约 560km，流域总面积为 47887.73 km^2。

开都河是流入博斯腾湖最大的河流。在汇入博斯腾湖的河流中，开都河水量占入湖水量的 84% 左右，是和静县、焉耆县、和硕县、博湖县以及库尔勒市、尉犁县农业灌溉的重要水源。根据开都河出山口水文监测站——大山口站多年实测资料统计，该河出山口以上流域面积约为 1.86 万 km^2，多年平均径流量为 35.51 亿 m^3。

开都河流域总体的地势是北高南低，西高东低，上游河流虽在很大范围内东西盘旋流动，但总的趋势是由北向南流。开都河干流在源流区自东向西经小尤勒都斯盆地至巴音布鲁克水文站，而后折转东南，经大尤勒都斯盆地至呼斯台西里，河段长约 280km，为开都河上游段；水流经山区峡谷段至大山口水文站，河道长约 160km，为开都河中游段；大山口以下至博斯腾湖入湖河口长 126km，为开都河下游段。开都河在下游段从左岸汇纳莫合查汗沟、哈合仁郭楞沟及黄水沟西支的部分水量，流经焉耆县城，于博湖县的宝浪苏木分水枢纽处分为东、西两支，东支注入博斯腾湖大湖区，西支注入博斯腾湖西南小湖区。

开都河水量稳定，多年变化及年内变化都较小，汛期一般在 4—9 月，径流量占全年径流量的 73.8%，10 月至次年 3 月枯水期径流量占全年径流量的 26.2%。河流上游植被良好，很少污染，河水含沙量少，水质良好。该河流的山区流域平均高程在巴音布鲁克以上为 3250m，巴音布鲁克至萨恨托亥平均为 3060m，萨恨托亥至大山口平均为 3000m，在河流中游段规划有多级阶梯级电站。流域平均径流深在巴音布鲁克以上为 143.2mm，巴音布鲁克至萨恨托亥为 187.1mm，萨恨托亥至大山口为 214.3mm。开都河上、中游主要大支流有：扎格斯台河、依赛克河、巴音郭楞河、赛里木河、东萨恨托亥河、西萨恨托亥河、察汗乌苏河。

开都河源流区水系发育，为径流形成区。开都河源流区地形由西北向东南缓缓倾斜，致使地下水流向基本和地形坡降一致。根据对巴音布鲁克盆地水文地质普查报告显示，巴音布鲁克地区地下水总天然补给量为 30 亿 m^3，地下水质较好，整个流域地下水，除沼泽沉积及湖相沉积层潜水矿化度高于标准外，其他均适宜工农业和人畜所用。地下水埋深由北向南，由西向东，呈现由深到浅的变化。

开都河源流区地表径流特点为：①径流年际变化平稳。由于冰川融水受气温的影响，气温的年际变化相对稳定，因此决定了径流的多年变化比较平稳。②径流的年内变化较大。由高山冰川和永久积雪融水补给的开都河，径流年内变化较大。时间分布上很不均匀，表现为春旱、夏洪、秋缺、冬枯的现象。③径流含沙量相对较小。北部天山山区，高山带分布有终年积雪与冰川、高山与亚高山草甸；中山带为森林草原，产沙少；低山带为荒漠化丘陵，植被覆盖度低，是主要产沙带。开都河流域除有较好的植被因素外，还受到大、小尤勒都斯盆地的调蓄作用，河流含沙量低。

2. 开都河流域诸小河流

博斯腾湖上游入湖河流除开都河之外，还包括黄水沟、清水河、曲惠沟、乌什塔拉河等诸小河流。

（1）黄水沟。黄水沟是流入开都河以及流入博斯腾湖的诸小河流中最主要河流，属雨雪混合补给河流，发源于中天山的天格尔山南坡。流域中部巴仑台镇以上有两条支流，西支巴音沟，东支乌拉斯台沟，汇合后成为黄水沟的主流。河流自北向南进入焉耆盆地西北部，流经和静县、和硕县、焉耆县，洪水时有部分水量流入博斯腾湖。黄水沟出山口以上河长 110km，盆地内河长 52km，流域集水面积约 4311km^2，多年平均年径流量约 2.96 亿 m^3，大部分水量进入焉耆盆地灌区。黄水沟沿干流修建的公路为南、北疆的交通要道，是暴雨频发区域，河流径流年际变化和年内变化都很大，汛期 6—9 月径流量占年径流量的 66.7%。

（2）清水河。清水河是博斯腾湖北面的一条河流，发源于和静县境内中天山南麓天格尔山的阿勒古大板，流域北高南低向西倾斜，海拔 3800m 以上区域发育有冰川和永久积雪，流域最高点 4500m，是以冰雪融水补给为主的山溪性河流。从河源至出山口处的克尔古提水文站河长 60.21km，盆地内河长 28km，集水面积约 1016km^2，多年平均年径流量约 1.25 亿 m^3。河流水量极不稳定，受山区暴雨影响，汛期不固定，年径流和月径流变化较大。河流自北向南出山口后，进入焉耆盆地东北部和硕县境内，流经和硕县特吾里克镇、苏哈特乡、清水河农场，最后注入博斯腾湖。

（3）曲惠沟。曲惠沟发源于哈依都他乌山系南麓，河流自北向南流至焉耆盆地，河流是以降水补给为主、冰川融雪融水补给为辅的山溪性河流，由曲惠沟和哈浪沟汇合而成，全长 60km，多年平均年径流量 0.17 亿 m³。

（4）乌什塔拉河。乌什塔拉河发源于哈依都他乌山系南麓冰川区，河流自北向南流至焉耆盆地。河流是以降水补给为主、冰川融雪融水补给为辅的山溪性河流。河流全长 80km，出山口以上河长 50km，多年平均年径流量 0.50 亿 m³。

3. 博斯腾湖

博斯腾湖既是开都河的尾闾，又是孔雀河的源头，是我国最大的内陆淡水湖，分为大湖区和小湖区。根据湖泊库容曲线，当水位为 1048.50m 时，东西长 55km，南北平均宽 20km，水域面积约为 1210.50km²；当大湖湖面高程在 1047.50m 时，大湖水域面积为 1111.40km²，容积为 78.40 亿 m³，平均水深为 7.50m，最大深度为 16m，具有防洪、调节河川径流、净化水质等生态功能。

博斯腾湖的入湖水量主要来自开都河，约占博斯腾湖补给水量的 86%，其余入湖水量补给来源为黄水沟、清水河、乌什塔拉河、曲惠沟、莫呼查汗沟等北部的诸小河流。由于上游水资源的开发利用，截至 2019 年，博斯腾湖北部的这些诸小河均已断流，无水补给博斯腾湖。2018 年以来，流域管理部门疏通了黄水沟下游入湖河道，从开都河调水经黄水沟进入博斯腾湖，一方面打通了黄水沟下游河道，另一方面对改善博斯腾湖的水循环和水环境起到了一定作用。

博斯腾湖大湖区是湖体的主要部分。小湖区位于大湖区西南部，主要为密布芦苇的湿地，由达乌孙努热等 16 个小片水域和大片芦苇湿地组成，面积约为 350km²，其中，水面苇沼的面积约为 318km²，相间的碱地、牧地等面积约为 32km²。大湖多年平均水位（1956—2018 年）约为 1046.99m，最高水位 1049.39m（2002 年 8 月），最低水位为 1044.71m（1987 年 2 月），最高最低水位之差为 4.68m；小湖的多年平均水位（1991—2018 年）为 1047.06m。为确保博斯腾湖水环境和水系统安全，以及防洪保安和博斯腾湖向下游的供水安全，《开都-孔雀河流域水污染防治条例》规定最低控制水位为 1045.00m，最高控制水位为 1047.50m。

博斯腾湖既是国家级湿地公园，也是国家 AAAAA 级风景名胜区，水功能区划属博斯腾湖开发利用一级区，下含 6 个水功能二级区。依据新疆维吾尔自治区水功能区水质达标控制指标要求，2020 年博斯腾湖水质整体需达Ⅲ类。2018 年末，博斯腾湖水质监测 30 项指标中 26 项为Ⅰ类、1 项Ⅱ类、2 项Ⅲ类，矿化度 0.96g/L，仅 COD 为Ⅳ类，属单因子超标。至 2019 年末，除 COD 指标外，湖水整体达到Ⅲ类水标准。湖泊周边岸线利用程度总体不高，主要以耕地、人工湿地、旅游及水利设施等为主。

4. 孔雀河

孔雀河地处博斯腾湖流域的下段，北靠库鲁克塔格山，南接塔克拉玛干沙漠，地势由西北向东南倾斜。孔雀河源于博斯腾湖，流经库尔勒市、尉犁县和若羌县，其尾闾为罗布泊，河流全长 942km。孔雀河是开都河汇入博斯腾湖后经博斯腾湖调节的出流，受人为控制，常年流量稳定，多年平均年径流量 13.74 亿 m³，是当地工业、农业以及经济赖以发展的命脉，承担着向孔雀河下游农业灌溉、生态供水和向塔里木河输水的任务（陈亚宁等，2013）。

孔雀河自博斯腾湖达吾提闸到库尔勒市的普惠水库为上游段，河长 137km；普惠水库至尉犁县的阿克苏甫水库（现已废弃）为中游段，长 190km；阿克苏甫水库以下为下游段，河长 615km。

孔雀河流域除流域东北部的北山一带有少量产汇流之外，平原区自身基本不产流。地表水资源量平均为 0.07 亿 m^3，地下水有效资源量为 7.29 亿 m^3，可开采量为 3.29 亿 m^3，可开采系数平均为 0.65。

依据孔雀河塔什店水文站多年监测，径流量年际变化整体表现为波动的变化趋势。其中，在 2000—2009 年径流量最大，平均为 21.05 亿 m^3。自博斯腾湖扬水站东、西泵站建成后，孔雀河出流主要受人为调控，视孔雀河下游用水、博斯腾湖流域上游来水及湖泊水位等具体情况综合调控。春季（3—5 月）径流量为 3.68 亿 m^3，占全年径流量的 26.78%；夏季（6—8 月）径流量为 4.60 亿 m^3，占全年径流量的 33.48%；秋季（9—11 月）径流量为 3.08 亿 m^3，占全年径流量的 22.42%；冬季（12 月至次年 2 月）径流量为 2.38 亿 m^3，占全年径流量的 17.32%。

二、地形地貌特点

博斯腾湖流域由山地和平原两大部分构成，其中，开都河发源于天山东西构造带腹地，归属于塔里木地块。其上、下游均为中生代下陷盆地，中游为相对上升地带。开都河源流区内大尤勒都斯盆地，是东西挤压带倾伏沉降与断层陷落形成，它重叠在东西挤压构造带上，形成于中生代初。盆地内第四系地层广泛发育，四周地表、地下水向盆地内集中，经由开都河外流，形成良好的水库地形。中游峡谷段发育在北北东-南南西向挤压产生的北西西-南东东向构造带内。构造行迹基本按应变椭球的规律展布。峡谷段河流发育的总方向平行于压性结构面，局部河段顺着压性结构面或张裂面或斜穿压性结构面发育。峡谷段的地层为经历长期构造变动的古生代砂岩、灰岩及火山岩系，较破碎，但河流穿过的喷发岩区岩性比较坚硬。

开都河源流区高山盆地相间，地貌多样，流域以焉耆盆地为中心，三面环山为主要地貌特征，山地地形高，自西北向东南方向逐渐倾斜。地形总趋势是：河源分水岭高程为 4834m，一般高程在 3500～2500m。北部由中天山的那拉提天山、依连哈比尔尕山组成，山势高大雄厚，高程在 3500～4500m。在海拔 4000m 以上发育着 1499 条冰川，面积 913km²，冰川储量 479km³。南部山势较低，自西向东由哈克他乌山、艾尔温根山、阿拉沟山、霍拉山连成一条带状山系，该山系西部山峰海拔达 4500m，向东逐渐降低。南北两山系之间为面积为 12980km² 的大尤勒都斯高山断斜盆地。盆地西起奎克乌苏达坂（下伦达坂），东至与巴仑台区分界的松树达坂，东西长约 250km，南北宽 65km，高程在 2000～2500m 之间，地势平坦，大部分地区坡度在 1°左右，靠近山边为 4°～6°。由于开都河的切割，把中部走向为东南、西北的艾尔温根乌拉山拦腰切断，形成连接大、小尤勒都斯盆地的主要通道。

根据自然地形特征，博斯腾湖流域自源流区至下游平原区主要涵盖四个地貌单元：

（1）巴音布鲁克山间盆地。巴音布鲁克山间盆地自开都河河源到呼斯台西里。河源为山地地貌，是径流形成区，高程在 2500～3500m。河道流经大、小尤勒都斯盆地，河道比降仅 0.74‰，河段水流平缓，河道蜿蜒曲折，河网交错，天然湖泊星罗棋布，沼泽发育，水草丛生，牧草丰茂，植被较好，形成主要牧区。大、小尤勒都斯盆地内部地势平坦，为沿岸湖沼发育提供了良好条件，故形成了千余平方千米的高山沼泽和牛轭湖。水网交错为天鹅和水禽生活繁殖提供了优良环境，因此该处湖沼也有"天鹅湖"的美誉。盆地中部常形成大面积的丘状草甸沼泽带，而在沼泽中部常形成数目众多的高 3～5m 的冻胀丘，是永久冻土带的典型地貌景观。在大尤勒都斯沼泽地中，还有数块突出于沼泽的大面积草原化高地，高出沼泽地 3～5m，总面积约 60km^2。盆地四周分布着数条条状山谷，如乃尔莫塔修、萨恨托亥、苏力杰、奎克乌苏等。诸多狭谷形成陡直型的高山纵深狭谷区，那里避风御寒，气候温和，成为良好的冬春牧场。

（2）高山峡谷区。开都河自呼斯台西里至高山峡谷区，河流穿过崇山峻岭，两岸陡峭，高程在 3500～4500m，最高达 4500m。河道纵坡陡，落差在 1300m 左右，水流湍急，比降为 7.19‰，落差集中，水能蕴藏量丰富。

（3）冲积、洪积扇群区。开都河焉耆盆地地段自大山口到开都河第一分水枢纽为丘陵地形，长 20km，从此段开始为开都河下游段，以下与北部山区的莫乎查汗沟、哈合仁郭勒河、黄水沟、清水河、曲惠沟、乌什塔拉河及西北部的霍拉沟等七条河流在出山口以下形成冲积、洪积扇群。地形上由北向南逐渐平缓，为砂砾质戈壁景观，地表植被稀疏。

（4）焉耆盆地及中下游冲积平原区。开都河第一分水枢纽以下河段比降在 6.1‰～0.3‰ 之间，冲积、洪积扇群逐渐过渡到冲积平原区，进入焉耆盆地。冲积平原区土地肥沃，为人口稠密的农牧区。

博斯腾湖位于焉耆盆地，是天山山脉和库鲁克山之间的一个陷落湖，是焉耆盆地的最低洼地带和汇水区，也是开都河的尾闾和孔雀河的源流。孔雀河上游穿行于博斯腾湖小湖区，到莲花闸才有河道，向西流至塔什店镇，水面平缓，比降 0.77‰；进入霍拉山和库鲁克山夹峙的铁门关峡谷区为中游段，水流湍急，比降骤然增加到 6‰～8‰，水能资源集中于此；出峡谷后，为广阔的冲积平原，地形和缓，河流由西转向南流，形成大约弯弓形状，为孔雀河三角洲农业区。

三、气候特征

博斯腾湖流域地处新疆南部，远离海洋，且因高山阻隔，受海洋性气候影响十分微弱，属于典型的温带大陆性干旱气候。山区气候凉爽，高山区发育有冰川和终年积雪；平原区气候干燥少雨，四季分明，冬夏漫长，春秋季短暂，光照充足。

博斯腾湖流域的高山山区气象站主要有巴音布鲁克站和黄水沟上游的巴仑台站。巴音布鲁克站高程为 2458m，其多年平均气温为 −4.39℃，为流域内最低。历年最高气温 29.8℃，历年最低气温为 −49.6℃，日照时数为 2771.8h，多年平均年降水量和潜在蒸发量分别为 272.49mm 和 638.1mm。降水量在整个流域区最大，蒸发量最小。同时，其相对湿度、强风天气和最大风速均为流域最大，而无霜期和干旱指数为流域最小。巴仑台站高程为 1739m，多年平均气温为 6.52℃，历年最高气温为 34.5℃，历年最低气温为 −26.4℃，日照时数为 2417h，多年平均年降水量和年蒸发量分别为 210.04mm 和 1010mm。

开都河平原区的气象站主要有焉耆站、和静站及和硕站等。平原区多年平均气温在 8.43～9℃ 之间，最高气温可达 40.4℃ 以上，最低温度在 −35.2～−30℃ 左右；多年平均年降水量普遍低于 100mm，在 64.4～87.9mm 之间。平原区蒸发量较大，其中，蒸发量最大的为和静站，其多年平均年蒸发量为1108mm；平均日照时数较长，在3000h左右，无霜期较多，在180d左右。在开都河平原区气象站中，焉耆站的干旱指数最小，为12.29，和静站的干旱指数最大，为17.20。统计数据见表1-1。

表1-1　　　　　　　博斯腾湖流域开都河主要气象站点气象要素特征统计

站点名称		巴音布鲁克	巴仑台	焉耆	和静	和硕
温度/℃	平均气温	-4.39	6.52	8.43	9	8.7
	极端最高	29.8	34.5	38.8	39.7	40.4
	极端最低	-49.6	-26.4	-35.2	-30	-31.6
多年平均降雨量/mm		272.49	210.04	72.86	64.4	87.9
多年平均蒸发量/mm		638.1	1010	895.8	1108	1091
相对湿度/%		70	42	56.6	53	55
日照时数/h		2771.8	2417	3019.3	2951.8	3108.5
无霜期/d		28	219	187	184.3	170.1
强风天气（≥10.8m/s）/d		60	0	7	—	—
最大风速/(m/s)		17	8.5	14	—	—
干旱指数		2.34	4.81	12.29	17.20	12.41

孔雀河流域地处平原区，干旱少雨，蒸发量大，昼夜温差大，日照时间长，光热资源丰富，四季分明，冬夏漫长，春秋短暂，并有春季升温快、秋季降温迅速、风沙较大等气候特征。孔雀河流域多年平均气温为10.8～11.7℃，多年平均年降水量为47.6～55.8mm，潜在蒸发量高达2773mm。日照时间为2884.9～3058.2h。平原区多年平均无霜冻期为170～226d，多年平均相对湿度为43%～57%。平原区最高气温可达40℃以上，最低气温为-30℃左右。湖区气候受平原区大气候控制，但也有其独特性，由于大水体的储温效应，昼夜温差和年较差较陆地小，局部风向风速也与陆地有所不同，平原区气温年较差远大于山区（见表1-2）。

表1-2　　　　　　博斯腾湖流域孔雀河流域气象站主要气象要素特征统计

站点	多年平均气温/℃	多年平均降水量/mm	多年平均蒸发量/mm	最高气温/℃	最低气温/℃	多年平均日照时间/h	多年平均相对湿度/%
库尔勒	11.7	55.8	1427.5	40.0	-28.1	2884.9	46
尉犁	10.8	47.6	1381.2	42.2	-30.9	3058.2	48

孔雀河流域水汽主要来源于湿润的西风环流及北冰洋气流，受天山山脉的阻隔及多条平行山脉的作用，导致流域上、中、下游气象特征存在明显的差异。流域自西北至东南降水量递减，尉犁站多年平均年降水量为47.6mm，孔雀河尾闾罗布泊多年平均年降水量不足25mm。水面蒸发量受气温、相对湿度、风速等因素的影响，从西北向东南递增，干旱指数为2.50～41.80。

四、资源概况

1. 土地资源

博斯腾湖流域土地资源数量大，但质量差，利用率低。土地利用结构不合理，林、牧业比例偏低，荒漠植被退化严重。耕地面积扩张快，草地面积大，大部分为荒漠草原。山区草地面积自 1990 年开始大幅度减少，且草地退化显著。尤其在博斯腾湖周围的焉耆盆地，耕地面积在近 30 年增长显著，对水资源供需关系及生态环境影响明显。自 1990 年起，博斯腾湖流域的草地和未利用地占总面积的 85％以上，耕地、林地、建设用地和水体合计占总面积的近 10％，草地和未利用地是研究区最主要的土地覆被类型。

截至 2018 年，各土地类型之间仍然存在着相互转化的关系，但各土地类型面积数量上的变化并不明显，林地与草地面积都有一定幅度的减少，而耕地、建设用地及未利用地呈现出增加趋势。其中耕地面积为 5579km²，约占流域总面积的 7.2％，相较于 2000 年，耕地的面积扩张了 92.37％；林地的面积为 1062km²，约占流域总面积的 1.3％；草地的面积为 24309km²，约占流域总面积的 31.5％；水域的面积为 1370km²，约占流域总面积的 1.7％；冰川与积雪的面积为 256km²，约占流域总面积的 0.3％；建设用地的面积为 529km²，约占流域总面积的 0.6％；未利用地的面积为 43895km²，约占流域总面积的 57.0％。由于人们生活方式的不同，过度放牧是导致草场退化、草地面积骤减的主要原因，草地以每年 173.32km² 的速度减少。

土壤类型多样，按其地形地貌、气候、植被等条件的地区差异，概括分为潮土、灌淤土、林灌草甸土、高山寒漠土、亚高山草甸土、亚高山草原土、亚高山草甸沼泽土、石膏棕漠土、高山草甸土、亚高山草原草甸土、灰褐土、石灰性灰褐土、石质土＋石膏棕漠土、淡栗钙土＋粗骨土、淡棕钙土＋粗骨土，这些土壤呈垂直地带性分布。主要土壤介绍如下：①亚高山草原土，主要分布于大、小尤勒都斯盆地及其四周的阴坡面上，高程在 2300～2800m。该类土壤腐殖质积累较好，有机质含量较高，土壤含水量高。②亚高山草甸土，主要分布于巩乃斯沟的上段及南北两侧，高程在 2200～2800m，该类土壤有机质含量可达 10％以上。③亚高山草甸沼泽土，主要分布在大、小尤勒都斯草原低洼地段，高程在 3200～3400m，其主要由于地势低、降水量多，长期积水形成。④高山草甸土，为高寒草甸的着生地，主要分布于高山草原带的上线，高程在 2700～3300m。除巴音布鲁克高山呈带状分布外，巴仑台、阿拉沟及前进牧场地区海拔 2800m 以上的北向阴坡及半阴坡也有片状分布。土壤土层厚，具有明显的腐殖质层，有机质含量高。

2. 水生生物资源

博斯腾湖流域水生生物资源主要在博斯腾湖与开都河。孔雀河由于中、下游断流多年，水生生物资源破坏严重。博斯腾湖水生生态系统生产者主要由浮游植物、挺水植物、沉水植物、浮叶植物组成。大湖区浮游植物种类共 7 门、113 种，生物量为 2.969mg/L，其中以硅藻门为主（占 51.8％），其次是蓝藻（占 17.2％）和绿藻（占 17.0％），再次为甲藻（占 11.5％）、金藻（占 1.8％）和裸藻（占 0.7％）。硅藻门生物量所占比例在 17.0％～77.8％，水温较低的 4 月和 11 月生物量低，5 月和 10 月在 60％左右，7 月和 8 月最高，在 75％以上，表明硅藻门为博斯腾湖浮游植物饵料生物的基础。博斯腾湖挺水植物有 9 种，沉水植物 8 种，浮叶植物 3 种，其中挺水植物以芦苇的生物量最大，主要分布在大湖区西部和沿岸带。沉水植物中数量最多、分布最广的种类是金鱼藻，其次是狐尾藻、菹草、眼子菜、大茨藻等种类，但数量已经非常少。

博斯腾湖水生生态系统主要消费者有鱼类、浮游动物和鸟类等，属中亚高原区系复合体。博斯腾湖浮游动物共有99种，其中原生动物18种（属）、轮虫63种（属）、枝角类17种（属）、桡足类1属。若以生物量计算，轮虫占32.8%、枝角类占29.2%、原生动物27.5%、桡足类占10.5%，并且在4月、5月、8月，小个体浮游动物占优势，而7月、11月则大个体浮游动物占优势（彭羽 等，2009）。

开都河流域共有水生植物71种（亚种），隶属于24科39属，其中藤类植物有1科1属2种，被子植物23科38属69种。从生活型看，挺水植物多样性最高，共有15科29属50种，其余依次为沉水植物6科7属15种，浮叶植物共有4科4属5种，漂浮植物1科1属1种。开都河流域水生植物24科，可分为世界广布和北温带2类分布型，其中世界广布科21科，占总科数的87.5%，北温带分布科3科，占总科数的12.5%。从属分布区类型看，开都河流域水生植物39属分为世界广布属、北温带属、北温带和南温带间断分布属、欧亚和南美温带间断分布属、旧世界湿带分布属5种分布型，其属数分别为26属、5属、5属、1属和2属（龚旭昇，2016）。

3. 渔业资源

博斯腾湖是新疆两大渔业生产基地之一，现有鱼类32种，隶属于6目11科，其中以鲤形目（Cypriniformes）鱼类占优势，共计2科13种，占68.4%；鲈形目（Perciformes）4科4种，占21.1%；鲑形目（Salmoniformes）和鲇形目（Silurformes）各1种，鲤形目鲤科鱼类是博斯腾湖大湖区鱼类组成的主体，年渔业生产总量在5000t左右。博斯腾湖大湖区鱼类群落丰富度、多样性和均匀度偏低，单纯度和优势度过高，其中，能形成生产量的经济鱼类有贝加尔雅罗鱼、鲤、鲫、河鲈、鲢、鳙、池沼公鱼等。特别是20世纪90年代初引进的池沼公鱼很快形成种群，创造了很高的经济价值。湖内水生资源丰富，是发展渔业生产的良好场所。

关于博斯腾湖土著鱼类的记载主要有扁吻鱼（*Aspiorhnchus laticeps*）和塔里木裂腹鱼（*Schizothorax biddulphi*）、长身高原鳅（*Triplophysa tenuis*）和叶尔羌高原鳅（*Triplophysa Hedinichthys*）。但是由于沿入湖河流水利工程设施的建设对土著鱼类洄游产卵育幼的影响，加之1962年以来，博斯腾湖开始鱼类的引种移植工作，湖泊鱼类物种组成随之不断地发生着改变。土著鱼类已经较为罕见，一些高原鳅类主要分布在开都河大山口水电站以下至哈尔莫墩一带，湖泊内及开都河下游已经少见。博斯腾湖内原以土著鱼类扁吻鱼和塔里木裂腹鱼为主体的鱼类群落结构自1973年出现根本转变，先后演替为以鲫和河鲈为主体的群落结构，后于1995年演替为以鲫和池沼公鱼为主体的群落结构（陈朋 等，2014）。

开都河有鱼类3目7科18属19种，其中以鲤形目最多，有14种，占鱼类总种数的73.7%；其次是鲈形目，为4种，占鱼类总种数的21.0%；鲑形目最少，仅1种，占鱼类总种数的5.3%。在科的水平上，开都河鱼类以鲤科最多，为12种，占鱼类总种数的63.2%；其次，鳅科有2种，占鱼类总种数的10.6%；而胡瓜鱼科、鲈科、鰕虎鱼科、塘鳢科、鳕科均仅各为1种，各自所占比例很低。土著鱼类仅有3种，由裂腹鱼及高原鳅构成，隶属1目2科2属，分别是新疆裸重唇鱼、叶尔羌高原鳅和长身高原鳅，鱼类区系为中亚高山区系复合体；外来鱼类16种，占采集种类数的84.2%，隶属2目5科16属（马燕武 等，2013）。总体上，土著鱼类与外来鱼类在开都河的分布有明显的差异。开都河出山口后的哈尔莫墩是二者分布的分界点，其上是新疆裸重唇鱼、长身高原鳅等土著鱼类的主要栖息空间，且其种群数量相对丰富；以下则是鲤等外来鱼类的主要栖息空间。外来鱼类当中，鲤、鲫、草鱼、鲢、鳙、河鲈、乌鳢、池沼公鱼等是引入博斯腾湖的主要经济鱼类，少部分自由扩散至开都河，并栖息活动在开都河河口至第三分水枢纽上下河段，在开都河下游河段并没有形成主要种群。需要指出的是，由于早年人工养殖的原因，鲫在开都河上游巴音布鲁克天鹅湖形成了较大的种群，调查发现已经扩散到中游河段。麦穗鱼、棒花鱼、餐鲦鱼、褐栉鰕虎鱼、黄鱼幼、高体鳑鲏鱼、花鳕及贝加尔雅罗鱼等则是在人工引种时无意带入博斯腾湖，已扩散至开都河，并成为开都河下游河道的主要类群，其中花鳕是扩散最广的种类。土著鱼类中的叶尔羌高原鳅数量极其稀少。

4. 芦苇资源

博斯腾湖芦苇生长茂密，是我国四大集中产苇区之一，有籍可查的就有 2000 年的历史（李卫红 等，2002）。博斯腾湖芦苇依据高度可分为 4 类，一类芦苇高 3.5m 以上，二类芦苇高 2.5～3.5m，三类芦苇高 1.5～2.5m，四类芦苇高 1.5m 以下。据测定，博斯腾湖一类芦苇高度达 5～6m，基径粗 1.5cm 以上，纤维平均长度为 1.34mm，长宽比为 107，纤维长度在 20mm 以上占到 16%，质量较优。在调节气候、净化污水、防洪固堤、维持生物多样性等方面意义重大。

博斯腾湖芦苇的分布区大体可分为：黄水沟区、大湖西岸区、西南小湖区 3 个部分。黄水沟苇区的水主要靠开都河两岸的农田排水补充。大湖西岸苇区的芦苇在历史上生长茂盛，但由于曾经大湖水位下降，沿湖芦苇曾发生严重退化；现博斯腾湖周边芦苇主要由湖泊自然湿地内的苇区与湿地内人工围堤利用农田排水与湖水进行人工育苇的苇区共同组成。西南小湖区为博斯腾湖最重要的芦苇分布地，该苇区的水源主要依靠小湖水（李文利 等，2008）。

博斯腾湖的芦苇质量和产量与湖泊水位和水环境密切相关。1965—1966 年，芦苇总蕴藏量约 40 万 t，1980 年减少至 31.6 万 t。1992 年普查芦苇总蕴藏量已减少至 20 万 t，与 20 世纪 60 年代初期相比，芦苇总蕴藏量减少了 50%，对当地的经济和湿地生态保护影响显著（李卫红 等，2002；张海燕 等，2015）。近年来，由于上游来水增加，湖泊水位处于抬升状态。截至 2020 年 5 月，水位已上升至 1048m。但是，目前湖泊水环境问题与流域供需水矛盾等均与芦苇的面积、产量及开发利用模式关系密切。科学且可持续开发利用博斯腾湖流域芦苇资源，已经成为关系到流域生态安全及水安全的重要问题之一。

5. 矿产资源

博斯腾湖流域内矿产资源丰富，开发前景广阔。开都河上游已发现煤炭、铁、铜、锌、锑、金、锰、菱镁矿、芒硝等矿产资源共 56 种，其中，菱镁矿、铁、锰矿产资源在全疆矿产储量中排列首位。目前，和静县已经探明菱镁矿 5500 万 t 以上，是西北已发现的最大菱镁矿区，铁矿储量达 1.7 亿 t 以上；焉耆县已探明油气资源远景储量 3.86 亿 t，天然气储量 70 亿 m³。

孔雀河流域已发现石油、蛭石、铁矿、钽铌、磷镍、铅锌、石墨、金、铜、煤、钾盐等矿种数十种。资源量大、远景大的矿产主要有石油、天然气、铁矿、蛭石、透辉石、片云母、碎云母等，其中蛭石储量 1480 万 t，占全国总储量的 93%，规模仅次于南非，为世界第二大矿；钽铌矿被列入新疆维吾尔自治区国土资源厅发布的矿产资源勘查开发招商引资公告中；石油勘探开发正在积极进行，预期前景非常乐观。尉犁县矿产资源主要分布在县城东北方向的兴地山，高程在 1200～2782m，是天山山脉的一部分，山区面积约7527km²，该区域成矿地质条件优越，资源蕴藏丰富。初步探明磷矿储量 1.9 亿 t，铁矿储量 9060 万 t，片云母储量 3147t，铜矿储量 16.01 万 t，铅矿储量 809t，石墨矿储量2.17 万 t，钽铌矿储量 1021t。矿业开发及其产业发展将逐步成为库尔勒-尉犁地区经济发展的新增长点。

6. 动、植物资源

博斯腾湖流域内动、植物资源丰富，野生动物有 73 种，其中较为珍贵的有大天鹅、普氏原羚、塔里木兔、白尾地鸦等；有野生植物 2200 多种，经济价值较高的野生植物有罗布麻、芦苇、甘草、紫草、羌活、麻黄、香蒲等。

开都河流域生物资源丰富，紫草、红花、黄芪、蘑菇、雪莲等产于该地区。野生动物主要有野兔、旱獭、灰鼠、马鹿、盘羊、黄羊、北山羊、雪豹、艾虎、狐狸、麝鼠、天鹅、麻雁等。丰富的生物资源奠定了生物多样性的基础。流域地面海拔高程相差悬殊，植被类型在垂直分布上跨越了落叶阔叶林带、针叶林带、高山灌木林带、高山草原带冰冻原带。植物群落达数十种之多，是影响生态环境的主要因素。草场资源丰富，类型复杂，植物种类繁多，以新疆植被区划分属暖温带荒漠植被区；从垂直地带来说，流域的草场受地形、土壤、气候等自然条件的影响，从西到东、从北向南植被类型为高寒草甸—高寒草原—干旱草原—荒漠化草原—草原化草原—干荒漠。植被种群组成由多到少，由复杂到单纯逐步更替。植物品种主要有麻黄、白刺、假木贼、盐瓜瓜、霸王、琵琶柴、针茅、苔草、冰草等。草层高度在 20～75cm，覆盖度在 3%～90% 不等。山区天然林树种以云杉为主，伴生少量山柳，分布于阴坡中部。桦树和山杨多分布在阴坡下部与河谷地带。河谷下部亦有河柳、白榆、锦鸡儿等乔灌树种。

孔雀河流域内动、植物资源较为丰富，野生动物中较为珍贵的有大天鹅、普氏原羚、塔里木兔、白尾地鸦等。野生植物主要为孔雀河中、下游沿河流分布的荒漠河岸林天然植被，总面积约 31.2 万 hm²，其中林地 3.54 万 hm²，包括有林地 0.06 万 hm²，灌木林地0.58 万 hm²，疏林地 2.9 万 hm²；草地总面积 27.7 万 hm²，包括高盖度草地 3.9万 hm²，中盖度草地 8.5 万 hm²，低盖度草地 15.3 万 hm²。天然林草主要建群乔木种为胡杨；灌木物种以柽柳、黑刺、盐穗木等为主；草本植物主要以芦苇、罗布麻、甘草、芨芨草等为主，主要有植物 9 科 13 属 16 种。

7. 水能资源

博斯腾湖流域内蕴藏着丰富的水能资源，其中，开都河流域总的水能资源理论蕴藏量为 1420MW。目前，河流中游山区已经建成察汗乌苏、柳树沟、大山口、大山口二级、小山口、小山口二级和小山口三级 7 座电站，总装机容量 781MW，已建电站装机容量占整个河段理论蕴藏量的 55%。孔雀河的水能资源主要集中在上游的山区段，共有 2 座水电站，分别为铁门关水电站和石灰窑水电站。铁门关水电站位于孔雀河铁门关隘口附近，位于库尔勒北部距库尔勒市 8km，是一座以发电为主，兼有防洪、灌溉等综合效益的水电工程。电站装机容量 4.375 万 kW，现已安装 5 台装机容量 0.875 万 kW 的机组，年发电量 1.2 亿 kW·h。石灰窑水电站位于孔雀河上游段铁门关水电站以下，是开都河——孔雀河流域规划中的最末一级水电站。该站距铁门关水电站 4.5km，距库尔勒市 3km。水电站于 1976 年建成，原设计最大引水流量 60m³/s，装机 4 台，装机容量 12.4MW，增容改造后装机容量 13.6MW，是巴州电力系统中的重要电源点之一。

8. 旅游资源

博斯腾湖流域的旅游资源丰富，流域源流区主要有巴音布鲁克自然保护区、巴音布鲁克草原，中部平原区有博斯腾湖风景名胜区和国家湿地公园，这两处景区均是国家AAAAA 级景区，旅游产业发展潜力巨大；孔雀河流域内旅游资源同样丰富，除有博斯腾湖风景名胜区、库尔勒市铁门关景区、库尔勒市孔雀河人工景观带外，孔雀河下游烽燧群和大峡谷景区等同样是很好的旅游资源，旅游产业发展潜力巨大。

第二节　博斯腾湖流域水利工程概况

一、引水枢纽与灌溉渠系

博斯腾湖流域内主要引水枢纽工程有 7 座，分别为开都河第一分水枢纽、开都河第二分水枢纽、开都河第三分水枢纽（宝浪苏木分水枢纽），以及位于孔雀河灌区的孔雀河第一分水枢纽、孔雀河第二分水枢纽、孔雀河第三分水枢纽和阿恰枢纽，基本情况见表 1-3。

表 1-3　　　　　　　　　　　博斯腾湖流域主要水利枢纽

工程名称	行政区域	竣工年份	工程主要参数
开都河第一分水枢纽	和静县	2001	设计防洪标准 50 年一遇，洪峰流量 1300m³/s；校核防洪标准 500 年一遇，洪峰流量 1900m³/s，灌溉引水流量南岸为 22～28m³/s，北岸为 32～38m³/s
开都河第二分水枢纽	焉耆县	2014	设计防洪标准 30 年一遇，洪峰流量 1022m³/s；校核防洪标准 100 年一遇，洪峰流量 1302m³/s，灌溉引水流量南岸为 14.6～17.5m³/s，北岸为 19.4～23.3m³/s
开都河第三分水枢纽	焉耆县	1988	设计防洪标准 30 年一遇，洪峰流量 841m³/s；校核防洪标准 100 年一遇，洪峰流量 1190m³/s，引水流量 5m³/s
孔雀河第一分水枢纽	库尔勒市	1967	设计防洪标准 10 年一遇，洪峰流量 200m³/s；校核防洪标准 20 年一遇，洪峰流量 250m³/s，西岸 18 团渠灌溉引水量为 28～32.5m³/s，东岸库塔干渠灌溉引水流量为 35～40m³/s
孔雀河第二分水枢纽	库尔勒市	1998	设计防洪标准 20 年一遇，洪峰流量 200m³/s；校核防洪标准 30 年一遇，洪峰流量 250m³/s，右岸引水量为 4～6m³/s，左岸引水流量为 8～10m³/s
孔雀河第三分水枢纽	库尔勒市	1990	设计洪水洪峰流量 150m³/s；校核洪水洪峰流量 200m³/s，右岸引水量为 3m³/s，左岸引水量为 6m³/s
阿恰枢纽	尉犁县	2003	主要由拦河闸、节制闸组成，拦河闸设计洪峰流量 100m³/s，校核泄洪流量 135m³/s

博斯腾湖流域灌区有干渠 83 条，全长 1591.57km，其中防渗长度为 960.36km，防渗率为 60.30%；支渠 243 条，全长 2177.50km，其中防渗长度为 981.20km，防渗率为

45.10%；斗渠共有 3175 条，长度为 4356km，其中防渗长度为 3317km，防渗率为 76%。博斯腾湖流域灌区主要干渠见表 1-4。

表 1-4　　　　　　　　　　　　博斯腾湖流域灌区主要干渠

干渠名称	行政区域	竣工年份	工 程 主 要 参 数
开都河第一分水枢纽北岸干渠	和静县	2003	渠道全长 22.93km，混凝土板防渗，设计流量 32m³/s，加大流量 38m³/s
解放二渠北干渠	和静县和硕县	1962	渠道全长 66.90km，设计流量 25m³/s，实际为 15m³/s，混凝土和塑膜防渗
南岸沿河干渠	焉耆县	1954	渠道全长 12.30km，设计流量 23～38m³/s，混合衬砌
开都河第一分水枢纽南岸干渠	和静县	2003	渠道全长 26.67km，混凝土和浆砌石防渗，设计流量 23m³/s，加大流量 28m³/s
解放一渠干渠	焉耆县	1950	干渠为 20 世纪 50 年代人工开挖渠道，全长 38.6km，设计流量 20m³/s，校核流量 25m³/s
开来渠	焉耆县	1965	干渠全长 93km，设计流量 10.50m³/s
博斯腾湖东泵站输水干渠	博湖县	2006	干渠工程是塔里木河近期综合治理项目，全长 39.28km，设计流量 45m³/s
博斯腾湖西泵站输水干渠	博湖县	1980	渠道全长 52km，设计流量 45m³/s，校核流量 60m³/s
库塔干渠	库尔勒市	1994	渠道由总干渠、西干渠、东干渠三部分组成，总干渠全长 17.80km，上段设计流量 35m³/s，下段设计流量 30m³/s；西干渠全长 38km，设计流量 20m³/s；东干渠全长 42.80km，设计流量 25m³/s
普米干渠	库尔勒市	1964	渠道位于库尔勒市普惠乡，全长 9.05km，设计流量 32m³/s
兴平干渠	尉犁县	1965	渠道全长 41.90km，设计流量 15.27m³/s

1. 开都河

在开都河上游主要分布有三座引水枢纽，分别为开都河第一分水枢纽、开都河第二分水枢纽和开都河第三分水枢纽（宝浪苏木分水枢纽）；8 座无坝引水渠首，分别为开都河解放一渠渠首、北大渠渠首、永宁渠渠首等；灌区内骨干及田间工程配套完善，沿开都河建设有"七个星"水源地、查汗采开水源地和包尔海农用水源地等。

开都河第一分水枢纽是开都河进入焉耆盆地平原的第一座拦河引水枢纽工程，于 1999 年 9 月建成运行。枢纽工程由拦河闸、南北两岸沿河干渠进水闸、泄洪冲砂闸及附属工程组成，属Ⅲ等中型枢纽工程，永久性水工建筑物为 3 级。枢纽工程中的永久性建筑物主要由土坝和闸体两大部分组成，呈一字形布置，总宽度 889.3m。枢纽闸体部分布置在河道的主流段，包括 7 孔泄洪冲砂闸，每孔净宽 10m；左岸（北岸）引水闸 2 孔，每孔净宽 7.0m；右岸（南岸）引水闸 1 孔，净宽 7.0m。枢纽的泄洪能力 1300～1900m³/s，灌溉引水流量南岸为 23～28m³/s，北岸为 32～38m³/s。设计防洪标准为 50 年一遇，控制灌溉面积 7.2 万 hm²，目前渠首运行正常。

开都河第二分水枢纽为开都河上规划的三级分水枢纽中的第二级，位于焉耆县城西

12km 处，于 2014 年年底建成运行。枢纽工程由拦河闸、南北两岸沿河干渠进水闸、泄洪冲砂闸及附属工程组成，属Ⅲ等中型枢纽工程，永久性水工建筑物为 3 级。枢纽工程中的永久性建筑物主要由拦河闸、两岸干渠进水闸及过鱼通道等组成，呈一字形布置。枢纽闸体部分包括：9 孔拦河闸，每孔净宽 10.7m；左岸（北岸）引水闸 3 孔，每孔净宽 3.0m；右岸（南岸）引水闸 2 孔，每孔净宽 3.0m。枢纽的泄洪能力 $1022\sim1302\text{m}^3/\text{s}$，灌溉引水流量南岸为 $14.6\sim17.5\text{m}^3/\text{s}$，北岸为 $19.4\sim23.3\text{m}^3/\text{s}$。设计防洪标准为 50 年一遇，控制灌溉面积 3.1 万 hm^2。

开都河第三分水枢纽（宝浪苏木分水枢纽）是一座拦河分水工程，于 1988 年建成运行。工程有效地控制开都河向东、西支注入博斯腾湖的水量，同时保证博湖县 0.33 万 hm^2 农田的灌溉。宝浪苏木分水枢纽属Ⅲ等中型枢纽工程，永久性水工建筑物为 3 级。枢纽工程东支分水闸 7 孔，西支分水闸 2 孔，每孔净宽 10.7m。枢纽泄洪能力 $885\sim1220\text{m}^3/\text{s}$，灌溉引水流量为 $5\text{m}^3/\text{s}$。

2. 博斯腾湖

博斯腾湖目前的引水工程主要有博斯腾湖扬水站，承担着向孔雀河输水的任务，该扬水站位于博斯腾湖西南角，包括东、西两座泵站，其中，西泵站建成于 1983 年，设计抽水流量 $45\text{m}^3/\text{s}$，泵站总装机容量 4800kW；东泵站建成于 2008 年 11 月，位于西泵站东侧，设计抽水流量 $45\text{m}^3/\text{s}$，泵站总装机容量 6000kW，两泵站主要负责从博斯腾湖扬水，调控并实现孔雀河的出流。

3. 孔雀河

孔雀河涉河的引水渠首与枢纽主要有 4 座，分别是孔雀河第一分水枢纽、孔雀河第二分水枢纽、孔雀河第三分水枢纽和阿恰枢纽。

孔雀河第一分水枢纽位于孔雀河石灰窑水电站尾水末端，建于 1965 年，属于中型枢纽工程。枢纽包括 5 孔泄洪冲砂闸、西岸 4 孔进水闸和东岸 2 孔进水闸，主要承担向兵团第二师 28 团渠和库塔干渠分水的任务。其中西岸 18 团渠灌溉引水量 $28\sim32.5\text{m}^3/\text{s}$，东岸库塔干渠灌溉引水流量 $35\sim40\text{m}^3/\text{s}$。

孔雀河第二分水枢纽位于第一分水枢纽下游大约 5km 的河道处，于 1998 年建成投入运行。枢纽为橡胶坝拦河的型式，两岸均设有进水闸，进水闸各宽 3m，坝两侧设 6m 宽的检修、泄洪冲砂闸。

孔雀河第三分水枢纽距离第二分水枢纽约 25km，于 1990 年建成投入使用，同样为橡胶坝拦河的型式，枢纽左岸永丰渠灌溉引水流量 $8\sim10\text{m}^3/\text{s}$，右岸团结渠引水流量 $3\sim4\text{m}^3/\text{s}$。

阿恰枢纽是在孔雀河原 66 龙口处于塔里木河流域近期综合治理期间整治兴建的，建成于 2003 年。该枢纽是连接库塔干渠东干渠上段与下段，并跨孔雀河的分水控制性枢纽，主要任务是向兵团第二师塔里木垦区供应农业用水及向塔里木河下游供应生态用水。阿恰枢纽布置于孔雀河原河道上，基本不改变河道的流向和河床的形状。拦河闸设计为三层立体结构，其下层为孔雀河的过水通道，中层为东干渠过水通道，把东干渠上段与下段用渡槽连接起来，上层为连接孔雀河两岸的交通桥，在渡槽下游段布置节制闸。拦河闸设计洪水流量 $100\text{m}^3/\text{s}$，校核泄洪流量 $135\text{m}^3/\text{s}$，渡槽及节制闸设计引水量

$25\text{m}^3/\text{s}$，加大引水量 $30\text{m}^3/\text{s}$，年引水量 4.5 亿 m^3。孔雀河流域现状取水口共 35 个，其中库尔勒市取水口 30 个，取水量 4.29 亿 m^3，尉犁县取水口 5 个，取水量 2.31 亿 m^3，取水主要用于农业灌溉。

二、水库工程

开都河上现已建 4 座水库，分别是察汗乌苏水库、柳树沟水库、大山口水库和小山口水库，总库容 2.65 亿 m^3。其中，察汗乌苏水库总库容 1.25 亿 m^3，调节库容 7400 万 m^3；柳树沟水库总库容 7050 万 m^3，调节库容 350 万 m^3；大山口水库总库容 2980 万 m^3，调节库容 400 万 m^3；小山口水库总库容 3954 万 m^3，调节库容 706 万 m^3。另在开都河中游山区及出山口已建 7 级水电站，分别是察汗乌苏水电站、柳树沟水电站、大山口水电站、大山口二级水电站和小山口一、二、三级水电站（见表 1-5）。

表 1-5　　　　　　　　　开都河已建水利水电站工程及水库

序　号	1	2	3	4	5	6	7
名称	察汗乌苏水电站	柳树沟水电站	大山口水电站	大山口二级水电站	小山口一级水电站	小山口二级电站	小山口三级电站
水源	开都河中游	开都河中游	开都河中游	开都河中游	开都河中游	开都河下游	开都河下游
正常蓄水位/m	1649	1494.5	1406	1351.3	1316	1278.6	1244.5
库容/亿 m^3	1.25	0.705	0.298	—	0.3954	—	—
死水位/m	1620	1493	1401.5		1314		
死库容/亿 m^3	0.42	0.668	0.248		0.3248	—	—
调节库容/亿 m^3	0.74	0.035	0.04		0.0706	—	—
装机容量/MW	309	194	80	49.5	49.5	49.5	49.5
保证出力/MW	52	25.9	17.1	10.9	15.2	12	11.7
多年平均年发电量/(亿 kW·h)	11.2	5.7	3.77	2.38	2.68	2.23	2.21
尾水位/m	1494	1405.1	1351.3	—	1278.6	—	—
建成年份	2007	2012	1991	2015	2013	2015	2015
引水方式	混合式	混合式	混合式	引水式	混合式	引水式	引水式

孔雀河流域共有 3 座水库，其中山区水库 1 座，为铁门关水库，总库容 556 万 m^3，兴利库容 240 万 m^3；平原水库 2 座，分别为希尼尔水库（总库容 9800 万 m^3，兴利库容 8800 万 m^3）和普惠水库（总库容 500 万 m^3，兴利库容 375 万 m^3），其中普惠水库目前暂未使用。

三、排水工程

博斯腾湖流域的农田排水工程主要分布在博斯腾湖周边。依据野外调查与流域管理部门资料统计，博斯腾湖沿湖涉岸排渠及排水口基本情况见表 1-6。这些排渠主要用作农田排水，对博斯腾湖水环境的影响极大。

表1-6　　　　　　　　博斯腾湖沿湖涉岸排渠及排水口基本情况统计表

序号	名　　称	所在行政县、乡名称	日排水量估算/m³
1	农二师27团8连三干排扬排站	博湖县	6000
2	农二师27团老三连扬排站	博湖县	1800
3	新塔热乡生活及农业用水排污口	和硕县新塔热乡	864
4	青鹤公司、26团排渠汇合排污口	和硕县	1728
5	农二师24团5支干扬排站	和硕县	864
6	博湖县东风干排	博湖县塔温觉肯乡	3888
7	博湖县胜利干排	博湖县塔温觉肯乡	8610
8	团结总干排	焉耆县四十里城镇	2000
9	相思湖二号排渠	焉耆县四十里城镇	5000
10	焉耆县四十里城子总干排	焉耆县四十里城镇	8000
11	27团总干排	焉耆县	8000
12	焉耆县永宁镇西、东干排扬排站	焉耆县永宁镇	18748
13	查干诺尔乡扬排站	博湖县查干诺尔乡	14428
14	农二师27团8连马场扬排站	焉耆县	5400
15	查干诺尔乡二大队扬排站	博湖县查干诺尔乡	6000
16	才坎诺尔乡扬排站	博湖县才坎诺尔乡	5702
17	种畜场排渠	博湖县种畜场	7800
18	博湖乌兰乡扬排站	博湖县乌兰乡	4800
19	25团扬排站	博湖县	12096
20	本布图南干排扬排站	博湖县本布图镇	346
21	博湖县塔温觉垦乡干排扬排站	博湖县塔温觉肯乡	2246
22	博湖县塔温觉垦乡六大队干排	博湖县塔温觉肯乡	2230

四、水文监测站网

开都河流域曾先后设立有巴音布鲁克、萨恨托亥、大山口（拜尔基）、焉耆等水文站。

（1）巴音布鲁克水文站，位于和静县巴音布鲁克区，是开都河上游控制站，测站以上流域集水面积 6675km²，属国家基本水文站。该站设立于 1956 年 6 月，观测至今。此期间，1957 年 5 月至 1958 年 4 月、1970 年 10 月至 1976 年 8 月停测。该站测验河段控制良好，水位流量关系曲线呈单一线型。

（2）萨恨托亥水文站设立于 1956 年 10 月，原在阿仁萨恨托亥观测，后于 1957 年 4 月迁往上游约 30km 处。测站以上流域集水面积 14767km²，距上游巴音布鲁克水文站约 90km，距下游大山口水文站约 122km。在新站址上游 20km 处有阿同哈森河汇入，下游约 15km 处有萨恨托亥河汇入。该站于 1969 年 9 月停测并撤销。

（3）大山口（拜尔基）水文站位于和静县南哈尔莫墩乡境内，处于开都河出山口处，为开都河水量控制站，测站以上流域集水面积为 18827km²，属国家重点水文站。该站于 1956 年 6 月设立，原名拜尔基站，1972 年 1 月 1 日迁往上游 5km 处，更名为大山口水文站，两站相距较近，水量变化不大，故水文资料合并统计。

（4）焉耆水文站设立于 1947 年 2 月，现位于焉耆县城内开都河河段上（曾迁站），测站以上流域集水面积 22516km²，距上游大山口水文站 70 多 km，属国家基本水文站。该站 1948 年 5 月至 1954 年年底在焉耆老大桥观测，1955 年 1 月至今在焉耆新大桥观测，两桥相距 500m，故该站资料合并统计。

（5）宝浪苏木水文站位于博湖县查干诺尔乡境内，距博斯腾湖约 12km。该站设立于 1959 年，断面上游 300m 处为东西支分岔处，东支入博斯腾湖（大湖），西支入阿洪口等湖（小湖群），基本断面分设于东、西支上，于 1969 年 9 月撤销。根据防洪规划的要求，在此采用合成资料。

（6）黄水沟水文站位于和静县境内黄水沟出山口处，测站以上流域集水面积 4311km²，该站设立于 1955 年 6 月，观测至今，是开都河重要支流黄水沟水量控制站，属国家基本水文站。

（7）清水河自 1956 年开始设水文站，1956 年 5 月清水河水文站设在现克尔古提水文站断面上游约 20km 处，当时未命名，同年 8 月 9 日迁至现水文站址处，命名为克尔古提水文站观测至今。1966 年 10 月至 1967 年 3 月、1970 年 10 月至 1971 年 3 月，以及 1993 年 12 月停测，1994 年起改为汛期站，仅在 5—11 月监测。

（8）塔什店水文站是孔雀河上唯一的国家水文监测站点，最早设立于 1948 年 7 月，原为铁门关水文站，1949 年 4 月撤销，这段时间测流次数少，资料未整理。1953 年 9 月在铁门关水文站上游 4.15km 处建站，命名为塔什店水文站。因铁门关电站施工，于 1959 年 12 月下迁 7.33km 处的石灰窑观测，命名为石灰窑水文站。1960 年 2 月又下迁 4.96km 至库尔勒市城镇大桥观测，定名为库尔勒大桥水文站。1962 年 2 月又上迁到了铁门关水文站。1972 年 4 月又上迁 8.44km，定名为新塔什店水文站，1978 年 7 月又迁至石灰窑水文站。1982 年 6 月又上迁了 16.84km，设立现塔什店水文站，观测至今。

（9）乌拉斯台水文站是乌拉斯台河上唯一的水文站，由新疆生产建设兵团和新疆水利厅于 1955 年 7 月设立，设站位置于和静县三区（莫乎查汗沟和哈合仁郭勒汇合口以下），测站以上集水面积 1213km²，观测项目有水位、流量。该站 1958 年 1 月撤销。其中 1957 年的水文观测数据完整，本书中乌拉斯台河主要水文数据参照此监测数据。

以上这些水文站多由自治区水资源局建立，博斯腾湖流域主要水文站水文资料情况见表 1-7。

表 1-7　　　　　　　　博斯腾湖流域主要水文站水文资料情况表

站　名	设站时间（年.月）	观　测　项　目	本书采用实测资料系列（年.月）
巴音布鲁克	1956.06	水位、流量、泥沙等	1956.07—1957.05；1958.04—2018
大山口（拜尔基）	1955.06	水位、流量	1955.06—1968.10
		输沙率、气温	1972.05—2018.12
焉耆	1947.02	水位、流量、泥沙、冰清、水化学等	1947.02—2018.12
萨恨托亥	1956.10	水位、流量、泥沙等	1958.02—1969.09
宝浪苏木	1959	水位、流量、泥沙、水化学等	1985.01—2018.12

续表

站　名	设站时间（年.月）	观测项目	本书采用实测资料系列（年.月）
黄水沟	1955.06	水位、流量、泥沙、水化学等	1956.01—2018.12
乌拉斯台	1955.07	水位、流量	1955.07—1958.01
塔什店	1953.09	水位、流量、泥沙、水化学等	1954.01—2018.12

除以上水文监测站点外，在博斯腾湖大湖的大河口及扬水站建有湖泊水位监测站点，在博斯腾湖小湖达吾提闸出流闸前建有小湖水位监测点。

第三节　博斯腾湖流域生态功能区及生态敏感区

一、博斯腾湖流域水功能区概况

博斯腾湖流域一级水功能区共有6个，包括开都河的开都河和静源头水保护区、开都河巴音布鲁克天鹅自然保护区、开都河和静保留区、开都河和静焉耆博湖开发利用区，博斯腾湖开发利用区和孔雀河库尔勒开发利用区（见表1-8）。

表1-8　　　　　　　　　　博斯腾湖流域水功能区

行政区	数量	水　功　能　区		范　围		水质代表断面	水质达标目标	
		水功能一级区名称	水功能二级区名称	起始断面	终止断面		2020年	2030年
新疆巴音郭楞蒙古自治州	11	开都河和静源头水保护区		河源	巴音布鲁克水文站	巴音布鲁克水文站	Ⅱ	Ⅱ
		开都河巴音布鲁克天鹅自然保护区		巴音布鲁克水文站	巴音布鲁克呼斯台西里	巴音布鲁克呼斯台西里	Ⅱ	Ⅱ
		开都河和静保留区		巴音布鲁克呼斯台西里	大山口水文站	大山口水文站	Ⅲ	Ⅲ
		开都河和静焉耆博湖开发利用区		大山口	开都河河口	焉耆	Ⅲ	Ⅲ
		博斯腾湖开发利用区	博斯腾湖西泵站区景观娱乐用水区	开都河入流、孔雀河出流区		扬水站	Ⅲ	Ⅲ
			博斯腾湖黑水湾区渔业景观娱乐用水区	开都河入流、孔雀河出流区、与中央水力交换区		大河口	Ⅲ	Ⅲ
			博斯腾湖中央区渔业景观娱乐用水区	中央区		湖中央	Ⅲ	Ⅲ
			乌什塔拉至红沙梁渔业农业用水区	乌什塔拉至红沙梁东部地区		东部区	Ⅲ	Ⅲ
			博斯腾湖黄水沟区渔业农业用水区	黄水沟区		金沙滩	Ⅲ	Ⅲ
			孔雀河至达吾提闸渔业景观用水区	孔雀河口至大吾提闸小湖区		小湖区	Ⅲ	Ⅲ
		孔雀河库尔勒开发利用区	孔雀河博湖农业用水区	扬水站	孔雀河第一分水闸	塔什店、狮子桥	Ⅲ	Ⅲ

二、博斯腾湖流域生态功能区划

博斯腾湖流域在新疆维吾尔自治区 2017 年新修编的生态功能区划中主要涉及的生态功能区有：①天山山地温性草原、森林生态区，天山南坡草原牧业、绿洲农业生态亚区的"尤勒都斯盆地草原牧业、湿地生物多样性保护生态功能区""焉耆盆地绿洲农业盐渍化敏感生态功能区""博斯腾湖与湿地保护生态功能区""觉罗塔格-库鲁克塔格山矿业开发、植被保护生态功能区"。②塔里木盆地暖温荒漠及绿洲农业生态区，塔里木盆地西部、北部荒漠及绿洲农业生态亚区的"库尔勒-轮台城镇和石油基地建设生态功能区""塔里木河上中游乔灌草及胡杨林保护生态功能区""孔雀河下游生态恢复及人文景观保护生态功能区""塔里木河下游绿洲农业及植被恢复生态功能区"。③塔里木盆地暖温荒漠及绿洲农业生态区，塔里木盆地中部塔克拉玛干流动沙漠生态亚区的"塔克拉玛干东部流动沙漠景观与油田开发生态功能区"，见表 1-9。

三、博斯腾湖流域生态敏感区概况

博斯腾湖流域的生态敏感区主要包括国家级自然保护区、国家 AAAAA 级风景名胜区和国家湿地公园等。

位于博斯腾湖流域源流区的巴音布鲁克草原既是国家级自然保护区，也是国家 AAAAA 级风景名胜区和世界自然遗产地，是流域内最为重要的、需要重点保护的生态敏感区。

巴音布鲁克国家级自然保护区位于新疆维吾尔自治区和静县境内，面积 10 万 hm^2，1980 年经新疆维吾尔自治区人民政府批准建立，1986 年经林业部审定，国务院批准为国家级野生动物保护区，主要保护对象为天鹅等珍稀水禽及其栖息繁殖地，是全国第一个天鹅自然保护区。其中，有国家一级保护动物 5 种，二级保护动物 17 种，生态系统保护意义重大。自然保护区包括小尤勒都斯盆地、大尤勒都斯盆地和连接两个盆地的开都河河段（见表 1-10）。

巴音布鲁克国家 AAAAA 级风景名胜区，批准成立于 2016 年，总面积约 1118.48km²。景区以天山高位大型山间盆地中高山草甸草原和高寒沼泽湿地生态系统为背景，以开都河上游河曲、沼泽湿地为主体的自然景观旅游区，以高寒湿地生态系统和河曲、沼泽湿地景观美体现了天山的世界自然，遗产价值。景区东与和静县巴仑台镇相连，南与轮台、库车、拜城三县交界，西邻特克斯、巩留两县，北接新源、尼勒克、乌苏、沙湾四县；距离和静县城288km，距巴音郭楞蒙古自治州库尔勒市 360km，距乌鲁木齐市约 500km。

2016 年 6 月 21 日，巴音布鲁克作为天山申报世界自然遗产的 4 个主要申遗地之一，获得世界自然遗产称号。巴音布鲁克草原，位于新疆巴州和静县西北、天山山脉中部的山间盆地中，四周为雪山环抱，海拔约 2500m，面积 23835km²，是中国第二大草原。巴音布鲁克蒙古语意为"富饶的泉水"，草原地势平坦，水草丰盛，是典型的禾草草甸草原，也是新疆最重要的畜牧业基地之一。那里不但有雪山环抱下的世外桃源，有"九曲十八弯"的开都河，更有优雅迷人的天鹅湖。

除了巴音布鲁克之外，博斯腾湖流域的博斯腾湖生态环境敏感区主要包括国家湿地公园与国家 AAAAA 级风景名胜区，其中博斯腾湖国家湿地公园是 2012 年国家林业局批复建设、2017 年正式审批验收建立的，面积 1573.71km²；博斯腾湖国家 AAAAA 级风景

博斯腾湖流域主要生态功能区

表 1-9

生态功能分区单元			隶属行政区	主要生态服务功能	主要生态环境问题	主要生态敏感因子	主要保护目标	主要保护措施	适宜发展方向
生态区	生态亚区	生态功能区							
天山山地温性草原、森林生态区	天山南坡草原牧业、绿洲农业生态亚区	尤勒都斯盆地草原牧业、湿地生物多样性保护生态功能区	和静县	水文调蓄、畜产品生产、生物多样性维护、生态旅游	草原退化、虫害鼠害严重、旅游区景观破坏	生物多样性及其生境极度敏感、土壤侵蚀轻度敏感	保护草原、保护水源地、天鹅及生物多样性	草地减牧、加强保护管理、规范旅游、生态移民搬迁	适度建立人工草地、合理发展草原畜牧业及生态旅游业
		焉耆盆地绿洲农业盐渍化敏感生态功能区	和静县、焉耆县、和硕县	农产品生产、人居环境、油气资源	地下水位高、土壤盐渍化	土壤侵蚀极度敏感、土地沙漠化轻度敏感、土壤盐渍化中度敏感	保护基本农田、保护水源、保护麻黄和甘草、保护水源地	合理开发地下水、发展竖井灌溉、开都河防洪、防止油气开发污染土壤和水质、发展节水农业、温控甘草等荒漠植被	建立粮油、蔬菜等绿色食品基地、人工种植甘草、麻黄产业和农区畜牧业
		博斯腾湖与湿地保护生态功能区	博湖县、和硕县	调节气候、水文调蓄、生物多样性维护、渔业生产和羊业养殖、水质净化、旅游	湖水水质污染、生物多样性减少、芦苇面积缩小、旅游污染、周边环境与水质生危、土著鱼种种濒危、湿地萎缩	生物多样性及其生境极度敏感	保护水质、保护野生动物、保护渔类和湿地	控制工业排污与农田排水入湖、生活污水达标排放、按规划发展旅游、加强渔政管理、保持湖水合理水位	合理利用湖泊资源、适当发展渔业和旅游业、发挥水文调蓄等综合效益
		觉罗塔格－库鲁克塔格山矿业开发、植被敏感保护生态功能区	博湖县、和硕县、尉犁县、托克逊县、鄯善县、吐鲁番市、哈密市、若羌县	荒漠化控制、矿产资源开发	荒漠植被破坏、地貌破坏	土壤侵蚀高度敏感、土地沙化轻度敏感	保护荒漠植被、保护野骆驼等野生动物	加强采矿管理、禁止在野骆驼缓冲区内进行开发活动	维护自然生态环境、合理发展矿业

续表

生态功能分区单元			隶属行政区	主要生态服务功能	主要生态环境问题	主要生态敏感因子	主要保护目标	主要保护措施	适宜发展方向
生态区	生态亚区	生态功能区							
塔里木盆地暖温带荒漠及绿洲农业生态区	塔里木盆地西部、北部荒漠及绿洲农业生态亚区	库尔勒-轮台城镇和石油基地建设生态功能区	库尔勒市、轮台县、尉犁县	城市人居环境、工农业产品生产、油气资源	水质污染、土壤盐碱化、洪水灾害、浮尘天气、土壤污染环境	生物多样性及其生境中度敏感、土壤盐渍化高度敏感	保护城市环境、保护基本农田、保护荒漠植被、保护河流水质、保护土壤环境质量	增加城市绿地面积、建设城市防护林、污水资源化利用和处理、减少农药地膜化肥污染、改良盐渍污染土壤	发展生态农业、建立甘草香梨和人工甘草基地、建成新疆石油基地和南疆商贸中心和物资集散地
		塔里木河上中游乔灌草及胡杨林保护生态功能区	阿克苏市、沙雅县、库车县、轮台县、库尔勒市、尉犁县	沙漠化控制、生物多样性维护、农牧产品生产	河水水量减少、水质恶化、沙漠化扩大、土壤盐渍化、湿地减少、野生动物减少、毁林毁草开荒	生物多样性及其生境高度敏感、土地沙漠化中度敏感、土壤盐渍化轻度敏感	保证向下游泄水量、保护胡杨林、保护河岸防洪堤、保护野生动物、保护湿地、保护甘草和罗布麻	退耕还林还草、控制农业排水、生态移民、废弃部分平原水库、禁止采伐乱砍头放牧、禁止乱挖甘草和罗布麻	加大保护力度、建设国家级塔河保护能力和世界最大的胡杨林自然保护区
		孔雀河下游及人文景观恢复保护生态功能区	尉犁县、若羌县	沙漠化控制、旅游	河道断流、沙漠化发展、植被衰败、文物古迹破坏	土壤侵蚀高度敏感、土地沙漠化中度敏感、土壤盐渍化轻度敏感	保护荒漠植被、保护人文遗址、保证下游生态用水	向下游输水、保护楼兰和营盘遗址、禁止乱开采	通过人工输水和保护、恢复受损的环境
		塔里木河下游绿洲农业及植被恢复生态功能区	尉犁县、若羌县	沙漠化控制、农产品生产、防风护路	河道断流、地下水位下降、荒漠植被衰败、土地弃耕开展、乱挖甘草、沙丘活化、沙漠合拢	生物多样性及其生境敏感、土壤侵蚀高度敏感、土地沙漠化极度敏感、土壤盐渍化高度敏感	保护绿洲农田、保护绿色走廊、保护218国道	向下游和台特玛湖输水、大西海子水库改为生态水库、保证生态用水、禁止乱开采	有计划发展沙漠探险旅游
	塔里木盆地中部塔克拉玛干流动沙漠与油田开发生态亚区	塔克拉玛干东部流动沙漠景观与油田开发生态功能区	洛浦县、于田县、策勒县、民丰县、且末县、若羌县、尉犁县、沙雅县、阿克苏市	沙漠景观、风沙源地、油气资源开发	风沙危胁绿洲和公路以及油田设施、石油开发区环境污染	土壤侵蚀高度敏感、土地沙漠化极度敏感、土壤盐渍化轻度敏感	保护油田设施和沙漠公路、保护文物古迹	建立机械与生物相结合的油田和公路防风固沙体系、规范油气勘探开发作业、清洁油气生产、防止气污染南部和南缘、在沙漠南缘建设生态防护林	加强沙漠油气资源勘探开发、适度开发地下水进行绿洲化、发展沙漠探险旅游

表1-10　博斯腾湖生态敏感区现状及规划基本情况统计表

序号	省（自治区）	市（地）级行政区	县级行政区	生态敏感区名称	设立时间	生态敏感区类型	生态敏感区级别	位置	面积/km²	主要保护目标
1	新疆维吾尔自治区	巴音郭楞蒙古自治州	和静县	巴音布鲁克自然保护区	1986年	野生动物自然保护区	国家级	保护区位于巴音布鲁克盆地内，位于都勒都斯盆地底部的沼泽湿地中。具体为大尤勒都斯盆地沼泽地、小尤勒都斯盆地沼泽地和连接它们的开都河河段	1368.94	湿地与水域生态系统及其生物多样性，湿地与水域野生动植物资源和湿地资源
2			和静县	巴音布鲁克国家AAAAA级风景名胜区		风景名胜区	国家AAAAA级	巴音布鲁克草原，具体包括大、小尤勒都斯盆地以及开都河源流水源涵养区	1118.48	高山草甸草原和高寒沼泽湿地生态系统与景观，以及野生动植物资源与生物多样性
3				巴音布鲁克世界自然遗产地		世界自然遗产地	世界级	开都河和源流区巴音布鲁克地区大、小尤勒都斯盆地以及盆地周边的开都河流域山地、冰川、草原、湿地	23000	高山草甸草原和高寒沼泽湿地生态系统与景观，以及野生动物植物资源与生物多样性
4			博湖县、焉耆县	博斯腾湖国家湿地	2017年12月	湿地公园	国家级	小湖区南部以孔雀河西输水渠为界，北部以新修防洪堤为界；大湖区南部及东部以环湖公路以西位线为界，西部及北部以1048m水位线为界；开都河部分自宝浪苏木浪入湖口，南北跨度为55.0km，东西界限内的区域92.4km，四至界限内的区域	1573.71	湿地公园内的水体、野生动物、植物、地形地貌等生态资源
5			博湖县、焉耆县、和硕县	博斯腾湖国家AAAAA级风景名胜区	2014年	风景名胜区一级保护区	国家AAAAA级	博斯腾湖大湖及小湖区域以及沿湖湿地景观区	988	湖泊湿地景观及野生动植物等生态资源
6				博斯腾湖风景名胜区	1997年	风景名胜区二级保护区	省及地州级	大湖水位1047.5m以内水域、黄水沟水闸堤坝以南大湖湿地、开都河入湖口的芦苇湿地，除莲花湖—阿洪口以外的	1304	湖泊湿地景观、生物多样性与生态环境
								环博斯腾湖大、小湖核心一级保护区向外1~1.5km不等的环形区域	459.5	保护湖泊湿地景观及生态环境

名胜区是 2014 年批复评定，面积 988km^2；1997 年巴州政府会议通过博斯腾湖风景名胜区范围并上报新疆维吾尔自治区批准，面积 3550km^2，2017 年编制的《博斯腾湖风景名胜区总体规划》明确了各级保护区。

第四节　博斯腾湖流域水资源开发情况

根据《新疆巴音郭楞蒙古自治州水资源公报》统计资料，2017 年和硕、和静、焉耆、博湖四县年总用水量（含诸小河流，公报未分开）为 13.47 亿 m^3，辖区内第二师 21 团、22 团、24 团、25 团、27 团和 223 团用水量合计 3.01 亿 m^3，开都河流域区域年总用水量合计 16.48 亿 m^3，其中农业引水总量（含诸小河）为 15.45 亿 m^3，占总用水量的 93.75%，工业用水总量为 0.41 亿 m^3，占总用水量的 2.49%，生活用水总量 0.36 亿 m^3，占总用水量的 2.18%，其他用水量为 0.26 亿 m^3，占总用水量的 1.58%。根据"三条红线"规定，开都河流域（不含诸小河流）的和静、和硕、焉耆、博湖和第二师团场总用水量为 14.70 亿 m^3，其中地表水总用水量应为 10.59 亿 m^3（仅开都河红线指标为 7.16 亿 m^3），地下水总用水量应为 4.11 亿 m^3（仅开都河红线指标为 2.52 亿 m^3）。据新疆塔里木河流域巴音郭楞管理局提供资料，2017 年流域农业从开都河引水实际总量为 11.51 亿 m^3，超出开都河农业用水红线 2.60 亿 m^3，其中地表水的实际引水量为 6.02 亿 m^3，未超红线，但地下水用量为 5.49 亿 m^3，超红线 3.63 亿 m^3。

一、开都河流域水资源开发利用概况

开都河流域 2017 年农业灌溉面积达 18.27 万 hm^2，超出巴州规划灌溉面积（14.7 万 hm^2）3.57 万 hm^2，其中和静县灌溉面积为 4.48 万 hm^2，超出巴州规划灌溉面积（3.56 万 hm^2）0.92 万 hm^2，超出率达 25.84%；和硕县现状灌溉面积为 3.79 万 hm^2，超出巴州规划灌溉面积（2.44 万 hm^2）1.35 万 hm^2，超出率达 55.33%；焉耆县灌溉面积为 3.66 万 hm^2，超出巴州规划灌溉面积（3.04 万 hm^2）0.62 万 hm^2，超出率达 20.39%；博湖县灌溉面积为 2.24 万 hm^2，超出巴州规划灌溉面积（1.93 万 hm^2）0.31 万 hm^2，超出率达 16.06%；第二师 21 团、22 团、24 团、25 团、27 团和 223 团现状年农业灌溉总面积为 4.1 万 hm^2，超出规划灌溉面积（3.73 万 hm^2）0.37 万 hm^2，超出率达 9.92%。

目前，开都河流域农业灌溉面积超过水资源承载力，最严格水资源管理中开都河地表水管控相对较好，诸小河管控尚不到位，基本全部断流，地下水普遍超采。根据已有统计资料，开都河流域 2016 年尚有机井共 3855 眼，其中和静县为 785 眼、和硕县 1473 眼、焉耆县 895 眼、博湖县 702 眼。2016 年年底大部分机电井已安装智能水表，实行井电双控，为地下水资源管控打下了重要基础。由于地下水井数量众多，在农作物生长旺季大量抽取地下水进行灌溉，其中 2017 年和静县地下水开采量达 1.45 亿 m^3，超出流域规定的 1.28 亿 m^3 地下水允许开采量 0.17 亿 m^3，超采率 13.28%；和硕县地下水开采量达 1.46 亿 m^3，超出流域规定的 0.79 亿 m^3 地下水允许开采量 0.67 亿 m^3，超采率达 84.81%；焉耆县地下水开采量达 1.25 亿 m^3，超出流域规定的 1.01 亿 m^3 地下水允许开采量 0.24 亿 m^3，超采率达 23.76%；博湖县现状年地下水开采量为 1.09 亿 m^3，超出流域规定的 0.77 亿 m³ 地下水允许开采量 0.32 亿 m³，超采率达 41.56%；第二师 21 团、22 团、24 团、25 团、27 团和 223 团现状年地下水开采量为 0.33 亿 m³，超出流域规定的 0.27 亿 m³ 地下水允许开采量 0.06 亿 m³，超采率达 22.22%。

二、孔雀河流域水资源开发利用概况

孔雀河流域用水主要有两个来源：一个是来自博斯腾湖的地表水，多年平均年来水量 13.74 亿 m³（1955—2018 年），另一个是来自地下水。由塔里木河流域巴音郭楞管理局 2017 年供水数据和《新疆巴音郭楞蒙古自治州水资源公报》（2017）显示，孔雀河流域 2017 年用水总量 17.39 亿 m³，其中地方 12.98 亿 m³，兵团 4.41 亿 m³；供水中地表水供水量 11.59 亿 m³，地下水供水量 5.80 亿 m³。万元工业增加值用水量 42.03m³，高于流域规划的 29m³ 的预期指标。综合水利用系数 0.60，低于 2020 年当地规划 0.65 的预期指标，亩均农业灌溉用水量 615.98m³，超过新疆同期 594.65m³ 灌溉用水量，显著超出全国同期 380m³ 灌溉用水量，也高于 2020 年流域规划预期指标 570m³ 的亩均毛灌溉用水量。

对比流域水资源管理各项指标，除地表水水质外，孔雀河流域用水总量及地下水用水量均超出规定标准。特别是地下水用水量，显著超过指标标准与流域地下水可开采量，水资源开发利用程度已经超出流域水资源可承载力。2017 年孔雀河流域（主要区域库尔勒市及尉犁县）有地下水井 13271 眼，其中，库尔勒市 7952 眼，尉犁县 5319 眼，流域机井数量占整个巴州地下水井总数的 59.48%，其中非法井数 1019 眼。库尔勒市 2017 年所有的 7463 眼合法井中 91.90% 已经实施"井电双控"。但是，这些机井中有 3585 眼机井尚未获得取水许可证；尉犁县 4789 眼合法井已经 100% 实施"井电双控"［据巴州水利局统计 2016 年巴州各县（市）实施"井电双控"进展情况］，但尉犁县农用机井有 1652 眼分布在孔雀河两岸 1km 范围内，占整个孔雀河 1km 范围内机井数量的 88.44%，地下水资源利用管理保护并不到位，尤其是河道边的机井以及沿河地下水的超采，会直接导致地表水渗漏损耗增加，变相抢夺地表水与有限的生态输水，并进一步恶化流域生态环境。

根据巴州水利局的《巴州平原区地下水资源利用与保护规划》，目前，开都河流域平原区地下水埋深下降速率为 0.72～2.44m/a，平均下降速率为 1.38m/a，地下水严重超采区和一般超采区面积分别为 324km² 和 1421km²。

参 考 文 献

[1] 陈朋，马燕武，谢春刚，等. 博斯腾湖鱼类群落结构的初步研究 [J]. 淡水渔业，2014，44（2）：36 - 42.

[2] 陈亚宁，杜强，陈跃滨. 博斯腾湖流域水资源可持续利用研究 [M]. 北京：科学出版社，2013.

[3] 龚旭昇. 新疆开都河流域水生植物多样性及群落特征研究 [D]. 武汉：湖北大学，2016.

[4] 马燕武，郭焱，陈朋，等. 新疆开都河鱼类区系组成与分布 [J]. 淡水渔业，2013，43（5）：21 - 26.

[5] 彭羽，薛达元，郭泺. 博斯腾湖生态系统结构及其鱼载力分析 [J]. 水生态学杂志，2009，30（4）：15 - 18.

［6］ 李卫红，陈跃滨，郭永平，等. 博斯腾湖环境与资源的保护和可持续利用 ［J］. 干旱区地理，2002（3）：225－230.

［7］ 李文利，王英，孟凡洲，等. 新疆博斯腾湖的芦苇资源及其利用 ［J］. 新疆畜牧业，2008（S1）：55－57.

［8］ 张海燕，刘彬. 近 50 年博斯腾湖小湖区芦苇资源量消长变化及主要驱动因素 ［J］. 广东农业科学，2015，42（9）：154－159.

第二章　博斯腾湖流域供需水管理

　　博斯腾湖流域是一个典型的干旱区内陆河流域，其地表水资源主要由高山区的冰雪融水、中山区的降水和基岩裂隙水组成，从山区到平原，整个流域由山地生态系统、绿洲生态系统、湖泊生态系统及荒漠生态系统构成。与我国西北干旱区各主要内陆河流域相似，博斯腾湖流域也同样存在山区产水、绿洲耗水、荒漠缺水的水资源格局，资源性缺水与工程性缺水、管理性缺水交织，水资源供需矛盾突出。深入研究流域水资源变化特征及演变趋势，科学分析区域供需水关系，强化流域水资源空间均衡配置和供需水管理，对流域水资源可持续开发利用和区域经济社会稳定发展有重要意义。

　　博斯腾湖是我国最大的内陆淡水湖，既是开都河的尾闾，又是孔雀河的源头。博斯腾湖像整个流域的"心脏"，发挥着重要的水资源调节作用，是一个巨大的天然"调节水库"，它接纳了开都河等源流来水，又是孔雀河唯一的供水源。博斯腾湖流域内行政区包括巴音郭楞蒙古自治州（以下简称巴州）的焉耆县、和静县、和硕县、博湖县、库尔勒市、尉犁县（部分）和新疆生产建设兵团第二师的 11 个团场、州直 4 个国有农场及该流域的石油工矿企业，养育着巴州约 110 万各族民众，承担着 39.13 万 hm² 灌溉（其中地方灌溉面积 31.93 万 hm²，农二师灌溉面积 7.2 万 hm²）用水任务，国民生产总值占全州的 80% 以上，是巴州国民经济发展、生态环境保护的重要区域。本章从博斯腾湖流域水文情势及径流量变化、未来山区来水量和流域需水量变化三个方面对博斯腾湖流域供需水情势及未来变化进行了分析，旨在为博斯腾湖流域经济社会可持续发展提供科技支撑。

第一节　博斯腾湖流域径流量变化分析

一、主要河流水文及径流量变化

1. 主要河流径流特征

　　博斯腾湖流域地表径流补给既有高山冰川和永久积雪的融水补给，又有中低山季节性积雪融水和夏季降雨的补给。径流年际变化较小，流域内主要河流多年平均年径流量及不同频率下的设计年径流量见表 2-1，流域内主要河流多年平均年径流量年内分配见表 2-2。从表 2-1 和表 2-2 中可以看出：开都河大山口水文站多年平均年径流量为 35.51 亿 m³，其中春季（3—5 月）径流量为 7.96 亿 m³，占全年径流量的 22.42%；夏季（6—8 月）径流量为 15.95 亿 m³，占全年径流量的 44.92%；秋季（9—11 月）径流量为 7.59 亿 m³，占全年径流量的 21.37%；冬季（12 月至次年 2 月）径流量为 4.01 亿 m³，占全年径流量的 11.29%。黄水沟多年平均年径流量为 2.96 亿 m³，其中春季（3—5 月）径流量占全年径流量的 13.51%，夏季（6—8 月）径流量占全年径流量的 57.09%，秋季（9—11 月）径流量占全年径流量的 19.26%，冬季（12 月至次年 2 月）径流量占全年径流量的 10.14%。清水河多年平均年径流量为 1.25 亿 m³，其中春季（3—5 月）径流量占全年径流量的 9.02%，夏季（6—8 月）径流量占全年径流量的 54.92%，秋季（9—11 月）径流量占全年径流量的 25.40%，冬季（12 月至次年 2 月）径流量占全年径流量的 10.66%。

表 2-1　　　　　　　　　博斯腾湖流域主要河流设计年径流量成果表

河流	站名	均值/亿 m³	径流深/mm	C_v	C_s/C_v	不同频率设计年径流量/亿 m³			
						25%	50%	75%	90%
开都河	大山口	35.51	184.7	0.18	6	38.58	34.94	30.19	29.02
黄水沟	黄水沟	2.96	68.6	0.34	5	3.48	2.72	2.20	1.88
清水河	克尔古提	1.25	122.8	0.35	3.5	1.45	1.13	0.92	0.81

注　C_v 为变差系数；C_s 为偏差系数。

表 2-2　　　　　　博斯腾湖流域主要河流多年平均年径流量年内分配表　　　　　单位：亿 m³

河流	站名	1 月	2 月	3 月	4 月	5 月	6 月	7 月	8 月	9 月	10 月	11 月	12 月
开都河	大山口	1.36	1.18	1.38	2.83	3.75	4.85	5.77	5.33	3.31	2.46	1.82	1.47
黄水沟	黄水沟	0.1	0.09	0.09	0.1	0.21	0.45	0.68	0.56	0.27	0.17	0.13	0.11
清水河	克尔古提	0.04	0.04	0.04	0.03	0.05	0.14	0.31	0.24	0.14	0.1	0.07	0.05

2. 主要河流径流年际及年内变化

由于博斯腾湖流域仅有开都河、黄水沟和清水河有流量观测数据，其他小河流未建立长期水文观测点，因此仅对开都河、黄水沟和清水河的径流变化进行分析（见图 2-1）。从分析结果来看，开都河、黄水沟和清水河年径流量均表现出增加趋势，增加趋势分别为 0.1362 亿 m³/a、0.0226 亿 m³/a 和 0.0108 亿 m³/a。三条河流的 Mann-Kendall 单调趋势检验结果表明，开都河、黄水沟和清水河的年径流量均呈显著增加趋势，置信度水平达

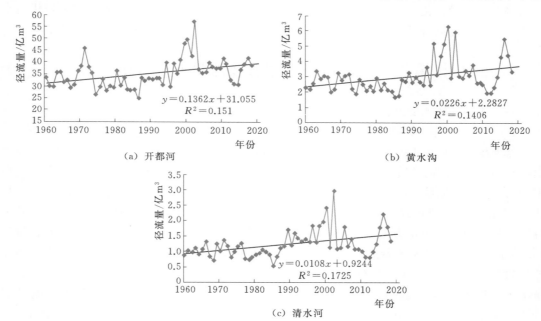

（a）开都河　　　　　　　　　　　　　（b）黄水沟

（c）清水河

图 2-1　博斯腾湖流域出山口年径流量变化趋势

99%。开都河流域和黄水沟流域的流量增加主要发生在春、夏季（见图 2-2），主要是流域产汇流过程的不同所致，尤其是开都河流域，高山区冰雪融水约占 17%，而春、夏季山区冰雪融化，会增加出山口的径流量。

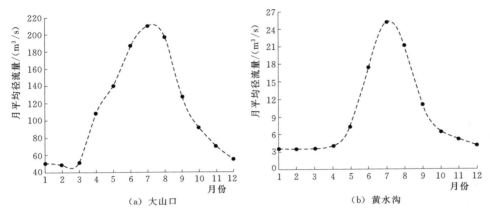

（a）大山口　　　　　　　　　　　（b）黄水沟

图 2-2　大山口、黄水沟出山口月平均径流量变化趋势

表 2-3 为年径流年代际变化统计，从表中可以看出，20 世纪 60—80 年代，开都河大山口站、黄水沟出山口站以及清水河克尔古提站年径流均为负距平，而 90 年代以后，三站的年径流均为正距平。进入 21 世纪以来，开都河、黄水沟和清水河均进入丰水期，尤其是 2000—2009 年间年径流量较多年平均水平分别增加了 5.85 亿 m^3 和 0.67 亿 m^3 和 0.29 亿 m^3。通过重标极差分析法分析，开都河和黄水沟年径流的 Hurst 指数分别为 0.41 和 0.37，接近 0.5，这表明博斯腾湖流域年径流在未来一段时间内将在平均值徘徊，没有显著的上升或下降趋势。

表 2-3　　　　　　　　　　　　博斯腾湖流域年径流年代际变化

站　名	径流距平/亿 m^3					
	1960—1969 年	1970—1979 年	1980—1989 年	1990—1999 年	2000—2009 年	2010—2018 年
开都河大山口站	−2.54	−1.89	−4.23	1.27	5.85	1.72
黄水沟出山口站	−0.33	−0.50	−0.57	0.48	0.67	0.27
清水河克尔古提站	−0.22	−0.22	−0.22	0.28	0.29	0.10

3. 开都河水文变异指标分析

很多指数可以用来评估流域水文变化及其生态效应，目前最为常用和最广泛使用的指标体系是水文变异指标（IHA）。IHA 可以应用到评估水文系统的变化，有助于了解流量与河流生态系统之间的相互作用。河流水文变异指标（IHA）从月流量大小、频率、时间、历时以及变化率等方面计算 32 个具有生态系统表征的水文特征值（见表 2-4）。水文指标改变程度可以用 RVA 阈值来确定，即受影响前各指标发生频率的 75% 及 25% 作为满足河流生态需求的变动范围（Richter et al.，1998）。若受影响后的流量特征值大部分落在 RVA 阈值外，则说明河流水文情势改变度较大，反之亦然。为了定量描述各个水文指标受影响后的改变度，Richter 等（1998）提出了水文改变度来量化，即 $D=[$（观测频率−期望频率）/期望频

率]×100％。D 正值表示数值的个数超过目标范围期望数，负值表示小于目标范围期望数，并规定 $0 \leqslant |D| < 33\%$ 为无或低度改变，$33\% \leqslant |D| < 67\%$ 为中度改变，$67\% \leqslant |D| < 100\%$ 为高度改变。总体改变度 D_0 被定义为（Shiau and Wu，2006）：

$$\begin{cases} D_0 = \dfrac{1}{32} \sum_{i=1}^{32} (D_i - 33\%) \\ D_0 = 67\% + \dfrac{1}{32} \sum_{i=1}^{N_h} (D_i - 67\%) \\ D_0 = 33\% + \dfrac{1}{32} \sum_{i=1}^{N_m} (D_i - 33\%) \end{cases} \tag{2-1}$$

式中：D_i 为各个水文指标的变化值；N_m 为 D_i 属于中度改变的指标个数；N_h 为 D_i 属于高度改变的指标个数。

表 2-4　　　　　　　　　　　　水 文 变 异 指 标 体 系

类别	指标名称	指标序号	指标
第一类	月平均径流总量	1～12	各月分流量平均值
第二类	年极端流量	13～22	年最大/最小 1 日、3 日、7 日、30 日、90 日流量平均值
第三类	年极端流量发生时间	23～25	年最大/最小 1 日流量发生时间
第四类	高、低流量的频率/延时	26～29	每年发生低流量、高流量的次数以及低流量、高流量平均延时
第五类	流量变化改变率及频率	30～32	流量平均减少率、增加率及每年流量逆转次数

水文变异指标中，24 个指标发生了显著变化，包括第四组、第五组的全部指标以及第一与第二组的部分指标（见表 2-5）。其中，月水文极端值在开都河都表现为增加趋势（$P = 0.001$），特别是最小 30 日、90 日流量。

表 2-5　　　　　　　　　　　　开都河水文变异指标资料统计

组别	项　目	10%	25%	50%	75%	90%	(75%−25%)/50%	Slope	P
第一组	1 月	37.9	42.2	48.1	59.2	71.7	0.353	0.60	0.001
	2 月	37.6	42.6	44.8	53.45	65.95	0.24	0.51	0.001
	3 月	38.8	41.9	47.1	61.3	68.5	0.41	0.67	0.001
	4 月	68.05	87.4	96.25	112.5	126.5	0.26	0.28	0.5
	5 月	86.3	96.8	135	153	188.3	0.42	−0.10	0.5
	6 月	119.5	147.5	173	200.5	272	0.31	0.90	0.5
	7 月	134	156	193	230	308	0.38	2.02	0.025
	8 月	127	135	161	217	293	0.51	2.79	0.001
	9 月	85.25	95.7	110	142.5	174	0.43	1.28	0.005
	10 月	70.6	76.6	86.1	106	119	0.34	0.79	0.001
	11 月	51.4	53.67	63.65	82.4	91.25	0.45	0.88	0.001
	12 月	40	45.1	52.1	64	72.2	0.37	0.65	0.001
第二组	最小 1 日流量/(m^3/s)	0	19.9	31.01	37.7	41.5	0.57	−0.58	0.005
	最小 3 日流量/(m^3/s)	17.79	29.4	34.99	41.1	47.63	0.33	−0.10	0.5

续表

组别	项 目	10%	25%	50%	75%	90%	(75%−25%)/50%	Slope	P
第二组	最小 7 日流量/(m³/s)	27.96	34.4	37.66	42.87	56.69	0.23	0.10	0.5
	最小 30 日流量/(m³/s)	36.18	37.78	43.88	51.45	62.69	0.31	0.43	0.001
	最小 90 日流量/(m³/s)	38.37	42.36	47.18	56.48	67.26	0.30	0.59	0.001
	最大 1 日流量/(m³/s)	272	306	359	419	628	0.31	4.92	0.005
	最大 3 日流量/(m³/s)	239	285.7	327	386.7	539.3	0.31	3.64	0.005
	最大 7 日流量/(m³/s)	210.2	247.7	294.9	338	458.3	0.31	3.13	0.01
	最大 30 日流量/(m³/s)	168.8	207.8	241.2	285.1	336.1	0.32	2.41	0.025
	最大 90 日流量/(m³/s)	145.7	175.9	196.1	227.6	286.3	0.26	1.85	0.01
	断流天数	0	0	0	0	1	0	0.001	0.5
	基流指数	0.27	0.32	0.36	0.41	0.43	0.26	−0.002	0.1
第三组	最小流量出现时间	319	364	38	79	97	0.22	0.88	0.5
	最大流量出现时间	122	162	179	207	222	0.12	0.32	0.5
第四组	低流量次数	1	2	4	16	27	3.5	0.60	0.001
	低流量持续时间/d	1	1.5	3	65.5	105	21.33	−2.17	0.001
	高流量次数	4	6	7	9	13	0.43	0.12	0.01
	低流量持续时间/d	2	3	6	8.5	14	0.92	−0.16	0.005
第五组	上升率/[m³/(s·d)]	1.2	2	5	8.85	11.2	1.37	0.30	0.001
	下升率/[m³/(s·d)]	−13	−9.9	−5	−2	−1.4	−1.58	−0.35	0.001
	反转率/[m³/(s·d)]	82	90	142	186	199	0.68	3.56	0.001

注 表中数字为分位数值。Slope 表示指标变化线性趋势线的斜率。P 为指标数值变化趋势拟合曲线的置信度。最小流量出现时间和最大流量出现时间为年初 1 月 1 日开始计算的出现时间。

基于 Pettitt's 和 Mann-Kendall 检验方法，对开都河 1960—2018 年年径流时间序列进行了突变检验，发现年径流于 1994 年发生了由低到高的突变（见图 2-3）。开都河在分界点前的平均径流量为 33.14 亿 m³，分界点之后的平均径流量为 39.37 亿 m³，比分界点之前的径流量增加了 6.23 亿 m³。

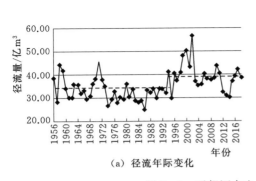

（a）径流年际变化

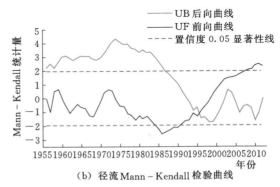

（b）径流 Mann-Kendall 检验曲线

图 2-3 开都河大山口水文站径流量突变点检验

将大山口站月径流量分成两个时间段，分别为 1959—1995 年以及 1996—2012 年，发现除 4—7 月外（见图 2-4），其余月份超出概率曲线差异较大，这也说明在 1995 年前后水文情势发生了明显的变异。对前后两段的均值比较发现（见表 2-6），后一时间段的均值明显大于前一时间段（大部分幅度超过 20%），其中，发生高变异的指标有 10 个，中变异的有 8 个，低变异的有 14 个。

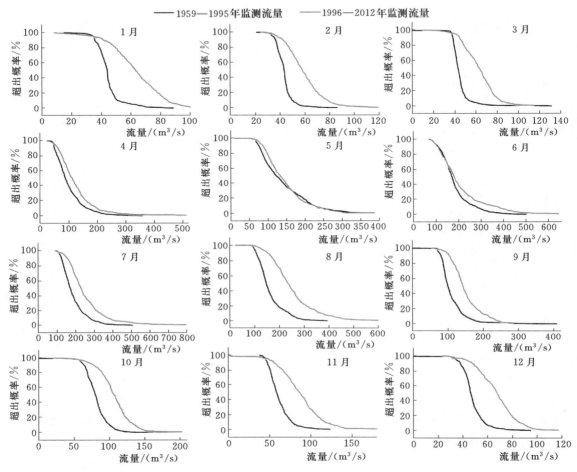

图 2-4　大山口站日流量分段趋势

表 2-6　　　　　　　　大山口站 1995 年前后 32 个水文指标变化

类别	月　份	均值		C_v		变化幅度/%		RVA 范围		水文变异
		1995 年前	1995 年后	1995 年前	1995 年后	均值	C_v	低值	高值	
第一类	1 月	44.33	62.81	0.14	0.22	41.69	60.5	38.33	50.32	−1
	2 月	43.06	58.84	0.12	0.17	36.63	35.99	37.83	48.3	−0.79
	3 月	44.39	62.06	0.11	0.12	39.82	13.77	39.64	49.13	−0.90
	4 月	100.5	122.5	0.20	0.20	21.91	0.64	80.19	120.8	−0.2
	5 月	139.7	143.1	0.33	0.25	2.40	−25.4	93.75	185.7	−0.04
	6 月	181.5	204.4	0.23	0.39	12.61	70.56	139.9	223.1	−0.29
	7 月	186.9	249.8	0.26	0.28	33.67	7.532	138.7	235	−0.2

类别	月　份	均值		C_v		变化幅度/%		RVA 范围		水文变异
		1995年前	1995年后	1995年前	1995年后	均值	C_v	低值	高值	
第一类	8月	159.6	246.2	0.23	0.29	54.23	24.36	122.4	196.9	−0.75
	9月	110.4	149.1	0.26	0.17	35.05	−33.93	81.24	139.5	−0.41
	10月	80.43	105.5	0.14	0.13	31.23	−1.49	69.51	91.35	−0.7
	11月	60.63	84.75	0.16	0.17	39.78	6.32	51	70.26	−0.83
	12月	47.42	66.58	0.15	0.13	40.41	−12.79	40.13	54.71	−0.81
第二类	最小1日流量/(m^3/s)	28.51	23.89	0.50	0.61	−16.22	22.23	14.22	42.81	−0.33
	最小3日流量/(m^3/s)	32.53	36.06	0.43	0.43	10.88	50.42	23.33	41.72	−0.49
	最小7日流量/(m^3/s)	35.54	43.23	0.16	0.39	21.62	140.8	29.86	41.23	−0.66
	最小30日流量/(m^3/s)	40.89	53.86	0.11	0.19	31.72	70.82	36.26	45.52	−0.91
	最小90日流量/(m^3/s)	43.86	60.85	0.11	0.15	38.73	29.93	38.89	48.84	−0.9
	最大1日流量/(m^3/s)	337.7	469	0.21	0.31	38.88	47.03	265.5	409.9	−0.25
	最大3日流量/(m^3/s)	308.4	409.7	0.19	0.29	32.86	49.17	248.6	368.2	−0.2
	最大7日流量/(m^3/s)	278.4	370.6	0.20	0.28	33.14	45.16	223.9	332.9	−0.3
	最大30日流量/(m^3/s)	224.1	300.5	0.22	0.27	34.06	23.15	174.5	273.8	−0.25
	最大90日流量/(m^3/s)	186.4	241.8	0.17	0.26	29.72	51.35	153.9	219	−0.15
	断流天数	0.29	0	2.57	0	−100	−100	0	1.04	0.09
	基流指数	0.36	0.33	0.18	0.36	−7.58	103.7	0.29	0.42	−0.29
第三类	最小流量出现时间	34.42	51.27	0.17	0.21	9.21	27.52	35	95.48	−0.04
	最大流量出现时间	177.6	188.5	0.10	0.08	5.96	−21.41	142.4	212.8	0.13
第四类	低流量次数	1.33	3.53	1.53	1.06	165	−30.7	0	3.37	−0.28
	低流量持续时间/d	4.40	1.43	0.64	0.56	−67.56	−12.07	1.6	7.21	−0.04
	高流量次数	6.38	7.73	0.40	0.50	21.31	26.3	3.84	8.91	−0.34
	低流量持续时间/d	9.74	15.79	0.51	0.65	62.24	26.07	4.74	14.73	−0.24
第五类	上升率/[m^3/(s·d)]	8.458	16.51	0.36	0.19	95.24	−46.08	5.41	11.51	−0.90
	下升率/[m^3/(s·d)]	−6.91	−15.74	−0.44	−0.24	127.9	−44.69	−9.96	−3.86	−1
	反转率/[m^3/(s·d)]	110.1	190.6	0.33	0.04	73.08	−85.65	73.44	146.8	−1

注　表中 RVA（Range of Variability Approach）表示变动范围法。

在大山口站，月流量值（包括表2-6中第一类月平均径流量和第二类年极端流量）在高 RVA 分类中改变度为正值，在低 RVA 分类中为负值（见图2-5）。但值得注意的是，所有的水文改变因子在中 RVA 分类中表现为负值，说明从前一时期到后一时期过程中，中流量的频次降低了，更多的转变为高流量频次。

二、流域气候变化

气候变化已经受到了全世界的广泛关注，其物理科学基础、情景模拟、影响评估、对

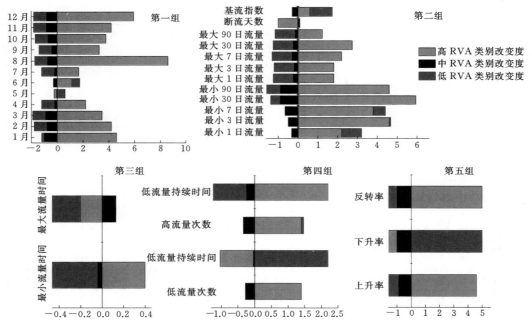

图 2-5　大山口 RVA 高、中、低水文改变度

策和缓解等方面已成为研究热点。在气候变化背景下，与全球平均水平相比，山区气候变化往往更加剧烈，其气温上升速率更高、降水变异更大。因此，了解研究区的山区气候变化对山区气候水文过程及水资源变化非常重要，也是研究未来水文过程特征和进行水资源预测的基础。博斯腾湖流域为典型大陆性气候，降水稀少，夏季炎热，冬季寒冷。巴音布鲁克站和巴仑台站多年平均年降水量分别为 274.0mm 和 211.9mm，多年平均年日照时间为 2771.8h 和 2423.3h，多年平均相对湿度为 69.6％和 43.1％（见表 2-7）。在年内尺度上，巴仑台站气温、降水和蒸发量在 6—8 月最高，3—5 月平均风速最大。日照时数与温度的变化趋势基本一致，对于相对湿度来说，3 月、4 月相对湿度最低，低至 33.4％（见图 2-6）。

表 2-7　　　　　　　　巴音布鲁克站和巴仑台站多年平均气候特征

站点	多年平均气温 /℃	多年平均年 降水量/mm	多年平均年 蒸发量/mm	最高气温 /℃	最低气温 /℃	多年平均年 日照时间/h	多年平均相对 湿度/%
巴音布鲁克	-4.3	274.0	638.1	29.8	-49.6	2771.8	69.6
巴仑台	6.6	211.9	1010.0	34.5	-26.4	2423.3	43.1

1. 气温变化特征

在过去的几十年，博斯腾湖流域经历了显著的气候变化。在 1960—2017 年间，巴音布鲁克站和巴仑台站气温呈上升趋势，尤其是 20 世纪末 21 世纪初，气温上升显著，平均上升速率均为 0.2℃/10a（见图 2-7）。

在空间上，本节对博斯腾湖流域的山区和平原区的各个气象站的气温相关性进行了分析（见图 2-8）。在年和季节尺度上，各站气温之间都表现为显著的相关关系（$P <$

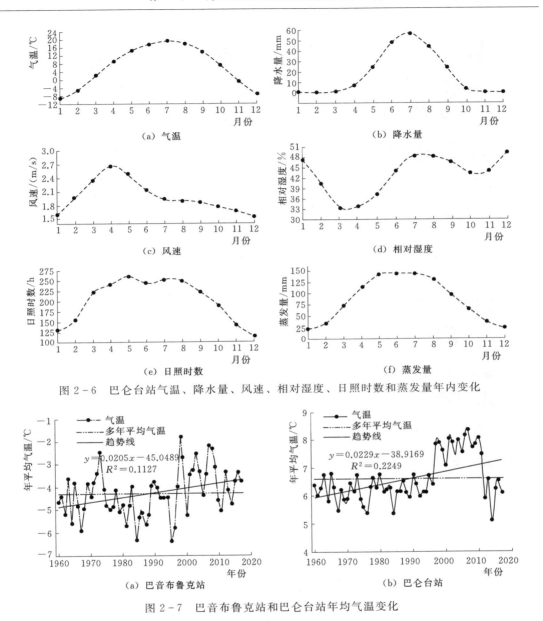

图 2-6　巴仑台站气温、降水量、风速、相对湿度、日照时数和蒸发量年内变化

图 2-7　巴音布鲁克站和巴仑台站年均气温变化

0.05)，但巴音布鲁克站与其他站的气温相关性相对较小，仅与巴仑台站表现出较高的相关性。考虑到巴仑台站和巴音布鲁克站海拔较高（分别为 1739m 和 2458m），因此将两站气温进行了算术平均，作为山区气温，而将其他四站气温平均，作为平原气温。山区年平均气温在 1996 年发生跃变（见图 2-9，曲线的最低点），春、秋季以及冬季同样在 1996 年观测到均值跃变。平原区在 1985 年观测到跃变，季节跃变检验则有所差异，夏季在 1996 年，秋季在 1987，冬季在 1984。而与西北干旱区其他流域的比较也发现，大部分的流域气温发生跃变的年份是在 1988 年，说明每个流域会有所差异，而且由于的数据的长度与所采用的分析方法不同，也会使研究结果产生差异。

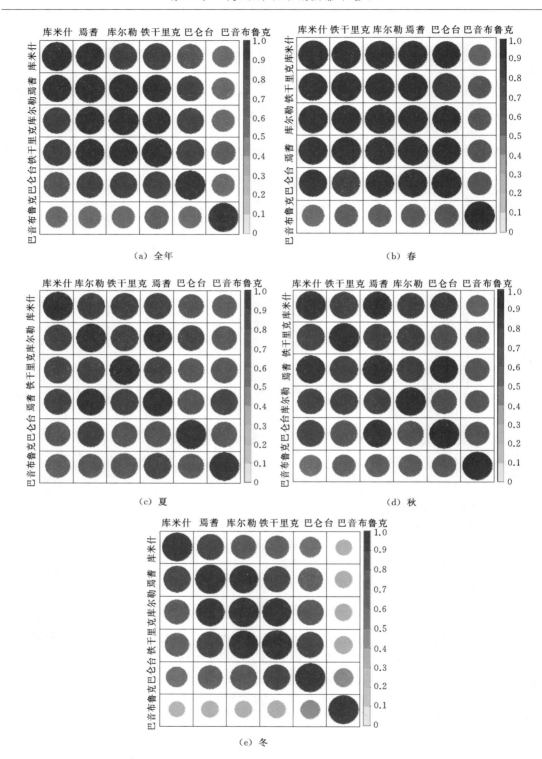

图 2-8　博斯腾湖流域各站气温年与季节时间序列相关图

（图中圆尺寸与颜色表示不同气象站间气温变化的相关性，相关性越高，尺寸最大，颜色越深）

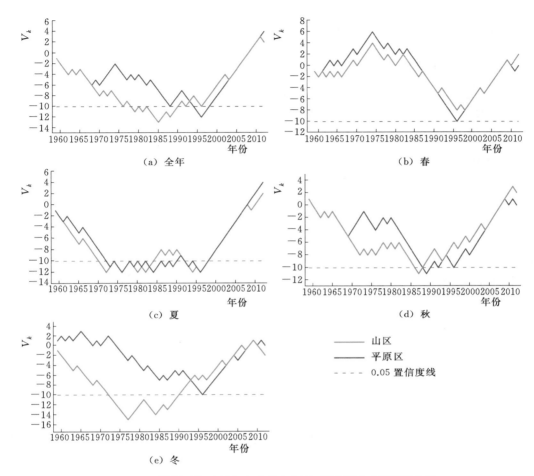

图 2-9　博斯腾湖流域年与季节气温的 CUSUM 时间序列检验

山区序列图表明（见图 2-10），1996 年发生了明显的均值跃变，例如，年气温从 0.74℃上升到 2.12℃。春、夏、秋、冬四个季节在 1996 之前的气温为 3.14℃、13.91℃、1.67℃、−15.76℃，而 1996 之后升高到 4.35℃、14.85℃、3.28℃、−14.01℃。前后两个时期的温度较为稳定，都没有显著的增加或减少趋势（$P>0.05$）。而对于平原区（见图 2-11），全年、秋季、冬季在 1985 年观测到跃变，气温从 9.57℃、9.51℃、−7.90℃升高到 10.60℃、10.22℃、−6.57℃，而春、夏季则在 1996 年观测到跃变，气温从 12.98℃、24.58℃升高到 13.89℃、25.58℃。前一时期较为稳定，后一时期，年气温具有显著的增加趋势（$P=0.01$），而季节气温未发生显著的变化，说明在季节尺度上，状态较为稳定。

对博斯腾湖流域气温的趋势检验发现（见图 2-12），山区在秋季升温幅度最高，达 0.039℃/a，平原区冬季升温幅度最大；对山区的季节趋势检验发现，其在春、冬季趋势不显著。对巴音布鲁克和巴仑台的月气温检验表明，其在 12 月至次年 5 月气温变化不显著，这也是导致山区在春、冬季趋势变化不大的原因。

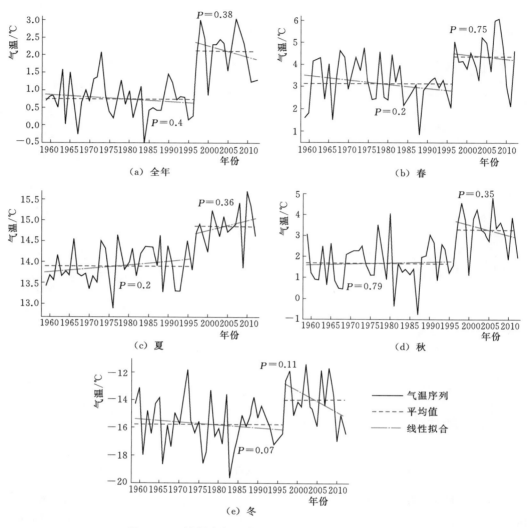

图 2-10　博斯腾湖流域山区气温年与季节变化趋势

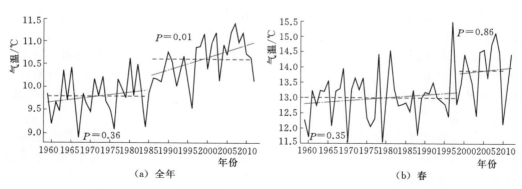

图 2-11（一）　博斯腾湖流域平原区气温年与季节变化时间序列

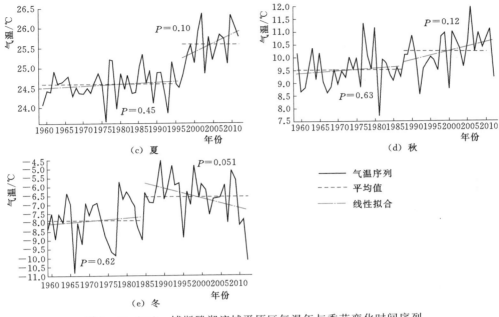

图 2-11（二） 博斯腾湖流域平原区气温年与季节变化时间序列

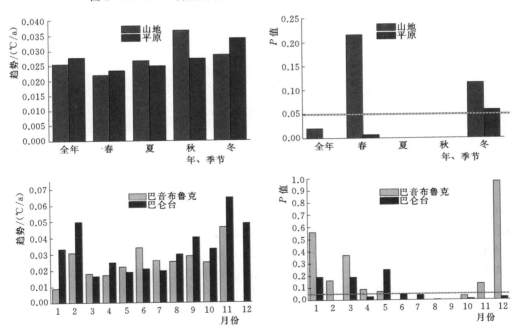

图 2-12 博斯腾湖流域气温变化趋势分析（Mann-Kendall 检验）

对平原区和山区年与季节气温作 Hurst 指数（见图 2-13、图 2-14），发现都有一定程度的变异。在四季中，夏季的变异最大，分别达到了 0.9022 和 0.9167。山区气温中，冬季气温变异最小，而平原区为春季和秋季。根据 Hurst 指数的变异程度可以推断，博斯腾湖流域的气温还会持续增加，特别是在夏季。

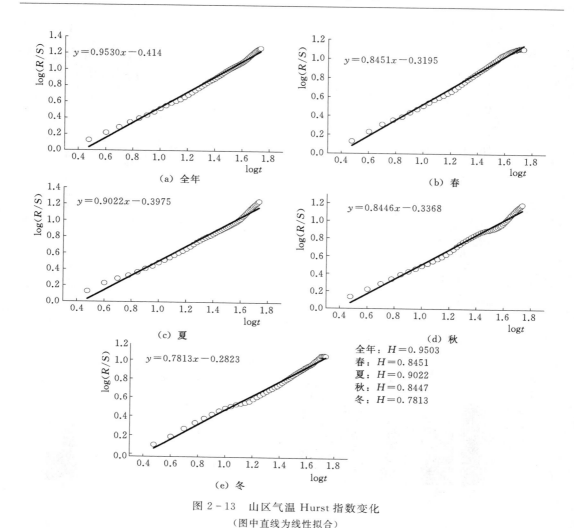

图 2 - 13　山区气温 Hurst 指数变化

（图中直线为线性拟合）

对山区和平原区月气温进行了小波变换（见图 2 - 15），发现在 1 年尺度左右上小波能量谱较强，说明博斯腾湖流域气温存在 1 年周期的年变化，而在其他尺度，小波能量谱相对较低，未能很好地抓住其季节特征和年代际特征。由于年变化特征过于强烈，掩盖了其他周期，小波变化可能对这种非平稳序列不能很好地拟合，有必要采用其他方法，如集合模态正交分解（EEMD），进行其他尺度特征的提取。

EEMD 分解结果见图 2 - 16 和图 2 - 17，山区和平原区 EEMD 可分成 9 个 IMF，IMF1～IMF2 表征的是年变化，IMF3～IMF4 为年际变化，而 IMF5～IMF8 为年代际变化，IMF9 为趋势。1960—1975 年，山区气温有下降的趋势，1975 年以后显著上升。1960—2000 年，平原气温表现为显著的增长趋势，而 2000 年以后趋势较小，保持平稳。将 EEMD 分解的 IMF 分量和趋势项 r 相加重构气温序列（见图 2 - 18），并与原始序列进行比较，发现与原始数据相当吻合，这说明 EEMD 保留了 EMD 的特性，能够很好地重构序列，保留了原时间序列的变化特征。

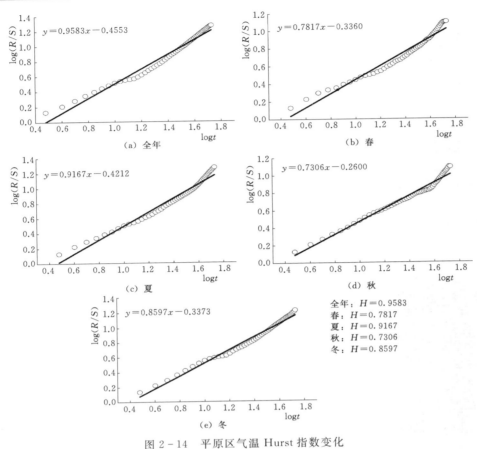

图 2-14 平原区气温 Hurst 指数变化

（图中直线为线性拟合）

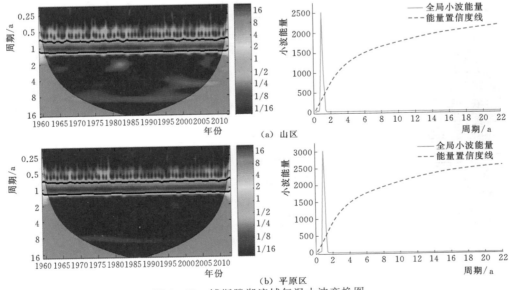

图 2-15 博斯腾湖流域气温小波变换图

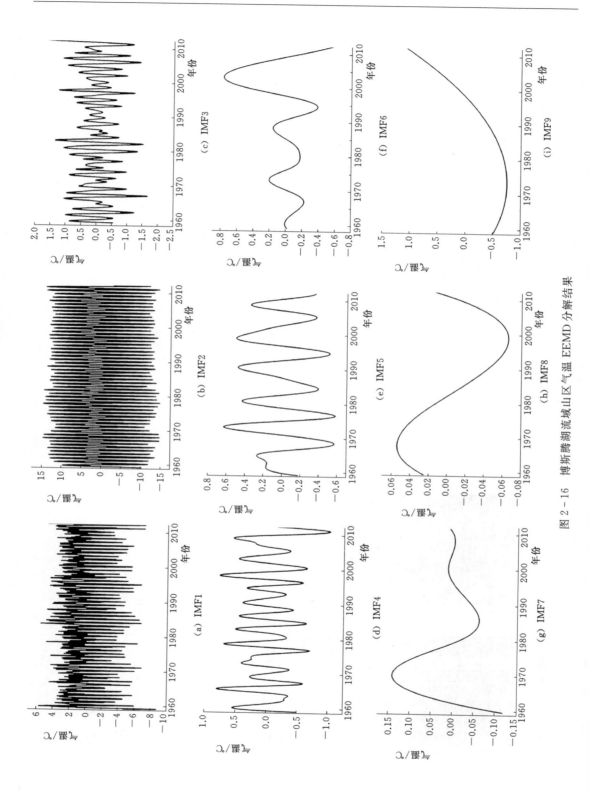

图 2-16　博斯腾湖流域山区气温 EEMD 分解结果

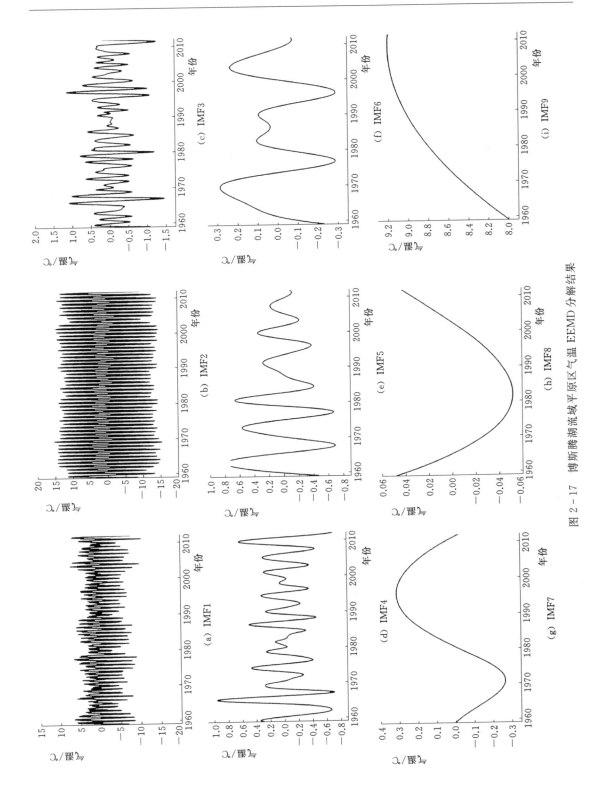

图 2 - 17　博斯腾湖流域平原区气温 EEMD 分解结果

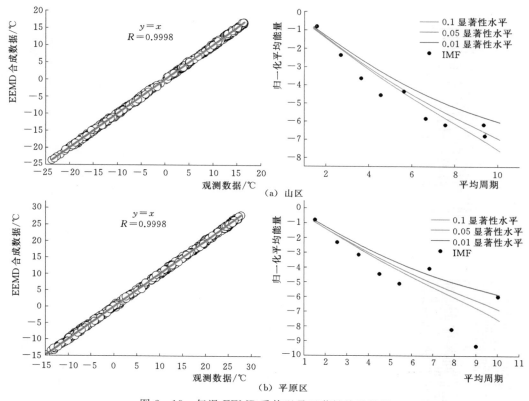

图 2-18　气温 EEMD 重构以及显著性检验结果

2. 降水变化特征

与气温变化趋势一致，博斯腾湖流域在过去几十年间降水量呈波动上升趋势，年均降水量呈现正距平，但是降水变化的波动性较强，流域山区监测站巴音布鲁克站和巴仑台站的降水量增加趋势分别为 11.6mm/10a 和 11.5mm/10a（见图 2-19）。

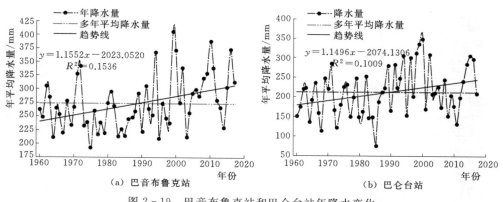

图 2-19　巴音布鲁克站和巴仑台站年降水变化

在空间上，本节对博斯腾湖流域及周边的气象站点的降水量的相关性进行了分析（见图 2-20），站点之间的相关系数较气温要小很多。站点之间的相关性也较为复杂，但从

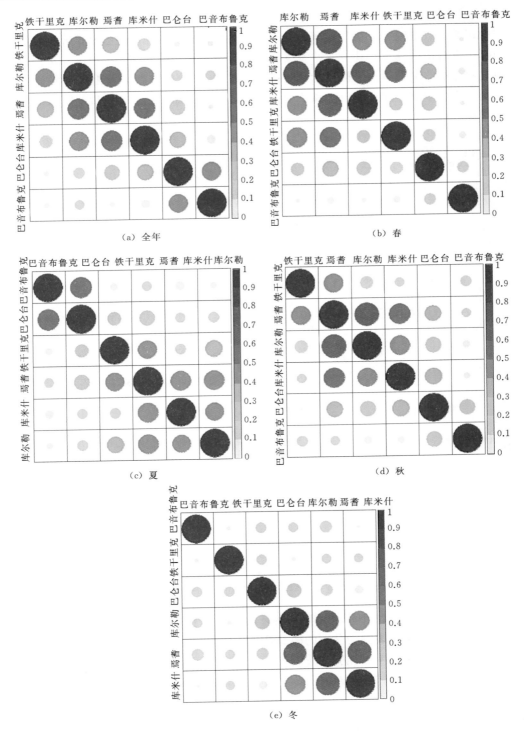

图 2-20　博斯腾湖流域各站降水年与季节时间序列相关图

（图中圆的尺寸与颜色表示不同气象站间气温变化的相关性，相关性越高，尺寸最大，颜色越深）

全年、春季、秋季中，可以看出巴音布鲁克站与巴仑台站之间相关系数相对较大，其他四站之间的相关系数也较大，这与气温的分布相同。结合站点高程，将巴音布鲁克站和巴仑台站的降水作为山区降水，其他四站海拔相对较低，其算术平均作为平原区降水。

通过对降水的突变检验分析显示（见图 2-21），在博斯腾湖流域山区和平原区，不管是在全年或者季节，除夏季山区和冬季山区外，突变点都不显著，这说明降水的变化不如气温明显。

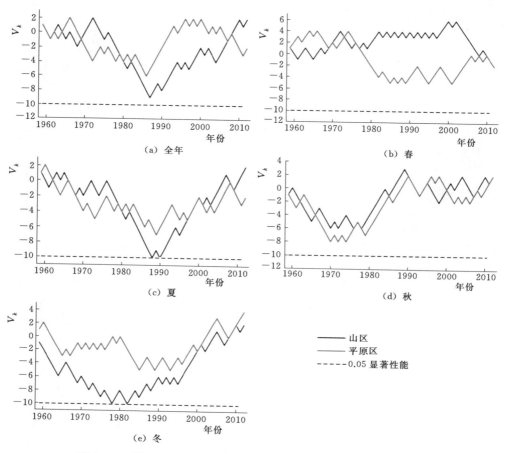

图 2-21　博斯腾湖流域全年与季节降水的 CUSUM 时间序列检验

山区在 1959—2012 年期间，表现为显著的增加趋势，趋势幅度为 0.80mm/a（见表 2-8），夏季和秋季都表现为显著的增加趋势。Hurst 指数也表明，全年、夏季、冬季都表现为强变异，未来降水可能会继续增加。而对于平原区，只有冬季表现为显著增加趋势，但这种趋势具有不可持续性（Hurst 指数无变异），但全年和春季降水在未来会有一定程度的增加（全年、春季 Hurst 指数中变异）。同样，对月数据进行分析，发现相关维数很不稳定，在嵌入维数大于 10 时还未能达到一个稳定的状态，这时相关维数大于 4，说明降水受到的影响因素很多，很难进行动力学预估。对月降水进行 EEMD 分解，其合成数据与观察数据拟合较好，说明 EEMD 分解与重构博斯腾湖流域降水序列是合适的（见图 2 - 22）。EEMD 趋势项显示，山区 1990 年以前为下降趋势，而后呈现上升趋势，平原区 1980 年之前表现为显著的下降趋势，之后为上升趋势。

表 2 - 8　　　　山区与平原区降水 Mann - Kendall 趋势检验与 Hurst 指数

方法	区域	全年	春	夏	秋	冬
Mann - Kendall 趋势检验/（mm/a）	山区	0.80	−0.11	0.75	0.11	0.07
	平原区	0.14	0.03	0.02	0.06	0.02
Hurst 指数	山区	0.80	0.42	0.90	0.58	0.68
	平原区	0.78	0.72	0.56	0.59	0.62

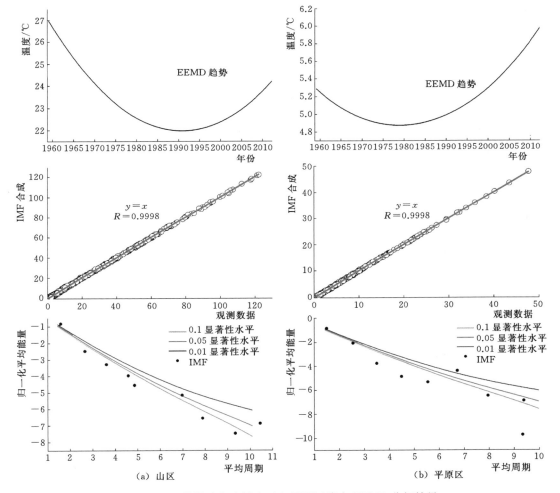

图 2 - 22　博斯腾湖流域山区与平原区降水 EEMD 分解结果

3. 其他气候变量的变化特征

对其他影响水文过程的气象要素进行分析的结果显示，对于博斯腾湖流域巴音布鲁克站，日照时数、相对湿度有下降趋势，其中，日照时数下降趋势显著，风速和蒸发量却呈波动上升的趋势（见图 2 - 23）。而对于巴仑台站，日照时数、相对湿度、风速和蒸发量都呈下降趋势，其中风速年际差异显著，相对湿度下降趋势不显著（见图 2-24）。

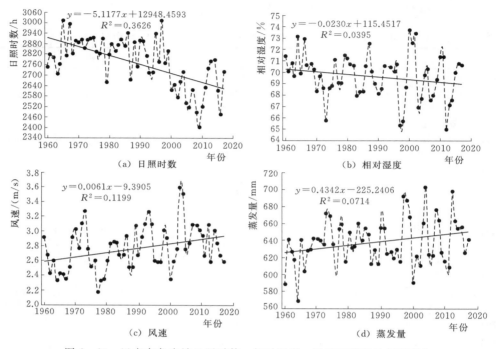

图 2-23　巴音布鲁克站日照时数、相对湿度、风速和蒸发量年际变化

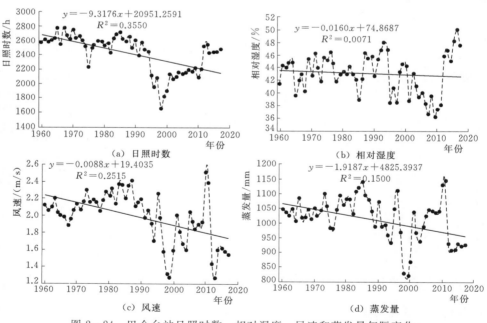

图 2-24　巴仑台站日照时数、相对湿度、风速和蒸发量年际变化

4. 极值变化

本小节针对博斯腾湖流域气候极值变化进行了分析，数据用 RclimDex 软件包进行了分

析。表 2-9 列举了本节用到的指标，需要注意的是，ETCCDMI 中的一些指标在本研究区并不适用。例如 R20（20mm 降水量）是不需要考虑的，因为 R10 在研究中已经足够。R99p 也没有包括在研究中，因为太多的 0 出现在指标中。基于国家气候中心的划分，雨日被定义为 24h 雨量大于 0.1mm 的量。RclimDex 将极端气候划分为 16 个气温极值和 11 个降水极值。研究选择了 15 个气温指标和 9 个降水指标，同时分析了季节变化（ANN：年，DJF：冬季，MAM：春季，JJA：夏季，SON：秋季）。区域平均是西北干旱区所有站点的算术平均。

表 2-9　　ETCCDMI 定义的 15 个气温指标和 9 个降水极值指标

ID	指标名称	定　义	单位
		冷　极　值	
FD0	霜冻日数	日最低气温（TN）<0℃的全部日数	d
ID0	结冰日数	日最高气温（TX）<0℃的全部日数	d
TN10p	冷夜日数	日最低气温（TN）<10%分位值的日数	d
TX10p	冷昼日数	日最高气温（TX）<10%分位值的日数	d
TNn	月极端最低气温	每月内日最低气温的最小值	℃
TXn	月最高气温极小值	每月内日最高气温的最小值	℃
CSDI	冷日持续指数	每年至少连续 6d 日最低气温（TN）<10%分位值的日数	d
		暖　极　值	
TN90p	暖夜日数	日最低气温（TN）>90%分位值的日数	d
TX90p	暖昼日数	日最高气温（TX）>90%分位值的日数	d
TNx	月最低气温极大值	每月内日最低气温的最大值	℃
TXx	月极端最高气温	每月内日最高气温的最大值	℃
SU25	夏日日数	日最高气温>25℃的日数	d
TR20	热日夜数	日最低气温>20℃的日数	d
WSDI	热日持续指数	每年至少连续 6d 日最低气温（TN）<10%分位值的日数	d
		极　值　变　异	
DTR	日较差	最高气温与最低气温的均值月差异	℃
		降　水　极　值	
RX1day	1 日最大降水量	每月最大 1 日降水量	mm
Rx5day	5 日最大降水量	每月连续 5 日最大降水量	mm
SDII	降水强度	年降水量与降水日数（日降水量≥110mm）比值	mm/d
R10	强降水日数	每年日降水量≥10mm 的总日数	d
R0.1	雨日	每天 PRCP≥0.1mm 的天数	d
CDD	持续干燥指数	日降水量<1mm 的最长连续日数	d
CWD	持续湿润指数	日降水量≥1mm 的最大持续日数	d
R95p	强降水量	日降水量>95%分位值的总降水量	mm
PRCPTOT	湿润日降水总量	雨日（RR≥0.11mm）降水总量	mm

对于冷极值（见图 2-25 和表 2-10），冷夜日数（TN10p）和冷昼日数（TX10p）呈现显著的下降趋势，区域趋势幅度分别为 -1.82d/10a 和 -0.68d/10a。月极端最低气温（TNn）和月最高气温极小值（TXn）显著增加，说明最低温度在持续升高。霜冻日数（FD0）在持续减少，幅度为 3.44d/10a，而对于结冰日数（ID0），亦表现为显著的下

降趋势。冷日持续指数（CSDI）以 $-0.96d/10a$ 的速率减少，相较于 TX10p 和 ID0，TN10p 和 FD0 具有更大的变化幅度，通过这些数据，可以知道基于最低气温得到的冷极值，较最高气温得到的极值具有更大的变化幅度。

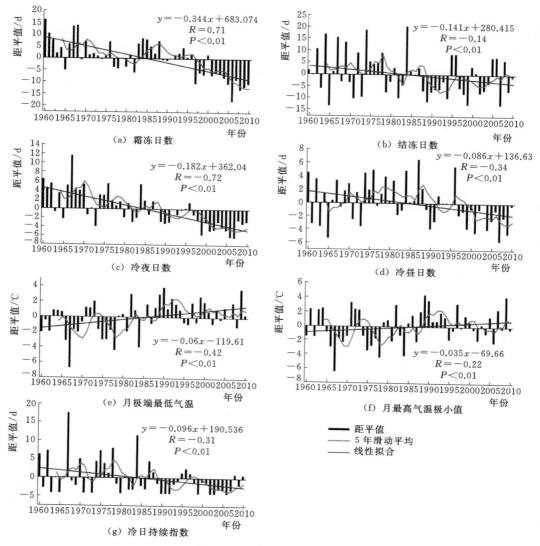

图 2-25　冷极值变化趋势

表 2-10　　　　博斯腾湖流域气候变化指标全年和各季极值变化趋势特征

指标	指标名称	全年	春	夏	秋	冬
Rx1day	1 日最大降水量	0.0274	0.0554	0	0.0086	0.0155
Tmax	最高气温	0.0206	0.0169	0.0196	0.0283	0.0091
Tmin	最低气温	0.0457	0.0365	0.0414	0.0470	0.0593
TN10p	暖夜日数	−0.1858	−0.1207	−0.2083	−0.1947	−0.1333
TX90p	暖昼日数	0.1491	−0.0063	−0.2083	0.2114	0.0929

对暖极值分析发现，暖夜日数（TN90p）和暖昼日数（TX90p）区域变化分别为3.35d/10a 和 1.57d/10a。月极端最高气温（TXx）和月最低气温极大值（TNx）同样表现为增加趋势，但 TXx 表现为不显著变化。热日持续指数（WSDI）以 3.08d/10a 的速度增长。总体上，季节性暖极值呈现增加趋势。相较于其他季节，TN90p 和 TNx 冬季区域趋势具有较大的变化幅度。而对于 TX90p 和 TXx，秋季具有大的区域变化幅度。与冷极值一致，最低气温得到的季节性暖极值，较最高气温得到的极值同样具有大的变化幅度（见图 2－26）。

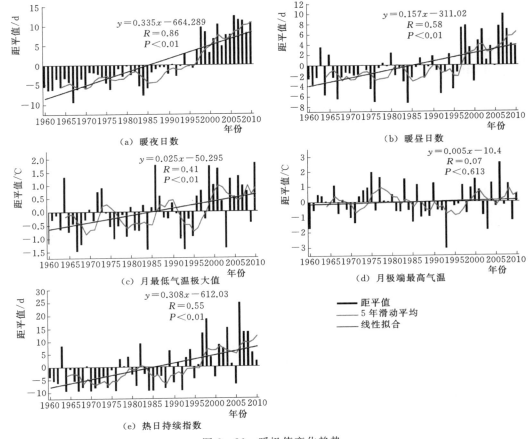

图 2－26　暖极值变化趋势

日较差（DTR）的全年与季节变化趋势见图 2－27。DTR 在年尺度上显示为显著的下降趋势，区域趋势幅度为－0.26℃/10a。冬季发生了最为显著的变化，其变化幅度为－0.4℃/10a。DTR 下降的主要原因是最低气温的下降幅度比最高气温快。DTR 的减少有可能是由于空气中水汽和气溶胶增加的结果，这减少了白天入射的太阳辐射和从地表反射的夜间长波辐射，从而导致较高的最低温度升高（Shen et al.，2010）。

冷极值与暖极值的比较是十分有用的，因为它们提供了日值气温分布尾部的相对变化。对于 TX90p 和 TX10p，TX90p 的区域变化（1.57d/10a）大于 TX10p（－0.68d/10a）。对于 TN90p 和 TN10p，TN90p 的区域趋势（3.35d/10a）高于 TN10p（－1.82d/

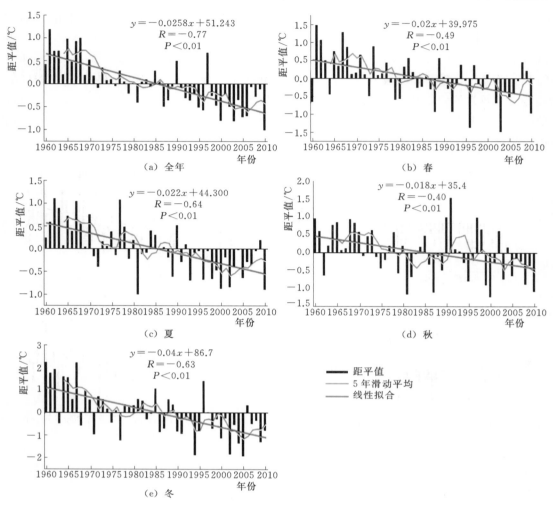

图 2-27 博斯腾湖流域日较差变化趋势

10a）。然而，对于 TXx 和 TXn，TXn 的区域趋势（0.35℃/10a）大于 TXx（0.005℃/10a）。TNn 的区域变化幅度（0.6℃/10a）是 TNx 的 2 倍（0.25℃/10a）。因此，可以推断，分位数暖极值（TN90p 和 TX90p）的变化幅度比分位数冷极值（TN10p 和 Tx10p）的变化幅度大，而绝对暖极值（TNx，TXx）的趋势则小于绝对冷极值（TNn，TXn）。通过前面的分析，同样得出，基于最低气温的极值（TN10p，TN90p，TNn，TNx）变化要大于基于最高气温的极值（TX10p，TX90p，TXn，TXx）变化。

降水极值中（见图 2-28），R0.1 以 1.28d/10a 的幅度增长，而对于 SDII，其增长趋势较弱。表征强降水事件的指标，如 R10、R95、RX1day 和 RX5day 都以正的趋势占主导。总降水量可以用年降水量来反映，它伴随着 R0.1 和强降水事件（R10，R95，RX1day 和 RX5day）以及 SDII 的变化，这些结论说明降水的增长是降雨频率和降雨强度共同增加的结果。其他指标，如 CDD 和 CWD 具有显著的减少（-6.2d/10a）和增长趋势（0.09d/10a），同样说明研究区具有变湿的趋势。

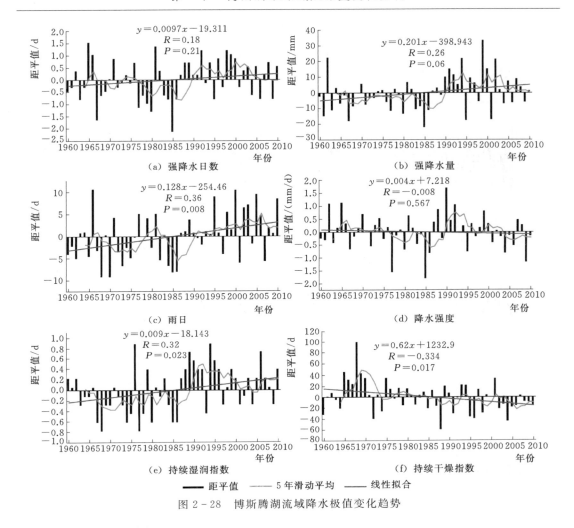

图 2-28 博斯腾湖流域降水极值变化趋势

三、流域干旱特征

干旱是世界上普遍发生的最复杂的自然灾害，干旱指数是监测、评价、研究干旱发生、发展的基础。到目前为止，世界上发展了数百种干旱指数来确定干旱，每种指数都有它特定的优势和劣势。因此，选择合适的干旱指数来描述特定地域的干旱特征就显得尤为重要。很多研究尝试比较不同的干旱指标，从而选择最优的干旱指标来监测干旱。目前，帕默尔干旱指数（PDSI）和标准化降水指数（SPI）以及标准化降水蒸散指数（SPEI）是全球和区域干旱过程检测与分析中应用最为广泛的指标。通过对气象站点提取的干旱指标（包括 SPI、SC-PDSI，SPEI）进行比较，甄别出最适合描述博斯腾湖流域干旱的指标，发现博斯腾湖流域 SPEI 和 SPI 之间的相关系数十分高（见图 2-29），这也反映了降水在干旱中的首要地位，PDSI 与 SPEI（SPI）之间的高相关性主要集中在 9~20 个月时间尺度上，这就说明 PDSI 虽然具有明确物理意义以及应用广泛，但它只能描述中尺度的干旱。

博斯腾湖流域各个站点的干旱趋势演化并不一致，但平原站点的演化趋势是一致的，呈现先升高后降低的趋势（见图 2-30）。总体上，博斯腾湖流域表现为变湿趋势，但也分成几个明显的时期。其中，在 1987 年以前为比较干旱的时期，1987—2003 年为最为湿润的时期，2003 年以后又有变干的趋势。但值得注意的是，博斯腾湖流域空间变异性极大，这也从 PDSI 空间荷载在博斯腾湖流域较低可以看出（见图 2 - 31）。

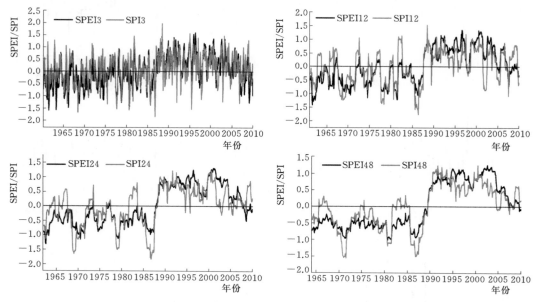

图 2 - 29　博斯腾湖流域 SPEI 与 SPI 差异变化

SPEI—标准化降水蒸散指数；SPI—标准化降水指数

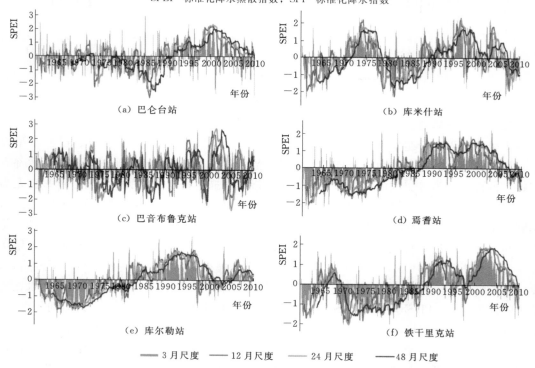

（a）巴仑台站　　（b）库米什站　　（c）巴音布鲁克站　　（d）焉耆站　　（e）库尔勒站　　（f）铁干里克站

3 月尺度　　12 月尺度　　24 月尺度　　48 月尺度

图 2 - 30　博斯腾湖流域各站点标准化降水蒸散指数变化

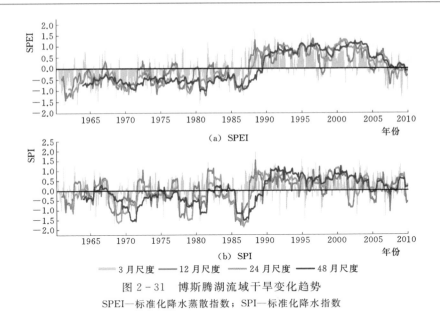

图 2-31　博斯腾湖流域干旱变化趋势

SPEI—标准化降水蒸散指数；SPI—标准化降水指数

四、流域水资源影响因素分析

1. 气温、降水对径流的影响

开都河径流与降雨和气温具有显著的相关性（见表 2-11），其中与降雨具有线性关系，而与气温则呈现显著的指数关系（见图 2-32），表明降雨和冰川积雪融水都是博斯腾湖流域水量的重要补给来源。在开都河，对气温、降水延迟三个季节的相关系数进行了提取，发现秋季气温与夏季径流，夏季气温与秋季径流具有一定的相关性，而夏季降水则会对秋季径流，冬季降水会对春季径流产生一定的影响。而在黄水沟流域则表现出不一致的特征，如春、夏、秋三季的气温都会对冬季径流产生影响（见表 2-12）。滑动 5 年相关系数表明（见图 2-33），气温和降水与径流的变化具有显著相关性，且降雨线性相关性较气温强。

表 2-11　　　　　　　　　开都河流域气温、降水对径流的同期相关系数

水文站	气温					降水				
	全年	春	夏	秋	冬	全年	春	夏	秋	冬
大山口	0.40**	-0.2	0.22	0.49**	0.22	0.69**	0.31*	0.65**	0.27*	0.16
黄水沟	0.45**	0.10	-0.1	0.43**	0.66**	0.77**	0.10	0.80**	0.17	0.05

*　表示在 0.05 水平上显著。

**　表示在 0.01 水平上显著。

表 2-12　　　　　博斯腾湖流域源流气温、降水对径流的时滞相关系数

水文站	冬			秋			夏			春		
	春	夏	秋	春	夏	冬	春	秋	冬	夏	秋	冬
大山口（T1）	0.25	0.23	0.37*	0.21	0.32*	0.19	0.11	0.34*	0.16	0.16	-0.1	-0.0
大山口（P1）	0.09	0.07	0.01	0.06	0.56**	0.14	0.20	0.03	0.12	0.19	0.11	0.44*
黄水沟（T2）	0.42**	0.46**	0.45**	0.28	0.11	0.55	0.08	0.44*	0.40*	0.02	0.16	0.23
黄水沟（P2）	0.01	0.07	0.02	0.06	0.66	-0.0	0.36*	-0.0	-0.2	0.36*	0.49**	0.00

注　T1 表示大山口站气温；P1 表示大山口站降水；T2 表示黄水沟站气温；P2 表示黄水沟站降水。

*　表示在 0.05 水平上显著。

**　表示在 0.01 水平上显著。

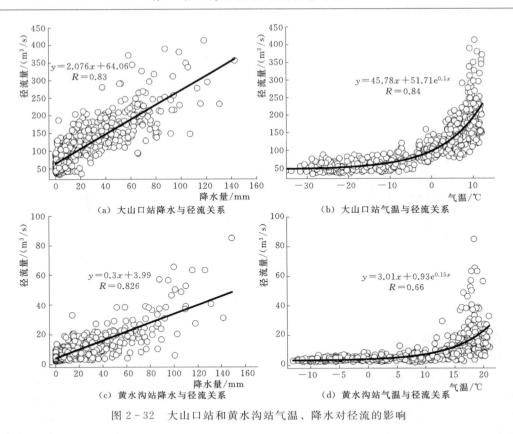

图 2-32 大山口站和黄水沟站气温、降水对径流的影响

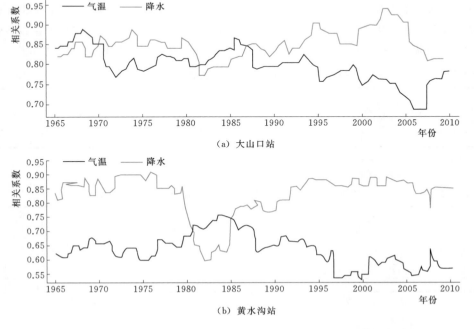

图 2-33 大山口站和黄水沟站气温、降水对径流的滑动 5 年相关系数

2. 遥相关

根据相关分析结果（见表 2-13），在博斯腾湖流域源流，年水文变量与 VPA、XZH、WI 以及和 IOBW 表现为显著的相关关系，季节分析也可以得到相似的结论（见表 2-14）。时滞相关分析则表明，前面季节的环流指数会对当前季节的水文变量产生影响（见表 2-15～表 2-18），例如冬季径流会受到春、夏、秋季 VPA 以及 XZH 的影响。

表 2-13　　博斯腾湖流域年气温、降水以及径流与大气环流指标的相关关系

水文站	指标	AO	NiNo3	NAO	VPA	XZH	WI	SHI	PDO	IOBW
大山口	R1	0.13	-0.01	0.02	-0.49**	0.53**	0.25	-0.12	-0.24	0.39**
	T1	0.29	0.06	0.19	-0.47**	0.52**	0.45**	-0.30*	-0.27	0.36*
	P1	0.09	-0.08	0.13	-0.37**	0.24	0.03	-0.05	-0.35**	0.142
黄水沟	R2	0.11	-0.01	0.05	-0.51**	0.49**	0.24	-0.13	-0.14	0.39**
	T2	0.23	0.15	-0.01	-0.66**	0.73**	0.40**	-0.15	0.03	0.64**
	P2	0.26	0.03	0.24	-0.44**	0.31*	0.30*	-0.31*	-0.10	0.29*

注　R1 表示大山口站径流；T1 表示大山口站气温；P1 表示大山口站降水；R2 表示黄水沟站径流；T2 表示黄水沟站气温；P2 表示黄水沟站降水。
* 表示在 0.05 水平上显著。
** 表示在 0.01 水平上显著。

表 2-14　　大山口站季节气温、降水以及径流与大气环流指标的相关关系

指标	径流				气温				降水			
	MAM	JJA	SON	DJF	MAM	JJA	SON	DJF	MAM	JJA	SON	DJF
AO	0.018	0.109	0.088	0.239	0.175	0.237	0.258	0.258	-0.153	0.025	0.227	-0.073
Nino	-0.055	0.031	-0.051	0.008	0.013	-0.056	0.098	-0.011	-0.182	0.207	-0.050	-0.107
NAO	-0.116	0.022	-0.116	0.202	0.148	-0.153	-0.047	0.180	-0.250	0.052	0.040	-0.046
VPA	-0.076	-0.340*	-0.558**	-0.448**	-0.205	-0.541**	-0.301*	-0.274	0.063	-0.234	-0.187	-0.050
XZA	0.323*	0.231	0.394**	0.476**	0.397**	0.186	0.536**	0.386*	0.064	0.084	0.036	0.045
WI	0.140	0.197	0.136	0.220	0.164	0.205	0.405**	0.254	-0.058	0.199	0.136	-0.034
SHI	0.055	-0.167	-0.065	-0.114	-0.135	0.023	-0.052	-0.118	0.101	-0.156	0.069	-0.033
PDO	-0.086	-0.232	-0.325*	0.093	-0.231	0.085	-0.228	-0.126	-0.111	-0.210	-0.018	0.230
IOBW	0.209	0.235	0.346*	0.545**	0.024	0.548**	0.336*	0.370**	-0.092	0.131	0.108	0.097

* 表示在 0.05 水平上显著。
** 表示在 0.01 水平上显著。

表 2-15 大山口站与黄水沟站春季水文变量与不同季节环流因子的时滞相关系数

指标	AO2	AO3	AO4	Nino2	Nino3	Nino4	NAO2	NAO3	NAO4	VPA2	VPA3	VPA4
R1	0.111	−0.15	−0.013	0.012	−0.039	−0.120	−0.150	−0.166	−0.063	−0.354*	−0.108	−0.157
T1	−0.152	−0.10	0.017	−0.139	−0.168	−0.117	−0.017	−0.151	0.146	−0.178	−0.274	−0.164
P1	0.151	0.03	−0.187	−0.088	−0.136	0.001	0.130	0.048	−0.101	−0.117	−0.110	0.023
R2	0.142	0.01	0.122	0.039	0.015	−0.119	−0.094	−0.117	0.062	−0.386**	−0.211	−0.210
T2	0.060	−0.031	0.005	−0.109	−0.148	−0.149	−0.002	−0.169	0.110	−0.434**	−0.406**	−0.273
P2	−0.361*	−0.146	0.047	0.248	0.154	0.271	−0.488**	−0.083	−0.071	0.193	0.113	0.014

指标	XZA2	XZA3	XZA4	WI2	WI3	WI4	PDO2	PDO3	PDO4	IOBW2	IOBW3	IOBW4
R1	0.121	0.148	0.096	0.045	−0.075	−0.157	0.014	0.032	0.008	0.206	0.213	0.173
T1	0.192	0.010	−0.018	−0.039	0.021	0.172	−0.249	−0.304*	−0.256	0.100	0.085	0.063
P1	0.062	0.057	0.067	0.081	−0.318*	−0.153	−0.150	−0.253	−0.136	0.072	0.052	−0.062
R2	0.105	0.226	0.087	0.084	0.060	−0.067	0.111	0.132	0.117	0.221	0.287*	0.308*
T2	0.283	0.251	0.036	0.000	0.023	0.078	−0.152	−0.347*	−0.157	0.176	0.182	0.091
P2	−0.010	0.138	0.205	0.144	−0.050	0.129	0.319*	0.267	0.170	0.166	0.124	0.141

注 R1 表示大山口站径流；T1 表示大山口站气温；P1 表示大山口站降水；R2 表示黄水沟站径流；T2 表示黄水沟站气温；P2 表示黄水沟站降水。环流因子后面的数字 1~4 分别表示春、夏、秋、冬。
* 表示在 0.05 水平上显著。
** 表示在 0.01 水平上显著。

表 2-16 大山口站与黄水沟站夏季水文变量与不同季节环流因子的时滞相关系数

指标	AO1	AO3	AO4	Nino1	Nino3	Nino4	NAO1	NAO3	NAO4	VPA1	VPA3	VPA4
R1	0.072	0.001	0.170	−0.004	−0.042	−0.103	0.088	0.044	0.025	−0.258	−0.211	−0.270
T1	0.096	0.139	0.266	0.045	0.280	0.091	−0.079	−0.173	0.189	−0.528**	−0.334*	−0.266
P1	0.046	0.106	0.253	−0.090	−0.275	−0.072	0.129	−0.104	0.300*	−0.179	−0.329*	−0.487**
R2	−0.062	−0.021	0.141	0.002	−0.064	−0.133	0.030	−0.108	0.021	−0.260	−0.184	−0.274
T2	0.045	−0.019	0.023	−0.097	0.239	−0.037	−0.158	−0.169	0.023	−0.393**	−0.292*	−0.115
P2	0.040	0.000	0.192	0.069	−0.151	−0.080	0.095	−0.152	0.118	−0.311*	−0.259	−0.335*

指标	XZA1	XZA3	XZA4	WI1	WI3	WI4	PDO1	PDO3	PDO4	IOBW1	IOBW3	IOBW4
R1	0.342*	0.402**	0.405**	0.259	0.013	0.230	−0.179	−0.255	−0.186	0.234	0.277	0.298*
T1	0.377**	0.448**	0.330**	0.012	0.028	0.347*	0.265	0.111	0.271	0.522**	0.620**	0.590**
P1	0.258	0.415**	0.255	0.133	0.197	0.226	−0.255	−0.314*	−0.368*	0.022	0.115	0.050
R2	0.304*	0.466**	0.401**	0.184	0.022	0.246	−0.012	−0.182	−0.156	0.255	0.251	0.298*
T2	0.458**	0.244	0.195	0.057	−0.013	0.072	0.092	−0.040	0.298*	0.352*	0.472**	0.437**
P2	0.223	0.399**	0.399**	0.072	0.075	0.397**	−0.089	−0.231	−0.303*	0.248	0.163	0.203

注 R1 表示大山口站径流；T1 表示大山口站气温；P1 表示大山口站降水；R2 表示黄水沟站径流；T2 表示黄水沟站气温；P2 表示黄水沟站降水。环流因子后面的数字 1~4 分别表示春、夏、秋、冬。
* 表示在 0.05 水平上显著。
** 表示在 0.01 水平上显著。

表 2-17　　大山口站与黄水沟站秋季水文变量与不同季节环流因子的时滞相关系数

指标	AO1	AO2	AO4	Nino1	Nino2	Nino4	NAO1	NAO2	NAO4	VPA1	VPA2	VPA4
R1	−0.033	0.043	0.213	−0.196	−0.047	−0.087	−0.051	−0.039	0.143	−0.314*	−0.469**	−0.443**
T1	0.269	0.211	0.085	0.012	0.017	0.008	0.099	−0.008	0.059	−0.298*	−0.326*	−0.208
P1	0.157	−0.095	0.106	−0.276	−0.093	−0.045	0.085	−0.147	0.062	−0.200	−0.176	−0.069
R2	0.021	0.095	0.389**	−0.173	−0.112	−0.061	0.045	−0.093	0.320*	−0.405**	−0.532**	−0.574**
T2	0.081	0.211	0.104	0.098	0.134	−0.036	−0.026	−0.183	0.031	−0.437**	−0.529**	−0.307*
P2	−0.022	0.249	0.128	−0.156	−0.213	0.150	0.012	0.182	0.025	0.030	−0.096	0.074

指标	XZA1	XZA2	XZA4	WI1	WI2	WI4	PDO1	PDO2	PDO4	IOBW1	IOBW2	IOBW4
R1	0.462**	0.167	0.303*	0.130	0.179	0.217	−0.287*	−0.328*	−0.209	0.201	0.223	0.274
T1	0.327*	0.195	0.198	0.130	0.029	0.096	−0.101	−0.179	0.029	0.290*	0.205	0.321*
P1	−0.078	−0.298*	0.126	−0.059	−0.128	−0.018	−0.072	−0.072	0.063	−0.107	0.004	−0.027
R2	0.351*	0.198	0.362*	−0.009	0.211	0.428**	−0.142	−0.187	−0.231	0.263	0.290*	0.347*
T2	0.420**	0.416**	0.361*	0.060	0.123	0.165	0.099	−0.015	0.115	0.483**	0.455**	0.527**
P2	−0.169	−0.072	0.039	−0.087	−0.049	0.248	0.049	−0.054	0.043	−0.086	−0.124	0.002

注　R1 表示大山口站径流；T1 表示大山口站气温；P1 表示大山口站降水；R2 表示黄水沟站径流；T2 表示黄水沟
　　站气温；P2 表示黄水沟站降水。环流因子后面的数字 1～4 分别表示春、夏、秋、冬。

*　表示在 0.05 水平上显著。

**　表示在 0.01 水平上显著。

表 2-18　　大山口站与黄水沟站冬季水文变量与不同季节环流因子的时滞相关系数

指标	AO1	AO2	AO3	Nino1	Nino2	Nino3	NAO1	NAO2	NAO3	VPA1	VPA2	VPA3
R1	0.058	0.163	−0.001	0.098	0.157	0.115	−0.005	−0.071	−0.232	−0.473**	−0.643**	−0.479**
T1	0.094	−0.145	0.007	−0.111	0.099	0.206	0.107	−0.168	−0.035	−0.292*	−0.114	−0.167
P1	−0.259	0.446**	0.077	0.051	0.042	0.025	−.216	0.181	0.039	0.043	−0.303*	0.000
R2	−0.057	0.107	−0.042	−0.056	0.088	0.053	−0.034	−0.049	−0.182	−0.417**	−0.575**	−0.456**
T2	−0.010	0.270	0.123	−0.032	0.062	0.125	−0.080	−0.030	0.101	−0.362*	−0.605**	−0.456**
P2	0.274	0.274	0.194	0.144	0.029	0.084	0.359*	0.226	−0.054	−0.123	−0.123	−0.081

指标	XZA1	XZA2	XZA3	WI1	WI2	WI3	PDO1	PDO2	PDO3	IOBW1	IOBW2	IOBW3
R1	0.452**	0.331*	0.509**	0.143	0.194	0.129	0.106	0.020	−0.158	0.536**	0.563**	0.571**
T1	0.339*	0.044	0.273	0.153	−0.076	0.294*	−0.403**	−0.276	−0.013	0.083	0.061	0.239
P1	−0.121	0.130	0.101	−0.307*	0.087	−0.016	0.443**	0.189	0.144	0.126	0.069	0.088
R2	0.495**	0.365**	0.449**	0.144	0.319*	0.033	−0.082	−0.192	−0.263	0.348*	0.396*	0.463**
T2	0.325*	0.345*	0.443**	0.211	0.278	0.108	0.148	−0.084	−0.123	0.452**	0.387**	0.483**
P2	−0.002	−0.108	0.045	0.063	−0.144	0.199	0.107	0.038	−0.037	0.108	0.060	0.053

注　R1 表示大山口站径流；T1 表示大山口站气温；P1 表示大山口站降水；R2 表示黄水沟站径流；T2 表示黄水沟
　　站气温；P2 表示黄水沟站降水。环流因子后面的数字 1～4 分别表示春、夏、秋、冬。

*　表示在 0.05 水平上显著。

**　表示在 0.01 水平上显著。

多元回归用来决定环流指标的贡献程度，结果见表 2-19。从表 2-19 中可以看出，VPA 是影响博斯腾湖流域水文循环的主要环流因子，XZH 与 IOBW 也会对径流产生一定的影响。同时，在方程中也加入了时滞环流因子，发现总解释方差有了显著的提高，说明前面季节的环流因子会对当前的气候产生影响，但可以确信的是，VPA 是影响水文循环的主导因子（见表 2-20）。需要注意的是，表中的解释方差并不是十分大，原因可能是多元回归阻止了一部分变量进入，如 VPA2 可以解释 11.4% 的夏季方差，但并没有包括在多元回归方程中。另外，其他因素，如地形以及区域因素也会对径流产生影响，而这些都未包括在方程中。

表 2-19   大山口站径流与环流因子的多元逐步回归分析结果

时间	进入变量	总解释方差/%	每个变量的解释方差/%
全年	XZH，VPA	35.2	28.3，7
春	XZH	10.6	10.6
夏	VPA	11.4	11.4
秋	VPA	31.5	31.5
冬	IOBW，VPA	40.6	24.4，16.2

表 2-20   大山口站径流与时滞环流因子（前面三个季节）的多元逐步回归结果

时间	进入变量	总解释方差/%	每个变量的解释方差/%
全年	VPA2，WI-4，SHI，NAO4	38.3	10.7，7，7.3，7.6
春	XZA4，XZA1	24.4	16.4，8
夏	VPA3，XZA1，VPA4	49.2	30.7，9.2，9.3
秋	VPA2，XZA1，IOBW-DJF	59.4	41.4，12.2，5.8

伪相关可能存在于相关性分析中，研究采用了小波一致性来分析环流指数与水文变量的关系（见表 2-21、图 2-34），月尺度小波高能量区主要集中在 1 年左右尺度上，并且只有 VPA 与 XZH 在整个时间尺度上位相没有发生变化（anglethregth ± sigma 正负是否发生变化）。所以，在众多气候指数的小波互相关中，只有青藏高压（XZH）和北半球极涡面积指数（VPA）相位能保持很好的一致性，说明 XZH 和 VPA 是影响博斯腾湖源流来水的主要遥相关指数（见图 2-35～图 2-37），曲线拟合较好，也验证了前面的结论。

3. 区域环流解释

为了研究干旱的环流特征，研究了 1987—2010 年与 1960—1986 年 500hPa 位势高度（geopotential height）和风距平差异信息，同时也比较了最湿润年和最干旱年的变化（分析范围为 0°～70°N 和 40°～170°E）。欧亚大陆发展了增强的反气旋气流，中心在蒙古和贝加尔湖，这也可以在最湿润年和最干旱年位势高度复合差异场中观测到。1987—2013 年较 1961—1986 年欧亚大陆高压的增强表明东亚夏季风减弱。此外，强大的西伯利亚高压形成于新疆北部，造成了此地区强烈的偏南风和充沛雨量，这同样可以在最湿润年

表 2 - 21   **水文变量-环流指标小波互相关结果**

指标	开都河站径流				开都河站降水			
	周期	相位角均值	相位角强度	相位角标准偏差	周期	相位角均值	相位角强度	相位角标准偏差
AO	0.97	−2.80	0.19	1.83	0.97	−2.88	0.19	1.83
NAO	0.97	−3.12	0.11	2.09	0.97	3.07	0.11	2.10
Nino3.4	0.97	−0.52	0.29	1.57	0.97	−0.59	0.31	1.53
PDO	0.97	0.97	0.45	1.27	0.97	0.98	0.45	1.27
IOBW	0.97	−1.34	0.12	2.07	0.97	−1.53	0.12	2.07
VPA	0.97	3.05	0.99	0.11	0.97	3.02	0.99	0.09
XZH	0.97	−0.29	0.99	0.12	0.97	−0.31	0.99	0.08
WI	0.97	1.97	0.14	1.97	0.97	2.06	0.14	1.97

指标	开都河站气温				黄水沟站径流			
	周期	相位角均值	相位角强度	相位角标准偏差	周期	相位角均值	相位角强度	相位角标准偏差
AO	0.97	−2.97	0.19	1.83	0.97	−2.66	0.19	1.84
NAO	0.97	3.01	0.10	2.13	0.97	−2.94	0.11	2.10
Nino3.4	0.97	−0.63	0.31	1.54	0.97	−0.40	0.27	1.60
PDO	0.97	0.99	0.45	1.27	0.97	1.15	0.44	1.27
IOBW	0.97	−1.49	0.12	2.08	0.97	−1.12	0.11	2.12
VPA	0.97	3.06	0.10	0.06	0.97	−3.06	0.99	0.12
XZH	0.97	−0.28	0.10	0.03	0.97	−0.12	0.99	0.14
WI	0.97	2.04	0.15	1.95	0.97	2.15	0.14	1.98

指标	黄水沟站降水				黄水沟站气温			
	周期	相位角均值	相位角强度	相位角标准偏差	周期	相位角均值	相位角强度	相位角标准偏差
AO	0.97	−3.03	−0.17	1.90	0.97	−2.96	0.19	1.83
NAO	0.97	2.80	0.09	2.18	0.97	2.97	0.11	2.12
Nino3.4	0.97	−0.62	0.28	1.58	0.97	−0.67	0.31	1.53
PDO	0.97	0.98	0.44	1.28	0.97	0.94	0.45	1.27
IOBW	0.97	−1.26	0.10	2.16	0.97	−1.56	0.12	2.08
VPA	0.97	3.06	1.0	0.10	0.97	3.0	1.0	0.06
XZH	0.97	−0.28	1.0	0.12	0.97	−0.34	1.0	0.03
WI	0.97	1.93	0.14	1.97	0.97	2.10	0.15	1.96

注 AO 为北极涛动指数；NAO 为北大西洋涛动指数；Nino3.4 为厄尔尼诺 3.4 区指数；PDO 为太平洋涛动指数；
IOBW 为热带印度洋全区海表温度一致模态；VPA 为北半球极涡面积指数；XZH 为青藏高原指数；WI 为风向改
变指数。

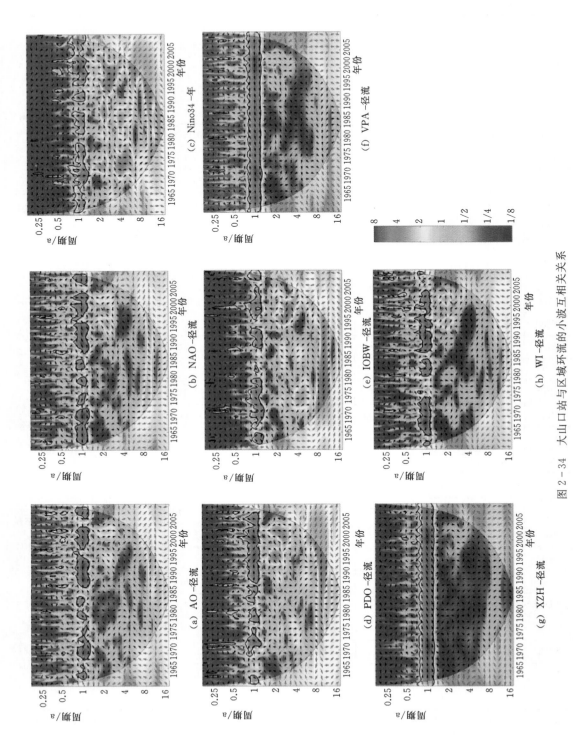

图 2-34　大山口站与区域环流的小波互相关关系

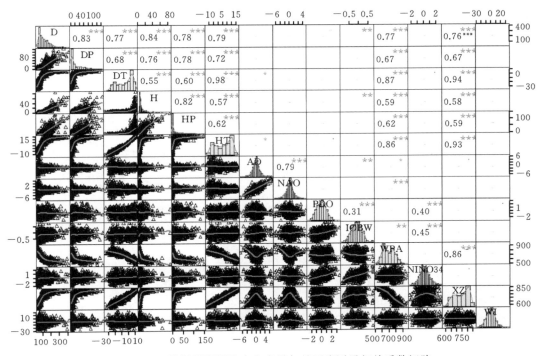

图 2-35 博斯腾湖源流水文变量与月环流因子相关系数矩阵

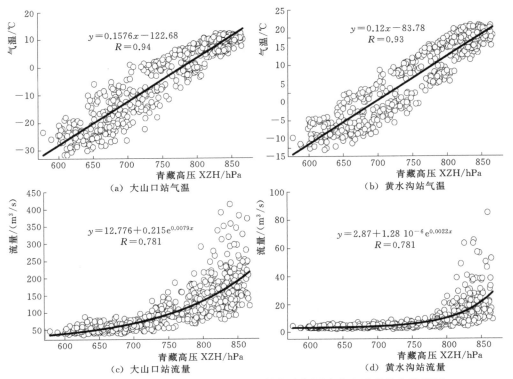

（a）大山口站气温

（b）黄水沟站气温

（c）大山口站流量

（d）黄水沟站流量

图 2-36（一） 青藏高压（XZH）与博斯腾湖源流水文要素散点关系图

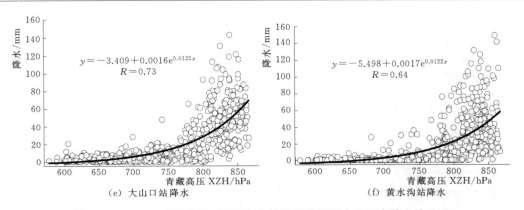

图 2-36（二） 青藏高压（XZH）与博斯腾湖源流水文要素散点关系图

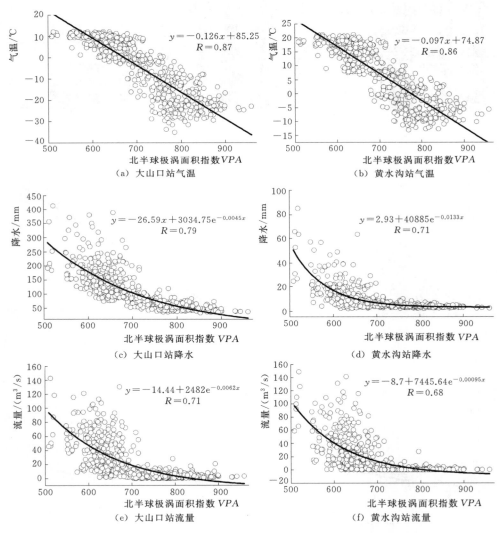

图 2-37 北半球极涡面积指数（VPA）与博斯腾湖源流水文要素散点关系图

和最干旱年位势高度场中看出。自 1987 年以来，一个向南运动的分量明显增强，同样，从贝加尔湖来的向南气流和从东西伯利亚来的东北风也相应增加。同时，西南风的增强，印度洋的水汽被输送到新疆地区和西部河西走廊，而向南气流使得北冰洋寒冷气流可以通过贝加尔湖，一部分气流变成东风纬向风，这就形成了纬向环流，沿河西走廊进入新疆（Xu et al.，2010）。这些气流汇聚，再由高山抬升，这就造成了新疆地区大量的降水。总体而言，多种环流因素导致了新疆地区（也包括博斯腾湖流域）旱灾减少。Kang 等（2011）也表明，在冬季，增强的反气旋环流中心形成于蒙古（集中在 45°N 和 110°E），异常气旋环流（接近 60°N 和 55°E）形成于欧亚大陆，反气旋环流和气旋性环流加强了对欧亚大陆之间的差异，使得研究期间西风得到增强，增强的西风带来了湿润的气候，导致了近 30 年的降雨增多。

第二节　博斯腾湖流域未来山区来水量预估

联合国气候变化政府间专门委员会（Intergovernmental Panel on Climate Change，IPCC）第五次评估报告（AR5）预估未来全球气候变暖仍将持续，其中塔里木河流域相较于当前气候态（1986—2005 年），在四种排放情景下，即 RCP2.6、RCP4.5、RCP6.0 和 RCP8.5，CMIP5 多模式集合预估到 21 世纪末将分别增温 1.5℃、2.9℃、2.6℃和 6.0℃。在四种排放情景下，年平均降水较当前均显著增加，其中在 RCP8.5 情景下增加约 14%。在 RCP8.5 情景下，该地区将在 2020 年增温 2.0℃，而在 RCP4.5 情景下，增温 2.0℃的时间则推迟到 2030 年。同时，在气候变暖背景下，极端高温事件将进一步增加，未来降水变化也存在很大的不确定性。

气候变化背景下水文过程与水资源变化已成为水科学领域的研究热点之一，得到各国学者的广泛关注（Milly，2007）。世界气象组织（WMO）、联合国教科文组织（UNESCO）、联合国开发计划署（UNDP）、联合国环境规划署（UNEP）和国际水文科学协会（IAHS）等也陆续实施了一系列国际水科学研究方面的合作项目或计划，如 IPCC、世界气候研究计划（World Climate Research Programme，WCRP）、国际水文计划（International Hydrological Programme，IHP）和全球水系统计划（Global Water System Programme，GWSP）等。这些组织意在从全球、区域和流域等不同尺度探讨气候变化背景下水文水资源与水环境问题，分析水文过程和水资源的变化机理。这些工作对于未来水资源规划管理、农业结构调整具有重要的现实意义，也对国家丝绸之路经济带的建设提供稳定的生态水文环境具有重要作用。

气候变化一方面通过影响降水量、降水形式和降水的季节分配等直接影响水资源状况，另一方面通过气温升高，加速冰川积雪融化、改变降水形式等，间接改变水文过程。气候变化使得全球水文过程发生明显改变，如蒸发加剧、冰川融化、极端气候事件增多等。气候变化引起水文过程的变化，而且存在显著的区域差异性。如何有效预测未来气候变化条件下水文水资源的时空变化，已成为当今的研究热点。

干旱区生态环境十分脆弱，容易受到自然和人为因素的影响，其水资源主要来源于山区，绿洲和荒漠区不产流，其特殊的生态水文过程导致干旱区对全球气候变化更为敏感。

过去 60 年，中国西北干旱区的温度以 0.039℃/a 的速度在上升，降水以 1mm/a 的速度在增加，升温速率全球平均水平的 2.78 倍和中国平均水平的 1.39 倍，成为全球气候变化最敏感的区域。半干旱区径流弹性系数极高，年降水量 1% 的变化通常意味着年径流量 2.0%～3.5% 的变化（Chiew et al.，2006）。博斯腾湖流域水资源主要来源于山区降水和冰川积雪融水，养育着流域内 115 万余人口。开都河作为天山南坡的重要河流，不仅为博斯腾湖及其周围湿地、焉耆和库尔勒等地区提供水源，而且为塔里木河下游绿色生态走廊提供最为重要的水资源，因此，开展开都河流域水文过程对气候变化的响应研究尤为重要（陈亚宁 等，2013）。

一、博斯腾湖流域分布式水文模拟

1. 三源流分布式水文模型构建

水文模型的出现和广泛应用，为更好地理解水文过程创造了条件。水文模型一般涵盖几个子模型，如土壤水分迁移模型、坡面过程模型、降水模型（主要是面降雨量的精确定量，传统的面降水量计算方法包括算术平均法、等高线法、泰森多边形法等，遥感数据反演面降水量）、蒸散发模型、地下水模型等。分布式水文模型一般具有严格的物理基础并且参数是分布的。建立和应用分布式水文模型要求模型结构的详细设计和模型参数的准确率定。典型分布式水文模型有：VIC（Variable Infiltration Capacity）模型、MIKE-SHE 模型、SWAT（Soil and Water Assessment Tool）等。分布式水文模型越来越多地用于土地利用/覆被变化、气候变化影响分析、水资源分配和污染控制的管理决策支持。另外，分布式水文模型易与气候数据和遥感数据结合，表达面上信息，精细处理空间异质性，可用来模拟长时间尺度和复杂流域中不同土壤类型、土地利用类型和水土管理方式背景下的河流径流过程。

SWAT 是美国农业部研究中心（USDA-ARS）开发的流域分布式水文模型（Arnold et al.，1998）。SWAT 模型分别计算蒸散发、融雪、地表径流、下渗、地下回归流以及河道损失等。SWAT 模型可以应用到水文循环和物质循环等多个方面，如水文水资源评价、水量预测（包括径流量、地下水量、土壤水、融雪和水资源管理等）、水质评价（土地利用和土地管理措施的变化对水质的影响，农业中制定最佳管理措施等）、气候变化和土地利用变化对水资源的影响等。

在模拟地下水和基流方面，Arnold 等（2000）比较了 SWAT 模拟的地下水和基于数字滤波器计算的地下水。用 SWAT 模型模拟的结果与用循环数字滤波技术和单位线退水曲线位移技术相结合来评价地下水补给的方法作对比，并将这两种方法同时应用于密西西比河上游。滤波和单位线法技术可以对基流进行评估，并且可以作为地下水模型的输入数据，也可以对水文模型进行验证。

在融雪积雪方面，Levesque 等（2008）用 SWAT 模拟了加拿大西南部由雨水和融雪混合补给的河流的径流，并对 SWAT 模型做了改进，设置高程带、定义融雪阈值、温度和降雪累积过程等，模拟效果大大提高。研究发现模型参数 *surlag* 和 *CN*2 最敏感，融雪参数 *Timp*、*Smtmp*、*Smfmx* 和 *Smfmn* 也非常敏感。在不同的季节应用不同的参数率定方案，用冬季实测数据率定积雪和融雪参数，用夏季实测径流率定模型中的其他的参数，模拟效果较好，说明了 SWAT 可有效模拟融雪和积雪过程。

综上所述，SWAT模型应用广泛，模拟效果较好，但是SWAT模型大多应用在实测资料相对丰富的河源和湿润地区，而对于资料稀缺地区的水文模拟存在一定挑战。并且，SWAT模型不具备冰川动态模块，无法模拟冰川融水过程。本节基于SWAT分布式水文模型扩展了冰川融水模块，来模拟预估未来博斯腾湖流域三源流的来水量变化。

SWAT模型是具有物理机制的分布式水文模型，首先基于DEM按照D8算法计算产汇流范围并生成河道区域，并划分子流域。子流域内根据土壤类型、土地利用类型和坡度进一步划分水文响应单位（HRU）。降水在降落过程中一部分截留在植被冠层用于蒸散发，一部分直接降落到土壤表面，下渗到土壤剖面或者直接产生坡面径流；坡面径流汇入河道，下渗的水分可以滞留在土壤中、蒸散发或者通过地下径流进入地下水（见图2-38）。

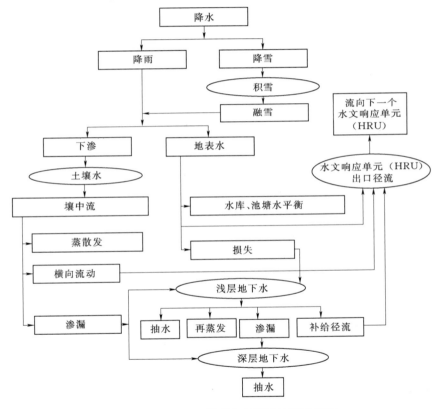

图2-38　SWAT模型中产汇流计算示意图

水量平衡原理是所有水文模型的基础。在SWAT中，水量平衡表示为

$$SW_t = SW_0 + \sum_{i=1}^{t}(R_{day,i} - Q_{surf,i} - E_{a,i} - \omega_{seep,i} - Q_{gw,i}) \qquad (2-2)$$

式中：SW_t、SW_0分别为土壤最终含水量和初始含水量；$R_{day,i}$、$Q_{surf,i}$、$E_{a,i}$、$\omega_{seep,i}$、$Q_{gw,i}$分别为第i日降雨量、地表径流、土壤蒸发和植被蒸散、土壤渗漏量和回归流量（地下水出流量）。

SWAT 模型陆面水文过程如图 2-39 所示。

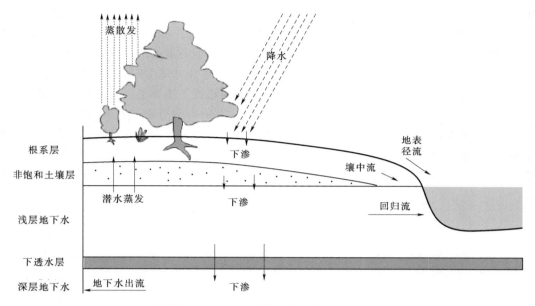

图 2-39　SWAT 模型陆面水文过程图

地表径流一般用 SCS 曲线数方法进行计算，SCS 曲线数计算地表径流的经验关系为

$$Q_{surf} = \frac{(R_{day} - I_a)^2}{R_{day} - I_a + S} \tag{2-3}$$

式中：R_{day} 为降水量；I_a 为初损量；S 为截留量，一般 $I_a = 0.2S$。S 与土地利用类型、土壤类型等相关，在 SWAT 中用曲线数 CN 值计算。CN 值与土壤的渗透性、土地利用类型等相关，CN 值越大，表示流域截留量越小，地表产流越大。

$$S = 25.4 \times \left(\frac{1000}{CN} - 10 \right) \tag{2-4}$$

SWAT 模型中的壤中流用动态蓄量模型计算，并假定只有在水分达到田间持水量之后才能产流。地下水包括浅层地下水和深层地下水，其中只有浅层地下水对流域的河川径流有补给作用，浅层地下水与深层地下水和土壤水之间存在相互交换作用。

SWAT 模型引入了三种方法计算潜在蒸散发，分别是 Penman - Monteith 方法、Pristley - Taylor 方法和 Hargreaves 方法。河道演算采用可变存储系数法或马斯京根法。

2. SWAT 模型冰川水文模块的构建

SWAT 模型虽然广泛应用于全球不同地区，但是标准版本的 SWAT 模型具有模拟降雨和积雪-融雪产流的能力，而不具备模拟冰川消融和积累功能，更不能模拟冰湖溃决和突发洪水。本书在 SWAT2009 代码的基础上，扩展冰川水文过程的模拟，并加入了冰湖溃决洪水的模拟（见图 2-40）。

首先，按照常规 SWAT 模型构建流域分布式水文模型。利用第二期中国冰川目录的冰川面积数据（国外部分用 Randolph 冰川目录补充），计算出不同子流域的冰川体积和水当量。

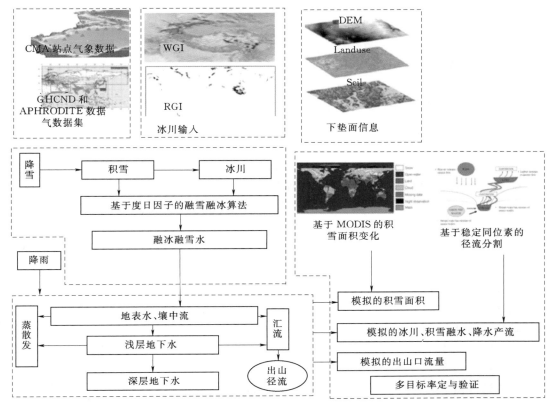

图 2-40　博斯腾湖流域三源流分布式 SWAT 模型

$$V = 0.04 \times \left(\frac{A}{1000000}\right)^{1.35} \qquad (2-5)$$

$$H = 39.5 \times \left(\frac{A}{1000000}\right)^{0.35} \times 0.9 \qquad (2-6)$$

式中：A 为单条冰川面积，m^2；V 为冰川体积，m^3；H 为冰川水当量厚度，m。

计算各个子流域的冰川面积、体积和水当量，并写入到 SWAT 工程中，逐子流域对 SWAT 的冰川消融和积累进行计算。

（1）冰川积累。假设降雪转为冰川的比例为 S2G，只有降落到冰川上的雪才会转为冰川，导致冰川厚度增加。

$$gla\_m(\mathrm{isub}) = gla\_m(\mathrm{isub}) + snofall \times 0.001 \times S2G \qquad (2-7)$$

式中：gla_m 为本子流域的冰川水当量，m；$snofall$ 为当日降雪量，m；0.001 为单位转换系数。

（2）冰川消融。冰面温度为前一日冰面温度与当日气温的函数：

$$T_{gla(d_n)} = T_{gla(d_{n-1})} \times (1 - gla_{timp}) + T_{av}(d_n) \qquad (2-8)$$

式中：$T_{gla(d_n)}$ 为第 d_n 天的冰川温度；gla_{timp} 为用户定义的融冰参数，介于 0~1 之间，当 $gla_{timp}=1$ 时，冰川温度等于当日的平均气温。当日的融冰量为

$$gmfac = \frac{gmfmx + gmfmn}{2} + \frac{gmfmx - gmfmn}{2} \times \sin\left[\frac{2\pi}{365}(d_n - 81)\right] \quad (2-9)$$

$$GLA_{mlt} = \begin{cases} gmfac \times gla_{cov} \times \left(\frac{T_{gla} + T_{max}}{2} - gmtmp\right) & T_{av} > gmtmp \\ 0 & T_{max} \leqslant gmtmp \end{cases} \quad (2-10)$$

式中：$gmfac$ 为当天的融冰速率；$gmfmx$ 和 $gmfmn$ 分别为最大和最小融冰因子；gla_{cov} 为冰川覆盖面积；GLA_{mlt} 为当日的融冰量；$gmtmp$ 为冰川融化最低温度；T_{max} 为当日最高气温。

融冰量是关于融冰速率、冰川覆盖面积、冰川温度和空气平均温度以及融冰基温的函数。

（3）由于冰川消融和积累导致的冰川厚度和冰川面积的动态变化。参考 Liu（2003）建立的面积-水当量统计关系，即 $H = 39.5A^{0.35}$，从而计算出每一天冰川消融后的冰川面积变化 δH 和 δA：

$$\delta A = \left[\frac{H(1+\delta H)}{39.5S}\right]^{\left(\frac{1}{0.35}\right)} - 1 \quad (2-11)$$

3. 模型输入

气象数据是水文模型最重要的输入数据之一。SWAT 模型所需要的气象数据包括：逐日最高气温（℃）、最低气温（℃）、降水（mm）、太阳辐射量 [kJ/(m² · d)]、日平均风速（m/s）和相对湿度等。本书使用的气象资料来自中国气象局国家气象中心的中国地面国际交换站气候资料日值数据集，时间长度为 1975—2010 年。降水、最高气温、最低气温、风速和相对湿度均采用站点实测数据，太阳辐射根据太阳时数计算（庞靖鹏 等，2007），参数选择参考《新疆月太阳总辐射气候学计算方法的研究》。选取开都河流域大山口水文站、黄水沟流域黄水沟水文站和清水河流域克尔古提水文站作为流域出山口水文站，利用其日流量观测值进行模型率定和验证。

数字高程数据（Digital Elevation Model，DEM）来自国际科学数据平台 SRTM（Shuttle Radar Topography Mission）、分辨率为 90m 的数字高程数据产品。通过图幅合并、裁剪、投影变换等处理成 SWAT 建模可输入文件，基于 D8 算法进行河网提取和子流域划分，并用全国水资源五级数字化河网对 DEM 提取的河网进行校正。

土壤数据采用中国科学院新疆 1：100 万土壤类型图。以开都河流域为例，研究区共有 15 种土壤类型，以高山草甸土、亚高山草原土、草甸沼泽土、潮土、灰褐土为主（见表 2-22）。依据《新疆土壤》（1996）和《新疆土种志》（1993）将不同物理属性相似的土壤合并得到流域的 9 种主要代表性土壤类型和各自的物理特性上，得到土壤数据的空间数据。借助 Matlab 软件采用三次样条函数插值法（Spline）将土壤质地分类转换为美国标准，并利用 SPAW（Soil - Plant - Air - Water）模型（Jha et al.，2007；Saxton and Rawls，2006）结合查阅得到的土壤信息计算需要的土壤参数，建立土壤属性数据库（见表 2-23）。

土地利用数据来自中国西部环境与生态科学数据中心 2000 年新疆 1：10 万土地利用数据。基于 ArcGIS9.3 平台对各类土地利用类型进行重分类处理，并依据 SWAT 模型的命名原则对各类土地利用类型进行命名。土地利用类型以草地、沼泽和永久性冰雪为主，最终划分为耕地、林地、草地、冰和雪、居民点、沼泽湿地和未利用土地共 7 种类型。

表 2-22　　　　　　博斯腾湖流域源流区土壤和土地利用类型及其所占比例

土 壤 类 型	所占面积比例/%	土地利用类型	所占面积比例/%
高山草甸土	38.0	草地	60.9
亚高山草原土	33.2	冰和雪	21.4
高山寒漠土	16.2	未利用土地	11.0
草甸沼泽土	7.0	沼泽湿地	6.1
栗钙土、棕钙土、粗骨土	2.6	林地	0.5
潮土	2.0	居民点	0.1
棕漠土	0.5	耕地	0.0
草原草甸土	0.4		
灰褐土	0.1		

表 2-23　　　　　　　　博斯腾湖流域源流区土壤物理属性数据

土 壤 类 型	土壤水文学分组	土壤容重 /(mg/m³)	土层有效含水量 /(mmH$_2$O/mmSoil)	饱和水力传导系数 /(mm/h)
高山草甸土	C	1.19	0.17	18.58
亚高山草原土	C	1.1	0.16	19.06
高山寒漠土	A	1.63	0.19	17.5
草原草甸土	B	1.4	0.14	8.67
草甸沼泽土	C	1.37	0.18	33
栗钙土、棕钙土、粗骨土	B	1.49	0.13	21
潮土	B	1.1	0.16	68
灰褐土	B	1.1	0.17	51
棕漠土	B	1.6	0.14	44

4. 流量模拟

SWAT 模拟过程主要包括：模型构建及运行、模型参数敏感性分析、模型校准和模型验证分析评价。本书基于 ArcGIS9.3 平台建立了开都河流域 SWAT 2009 分布式水文模型。在子流域划分方面，设置最小河道集水面积为 37826hm²，生成 29 个子流域。根据土壤、土地利用数据和坡度划分水文响应单元（HRU），并读入巴音布鲁克站和巴仑台站的气象数据。

由于研究区内只有两个观测站（巴音布鲁克站和巴仑台站）有长期气象资料，但它们高程均低于 2500m，流域内 2500m 高程以上没有气象观测站点。因此研究设置了不同的高程带并假设降水随着高程的增加均匀增加，而温度以均匀减少。另外，模型采用 Penman-Monteith 方法计算潜在蒸散发；河道演算采用可变存储系数方法；用度日因子方法计算融雪。

　　基于 SWAT 缺省参数的模拟只能基本反映出流量的年内变化趋势，模拟非常不准确，模拟结果高估了夏季流量，低估了冬季流量，因此必须对模型参数进行率定。模型率定采用模型参数的相对变化（"$r\_$"）、绝对变化（"$a\_$"）或者替换（"$v\_$"）。为了不使参数的变量与参数混淆，后文涉及的参数变化用因子表示，例如，因子 r_CN2 是指对所有 HRU 的 $CN2$ 进行相对变换，将 $CN2×(1+r\_CN2)$ 替换原始的 $CN2$；v_Tlaps 是用 v_Tlaps 替换原来的 $Tlaps$ 值（Yang et al.，2007）。基于 SWAT 软件对 SWAT 工程中的各个参数进行调整会极大提高效率。表 2-24 列出了这些因子和对应参数的意义。

表 2-24　　　　　　　　　　水文模拟中选择的因子及其初始值、范围和率定值

编号	因子	范围	对应的参数及意义	率定值
1	v_Tlaps	[−10, 0]	$Tlaps$：温度递增率（℃/km）	−9.23
2	v_Alpha_bf	[0, 1]	$Alpha\_bf$：基流系数	0.94
3	v_Plaps	[100, 200]	$Plaps$：降水递增率（mm/km）	165.00
4	v_Gwqmn	[0, 1000]	$Gwqmn$：浅层地下水补给径流的临界深度（mm）	72.00
5	r_Sol_k	[−0.5, 2]	Sol_kl：土壤饱和导水率（mm/h）	0.87
6	v_Gw_delay	[0, 500]	Gw_delay：地下水延迟时间（d）	340.60
7	v_Esco	[0, 1]	$Esco$：土壤蒸发补给系数	0.36
8	$r\_Slsubbsn$	[−0.3, 0.3]	$Slsubbsn$：平均坡长（m）	0.15
9	v_Ch_k2	[0, 500]	Ch_k2：主河道河床有效的水力传导度（mm/h）	253.10
10	r_Sol_awc	[−0.5, 0.5]	Sol_awc：土壤有效含水量	−0.21
11	r_CN2	[−0.15, 0.15]	$CN2$：SCS 径流曲线数	0.04
12	v_Smfmx	[−0, 10]	$Smfmx$：最大融雪因子 [mm/(℃·d)]	7.71
13	r_Sol_z	[−0.5, 0.5]	Sol_z：土壤深度（mm）	—
14	v_Gw_revap	[−0.02, 0.2]	Gw_revap：地下水再蒸发系数	—
15	v_Surlag	[0, 24]	$Surlag$：地表径流延迟时间（d）	—
16	$v\_Revapmn$	[0, 500]	$Revapmn$：浅层地下水再蒸发系数（mm）	—
17	r_Slope	[−0.1, 0.1]	$Slope$：平均坡度	—
18	v_Ch_k1	[0, 300]	Ch_k1：支流有效水力传导度（mm/h）	—
19	v_Smfmn	[0, 10]	$Smfmn$：最小融雪因子 [mm/(℃·d)]	—
20	v_Epco	[0, 1]	$Epco$：植被吸水补偿系数	—
21	v_Ch_n2	[0, 0.3]	Ch_n2：主河道曼宁系数	—
22	r_OV_N	[−0.5, 0.5]	OV_N：坡面流曼宁系数	—
23	r_Sol_alb	[−0.2, 0.2]	Sol_alb：土壤反射率	—
24	v_Sftmp	[−1, 1]	$Sftmp$：降雪基温（℃）	—
25	v_Smtmp	[−1, 1]	$Smtmp$：融雪基温（℃）	—

　　本书用 SCE-UA 方法（Duan et al.，1992）率定 SWAT 分布式水文模型。SCE-UA 算法在寻找水文模型的全局最优参数方面非常有效（Gupta et al.，1999）。

　　在率定中选定的目标函数是 Nash-Sutcliffe 效率系数（NS）（Nash and Sutcliffe，1970）：

$$NS = 1 - \frac{\sum_{i=1}^{n}(Y_i^{obs} - Y_i^{sim})^2}{\sum_{i=1}^{n}(Y_i^{obs} - Y_i^{mean})^2} \tag{2-12}$$

式中：Y_i^{obs} 和 Y_i^{sim} 分别为第 i 个观测和模拟的流量值；Y_i^{mean} 为观测流量的平均值；n 为观测值的个数。

NS 表征了模拟流量与观测流量的符合程度，它介于 $-\infty \sim 1.0$ 之间，当 $NS=1$ 时，表明模拟值和观测值完全重合；NS 值越大，模拟效果越好。除了 NS，相对偏差（$PBIAS$）和决定系数（R^2）也作为模型评价指标。$PBIAS$ 由式（2-13）进行计算：

$$PBIAS = \frac{\sum_{i=1}^{n}(Y_i^{sim} - Y_i^{obs})}{\sum_{i=1}^{n}(Y_i^{obs})} \tag{2-13}$$

$PBIAS$ 衡量模拟流量对观测流量的偏移量，正值表示高估，负值表示低估；$|PBIAS|$ 越小，模拟量对观测量的偏差越小。R^2 描述了模拟流量和观测流量的相关性。通常，在水文模拟中，$NS>0.50$、$|PBIAS|<25\%$、$R^2>0.6$ 常作为模拟满意的标准；如果 $NS>0.75$、$|PBIAS|<10\%$，可认为模拟效果非常好（Moriasi et al.，2007）。

借助 iSWAT 软件批量修改 SWAT 工程中的参数值。以大山口、黄水沟和清水河水文站日流量作为观测值，NS 为目标函数，用 SCE-UA 算法进行自动率定。模型的预热期通常用来消除初始状态变量（如土壤水分、地下水存储量等）对水文模拟的影响，预热时间越长初始状态变量将对模型的影响越小。开都河以 1979—1985 年共 7 年的时间为模型的预热期，1986—1989 年为模型的率定期，1990—2002 年为第一个验证期（日流量），2003—2010 年为第二个验证期（月流量）。率定期和验证期均包含枯水年份和丰水年份，较长的验证期可以保证模型的稳健性。

图 2-41 是观测和模拟的流量，尽管验证期的数据长度是率定期的 5 倍，模型在率定期（1986—1989 年）和验证期（1990—2010 年）模拟效果都很好（见表 2-25）。率定期和验证期模拟的日流量的 NS、$PBIAS$、R^2 分别为 0.80、0.01%、0.80 和 0.81、2.94%、0.81，模拟的月流量指标高达 0.86、1.31%、0.87，达到了 Moriasi 等（2007）提出的模型效果为优的标准。

表 2-25　　　　　　　　　　流域水文模型在率定期和验证期效果评估

指　标	NS	$PBIAS$	R^2
率定期 1986—1989 年（日数据）	0.80	0.01%	0.80
第一验证期 1990—2002 年（日数据）	0.81	2.94%	0.81
第二验证期 2003—2010 年（月数据）	0.86	1.31%	0.87

基于 SCE-UA 方法进行参数率定，取得了较好的模拟效果。v_Plaps 的率定值为 165mm/km，与前人研究一致，如 $Plaps=162$mm/km（Lin，1985）和 $Plaps=156.4$mm/km（Zhao et al.，2011）。率定后 v_Tlaps 最优值为 -9.23℃/km，与陈曦（2012）根据气温的站点观测数据计算的天山南坡气温垂直递减率（介于 $-11.8 \sim -7.3$℃/km 之间）一致。

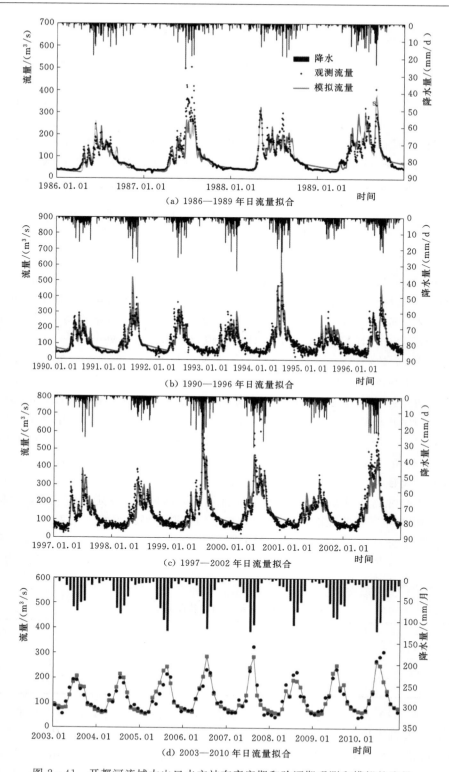

图 2-41　开都河流域大山口水文站在率定期和验证期观测和模拟的流量

本区域的 *Tlaps* 非常接近干绝热递减率（−9.8℃/km），与研究区的自然特征有关；开都河流域是一个干旱山区流域，气压低、相对湿度低、风速高，这些因素导致了较高的气温垂直递减率（Blandford et al.，2008）。巴音布鲁克站和巴仑台站的平均气压和相对湿度分别为 $0.758×10^5$ Pa、69％和 $0.828×10^5$ Pa、42％，而且巴音布鲁克站有超过 12％的日数风速超过 5m/s（强风），有 38％的日数风速超过 3m/s（中强风）。

二、流域来水过程分析

为了辨别博斯腾湖流域的关键水文过程，本书利用 MORRIS 方法运行了 1300 次模型得到各水文参数的敏感性分析结果（见图 2-42）。在图 2-42 中，μ^* 代表各参数的敏感度，σ 代表该因子与其他因子的交互作用强度或者其非线性，图例中菱形表示非常敏感的因子，三角代表一般敏感因子，圆点代表不敏感因子。结果表明：

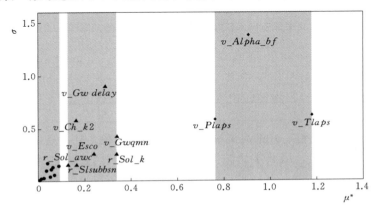

图 2-42　博斯腾湖流域水文参数各因子敏感性

（1）v_Tlaps、v_Alpha_bf 和 v_Plaps 是非常敏感的因子，并且与其他参数有很强的交互作用。v_Tlaps 和 v_Plaps 影响各个 HRU 和高程带内的气温和降水的输入，对 HRU 和整个流域的产水量和水平衡有非常重要的影响。v_Alpha_bf 为基流回归系数，描述了地下水对径流补给的影响，是影响地下水过程的重要因子。

（2）研究识别出 7 个一般敏感因子，其中 v_Gwqmn 和 v_Gw_delay 是表征地下水过程和地下水-地表水相互作用的因子；v_Ch_k2、r_Sol_k 和 r_Sol_awc 控制地表水向地下水的下渗过程；v_Esco 通过改变模型参数 Esco 改变土壤蒸发补偿系数，控制实际蒸散发量；$r\_Slsubbsn$ 是控制坡长的因子。

（3）不敏感参数组中，r_CN2 和 v_Smfmx 是最为敏感的两个因子。开都河流域流经巴音布鲁克草原，湿地面积为 1137km^2，坡度小于 8.7‰的平坦地形占了 37％。湿地面积较大导致 r_CN2 的敏感度低。在敏感性分析中，与融雪相关的因子 v_Smfmx、v_Sftmp、v_Smtmp、v_Smtmn 不敏感，说明融雪过程在开都河流域不是最重要的。从巴音布鲁克站和巴仑台站的降水特征可以看出，冬季（10 月至次年 3 月）降水量仅占年降水量的 9％和 4％，一定程度上说明了该流域冬季降雪较少。

另外，用 SDP 方法计算了各个因子的主效应 S_i 和一阶交互作用 S_{ij}。经过 600 次模型运行，一阶方差回归模型的 $R^2=93.0\%$，说明这些因子的主效应和一阶交互作用解释了超过 90%的模型不确定性。SDP 的敏感性结果在表 2 - 26 中列出。最敏感的参数是 v_Tlaps，然后是 v_Plaps 和 v_Alpha_bf。从 S_i 和 S_{Di} 上看，其他的因子没有这三个因子敏感。v_Tlaps 和 v_Plaps 控制了模型的气温和降水的驱动数据，这两个因子的近似总效应（v_Tlaps 和 v_Plaps 的主效应和他们的一阶交互作用的和）达到 64.0%，贡献了超过一半的模型不确定性。v_Alpha_bf 影响地下水过程，它的主效应是 13%，说明通过模型率定而固定这三个因子后，会减少模型 87%的不确定性。SDP 的敏感性分析结果与 Morris 的结果一致。SDP 分析中其他因子的敏感性较低，这并不意味着它们不敏感，只是它们的敏感性没有这三个因子高。

表 2 - 26　　　　基于 SDP 方法的各因子的主效应（S_i）和近似总效应（S_{Di}）

因子	主效应 S_i	总效应 S_{Di}	因子	主效应 S_i	总效应 S_{Di}
v_Tlaps	37.8	41.5	$r\_Slsubbsn$	0.9	1.3
v_Plaps	24.6	27.5	v_Ch_k2	0.0	0.1
v_Gwqmn	1.6	2.0	r_Sol_awc	0.3	0.3
r_Sol_k	7.3	9.0	r_CN2	0.0	0.0
v_Gw_delay	0.3	1.2	v_Smfmx	0.9	1.0
v_Esco	0.9	1.2	R^2	87.6	93.0

因此，认为地下水过程是开都河流域最关键的水文过程，其次是融雪和蒸散发。为了验证地下水过程的重要性，用数字滤波方法对开都河流域的径流进行基流分割，结果表明，地下水占了总径流的 72%～86%。地下水所占比例高与流域的山间平坦草原和湿地面积比例大有关（见图 2 - 43）。

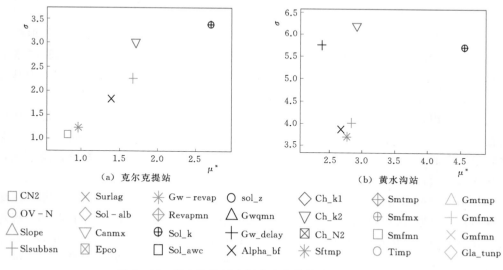

（a）克尔克提站　　　　　　　　　　（b）黄水沟站

□ CN2	✕ Surlag	✳ Gw－revap	○ sol_z	◇ Ch_k1	⊕ Smtmp	△ Gmtmp
○ OV－N	◇ Sol－alb	⊕ Revapmn	△ Gwqmn	⊕ Smfmx	+ Gmfmx	
△ Slope	▽ Canmx	⊕ Sol_k	+ Gw_delay	⊠ Ch_N2	□ Smfmn	✕ Gmfmn
+ Slsubbsn	⊠ Epco	□ Sol_awc	✕ Alpha_bf	✳ Sftmp	○ Timp	◇ Gla_tunp

图 2 - 43　黄水沟和清水河水文参数敏感性分析结果

对于黄水沟和清水河流域，研究利用 MORRIS 敏感性分析方法分析了各参数的敏感性。结果表明，对于两个流域 Sol_k、Ch_K 和 $Slsubbsn$ 都是最敏感的参数，说明两个流域的土壤水下渗过程、河道渗漏和坡长影响径流过程。与开都河类似，$Alpha\_bf$ 也是敏感参数，说明这两个流域的地下水过程也相对比较活跃。在黄水沟和清水河，$Sftmp$ 比较敏感，表明融雪过程比较重要，但是在两个流域的融冰参数均不敏感，说明冰川融水过程对径流的贡献不大（见图 2-43）。

三、流域未来水资源变化分析

在博斯腾湖流域，淡水资源主要来源于山区冰川/积雪融化和降水，山区是水资源的主要形成和来源地，向下游人口稠密、干旱少雨的绿洲和荒漠过渡带提供珍贵的水资源，因此，气温和降水的变化对山区固态水资源的积累以及融雪补给径流具有重要意义。

1. 流域未来气候变化预估

IPCC（2018）指出："气候变化是毋庸置疑的"，温度和降水的时空变化将对开都河-孔雀河流域的山区来水量产生巨大的影响。因此，未来气候变化的预测和评估是非常重要的。由于仅用一个气候模型进行预测会存在很大偏差，研究应用 CMIP5 的 21 个 GCM 组成 GCM 集，对气温和降水进行校正后，用各模式的平均作为 GCM 的预测信息，探讨未来温度和降水的变化。

巴音布鲁克站和巴仑台站是位于开都河-孔雀河流域内仅有的山区长期气象站，研究以巴音布鲁克站和巴仑台站为代表站，分析了该流域的气候变化。

博斯腾湖流域温度在未来极有可能升高。在 RCP4.5 情景和 RCP8.5 情景下，温度均持续升高，但在 RCP8.5 情景下温度增加幅度更大（见图 2-44 和图 2-45）。到 21 世纪下半叶（2066—2099 年）巴音布鲁克站最高气温和最低气温将分别升高 2.8℃和 2.9℃。

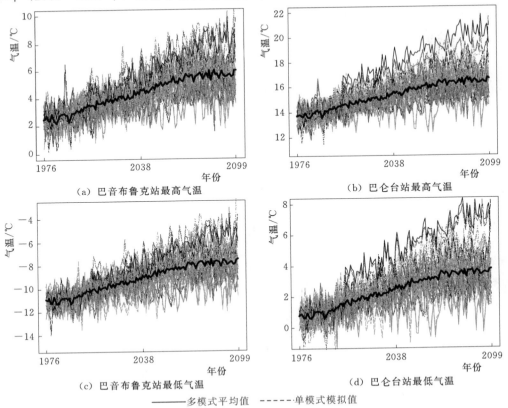

（a）巴音布鲁克站最高气温　　　　（b）巴仑台站最高气温

（c）巴音布鲁克站最低气温　　　　（d）巴仑台站最低气温

——多模式平均值　-----单模式模拟值

图 2-44　RCP4.5 情景下巴音布鲁克站和巴仑台站最高和最低气温变化

温度的年平均变化速率为 0.03℃/a。在 RCP8.5 情景下，巴音布鲁克站的气温升高更加剧烈，在 2006—2035 年、2036—2065 年和 2066—2099 年时期，巴音布鲁克的最高温度将分别升高 1.1℃、2.7℃和 5.0℃，最低气温的升高幅度略高于最高气温（见表 2-27）。

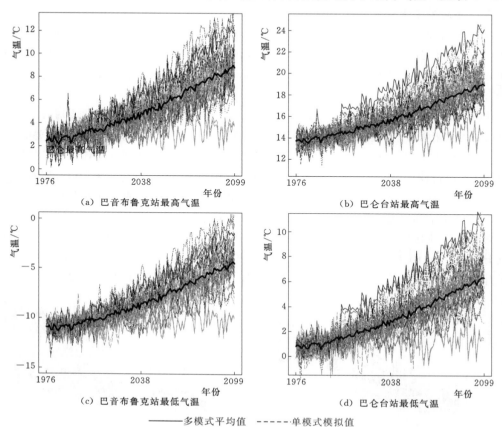

——多模式平均值 -----单模式模拟值

图 2-45 RCP8.5 情景下巴音布鲁克站和巴仑台站最高和最低气温变化

表 2-27　　　　巴音布鲁克站的降水变化（δP）和气温变化（ΔT）预测

变量	未来变化情景	变化量	2006—2035 年	2036—2065 年	2066—2099 年
降水/mm		$\delta P/\%$	22.8	31.6	36.7
最高气温/℃	RCP4.5	$\Delta T_{max}/℃$	1.0	2.1	2.8
最低气温/℃		$\Delta T_{min}/℃$	1.1	2.2	2.9
降水/mm		$\delta P/\%$	32.2	36.3	50.3
最高气温/℃	RCP8.5	$\Delta T_{max}/℃$	1.1	2.7	5.0
最低气温/℃		$\Delta T_{min}/℃$	1.2	2.9	5.2

注　表中数值预测为相对于控制期 1976—2005 年的分析结果。

　　在 21 世纪，降水量总体呈上升的趋势。在 RCP4.5 情景下，巴音布鲁克站和巴仑台站的年平均降水量将由控制期的 261mm 和 214mm 增加至 2066—2099 年间的 298mm 和 251mm，降水量均增加 37mm（见图 2-46）。区域平均年降水量变化率为 0.36mm/a 和

0.37mm/a。在RCP8.5情景下，巴音布鲁克站和巴仑台站的年平均降水量将由控制期的261mm和214mm增加至2066—2099年间的311mm和265mm（见图2-47），降水增加量分别为50mm和51mm。区域平均年降水量变化率为0.51mm/a和0.53mm/a。结果显示，在RCP4.5情景下的预测结果与RCP8.5情景下类似，只是在RCP4.5情景下变化幅度相对较低（见图2-48）。

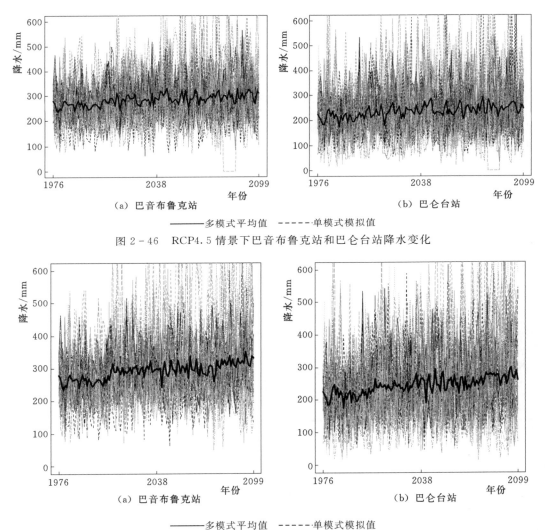

———多模式平均值　-----单模式模拟值

图2-46　RCP4.5情景下巴音布鲁克站和巴仑台站降水变化

———多模式平均值　-----单模式模拟值

图2-47　RCP8.5情景下巴音布鲁克站和巴仑台站的降水变化

2. 开都河未来径流预估

降水和气温的变化引起了水文过程的变化。相对于控制期的多年平均径流深（194mm），RCM预测的21世纪径流量呈增加趋势，在RCP4.5情景和RCP8.5情景下径流量变化分别为-1%～18%和4%～20%（见表2-28和图2-49）。值得注意的是，在RCP8.5情景下到21世纪末（2080—2099年），尽管降水量还是持续增加，但是径流量不

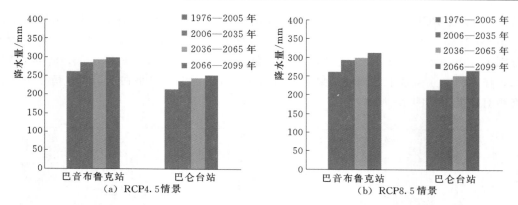

图 2－48　RCP4.5 和 RCP8.5 情景下未来巴音布鲁克站和巴仑台站降水变化

再持续增加。这证实了 Sorg 等（2012）的研究结果，表明如果气候持续快速变暖，很可能加剧这个地区的水资源短缺。

表 2－28　博斯腾湖流域的降水变化（δP）、气温变化（ΔT）和径流变化（δQ）预测

项　目	变量	1986—2005 年平均值	情景	变化量	2020—2039 年	2040—2059 年	2060—2079 年	2080—2099 年
气候模式原始结果	P/mm	1037	RCP4.5	$\delta P/\%$	4.91	7.30	13.19	14.51
	$T/℃$	3.7		$\Delta T/℃$	0.8	1.4	1.7	1.9
	P/mm	1037	RCP8.5	$\delta P/\%$	9.8	13.8	17.0	23.4
	$T/℃$	3.7		$\Delta T/℃$	1.3	1.9	2.9	4.0
气候模式校正后	P/mm	373	RCP4.5	$\delta P/\%$	4.0	2.0	11.0	16.0
	$T/℃$	−1.6		$\Delta T/℃$	1.0	1.6	2.0	2.2
	$Q/亿\ m^3$	36.1		$\delta Q/\%$	6.0	−1.0	10.0	18.0
	P/mm	373	RCP8.5	$\delta P/\%$	7.0	15.0	19.0	24.0
	$T/℃$	−1.6		$\Delta T/℃$	1.6	2.3	3.3	4.6
	$Q/亿\ m^3$	36.1		$\delta Q/\%$	4.0	16.0	20.0	15.0

注　表中预测数值为相对于控制期 1986—2005 年分析所得。

在水文过程上，RCM 预测的 RCP4.5 情景和 RCP8.5 情景下地表径流量（R_s）、地下径流量（R_g）和蒸散发量（ET）也发生了变化。总体而言，各水文要素在 RCP8.5 情景下的变化幅度要比在 RCP4.5 情景下大。R_s 的年变化不显著（<5%），但具有明显的季节特征。在 RCP8.5 情景下，R_s 在湿季的变化范围为 −22%~2%，干季为 4%~78%。R_g 在 RCP4.5 情景和 RCP8.5 情景下的变化幅度为 −0.7%~17% 和 4%~18%，与年径流量的变化趋势类似。ET 在 21 世纪持续增加，平均增加幅度为 2%~10% 和 7%~24%。

3. 黄水沟未来径流预估

通过利用 21 个气候模式、3 种气温校正方法和 4 种降水校正方法，得到未来巴仑台站的气候变化情况，来驱动水文模型，在两种气候变化情景下，分别得到 21×3×4＝252 组模拟结果。在对未来水资源分析中，本节用中位数值来表示。

在 RCP4.5 情景下，在年际尺度上，黄水沟流域的径流量总体呈下降趋势，从

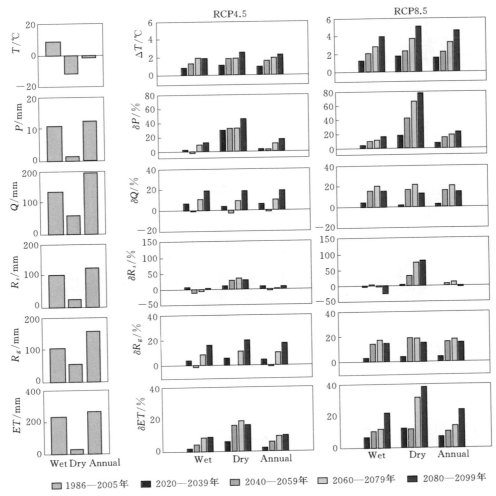

图 2-49 开都河流域水文要素对气候变化的响应

Wet—湿季（5—10月）；Dry—干季（11月至次年4月）；Annual—全年平均；Q—径流量；

R_s—地表径流量；R_g—地下径流量；ET—蒸散发量

1976—2005 年的 3. 46 亿 m³ 开始波动变化，在 2020—2039 年达到最高，达 3. 59 亿 m³，然后下降到 2080—2099 年的 2. 45 亿 m³（见图 2-50～图 2-56）。在年内尺度上，各个月的流量总体上均有一定程度的下降，但夏季是一年中径流量最高的时期。

在 RCP8.5 情景下，在年际尺度上，黄水沟流域的径流量总体呈下降趋势，从 1976—2005 年的 3. 65 亿 m³，先增加到 2020—2039 年的 3. 78 亿 m³，然后下降到 2080—2099 年的 3. 34 亿 m³。在年内尺度上，各个月的流量总体上均有一定程度的下降，但夏季是一年中径流量最高的时期。

4. 清水河未来径流预估

对于清水河流域，未来径流呈总体增加趋势，同时波动幅度也增大。在 RCP4.5 情景下，在年际尺度上，清水河流域的径流量从 1976—2005 年的 1. 49 亿 m³，增加到

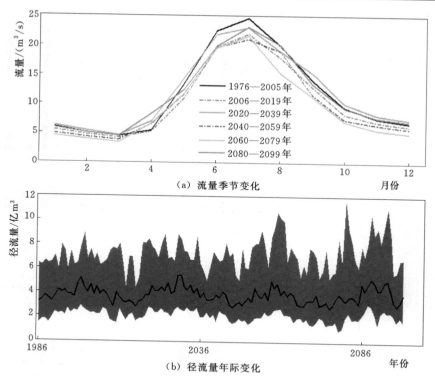

（a）流量季节变化

（b）径流量年际变化

图 2-50　RCP4.5 情景下黄水沟流域未来出山口径流量年际与季节变化

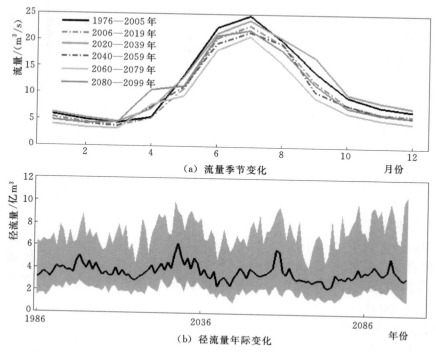

（a）流量季节变化

（b）径流量年际变化

图 2-51　RCP8.5 情景下黄水沟流域未来出山口径流量年际与季节变化

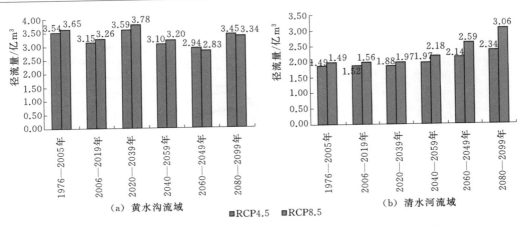

图 2-52 不同气候变化情景下黄水沟和清水河流域未来径流量变化

2000—2019 年的 1.52 亿 m³，一直增加到 2080—2099 的 2.34 亿 m³（见图 2-53）。在年内尺度上，各个月的流量均有一定程度的增加，其中夏季是径流量增加最为明显的时期（见图 2-53 和图 2-54）。图 2-53 和图 2-54 中的阴影区表示模型的 10% 和 90% 不确定性区间。

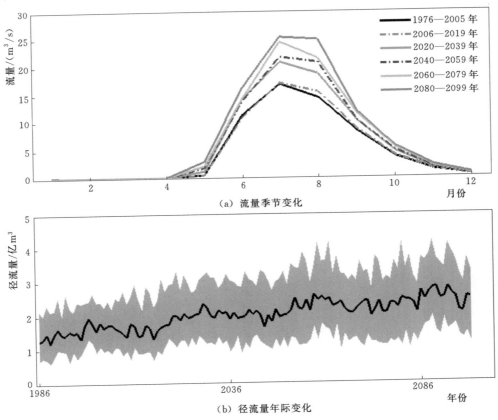

图 2-53 RCP4.5 情景下清水河流域未来出山口径流量年际和季节变化

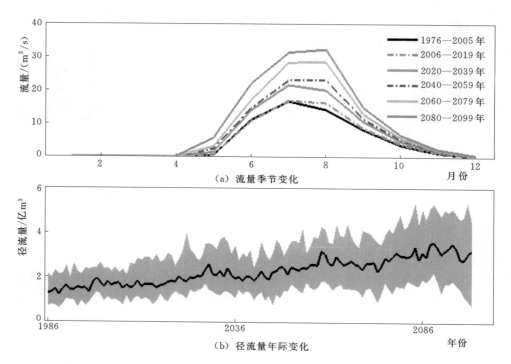

图 2-54　RCP8.5 情景下清水河流域未来出山口径流量年际和季节变化

在 RCP8.5 情景下，在年际尺度上，清水河流域的径流量从 1976—2005 年的 1.49 亿 m³，增加到 2020—2039 年的 1.97 亿 m³，一直增加到 2080—2099 年的 3.06 亿 m³。在年内尺度上，各个月的流量均有一定程度增加。

考虑到未来不同的气候变化情景，在 RCP4.5 情景和 RCP8.5 情景下，未来博斯腾湖开都河、黄水沟和清水河的来水量将总体呈现增加趋势，但是在 2040 年以后，径流量减少明显。在近 10 年，博斯腾湖来水量将继续保持在一个高位水平，平均径流量在 45 亿 m³ 上下（见图 2-55 和图 2-56），但是未来水资源不确定性增加，极端枯水年、丰水年出现的频率将增大。对于开都河流域，2021—2030 年间相对 2011—2020 年间大

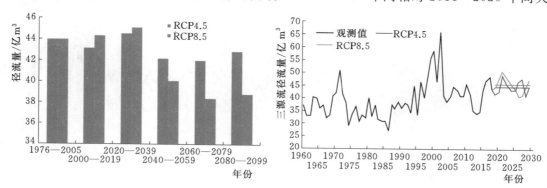

图 2-55　开都河、黄水沟和清水河流域未来总径流量变化

山口来水量预估变化范围为 $-7\%\sim9\%$，并且随着开都河流域山区冰川的不断融化，开都河径流受降水影响越来越大，未来不确定性更高。对于黄水沟和清水河流域，在 2021—2030 年，两河的来水量在 RCP4.5 情景和 RCP8.5 情景下将分别增加 34%、37% 和 25%、26%。

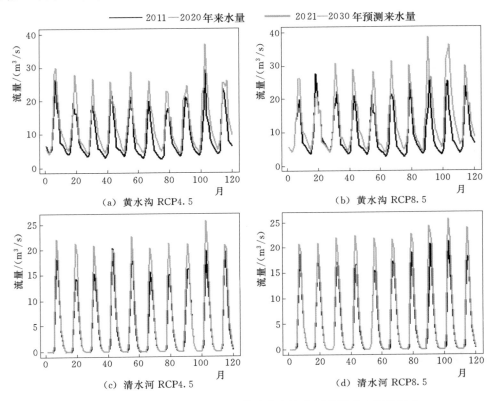

图 2-56　不同气候变化情景下黄水沟和清水河流域来水量月变化

第三节　博斯腾湖流域未来需水量预估

一、生活、工业和畜牧需水量预估

1. 生活需水

城市化进程的加速导致水资源的供需矛盾日益严峻。到 21 世纪中期，我国城市化水平将达到 60%，城镇人口将增加到 9.6 亿人。人口的增加以及生活和居住条件的改善，又将使生活需水量不断提高，导致城市水资源供需矛盾将更加严峻。生活需水指居民生活用水，分农村生活需水和城市生活需水两类。生活需水的预估涉及多方面的因素，如人口增长、生活水平、人均经济收入、公共建设和城市发展规模等，通常的预估方法有人口定额法、时间序列预测、回归分析预测、指数法预测、灰色预测和人工神经网络等。本节采用人口定额法进行预测。

人口定额法最重要的是对人口进行预测。人口的预测采用 Logistic 方程，该模型充分考虑了自然资源、环境条件等外在因素对人口增长的阻滞作用。若将人口增长率 r 表示为人口数量 x 的函数 $r(x)$，于是有

$$\frac{\mathrm{d}x}{\mathrm{d}t}=r(x)x,x(0)=x_0 \qquad (2-14)$$

式中：$r(x)$ 为 x 的线性函数，表示为 $r(x)=r-sx$（$r>0$，$s>0$），考虑自然资源和环境条件所能容纳的最大人口数量 x_m，当 $x=x_m$ 时人口不再长，即增长率 $r(x_m)=0$，计算得 $s=\dfrac{r}{x_m}$，可以得到

$$x(t)=\frac{x_m}{1+\left(\dfrac{x_m}{x_0}-1\right)e^{-rt}} \qquad (2-15)$$

在实际对博斯腾湖流域人口预测中，比较了 Logistic 方程与 Logistic Power 方程（见图 2-57 和图 2-58），发现 Logitic Power 方程更能准确模拟博斯腾湖流域的人口变化。对博斯腾湖流域生活需水进行计算发现，城镇需水会持续增加，而农村生活需水会持续减少。但总体来看，生活需水会越来越多，但会随着时间的延长，增长速率会减慢。

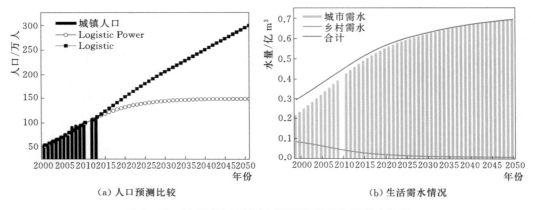

（a）人口预测比较　　　　　　　　　（b）生活需水情况

图 2-57　博斯腾湖流域人口预测比较及生活需水情况

2. 工业需水

工业是国民经济的重要产业，工业需水预测是水资源管理的重要内容。工业需水量受地区工业产值、地区工业结构、工业用水成本或价格、贴现率、生产工艺、企业规模、工业用水重复利用率及工业技术进步指数等众多因素的影响，难以进行精准预测。目前，工业需水量的主要预测方法可以分为时间序列法、系统分析法、结构分析法、宏观经济模型法、基于用水机理预测法以及定额法等基本方法，不同预测方法所得结果具有一定差异。

本节采用用水量、GDP、固定投资、城市居民消费价格指数、原煤油、发电量以及中水回用比率这些指标建立了逐步多元回归方程，并预测了每个回归因子以及工业需水的变化（见图 2-59）。同时，工业需水量预测必须以过去的状况为基础。在一定的历史阶段，城市工业的发展、工业结构的变化都有一定的规律性，过去和现在的情况会持续影响到将来。因此，随之而来的工业需水量的变化也有一定的连续性，这就给工业需水量预测

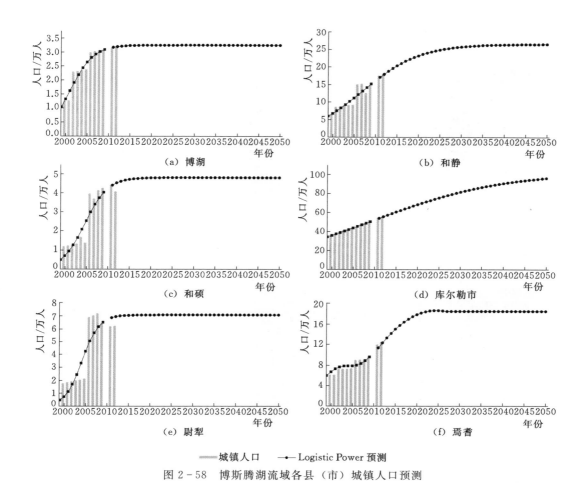

图 2-58　博斯腾湖流域各县（市）城镇人口预测

提供了可靠的依据。采用柯布-道格拉斯生产函数的形式，分别构成两个生产函数来描述工业需水的变化。

$$WI(t)=A_0[V(t)]^{T_1}[WI(t-1)]^{T_1} \qquad (2-16)$$

式中：$WI(t)$、$V(t)$ 分别为城市第 t 年的工业需水量和工业总产值；$WI(t-1)$ 为前一年的工业需水量；A_0、T_1、T_2 为参数。

考虑到我国水资源短缺情况的加重，水价在工业生产成本中逐年上升，含有两个要素的道格拉斯函数引申到三个要素的生产函数，即增加水价生产要素 $y(t)$，此时描述工业用水生产函数为 $WI(t)=A_0[V(t)]^{T_1}[WI(t-1)]^{T_1}[y(t)]^{T_3}$。以此计算的工业需水情况如图 2-60 所示。

通过两个模型（多元回归方程方法以及道格拉斯函数方法）的比较，发现模型在模拟阶段效果较好，相关系数高达 0.97。但采用道格拉斯函数计算的工业需水量在 2012 年以后下降明显，不符合工业需水量的一般发展规律，故这里采用多元线性回归来预测工业需

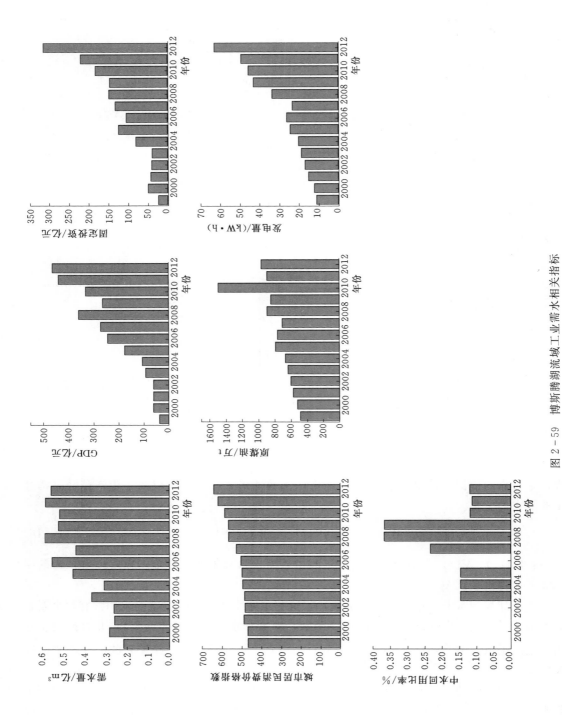

图 2-59 博斯腾湖流域工业需水相关指标

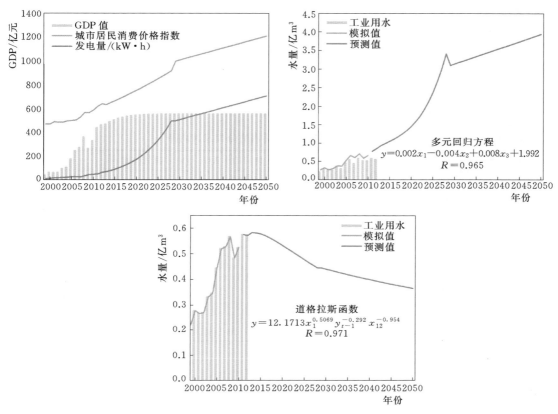

图 2-60　博斯腾湖流域工业需水模拟与预测

水量。多元回归模拟结果显示，工业需水是逐年增加的，在 2028 年之前增长十分显著，2030 年以后，水量会持续增加，最后维持在 4 亿 m^3 左右的水量。

3. 畜牧需水

牲畜需水量预测与居民生活需水量预测方法相似，采用日需水量定额法预测。在对畜牧头数预测的基础上，以 120L/d 的定额对畜牧需水进行预测，结果见图 2-61。博斯腾湖流域畜牧需水量基本上保持在 1.0 亿 m^3 左右，且年际间波

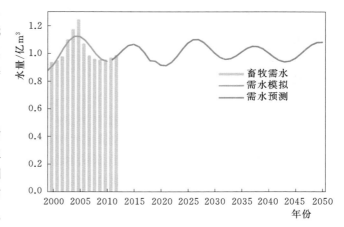

图 2-61　博斯腾湖流域畜牧需水情况

动性较强。总体来说，畜牧需水量总量相对较小，对总需水量影响不大。

二、生态需水

水是干旱内陆河流域最为宝贵的自然资源，受水控制的干旱内陆河流域，有水成绿

洲，无水为荒漠。生态需水是指为了维持流域生态系统的良性循环，人们在开发流域水资源时必须为生态系统的发展与平衡保证其所需的水量。生态需水包含两部分：一部分是非消耗性的，它构成生态系统维持健康的环境条件，如维持一定地下水水位所需的地下水储量；另一部分则是消耗性的，它参与了生态系统的生理过程（消耗于蒸散发和参与形成生物体的有机质）。生态需水在干旱内陆河流域通常仅研究河湖水面蒸发生态需水、人工植被生态需水、天然植被生态需水，计算方法见表 2-29。

表 2-29　　　　　　　　　博斯腾湖流域流域生态需水的分类及其水源

生态景观类型	生态需水分类	需水主体	依赖的水源	水源的控制	计算方法
山区	水土保持需水	草地	降水	不可控	自满足
人工绿洲	防护林需水（人工植被生态需水）	防护林	降水、灌溉	灌溉	定额法
	河湖水面蒸发生态需水	水面蒸发	降水、径流	控制径流	蒸发降水差法
		河流需水	降水、径流	控制径流	逐月频率分析法
		湿地	降水、径流	控制径流	$ET_c = K_c \times ET_0$
	城市绿地需水（人工植被生态需水）	绿地	降水、灌溉	灌溉	包括于生活用水
天然绿洲	天然植被生态需水	乔灌草	降水、地下水	控制地下水	潜水蒸发法

注　根据粟晓玲（2007）修改而成。

（1）河湖水面蒸发生态需水。河湖水面蒸发生态需水，是指一定河湖水面面积上降雨不能满足水面蒸发所需补充的水量，采用蒸发降水差法：

$$W_e = \begin{cases} A(K \cdot E_{\Phi 20} - P) & K \cdot E_{\Phi 20} > P \\ 0 & K \cdot E_{\Phi 20} \leqslant P \end{cases} \quad (2-17)$$

式中：W_e 为河湖水面蒸发生态需水量；$E_{\Phi 20}$ 为 Φ_{20} 蒸发皿的水面蒸发量；K 为 Φ_{20} 蒸发皿折算为 E601 型蒸发皿的折算系数；P 为降水量；A 为河湖湖水面积。

（2）人工植被生态需水。人工植被生态需水采用直接计算方法，以某一区域植被的面积乘以其生态需水定额。计算公式为

$$W = \sum W_i = \sum A_i r_i \quad (2-18)$$

式中：A_i 为植被类型 i 的面积；r_i 为植被类型 i 的生态需水定位。

（3）天然植被生态需水。博斯腾湖流域平原的天然植被属于非地带性植被，其生长不依赖于大气降水，而是靠地下水供给其蒸腾和蒸发。实际蒸散发量是由潜水向上输送供给，而影响植物生长的土壤水分状况取决于潜水蒸发量的大小（粟晓玲，2007）：

$$W_{nv} = \sum_{k=1}^{l} \sum_{i=1}^{n} \sum_{j=1}^{m} A_{kij} WG_{kj} K_j \quad (2-19)$$

式中：W_{nv} 为区域天然植被生态需水量；A_{kij} 为第 i 种植被群落类型分布在第 k 类土质、地下水埋深 j 下的面积；WG_{kj} 为 k 种土质在某一地下水埋深 j 时的无植被潜水蒸发量；K_j 为植被系数，表示在其他条件相同下，地下水埋深 j 下游植被覆盖与无植被覆盖潜水蒸发的比例；l 为土质类型综述；n 为植被类型总数；m 为所研究的地下水埋深状态。

WG_{kj} 是一个很重要的变量，常用阿维扬诺夫公式估计：

$$WG_{kj} = aE_{\Phi20}(1 - h_i/h_{max})^b \qquad (2-20)$$

式中：h_i 为 i 类植被的生态地下水埋深；h_{max} 为潜水蒸发极限埋深，大于这一深度的潜水蒸发量几乎等于 0；a，b 为经验系数。

利用博斯腾湖流域 2000 年土地利用/土地覆盖遥感数据，解译出流域不同植被类型的面积，面积统计见表 2-30。将博斯腾湖流域生态需水分为博斯腾湖需水、天然植被需水、人工植被（果园、防护林）需水、饲草基地（统计数据得到）需水，计算得到的生态需水见表 2-31。由结果可见，博斯腾湖流域的生态需水约为 22 亿 m³。

表 2-30 **2000 年博斯腾湖流域生态需水分类面积统计表** 单位：km²

林 地		草 地		水 域	
灌木林地	237.02	低覆盖度草地	3685.06	河渠	66.82
疏林地	171.27	高覆盖度草地	1176.14	湖泊	1104.45
其他林地	39.85	中覆盖度草地	1640.11	水库、坑塘	6.42
有林地	78.49			沼泽地	296.38

表 2-31 **博斯腾湖流域生态需水统计表** 单位：亿 m³

年份	博斯腾湖	天然植被	人工植被	饲料基地	生态需水
2000	13.031	5.36	1.443	1.041	22.874
2005	13.400	5.365	2.363	0.247	21.367
2009	14.991	5.370	2.413	0.108	22.991

注 2005 年与 2009 年数据由郭斌（2012）估计而来。

三、作物需水量

农业作为国民经济第一用水大户，对灌溉的依赖性很大。作物需水量会受到土壤、水文、气象、作物种植结构和种植面积等变化因素的影响，其中气候和种植结构变化是影响农业需水量变化最主要的自然因素和人为因素。

1. 作物需水量计算方法

流域农业需水量为流域各类作物的面积与作物需水量的乘积，作物需水量通常用作物蒸散发量表示，其计算是参考研究区潜在蒸发量与相应的作物系数 K_c 的乘积：

$$ET_c = K_c \times ET_0 \qquad (2-21)$$

式中：ET_c 为作物蒸散发量；K_c 为与作物类型、生长阶段和地表湿度有关的作物系数；ET_0 为研究区潜在蒸发量。

由于较难获得精确的现场测量数据，蒸散通常从气象数据来计算。大量的经验或半经验公式被制定出来评估从气象数据计算的参考蒸散。许多研究人员分析了各种计算方法在不同位置的性能，如 1990 年 5 月举行了一次专家磋商会议，最后决定将联合国粮农组织（FAO）的 Penman-Monteith 公式法，作为推荐的标准方法用来定义参考蒸散量。该方法非常接近在特定位置的草地蒸散，而且是基于物理意义，明确包含生理和空气动力学参数。FAO 修正的 Penman-Monteith 公式推荐选取标准作物乘以系数描述不同植物、不同阶段的实际蒸散发量。参照作物是一种假想作物，高度 0.12m，叶面阻力为 70m/s，反照率为 0.23，参考面是具有同一高度，正常生长，大面积覆盖地面，并且水分供应充足的绿草冠层。

用 FAO 修正后的 Penman - Monteith 公式计算参照作物蒸散发量 ET_0，可以表示为（Allen et al. , 1998）

$$ET_0 = \frac{0.408\Delta(R_n - G) + \gamma\dfrac{900}{T+273}u_2(e_s - e_a)}{\Delta + \gamma(1 + 0.34u_2)} \qquad (2-22)$$

式中：ET_0 为参考作物蒸散发量，mm/d；R_n 为植物表面净辐射，MJ/（m² · d）；G 为土壤热通量密度，MJ/（m² · d）；T 为 2m 高度日平均气温，℃；u_2 为 2m 高度处风速，m/s；e_s 为饱和水汽压，kPa；e_a 为实际水汽压，kPa；$e_s - e_a$ 为饱和蒸汽压亏缺，kPa；Δ 为饱和水汽压曲线斜率，kPa/℃；γ 为干湿表常数，kPa/℃。

式（2-22）中，0.408 表征的是净辐射 R_n 转换为 mm/d 的蒸发表示。由于土壤热通量密度相较于 R_n 十分小，特别是当该表面覆盖植被和计算时间的步骤是 24h 或更长时，在 ET_0 计算时被忽略，并且假定为零。各个参数的计算过程如下：

（1）大气压力（P）。大气压力（P）是由地球大气的重量所施加的压力：

$$P = 101.3\left(\frac{293 - 0.0065Z}{293}\right)^{5.26} \qquad (2-23)$$

式中：P 为大气压力，kPa；Z 为海拔高度，m。

（2）干湿表常数（γ）。

$$\gamma = \frac{c_p P}{\varepsilon\lambda} = 0.664742x10^{-3}P \qquad (2-24)$$

式中：γ 为干湿表常数，kPa/℃；P 为大气压力，kPa；λ 为汽化潜热，MJ/kg，取 2.45MJ/kg；c_p 为在恒定压力下的比热，MJ/（kg · ℃），取 1.013×10^{-3} MJ/（kg · ℃）；ε 为蒸汽/干空气的分子量比，取 0.622。

（3）饱和水汽压和实际水汽压。空气温度 T 下的饱和蒸汽压 [$e^o(T)$]：

$$e^o(T) = 0.6108\exp\left(\frac{17.27T}{T+237.3}\right) \qquad (2-25)$$

由于式（2-25）为非线性方程，平均饱和水汽可以用这一时期平均日最高气温和最低气温饱和蒸汽压之间的平均值来计算：

$$e_s = \frac{e^o(T_{max}) + e^o(T_{min})}{2} \qquad (2-26)$$

式中：e_s 为饱和蒸汽压，kPa；$e^o(T_{max})$ 为平均日最高气温下饱和蒸汽压，kPa；$e^o(T_{min})$ 为平均日最低气温下饱和蒸汽压，kPa。

计算参考蒸散量，需要考虑饱和蒸汽压力和温度的关系。该曲线在给定温度下的斜率由式（2-27）给出：

$$\Delta = \frac{4098\left[0.6108\exp\left(\dfrac{17.27T}{T+237.3}\right)\right]}{(T+237.3)^2} \qquad (2-27)$$

从相对湿度数据得出实际水汽压（e_a）为

$$e_a = e^o(T_{mean})\frac{RH_{mean}}{100} \tag{2-28}$$

（4）地外辐射 Ra。对于某一年某一天不同纬度地外辐射 Ra，可以通过太阳常数、太阳赤纬和时间来估算：

$$Ra = \frac{24(60)}{\pi}G_{sc}d_r[\omega_s\sin(\varphi)\sin(\delta) + \cos(\varphi)\cos(\delta)\sin(\omega_s)] \tag{2-29}$$

式中：Ra 为地外辐射，$MJ/(m^2 \cdot d)$；G_{sc} 为太阳常数，取 $0.082MJ/(m^2 \cdot min)$；d_r 为地球-太阳相对距离；ω_s 为日落时角，rad；φ 为纬度，rad；δ 为太阳赤纬，rad。

纬度 φ 以弧度表示，北半球为正值，南半球为负值。从十进制度数到弧度的转换由式（2-30）给出：

$$[Radians] = \frac{\pi}{180}[decimal\ degrees] \tag{2-30}$$

地球-太阳相对距离（d_r）和太阳赤纬（δ）表示为

$$d_r = 1 + 0.033\cos\left(\frac{2\pi}{365}J\right) \tag{2-31}$$

$$\delta = 0.409\sin\left(\frac{2\pi}{365}J - 1.39\right)$$

式中：J 是一年中的第 1 天（1 月 1 日）和 365 或 366（12 月 31 日）之间的数。

日落时角 ω_s 计算公式为

$$\omega_s = \arccos[-\tan(\varphi)\tan(\delta)] \tag{2-32}$$

日照时数（N）的计算公式为

$$N = \frac{24}{\pi}\omega_s \tag{2-33}$$

1）太阳辐射（R_s）。如果太阳辐射 R_s 不进行测量，可以通过 Angstrom 公式进行计算，它将太阳辐射与地外辐射和相对日照时数联系起来：

$$R_s = \left(a_s + b_s\frac{n}{N}\right)R_a \tag{2-34}$$

式中：R_s 为太阳短波辐射；n 为日照的实际持续时间；N 为日照时间或日照最大可能的持续时间；n/N 为相对日照时数；R_a 为地外辐射；a_s 为回归常数，表示地外辐射在阴天到达地球的比例（$n=0$）；$a_s + b_s$ 为地外辐射在晴天到达地球的比例（$N=n$），a_s，b_s 的默认值是 0.25 和 0.50。

2）晴空太阳辐射（R_{so}）。当 $n=N$ 时，计算晴空辐射 R_{so} 需要计算净长波辐射，一般可以通过两种方法进行计算。

当测站高程需要调整时：

$$R_{so} = (0.75 + 210^{-5}z)R_a \tag{2-35}$$

式中：R_{so} 为晴空太阳辐射，$MJ/(m^2 \cdot d)$；z 为测站高程，m；R_a 为地外辐射，$MJ/(m^2 \cdot d)$。

当测站高程不要求调整时（率定值 a_s，b_s 可以获取）：

$$R_{so} = (a_s + b_s)R_a \tag{2-36}$$

表示地外辐射在晴天到达地球的比例（$N=n$）。

3）净太阳或净短波辐射（R_{ns}）。从接收和反射的太阳辐射之间的平衡而产生的净短波辐射由式（2-37）给出：

$$R_{ns}=(1-\alpha)R_s \qquad (2-37)$$

式中：R_{ns} 为净太阳或净短波辐射，$MJ/(m^2 \cdot d)$；α 为参考作物反照率或树冠反射系数；R_s 为入射的太阳辐射，$MJ/(m^2 \cdot d)$。

当计算 ET_0 时，如果需要计算净太阳辐射，式（2-37）中 α 为固定值被用于反照率。

4）净长波辐射（R_{nl}）。

$$R_{nl}=\sigma\left(\frac{T_{\max,k}^4+T_{\min,k}^4}{2}\right)(0.34-0.14\sqrt{e_a})\left(1.35\frac{R_s}{R_{so}}-0.35\right) \qquad (2-38)$$

式中：R_{nl} 为净长波辐射，$MJ/(m^2 \cdot d)$；σ 为斯蒂芬-波尔兹曼常数，取 $4.903 \times 10^{-9}MJ/(m^2 \cdot d)$；$T_{\max,k}$ 为 24h 内最大绝对温度，$0K=-273.16℃$；$T_{\min,k}$ 为在 24h 内最小绝对温度；e_a 为实际水汽压，kPa；$\frac{R_s}{R_{so}}$ 为相对短波的辐射（小于 1.0）；R_s 为测量或计算太阳辐射，取 $4.903 \times 10^{-9}MJ/(m^2 \cdot d)$；$R_{so}$ 为计算晴太阳空辐射，取 $4.903 \times 10^{-9}MJ/(m^2 \cdot d)$。

5）净辐射（R_n）。净辐射（R_n）是传入的净短波辐射（R_{ns}）与出射的净长波辐射（R_{nl}）之间的差值：

$$R_n=R_{ns}-R_{nl} \qquad (2-39)$$

2. 流域耕地面积变化

耕地面积直接影响作物需水量的计算。表 2-32 分别给出了 2001 年、2005 年、2010 年和 2012 年博斯腾湖流域平原区土地利用及耕地面积变化情况。耕地面积在急剧扩大，由 2001 年的 1733.2km² 升高到 2012 年的 3960km²，10 年间耕地面积增加了 128.48%。伴随着耕地的扩大，草地、裸地以及水体都在急剧萎缩。耕地的增加主要是草地、灌丛以及裸地开垦的结果。

表 2-32　　　　　　博斯腾湖流域平原区土地利用及耕地面积变化情况　　　　　　单位：km²

年份	2001	2005	2010	2012
草地	1768.1	2057.9	1797	1618.9
灌丛	533.4	531.4	823.3	602
居民用地	215.7	210.7	208.6	206.9
林地	101.1	150.7	101	136.9
裸地	38369.7	37383.1	36657.5	36303
水体	913.1	895.7	825.5	803
耕地	1733.2	2289.8	3476.9	3960

注　数据来源于 IGBP 土地覆盖分类数据（每年一次的 MCD12Q1 产品），空间分辨率为 500m。

3. 作物需水量变化及未来预估

博斯腾湖流域潜在蒸发表现出很大的空间差异性，在源流区，巴仑台和巴音布鲁克分别表现为减少（14.38mm/10a）和增加（6.97mm/10a）趋势，但由于年际波动较大，导致趋势并不显著。平原地区站点潜在蒸发表现为下降趋势，仅库尔勒与铁干里克表现为显著下降趋势，但总体上可以分成三个阶段，即下降-上升-下降阶段（见图2-62）。

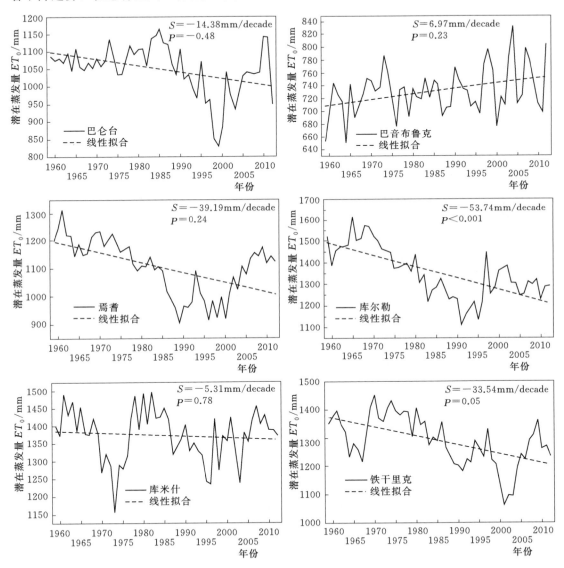

图2-62 过去50年博斯腾湖流域潜在蒸发趋势

参考联合国粮食及农业组织（FAO）以及博斯腾湖流域的实际情况，对流域主要作物的作物系数（K_c）进行了确定（见图2-63）。从图2-63中可以明显看出，棉花和甜菜的生长期最长，而经济作物中，如打瓜、辣椒等，生长期相对较短。

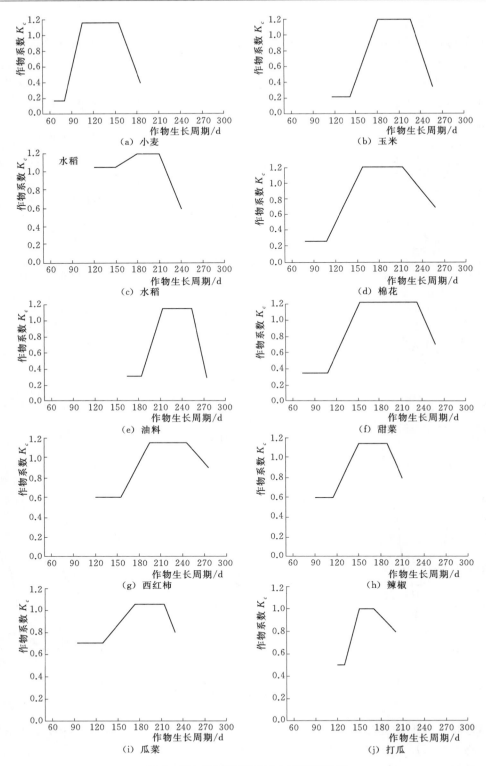

图 2-63　博斯腾湖流域主要作物系数

受气候变化的影响，潜在蒸发的时间变异很大（见图 2 - 64），潜在蒸发主要集中在 4—9 月，焉耆和库尔勒在过去 60 年发生最大蒸发的年份分别为 1961 年和 1965 年，而发生最小蒸发的年份分别为 1988 年和 1991 年，年际变异十分大。受气候以及作物系数的影响，博斯腾湖流域农业用水高峰集中在 4—9 月，但每种作物的需水量有所差异。

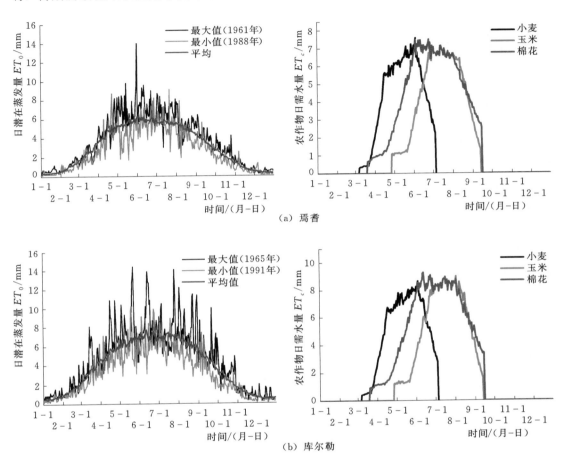

图 2 - 64　博斯腾湖流域潜在蒸发日变化以及主要农作物需水量日变化

对博斯腾湖流域主要农作物需水量进行了计算，在粮食作物中，水稻的耗水最大，玉米次之，小麦的耗水最少。经济作物中，棉花、甜菜以及西红柿的耗水量最大，瓜菜和辣椒次之，打瓜以及油料最小。同时，无论在焉耆或库尔勒地区，各种作物的需水量年际变化趋势基本一致。例如在焉耆地区，所有作物在 1995 年之前，都呈下降趋势，而在 1995 年之后为上升趋势。这些说明，需水量主要受作物种类，即作物系数的控制，而年际变化则受当地气候变化的影响（见图 2 - 65）。

对焉耆地区和库尔勒地区的月作物系数（K_c）进行了求取，发现两地月 K_c 系数十分接近，说明博斯腾湖流域具有相同的系数，表 2 - 33 给出了博斯腾湖流域主要作物月作物系数（焉耆和库尔勒地区两地平均）。

表 2 - 33　　　　　　　　博斯腾湖流域主要作物月作物系数

月份	小麦	玉米	水稻	棉花	油料	甜菜	西红柿	辣椒	瓜菜	打瓜
1	0	0	0	0	0	0	0	0	0	0
2	0.12	0	0	0	0	0	0	0	0	0
3	0.64	0	0	0.12	0	0.21	0	0	0	0
4	1.1	0.03	0	0.31	0	0.39	0	0.6	0.62	0
5	1.01	0.25	1.05	0.79	0	0.88	0.6	0.93	0.76	0.69
6	0.46	0.84	1.13	1.18	0.17	1.2	0.76	1.15	0.98	0.98
7	0.03	1.2	1.19	1.2	0.67	1.21	1.11	0.96	1.05	0.53
8	0	1.06	0.80	1.03	1.14	1.17	1.15	0	0.54	0
9	0	0.25	0	0.43	0.91	0.49	1.04	0	0	0
10	0	0	0	0	0.01	0	0.07	0	0	0
11	0	0	0	0	0	0	0	0	0	0
12	0	0	0	0	0	0	0	0	0	0

　　对博斯腾湖流域各种作物的净灌溉定额（作物需水量-有效降水）进行了计算（见表 2 - 34）。在焉耆地区，小麦和玉米的净灌溉定额分别为 498.47mm 和 575.83mm，

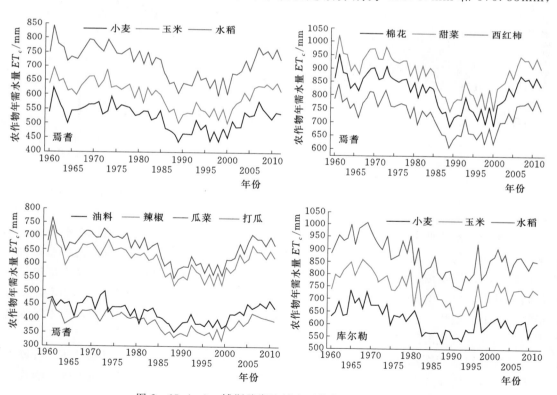

图 2 - 65（一）　博斯腾湖流域主要作物需水量年变化

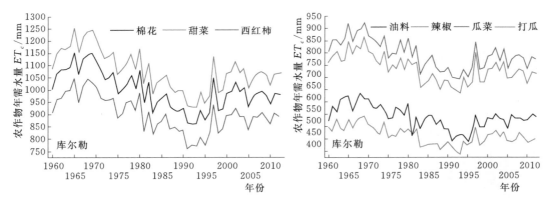

图 2—65（二）　博斯腾湖流域主要作物需水量年变化

经济作物中，棉花和甜菜净灌溉定额最大，达到了 792.39mm 和 857.89mm。在库尔勒地区中，作物净灌溉定额与焉耆地区类似，但定额值相对更大一些，这是由于受到当地的气候影响所致。

表 2-34　　　　　　　　　博斯腾湖流域主要作物净灌溉定额　　　　　　　单位：mm

项　目	小麦	玉米	水稻	棉花	油料	甜菜	西红柿	辣椒	瓜菜	打瓜
需水量（焉耆）	521.68	599.04	715.08	815.6	424.98	881.1	726.92	614.05	656.26	387.79
3—9 月有效降水	23.21	23.21	23.21	23.21	23.21	23.21	23.21	23.21	23.21	23.21
净灌溉定额	498.47	575.83	691.87	792.39	401.77	857.89	703.71	590.84	633.05	364.58
需水量（库尔勒）	615.03	742.04	870.34	998.66	539.24	1079.4	902.16	735.02	794.76	462.94
3—9 月有效净水	16.78	16.78	16.78	16.78	16.78	16.78	16.78	16.78	16.78	16.78
净灌溉定额	598.25	725.26	853.56	981.88	522.46	1062.6	885.38	718.24	777.98	446.16

注　降水利用系数为 0.35。

对博斯腾湖流域 6 个典型灌区的统计表明，博斯腾湖流域灌溉面积在逐年增加（见图 2—66），主要表现为经济作物的增加和粮食作物的减少，特别是棉花的增加。灌溉期主要集中在 5—10 月，但是在孔雀河流域，引水量的年内变化较小，这可能与孔雀河流域耕地含盐量较高，必须进行冬季洗盐有关。由于受来水量减少以及用水总量控制的影响，2004 年以后总引水量在急剧缩小，已经从 2004 年的 22 亿 m³ 减少到 2012 年的 16 亿 m³。与此同时，灌溉水利用率并没有有效提高（从 0.43 提高到 0.49），造成了农业水资源短缺量日益加剧（见图 2—67），到 2012 年农业缺水量超过了 10 亿 m³（未考虑地下水供给），这给水资源供给造成了严重的影响。

通过多种方法的集合，对博斯腾湖流域各灌区的生态需水量、农业需水量、工业需水量、畜牧需水量进行了计算，得到了博斯腾湖流域水量平衡表。博斯腾湖流域近年来缺水量有加剧的趋势，2012 年缺水量达到了历史新高（见表 2—35），为 8.56 亿 m³。在整个流域，生活、畜牧以及工业的需水量相对较少。造成博斯腾湖流域缺水状况的

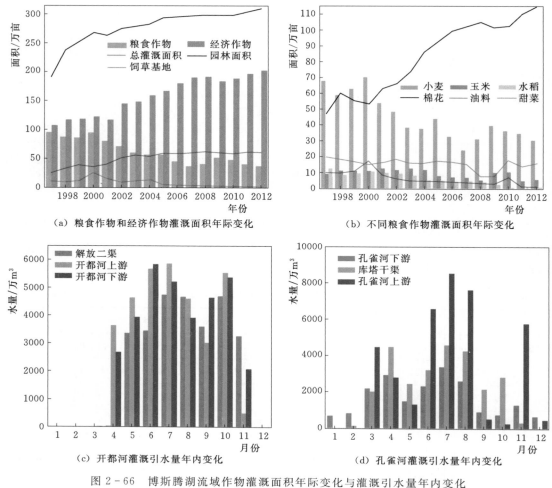

（a）粮食作物和经济作物灌溉面积年际变化 （b）不同粮食作物灌溉面积年际变化

（c）开都河灌溉引水量年内变化 （d）孔雀河灌溉引水量年内变化

图 2-66　博斯腾湖流域作物灌溉面积年际变化与灌溉引水量年内变化

主要原因有：①农业用水激增。随着农田面积的急剧增大，农业需水量从 2000 年的 12.95 亿 m³ 增加到了 2011 年的 18.62 亿 m³，10 年间增长了 43.78％。②受到气候变化的影响，来水量年际变化很大，如 2002 年为 57.26 亿 m³，2012 年仅为 31.56 亿 m³，来

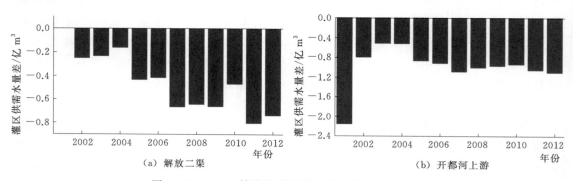

（a）解放二渠 （b）开都河上游

图 2-67（一）　博斯腾湖流域各灌区缺水年际变化

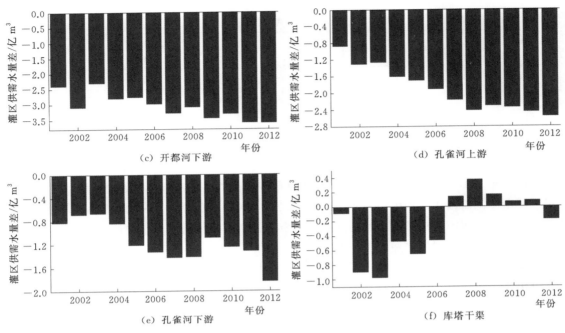

图 2-67（二）　博斯腾湖流域各灌区缺水年际变化

水量最小年份仅为来水量最大年份的 55.12%。但同时也应该注意到，由于缺乏地下水抽取的数据，并没有将地下水纳入水量平衡的计算中来，这减少了供水量。大山口以下的河道损失以及引水的渠系损失，一部分会补充地下水，一部分会用于蒸发，另一部分会被人工植被等吸收用于生态用水，但总体上增加了供水量。并且，整个流域的灌溉面积远远超过了统计数据，计算的农业需水量偏小。因此，虽然尽可能考虑了水量平衡的各个要素，但由于系统的复杂性，有一些因素引起的供水与耗水并未考虑在内。

表 2-35　　　　　　　　　博斯腾湖流域水量平衡表　　　　　　　　　单位：亿 m³

| 年份 | 来水量 | 需水量 | | | | | | | 缺水量 |
	大山口	农业	生态	生活	畜牧	工业	向塔里木河下游输水	总需水量	
2000	49.89	12.95	22	0.31	0.93	0.29	4.18	38.65	11.24
2001	43.13	15.41	22	0.32	0.95	0.26	4.48	41.42	1.71
2002	57.26	15.01	22	0.34	0.98	0.26	3.5	40.09	17.17
2003	37.02	14.72	22	0.35	1.10	0.37	3.42	39.96	-2.94
2004	34.92	16.18	22	0.36	1.17	0.31	1.18	39.20	-4.29
2005	35.68	16.07	22	0.38	1.24	0.46	0.87	39.01	-3.33
2006	40.33	17.19	22	0.39	1.07	0.56	0.41	39.62	0.71
2007	38.17	17.62	22	0.41	0.98	0.44	0.49	39.94	-1.79
2008	38.83	17.09	22	0.42	0.96	0.59	0	39.06	-0.23

年份	来水量	需　水　量							缺水量
	大山口	农业	生态	生活	畜牧	工业	向塔里木河下游输水	总需水量	
2009	37.86	17.92	22	0.43	0.95	0.52	0.38	40.21	−2.35
2010	43.36	17.18	22	0.46	0.95	0.52	0	39.11	4.25
2011	39.74	18.62	22	0.48	0.97	0.59	0	40.65	−0.91
2012	31.56	18.05	22	0.49	0.98	0.56	0	40.09	−8.56

注　生态需水量以 2000 年为基准。

四、未来 10 年用水控制目标与供需水平衡

博斯腾湖流域作为中国最为干旱的流域之一，面临水资源开发利用过度和未来社会经济发展对水资源的需求不断增长的问题。水资源的瓶颈制约已成为影响该流域可持续发展和长治久安的突出问题之一。

用水总量控制指标是在考虑了水资源量的丰枯变化和合理利用后，区域内各类用水户可以用于生活、生产和河道外生态的最大水量，是一个多年平均意义下的指标值。2013年 1 月，国务院以国办发〔2013〕2 号《国务院办公厅关于印发实行最严格水资源管理制度考核办法的通知》下发了全国各省（自治区、直辖市）的用水总量控制指标，其中明确新疆的用水总量控制红线指标，即 2015 年、2020 年和 2030 年分别为 515.60 亿 m^3、515.97 亿 m^3 和 526.74 亿 m^3，同时对用水结构也提出了新的要求，依据《自治区党委自治区人民政府关于加快水利改革发展的意见》（新党发〔2011〕21 号），2020 年全疆农业用水所占比例降至 90% 以下。

根据新疆用水总量控制指标，2015 年、2020 年和 2030 年的开都河-孔雀河流域的用水总量控制指标分别为 30.1289 亿 m^3、30.1988 亿 m^3 和 30.5288 亿 m^3。2030 年的用水指标相比 2015 年相对增加了 0.3999 亿 m^3（见表 2-36）。

表 2-36　　　　开都河-孔雀河流域 2015 年、2020 年和 2030 年用水控制指标　　　单位：万 m^3

区域	2015 年			2020 年			2030 年		
	地表水	地下水	其他	地表水	地下水	其他	地表水	地下水	其他
地方	157000	74379	1600	157000	74478	2100	157000	77578	2300
二师	63000	5310	0	63000	5310	100	63000	5310	100
总计	220000	79689	1600	220000	79788	2200	220000	82888	2400
合计	301289			301988			305288		

在 2021—2030 年间，山区来水量总体呈增加趋势，尤其是黄水沟流域的径流量增加幅度可高达 36%，而用水控制指标基本保持不变。在未来气候变化条件下，若不考虑生态需水量的增加，当前的输水方式在水资源保障上是可持续的。同时，考虑到未来气候变化条件下，极端水文事件增加，极端洪水和枯水事件发生的频率增加，在水资源管理和配置过程中应未雨绸缪，以保障连续枯水年的基本用水需求。

参 考 文 献

[1] Allen R G, Pereira L, Raes D, et al. FAO Irrigation and drainage paper No. 56 [R]. Rome: Food and Agriculture Organization of the United Nations, 1998, 26 - 40.

[2] Arnold J, Srinivasan R, Muttiah R, et al. Large area hydrologic modeling and assessment part I: Model development [J]. Journal of the American Water Resources Association, 1998, 34: 73 - 89.

[3] Arnold J, Muttiah R, Srinivasan R, et al. Regional estimation of base flow and groundwater recharge in the Upper Mississippi river basin [J]. Journal of Hydrology, 2000, 227: 21 - 40.

[4] Blandford T, Humes K, Harshburger B, et al. Seasonal and synoptic variations in near - surface air temperature lapse rates in a mountainous basin [J]. Journal of Applied Meteorology and Climatology, 2008, 47: 249 - 261.

[5] Chiew F, Peel M, McMahon T, et al. Precipitation elasticity of streamflow in catchments across the world [C]. Paper Presented at the Climate Variability and Change - Hydrological Impacts Proceedings of the Fifth FRIEND World Conference Havana, Cuba, 2006.

[6] Duan Q, Ajami N K, Gao X, et al. Multi - model ensemble hydrologic prediction using Bayesian model averaging [J]. Advances in Water Resources, 2007, 30: 1371 - 1386.

[7] Gupta H V, Sorooshian S, Yapo P O. Status of automatic calibration for hydrologic models: Comparison with multilevel expert calibration [J]. Journal of Hydrologic Engineering, 1999, 4: 135 - 143.

[8] Jha M, Gassman P W, Secchi S, et al. Effect of watershed subdivision on swat flow, sediment, and nutrient predictions [J]. Journal of the American Water Resources Association, 2007, 40: 811 - 825.

[9] Levesque E, Anctil F, van Griensven A, et al. Evaluation of streamflow simulation by SWAT model for two small watersheds under snowmelt and rainfall [J]. Hydrological Sciences Journal, 2008, 53: 961 - 976.

[10] Liu S Y, Sun W X, Shen Y P, et al. Glacier changes since the little ice age maximum in the west Qiliang Shan, northwest China, and consequences of glacier runoff for water supply [J]. Journal of Glaciology, 2003, 49: 117 - 124.

[11] Milly P. Global warming and water availability the "big picture" [C]. In: 21st Conference on Hydrology, 2007.

[12] Moriasi D, Arnold J, Van Liew M, et al. Model evaluation guidelines for systematic quantification of accuracy in watershed simulations [J]. Transactions of the ASABE, 2007, 50: 885 - 900.

[13] Nash J, Sutcliffe J. River flow forecasting through conceptual models part I—A discussion of principles [J]. Journal of Hydrology, 1970, 10: 282 - 290.

[14] Richter B D, Baumgartner J V, Braun D P, et al. A spatial assessment of hydrological alteration within a network [J]. Regulated Rivers: Research and Management, 1998, 14: 329 - 340.

[15] Saxton K, Rawls W. Soil water characteristic estimates by texture and organic matter for hydrologic solutions [J]. Soil Science Society of America Journal, 2006, 70: 1569 - 1578.

[16] Shiau J T, Wu F C. Compromise programming methodology for determining instream flow under multiobjective water allocation criteria [J]. Journal of the American Water Resources Association, 2006, 42 (5): 1179 - 1191.

[17] Sorg A, Bolch T, Stoffel M, et al. Climate change impacts on glaciers and runoff in Tien

Shan (Central Asia) [J]. Nature Climate Change，2012，2：725－731.

[18] Yang J，Reichert P，Abbaspour K C. Bayesian uncertainty analysis in distributed hydrologic modeling：A case study in the Thur River basin (Switzerland) [J]. Water Resources Research，2007，43：W10401.

[19] Zhao C，Shi F，Sheng Y，et al. Regional differentiation characteristics of precipitation changing with altitude in Xinjiang region in recent 50 years [J]. Journal of Glaciology and Geocryology，2011，6：1203－1213.

[20] 陈曦. 干旱区内陆河流域水文模型 [M]. 北京：中国环境科学出版社，2012.

[21] 陈亚宁，杜强，陈跃滨. 博斯腾湖流域水资源可持续利用研究 [M]. 北京：科学出版社，2013.

[22] 庞靖鹏，徐宗学，刘昌明. SWAT 模型中天气发生器与数据库构建及其验证 [J]. 水文，2007，27：25－30.

[23] 粟晓玲. 石羊河流域面向生态的水资源合理配置理论与模型研究 [D]. 咸阳：西北农林科技大学，2007.

第三章　博斯腾湖水环境保护与管理

博斯腾湖流域地处塔里木盆地东北部，为新疆巴音郭楞蒙古自治州（以下简称巴州）的工业、农业、居民生活用水提供主要的水源。博斯腾湖是我国最大的内陆淡水湖，是新疆生态文明建设的一张重要"名片"，因其重要的生态功能和现存的突出生态环境问题，被纳入新时期"湖泊治理规划议程"国家首批"生态环境保护试点湖泊"。

在过去几十年的经济社会发展过程中，博斯腾湖发挥了重要的生态效益、环境效益、经济效益和社会效益。然而，在水土资源开发的同时也导致了一系列的环境问题，如湖泊生态水位保障不足、湖水矿化度增加、富营养化程度加剧、生物多样性减少等，博斯腾湖水生态与水环境的问题已经影响到区域经济社会的稳定发展，成为流域及区域生态文明建设的一块短板。深入开展博斯腾湖水环境保护，强化湖泊监管，不仅是区域可持续发展的需要，也是新疆乃至"丝绸之路经济带"核心区生态文明建设的需求。

第一节　博斯腾湖水环境历史变化

一、博斯腾湖水体有机污染变化

博斯腾湖作为焉耆盆地的最低洼区域，接纳了焉耆灌区的大部分灌溉排水和生产、生活废水，严重影响了水环境质量，造成了博斯腾湖富营养化。

据相关分析计算，2012年焉耆盆地废（污）水年总排量为2.5亿m^3，其中工业废水年排放量为480万m^3。博斯腾湖的水环境污染以无机污染为主，但已经受到一定的有机污染，其中以化学需氧量（COD）含量高为特点。博斯腾湖流域年接纳的主要污染物及其含量分别为：氯离子37.47万t、硫酸盐58.72万t、氨氮0.035万t、COD1.51万t、离子总量169.1万t。黄水沟水体污染最严重，水质达到Ⅴ类；博斯腾湖Ⅲ～Ⅳ类，总体上为Ⅲ类。地下水也存在一定范围内的有机污染，区域内地下潜水中有机污染物COD含量的平均值达3.10mg/L，浓度范围为1.56～4.68mg/L（陈亚宁 等，2013）。

为了监测博斯腾湖水体的富营养化，巴州环境监测站在20世纪90年代设置了14个监测点，2006年又补设了4个监测点，共设置18个监测点位。根据这些点2006—2019年的监测数据，博斯腾湖水体硫酸盐和氯化物含量的变化见图3-1（a），2006—2019年硫酸盐和氯化物均略呈下降趋势，与2006年相比，硫酸盐和氯化物含量分别下降了33.73%和37.32%；博斯腾湖硫酸盐和氯化物年均值均在2012年达到了最高值，分别为591.59mg/L和339.64mg/L，之后博斯腾湖水体中硫酸盐和氯化物总体呈下降趋势。博斯腾湖2001—2019年水体化学需氧量（COD）和生化需氧量（BOD）的年际变化见图3-1（b），COD和BOD在近20年以来均呈先升高后下降的趋势，2019年COD和BOD含量明显低于2001年，降低幅度分别为16.08%和46.96%。水体COD含量越高，说明有机物等还原性污染物质含量越高。由此可知，2019 年与 2001 年相比，博斯腾湖水体中含有的有机物等还原性物质较少。生化需氧量（BOD）是指在规定条件下，微生物分解存在水中的某些可氧化物质，特别是有机物所进行的生物化学过程中消耗溶解氧的量。BOD 越高，水体越缺氧，越容易导致鱼类及其他水生生物的死亡。2019 年与 2001 年相比，BOD 呈下降趋势，说明在大河口区有机物等污染物质含量逐步减少，消耗这些有机物质所需氧量逐渐降低。

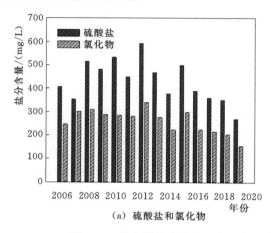
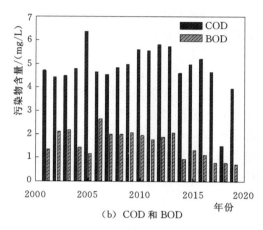

（a）硫酸盐和氯化物　　　　　　　　（b）COD 和 BOD

图 3-1　博斯腾湖黄水沟入湖区和开都河入湖区水体富营养化指标年际变化

有研究统计显示，2009 年博斯腾湖流域的总人口数达 53 万人，种植灌溉面积达 14.7万 hm²，灌溉用水量约为 13.66 亿 m³，农田用水年排放量达 4.8 亿 m³，而这些排放水都排入到了博斯腾湖内。焉耆盆地北部 4 县的生活污水量逐年升高，而当地建成的新型污水处理厂尚未通过验收，无法正常运行，导致生活污水未有效处理就直接排入博斯腾湖内。另外，该地区域内的 4 个县大部分废水处理均未达标，加之工业废水和污染物的排放总量持续上升，都导致博斯腾湖在 2001—2012 年以来有机污染物和矿化物都逐渐升高，造成了博斯腾湖水体较大的污染，致使博斯腾湖富营养化逐渐加剧，整个湖泊逐步发展成为中营养状态，给博斯腾湖区域的生态环境带来了严重的影响（杜苗苗，陈华伟，2016），尤其是在 2012 年左右，博斯腾湖的水体污染含量达到近 20 年来的峰值。

为治理博斯腾湖的富营养化，2010 年以来中央及地方政府先后实行了湖泊"十二五""十三五"生态环境保护项目及建设相关水利工程，积极治理博斯腾湖。采用博斯腾湖2001—2019 年 7 项水质监测数据进一步分析（见图 3-2），博斯腾湖水质变化可划分为两个阶段：2001—2013 年各项水质指标呈略微升高的趋势，2014—2019 年各项水质指标呈逐渐下降的趋势。近 20 年来，水质最差时，总磷含量最高时为Ⅲ类，COD 和 BOD 为Ⅴ类，矿化度最高时达 1.80g/L 以上，水环境问题相当严峻。到 2019 年，博斯腾湖水质明显得到了改善，其中 COD 年均含量由Ⅴ类变为Ⅳ类，BOD 年均含量为Ⅰ类，溶解氧年均含量为Ⅰ类，氨氮年均含量为Ⅰ类，总磷年均含量为Ⅰ类，总氮年均含量为Ⅲ类，年均矿化度也达到了淡水标准。根据水质单因子评价结果可知，博斯腾湖水质 2019 年为Ⅳ类水，超标因子为 COD。总体来看，2014 年后博斯腾湖各项水质指标呈下降趋势，博斯腾湖水质在 2014 年后有所好转。

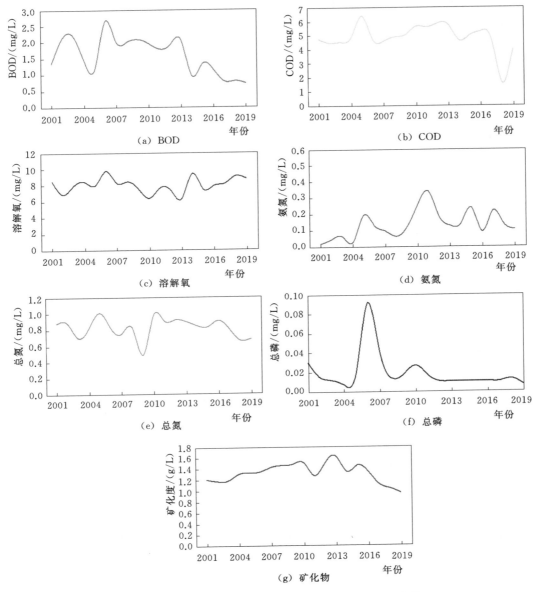

图 3-2　博斯腾湖 2001—2019 年 7 项水质监测指标变化

　　尽管 2010 年实行湖泊生态环境保护以来博斯腾湖的水质有所改善，但仍存在空间分布不均的问题。博斯腾湖大湖区西北部和东南部各项水质指标含量较高，湖中心区和西南部水质指标含量较低。有研究指出，博斯腾湖水质空间分布不均，是由于湖泊地表水补给输出现状和水体循环不畅所致。目前，博斯腾湖大湖区地表水补给主要来源于位于湖泊西南侧的开都河东支，年均入湖水量约为 17 亿 m³，而地表水输出唯一出口是位于湖泊西南角的扬水站，年均取用水量约为 8 亿 m³。地表径流入口与出口距离较近，导致湖泊中部、北部、东部等大部分区域无法实现有效的水文循环，仅依靠风力实现水力交换。整体导致湖泊水体内循环动力不足，继而引起水质空间分布不均，污染物降解也受到一定影响（娜仁格日乐和王慧杰，2017）。

二、博斯腾湖水体重金属污染情况

根据《地表水环境质量标准》（GB 3838—2002），巴州环保局 2001—2019 年对博斯腾湖重金属污染的监测数据显示（见图 3-3），铜含量在近 20 年内均小于 1.0mg/L，变幅为 0.001～0.05mg/L，在Ⅱ类水标准范围内变动；锌含量变幅为 0.02～0.05mg/L，均在Ⅰ类水标准范围内变动；硒含量变幅为 0.0001～0.010mg/L，均在Ⅰ类水标准范围内变动；砷含量变幅为 0.0002～0.05mg/L，均属于Ⅰ类水；汞含量变幅为 0.00001～

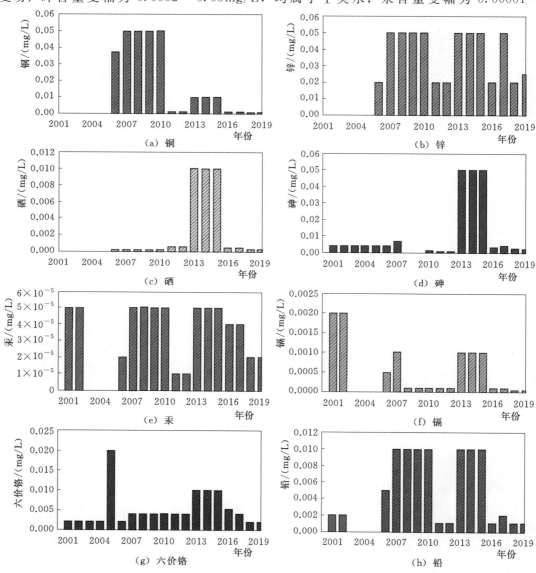

图 3-3　博斯腾湖 2001—2019 年重金属含量变化

0.00005mg/L，均在Ⅰ类水范围内变动；镉含量变幅为 0.00005～0.002mg/L，均保持在Ⅱ类水标准内；六价铬含量变幅为 0.002～0.02mg/L，均在Ⅱ类水标准范围内变动；铅含量变幅为 0.001～0.01mg/L，均在Ⅱ类水范围内变动。由此可见，近 20 年来博斯腾湖水体重金属含量一直在Ⅰ类水和Ⅱ类水标准内，未超标，重金属不是博斯腾湖水环境问题的主要因素。

三、博斯腾湖历史水位、矿化度动态变化

水的矿化度是水环境及其变化的重要指示，矿化度低的水体有利于水中生物活动繁盛。M－K 趋势检验表明，博斯腾湖水位在过去 60 年（1955—2019 年）中经历了 5 个变化阶段（见图 3－4）。1951—1974 年博斯腾湖平均水位为 1047.78m，处于较稳定水平；1975—1988 年博斯腾湖水位急剧下降，平均水位降至 1046.31m，下降速率为 0.10m/a；1987 年博斯腾湖水位下降到历史最低值，为 1044.71m，比 1975 年前最高水位下降了 3.73m；1989—2002 年博斯腾湖水位再次上升，且上升速度较快，平均水位为 1047.01m，2002 年达到了历史最高水位，为 1049.39m。另外，从 M－K 突变图和趋势图还可以看出，自 2003 年开始，博斯腾湖水位又开始出现突然下降的趋势，2013 年下降到 1045.12m，2014 年后，博斯腾湖水位又开始逐步上升，到 2019 年末，博斯腾湖年均水位达 1047.96m。

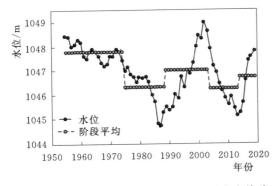

图 3－4　博斯腾湖水位动态变化趋势及突变检验　　图 3－5　博斯腾湖湖水矿化度变化趋势

M－K 趋势检验显示，博斯腾湖湖水矿化度 Z 值为 3.09，呈极显著升高趋势（$P<$ 0.01）。1955—2019 年博斯腾湖湖水矿化度动态变化过程见图 3－5。湖水矿化度主要经历了 4 个阶段的变化。1955—1988 年，矿化度呈上升趋势，其中 20 世纪 70 年代以前，博斯腾湖湖水矿化度低于 1.0g/L，是典型的淡水湖；而自 20 世纪 70 年代后，湖水矿化度持续上升，博斯腾湖由淡水湖逐渐转变为微咸水湖；到 20 世纪 80 年代，湖水矿化度达到最高，湖区平均高达 1.87g/L；1989—2003 年，湖水矿化度出现降低趋势；2003 年出现了 1972 年以来的过去 30 年最低值，为 1.17g/L；2004—2013 年期间，湖水矿化度又开始呈现上升趋势；2014 年后博斯腾湖水体矿化度呈不断降低趋势；2019 年博斯腾湖平均水体矿化度有了大幅度的降低，矿化度有了明显的改善。

博斯腾湖湖水矿化度与湖泊来水量及湖泊水位变化密切相关。对比博斯腾湖水位变化趋势可以看出，湖水矿化度变化趋势与湖泊水位相反，两者呈极显著负相关（$P<0.01$）。

1955—1987年博斯腾湖水位下降，1955—1988年湖水矿化度增加；1988—2002年博斯腾湖水位上升，1989—2003年湖水矿化度呈下降趋势；2003年后水位又开始下降，随后湖水矿化度呈现出上升趋势；2014年后水位重新不断抬升，而相应年份的水体矿化度也在不断地降低。这表明，保持一定湖水位，对博斯腾湖水体矿化的降低有积极意义。

第二节 调水工程对博斯腾湖流域水环境的影响

一、博斯腾湖调水期间的水环境时空变化监测

查阅已有研究成果发现，尽管博斯腾湖流域在过去的几十年间，水环境发生了较大的变化，但水体矿化度和富营养化始终困扰着水资源管理部门。根据已有调查研究，矿化度（TDS）、化学需氧量（COD）、氨氮（NH_3-N）、总磷（TP）是目前博斯腾湖流域水环境超标的主要指标。为进一步全面掌握博斯腾湖流域目前的水环境状况，于2019年4—9月持续监测了博斯腾湖大湖区、博斯腾湖小湖区和黄水沟及其入湖区（以下简称黄水沟区）的水质变化情况，并针对性地检测了水体中TDS、COD、NH_3-N和TP这四个重要指标的变化，在此基础上全面解析了黄水沟区、博斯腾湖大湖区和博斯腾湖小湖区的水环境现状及年内时空变化。

（一）水环境监测指标确定及评价标准

1. 水质测定指标的确定

已有研究结果显示，TDS、COD、NH_3-N、TP是目前博斯腾湖流域水环境超标的主要指标。因此，此次的监测指标确定为上述四个指标。此外，还测定了各监测点的湖泊水体表面温度。

2. 各水质指标的测定方法

TDS采用DDBJ-360型电导率仪测定，根据电导率值计算TDS值。

根据《中华人民共和国国家环境保护标准》和《中华人民共和国水污染防治法》，NH_3-N含量采用纳氏试剂分光光度法（Nessler's reagent spectrophotometry，NRS）进行测定，将水样中以游离态的氨或铵离子形态存在的氨氮与纳氏试剂反应生长淡红棕色络合物，然后将该络合物放置在可见分光光度计的比色皿中，于波长420nm处测量吸光度，根据其吸光度值计算水样中的氨氮含量。

根据《中华人民共和国国家环境保护标准》和《中华人民共和国水污染防治法》，TP含量采用连续流动分析法（Continuous flow analysis，CFA），将获取的水样试样中加入硫酸钾溶液，经紫外消解和硫酸水解，将水样中各种形态的磷全部氧化成正磷酸盐，然后在酸性条件下，试样中的正磷酸盐在酒石酸锑钾的催化下，与钼酸铵反应生成磷钼酸化合物，将此化合物中加入抗坏血酸，将其还原成蓝色络合物，最后将此络合物放置在可见分光光度计的比色皿中，于波长880nm处测量吸光度，根据其吸光度值计算水样中的总磷含量。

COD含量采用国标法——重铬酸钾回流法进行测定。将水样保存在玻璃瓶中，加入硫酸至pH<2，置于4℃下保存，测定时，取出20mL水样置于锥形瓶中，加入10mL重铬酸钾标准溶液，并放入几颗防爆沸玻璃珠、摇匀，连接到回流装置中，并加入30mL硫

酸银-硫酸试剂，至沸腾，回流 2h，冷却后取下锥形瓶，再用重蒸水稀释至 140mL，加入 3 滴菲绕啉指示剂溶液，用硫酸亚铁标准滴定液进行滴定，当溶液的颜色由黄色经蓝绿色变为红褐色为止，通过滴定的硫酸亚铁铵标准滴定液的消耗体积来计算水样中的 COD 含量。对于 COD 含量小于 50mg/L 的水样，需要先采用低浓度的重铬酸钾标准溶液氧化，加热回流后，采用 0.010mol/L 的硫酸亚铁铵溶液回滴；对于污染严重的水样，需要稀释水样后再测定，可选取所需体积 1/10 的水样和 1/10 的试剂，用酒精灯煮沸，观测溶液颜色，并通过添加待测水样来调整溶液颜色，直至溶液不变为蓝绿色为止，从而根据水样和试剂的比例来确定待测水样适当的稀释倍数。

3. 水质分级评价标准

根据《地表水环境质量标准》（GB 3838—2002），在评价水质级别时采用的 COD、NH_3-N、TP 分类标准见表 3-1；在评价水体的矿化度时，采用广泛应用的淡水、咸水分类标准，其具体分类标准见表 3-2。

表 3-1　　中国地面水水质分类标准

项　目	水质分类标准值					
	Ⅰ类	Ⅱ类	Ⅲ类	Ⅳ类	Ⅴ类	劣Ⅴ类
水温/℃	人为造成的环境水温变化应限制在：周平均最大温升≤1，周平均最大温降≤2					
pH（无量纲）	6～9					
化学需氧量（COD）/（mg/L）	≤15（0～15）	≤15（0～15）	≤20（15～20）	≤30（20～30）	≤40（30～40）	＞40
氨氮（NH_3-N）/（mg/L）	≤0.15（0～0.15）	≤0.5（0.15～0.5）	≤1（0.5～1.0）	≤1.5（1.0～1.5）	≤2（1.5～2）	＞2
总磷（TP）/（mg/L）	≤0.02（0～0.02）湖、库≤0.01	≤0.1（0.02～0.1）湖、库≤0.025	≤0.2（0.1～0.2）湖、库≤0.05	≤0.3（0.2～0.3）湖、库≤0.1	≤0.4（0.3～0.4）湖、库≤0.2	＞0.4湖、库＞0.2

注　摘自《地表水环境质量标准》（GB 3838—2002）。

表 3-2　　淡水、咸水分类标准

分类标准	淡水	微咸水	咸水	盐水	卤水
矿化度（TDS）/（g/L）	0～1	1～3	3～10	10～50	＞50
电导率/（dS/m）	0～0.15	0.15～0.46	0.46～1.5	1.5～7.5	＞7.5

（二）博斯腾湖流域水质监测样点布设情况

2019 年 4 月、6 月、8 月和 10 月，分别对博斯腾湖流域进行了 4 次全面的水环境监测分析。

2019 年 4 月，主要是对博斯腾湖区域（包括黄水沟区、博斯腾湖大湖区和小湖区）的水质进行摸底调查。此次调查，在博斯腾湖流域共布设水质监测点 53 个，其中黄水沟区共布设 15 个水质监测样点，布设点位包括了开都河与黄水沟区连通的关键节点、区域内的重要苇区和排渠；博斯腾湖大湖区共布设了 24 个水质监测样点，布设点位包括主要出入湖口、黄水沟入湖区、开都河入湖区、主要旅游景区、大小湖连通区、出湖区；小湖区共布设了 14 个水质监测样点，布设点位包括了区域内重要的苇区、大的水域区以及重要纳污区。布设并实测的 53 个水质监测点基本均匀覆盖了整个研究区域。

2019 年 6 月，在以上 53 个水质监测点的基础上，又在个别重要区域加密了监测点位，增设了 15 个水质监测样点，合计布设了 68 个水质监测样点，其中黄水沟区增加了 7 个监测样点，大湖区增加了 7 个监测样点，小湖区增加了 1 个监测样点，使得监测点更均匀地覆盖了整个监测区域空间。此后 8 月和 10 月的水环境调查一直沿用这 68 个水质监测点。

二、调水期间博斯腾湖水环境年内时空变化

（一）博斯腾湖 4 月水环境空间变化

1. 黄水沟区 4 月水环境空间变化

2019 年 4 月监测结果显示，在引开都河河水经黄水沟东支进入博斯腾湖的"引开济黄"生态工程中，开都河的淡水经黄水沟区的排渠水混合后，入湖时已由淡水转变为微咸水，见图 3-6。

开都河调入黄水沟区的河水 TDS 含量非常低，为 0.22g/L，在汇合排污渠道流至昆金公路大桥时，河水 TDS 含量升高至 0.34g/L，在流经 2 号干排、黄水沟总干排、24 团6 连扬排站和 24 团农田排渠、24 团 4 连扬排站后，流至南大闸时，河水 TDS 含量显著抬升，达到 1.98g/L。开都河调入黄水沟区的河水因混入了黄水沟区的工农业排渠水和芦苇湿地排水后，汇入湖区的河水水质已由淡水转变为微咸水。

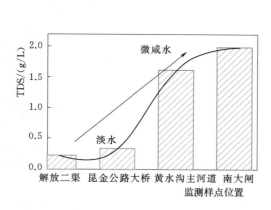

图 3-6　黄水沟区 2019 年 4 月河水入湖沿
线监测点 TDS 含量空间变化

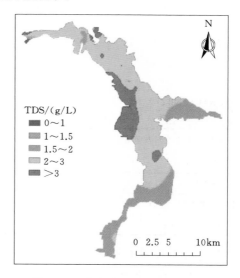

图 3-7　黄水沟区 4 月 TDS 含量
空间分布

此外，汇合了开都河水和灌溉排水的黄水沟原主河道的水质也为微咸水，TDS 含量约为 1.62g/L。根据 4 月监测数据的分析，与博斯腾湖连接的黄水沟区排渠的 TDS 含量都非常高，平均值为 3.70g/L，最小值出现在黄水沟总干排，为 2.41g/L；最大值出现在团结干排和胜利干排，达 6.47g/L，已达到咸水标准（见图 3-7）。这些结果显示，黄水沟的排渠水和芦苇区水环境较差，这些水体中较高的 TDS 是导致黄水沟区汇入博斯腾湖水体 TDS 增高的根本原因。

2. 博斯腾湖大湖区 4 月水环境空间变化

大湖区矿化度平均值为 1.25g/L，略超出淡水标准，为微咸水。从检测点位来看，TDS 高值主要聚集在博斯腾湖大湖区东面盐池和海心山附近、黄水沟入湖区和金沙滩、银沙滩附近，平均值超过 1.38g/L，为微咸水（见图 3-8）；TDS 低值主要在 S206 省道、1 号生态闸、西泵站和西南河口区域，平均值在 0.94g/L，为淡水（见图 3-9）；其余监测点位的湖水 TDS 含量在 1～1.2g/L。

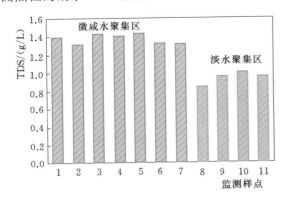

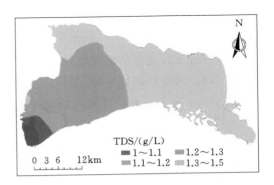

图 3-8　博斯腾湖大湖区 TDS 含量异常值聚集区
1—黄水沟入湖区；2—清水河区域；3—盐池；4—第一道海心山；
5—第三道海心山；6—银沙滩；7—金沙滩；8—S206 省道；
9—1 号生态闸；10—西泵站；11—西南河口

图 3-9　博斯腾湖大湖区 4 月 TDS
含量空间分布

从区域空间分布来看，开都河流入博斯腾湖大湖区西南角的小部分区域为淡水区或水质接近淡水标准，TDS 含量在 1.2g/L 以下，湖区的西南区大部分湖水 TDS 含量在 1.2～1.3g/L 之间，黄水沟入湖区，博斯腾湖东部、北部和中部部分区域湖水 TDS 含量均高于 1.3g/L，其含量在 1.3～1.5g/L 范围内变动。从 TDS 含量空间分布结果可推测，博斯腾湖大河口入湖的开都河水向东、南两方向扩散，黄水沟入湖的河水也向东、南两方向扩散，东部区域的湖水运动相对较弱。相对静止的湖水可能会沉淀和积累更多的盐分，这可能就是造成东部监测点盐池、第一道海心山、第三道海心山等区域湖水 TDS 含量较高的原因。

博斯腾湖大湖区 COD 含量较高，平均值为 46.42mg/L，超出 V 类水标准范围，归属于劣 V 类水标准（见图 3-10），最低值为 3.46mg/L，最高值为 73.04mg/L。从区域空间来看，西泵站、西南河口 COD 含量最低，为 II 类水标准；大河口附近水域 COD 含量为 23.1mg/L，为 IV 类水标准；黄水沟入湖区水域 COD 含量在 38～39mg/L，为 V 类水标准；其余监测点的 COD 含量均超过 40mg/L，为 V 类水标准，尤其是湖区东部，由于监测样点靠近湖岸，出现异常高值，这可能是因为此区域水循环不畅，导致水中厌氧菌体滋生，从而成为难以降解的有机物悬浮在水体中，使得水体中 COD 急剧上升，加之东部湖

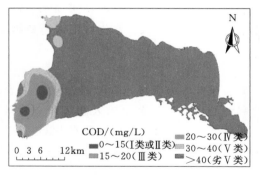

图 3-10　博斯腾湖大湖区 4 月 COD
含量空间分布

区边缘水深较小，水体内微生物较多和底部淤泥化学释放等导致 COD 含量的增加。从空间分布来看（见图 3-10），整个湖区除了西南角极小水域的水质在Ⅱ类或Ⅲ类，大部分水域水质均在Ⅳ类或Ⅴ类水标准范围内，黄水沟入湖区有极小部分在Ⅴ类水标准范围，其余绝大部分湖区湖水 COD 指标均在劣Ⅴ类水标准范围内。由此可见，此时期，博斯腾湖大湖区湖水 COD 污染状况极其严峻。

博斯腾湖大湖区 NH_3-N 含量分布较为均匀，平均值为 0.39mg/L，在Ⅱ类水标准范围内。在空间分布上，高值出现在金沙滩附近和西部靠近芦苇湿地的小部分区域，均值为 0.99mg/L，最低值出现在西南河口区，在 0.2mg/L 左右，均未超出Ⅱ类水标准，见图 3-11。这些监测结果和空间分布显示，博斯腾湖大湖区湖水 NH_3-N 含量未超标。因此，NH_3-N 不是导致博斯腾湖大湖区 4 月水污染的关键指标。

博斯腾湖大湖区 TP 平均值为 0.11mg/L，根据《地表水环境质量标准》（GB 3838—2002）的湖、库分类标准，TP 指标处在Ⅳ类水标准范围内。从监测点位来看，湖水 TP 含量最高值出现在白鹭洲、黄水沟入湖区、清水河入湖区、第一道海心山、第三道海心山和金沙滩区域，TP 值均超过 0.1mg/L，为Ⅳ类水标准，尤其是白鹭洲附近，TP 值超过 0.5mg/L，严重超出Ⅴ类水标准，为劣Ⅴ类水标准；最低值出现在大河口、西南河口和西泵站附近，TP 值在 0.05mg/L 左右，在Ⅱ类水标准范围内。在空间分布上（见图 3-12），东部和中部区域大部分湖区湖水 TP 含量均在Ⅴ类水标准范围内，西南区域湖水 TP 含量在Ⅳ类水标准范围内。

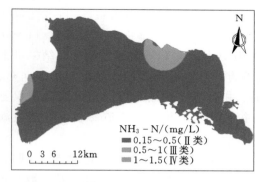

图 3-11　博斯腾湖大湖区 4 月 NH_3-N
含量空间分布

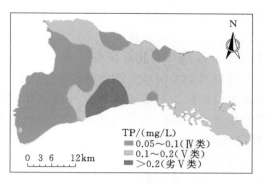

图 3-12　博斯腾湖大湖区 4 月 TP
含量空间分布

综上分析结果可看出，博斯腾湖大湖区 4 月期间水体矿化度较高，湖区水体的有机污染主要为 COD 和 TP，尤其是 COD。开都河东支调水经黄水沟后，入湖水体 TDS 含量明显偏高；大湖仅个别小区域为淡水，大部分区域仍为微咸水，COD 含量严重超标，COD

和 TP 是影响大湖水环境的主要污染物。

3. 博斯腾湖小湖区 4 月水环境空间变化

博斯腾湖小湖区湖水 TDS 含量相对较低，平均为 0.84g/L，为淡水。超过 1g/L 的区域主要集聚在小湖北部苇区、西泵站干渠 2 号桥和再格森诺尔湖苇区（见图 3-13），归属于微咸水；其余区域湖水的 TDS 含量均小于 1g/L，为淡水。在空间分布上（见图 3-14），小湖区西部和中部大部分区域湖水 TDS 含量均在淡水范围内，东部有小部分区域为微咸水，西干渠附近湖水 TDS 含量相对较高。这些监测结果表明，除个别芦苇区外，盐分不是影响博斯腾湖小湖湖水环境的主要因素。

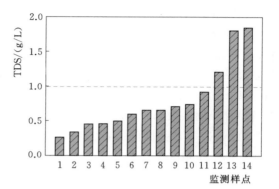

图 3-13 博斯腾湖小湖区监测样点的
湖水 TDS 含量

1—开都河西支达乌孙入小湖口；2—达乌孙湖；
3—达吾提闸；4—四十里城总干排；5—四十
里城苇区；6—阿洪口；7—西干渠 4 号桥；
8—再格森诺尔湖（水道）；9—才乡扬排站苇
区；10—S206 省道（小湖）；11—火电
厂运煤桥；12—察乡泵站苇区；13—西
干渠 2 号桥（半个与拉马湖之间）；
14—再格森诺尔湖苇区

然而，博斯腾湖小湖区水体的有机污染却十分严峻。全湖 COD 含量平均值为 40.66mg/L，超出 V 类水标准，归属于劣 V 类水标准范围内。从监测点位来看，最高值出现在西干渠 2 号桥附近，为 83.16mg/L，超出 V 类水标准 1 倍多；最小值出现在达乌孙水域周边，为 12.64mg/L。在空间分布上（见图 3-15），小湖北部区域 COD 含量相对较低，有小部分区域 COD 含量达到 III 类水标准，但大部分区域湖水的 COD 含量为 IV 类和 V 类水标准，小湖南部区域湖水 COD 含量几乎全部为劣 V 类水标准。

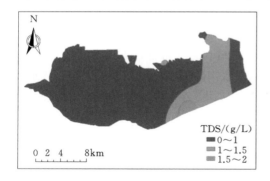

图 3-14 博斯腾湖小湖区 4 月 TDS
含量空间分布

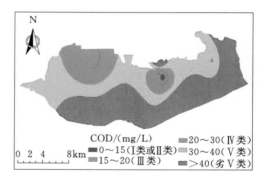

图 3-15 博斯腾湖小湖区 4 月 COD
含量空间分布

博斯腾湖小湖区 NH₃-N 含量平均值较大湖区高，平均为 0.6mg/L，为 III 类水标准。从空间分布来看（见图 3-16），NH₃-N 含量小于 0.5mg/L 的区域主要聚集在小湖区的西部，小湖区的东部区域水体 NH₃-N 含量普遍高于 0.5mg/L，多集中在 0.5～1.0mg/L 范围内，为 III 类水标准，东部极小部分区域水体 NH₃-N 含量大于 1.0mg/L，为 IV 类水标准。鉴于博斯腾湖小湖区绝大部分水体的 NH₃-N 含量均在 III 类水标准及其以下范围内，因此，NH₃-N 也不是导致小湖区水体污染的关键因素。

小湖区 TP 含量也较大湖区高，其平均值为 0.17mg/L，为 V 类水标准。从监测点位看，TP 高值出现在达吾提闸、再格森诺尔湖（水道）、才坎诺尔乡扬排站苇区、查干诺尔乡泵站苇区和阿洪口区域，超过 0.2mg/L，达到劣 V 类水标准；TP 含量低值出现在达乌孙湖、西干渠 4 号桥附近，低于 0.5mg/L，为 III 类水标准。在空间分布上（见图 3-17），小湖区大部分区域 TP 含量均为 V 类水标准，还有部分水体 TP 含量为劣 V 类水标准范围内，TP 含量在 IV 类水标准范围内的区域占比较小，III 类水标准的区域仅呈点状分布在两三个极小的区域。

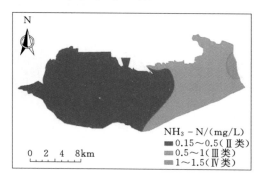

图 3-16　博斯腾湖小湖区 4 月
NH₃-N 含量空间分布

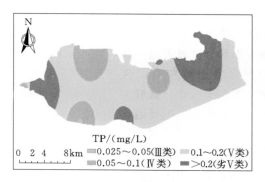

图 3-17　博斯腾湖小湖区 4 月 TP
含量空间分布

综上分析，4 月期间，小湖区湖水 TDS 含量较低，但 COD 含量和 TP 含量均严重超标，COD 和 TP 是影响小湖区水环境的关键污染源。

（二）博斯腾湖 6 月水环境空间变化

1. 黄水沟区 6 月水环境空间变化

从几个关键的监测点位来看（见图 3-18），开都河河水 TDS 含量较 4 月没有太大变化，河水 TDS 含量非常低，为 0.27g/L；自开都河调入黄水沟的河水在流经 2 号干排、黄水沟总干排、24 团 6 连扬排站和 24 团农田排渠、24 团 4 连扬排站等干排渠后，流至南大闸时，河水 TDS 含量明显抬升，达到 0.77g/L，未超出淡水标准，这可能是因为 4~6 月经开都河调入的淡水已将黄水沟排渠内流入黄水沟的水稀释，稀释后的水被排入了博斯腾湖大湖区。此外，黄水沟原主河道 6 月水体的 TDS 含量约为 0.79g/L，也较 4 月出现明显下降。

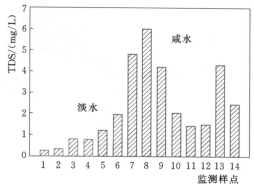

图 3-18　黄水沟区 6 月水体 TDS 含量变化
1—解放二渠；2—昆金公路大桥；3—黄水沟主河道；4—南大闸；5—2 号干排；6—黄水总干排；7—6 连扬排；8—24 团农排；9—团结、胜利干排；10—22 团扬排；11—25 团干排；12—25 团苇区；13—乌兰苇区；14—乌兰干排

据 6 月监测点位水质数据的分析，黄水沟排渠水体的 TDS 含量平均值为 2.98g/L。水体 TDS 含量最小值出现在 2 号干排，为 1.21g/L，属于微咸水；最大值出现在 24 团

农田排渠和团结干排、胜利干排,分别达 6.00g/L 和 4.80g/L,已达到咸水标准(见图 3-18)。从空间分布来看(见图 3-19),黄水沟区除零星小部分区域为淡水外,其余大部分区域均为微咸水或咸水状态,6 月期间,黄水沟区的排渠水和苇区水体中 TDS 含量仍较高。

黄水沟区水体 COD 含量呈现较大差异,从监测点位来看,在解放二渠、昆金公路大桥和南大闸,水体中 COD 含量小于 15mg/L,属于 Ⅱ 类水标准,但很多排渠的水体中 COD 含量均较高,其值大于 40mg/L,超过 Ⅴ 类水标准,达到劣 Ⅴ 类水标准(见图 3-20)。从空间分布来看(见图 3-21),黄水沟区此时期水体 COD 含量除小部分区域为 Ⅱ 类或 Ⅴ 类水标准,绝大部分区域水体 COD 含量都在 Ⅲ 类或 Ⅳ 类水标准范围内;劣 Ⅴ 类水标准呈极小的点状分布。

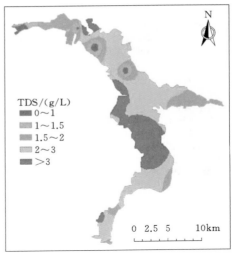

图 3-19 黄水沟区 6 月 TDS 含量空间分布

黄水沟区水体 NH_3-N 含量平均值为 0.92mg/L,为 Ⅲ 类水标准。从监测点位来看,其中解放二渠、昆金公路大桥、黄水沟主河道和南大闸等主河道沿线区域水体 NH_3-N 含量在 0.28mg/L 左右,为 Ⅱ 类水标准;最大值出现在 24 团 6 连扬排站、乌兰乡育苇区和 24 团 4 连排渠,分别为 5.57mg/L、2.32mg/L 和 1.89mg/L,为劣 Ⅴ 类和 Ⅴ 类水标准;排渠水体 NH_3-N 含量低值出现在 25 团干排扬排站、22 团 1 连扬排站、和静污水处

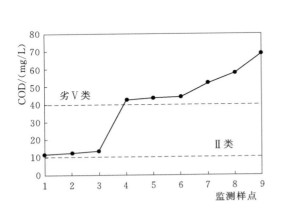

图 3-20 黄水沟区关键水质监测点
6 月水体 COD 含量变化
1—解放二渠;2—昆金公路大桥;3—南大闸;4—黄水沟
总干排;5—24 团农排;6—25 团扬排;7—22 团扬排;
8—和静污水厂入排口;9—乌兰乡育苇区

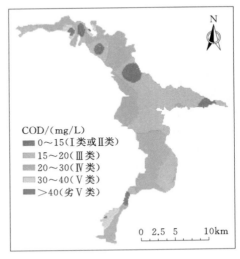

图 3-21 黄水沟区 6 月 COD
含量空间分布

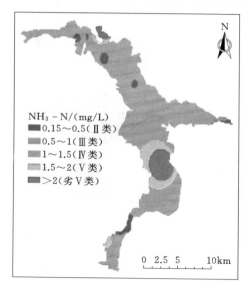

图 3-22 黄水沟区 6 月
NH$_3$-N 含量空间分布

理厂排水口、22 团育苇区等区域，NH$_3$-N 含量小于 0.5mg/L，为 Ⅱ 类水标准。从空间分布看（见图 3-22），黄水沟区水体的 NH$_3$-N 含量多为 Ⅲ 类和 Ⅳ 类水标准，Ⅱ 类、Ⅴ 类和劣 Ⅴ 类水标准零星镶嵌其中。

黄水沟区水体 TP 含量平均值为 0.21mg/L，为 Ⅴ 类水标准；其中解放二渠、黄水沟主河道、南大闸河水水体总磷（TP）含量约为 0.05mg/L，为 Ⅲ 类水标准；TP 含量高值主要出现在黄水沟东支、和静污水处理厂入黄水沟总干排的排水口、乌兰乡育苇区、25 团育苇区、25 团扬排站、团结干排和胜利干排、24 团 6 连扬排站和黄水沟总干排等区域，归属于 Ⅴ 类水标准及其以上，尤其是 24 团 6 连扬排站，水体 TP 含量达 0.63mg/L，黄水沟东支水体 TP 含量达 0.58mg/L，和静污水厂排污口水体 TP 达 0.42mg/L，乌兰乡育苇区水体 TP 含量达 0.41mg/L，均超出 Ⅴ 类水标准（0.4mg/L），为劣 Ⅴ 类水标准（见图 3-23）。从空间分布来看（见图 3-24），黄水沟区大部分水体 TP 含量为 Ⅳ 类水标准，其中零星镶嵌着 Ⅲ 类、Ⅴ 类和劣 Ⅴ 类水标准。

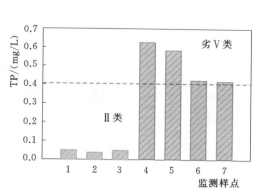

图 3-23 黄水沟区 6 月 TP 含量

1—解放二渠；2—黄水沟主河道；3—南大闸；
4—24 团 6 连扬排；5—黄水沟东支；6—和静
污水厂；7—乌兰乡育苇区

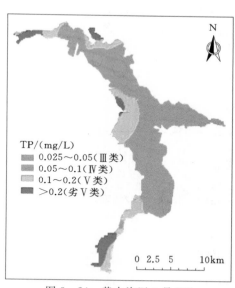

图 3-24 黄水沟区 6 月 TP
含量空间分布

2. 博斯腾湖大湖区 6 月水环境空间变化

6 月监测数据表明，博斯腾湖大湖区 TDS 含量较 4 月呈升高趋势，平均值达 1.39g/L，较 4 月抬升了 0.14g/L，升幅为 11.2%，这可能是因为黄水沟东支和开都河河水经黄水沟的生态输水将黄水沟区内原沉积在下游苇区中的高 TDS 含量水带入了湖中导致的。从监测点位来看，湖区水体高 TDS 含量主要出现在海心山、金沙滩、银沙滩、落霞湾、近清水河区域和近黄水沟区以及东大罕等区域，TDS 含量超过 1g/L，为微咸水；TDS 低含量主要在扬水站、1 号生态闸、西南河口和 S206 省道附近区域，TDS 含量低于 1g/L，为淡水；其他水质监测点位的水体 TDS 含量大多为微咸水（见图 3-25）。从空间分布上来看（见图 3-26），博斯腾湖大湖区淡水仍主要分布在扬水站附近的西南角，其余区域

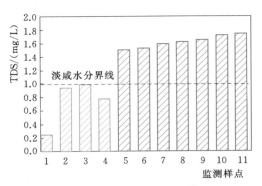

图 3-25 博斯腾湖大湖区关键
监测点 6 月 TDS 含量

1—S206 省道；2—1 号生态闸；3—西泵站；4—西
南河口；5—海心山；6—金沙滩；7—银沙滩；8—落
霞湾；9—近清水河；10—近黄水沟；11—东大罕

均为微咸水，尤其是靠近黄水沟的北面湖区，湖水 TDS 含量最高。相较于 4 月，湖面水体 TDS 含量普遍上升，尤其是近黄水沟附近，湖水 TDS 含量抬升明显，这可能是因为前期近两个月的输水将黄水沟内的大量高 TDS 含量水带入了湖中导致的。

博斯腾湖大湖区 COD 含量平均值为 16.14mg/L，较 4 月明显下降，为Ⅲ类水标准。从监测点位来看，超过Ⅳ类水标准（30mg/L）的区域主要在金沙滩，为Ⅴ类水标准，其余各监测点的 COD 含量均在Ⅲ类水标准及其以下范围内。从空间分布来看（见图 3-27），6 月博斯腾湖大湖区东部和南部湖水 COD 含量大多为Ⅱ类水标准，西北部区域湖水 COD 含量相对较高，为Ⅲ类水标准，其中Ⅳ类和Ⅴ类水标准呈点状镶嵌在西北部，博斯腾湖大湖区 6 月水体 COD 污染不严重。

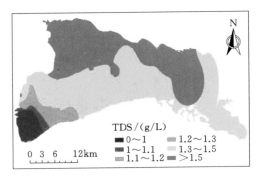

图 3-26 博斯腾湖大湖区 6 月 TDS
含量空间分布

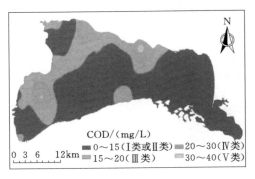

图 3-27 博斯腾湖大湖区 6 月 COD
含量空间分布

博斯腾湖大湖区水体 6 月 NH₃-N 含量在 0.14~0.66mg/L 之间变化，空间分布非常均匀（见图 3-28）；湖区绝大多数区域水体 NH₃-N 含量都在 0.5mg/L 之下，为Ⅱ类水标准；仅极少数点状区域，如近黄水沟区、落霞湾区和 1 号生态闸区，NH₃-N 含量超过 0.5mg/L，为Ⅲ类水标准。由此可见，6 月的博斯腾湖大区水体 NH₃-N 含量较低，

不是导致博斯腾湖水环境污染的主要因素。

博斯腾湖大湖区水体 6 月 TP 平均含量为 0.04mg/L，为Ⅲ类水标准；其最高值出现在白鹭洲、银沙滩、黄水沟入湖区和盐池处，其值在 0.05～0.06mg/L 之间变动，为Ⅳ类水标准。从空间分布来看（见图 3-29），大湖区这一时期绝大部分区域水体的 TP 含量均低于 0.05mg/L，为Ⅲ类水标准；Ⅱ类和Ⅳ类水区域呈点状分布在临近黄水沟、白鹭洲和盐池附近区域。综合点位监测和空间分布，6 月博斯腾湖大湖区 TP 含量也不再是造成博斯腾湖水环境污染的主要因素。

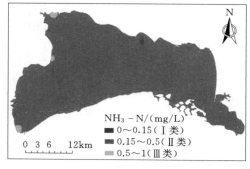

图 3-28 博斯腾湖大湖区 6 月
NH₃-N 含量空间分布

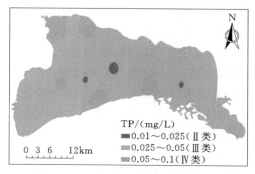

图 3-29 博斯腾湖大湖区 6 月 TP
含量空间分布

综合博斯腾湖大湖区水体的水质指标 TDS、COD、NH₃-N、TP 来看，6 月期间，博斯腾湖大湖区的主要水环境问题是水体 TDS 含量过高。

3. 博斯腾湖小湖区 6 月水环境空间变化

从监测站点来看，博斯腾湖小湖区 6 月期间绝大部分监测点位湖水 TDS 含量都小于 1.0mg/L，为淡水；仅西干渠 2 号桥附近和查干诺尔乡泵站附近区域的水体 TDS 含量超出淡水标准，达到 2.0mg/L 以上，为微咸水。从空间分布来看（见图 3-30），博斯腾湖小湖区西部区域水体均为淡水，受西干渠和查干诺尔乡泵站点位的影响，小湖区东部为微咸水。

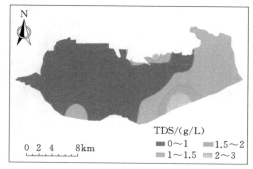

图 3-30 博斯腾湖小湖区 6 月 TDS
含量空间分布

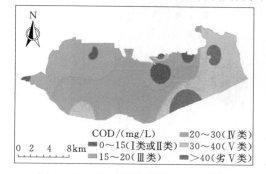

图 3-31 博斯腾湖小湖区 6 月 COD
含量空间分布

博斯腾湖小湖区 6 月期间水体 COD 含量平均值在 26.21mg/L 左右，为Ⅳ类水标准。从监测点位来看，小湖区水体 COD 含量最大值为 65mg/L，出现在再格森诺尔湖苇区，为劣Ⅴ类水标准；COD 含量最小值为 4.0mg/L，出现在开都河西支入小湖的达乌孙湖，为Ⅱ类水标准。从空间分布来看（见图 3 - 31），小湖区大部分水体 COD 含量为Ⅳ类水，Ⅱ类和Ⅲ类水集中在小湖区西北区，Ⅴ类和劣Ⅴ类水集中在小湖区的东南区。

博斯腾湖小湖区水体 6 月 NH_3-N 平均含量为 0.82mg/L，为Ⅲ类水标准。从监测点位来看，小湖区水体 NH_3-N 含量最大值出现在再格森诺尔湖苇区，为 1.47mg/L，为Ⅳ类水标准；最小值出现在达乌孙湖，为 0.38mg/L，为Ⅱ类水标准。从空间分布来看（见图 3 - 32），小湖区的水体 NH_3-N 含量分布较为均匀，均在Ⅲ类水标准以下，Ⅱ类水呈点状镶嵌，所占面积极小，Ⅳ类水主要分布在东部与大湖区连接区域。

博斯腾湖小湖区水体 6 月 TP 含量平均值为 0.05mg/L，为Ⅲ类水标准。从监测点位来看，TP 含量最大值出现在再格森诺尔湖苇区，为 0.09mg/L，未超出Ⅳ类水标准；最小值出现在达吾提闸和达乌孙湖，平均值为 0.02mg/L，为Ⅱ类水标准。从空间分布看（见图 3 - 33），小湖区西部和中部大部分区域水体 TP 含量均为Ⅲ类水标准，东部靠近大湖区的区域水体 TP 含量均为Ⅳ类水标准。

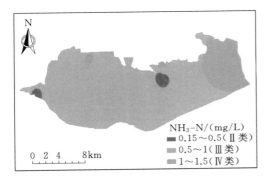

图 3 - 32　博斯腾湖小湖区 6 月
NH_3-N 含量空间分布

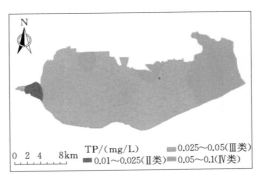

图 3 - 33　博斯腾湖小湖区 6 月 TP
含量空间分布

综上分析，在 6 月期间，博斯腾湖小湖区西部水体水环境状况较好，东部与大湖区相连接的区域水体存在 TDS 含量较高和 COD 污染严峻两大水环境问题，此外小湖区东部水体 NH_3-N 含量和 TP 含量也高于西部，为Ⅳ类水。

（三）博斯腾湖 8 月水环境空间变化

1. 黄水沟区 8 月水环境空间变化

至 8 月，开都河调水经解放二渠下泄的河水仍为淡水，TDS 含量稳定在 0.23g/L，与 4 月和 6 月水体 TDS 含量相比变化不大；流经昆金公路大桥时，TDS 含量上升至 0.33g/L，仍为淡水，黄水沟主河道水体 TDS 含量为 0.92g/L，接近于淡水；到南大闸后，河道水体 TDS 含量抬升到 1.12g/L，

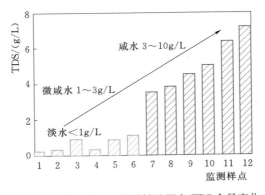

图 3 - 34　黄水沟区 8 月关键监测点 TDS 含量变化
1—解放二渠；2—昆金公路大桥；3—黄水沟主河道；
4—黄水沟东支入湖口；5—和静污水厂；6—南大闸；
7—24 团农排；8—6 连扬排；9—乌兰乡育苇区；
10—4 连扬排；11—刘长俊苇区；
12—团结、胜利干排

已由淡水转变为微咸水（见图3-34）。黄水沟区水体 TDS 含量平均值为 2.54g/L，为微咸水。从监测点位来看，TDS 含量最大值出现在团结干排和胜利干排，高达 7.18g/L，其次为落霞湾北部苇区、24 团 4 连扬排站、乌兰乡育苇区、24 团 6 连扬排站和 24 团农排站，TDS 值均大于 3g/L，为咸水。从空间分布来看（见图3-35），除开都河入黄水沟河道和黄水沟东支入湖口的零星区域为淡水外，绝大多数区域均为微咸水，甚至咸水。

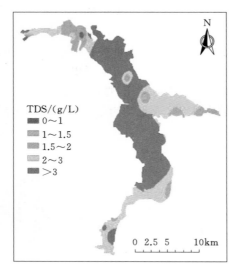 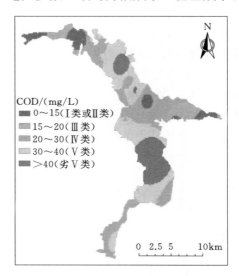

图 3-35　黄水沟区 8 月 TDS 含量　　　　图 3-36　黄水沟区 8 月 COD 含量
　　　　　　空间变化　　　　　　　　　　　　　　　空间变化

　　黄水沟区 8 月水体 COD 污染也十分严峻，其平均值为 21.79mg/L，在Ⅳ类水标准范围内。从监测点位来看，COD 最大值出现在艾比布拉苇区，达 64.1mg/L，其次在落霞湾北部苇区，COD 含量为 44.5mg/L，均为劣Ⅴ类水标准；COD 低含量出现在和静污水处理厂、南大闸、昆金公路大桥、黄水沟东支和黄水沟主河道，COD 含量低于 15mg/L，归属于Ⅱ类水标准范围内。从空间分布来看（见图3-36），黄水沟北部靠近解放二渠跨黄水沟渡槽处水体 COD 值相对较低，其值处于Ⅱ类或Ⅲ类水标准范围内，黄水沟区大多水体 COD 含量均在Ⅳ类或Ⅴ类水标准范围内，且黄水沟下游靠近博斯腾湖大湖区，水体 COD 含量为劣Ⅴ类水标准。

　　从监测样点来看，黄水沟区水体 8 月 NH_3-N 平均含量为 1.42mg/L，为Ⅳ类水标准；NH_3-N 含量最大值出现在团结干排和胜利干排区域，NH_3-N 含量达 4.52mg/L，其次在 314 国道和高速公路之间的黄水沟第二道拦污坝、落霞湾北部苇区、2 号干排和黄水沟总干排，NH_3-N 值均大于 2mg/L，为劣Ⅴ类水标准；NH_3-N 低值区出现在解放二渠、昆金公路大桥、黄水沟主河道、南大闸、乌兰干排、和静污水处理厂入黄水沟总干排处、24 团扬排站和 22 团 1 连扬排站，NH_3-N 含量均小于 0.5mg/L，为Ⅱ类水标准。从空间分布来看（见图3-37），NH_3-N 含量在Ⅱ类、Ⅲ类水标准范围内的水体主要集中在靠近博斯腾湖大湖区的区域，大部分区水体 NH_3-N 含量为Ⅴ类水标准，且有相当一部分为劣Ⅴ类水标准。

　　黄水沟区水体 8 月 TP 平均含量为 0.29mg/L，归属于劣Ⅴ类水标准；TP 含量高值主要出现在乌兰乡育苇区和黄水沟东支,TP 含量高达 1.0mg/L 以上,超过Ⅴ类水标准近 5 倍,其次在乌兰乡干排,TP 含量为 0.94mg/L,在 24 团农田排渠和 24 团 6 连扬排站 TP 含量为 0.45mg/L 和 0.56mg/L,超过Ⅴ类水标准近 2 倍;TP 含量低值区主要出现在解放二渠、昆金公路大桥、黄水沟主河道等区域,TP 含量接近 0.05mg/L,为Ⅲ类水标准。从空间分布来看(见图 3-38),大部分区域 TP 含量均归属于Ⅴ类水标准,归属于Ⅳ类水标准的区域主要位于中部;TP 含量归属于劣Ⅴ类水标准的区域呈片状镶嵌其中。

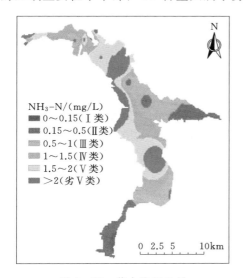
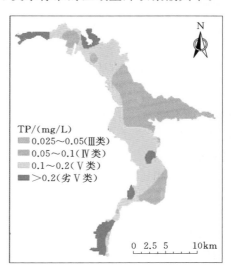

图 3-37 黄水沟区 8 月　　　　　　　图 3-38 黄水沟区 8 月 TP 含量
NH₃-N 含量空间变化　　　　　　　　　空间变化

2. 博斯腾湖大湖区 8 月水环境空间变化

从空间分布来看(见图 3-39),博斯腾湖大湖区 8 月水体 TDS 含量平均值为 1.59g/L,属微咸水。湖中水体 TDS 分布比较均匀,绝大部分区域水体的 TDS 含量都处在 1.5～1.6g/L 之间,为微咸水;湖中水体 TDS 含量低于 1.3g/L 的区域仅在扬水站附近点状分布,大湖区西南角的水体 TDS 含量也在 1.3～1.5g/L。8 月期间,湖水矿化度在持续升高,经黄水沟入湖水体 TDS 含量在升高可能是造成此结果的原因之一。黄水沟全线水体 TDS 含量均较 6 月升高,高矿化度水进入了大湖区,造成了湖区水体 TDS 含量升高。

水体中 TDS 代表了总溶解固体,即测量的是水体中的溶解性固体总量。大多数固体物质溶于水时吸收热量,根据平衡移动原理,当温度升高时,平衡有利于向吸热的方向移动,所以,温度升高分子运动速度变快,这些固体物质的溶解度随温度升高而增大。这可能是导致 8 月期间博斯腾湖流域水体 TDS 普遍升高的原因之一。

博斯腾湖大湖区 8 月平均 COD 含量为 19.44mg/L,归属于Ⅲ类水标准;最大值为 50.4mg/L,最小值为 2.20mg/L。从空间分布来看(见图 3-40),大湖区东部和中部大部分区域水体 COD 含量均在Ⅲ类水标准范围内,个别区域还处于Ⅱ类水标准范围内;大湖区西南部 COD 含量相较其他区域稍高,其含量归属在Ⅳ类水标准范围内,其中西部羊角湾附近还有一小部分水体 COD 含量归属为Ⅴ类或劣Ⅴ类水标准。

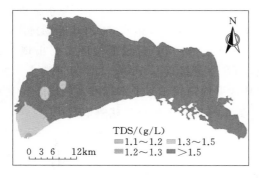

图 3-39 博斯腾湖大湖区 8 月 TDS 含量
空间变化

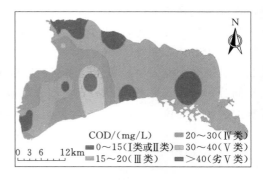

图 3-40 博斯腾湖大湖区 8 月 COD 含量
空间变化

博斯腾湖大湖区 8 月平均 $NH_3 - N$ 含量为 0.25mg/L，为 II 类水标准；最大值为 0.45mg/L，最小值为 0.02mg/L，均在 II 类水标准范围内。从空间分布来看（见图 3-41），博斯腾湖大湖区全区水体的 $NH_3 - N$ 含量分布非常均匀，湖区东部、北部、西南部的 $NH_3 - N$ 含量稍比中部的低，但全区的 $NH_3 - N$ 含量均在 II 类水标准范围内，未超过 II 类水最高标准（0.5mg/L）。因此，8 月期间，$NH_3 - N$ 不是博斯腾湖大湖区水环境问题的主要诱因。

博斯腾湖大湖区水体 8 月 TP 含量也比较均匀，绝大多数区域的 TP 含量均为 III 类水标准，仅极小部分 TP 含量为 II 类和 IV 类水标准，呈点状零星分布（见图 3-42）。

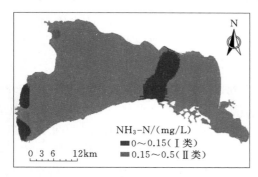

图 3-41 博斯腾湖大湖区 8 月
$NH_3 - N$ 含量空间变化

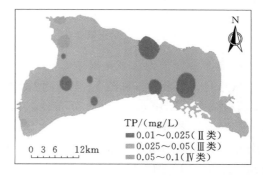

图 3-42 博斯腾湖大湖区 8 月 TP
含量空间变化

综上分析，8 月期间，博斯腾湖大湖区水环境的主要问题是全湖 TDS 含量过高，西部湖区 COD 污染较为严重，但水体中 COD、$NH_3 - N$ 和 TP 含量均已较 4 月和 6 月得到了明显的改善。

3. 博斯腾湖小湖区 8 月水环境空间变化

从监测点位来看，博斯腾湖小湖区水体 8 月 TDS 含量也呈现出升高趋势，平均值为 1.04g/L，为微咸水；水体 TDS 含量最高值出现在西干渠 2 号桥附近，为 3.48g/L，其次为查干诺尔乡泵站的人工苇区，为 2.37g/L；水体 TDS 含量低值出现在开都河西支入小湖区的达乌孙湖区，在 0.5g/L 以下。从空间分布来看（见图 3-43），小湖区西部和东北部区域水体为淡水，南部和中部多为微咸水，在西干渠 2 号桥附近的水体的 TDS 含量为全湖最高，有部分水体已为咸水。

博斯腾湖小湖区水体 COD 含量在 8 月期间也呈上升趋势，全湖 COD 平均值为37.87mg/L，为Ⅴ类水标准；COD 含量最大值出现在西干渠 4 号桥，为 71.6mg/L，其次为西干渠 2 号桥，为 69.8mg/L，均为劣Ⅴ类水标准；COD 低值区出现在开都河西支入小湖区的达乌孙湖和小湖区的天然苇区，分别为 3.5mg/L 和 9.2mg/L，为Ⅱ类水标准。从空间分布来看（见图 3-44），小湖区东部和西南部水体 COD 含量较高，为劣Ⅴ类水标准；小湖区北部水体 COD 含量相对较低，为Ⅳ类水标准，湖区中部水体 COD 含量为Ⅴ类水标准；全湖区达到Ⅲ类水及其以下水质标准的水体所占湖区水体面积的比例极小。

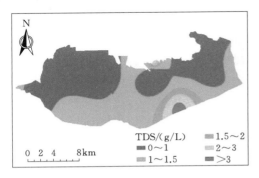

图 3-43　博斯腾湖小湖区 8 月 TDS
含量空间变化

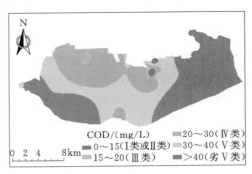

图 3-44　博斯腾湖小湖区 8 月 COD
含量空间变化

小湖区 NH_3-N 含量 8 月平均值为 0.54mg/L，为Ⅲ类水标准。小湖区水体的 NH_3-N 含量空间分布较为均匀（见图 3-45），NH_3-N 含量高值出现在与大湖相连的东部区域，低值出现在西部区域。综合全区来看，NH_3-N 也不是导致 8 月小湖区水环境问题的主要因素。

小湖区 TP 含量 8 月平均值为 0.16mg/L，按照湖、库分类标准，为Ⅴ类水标准。在此期间，小湖区 TP 含量普遍超标。从空间分布来看（见图 3-46），小湖区西部水体的 TP 含量较高，为Ⅴ类或劣Ⅴ类水；小湖区东部水体 TP 含量为Ⅴ类水标准，小部分区域为Ⅳ类水标准；小湖区中部水体 TP 含量为Ⅳ类水标准。Ⅲ类水的区域非常小，零星镶嵌在湖区。

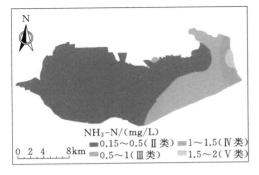

图 3-45　博斯腾湖小湖区 8 月
NH_3-N 含量空间变化

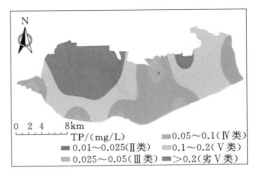

图 3-46　博斯腾湖小湖区 8 月 TP
含量空间变化

　　因此，综上分析，8 月期间，小湖区的主要水环境问题是 COD 和 TP 含量超标，TDS 和 NH_3-N 不是导致此时期小湖区水环境问题的主要因素。

　　（四）博斯腾湖 10 月水环境空间变化

　　1. 黄水沟区 10 月水环境空间变化

　　黄水沟区 10 月水体 TDS 含量平均值为 2.19g/L，仍属于微咸水，但相较于 8 月有所下降。从关键监测站点来看，开都河水和黄水沟东支河水的 TDS 含量均在 0.5g/L 以下，为淡水，但经过区域内的农排渠水混合后，到南大闸时水体 TDS 含量达 0.995g/L，接近淡水标准上限；农排渠水体的 TDS 含量仍较高，团结干排（胜利干排）水体 TDS 含量为 4.67g/L，落霞湾北部苇区水体 TDS 含量为 4.43g/L，24 团 4 连扬排站水体 TDS 含量为 4.08g/L，24 团农田排渠与 6 连扬排站混合水体 TDS 含量为 3.23g/L、乌兰乡育苇区水体 TDS 含量为 3.13g/L，均超出微咸水 3.0g/L 的标准，为咸水。从空间分布来看（见图 3-47），黄水沟区近 50% 区域水体的 TDS 含量都在 1.5~2g/L 之间；还有近 50% 区域水体 TDS 含量在 3g/L 左右，甚至有部分水体超过 3g/L；淡水仅呈点状分布。由此可见，10 月期间，黄水沟区水体的 TDS 含量仍不容乐观。

　　黄水沟区 10 月 COD 含量平均值为 24.2mg/L，为Ⅳ类水标准。从空间分布来看（见图 3-48），育苇区和排渠的水体 COD 含量均较高，COD 含量高值出现在乌兰乡育苇区、25 团育苇区、24 团 6 连扬排站、24 团农田排渠，这些区域 COD 含量均高于 40mg/L，甚至在 25 团育苇区达到了 63.6mg/L，在乌兰乡育苇区达到了 74.5mg/L，均为劣Ⅴ类水标准；COD 低值仍出现在解放二渠、昆金公路大桥和黄水沟东支等河流径流汇入处。在汇合了河流径流和排渠及育苇区尾水的南大闸监测点，COD 含量为 18.1mg/L，为Ⅲ类水标准。

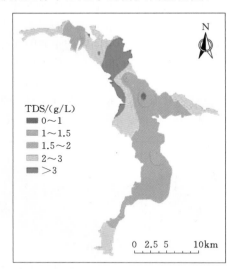

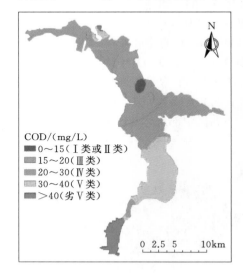

图 3-47　黄水沟区 10 月 TDS　　　　　图 3-48　黄水沟区 10 月
　　　含量空间变化　　　　　　　　　　　COD 含量空间变化

　　黄水沟区水体的 NH_3-N 含量在 10 月总体上处于较低的水平，NH_3-N 平均含量为 0.4mg/L，为Ⅱ类水标准。从空间分布来看（见图 3-49），NH_3-N 含量在整个区域分布较为均匀，绝大多数区域都在 0.15～0.5mg/L 之间，为Ⅲ类水标准；高值仅出现在乌兰乡育苇区，其水体 NH₃-N 含量在 3.99mg/L，为劣Ⅴ类水标准。此时期，NH₃-N 不是导致黄水沟区水环境问题的主要因素。

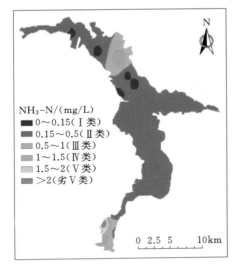

图 3-49　黄水沟区 10 月
NH₃-N 含量空间变化

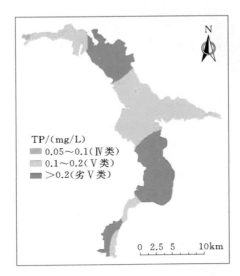

图 3-50　黄水沟区 10 月 TP
含量空间变化

黄水沟区 10 月水体 TP 含量急剧增加，其平均值为 0.2mg/L，按照湖、库水质标准，为Ⅴ类水。从空间分布来看（见图 3-50），区域内水体的 TP 含量分布较为均匀，均为Ⅴ类或劣Ⅴ类水，尤其是排渠和育苇区为较集中的区域，几乎都是劣Ⅴ类水。

因此，10 月黄水沟区水环境问题主要是 TDS 含量较高，COD 含量和 TP 含量超标，但 NH₃-N 含量处于Ⅱ～Ⅲ类水安全范围。

2. 博斯腾湖大湖区 10 月水环境空间变化

博斯腾湖大湖区 10 月水体 TDS 含量平均值为 0.98g/L，已达到了淡水标准。湖中水体 TDS 含量分布比较均匀（见图 3-51），除西南角（西南河口、S206 省道附近、1 号生态闸和西泵站周边区域）一部分的水体 TDS 含量已低于 1g/L，属于淡水外，其他区域的水体 TDS 含量也大为降低，最大值仅为 1.02g/L，绝大部分区域水体的 TDS 含量都处在 1.0g/L 左右。

博斯腾湖大湖区水体 10 月 COD 含量较 8 月有所降低，平均值为 28.8mg/L，为Ⅳ类水标准。从空间分布来看（见图 3-52），大湖区东部水体 COD 含量较低，而西部区水体 COD 含量较高。COD 含量为Ⅴ类或劣Ⅴ类水标准的水体都集中在西部区域，尤其是白鹭洲附近区域，水体 COD 含量很高，为劣Ⅴ类水标准。

博斯腾湖大湖区 10 月水体 NH₃-N 含量也大为降低，NH₃-N 含量的平均值为 0.2mg/L，为Ⅱ类水标准。从空间分布来看（见图 3-53），大湖区 NH₃-N 含量分布均匀，全湖区水体的 NH₃-N 含量最高值都小于 0.5mg/L，整个湖区水体的 NH₃-N 含量均为Ⅱ类水标准。

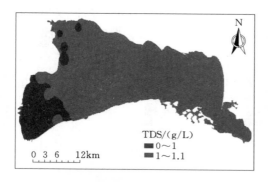

图 3-51　博斯腾湖大湖区 10 月
TDS 含量空间变化

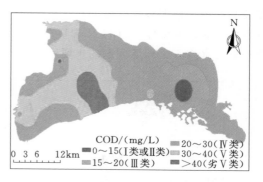

图 3-52　博斯腾湖大湖区 10 月
COD 含量空间变化

然而，博斯腾湖大湖区 10 月水体 TP 含量较 8 月显著增加，全湖区水体 TP 含量平均值为 0.1mg/L，达到Ⅳ类水标准上限。从空间分布来看（见图 3-54），湖区东部和北部水体 TP 含量在 0.01~0.1mg/L 范围内，为Ⅳ类水标准，湖区西南部水体 TP 含量较高，在 0.1~0.2mg/L 范围内，为Ⅴ类水标准。

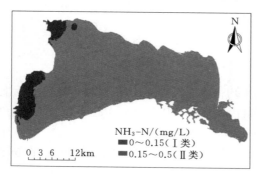

图 3-53　博斯腾湖大湖区 10 月
NH_3-N 含量空间变化

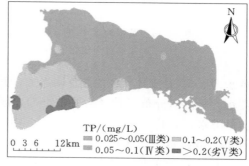

图 3-54　博斯腾湖大湖区 10 月 TP
含量空间变化

综上分析，10 月期间，博斯腾湖大湖区的主要水环境问题不再是 TDS 含量过高，而是 COD 含量和 TP 含量超标。此期间，TDS 和 NH_3-N 已不再是导致水环境问题的主要因素。

3. 博斯腾湖小湖区 10 月水环境空间变化

博斯腾湖小湖区 10 月水体 TDS 含量平均值为 0.59g/L，为淡水。从空间分布来看（见图 3-55），湖中水体 TDS 含量分布比较均匀，除个别极小点状区域外，全区水体 TDS 含量都为淡水。

博斯腾湖小湖区 10 月水体 COD 含量平均值为 26.3mg/L，为Ⅳ类水标准。从空间分布来看（见图 3-56），湖中水体 COD 含量分布也比较均匀，除个别区域水体 COD 含量为Ⅱ类水标准外，全区大部分水体 COD 含量都在Ⅳ类水及其以上水质标准范围内，东部、南部和北部还有小部分Ⅴ类水或极小部分劣Ⅴ类水体分布。

博斯腾湖小湖区 10 月水体 NH_3-N 含量平均值为 0.1mg/L，为Ⅰ类水标准。从空间分布来看（见图 3-57），博斯腾湖小湖区全区水体的 NH_3-N 含量分布都较为均匀，且

大部分区域 NH_3-N 含量均为 Ⅰ 类水标准，NH_3-N 含量最高值也低于 $0.5mg/L$，为 Ⅱ 类水标准。

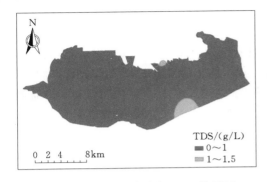

图 3-55　博斯腾湖小湖区 10 月 TDS
含量空间变化

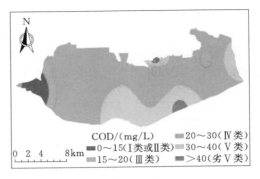

图 3-56　博斯腾湖小湖区 10 月 COD
含量空间变化

同样地，博斯腾湖小湖区 10 月水体 TP 含量显著抬升，全区 TP 含量平均值为 $0.2mg/L$，为 Ⅴ 类水标准。从空间分布来看（见图 3-58），博斯腾湖小湖区大部分区域水体 TP 含量均超过 $0.2mg/L$，为劣 Ⅴ 类水标准，Ⅴ 类水零星分布在湖区。

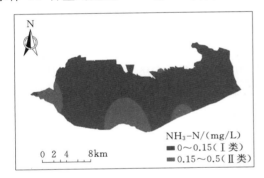

图 3-57　博斯腾湖小湖区 10 月
NH_3-N 含量空间变化

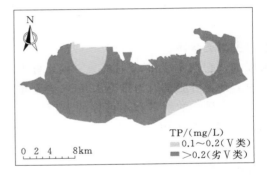

图 3-58　博斯腾湖小湖区 10 月
TP 含量空间变化

综上分析，博斯腾湖小湖区 10 月水环境问题也与大湖区一致，主要是 COD 和 TP 含量超标，尤其是 TP 含量严重超标，而 TDS 和 NH_3-N 已不是引发水环境问题的主要因素。

三、调水工程对博斯腾湖水环境的影响

博斯腾湖湖区水环境存在矿化度较高、富营养严重等较突出的水质问题，且水质空间差异较大，这可能是由于出、入湖泊的出入口相邻，湖水循环不足、水体交换慢造成的。针对博斯腾湖流域水系连通性不足，导致湖泊水循环与水环境不佳的问题，塔里木河流域巴音郭楞管理局自 2019 年 4 月始，启动了博斯腾湖水系连通计划。已实施的调水计划主要有两个：一是经开都河通过解放二渠退水闸向黄水沟进行生态调水，二是经黄水沟东支夏尔吾逊分洪闸向黄水沟下泄生态水。两条通道同时经黄水沟原主河道向博斯腾湖下泄水量，拟通过打通黄水沟与博斯腾湖之间的水力联系，增加博斯腾湖西北部入湖水量，加速湖水的循环，减缓水环境压力。为评估生态调水工程对博斯腾湖流域水环境的改善作用，

2019年4月、6月、8月和10月分别采集了黄水沟区和博斯腾湖大、小湖区的水样进行水质分析，并就不同时期的水质状况与4月的水质背景值进行了对比分析。

（一）调水工程对博斯腾湖水体TDS含量的影响

1. 调水期间黄水沟区和大、小湖区水体TDS含量变化

依据调水路线，沿线布设的水环境关键监测节点为：开都河解放二渠、黄水沟东支、汇合黄水沟东支和开都河河水的黄水沟主河道、黄水沟主河道水汇入了部分排渠水的南大

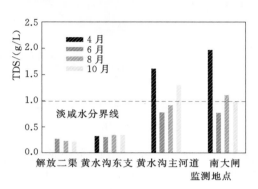

图3-59 黄水沟区主要关键监测点4—10月水体平均TDS含量变化

闸等处。4月、6月、8月和10月的监测结果（见图3-59）显示，解放二渠和黄水沟东支河水TDS含量在4月、6月、8月和10月变化不大，基本维持在0.2~0.4g/L之间，均为淡水。开都河河水和黄水沟东支河水在黄水沟主河道汇合，后混合排渠和苇区水，流至黄水沟主河道时，水体TDS含量发生了较大的改变，4月时水体TDS含量超过1.5g/L，为微咸水；经两个月生态调水工程实施后，TDS含量在6月显著下降了0.83g/L，降幅高达105.73%；8月，黄水沟主河道水体TDS含量又略有升高，平均为0.92g/L；10月，黄水沟主河道水体TDS含量为1.3g/L左右；4月南大闸河水TDS含量为1.9g/L左右，为微咸水，它在6月和10月达到了淡水标准，但8月TDS含量有所上升。8月水体TDS含量的上升，可能是因为排渠水TDS含量增加和气温升高导致固体溶解物溶解加快造成的。排除人为排污的因素和不可控的温度因素外，可以看出，调水工程对于稀释黄水沟水体TDS含量起到了积极作用。

出入博斯腾湖的水体TDS含量也在发生变化（见图3-60），变化较剧烈的为南大闸水体，其次为西泵站和达吾提闸，宝浪苏木的水体TDS含量始终保持在较低的水平。4—10月期间，从宝浪苏木入湖的河水TDS平均含量为0.34g/L，从南大闸入湖的河水TDS平均含量为1.21g/L，则入湖水体平均TDS含量为0.78g/L；博斯腾湖大湖区从扬水站出湖的水体TDS平均含量为0.99g/L，博斯腾湖小湖区从达吾提闸出湖的水体TDS平均含量为0.59g/L，则出湖水体平均TDS含量为0.79g/L。

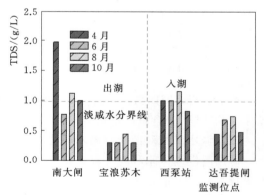

图3-60 博斯腾湖大、小湖区出、入湖水体4—10月TDS含量变化

对比博斯腾湖流域黄水沟区、大湖区和小湖区4月、6月、8月和10月水体TDS含量变化（见图3-61）可知，生态调水实施前（4月）博斯腾湖大湖区靠近黄水沟区水体TDS含量较高（高于1.5g/L），由于开都河向黄水沟的调水，将黄水沟区的高矿化度水

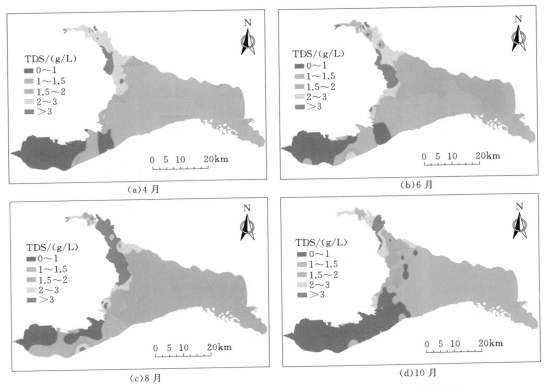

图 3-61　博斯腾湖流域 4 月、6 月、8 月和 10 月水体 TDS 含量空间分布

大量冲入大湖区，使得黄水沟区的高 TDS 含量河水得到了稀释，黄水沟区的水体 TDS 含量有所降低。但同时，冲入湖中的大量高矿化度水使得博斯腾湖大湖区的 TDS 含量不断提高。从空间分布可看出，由黄水沟区进入博斯腾湖大湖区的高矿化度水在 4—6 月间不断地向东部和南部扩散，显著增加了博斯腾湖高矿化度水体所占的面积，这表明开都河向黄水沟区的生态调水工程促进了博斯腾湖湖水的循环，在近 3 个月时间，黄水沟区汇入的水将博斯腾湖大湖区水从北向南、从西向东运移了近湖面一半的距离。至 8 月，博斯腾湖各区水体的 TDS 含量均较 6 月增加，黄水沟区出现大面积 TDS 含量大于 3g/L 的咸水，由于黄水沟区咸水的作用和高温下固体溶解物的溶解度增加，使得博斯腾湖大湖区的水体 TDS 含量均在 1.5g/L 左右，且小湖区的微咸水水面面积也在向西扩散。这表明开都河向黄水沟区的调水，使博斯腾湖大湖区及小湖区水循环速度明显加快。8—10 月间，在生态调水的作用下，博斯腾湖各区，包括黄水沟区、大湖区和小湖区，水体 TDS 含量均呈明显的降低趋势，这表明调水工程的确起到了改善湖水矿化度的作用。

6—8 月博斯腾湖水体 TDS 含量的升高，除了高温导致水中固体溶解物溶解速度加快外，可能还与 6—8 月期间开都河向黄水沟区下泄水量减少有关，如 5 月 3—5 日、6 月 30 日至 7 月 1 日、7 月 3—6 日、7 月 15—17 日、7 月 19—23 日等均未向黄水沟区下泄水量。进一步分析开都河向黄水沟区的调水量（见图 3-62）可以发现，4—6 月累计输送 9933 万 m³，大量调入的开都河淡水稀释了黄水沟区沿线的高矿化度农田排水，但 6—8 月仅累计输送 4967 万 m³，为前两个月的一半水量，调水量的差异可能是导致 TDS 含量升高的另一个原因。另外，根据黄水沟区的排渠水质监测显示，黄水沟区排渠水的 TDS 含量也在 8 月处于高值，其值大于 6 月也大于 4 月。因此，黄水沟区的高 TDS 含量排渠水也是造成博斯腾湖大、小湖区水体 TDS 含量升高的原因。

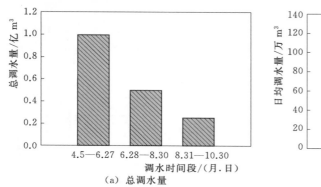
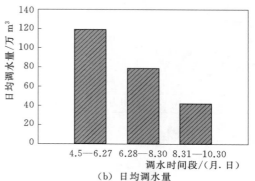

图 3-62　开都河 4—10 月向黄水沟区调水量对比

综上所述，8 月博斯腾湖全区 TDS 含量升高可能主要有三大原因：一是气温升高导致水体固体溶解物溶解加快，从而造成全流域水体中 TDS 含量升高；二是经开都河生态调水量的减少，使得黄水沟区农排水混合后，汇入博斯腾湖的水体 TDS 含量升高；三是黄水沟区排渠水 TDS 含量升高或农田排水量增加。但与 9—10 月的调水量比较来看，单纯的阶段调水量减少可能并不是导致 8 月湖区 TDS 含量升高的关键原因，因为 9—10 月间调水量比 7—8 月间更少，但 10 月期间整个博斯腾湖水体的 TDS 含量均明显下降。这进一步表明，年内 TDS 含量的空间变化可能更容易受温度或滞留湖中的 TDS 总量的影响。

2. 调水期间博斯腾湖大湖区滞留 TDS 总量

出入湖的 TDS 总量主要取决于出入湖水量和出入湖水体 TDS 含量。本研究根据以下公式计算出入湖 TDS 总量：

入湖 TDS 总量＝入湖水量×入湖水 TDS 含量

式中，入湖 TDS 总量单位为 t；入湖水量单位为亿 m³；入湖水 TDS 含量单位为 g/L。

出湖 TDS 总量＝出湖水量×出湖水 TDS 含量

式中，出湖 TDS 总量单位为 t；出湖水量单位为亿 m³；出湖水 TDS 含量单位为 g/L。

滞留湖中的 TDS 总量＝入湖 TDS 总量－出湖 TDS 总量

目前进入博斯腾湖的水有三条路线：一是开都河经宝浪苏木入博斯腾湖；二是开都河经解放二渠退水闸向黄水沟的生态调水经南大闸进入博斯腾湖；三是黄水沟自身的河水经夏尔吾逊分洪闸沿黄水沟东支经南大闸进入博斯腾湖。博斯腾湖的出湖水统一经塔什店出湖向孔雀河或塔里木河下游下泄。

在入湖水量方面，根据新疆塔里木河流域管理局的出入湖水量记录和生态调水水量记录，经宝浪苏木入博斯腾湖的水量分别是：4 月为 2.64 亿 m³、5 月为 3.82 亿 m³、6 月为 5.55 亿 m³，4—6 月合计经宝浪苏木进入博斯腾湖的水量累计为 12.01 亿 m³；4—6 月，经南大闸累计向博斯腾湖生态调水 0.99 亿 m³。

根据水质监测，开都河水为淡水，TDS 含量平均值为 0.30g/L。两条调水路线的水在黄水沟汇合，混入排渠水后，经南大闸流入博斯腾湖，本研究以两条生态调水路线最终汇入博斯腾湖的南大闸水体 TDS 含量为入湖水质标准，且忽略黄水沟区的排渠污水直接入湖水量。根据水质监测，南大闸 4—6 月水体 TDS 含量平均值为 1.38g/L。

在出湖方面，博斯腾湖经塔什店 4—6 月出湖水量分别是：4 月为 2.01 亿 m³、5 月为 1.94 亿 m³、6 月为 2.65 亿 m³，累计出湖水量为 6.6 亿 m³。本研究以扬水站和达吾提闸的水体 TDS 平均值作为出湖水 TDS 含量。根据水质监测，达吾提闸 4 月水体 TDS 含量为 0.44g/L，6 月水体 TDS 含量为 0.68g/L；扬水站 4 月和 6 月湖水 TDS 含量相差无几，均为 1.00g/L，则出湖水体 TDS 含量平均值为 0.78g/L。

因此，根据上述出入湖 TDS 总量计算公式，可计算出：4—6 月经两条调水路线入湖的 TDS 总量为 13.66 万 t，经宝浪苏木入湖的 TDS 总量为 36.03 万 t，4—6 月总入湖 TDS 总量为 49.69 万 t。4—6 月经塔什店出湖的 TDS 总量为 51.48 万 t。则 4—6 月滞留在博斯腾湖湖区的 TDS 总量为 -1.79 万 t。

7—8 月经两条调水路线的合计调水量为 0.50 亿 m³。根据水质监测结果，7—8 月间南大闸的水体 TDS 平均值为 0.95g/L。根据上述公式，则经两条调水路线进入博斯腾湖的 TDS 总量为 4.75 万 t。7—8 月经宝浪苏木进入博斯腾湖的水量合计为 9.88 亿 m³，根据水质监测结果，7—8 月宝浪苏木的 TDS 平均值为 0.38g/L，则经宝浪苏木进入博斯腾湖的 TDS 总量为 37.54 万 t。因此，7—8 月进入博斯腾湖的 TDS 总量合计为 42.29 万 t。

7—8 月，经塔什店出湖的水量累计为 5.53 亿 m³，根据水质监测结果，达吾提闸 6 月末水体 TDS 含量为 0.68g/L，8 月水体 TDS 含量为 0.74g/L；扬水站 6 月末湖水 TDS 含量为 1.00g/L，8 月湖水 TDS 含量为 1.15g/L，则出湖水体 TDS 平均值为 0.89g/L。根据上述出湖 TDS 总量计算公式，经博斯腾湖出湖的 TDS 总量为 49.22 万 t。则 7—8 月滞留在博斯腾湖的 TDS 总量为 -6.93 万 t。

9—10 月从宝浪苏木（含东西支）入湖水量约为 6.10 亿 m³，从黄水沟调水量为 0.25 亿 m³；9—10 月从塔什店出湖水量约为 2.47 亿 m³。根据水质监测数据：10 月宝浪苏木水体的 TDS 含量为 0.30g/L、南大闸水体 TDS 含量为 1.00g/L；达吾提闸水体 TDS 含量为 0.48g/L、扬水站水体 TDS 含量为 0.82g/L，则出湖水体平均 TDS 含量为 0.65g/L。则根据公式，从宝浪苏木入湖水体 TDS 总量为 18.30 万 t，经黄水沟调水入湖水体 TDS 总量为 2.50 万 t，合计入湖 TDS 总量为 20.80 万 t；经塔什店出湖水体 TDS 总量为 16.06 万 t，则在 9—10 月期间，滞留在博斯腾湖中的 TDS 总量为 4.74 万 t。

综上分析，4—6 月和 7—8 月间，滞留博斯腾湖的 TDS 总量均为负值，即湖中原有的 TDS 量被大量带出了湖区，但 9—10 月，博斯腾湖又滞留了 4.74 万 t TDS。结合 6 月、8 月和 10 月湖水 TDS 含量变化可知，导致 8 月湖区水体 TDS 含量升高的根本原因可能是气温的升高直接导致了水温升高，从而加速了水体中的固体物溶解速度，固体溶解物的增多促使水体中 TDS 含量显著抬升。因此，为降低湖区水体 TDS 含量，在气温较高的几个月（7—9 月）可增大博斯腾湖出湖水量，加速湖水循环，大量带出累积在湖区的 TDS 量，从而改善湖泊水环境。

（二）调水工程对博斯腾湖水体 COD 含量的影响

1. 调水期间黄水沟区和大、小湖区水体 COD 含量变化

调水工程实施后，博斯腾湖水体 COD 含量发生了明显改变（见图 3-63）。4 月，博斯腾湖大、小湖区的水体 COD 含量非常高，大湖区除扬水站所处的西南角有小部分水质为Ⅳ类水和Ⅴ类水，Ⅲ类水极少，呈点状分布，其余区域水体 COD 含量均在劣Ⅴ类水标准范围。同样，小湖区的大部分水体 COD 含量也为Ⅴ类和劣Ⅴ类水标准，Ⅳ类水和Ⅲ类水仅点状分布。4 月生态调水工程实施以来至 6 月，博斯腾湖大、小湖区水体 COD 含量明显降低，大、小湖区大部分水体 COD 含量由劣Ⅴ类水标准转变为Ⅲ类水标准，甚至有部分区域达到Ⅱ类水标准，Ⅳ类水和Ⅴ类水仅呈点状分布，小湖区仍有点状的劣Ⅴ类水分布。然而，在 8 月末，博斯腾湖水体的 COD 含量又有所升高，博斯腾湖大湖区东部的Ⅱ类水转变为Ⅲ类水，西部的Ⅲ类水转变为Ⅳ类水，小湖区和黄水沟区出现了大量的Ⅴ类水和部分劣Ⅴ类水。10 月，黄水沟区和小湖区 COD 值明显好转，这可能是因水温的下降，导致污染物溶解度降低，加之随着开都河和黄水沟东支调入的淡水不断稀释，在二者作用之下，使得黄水沟区和小湖区水体 COD 含量在逐渐下降。但大湖区 COD 含量呈显著增加的趋势。

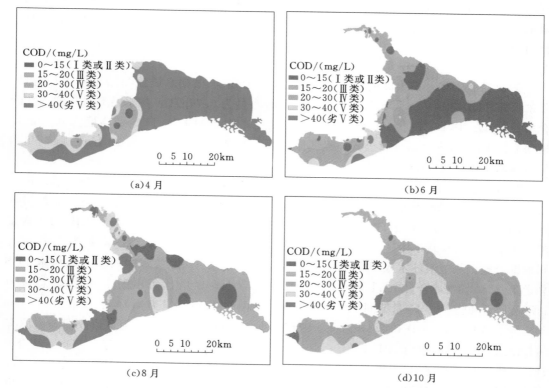

图 3-63　博斯腾湖流域 4 月、6 月、8 月和 10 月水体 COD 含量空间分布

2. 调水期间博斯腾湖大湖区滞留 COD 总量

从出入湖的关键节点水体 COD 含量来看（见图 3-64），入湖站点水体的 COD 含量

平均值低于达吾提闸站点出湖水体的 COD 平均值，但高于扬水站出湖水体的 COD 平均值。

出入湖的 COD 总量主要取决于出入湖水量和出入湖水体 COD 含量。本研究根据以下公式计算出入湖 COD 总量：

$$入湖 COD 总量 ＝ 入湖水量 \times 入湖水 COD 含量$$

式中，入湖 COD 总量单位为 t；入湖水量单位为亿 m^3；入湖水 COD 含量单位为 mg/L。

$$出湖 COD 总量 ＝ 出湖水量 \times 出湖水 COD 含量$$

式中，出湖 COD 总量单位为 t；出湖水量单位为亿 m^3；出湖水 COD 含量单位为 mg/L。

$$滞留湖中的 COD 总量 ＝ 入湖 COD 总量 － 出湖 COD 总量$$

在入湖水量方面，根据新疆塔里木河流域管理局的出入湖水量记录和生态调水水量记录，经宝浪苏木入博斯腾湖的水量分别是：4 月为 2.64 亿 m^3、5 月为 3.82 亿 m^3、6 月为 5.55 亿 m^3，4—6 月合计经宝浪苏木进入博斯腾湖的水量累计 12.01 亿 m^3；4—6 月，经南大闸累计向博斯腾湖生态调水 0.99 亿 m^3。

根据水质监测，4—6 月宝浪苏木和南大闸的水体 COD 含量分别为 22.30mg/L 和 3.60mg/L（见图 3－64）。根据上述计算公式，4—6 月经宝浪苏木进入博斯腾湖的入湖 COD 总量为 2.68 万 t，经黄水沟进入博斯腾湖的入湖 COD 总量为 0.04 万 t，合计入湖 COD 总量为 2.72 万 t。

在出湖方面，博斯腾湖经塔什店 4—6 月期间出湖水量分别是：4 月为 2.01 亿 m^3、5 月为 1.94 亿 m^3、6 月为 2.65 亿 m^3，累计出湖水量为 6.60 亿 m^3。本研究以扬水站和达吾提闸的水体 COD 平均值作为出湖水 COD 含量。根据水质监测，达吾提闸 4 月水体 COD 含量为 37.84mg/L，6 月水体 COD 含量为 19.30mg/L；扬水站 4 月和 6 月湖水 COD 含量相差无几，分别为 9.16mg/L 和 9.60mg/L，则出湖水体 COD 平均值为 18.98mg/L。根据上述出湖 COD 总量计算公式，可计算出：4—6 月经塔什店出湖的

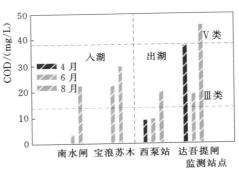

图 3－64　出入湖关键监测站点水体 COD 含量变化

COD 总量为 1.25 万 t。则 4—6 月滞留在博斯腾湖湖区的 COD 总量为 1.47 万 t。

7—8 月，经两条调水路线的合计调水量为 0.50 亿 m^3。根据水质监测结果，7—8 月，南大闸的水体 COD 平均值为 12.95mg/L。根据上述公式，则经两条调水路线进入博斯腾湖的 COD 总量为 0.06 万 t。7—8 月，经宝浪苏木进入博斯腾湖的水量合计为 9.88 亿 m^3，根据水质监测结果，7—8 月，宝浪苏木的 COD 平均值为 26.10mg/L，则经宝浪苏木进入博斯腾湖的 COD 总量为 2.58 万 t。因此，7—8 月，进入博斯腾湖的 COD 总量合计为 2.64 万 t。

7—8 月，经塔什店出湖的水量累计为 5.53 亿 m^3，根据水质监测结果，达吾提闸 6 月末水体 COD 含量为 19.3mg/L，8 月水体 COD 含量为 45.60mg/L；扬水站 6 月末湖水

COD 含量为 9.60mg/L，8 月湖水 COD 含量为 20.10mg/L，则出湖水体 COD 平均值为 23.65mg/L。根据上述出湖 COD 总量计算公式，则经博斯腾湖的出湖 COD 总量为 1.31 万 t。7—8 月，滞留在博斯腾湖的 COD 总量为 1.33 万 t。

根据滞留 COD 总量计算公式，在 4—8 月，滞留在博斯腾湖的 COD 总量为 2.80 万 t，大量的 COD 滞留在湖中，这可能正是导致 8 月湖水 COD 含量又开始抬升的原因；加之从监测数据可看出，8 月黄水沟区和博斯腾湖小湖区的排渠和芦苇湿地水体 COD 含量也明显上升，尽管在计算中忽略了这些高 COD 含量排水直接进入湖区的水量，但这些高 COD 含量水应该也对博斯腾湖 8 月水体 COD 含量上升起到了一定的作用。

9—10 月从宝浪苏木（含东西支）入湖水量约为 6.10 亿 m^3，经黄水沟调水量为 0.25 亿 m^3；9—10 月从塔什店出湖水量约为 2.47 亿 m^3。根据水质监测数据：宝浪苏木 10 月入湖水体的 COD 含量为 16.8mg/L、南大闸入湖水体 COD 含量为 18.1mg/L；出湖口达吾提闸水体 COD 含量为 5.9mg/L、扬水站出湖水体 COD 含量为 22.8mg/L，则出湖水体平均 COD 含量为 14.35mg/L。根据公式，经宝浪苏木入湖水体 COD 总量为 1.02 万 t，经黄水沟调水的水体 COD 总量为 0.05 万 t，合计入湖水量为 1.07 万 t；经塔什店出湖水体 COD 总量为 0.35 万 t，则 9—10 月滞留在大、小湖中的 COD 总量为 0.72 万 t。从 4 月至 10 月底，累积滞留在博斯腾湖大、小湖区的 COD 总量为 3.52 万 t。滞留湖区的 COD 总量不断上升，导致了大湖区水体 COD 含量不断抬升。黄水沟原有的大量排渠水中的 COD 汇入了大湖区，而小湖区较高 COD 含量水体在不断从达吾提闸下泄，因此，随着淡水的不断稀释，黄水沟区和小湖区水体中的 COD 含量明显降低，而大湖区因滞留了大量的 COD，使得水体 COD 环境反而有所恶化。

（三）调水工程对博斯腾湖水体 NH_3-N 含量的影响

1. 调水期间黄水沟区和大、小湖区水体 NH_3-N 含量变化

博斯腾湖大、小湖区水体 NH_3-N 含量相对比较低，空间分布也比较均匀，不是造成大、小湖区水体污染的主要原因。调水工程实施后，博斯腾湖水体 NH_3-N 含量也发生了一些变化。4 月，博斯腾湖大湖区水体的 NH_3-N 含量除西南角外，几乎都处在 Ⅱ 类水范围内，小湖区东部为 Ⅲ 类水，西部为 Ⅱ 类水。调水工程实施后，大湖区靠近黄水沟区和西部芦苇湿地的湖面水体 NH_3-N 含量有所提高，水质为 Ⅲ 类水，大湖区其他大多数区域仍为 Ⅱ 类水；小湖区西部水体的 NH_3-N 含量逐渐抬升，整个小湖区水体 NH_3-N 含量基本都处于 Ⅲ 类水标准范围。至 8 月末，博斯腾湖大、小湖的 NH_3-N 含量又开始有所下降，绝大多数水体均处于 Ⅱ 类水标准范围。从空间分布来看（见图 3-65），水体 NH_3-N 污染主要是点状污染。至 10 月底，整个博斯腾湖水体的 NH_3-N 含量均在 Ⅱ 类水范围，较 8 月又有所下降。

从黄水沟区来看，其水体中 NH_3-N 含量升高主要有两个原因：一是可能受水温影响，6—8 月，随着温度的升高，水中含氨和氮的化合物溶解度升高，从而导致了黄水沟区 NH_3-N 含量的升高；二是黄水沟区在 6—8 月农业灌溉排水量较大，农排水中的氨氮含量较高，导致了黄水沟区水体 NH_3-N 含量较高。但是，不论是 4 月、6 月、8 月，还是 10 月，博斯腾湖大、小湖区水体的 NH_3-N 含量都不是引起博斯腾湖水环境问题的关键因素。

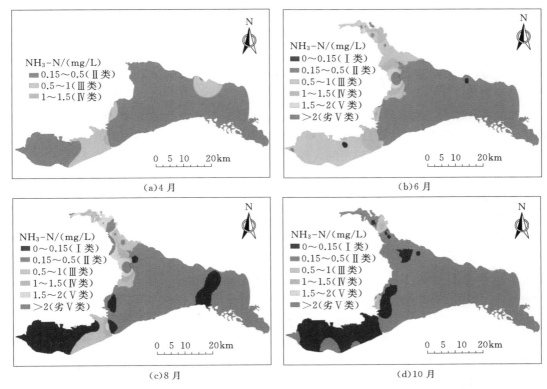

图 3-65　博斯腾湖流域 4 月、6 月、8 月和 10 月水体 NH_3-N 含量空间分布

2. 调水期间博斯腾湖大湖区滞留 NH_3-N 总量

博斯腾湖水体 NH_3-N 含量时空变化总体差异不大。从出入湖的关键节点水体 NH_3-N 含量来看（见图 3-66），水体的 NH_3-N 含量均比较低，其值均在Ⅱ类水标准范围内。

出入湖的 NH_3-N 总量主要取决于出入湖水量和出入湖水体 NH_3-N 含量。本研究根据以下公式计算出入湖 NH_3-N 总量：

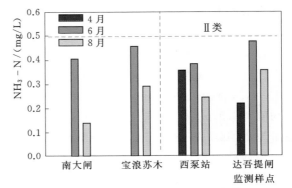

图 3-66　出入湖关键监测站点水体 NH_3-N 含量变化

入湖 NH_3-N 总量＝入湖水量×入湖水 NH_3-N 含量

式中，入湖 NH_3-N 总量单位为 t，入湖水量单位为亿 m^3，入湖水 NH_3-N 含量单位为 mg/L。

出湖 NH_3-N 总量＝出湖水量×出湖水 NH_3-N 含量

式中，出湖 NH_3-N 总量单位为 t；出湖水量单位为亿 m^3；出湖水 NH_3-N 含量单位为 mg/L。

滞留湖中的 NH_3-N 总量＝入湖 NH_3-N 总量－出湖 NH_3-N 总量

入湖水量方面，根据新疆塔里木河流域管理局的出入湖水量记录和生态调水水量记录，经宝浪苏木入博斯腾湖的水量分别为 4 月 2.64 亿 m^3、5 月 3.82 亿 m^3、6 月 5.55 亿 m^3，4—6 月合计经宝浪苏木进入博斯腾湖的水量累计为 12.01 亿 m^3；4—6 月经南大闸累计向博斯腾湖生态调水 0.99 亿 m^3。

根据水质监测，宝浪苏木和南大闸水体 4—6 月的 NH_3-N 含量分别为 0.46mg/L 和 0.41mg/L。则根据上述计算公式，4—6 月经宝浪苏木进入博斯腾湖的入湖 NH_3-N 总量为 55.25t，经黄水沟进入博斯腾湖的入湖 NH_3-N 总量为 4.06t，合计入湖 NH_3-N 总量为 59.31t。

出湖方面，博斯腾湖经塔什店 4—6 月出湖水量分别是：4 月为 2.01 亿 m^3、5 月为 1.94 亿 m^3、6 月为 2.65 亿 m^3，累计出湖水量为 6.60 亿 m^3。本研究以扬水站和达吾提闸的水体 NH_3-N 平均值作为出湖水 NH_3-N 含量。根据水质监测，达吾提闸 4 月水体 NH_3-N 含量为 0.22mg/L，6 月水体 NH_3-N 含量为 0.48mg/L；扬水站 4 月水体 NH_3-N 含量为 0.36mg/L，6 月水体 NH_3-N 含量为 0.38mg/L，则出湖水体 NH_3-N 含量平均值为 0.36mg/L。根据上述出湖 NH_3-N 总量计算公式，可计算出：4—6 月经塔什店出湖的 NH_3-N 总量为 23.76t。则 4—6 月期间，滞留在博斯腾湖湖区的 NH_3-N 总量为 35.55t。

7—8 月经两条调水路线的合计调水量为 0.50 亿 m^3。根据水质监测结果，6—8 月南大闸的水体 NH_3-N 含量平均值为 0.28mg/L。根据上述公式，则经两条调水路线进入博斯腾湖的 NH_3-N 总量为 1.40t。7—8 月经宝浪苏木进入博斯腾湖的水量合计为 9.88 亿 m^3，根据水质监测结果，6—8 月宝浪苏木入湖水体的 NH_3-N 含量平均值为 0.38mg/L，则经宝浪苏木进入博斯腾湖的 NH_3-N 总量为 37.54t。因此，7—8 月进入博斯腾湖的 NH_3-N 总量合计为 38.94t。

7—8 月经塔什店出湖的水量累计为 5.53 亿 m^3，根据水质监测结果，达吾提闸 6 月末水体 NH_3-N 含量为 0.48mg/L，8 月水体 NH_3-N 含量为 0.36mg/L；扬水站 6 月末水体 NH_3-N 含量为 0.38mg/L，8 月水体 NH_3-N 含量为 0.25mg/L，则出湖水体 NH_3-N 含量平均值为 0.37mg/L。根据上述出湖 NH_3-N 总量计算公式，则经博斯腾湖的出湖 NH_3-N 总量为 20.46t。7—8 月滞留在博斯腾湖的 NH_3-N 总量为 18.48t。

根据滞留 NH_3-N 总量计算公式，4—8 月滞留在博斯腾湖的 NH_3-N 总量为 54.03t。根据计算结果可看出，7—8 月滞留在博斯腾湖的 NH_3-N 含量为 18.48t，较 4—6 月滞留在博斯腾湖的 NH_3-N 总量（35.55t）少了 17.07t，减少 48.02%。这可能是导致博斯腾湖 6 月水体 NH_3-N 含量较 8 月高的原因。

9—10 月从宝浪苏木入湖水量约为 6.10 亿 m^3，经黄水沟调水量为 0.25 亿 m^3；9—10 月从塔什店出湖水量约为 2.47 亿 m^3。根据水质监测数据：宝浪苏木 10 月水体 NH_3-N 含量为 0.13mg/L、南大闸水体 NH_3-N 含量为 0.07mg/L；出湖口达吾提闸水体 NH_3-N 含量为 0.17mg/L、扬水站水体 NH_3-N 含量为 0.25mg/L，则出湖水体 NH_3-N 含量平均值为 0.21mg/L。根据公式，经宝浪苏木入湖 NH_3-N 总量为 7.93t，经黄水沟调水入湖 NH_3-N 总量为 0.18t，合计入湖水量为 8.11t；经塔什店出湖水体 NH_3-N 总量为

5.19t，则在9—10月滞留在大、小湖中的NH_3-N总量为2.92t。与4—6月和7—8月相比，9—10月滞留在湖区的NH_3-N总量仅为4—6月的8.21%，为7—8月的15.80%，滞留量的大量减少，可能是导致10月湖区水体NH_3-N含量降低的根本原因。

（四）调水工程对博斯腾湖水体TP含量的影响

1. 调水期间黄水沟区和大、小湖区水体TP含量变化

调水工程实施后，博斯腾湖水体TP含量也在发生变化（见图3-67）。4月博斯腾湖大、小湖区水体的TP含量较高，为Ⅳ类和Ⅴ类水标准，且有极小部分水体TP含量为劣Ⅴ类水标准。生态调水工程自4月实施至6月后，博斯腾湖小湖区水体TP含量得到了明显改善，由Ⅴ类或劣Ⅴ类水标准转变为Ⅲ类和Ⅴ类水标准；大湖区除扬水站附近的西南角外，其余区域水体TP含量都得到了明显改善，均由Ⅳ类和Ⅴ类水标准转变为了Ⅲ类和Ⅳ类水标准。至8月后，博斯腾湖大湖区水体TP含量仍在不断改善中，大湖区TP含量为Ⅲ类水标准的范围仍在不断扩大中，劣Ⅴ类和Ⅴ类水标准几乎都转变为了Ⅳ类或Ⅲ类水标准；但小湖区水体TP含量均呈增大趋势，尤其是小湖区西部多数水体TP含量均由Ⅲ类水标准转变为Ⅴ类和劣Ⅴ类水标准。10月，整个博斯腾湖湖区，包括黄水沟区、大湖区和小湖区，水体TP含量均显著上升。

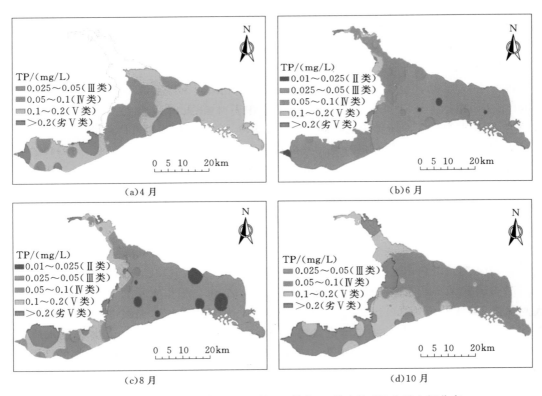

图3-67　博斯腾湖流域4月、6月、8月和10月水体TP含量空间分布

从流域的主要节点水体TP含量来看（见图3-68），6月期间从南大闸入湖水体的TP含量较8月低，从宝浪苏木入湖水体的TP含量较8月高，入湖水体TP含量平均值

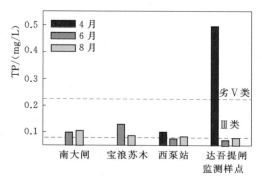

图 3-68　出入湖关键监测站点水体
TP 含量变化

大于扬水站出湖水体的 TP 平均含量。达吾提闸 4 月出湖水体的 TP 含量极高，6 月和 8 月的出湖水体 TP 含量与扬水站相差不大。因此，可能是 4 月达吾提闸和扬水站下泄了大量的高 TP 水量，促使 6 月和 8 月博斯腾湖湖区水体的 TP 含量快速下降。

2. 调水期间博斯腾湖大湖区滞留 TP 总量

出入湖的 TP 总量主要取决于出入湖水量和出入湖水体 TP 含量。本研究根据以下公式计算出入湖 TP 总量：

$$入湖 TP 总量 = 入湖水量 × 入湖水 TP 含量$$

式中，入湖 TP 总量单位为 t；入湖水量单位为亿 m^3；入湖水 TP 含量单位为 mg/L。

$$出湖 TP 总量 = 出湖水量 × 出湖水 TP 含量$$

式中，出湖 TP 总量单位为 t；出湖水量单位为亿 m^3；出湖水 TP 含量单位为 mg/L。

$$滞留湖中的 TP 总量 = 入湖 TP 总量 - 出湖 TP 总量$$

入湖水量方面，根据新疆塔里木河流域管理局的出入湖水量记录和生态调水水量记录，经宝浪苏木入博斯腾湖的水量分别为 4 月 2.64 亿 m^3、5 月 3.82 亿 m^3、6 月 5.55 亿 m^3，4—6 月合计经宝浪苏木进入博斯腾湖的水量累计 12.01 亿 m^3；4—6 月经南大闸累计向博斯腾湖生态调水 0.99 亿 m^3。

根据水质监测，宝浪苏木和南大闸 4—6 月水体 TP 含量分别为 0.08mg/L 和 0.05mg/L。根据上述计算公式，4—6 月经宝浪苏木进入博斯腾湖的入湖 TP 总量为 9.68t，经黄水沟进入博斯腾湖的入湖 TP 总量为 0.50t，合计入湖 TP 总量 10.18t。

出湖方面，博斯腾湖经塔什店 4—6 月出湖水量分别为 2.01 亿 m^3、1.94 亿 m^3、2.65 亿 m^3，累计出湖水量为 6.60 亿 m^3。本研究以扬水站和达吾提闸的水体 TP 平均值作为出湖水 TP 含量。根据水质监测，达吾提闸 4 月水体 TP 含量为 0.45mg/L，6 月水体 TP 含量为 0.02mg/L；扬水站 4 月水体 TP 含量为 0.05mg/L，6 月水体 TP 含量为 0.03mg/L，则出湖水体 TP 含量平均值为 0.14mg/L。根据上述出湖 TP 总量计算公式，可计算出：4—6 月经塔什店出湖的 TP 总量为 9.24t。则 4—6 月滞留在博斯腾湖湖区的 TP 总量为 0.94t。对比分析出入湖 TP 总量，入湖 TP 总量的 90.77% 均已被带出了湖区。

7—8 月经两条调水路线的合计调水量为 0.50 亿 m^3。根据水质监测结果，7—8 月南大闸水体 TP 平均值为 0.06mg/L。根据上述公式，则经两条调水路线进入博斯腾湖的 TP 总量为 0.30t。7—8 月经宝浪苏木进入博斯腾湖的水量合计为 9.88 亿 m^3，根据水质监测结果，7—8 月宝浪苏木 TP 平均值为 0.06mg/L，则经宝浪苏木进入博斯腾湖的 TP 总量为 5.93t。因此，7—8 月进入博斯腾湖的 TP 总量合计为 6.23t。

7—8 月经塔什店出湖的水量累计为 5.53 亿 m^3，根据水质监测结果，出湖水体 TP 含量平均值为 0.03mg/L。根据上述出湖 TP 总量计算公式，则经博斯腾湖的出湖 TP 总量为 1.66t。则 7—8 月滞留在博斯腾湖的 TP 总量为 4.57t。7—8 月仅 26.65% 的入湖 TP 总量被带出湖区，超过 70% 的入湖 TP 总量被滞留在了湖区，这可能是导致博斯腾湖小湖区 8 月期间水体 TP 含量升高的根本原因。但博斯腾湖大湖区水体 TP 含量却呈降低的趋势。这表明除了滞留在湖中的 TP 外，博斯腾湖大湖区 TP 含量的时空变化还受到了其他因素的影响。

9—10 月从宝浪苏木入湖水量约为 6.10 亿 m³，经黄水沟调水量为 0.25 亿 m³；9—10 月从塔什店出湖水量约为 2.47 亿 m³。根据水质监测数据：宝浪苏木 10 月入湖水体的 TP 含量为 0.12mg/L，南大闸入湖水体 TP 含量为 0.15mg/L；出湖水体平均 TP 含量为 0.18mg/L。根据公式，经宝浪苏木入湖 TP 总量为 7.32t，经黄水沟调水入湖 TP 总量为 0.38t，合计入湖 TP 总量为 7.70t；经塔什店出湖 TP 总量为 4.45t，则 9—10 月滞留在大、小湖中的 TP 总量为 3.25t。4—10 月，博斯腾湖累积滞留 TP 总量为 8.76t，导致了大、小湖区湖水 TP 含量升高。

四、博斯腾湖水环境变化的影响因素分析

博斯腾湖水环境变化与生态调水量，出、入湖水量，博斯腾湖水位，气温以及入湖污染物等有着密切关系。

（一）生态调水量与水质的关系

由开都河向黄水沟调水进入博斯腾湖，一方面打通了断流 10 余年的黄水沟，改善了黄水沟水质和生态。同时，由于黄水沟入湖处位于博斯腾湖北部，加速了湖区水循环，对水环境的改善起到了积极作用。

1. 水体中 TDS 含量变化

2019 年 4—10 月，开都河和黄水沟上、中游先后为黄水沟下游进行生态调水，调入的水经黄水沟下游主河道，沿线混合稀释黄水沟区的农田排渠水后汇入博斯腾湖大湖区。图 3-69 是 6—10 月的调水总量和各区水体 TDS 含量平均值图。从图上可看出，随着生态调

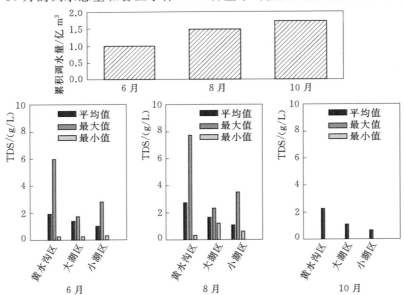

图 3-69 6—10 月黄水沟区与博斯腾湖
大、小湖区调水量及水体 TDS 含量变化

水的实施，到 10 月底，博斯腾湖大、小湖区水体的 TDS 平均值、最高值均下降。且随着调水量的增加，TDS 含量也逐渐下降。这表明，生态调水对降低博斯腾湖大、小湖区 TDS 含量起到了积极作用。

分析 4—6 月、4—8 月和 4—10 月期间博斯腾湖大、小湖区水体 TDS 含量空间变化特征（见图 3-70）可知，经黄水沟分别生态调水 0.99 亿 m³、1.42 亿 m³ 和 1.72 亿 m³ 后，黄水沟区水体 TDS 含量得到了明显降低，黄水沟区 6 月水体 TDS 含量较 4 月平均下降了 0.22g/L，10 月较 4 月平均下降了 0.46g/L，水体 TDS 含量显著降低；博斯腾湖大、小湖区的水体 TDS 含量在前期有所抬升，博斯腾湖大湖区 6 月水体 TDS 平均含量较 4 月抬升了 0.14g/L，8 月较 4 月抬升了 0.34g/L。但是，大湖区 10 月水体 TDS 平均含量较 4 月下降了 0.27g/L；小湖区 6 月水体 TDS 平均含量较 4 月抬升了 0.28g/L，8 月较 4 月抬升了 0.46g/L，但 10 月水体 TDS 平均含量较 4 月降低了 0.20g/L。这可能是因为在 4—8 月期间，开都河和黄水沟东支生态调水过程中将大量黄水沟沿线滞留的高 TDS 含量的排渠水汇入了博斯腾湖，导致了湖泊水体 TDS 含量的升高。随着黄水沟沿线排渠中滞留的高 TDS 含量水被生态调水工程调入的河水不断稀释下泄后，经黄水沟入湖的水体 TDS 含量在不断下降，随着低 TDS 含量河水的不断汇入和原高 TDS 含量湖水的持续出湖，博斯腾湖水体 TDS 含量最终得以不断的降低。这证实，生态调水对湖泊水体 TDS 及博斯腾湖水循环改善有着积极作用。

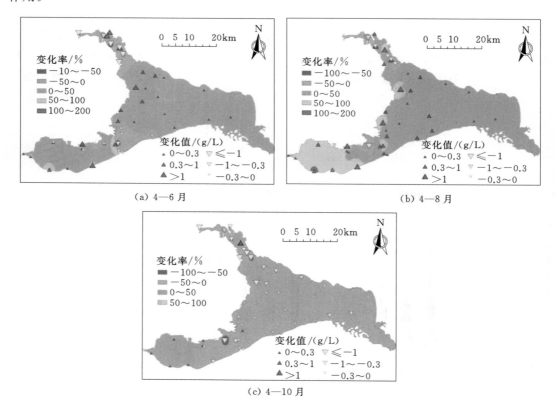

（a）4—6 月　　　　　　　　　　　　　（b）4—8 月

（c）4—10 月

图 3-70　博斯腾湖水体 TDS 含量变化率

2. 水体中 COD 含量变化

博斯腾湖湖区水体 COD 含量在 6 月、8 月和 10 月，均较 4 月有所降低（见图 3-71），这表明，生态调水工程对改善博斯腾湖湖区水体 COD 含量也起着积极的作用。从各月的降低幅度来看，6 月降低的比例最高，其次为 8 月，再次为 10 月。

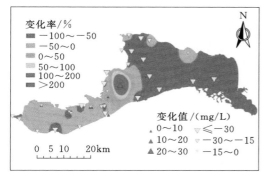

(a) 4—6 月

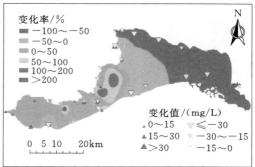

(b) 4—8 月

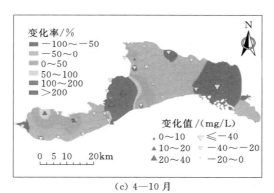

(c) 4—10 月

图 3-71 博斯腾湖水体 COD 含量变化率

生态调水量与博斯腾湖水体 COD 含量有密切关系（见图 3-72）。生态调水量越大，湖区水体 COD 含量越低，当生态调水量减少时，湖区水体 COD 含量逐渐抬升。因此，生态调水工程的常态化和保证一定的生态调水量对促进博斯腾湖水体 COD 含量下降有切实意义。

3. 水体中 NH₃-N 含量变化

博斯腾湖湖区 6 月和 8 月水体 NH_3-N 含量均较 4 月有所升高 ［见图 3-73（a）、（b）］，尤其是小湖区和大湖区的西南部，10 月水体 NH_3-N 含量较 4 月大幅度下降 ［见图 3-73（c）］。这表明，持续的生态调水对于湖区水体 NH_3-N 含量的降低同样起到了积极的作用。从调水量与湖区

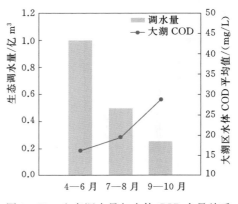

图 3-72 生态调水量与水体 COD 含量关系

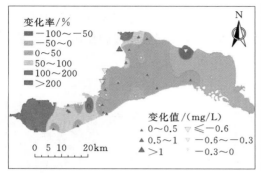

(a) 4—6月

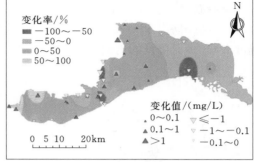

(b) 4—8月

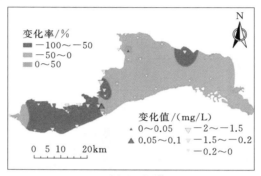

(c) 4—10月

图 3-73　不同时期博斯腾湖水体 $NH_3 - N$ 含量变化率

水体 $NH_3 - N$ 含量关系来看（见图 3-74），大湖区水体 $NH_3 - N$ 含量平均值与累积调水量呈显著负相关关系，即累积调水量越多，湖区 $NH_3 - N$ 含量越低。

4. 水体中 TP 含量变化

博斯腾湖大、小湖区水体 TP 平均含量在 6 月和 8 月均较 4 月有了较大幅度的降低，10 月博斯腾湖大湖区东部和中部水体与 4 月相比仍有所改善，但 10 月小、大湖区西南角的水体 TP 含量较 4 月增加（见图 3-75）。

生态调水量与博斯腾湖大湖区水体 TP 含量也没有显著关系，这表明，驱动博斯腾湖大湖区水体 TP 含量改变的关键因素可能不是生态调水量。

（二）　出、入湖水量与水质的关系

博斯腾湖是一个吞吐湖，观测资料显示，博斯腾湖的出、入湖水量对水质变化有着直接的关系，出、入湖水量有助于加速水循环，对水环境改善有很好的促进作用。

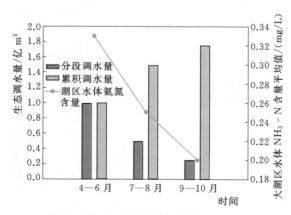

图 3-74　生态调水量与水体 $NH_3 - N$ 含量关系

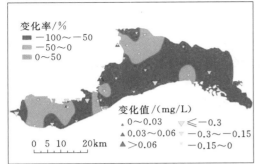

(a) 4—6 月

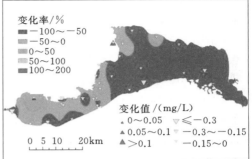

(b) 4—8 月

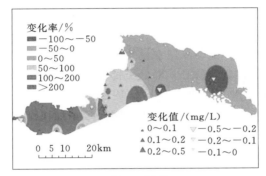

(c) 4—10 月

图 3-75 不同时期博斯腾湖水体 TP 含量变化率

1. 水体中 TDS 含量变化

已有研究表明，出、入湖水量不平衡，是导致湖泊水位下降、矿化度升高的直接原因。根据历史统计资料，1955—2012 年，开都河进入博斯腾湖的年均入湖水量为 26.58 亿 m³；2002—2012 年的 10 年间，年均入湖水量为 23.77 亿 m³，有所减少；2008—2012 年的 5 年间，入湖水量进一步呈现减少趋势，2012 年入湖水量已不足 19 亿 m³。事实上，1995 年以来，开都河上游山区来水量呈增加趋势，年均径流量比 1994 年以前的多年平均径流量增加了约 10 亿 m³，但由于开都河下游绿洲的不断扩大，灌溉需水量增加，致使开都河出山口至博斯腾湖的区间耗水量增大，导致入湖水量减少。同时，全球变暖加大了博斯腾湖水分蒸腾耗散量。1980—1994 年，博斯腾湖大湖区水面年均蒸发量约为 8.13 亿 m³，1995—2011 年，年均蒸发量达 9.29 亿 m³，增加了 14.27%。此外，博斯腾湖湖区约有 60 万 hm² 蒸腾耗水极强的湿地芦苇，博斯腾湖的水面蒸发和植物蒸腾耗水损失将超过 14 亿 m³。为此，一方面，需科学调度博斯腾湖水位，夏季充分利用开都河上游的察汗乌苏、柳树沟、大山口和小山口等电站蓄水于山区，将 5—8 月的博斯腾湖保持在较低水位，9 月开始蓄水，使其在气温低、蒸发弱的冬季保持较高水位。这种调度模式，既加大了湖区水循环，又有效减少了湖区水面的蒸发损耗。另一方面，为保证博斯腾湖长期处于一个适宜的生态水位，必须保证一定的入湖水量。经之前的模拟估算，建议进入博斯腾湖的水量 3 年平均不少于 24.8 亿 m³/a，5 年平均不少于 24.5 亿 m³/a。

　　保持足够的入湖水量除了可以保证博斯腾湖水体 TDS 环境不恶化外，入湖水量的多寡还调控着博斯腾湖年内水体水质的时空变化。就 2019 年的入湖水量来看，4—6 月经宝浪苏木入湖 12.01 亿 m^3，经黄水沟调水 0.99 亿 m^3，合计约 13.00 亿 m^3，经塔什店出湖水量 6.60 亿 m^3；7—8 月合计入湖水量 10.38 亿 m^3，出湖水量 5.53 亿 m^3；9—10 月合计入湖水量 6.35 亿 m^3，出湖水量 2.47 亿 m^3。入湖水量减去出湖水量，则 4—6 月、7—8 月和 9—10 月的净入湖量分别为 6.40 亿 m^3、4.85 亿 m^3 和 3.88 亿 m^3。结合出入湖水量、净入湖水量和滞留在湖中的 TDS 总量可以看出，夏季（6—8 月）高温期间，由于溶解物的溶解度增加，TDS 含量会随之升高。因此可在夏季适当加大出湖水量，使高 TDS 含量的湖水大量出湖，降低湖中滞留的 TDS 总量；同时，加大开都河和黄水沟东支的淡水入湖水量，保证每年有足够的淡水进入湖区，以稀释滞留在湖中的高 TDS 含量水，从而实现湖区 TDS 含量降低。

　　2. 水体中 COD 含量变化

　　博斯腾湖湖区水体 COD 含量与滞留在湖中的 COD 累积总量呈显著正相关，这表明，如果要降低湖区水体 COD 含量，就必须降低滞留在湖中的 COD 总量；而滞留 COD 累积总量与入湖水量、出湖水量和净入湖水量均呈负相关，这表明如果要减少滞留在湖区的 COD 累积总量，就必须同时加大入湖水量和出湖水量，加快湖水循环，从而降低原湖中高 COD 含量湖水在湖中的滞留时间。

　　3. 水体中 NH_3-N 含量变化

　　水体 NH_3-N 含量与湖区滞留 NH_3-N 总量呈极显著正相关，滞留 NH_3-N 总量越多，则湖区水体 NH_3-N 含量越高；而水体 NH_3-N 含量和滞留湖区 NH_3-N 累积量与入湖量、出湖量和净入湖量均呈正相关，与累积入湖量呈负相关。因此，如果要降低湖区水体 NH_3-N 含量，则必须通过加大出、入湖水量，加速湖区高 NH_3-N 含量水的排出，增加低 NH_3-N 含量水的进入，促进湖水循环，缩短湖水在湖中的停滞时间，降低水体 NH_3-N 在湖中的滞留总量。

　　4. 水体中 TP 含量变化

　　小湖区的水体 TP 含量与滞留湖中的 TP 累积量呈极显著正相关，即滞留湖中的 TP 累积量越多，则小湖区水体 TP 含量越高；而滞留湖中的 TP 累积总量与净入湖累积水量呈正相关，即在湖水中停留越久，则 TP 累积总量越多，导致水体 TP 含量越高。因此，要降低小湖区水体的 TP 含量，必须同时加大入湖量和出湖量，加速湖水的循环，避免让高 TP 含量的水在湖中长时间停留。

　　然而，不同于小湖区，博斯腾湖大湖区水体 TP 含量与进入湖区的水量和在湖区滞留的 TP 总量以及 TP 累积总量均没有很好的对应关系，影响博斯腾湖大湖区水体 TP 含量的关键因素可能不是水量。

　　（三）水位与水质的关系

　　长时间序列的博斯腾湖年际间水位和水质历史资料表明，博斯腾湖大湖区水位与水环境关系密切，湖泊的长时期低水位运行，将增加湖水水质恶化风险，进而对博斯腾湖水系统安全构成威胁。例如，在 20 世纪 80 年代，博斯腾湖水位处在低水位运行时期，其中 1987 年水位为 1045m，是过去 50 年最低值，湖水的矿化度则随着水位下降而不断升高，最高值达 1.87g/L，博斯腾湖由淡水湖转变为微咸水湖。相伴而来的是湖泊水生生物受到威胁，生物多样性减少，鱼的种类和产鱼量降低；而 90 年代后期至 21 世纪初，随着入湖水量增加，湖泊水位抬升，处在较高水位运行时期，湖水的矿化度也随之出现降低趋势，水质开始转好，2003 年出现了 1972 年以来的最低值，为 1.17g/L。由此可见，博斯腾湖的水位和水环境之间存在密切关系。值得指出的是，在 2003—2012 年博斯腾湖水位又出现持续下降状态，由 2002 年的 1049.39m 下降到 2012 年的 1045.50m，10 年下降了 3.89m，伴随着水位下降，湖水矿化度又开始出现升高趋势，由 2003 年 1.17g/L 升高到 2012 年的 1.50g/L；同样在 2014 年后，伴随着博斯腾湖水位的抬升，博斯腾湖水体矿化度又呈逐年下降趋势。根据博斯腾湖历史运行规律和历史水位、水质模拟结果，在确保博斯腾湖水环境和水系统安全前提下，提出博斯腾湖大湖的适宜生态水位为 1046.50m，最低生态水位为 1045.00m。

1. 水体中 TDS 含量变化

2019 年博斯腾湖水位一直在保持高水位运行（见图 3-76）。生态调水工程实施以来，开都河和黄水沟的淡水将沿线排渠流入黄水沟的高 TDS 含量农田排水稀释后汇入了博斯腾湖大湖区，因此 6—8 月，大湖区水体的 TDS 含量在持续增高。但随着排渠进入黄水沟下游苇区沉积废水的不断减少以及湖内原高 TDS 含量水的不断出湖，河流淡水的不断汇入，促使水位不断提高，使得 10 月水位

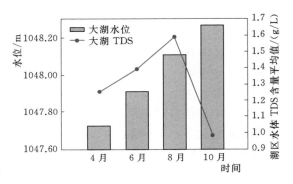

图 3-76　2019 年年内水位与水体 TDS 含量关系

达 1048.20m，湖水 TDS 含量得以大幅度下降。因此，排除前期黄水沟区排渠流入的高 TDS 含量农田排水影响后，水位与水质仍呈密切的负相关关系，即增加淡水汇入量造成的水位抬升，可以有效地稀释湖水，降低湖区水体 TDS 含量。

2. 水体中 COD 含量变化

4 月初，博斯腾湖水位相对较低，为 1047.72m，此时湖区水体的 COD 含量非常高，为劣 V 类水。随着博斯腾湖大湖水位持续升高，6 月博斯腾湖大湖区水体 COD 平均含量下降很快，一度使得博斯腾湖大湖区水体平均 COD 含量达到了 Ⅲ 类水标准，但随着水位的持续升高，水体 COD 含量又逐渐抬升。这是因为随着入湖水量增加，滞留在湖中的 COD 总量也在增加，水位与滞留湖中 COD 累积总量呈显著正相关，从而造成了水体 COD 含量抬升。

因此，要改善博斯腾湖大湖区水体 COD 含量，就必须同时加大出入湖量，加速湖水循环，降低湖区 COD 滞留量。

3. 水体中 NH₃-N 含量变化

年内变化上，随着博斯腾湖水位的不断抬升，湖区水体中 NH₃-N 含量呈持续降低趋势，滞留在湖中的 NH₃-N 累积量也不多，水位的不断抬升和入湖水量的增加将不断稀释湖水 NH₃-N 含量，使得 10 月湖区 NH₃-N 含量大幅下降。

4. 水体中 TP 含量变化

博斯腾湖水体滞留 TP 累积量与博斯腾湖水位呈正相关，水位越高，滞留在湖中的 TP 总量越多。因此，想要降低湖区 TP 的滞留量，就必须要同时加大出湖水量和入湖水量，加快湖水运动和循环，将高 TP 含量的水带出湖区，并用淡水来稀释原湖水中的 TP 含量。

然而，尽管 6 月和 8 月期间湖区水位的增高使得滞留在湖区的 TP 总量在增多，但是湖区水体 TP 含量却呈现下降趋势。因此，博斯腾湖大湖区水体中 TP 含量变化影响因素除水量和水位以外，还可能受其他环境因素影响。

（四）气温与水质的关系

温度场的分布和变化对湖泊水体的影响是巨大的。一方面，水体外部自然环境的改变间接影响着水体生态环境，进而对水体产生影响；另一方面，水体内部纵向温度的分布直接影响水体分层的强弱，进而对水体的物质交换能力产生影响。湖泊水温是探索湖泊物理特性、化学反应过程、生物多样性及水动力现象的基础，是水生生物新陈代谢的重要参数，同时也是研究水质变化，分析水、地、气间能量交换过程的重要依据。因此，水温是研究湖泊水质变化及污染的重要条件，同时也是水质、生物多样性变化研究的重要参考指标之一。

湖泊表面水温（Lake surface water temperature，LSWT）为湖泊 0～1m 间的水温，是湖泊水质参数之一，同时也是湖泊研究领域的重要物理参数。长期的湖泊表面温度变化将会直接影响湖泊内部物种结构的分布，从而致使局部的水环境改变，导致例如蓝藻水华暴发、水质恶化等一系列湖泊生态环境问题。短期的湖泊表面温度变化是诸多水环境突发事件发生的根本原因。已有研究表明，湖泊蓝藻水华暴发就是由于湖泊营养盐浓度和湖泊表面温度两个参数共同作用的结果。目前，有关湖泊表面温度变化及其影响因素的相关研究逐渐成为国内外学者共同关注的热点问题。

2019 年 4—10 月，黄水沟区、大湖区和小湖区的 4 月、6 月、8 月和 10 月水体表面平均温度变化如图 3-77 所示。黄水沟区、大湖区、小湖区的 6 月水体表面温度较 4 月分别增加了 5.04℃、7.36℃和 2.99℃；黄水沟区、大湖区、小湖区的 8 月水体表面温度较 4 月分别增加了 5.24℃、8.78℃和 5.67℃，较 6 月分别增加了 0.2℃、1.42℃和 2.68℃；10 月整个流域水体的温度都急剧下降，其中黄水沟区、大湖区和小湖区水体表面温度较 8 月分别下降了 13.18℃、17.04℃和 15.79℃，下降幅度分别为 1.33 倍、1.91 倍和 1.71 倍。

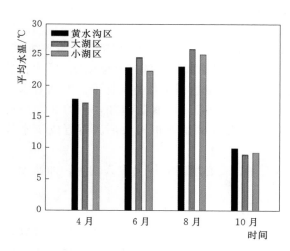

图 3-77　博斯腾湖流域年内水体
表面水温变化

相关分析显示，湖泊表面水温与湖区水体 TDS 含量呈极显著正相关。这是因为 TDS 代表总溶解固体，即测量的是水体中的溶解性固体总量。大多数固体物质溶于水时吸收热量，根据平衡移动原理，当温度升高时，平衡有利于向吸热的方向移动。因此，温度升高，分子运动速度变快，固体物质的溶解度随温度升高而增大，导致水体中 TDS 含量上升。6—8 月是一年中气温较高的时期，尤其是 8 月，博斯腾湖大湖区湖泊表面水温较 4 月大幅上升，温度升高造成了水体中固体物质溶解度和湖泊水体 TDS 含量普遍升高，尤其是小湖区芦苇湿地较多，水体中枯枝残骸较多，水深较浅，水温和水体中的固体物更易受到气温波动影响。因而，湖区 8 月水体 TDS 含量快速上升；10 月，湖泊表面水温较 8 月大幅下降，固体溶解物的溶解度减少，因而水体 TDS 含量急剧降低。这可以解释为什么 10 月滞留湖区的 TDS 总量较 8 月高，但水体 TDS 含量却在急剧下降。

与 TDS 相反，博斯腾湖水体 COD 含量与温度呈负相关。当 4 月和 10 月温度较低时，湖区水体 COD 含量较高，当 6 月和 8 月温度升高时，湖区水体 COD 含量降低。

4—10 月，博斯腾湖大湖区水体 NH_3-N 含量一直呈现出显著的下降趋势，这表明湖区水体中 NH_3-N 含量对湖泊水体表面温度并不敏感。这可能是因为汇入博斯腾湖的河水中 NH_3-N 含量并不高，博斯腾湖大湖中累积的 NH_3-N 总量也不多。

TP 是水样经消解后将各形态磷转变成正磷酸后测定的结果。一般而言，物质的溶解度都随温度的升高而增大，但磷酸钙却具有反温度效应，即随着温度的升高，溶解度下降。4 月水温较低，因而流域内水体 TP 含量较高；6—8 月，水温逐渐升高，大湖区水中大量的磷酸钙溶解度逐渐下降，导致大湖区水体 TP 含量降低。这个推论在 10 月得到了进一步的论证：10 月，水体温度急剧下降，随着温度的下降，博斯腾湖大湖区底泥中沉积的大量磷酸钙溶解度大大增加，可能导致了大湖区水体中 TP 含量急速上升。综合水量、水位及水温来看，博斯腾湖大湖区的水体 TP 含量对温度最敏感，而对水量、水位敏感度较低。因此 NH_3-N 不是主要的水质影响因素，因此，COD 的变化与 TP 关系更为紧密。由于受 TP 含量的影响，导致了 COD 含量在 6—8 月降低，而在 4 月和 10 月升高。

（五）排污量与水质的关系

依据野外调查与流域管理部门资料统计，博斯腾湖周边涉岸、涉湖主要农业排水口及排渠共计 22 个，详见表 3-3。

表 3-3　　　　　　　博斯腾湖沿湖涉岸排渠及排水口基本情况统计表

序号	名　　称	所在行政县、乡名称	日均排水量/m³
1	农二师 27 团 8 连三干排扬排站	博湖县	6000
2	农二师 27 团老三连扬排站	博湖县	1800
3	新塔热乡生活及农业用水排污口	和硕县新塔热乡	864
4	青鹤公司、26 团排渠汇合排污口	和硕县	1728
5	农二师 24 团 5 支干扬排站	和硕县	864
6	博湖县东风干排	博湖县塔温觉肯乡	3888
7	博湖县胜利干排	博湖县塔温觉肯乡	8610
8	团结总干排	焉耆县四十里城镇	2000
9	相思湖二号排渠	焉耆县四十里城镇	5000
10	焉耆县四十里城子总干排	焉耆县四十里城镇	8000
11	27 团总干排	焉耆县	8000

续表

序号	名　称	所在行政县、乡名称	日均排水量/m³
12	焉耆县永宁镇西、东干排扬排站	焉耆县永宁镇	18748
13	查干诺尔乡扬排站	博湖县查干诺尔乡	14428
14	农二师27团8连马场扬排站	焉耆县	5400
15	查干诺尔乡二大队扬排站	博湖县查干诺尔乡	6000
16	才坎诺尔乡扬排站	博湖县才坎诺尔乡	5702
17	种畜场排渠	博湖县种畜场	7800
18	博湖乌兰乡扬排站	博湖县乌兰乡	4800
19	25团扬排站	博湖县	12096
20	本布图南干排扬排站	博湖县本布图镇	346
21	博湖县塔温觉垦乡干排扬排站	博湖县塔温觉肯乡	2246
22	博湖县塔温觉垦乡六大队干排	博湖县塔温觉肯乡	2230

　　根据表3-3资料显示，日均排水量最大的是焉耆县永宁镇西、东干排扬排站，日均排水量为1.87万 m³，其次为查干诺尔乡扬排站，日均排水量为1.44万 m³，再次为25团扬排站，日均排水量为1.21万 m³。

　　表3-4是以青鹤公司、26团排渠汇合排污口、焉耆县四十里城子总干排、种畜场排渠、相思湖二号排渠、27团总干排、团结总干排、才坎诺尔乡扬排站、查干诺尔乡扬排站、焉耆县永宁镇西、东干排扬排站入湖排污口为典型排渠，4—10月对各排渠的水质进行了定点、连续监测。监测结果显示，COD 含量严重超标的有青鹤公司、27团总干排和团结总干排，尤其是青鹤公司排水中 COD 含量在6月和7月分别达到了229.82mg/L 和151.92mg/L，团结总干排水体 COD 含量在8月和10月分别达257.28mg/L 和185.70mg/L，27团总干排水体 COD 含量在7月、8月和10月分别达144.02mg/L、197.28mg/L 和168.10mg/L；种畜场排渠水体的 $NH_3 - N$ 含量非常高，在5月、6月、7月、8月、9月和10月分别为8.57mg/L、3.7mg/L、6.33mg/L、12.85mg/L、1.73mg/L、5.21mg/L；焉耆县四十里城子总干排、团结总干排、27团总干排、焉耆永宁镇西、东干排扬排站入湖排污口和种畜场排渠等水体 TP 含量均为劣Ⅴ类水。

　　根据表3-3和表3-4，以典型排水口的水质和水量为基础，采用以下公式计算排污量，进一步分析排渠排水对博斯腾湖湖区水质的影响：

$$月排污量(t) = 污水水质(mg/L) \times 10^{-6} \times 排水量(m^3/d) \times 30(d)$$

　　4—10月，仅青鹤公司、26团排渠汇合排污口、焉耆县四十里城子总干排、种畜场排渠、相思湖二号排渠、27团总干排、团结总干排、博湖县才坎诺尔乡扬排站、查干诺尔乡扬排站、焉耆永宁镇西、东干排扬排站入湖排污口这几个典型排渠，累积排放 COD 890.04t；累积排放 $NH_3 - N$ 16.47t；累积排放 TP 6.36t。

　　由此可见，博斯腾湖周边各排渠水体中 COD 含量最高，TP 含量最低，$NH_3 - N$ 含量居中。因此，高 COD 含量的农田排渠水体大量进入湖区可能是导致博斯腾湖大、小湖区水体富营养化问题的根本原因。

表 3-4　　典型排渠年内水质情况

地点	4月 NH3-N/(mg/L)	4月 TP/(mg/L)	4月 COD/(mg/L)	5月 NH3-N/(mg/L)	5月 TP/(mg/L)	5月 COD/(mg/L)	6月 NH3-N/(mg/L)	6月 TP/(mg/L)	6月 COD/(mg/L)	7月 NH3-N/(mg/L)	7月 TP/(mg/L)	7月 COD/(mg/L)	8月 NH3-N/(mg/L)	8月 TP/(mg/L)	8月 COD/(mg/L)	9月 NH3-N/(mg/L)	9月 TP/(mg/L)	9月 COD/(mg/L)	10月 NH3-N/(mg/L)	10月 TP/(mg/L)	10月 COD/(mg/L)	4—10月排污量 NH3-N/t	4—10月排污量 TP/t	4—10月排污量 COD/t
青鹤公司、26团排渠汇合排污口	0.737	0.25	39.62	0.88	0.02	46.22	0.38	0.17	229.82	1.02	0.74	151.92	无水	无水	无水	无水	无水	无水	无水	无水	无水	0.16	0.06	24.24
焉耆县四十里城子总干排	0.38	0.11	40.98	0.41	0.06	39.43	0.12	0.14	102.14	0.46	0.87	16.88	0.34	0.72	94.34	无水	无水	无水	0.19	1.33	200.30	0.46	0.78	118.58
种畜场排渠	0.26	0.14	40.38	8.57	0.91	36.33	3.7	1.53	97.37	6.33	1.37	21.10	12.85	2.56	35.07	1.73	0.08	57.53	5.21	0.51	67.24	9.04	1.66	287.34
相思湖二号排渠	1.06	0.09	42.42	0.20	0.01	43.75	无水	无水	无水	无水	无水	无水	无水	无水	无水	无水	无水	无水	无水	无水	无水	0.19	0.02	12.93
27团总干排	6.24	1.30	43.08	1.24	0.12	45.90	无水	无水	无水	0.54	1.00	144.02	0.28	1.07	197.28	无水	无水	无水	0.38	0.41	168.10	2.08	0.94	143.61
团结总干排	0.37	0.21	43.52	2.32	0.60	43.33	无水	无水	无水	0.66	0.89	50.64	0.81	0.76	257.28	无水	无水	无水	0.61	0.59	185.70	0.29	0.18	34.83
才坎诺尔乡扬排站	0.11	0.07	39.81	0.39	0.03	35.59	无水	无水	无水	无水	无水	无水	无水	无水	无水	无水	无水	无水	无水	无水	无水	0.28	0.06	42.41
查干诺尔乡扬排站	0.41	0.15	40.58	0.55	0.14	38.71	无水	无水	无水	0.22	0.55	29.65	0.31	0.65	35.07	0.23	0.11	34.57	0.11	0.41	24.56	0.66	0.73	73.72
焉耆镇西、宁干扬东干排扬排站	0.17	0.08	37.84	4.53	0.98	38.53	0.13	0.40	80.18	0.56	1.18	105.90	0.49	0.79	8.47	无水	无水	无水	无水	无水	无水	3.31	1.93	152.38

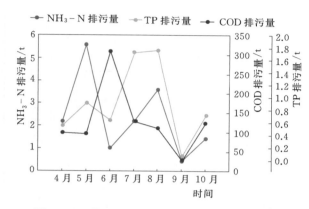

图 3-78 博斯腾湖流域典型排渠的年内排污量

典型排渠的排污量年内分布显示见图 3-78，博斯腾湖流域的排渠排污主要集中在 5—8 月，9 月的排污量相对减少。博斯腾湖流域内几乎都是灌溉农业，根据作物生长周期，农田排水主要集中在 5—8 月，这是作物生长盛期，也是作物需水和农业灌溉的高峰期，到 9 月时，大多作物都处于收获期，不再需要大面积的灌溉，农田排水也相应减少。

针对此，在流域内农业排水高峰期，生态调水工程的实施可以实现在短期内将排渠内的污水快速稀释并泄入湖区，大量的入湖水量汇入将加速水循环；如果此时期再加大湖区的下泄水量，则有可能将汇入湖区的污染物快速地排出湖区，减少污染物在湖中的滞留时间，降低污染物滞留总量，从而实现湖区水环境的改善。

综合水量、水位、滞留污染物总量、湖泊水温以及排污来看，影响博斯腾湖各区水体 TDS、COD、NH_3-N 和 TP 含量年内变化的直接原因是出入湖水量变化导致的进入湖区的污染物滞留总量，而影响进入湖区污染物滞留量的根本因素是水体的污染物含量和排水量。另外，湖泊表面水质是加速湖泊水体污染物年内变化的催化剂。

通过对博斯腾湖水质年内变化及其驱动因素的分析，为改善博斯腾湖大湖区的水环境问题，提出以下建议：

（1）截污。严格控制博斯腾湖周边各排渠排水的水质，减少入湖的污染物。

（2）水位调节。通过调节湖泊水位来调控湖区水体 TDS 的含量，在高温期间（5—9 月）加大出湖水量，此期间湖区水体 TDS 含量较高，大量下泄湖水可以有效地带走湖中 TDS 滞留量，从而降低湖水 TDS 含量；在温度较低的时期，可以适当在湖中蓄存水量，此期间，农田排渠排水量较少，入湖污染物较少，TDS 含量也较低，大量蓄存淡水可以有效地降低湖区污染物的浓度。

（3）加速湖水运动和循环。目前，博斯腾湖补给主要来源于开都河，出流主要依靠扬水站。由于开都河入湖口与扬水站距离过近，导致湖泊中部、东部等大部分区域水循环缓慢，影响湖泊水环境改善，因此建议完善博斯腾湖及周边河流水系连通性，保障湖泊北部诸小河流入湖生态水量，加强湖泊北部及整体水循环，减少湖泊中污染物滞留量，改善水环境。

第三节　芦苇湿地工程对水质的影响

一、博斯腾湖周边芦苇湿地的空间分布

博斯腾湖是我国最大内陆淡水湖，当水位为 1048.5m 时，博斯腾湖水面面积为 1210.50km^2，容积达到 90 亿 m^3，湖泊平均深度为 7.5m，最深 16m。博斯腾湖由大、小

两个湖区组成，小湖区位于大湖区西南部，由16个小片水域和大片芦苇湿地组成，面积约350km²（刘彬 等，2014）。小湖区适于芦苇生长，除小湖区外，在大湖区的西北和黄水沟一带，也分布着大量的芦苇，二者是构成博斯腾湖湖滨湿地的主要组成部分（张皓，2017）。博斯腾湖湿地根据其水源、地理位置由北至南分为三个区：黄水沟区、大湖西岸区和小湖区。

研究以2019年6月Landsat 8遥感影像提取三个区的边界，其中黄水沟区位于大湖北部，24团、清水河农场及包尔图以南，焉耆县五号渠乡、东风干渠以北，黄水沟两侧直至大湖处，面积约117km²。大湖西岸区位于博斯腾湖大湖区西部，焉耆县东风干排以南到西南大河口，博湖县塔温觉肯乡、本布图镇、乌兰乡以东地带，总面积约85.6km²。小湖区位于大湖区西南部，扬水站西泵站干渠以北、解放一渠以东、焉耆县四十里城子乡、27团、永宁乡、博湖县查干诺尔乡、才坎诺尔乡以南地带，总面积约332.48km²。

本研究选取的典型监测点典型苇区一（再格森诺尔湖）位于小湖区，典型苇区二（博斯腾湖大湖西侧芦花港一带苇区）和典型苇区三（博斯腾湖大湖西侧落霞湾以北苇区）位于大湖西岸区，典型苇区四（黄水沟向阳湖北部苇区）和典型苇区五（艾比布拉苇区）位于黄水沟区。另外，25团扬排站和乌兰乡扬排站位于大湖西岸区附近。

二、湖区围苇筑堤对水质的影响

博斯腾湖流域分布有大量的人工苇区和天然苇区，在调研过程中发现有很多地方为了育苇，人工围苇筑堤，将天然河道或湖泊湿地人为隔离，结果使得堤坝两侧的水质发生明显变化。为了更清晰地分析堤坝对水质的影响，分别在黄水沟区、大湖区和小湖区选取典型样点进行水质监测和对比分析。从典型性和可达性角度考虑，分别选取了5个典型苇区进行监测和采样。采样时间分别在2019年4月底、6月底、8月底和10月底，监测的主要指标为水温、pH、TDS、电导率、盐度、NH_3-N、TP和COD，重点选取TDS、NH_3-N、TP和COD这4个指标进行分析，结果如下。

（一）典型苇区一堤坝内外水质对比分析

对典型苇区一（再格森诺尔湖）与堤隔外的小湖（坝外小湖）水质进行监测，如图3-79所示。TDS的监测结果显示，4月底、6月底、8月底和10月底坝外小湖TDS分别为655mg/L、576mg/L、652mg/L和429mg/L，均为淡水；而苇区的TDS分别达到1838mg/L、1887mg/L、698mg/L和458mg/L，均高于坝外小湖，分别是坝外小湖的2.8倍、3.3倍、1.1倍和1.1倍；除8月和10月外，其他两次的监测结果显示苇区水体都属于微咸水范围。

就NH_3-N而言，4次的监测结果显示坝外小湖分别为0.250mg/L、0.837mg/L、0.321mg/L和0.137mg/L，分别归属于Ⅱ类、Ⅲ类、Ⅱ类和Ⅰ类水质范围；苇区的NH_3-N含量则达到1.037mg/L、1.473mg/L、0.529mg/L和0.176mg/L，分别归属于Ⅳ类、Ⅳ类、Ⅲ类和Ⅱ类水质范围；苇区NH_3-N含量均高于坝外小湖，分别是坝外小湖的4.2倍、1.8倍、1.6倍和1.3倍。

对TP的四次监测结果显示，坝外小湖的TP含量分别为0.355mg/L、0.043mg/L、0.203mg/L和0.324mg/L，分别归属于劣Ⅴ类、Ⅲ类、劣Ⅴ类和劣Ⅴ类水质范围；苇区的TP含量分别为0.122mg/L、0.092mg/L、0.042mg/L和0.166mg/L，分别归属于Ⅴ

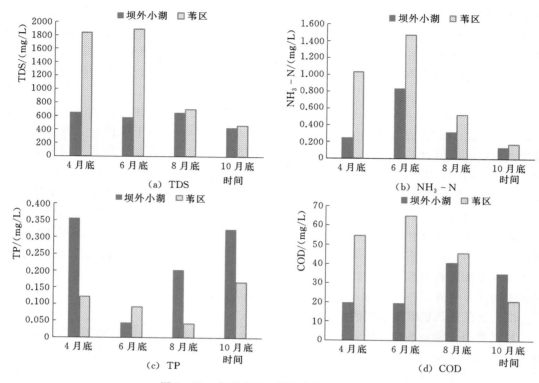

图 3-79　典型苇区一堤坝内外水质对比图

类、Ⅳ类、Ⅲ类和Ⅴ类水质范围。

对 COD 的四次监测结果表明，坝外小湖的 COD 含量分别为 19.62mg/L、19.5mg/L、40.6mg/L 和 34.9mg/L，分别归属于Ⅲ类、Ⅲ类、劣Ⅴ类和Ⅴ类水质范围；苇区的 COD 含量分别为 54.93mg/L、65mg/L、45.8mg/L 和 20.8mg/L，除 10 月底归属于Ⅳ类水质外，其余月份全部归属于劣Ⅴ类水质范围；除 10 月底比较特殊，其余 3 个月份苇区 COD 含量均高于坝外小湖，分别是坝外小湖的 2.8 倍、3.3 倍和 1.1 倍。

通过对典型苇区一与坝外小湖水质对比分析可以看出，除 TP 和 10 月底的 COD 表现特殊外，TDS、NH$_3$-N 以及多数情况下的 COD 均表现为苇区高于坝外小湖，尤以 4 月底的 NH$_3$-N 差异最为明显，高达 4.2 倍之多；其次是 6 月底的 TDS 和 COD 差异较大，达到 3.3 倍；最小差异表现在 8 月底的 TDS 和 COD，苇区 TDS 和 COD 均为坝外小湖的 1.1 倍。可见再格森诺尔湖修筑堤坝育苇对湖区 TDS、NH$_3$-N 和 COD 的影响都非常大。

（二）典型苇区二堤坝内外水质对比分析

对典型苇区二（博斯腾湖大湖西侧芦花港一带苇区）与堤隔外的大湖（坝外大湖）水质进行监测，如图 3-80 所示。大湖区进行了 5 次 TDS 的野外监测，获得 5 组 TDS 数据，结果显示，4 月底、6 月底、8 月底、9 月底和 10 月底的坝外大湖 TDS 分别为 1343mg/L、1518mg/L、2300mg/L、1379mg/L 和 1049mg/L，均为微咸水的水质；苇区 TDS 则达到 2770mg/L、3160mg/L、5020mg/L、3250mg/L 和 2490mg/L，除 4 月底和

10月底属于微咸水的水质范围外，其余3个时段达到了咸水的水质范围；苇区TDS均高于坝外大湖，分别是坝外大湖的2.1倍、2.1倍、2.2倍、2.4倍和2.4倍。

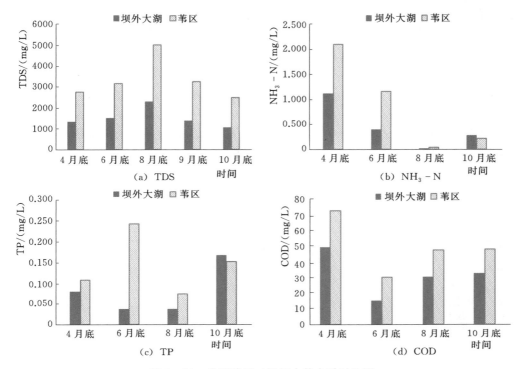

图3-80 典型苇区二堤坝内外水质对比图

就 NH_3-N 而言，4次的监测结果显示坝外大湖分别为1.116mg/L、0.392mg/L、0.013mg/L 和 0.271mg/L，分别归属于Ⅳ类、Ⅱ类、Ⅰ类和Ⅱ类水质范围；苇区的 NH_3-N 含量分别达到2.097mg/L、1.158mg/L、0.044mg/L 和 0.213mg/L，分别归属于劣Ⅴ类、Ⅳ类、Ⅰ类和Ⅱ类；除10月外，苇区 NH_3-N 含量均高于坝外大湖，分别是坝外大湖的1.9倍、3.0倍和3.4倍。

对TP的4次监测结果显示，坝外大湖的TP含量分别为0.08mg/L、0.037mg/L、0.037mg/L 和 0.168mg/L，分别归属于Ⅳ类、Ⅲ类、Ⅲ类和Ⅴ类水质范围；苇区的TP含量分别为0.109mg/L、0.243mg/L、0.073mg/L 和 0.153mg/L，分别归属于Ⅴ类、劣Ⅴ类、Ⅳ类和Ⅴ类水质范围；除10月外，苇区TP含量均高于坝外大湖，分别是坝外大湖的1.4倍、6.6倍和2倍。

对COD的4次监测结果显示，坝外大湖的COD含量分别为49.85mg/L（劣Ⅴ类）、14.8mg/L（Ⅱ类）、30.7mg/L（Ⅴ类）和33mg/L（Ⅴ类）；苇区的COD含量更高，分别达到72.92mg/L（劣Ⅴ类）、30.8mg/L（Ⅴ类）、48.1mg/L（劣Ⅴ类）和48.7mg/L（劣Ⅴ类）；苇区COD含量分别是坝外大湖的1.5倍、2.1倍、1.6倍和1.5倍。

通过对典型苇区二与坝外大湖水质对比分析可以看出，TDS、NH_3-N、TP和COD均表现为苇区高于坝外大湖，尤以6月底的TP差异最为明显，高达6.6倍之多；其次是

8月底的NH_3-N差异较大，达到3.4倍；最小差异表现在4月底的TP，苇区TP为坝外大湖的1.4倍。可见对于苇区与大湖间堤坝的修筑对湖区TDS、NH_3-N、TP和COD的影响都非常大。

（三）典型苇区三堤坝内外水质对比分析

对典型苇区三（博斯腾湖大湖西侧落霞湾以北苇区）与隔堤外的大湖（坝外大湖）水质进行监测，如图3-81所示。TDS监测结果显示，坝外大湖TDS分别为1355mg/L、1736mg/L、1707mg/L、1547mg/L和1282mg/L，均属于微咸水水质范围；苇区TDS分别为4760mg/L、8160mg/L、10640mg/L、7430mg/L和1653mg/L，除10月底为微咸水外，其余4次均达到咸水水质范围，8月底的TDS甚至超过咸水的最高限（10g/L），进入盐水水质范围；苇区TDS远高于坝外大湖，分别是坝外大湖的3.5倍、4.7倍、6.2倍、4.8倍和1.3倍。

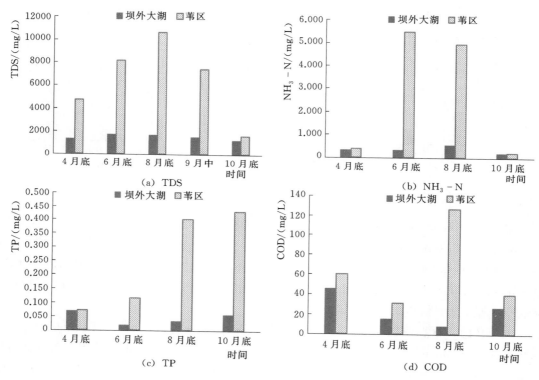

图3-81 典型苇区三堤坝内外水质对比图

就NH_3-N而言，4次的监测结果显示坝外大湖分别为0.344mg/L、0.347mg/L、0.571mg/L和0.223mg/L，除8月底属于Ⅲ类外，其余月份均属于Ⅱ类水质范围；苇区的NH_3-N含量分别为0.402mg/L、5.476mg/L、4.947mg/L和0.231mg/L，分别归属于Ⅱ类、劣Ⅴ类、劣Ⅴ类和Ⅱ类水质范围；其中6月底和8月底的坝内坝外NH_3-N含量差异巨大，推测存在突发的外源污染；苇区NH_3-N含量均高于坝外大湖，分别是坝外大湖的1.2倍、15.8倍、8.7倍和1.0倍。

对TP的4次监测结果显示，坝外大湖的TP含量分别为0.069mg/L、0.019mg/L、

0.034mg/L 和 0.058mg/L，分别归属于Ⅳ类、Ⅱ类、Ⅲ类和Ⅳ类水质范围；苇区的 TP 含量分别为 0.073mg/L、0.118mg/L、0.403mg/L 和 0.433mg/L，分别归属于Ⅳ类、Ⅴ类、劣Ⅴ类和劣Ⅴ类水质范围；苇区 TP 含量均高于坝外大湖，分别是坝外大湖的 1.1 倍、6.2 倍、11.9 倍和 7.5 倍。

对 COD 的 4 次监测结果表明，坝外大湖的 COD 含量分别为 45.73mg/L、15.9mg/L、8.8mg/L 和 26.9mg/L，分别归属于劣Ⅴ类、Ⅲ类、Ⅱ类和Ⅳ类水质范围；苇区的 COD 含量分别为 60.56mg/L、31.8mg/L、127mg/L 和 40.1mg/L，除 6 月底属于Ⅴ类外，其余月份均属于劣Ⅴ类水质范围；苇区 COD 含量均高于坝外大湖，分别是坝外大湖的 1.3 倍、2 倍、14.4 倍和 1.5 倍。

通过对典型苇区三与坝外大湖水质对比分析可以看出，TDS、NH_3-N、TP 和 COD 均表现为苇区高于坝外大湖，相比于典型苇区一和典型苇区二，典型苇区三与坝外水质的差异更加显著，最大差异出现在 6 月底，苇区 NH_3-N 含量是坝外大湖的 15.8 倍；其次是 8 月底，苇区 COD 是坝外大湖的 14.4 倍；最小差异出现在 10 月底，苇区 TP 含量与坝外大湖几乎相等。

（四）典型苇区四堤坝内外水质对比分析

对典型苇区四（黄水沟向阳湖北部苇区）与堤隔外的黄水沟河道水质进行监测，如图 3-82 所示。TDS 监测结果显示，4 月底、6 月底、8 月底和 10 月底坝外河道 TDS 分别为 1617mg/L、786mg/L、919mg/L 和 1307mg/L，分别归属于微咸水、淡水、淡水和

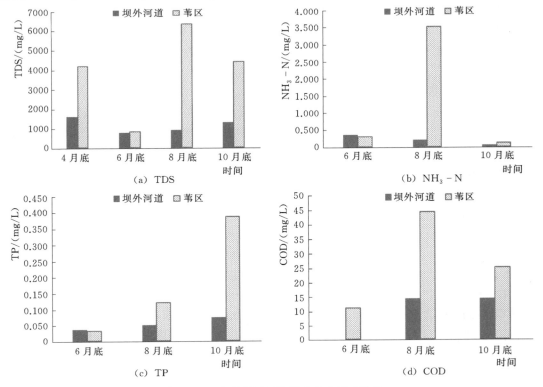

图 3-82　典型苇区四堤坝内外水质对比图

微咸水水质范围；苇区 TDS 分别为 4200mg/L、834mg/L、6340mg/L 和 4430mg/L，除 6 月底属淡水外，其余 3 次都属于咸水水质范围；苇区 TDS 均高于坝外河道，分别是坝外河道的 2.6 倍、1.1 倍、6.9 倍和 3.4 倍。

黄水沟区 NH_3-N 含量野外取水样化验分别在 6 月底、8 月底和 10 月底进行了 3 次，结果显示坝外河道的 NH_3-N 含量分别为 0.363mg/L、0.213mg/L 和 0.073mg/L，分别属于 Ⅱ 类、Ⅱ 类和 Ⅰ 类水质范围；苇区的 NH_3-N 含量分别为 0.316mg/L、3.521mg/L 和 0.134mg/L，分别归属于 Ⅱ 类、劣 Ⅴ 类和 Ⅰ 类水质范围；6 月底和 10 月底的监测结果表明，苇区与坝外河道 NH_3-N 含量差别不大，水质较好，而 8 月底苇区 NH_3-N 含量明显高于坝外河道，是坝外河道的 16.5 倍。

TP 含量的 3 次监测结果表明，坝外河道的 TP 含量分别为 0.038mg/L、0.051mg/L 和 0.076mg/L，分别属于 Ⅲ 类、Ⅳ 类和 Ⅳ 类水质范围；苇区的 TP 含量分别为 0.033mg/L、0.122mg/L 和 0.388mg/L，分别属于 Ⅲ 类、Ⅴ 类和劣 Ⅴ 类水质范围；6 月底的监测表明，苇区与坝外河道 TP 含量差别不大，而 8 月底和 10 月底苇区 TP 含量明显高于坝外河道，分别是坝外河道的 2.4 倍和 5.1 倍。

对 COD 的三次监测结果表明，坝外河道的 COD 含量分别为 0mg/L、14.5mg/L 和 14.6mg/L，达到Ⅰ类和Ⅲ类水质范围；苇区的 COD 含量分别为 11.3mg/L、44.5mg/L 和 25.5mg/L，分别属于Ⅰ类、劣Ⅴ类和Ⅳ类水质范围，如此大的水质变化，推测是有污水排入苇区；苇区 COD 含量均高于坝外河道，且 8 月底苇区 COD 含量达到坝外河道的 3.1 倍。

通过对典型苇区四与坝外河道水质对比分析可以看出，除 6 月底的 NH_3-N 和 TP 坝内坝外差别不大外，其余月份，坝外河道水质均明显优于苇区；差异最大表现在 8 月底的 NH_3-N 含量，苇区是坝外河道的 16.5 倍；差异最小表现在 6 月底的 TDS，苇区是坝外河道的 1.1 倍。

（五）典型苇区五堤坝内外水质对比分析

对典型苇区五（艾比布拉苇区）与堤隔外的黄水沟河道水质进行监测，如图 3-83 所示。TDS 监测结果显示，4 月底、8 月底和 10 月底坝外河道 TDS 分别为 1960mg/L、1074mg/L 和 937mg/L，逐渐由微咸水转向淡水水质范围；苇区 TDS 分别为 4030mg/L、7690mg/L 和 2810mg/L，均属于咸水水质范围；苇区 TDS 均高于坝外河道，分别是坝外河道的 2.1 倍、7.2 倍和 3.0 倍。

因 6 月底清理淤泥，道路被堵无法进入，NH_3-N、TP 和 COD 都只有 8 月底和 10 月底两次监测结果，结果显示，8 月底和 10 月底坝外河道的 NH_3-N 含量分别为 0.160mg/L 和 0.108mg/L，分别归属于 Ⅱ 类和 Ⅰ 类水质范围；苇区 NH_3-N 含量分别为 1.350mg/L 和 0.139mg/L，分别归属于 Ⅳ 类和 Ⅰ 类水质范围。

坝外河道的 TP 含量分别为 0.050mg/L 和 0.146mg/L，分别归属于 Ⅲ 类和 Ⅴ 类水质范围；苇区的 TP 含量分别为 0.068mg/L 和 0.058mg/L，均属于 Ⅳ 类水质范围。

坝外河道的 COD 含量分别为 18.4mg/L 和 11.0mg/L，分别Ⅲ类和Ⅱ类水质范围；苇区的 COD 含量分别 64.1mg/L 和 14.8mg/L，分别归属于劣Ⅴ类和Ⅱ类水质范围。

通过对典型苇区五与坝外河道水质对比分析可以看出，除 10 月底 TP 含量表现为苇区低于坝外河道，其余 TDS、NH_3-N、TP 和 COD 均表现为苇区高于坝外河道，尤以 8

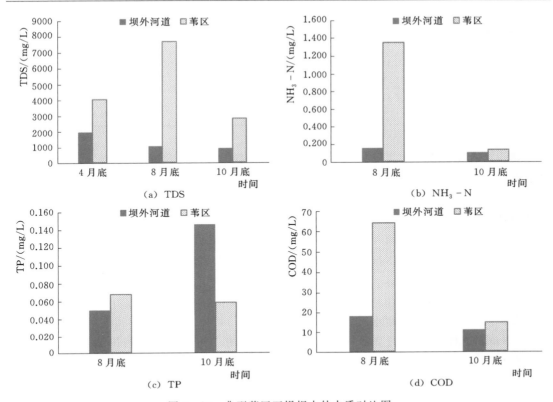

图 3-83　典型苇区五堤坝内外水质对比图

月底的 NH_3-N 差异最为明显，苇区 NH_3-N 含量是坝外河道的 8.4 倍，其次是 8 月底苇区 TDS 是坝外河道的 7.2 倍。

（六）典型样点堤坝内外水质空间对比

通过上述分析得到典型样点堤坝内外在不同时期的水质情况，研究进一步将不同月份的数据进行平均，得到不同样点各类水质指标的平均值（见表 3-5）。就苇区而言，典型苇区三的各类水质指标均表现为最大值，即水质最差区域，污染最为严重，TDS 归属于咸水水质范围，NH_3-N、TP 和 COD 含量均达到劣 V 类水质范围；典型苇区四 COD 含量最低，归属于 IV 类水质范围；典型苇区五 NH_3-N 和 TP 含量最低，分别归属于 III 类和 IV 类水质范围。

表 3-5　　　　　　　　　典型样点堤坝内外各水质指标平均值

地　点	坝内（苇区）				坝　外			
指标	TDS /(mg/L)	NH_3-N /(mg/L)	TP /(mg/L)	COD /(mg/L)	TDS /(mg/L)	NH_3-N /(mg/L)	TP /(mg/L)	COD /(mg/L)
典型苇区一	1220 （微咸水）	0.804 （III 类）	0.106 （V 类）	46.6 （劣 V 类）	578 （淡水）	0.386 （II 类）	**0.231** （劣 V 类）	28.7 （IV 类）
典型苇区二	3338 （咸水）	0.878 （III 类）	0.145 （V 类）	50.1 （劣 V 类）	1518 （微咸水）	**0.448** （II 类）	0.080 （IV 类）	**32.8** （V 类）
典型苇区三	**6529** （咸水）	**2.764** （劣 V 类）	**0.257** （劣 V 类）	**64.9** （劣 V 类）	**1525** （微咸水）	0.371 （II 类）	0.045 （III 类）	24.3 （IV 类）

地　点	坝内（苇区）				坝　外			
典型苇区四	3951 （咸水）	1.323 （Ⅳ类）	0.187 （Ⅴ类）	<u>27.1</u> （Ⅳ类）	1157 （微咸水）	0.216 （Ⅱ类）	0.055 （Ⅳ类）	<u>14.6</u> （Ⅱ类）
典型苇区五	4843 （咸水）	<u>0.744</u> （Ⅲ类）	<u>0.063</u> （Ⅳ类）	39.5 （劣Ⅴ类）	1324 （微咸水）	<u>0.134</u> （Ⅰ类）	0.098 （Ⅳ类）	14.7 （Ⅱ类）

注　粗体数据表示最大值，画线数据表示最小值。

就一堤之隔的坝外而言，典型苇区一坝外（小湖）的 TP 含量最高，归属于劣Ⅴ类水质范围；典型苇区二坝外（大湖）的 NH_3-N 和 COD 含量最高，分别归属于Ⅱ类和Ⅴ类水质范围；典型苇区三坝外（大湖）TDS 最高，归属于微咸水水质范围；典型苇区一坝外（小湖）的 TDS 最低，为淡水；典型苇区三坝外（大湖）的 TP 含量最低，归属于Ⅲ类水质范围；典型苇区四坝外（黄水沟）的 COD 含量最低，归属于Ⅱ类水质范围；典型苇区五坝外（黄水沟）的 NH_3-N 含量最低，归属于Ⅰ类水质范围。

就这几个典型样点来说，苇区水质普遍劣于坝外；而无论是坝内还是坝外，大湖区的水质普遍劣于小湖区和黄水沟区，可见堤坝对大湖区的影响比对小湖区和黄水沟区的影响要更大。

三、人工育苇对扬排站水质的影响

6月底、8月底和10月底，对25团扬排站及其育苇区和乌兰乡扬排站及其育苇区进行了水质监测，监测结果如图3-84所示。

就 TDS 而言，育苇区均高于扬排站。6月底25团扬排站及其育苇区 TDS 分别为 1420mg/L 和 1467mg/L，8月底分别为 1301mg/L 和 2000mg/L，均为微咸水，10月底分别为 1218mg/L 和 1774mg/L，均为微咸水；6月底乌兰乡扬排站及其育苇区 TDS 分别为 2430mg/L 和 4300mg/L，分别为微咸水和咸水，8月底分别为 1505mg/L 和 4520mg/L，分别为微咸水和咸水，10月底分别为 1843mg/L 和 3130mg/L，分别为微咸水和咸水；8月底乌兰乡育苇区 TDS 是扬排站的 3 倍，差异最为明显；乌兰乡扬排站及其育苇区 TDS 分别高于25团扬排站及其育苇区。

从 NH_3-N 含量来看，育苇区普遍高于扬排站。6月底25团扬排站及其育苇区 NH_3-N 含量分别为 0.005mg/L 和 0.602mg/L，分别归属于Ⅰ类和Ⅲ类水质范围，8月底分别为 0.337mg/L 和 0.292mg/L，均属于Ⅱ类水质范围，10月底分别为 0.155mg/L 和 0.294mg/L，分别属于Ⅴ类和劣Ⅴ类水质范围；6月底乌兰乡扬排站及其育苇区 NH_3-N 含量分别为 1.318mg/L 和 2.316mg/L，分别归属于Ⅳ类和劣Ⅴ类水质范围，8月底分别为 0.168mg/L 和 0.552mg/L，分别归属于Ⅱ类和Ⅲ类水质范围，10月底分别为 0.242mg/L 和 3.994mg/L，分别归属于Ⅱ类和劣Ⅴ类水质范围。

从 TP 含量来看，25团扬排站高于其育苇区，乌兰乡扬排站普遍低于其育苇区，表现相反。6月底25团扬排站及其育苇区 TP 含量分别为 0.256mg/L 和 0.223mg/L，均属于劣Ⅴ类水质范围；8月底分别为 0.172mg/L 和 0.168mg/L，均属于Ⅴ类水质范围；10月底分别为 0.242mg/L 和 0.193mg/L，分别属于劣Ⅴ类和Ⅴ类水质范围。6月底乌兰乡扬排站及其育苇区 TP 含量分别为 0.329mg/L 和 0.415mg/L，均属于劣Ⅴ类水质范围；8月底分别为 0.935mg/L 和 1.100mg/L，均属于劣Ⅴ类水质范围；10月底分别为

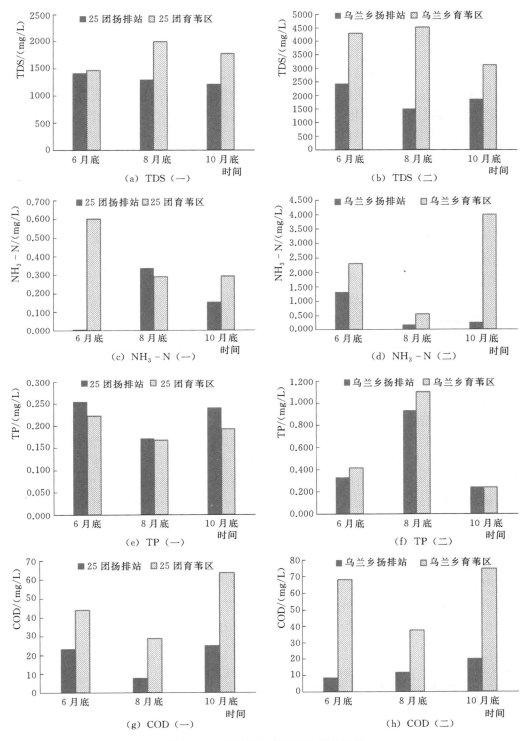

图 3-84　扬排站与育苇区水质对比图

0.241mg/L 和 0.238mg/L，均属于劣 V 类水质范围。可见，25 团扬排站和乌兰乡扬排站，以及各自育苇区的 TP 含量均严重超标。

从 COD 含量来看，育苇区均高于扬排站。6 月底 25 团扬排站及其育苇区 COD 含量分别为 23.4mg/L 和 44.0mg/L，分别归属于 IV 类和劣 V 类水质范围；8 月底分别为 7.8mg/L 和 28.8mg/L，分别归属于 I 类和 IV 类水质范围；10 月底分别为 25.1mg/L 和 63.6mg/L，分别归属于 IV 类和劣 V 类水质范围，10 月底 COD 含量较前两月高。6 月底 乌兰乡扬排站及其育苇区 COD 含量分别为 8.6mg/L 和 68.2mg/L，分别归属于 I 类和劣 V 类水质范围；8 月底分别为 11.8mg/L 和 37.5mg/L，分别归属于 I 类和 V 类水质范围；10 月底分别为 20.2mg/L 和 74.5mg/L，分别归属于 IV 类和劣 V 类水质范围，10 月底 COD 含量较前两次高。

综上所述，人工围堤育苇由于限制了水体的流动与循环加重了扬排站附近湿地的水质污染，并且人工育苇对水质指标中 TDS、NH_3-N 和 COD 含量都有显著影响，对 TP 的影响不大，影响最大的情形出现在 10 月底的乌兰乡扬排站，育苇区水体的 NH_3-N 和 COD 含量分别是水体进入育苇区前的 16.5 倍和 3.7 倍，水质也分别由育苇前的 II 类（NH_3-N）和 IV 类（COD）水质范围转变为进入育苇区后的劣 V 类水质范围。

四、堤坝内外水质异质性原因分析

人工湿地是 20 世纪 60 年代兴起的一种生态的污水处理技术，是由人工建造和控制运行的与沼泽地类似的湿地，将污水、污泥有控制地投配到经人工建造的湿地上，污水与污泥在沿一定方向流动的过程中，主要利用土壤、人工介质、植物、微生物的物理、化学、生物三重协同作用，对污水、污泥进行处理的一种技术，其作用机理包括吸附、滞留、过滤、氧化还原、沉淀、微生物分解、转化、植物遮蔽、残留物积累、蒸腾水分和养分吸收及各类动物的作用。人工育苇是人工湿地的一种形式，被广泛应用于博斯腾湖流域，其目的是处理各排渠的农田排水（含少量工业污水和生活污水），主要采取的是表面流人工湿地类型。然而，由于人工育苇区的长期运行，水质净化的作用日益减弱，伴随产生了一系列水质问题。本书所指坝内为人工苇区，坝外是天然苇区或天然河道、水域。选取典型样点分别对坝内和坝外的水质情况进行监测分析，并探讨产生水质异质性的原因。研究认为人工苇区水质普遍较天然苇区、天然河道和水域差，主要是由以下几方面原因造成的。

（1）进入苇区水体污染物浓度过高。表 3-6 列出了巴州水文水资源勘测局新疆水环境监测中心巴州分中心分别于 2019 年 4 月、7 月和 9 月监测到的干排水质情况，可以看出，除了 22 团南干排 7 月和 9 月水质为 IV 类外，其余干排水质均达到劣 V 类。芦苇湿地对降解水中污染物浓度的承受能力是有限的，如此高污染的水体进入湿地，势必对芦苇以及微生物造成伤害，从而影响其对污水的处理效果。

表 3-6　　　　　　　　　　博斯腾湖流域扬排站水质监测结果

序号	监测点名称	水质类别			3 个月份共同存在的超标参数
		4 月	7 月	9 月	
1	黄水总干排	劣 V 类	劣 V 类	劣 V 类	总氮、氯离子、硫酸根
2	24 团 4 连扬排站	劣 V 类	劣 V 类	劣 V 类	硫酸根、总氮

续表

序号	监测点名称	水 质 类 别			3 个月份共同存在的超标参数
		4 月	7 月	9 月	
3	24 团 6 连扬排站	劣Ⅴ类	劣Ⅴ类	劣Ⅴ类	氯离子、硫酸根、总磷、氨氮、锰
4	22 团南干排	劣Ⅴ类	Ⅳ类	Ⅳ类	硫酸根、总氮
5	乌兰乡 1 号扬排站	劣Ⅴ类	劣Ⅴ类	劣Ⅴ类	五日生化需氧量、硫酸根、化学需氧量、氯离子
6	乌兰乡 2 号扬排站	劣Ⅴ类	劣Ⅴ类	劣Ⅴ类	五日生化需氧量、硫酸根、化学需氧量、总氮、氯离子

（2）苇区内水体循环不畅。由于隔堤的存在，使得人工苇区与湖区、河道或天然苇区之间的联系被切断，造成水循环不畅，使得生物降解作用减弱，从而影响了对污水的处理效果。在现场调研过程中曾发现多处人工苇区水体浑浊，并散发臭味，有的甚至水体发黄、发黑，有腐败漂浮物。

（3）污染水体在苇区内滞留时间过长且超过苇区自净能力。有研究表明（熊家晴等，2013；何蓉 等，2004）在人工湿地中，污水在进入人工湿地前 3d，污染物特别是有机污染物浓度下降明显，3d 之后污染物浓度下降缓慢。博斯腾湖西岸流入人工湿地的含多种污染物的水体往往在湿地内停留时间多达数月，污染水体停留时间过长导致人工湿地不能得到充分利用，且可能使得基质吸附的污染物再度被释放到水中，从而造成水质下降。

（4）缺乏水质监测。水质监测是保证人工湿地正常运行的重要措施。据了解，多年来博斯腾湖周边的人工芦苇湿地并未进行定期水质监测，从 2019 年 4 月开始，每月对小湖区的部分样点进行水质监测。该流域缺乏长期的水质监测，无论是进入湿地的水体还是由湿地进入湖泊的水体水质都难以保障，无法进行有针对性的水质控制。

（5）处理时间受季节影响较大。博斯腾湖位于我国西北内陆地区，冬季气温较低，芦苇湿地的净化能力也在逐步减弱。王金龙等（2017）的研究表明，博斯腾湖人工芦苇湿地进入枯黄期（9—10 月），植物枯死量增加，根系呼吸活动减弱，土壤微生物活性降低；越冬期（11 月）以后，土壤微生物活性和根系活动基本停止，无论是人工芦苇还是天然芦苇湿地土壤呼吸速率均达到最低，此时的微生物分解作用最弱。

第四节　博斯腾湖水环境问题分析

博斯腾湖作为开都河的尾闾，同时也是孔雀河的源头，如同一个"胃"，通过吞吐发挥着水资源调节库的重要功能。而对于整个流域而言，博斯腾湖及其周边湿地又如同一个"肾"，消纳着开都河流域的各类污染物质与农田排水。伴随博斯腾湖流域周边各地区经济社会的发展，人类活动，诸如水资源开发、污染物排放、水域岸线利用与湿地围堤育苇等对博斯腾湖的扰动及影响日益加剧，干扰博斯腾湖正常水量供需平衡与水循环的同时，也对湖泊水环境及水生态造成不利影响，甚至危及流域及区域水安全。本节着重对博斯腾湖现存的水环境问题进行诊断，旨在通过问题剖析，查明原因，为寻求博斯腾湖水环境改善有效途径打下基础。

1. 博斯腾湖生态水位保障程度较低

博斯腾湖生态水位保障能力不足，上游开都河生态流量（水量）目标与管理制度尚未确定和建立，北部山区诸小河流地表水开发过度，普遍断流无水入湖，流域整体水资源保障与水安全风险防范水平亟待提升。

（1）流域生态流量（水量）相关管理制度尚未健全。开都河生态流量（水量）目标与管理制度尚未确定和建立，制约了博斯腾湖入湖生态水量、生态水位的保障与调控能力。博斯腾湖是一个吞吐型的内陆湖泊，其生态水位的保障受出、入湖水量的影响与制约。开都河是博斯腾湖入湖水量的主要供应河流，其丰枯变化直接决定了博斯腾湖的入湖水量与湖泊水位情况。由于开都河尚未审批确立河流的生态流量（水量）目标与相关管理制度（特别是电力调度服从水资源调度的相关制度体系与机制），导致在河流遇平水和偏枯年份因上游发电蓄水发生连续多年断流现象（2012 年断流 20d，2013 年断流 13d，2014 年断流 29d，2015 年断流 44d），不仅严重影响了下游国民经济发展用水与河流水环境、水生态，也对博斯腾湖生态水位的保障产生重大影响。伴随全球气候变化，极端水文事件的发生频率增大，各内陆河流域的山区来水波动性加剧，水资源保障的不确定性增强。2016 年以来，博斯腾湖流域进入连续丰水年，入湖水量和湖泊水位均能够较好保证，但是若缺乏有效的生态流量（水量）管理制度与相关调控管理能力建设，再遇多年平水或枯水年份，则博斯腾湖的生态水位与水资源调控保障将难以保证，并可能危及湖泊下游的"三生（生态、生产、生活）"用水。

（2）最严格水资源管理制度落实尚不到位。开都河及博斯腾湖周边尚有多个地下水超采区，增加河湖损耗、袭夺地表水的同时，严重影响入湖水量与湖泊水位。依据《新疆巴音郭楞蒙古自治州水资源公报》（2017）和《新疆生产建设兵团第二师水资源公报》（2017），2017 年和静、和硕、焉耆、博湖和第二师团场用水总量为 16.48 亿 m^3，其中农业用水为 15.45 亿 m^3（含诸小河），均超出开都河流域（含兵团）的总用水量红线。但从开都河地表水引用量来看，流域农业地表水的实际引水量 6.02 亿 m^3，低于农业用水红线标准；而地下水的实际引用量 5.49 亿 m^3，远远超出红线规定 3.63 亿 m^3 的指标，超采率超过 66%。农业灌溉面积过大、区域用水优先采用价格低廉的地下水是造成这一问题的主要原因。现有统计资料表明，开都河流域现有机电井 3855 余眼，但由于地下水管控管理机制和计量设施不太完备，真实可靠的机电井数量和地下水开采量的统计十分困难。对地下水资源的管控不力，使得地下水超采短时间内难以有效遏制，不仅严重侵占抢夺了地表水，导致河湖水量损耗增加，而且影响流域整体水平衡与水资源均衡配置，造成了一系列的生态环境问题。

（3）黄水沟、清水河等诸小河流地表水开发过度。开都河来水量占到博斯腾湖上游来水的 84% 左右，黄水沟、清水河、乌什塔拉河、乌拉斯台河等诸小河流水量占博斯腾湖上游来水的 16%。但是 10 余年来，随着对这些北部山区诸小河流地表水资源的过度开发，黄水沟、清水河等普遍断流无水入湖，开都河成为目前唯一自然状态下常年有水入博斯腾湖的河流，基本提供了博斯腾湖入湖水量的 100%。北部山区诸小河流的断流极大地影响了博斯腾湖流域整体的水量平衡，也降低了整个流域抵御水资源波动带来的不确定性风险，使得博斯腾湖出入湖水量平衡调度与水资源空间配置捉襟见肘，特别是遇平水与偏枯年份甚至难以保证湖泊自身生态需水，触及并突破了博斯腾湖最低生态水位，危及流域水安全。

2. 博斯腾湖水系连通性不足

博斯腾湖由于大、小湖间水系连通性较差，严重影响了湖泊整体水循环及水生态健康发展。同时，受水位波动影响，制约了博斯腾湖自流出水，增大了水资源调配成本。并且，博斯腾湖北部山区诸小河流断流且无水补给湖区，严重影响了湖水循环，降低了流域水资源空间均衡配置与保障。

（1）博斯腾湖出入湖河流水系断流且支离问题突出。博斯腾湖出入湖的河流水系中，除了开都河在 2012—2015 年发生过阶段性断流，河流景观状态基本保持正常外，其余包括入湖诸小河流与出湖的孔雀河均普遍断流，河流景观形态及生态功能受损严重。博斯腾湖周边诸小河流因断流多年，下游河道多已经淤塞或被侵占，各河流与湖泊、各河流间水系连通性差，缺乏实现水资源空间均衡配置的依托基础；博斯腾湖出湖河流孔雀河中下游断流多年，短期内难以有效恢复。河流水系的连通性不足，极大地制约了流域水资源的空间均衡配置。在全球气候变化背景下，流域水资源波动与保障的不确定性增大，支离的水系难以应对和防范水安全及生态风险，有悖国家生态文明建设及山水林田湖草生命共同体构建的理念与精神。

（2）博斯腾湖大、小湖间水系连通不足。博斯腾湖大、小湖间水系连通不足，影响了湖泊整体水循环及水生态健康发展，制约了湖泊自流出水，增大了水资源调配成本。博斯腾湖大小湖本应自然相连并互为依托，大湖是湖区主要水体区域，小湖以湖泊湿地为主，同时也是大湖出流通道与行蓄洪区域，并为整个湖泊水生态系统和湿地生态系统提供重要的生境与自然载体。但是出于防洪与人工育苇需求考虑，博斯腾湖大、小湖被人为修建隔堤而隔断。虽然大小湖隔堤间建有过水闸涵，但是闸底板高程在 1047.00m，难以有效实现大、小湖间的过水与水系连通。隔堤也很大程度上干扰了博斯腾湖水生生态系统的发展演替，特别是对鱼类的洄游、觅食、产卵和过冬有较大影响。同时，因为大小湖隔堤限制了大湖向小湖的水体自流，博斯腾湖当前出流主要依靠扬水站水泵泵水，极大增加了流域水资源的调配成本。

（3）博斯腾湖汛期防护通道建设及行洪调度能力亟待加强与提升。博斯腾湖是一个吞吐型的自然湖泊，虽然湖泊水位与出湖水量在一定程度上受到人为调控，但是并不具备调节水库那样的防洪与泄洪通道，所有入湖水量目前只能通过博斯腾湖小湖达吾提闸有限自然出流与大湖扬水站人工扬水出流。由于缺乏湖区外泄洪通道，且博斯腾湖扬水站扬水能力有限，加之大小湖间连通不足，开都河宝浪苏木西支过流能力不够，扬水站出流水流在达吾提闸后顶托小湖自然出流而导致达吾提断面出流与达吾提闸后河道过流能力有限等等问题，极大地限制了洪水期博斯腾湖的水量调配。据宝浪苏木枢纽断面多年监测资料，年内汛期宝浪苏木入湖流量平均可达到 $300m^3/s$ 以上，最大洪峰甚至超过 $700m^3/s$，而达吾提闸断面集扬水站满负荷运转和小湖最大出流最高也只能达到 $130\sim140m^3/s$ 的出流能力，一旦遇丰水年和大洪峰并叠加博斯腾湖高水位背景，易引发湖泊水位超洪水警戒并导致洪涝灾害，影响区域及流域防洪保安。

3. 博斯腾湖水环境保护问题仍然突出

博斯腾湖周边农田排水是导致水环境问题的关键。农业排水直接或者间接入湖影响湖泊水质，增加博斯腾湖水环境隐忧与水污染隐患；"围苇筑堤"人为减缓和阻碍了湖泊湿地的正常水体循环，严重影响了湖泊水环境与水生态健康。

（1）农业排水直接或者间接入湖影响湖泊水质。博斯腾湖所在的焉耆盆地是一个以农业生产为主的地区，新疆绿洲农业生产的传统方式，以及区域农业生产相对粗放的模式使得该区域每年产生大量的农业排水。作为焉耆盆地地势最低的区域，一直以来，博斯腾湖及其周边的湿地都是焉耆盆地农业生产排水、生活及生产污水的最终消纳区，有 22 条农业排干与排渠的排水口分布在博斯腾湖大湖西侧与小湖北侧一带。这些直接或间接进入湖泊周边湿地的农业排水部分混杂着生活及生产污水，具有相对较高的矿化度、富营养成分以及一些污染物质，长期积累将可能对博斯腾湖水环境与水生态健康带来影响，并可能增加博斯腾湖农业面源污染的风险，影响湖泊整体水环境与水功能区水质。

（2）"围苇筑堤"影响了湖泊水环境与水生态健康。博斯腾湖西岸与博斯腾湖小湖区生长着数十万公顷的芦苇，是我国四大芦苇产区之一。这些芦苇湿地是博斯腾湖国家湿地公园及其保护区重要的组成部分，为湖泊的水环境维系及湖区生物多样性和水生态提供着重要的生境与生态服务功能。在过去几十年博斯腾湖芦苇产业发展过程中，湖区的自然芦苇湿地多被各苇业公司分块承包，许多苇业公司为追求芦苇产量与效益，在自然芦苇湿地内围堤育苇，使得原本连片的芦苇湿地逐渐破碎并斑块化。育苇围堤不仅严重阻碍了湿地内水体的循环与自净，影响湖泊水生态系统及鱼类的自然洄游栖息，也会导致湿地内水体缺乏流动而厌氧并加剧富营养化。特别是进入芦苇湿地内的农田排水可能会因为缺乏有效的自净过程发生二次富营养化，最终直接或间接进入湖泊，影响湖区水环境。

（3）博斯腾湖水环境监测体系亟待加强。博斯腾湖水环境监测网络尚不完善，入湖农田排水口缺少有效监管，小湖尚未纳入水质监测体系，育苇区及旅游景点的环境监管制度有待完善。博斯腾湖周边共有直接、间接入湖排水（污）口 22 个，涵盖了和硕、博湖和焉耆三县及第二师 24 团、25 团、26 团和 27 团四个团场。入湖排水（污）来源主要是农业排水、生活污水和畜禽养殖污水。部分未经过处理的污水和环保督察整改经过初步处理的中水，仍然被排放到湖区周边湿地，最终通过水体交换或者直接进入博斯腾湖。博斯腾湖作为国家级湿地公园，入湖排水（污）布局规划或指导意见未编制，以及博斯腾湖周边入湖排水（污）口的水质监测、排放总量等监管工作相对滞后，对这些排放口缺少监管与定期监测评估，入湖排水（污）口审批、监管与综合监测工作缺乏指导意见，监管责权不明。排水（污）口的排查、设置许可审批与定期监测有待加强，博斯腾湖小湖区尚缺乏系统的水环境监测体系，湖泊整体水污染防治仍然不容忽视，水环境现状堪忧。此外，伴随博斯腾湖国家 AAAAA 级风景名胜区的获批和近些年旅游业的发展，部分景区景点存在旅游配套设施的不完善，由此带来的内源污染可能对博斯腾湖水环境带来新的负面影响，不容忽视。

4. 博斯腾湖水资源及水环境管理联合执法机制、体制有待完善

博斯腾湖生态水位管理、水资源保护、水污染、育苇及水域岸线保护利用等，涉及环

保、水利、国土、水产、林业、住建等多个部门，旅游、水产养殖、苇业等多个行业，涉及自治区、地（州）兵团、县（市）团场等多个层级与系统，利益交叉，关系复杂。目前，各部门在联合执法及涉及博斯腾湖相关问题的管理工作方面尚缺乏有效的沟通与协调机制，还未充分发挥工作合力。各部门联合执法工作机制、体制不健全，部门不协调，职责不清，经费、人员配比不合理等问题依然存在，流域与地方区域在涉及博斯腾湖水位及水环境管理等问题方面尚缺乏有效沟通与会商。这些会在一定程度上掣肘博斯腾湖生态水位（水量）及水环境的管理工作。

目前开都河流域在行政区划上涉及地方四县和兵团多个团场，行政区划复杂，在水资源开发与水生态保护管理上未形成一个统一管理标准和办法；在实际的水资源管理规划上还涉及各行政区内的多个部门，例如在流域非法机电井确认和关闭、河岸违章建筑物界定和清除、地下水超采管控等河岸管理和水资源保护方面，除水政执法部门外，还涉及环保部门、水利部门、农林牧部门、电力部门、旅游部门等很多相关部门的确认和配合。由于各行政区域间和各部门之间缺乏一套统一的管理办法、协作机制和一套完善的多部门联合执法办法，无法实现区域间和部门间相互配合、共同协助的流域水资源管理体制，这是造成地下水监督管控和流域生态环境保护执法不到位的主要原因。

孔雀河流域管理保护中存在的问题往往不是单一职能部门可以解决的，在针对流域管理中水资源保护、水源岸线利用与管理保护、水污染防治、水环境治理等问题可能同时涉及流域管理部门、水利部门、林业部门、农业部门和土地管理部门等，因此多部门间的协调沟通与联合执法监管就尤为重要。但是由于流域管理中一些问题存在监管责任交叉或不清的现象，而各职能部门间也缺乏有效的常态沟通与联合执法监管机制，这就不可避免地造成流域执法监管的空白与不力，给流域管理造成负面影响。执法监管人员不足，监管力度不强，执法部门间缺乏沟通与数据共享机制，加之孔雀河流域执法监管的信息网络平台尚未建立，流域执法监管的相关信息与监控管理数据难以实现共享，造成执法监管的监控数据缺失或重复监测，既降低了效率，也浪费了有限的执法监管投入。孔雀河在断流多年过程中，部分河道因失修及两岸耕地被挤占，过水能力已经不足，难以满足生态输水与防洪保安的要求，流域的水系连通工程建设有待加强；另外，对于沿河两岸的荒漠河岸林的生态修复工程设施明显不足，借助输水契机难以有效对孔雀河两岸退化的胡杨林区进行面上生态补水，缺少生态引水闸堰、提水设施等工程，生态修复工程建设亟待强化。

第五节　博斯腾湖水环境管理与保护措施

一、水环境保护管理措施

1. 明确生态流量（水量）管理目标

确立博斯腾湖流域生态流量（水量）的管理目标，细化博斯腾湖生态水位保持与水资源空间均衡调配管理方案与应急预案，进一步完善制度建设，全面提升流域整体水安全风险防范水平。

基于《巴音郭楞蒙古自治州开都-孔雀河流域水环境保护及污染防治条例》确定的新疆博斯腾湖 1045.00～1047.50m 水位运行管理相关规定，尽快审批确立博斯腾湖上游入湖河流包括开都河与诸小河流的生态流量（水量），明确并细化博斯腾湖出入湖水量的管理方案与调控目标，保证博斯腾湖维持最低生态水位 1045.00m 所需的最小生态需水。

进一步强化并落实最严格水资源管理制度，以水定地、以水定产、以水定发展，在整个流域进一步推行并实施"退耕、减水、还水"和高效节水农业，严格管控流域地下水的开采，尤其是地下水超采区，强化地下水监管与地表水、地下水联合调控，以控制河湖自然损耗，稳定流域整体水平衡，实现水资源的可持续开发利用；科学确定并严控诸小河流的入博斯腾湖生态水量，尽快将诸小河流移交流域管理部门统一管理，实现流域地表水资源的统一调配，逐步恢复诸小河流的形态与生态功能。

2. 加快河-湖-库连通建设

基于水资源空间均衡配置理念，在博斯腾湖流域建设河-湖-库水系连通示范区，加强并改善流域各水系连通性，构建能够丰-枯互补、河-湖-库互济、区域空间互调的水资源配置体系，增强流域水资源保障能力。

针对博斯腾湖入湖诸小河流的断流与水系支离情况，应在确立诸小河流生态流量（水量）管理目标与方案的前提下，对诸小河流的断流河道实施疏浚与综合治理，清理淤塞河道，改善诸小河流与博斯腾湖间的水系连通性，建设诸小河流与博斯腾湖的河-湖水系连通工程，保证诸小河流的生态水量能够正常入湖；利用开都河北岸的现有干渠与诸小河流，实施河-渠联调，建设开都河与诸小河间的河-河连通工程，为流域水资源的空间均衡配置与河-河、河-湖互通打下基础；疏浚并综合整治孔雀河中、下游河道，在孔雀河构建基于河-湖-库水系连通模式为基础的水资源空间调配体系，强化孔雀河流域河、湖、库、渠以及孔雀河与塔里木河干流间的水系连通与水网建设，促进流域整体的水资源保障能力。

为全面改善博斯腾湖大小湖间的水系连通性，应对大小湖隔堤进行必要的改造，除了改扩建现有的大小湖隔堤过水闸，降低闸底板高程至 1045.00m 以外，还应在原孔雀河故道自然出流处，即博斯腾湖大湖西南角增设大小湖间过水闸涵，以增强大湖向小湖自流的能力。同时，于两处过水闸涵后疏浚小湖过水通道，改善小湖内的水道连通性，为实现博斯腾湖大湖自然出流打下基础。

构建开都河与孔雀河间的河-河水系连通工程，疏浚解放一渠作为博斯腾湖湖区外泄洪通道。同时疏浚开都河宝浪苏木西支，增强洪水期与博斯腾湖大湖高水位背景下的水量调配能力与防洪保安水平。增强博斯腾湖小湖达吾提闸断面的自然出流能力，在改（扩）建达吾提闸的同时，疏浚闸后过水河道，或者改变达吾提闸出流口位置，延伸其至小湖最西端，避免扬水站输水渠对达吾提闸后出流的顶托作用。

3. 强化入湖排水（污）口的监测管理

强化博斯腾湖大小湖区及周边入湖排水（污）口的精细化监测与管理，重新科学评估湖泊芦苇湿地内的育苇工程，取缔治理育苇区内影响湖泊湿地水环境的人工围堤，利用农田排水在自然湿地外围建设人工湿地，通过湿地逐级降解与自净改善农田排水水质，保护博斯腾湖水环境。

针对博斯腾湖周边直接或间接入湖农业排水问题，加强对各农业排渠与排水口的监测管理，加强对各排渠分布格局的优化研究，并提出相应的指导意见。将农田排水与人工育苇工程相结合，在博斯腾湖自然湿地外围进行真正意义上的人工育苇，或利用农田排水恢复博斯腾湖周边的荒漠自然植被，杜绝农田排水直接入湖影响博斯腾湖水环境。

对博斯腾湖国家湿地公园范围内的人工育苇公司进行全面科学评估，针对违反国家湿地保护管理办法，育苇过程中对博斯腾湖及周边湿地水环境、水生态造成影响的育苇措施，以及侵占自然湿地围堤育苇的项目进行综合整治并逐步清退，恢复博斯腾湖湿地的自然景观特征与生态服务功能，以保护博斯腾湖及其湿地的水与生态环境。

强化博斯腾湖大小湖区的水环境监测网络体系建设，并将之与博斯腾湖湖长制信息管理平台建设相结合，除了强化入湖排水（污）口的精细化监测和博斯腾湖大湖监测站点外，还应对各育苇区和博斯腾湖小湖区实施综合监测，以全面掌控博斯腾湖的水环境实时变化，为湖泊水质改善与水功能区水环境达标服务。

二、水环境保护工程措施

1. 断流河道疏浚与河道综合治理工程

针对博斯腾湖流域出入湖水系因地表水资源超承载力开发导致的河道断流及水系连通性下降问题，在确定各河流生态流量（水量）管理目标与具体实施方案的前提下，对各断流河道开展综合治理与疏浚工作，以便为水系连通建设打下基础。为此，①疏浚并综合治理黄水沟下游昆金公路大桥至博斯腾湖入湖河段，清理过水河道，保障过水能力。②疏浚并综合治理清水河下游314国道以南河段河道，为清水河实现与博斯腾湖水系连通创造条件。③依据流域河-湖-库水系连通建设的推进及流域生态文明建设需求，逐步疏浚并综合治理乌拉斯台河、黄水沟西支、乌什塔拉河及曲惠沟的河道。④疏浚并综合治理孔雀河第二分水枢纽至普惠水库段的河道，改善河道过水能力，增强关键节点与拐点处的护岸、护坡强度与防洪保安能力。

2. 博斯腾湖大小湖水利设施改（扩）建与综合治理工程

针对博斯腾湖大小湖连通性不足，大小湖隔堤过水不畅，扬水站干渠来水闸后顶托小湖出流及达吾提闸出流能力不足，博斯腾湖小湖过水、出流能力不够等问题，提出在博斯腾湖大小湖区域实施针对现有水利设施的改（扩）建和综合治理工程。

（1）改造并扩建大小湖隔堤过水闸，降低现有大小湖隔堤过水闸闸底板高程，使其由原来的1047.00m降至1045.00m，以便大小湖间的水系连通与自流过水；另建议在博斯腾湖大湖西南角原孔雀河出流口增加并建设一个大小湖间过水闸，以增加大小湖水系连通过水能力。

（2）建设博斯腾湖小湖南侧阿洪口出流控制闸及向扬水站西泵站干渠的出流通道，以加快博斯腾湖小湖的出流，调节小湖水位差，提升小湖过水能力与水系连通性。

（3）改造达吾提闸，提升其出流能力至 $150\text{m}^3/\text{s}$ 以上，向西迁移达吾提闸出流口至博斯腾湖小湖最西端，或者延长扬水站输水干渠至解放一渠入孔雀河处，以避免扬水站干流来水闸后顶托影响达吾提闸出流。

3. 博斯腾湖出入湖水系河-湖连通建设工程

针对博斯腾湖出入湖水系连通性不足，影响湖泊生态水位维系与出入湖水资源均衡配置的问题，提出开展博斯腾湖出入湖水系河-湖连通建设工程，以增强对水资源的空间调配能力。

（1）疏浚并综合整治开都河解放一渠，使其具备 30m³/s 以上的过水能力，改造解放一渠作为博斯腾湖湖外泻洪通道，实现开都河与孔雀河、相思湖的河-湖连通。

（2）疏浚并综合治理开都河宝浪苏木西支，改造使其恢复 110m³/s 的过水能力，保障洪水期向博斯腾湖小湖进行分流的能力，特别是开都河宝浪苏木西支夏浪大桥以下河段，应对过水河道进行疏浚拓宽。

（3）综合治理达吾提闸至铁门关水库河段河道，提升其过水能力至 200m³/s 以上，以改善博斯腾湖高水位及洪水期的过洪能力。

（4）疏浚并综合治理博斯腾湖小湖内自大小湖隔堤至达吾提闸的湖内水道，综合提升小湖内水道的过水能力。

（5）依托现北岸干渠、解放二渠、解放二渠北干渠等渠系，对其进行改造扩建，提升各渠输水能力，借助这些干渠连接开都河与乌拉斯台河、黄水沟、清水河、曲惠沟及乌什塔拉河等诸小河流，实现博斯腾湖上游各河流间的河-河连通，为水资源的空间均衡配置创造条件。

4. 博斯腾湖水环境综合监测与湖区湿地生态保护综合治理工程

针对目前博斯腾湖水环境监测体系尚不完善、入湖农田排渠众多、缺乏有效监管与布局指导，博斯腾湖自然湿地范围内围堤育苇现象普遍、影响湖泊及其湿地水环境，博斯腾湖小湖缺乏有效水环境监测体系等问题，提出博斯腾湖水环境综合监测与湖区湿地生态保护综合治理工程。具体开展的工程包括：

（1）环博斯腾湖（大小湖）入湖排水（污）口精细化监控工程。着重对博斯腾湖大湖西岸、北岸和小湖的北岸各直接或间接入湖的农田排水口、排渠、排污口、扬排站进行精细化的布控监测，明确所有入湖排水（污）口的排量、排放时间、排放水质情况、主要污染物特征等，精细监测，严格管控。

（2）博斯腾湖小湖水环境监测工程。在博斯腾湖小湖各主要水体及入湖、出湖水系的出入湖口、湖内各过水通道、主要旅游景区和育苇区布设监测网点，实施全年实时监测，为博斯腾湖小湖水环境监管提供数据支撑。

（3）博斯腾湖育苇湿地生态保护综合治理工程。针对博斯腾湖大湖西岸与小湖区内自然芦苇湿地被人为围堤育苇问题，在开展专项评估与研究工作的基础上，有步骤地进行综合整治，对影响湖泊及湿地水体循环、水环境健康与水生态的育苇围堤进行治理、拆除与清退，疏浚湿地内各水体间的连接水道，改善湿地内部水体循环与水环境、水生态，逐步将侵占自然湿地并对生态环境造成不利影响的人工育苇区恢复至自然湿地状态。

参 考 文 献

［1］　陈亚宁，等. 博斯腾湖流域水资源可持续利用研究［M］. 北京：科技出版社，2013.

［2］　杜苗苗，陈华伟. 研究新疆博斯腾湖的环境污染情况以及治理措施［J］. 资源节约与环保，2016（5）：177.

［3］ 付爱红，李卫红，陈亚宁. 博斯腾湖水质及富营养化变化特征分析［C］. 2012 International Conference on Earth Science and Remote Sensing：Lecture Notes in Information Technology，Vol. 30：566－572.

［4］ 何蓉，周琪，张军. 表面流人工湿地处理生活污水的研究［J］. 生态环境，2004，13（2）：180－181.

［5］ 刘彬，王琴，张海燕. 博斯腾湖芦苇湿地生态环境及芦苇生物量影响因素分析［J］. 农业现代化研究，2014，35（3）：335－339.

［6］ 娜仁格日乐，王慧杰. 博斯腾湖水质时空变化特征［J］. 广东农业科学，2017，44（11）：98－103.

［7］ 王金龙，李艳红，李发东. 博斯腾湖人工和天然芦苇湿地土壤呼吸动态变化规律及其影响因素［J］. 农业环境科学学报，2017，36（1）：167－175.

［8］ 熊家晴，杨洋，郑于聪，等. 表面流人工湿地对高含量有机污染河水的去除效果研究［J］. 水处理技术，2013，39（7）：69－72.

［9］ 张皓. 基于 RS/GIS 的博斯腾湖西岸湖滨湿地景观演变研究［R］. 乌鲁木齐：新疆师范大学，2017.

第四章 博斯腾湖适宜水位与水量调度管理

博斯腾湖拥有较丰富的渔业资源、旅游资源、芦苇资源以及动植物资源，其良好的生态环境为区域生物多样性提供了重要的生境，也为巴音郭楞蒙古自治州区域经济社会稳定发展提供着重要的生态服务功能与生态安全保障。而这些都建立在保证博斯腾湖适宜水位基础上。博斯腾湖是一个宽缓的湖盆，湖泊水位的下降将显著降低湖泊的库容与湖泊面积，导致湖泊周边湿地萎缩，生境质量及生态系统退化，湖泊水环境恶化等一系列问题。在全球气候变化背景下，伴随博斯腾湖区域经济社会发展与人口增加以及人类不尽合理开发活动，博斯腾湖湖泊水位近些年波动加剧。博斯腾湖水位变化直接影响湖区生态系统健康、湖泊水环境与水生态安全，一直是各级政府和各界民众关注的热点问题。

第一节 博斯腾湖水位变化特征及影响因素

本节结合 1960—2018 年博斯腾湖水位、入湖径流以及气象站点实测资料，采用集合经验模态分解（EEMD）方法、水量平衡和气候弹性方法，重点分析近 60 年来博斯腾湖水位变化及其影响因素。

一、数据资料及方法

1. 数据来源

（1）径流数据。开都河、黄水沟、孔雀河 1960—2018 的年径流量数据由新疆塔里木河流域管理局提供。

（2）气象数据。巴音布鲁克（1960—2018 年）、巴仑台（1960—2017 年）和焉耆（1960—2018 年）气象站的日气温、降水、风速、蒸发等数据来自中国气象科学数据共享服务网（http://cdc.cma.gov.cn/）。此外，潜在蒸发数据是根据气象站的气象观测资料，采用联合国粮农组织推荐的 Penman - Monteith 公式计算所得。对日值数据进行平均或求和以获取月值和年值。通过计算焉耆气象站记录的蒸发皿数据与根据其气象数据所计算的潜在蒸散发数据在 0.01 水平上显著相关，所以研究采用焉耆气象站（1960—2018年）的潜在蒸散发数据代替博斯腾湖湖面蒸发数据。

（3）湖泊数据。博斯腾湖实测水位数据来源于新疆塔里木河流域巴音郭楞管理局博斯腾湖管理处。博斯腾湖湖泊面积数据来源于国家青藏高原科学数据中心——中国湖泊数据集（1960—2015 年）；1989—2018 年由 Landsat 影像提取的湖泊面积数据来源于欧洲委员会可持续资源理事会联合研究中心（Pekel，2016），用来验证根据水位-面积曲线计算所得到的博斯腾湖面积的准确性。1956—2018 年湖泊面积和库容数据根据博斯腾湖水位-面积和水位-库容曲线计算得到。

（4）土地利用数据。1980 年、1995 年、2005 年和 2015 年土地利用数据来源于中国科学院资源环境科学数据中心（http：//www. resdc. cn）。

2. 研究方法

（1）EEMD 方法。集合经验模态分解（Ensemble Empirical Mode Decomposition,
EEMD）（Wu and Huang，2009）是一种时空分析方法，适用于非线性和非平稳序列信号
分析，能够很好地提取趋势和周期信息（柏玲 等，2017）。EEMD 分解具体操作步骤为：

1）在待分析的原始信号序列 $x(t)$ 中叠加上第 i 次给定振幅的白噪声序列 $n_i(t)$。

$$x_i(t)=x(t)+n_i(t) \tag{4-1}$$

2）将加入白噪声后的信号 $x_i(t)$ 进行 EMD 分解（分解为本征函数 IMFs），分解所
得到的 IFMs 依次反映了原始水位高程距平从高频到低频不同时间尺度的波动变化。

3）反复重复以上两步操作，每次加入振幅相同的新生的白噪声序列，从而得到不同
的 IMFs。

4）将 N 次分解得到的 IMFs 进行集合平均，使加入的白噪声互相抵消，并将其作为
最终的分解结果。

$$C_j(t)=\frac{1}{N}\sum_{i=1}^{N}C_{ij}(t) \tag{4-2}$$

式中：$C_j(t)$ 为原始信号经过 EEMD 分解变换后得到的第 j 个 IMFs 分量；N 为白噪声
增加数；$C_{ij}(t)$ 为第 i 次加入白噪声后分解所得的第 j 个 IMFs 分量。

EEMD 可借助于白噪声的集合扰动进行显著性检验，从而给出各个 IMFs 的信度（刘
喆 等，2011；吴红波，2019）。设第 k 个 IMFs 分量的能量谱密度为

$$E_k=\frac{1}{N}\sum_{j=1}^{N}|I_k(j)|^2 \tag{4-3}$$

式中：N 为 IMFs 分量的长度；$I_k(j)$ 为第 k 个 IMFs 分量通过蒙特卡罗法对白噪声序列
进行实验的值。

白噪声的第 k 个 IMFs 分量的能量谱密度均值 $\overline{E}_k$ 和平均周期 $\overline{T}_k$ 的近似关系为

$$\ln\overline{E}_k+\ln\{\overline{T}_k\}_a=0 \tag{4-4}$$

白噪声能量谱分布的置信区间为

$$\ln\overline{E}_k=-\ln\{\overline{T}_k\}_a\pm a\sqrt{2/N}\,e^{\ln(\{\overline{T}_k\}_a/2)} \tag{4-5}$$

式中：a 为显著性水平。

在给定的显著性水平下，分解所得 IMFs 的能量相对于周期分布位于置信度曲线以
上，表明其通过显著性检验，可认为是在所选置信水平范围内包含了具有实际物理意义的
信息；若位于置信度曲线以下，则认为未通过显著性检验，其所含信息多为白噪声成分。
本书在对博斯腾湖逐年水位变化时间序列进行 EEMD 分解时，用于集合分解的扰动白噪
声与原始信号的信噪比（标准差）为 0.2，集合样本数取 100。

（2）Mann-Kendall 统计检验。Mann-Kendall 检验是一种非参数的、基于秩的方
法，它测试趋势而不需要正态性或线性，易于使用。统计量 S 为（Datta and Das，2019）

$$S=\sum_{k=1}^{n-1}\sum_{j=k+1}^{n}\text{sgn}(x_j-x_k)\quad(j>k) \tag{4-6}$$

方差为

$$\text{Var}(S) = \frac{n(n-1)(2n+5) - \sum_{j=1}^{p}(t_j-1)(2t_j+5)}{18} \tag{4-7}$$

统计 UF_k 的序列值计算如下：

$$UF_k = \frac{S_k - E(S_k)}{\sqrt{Var(S_k)}} \quad (k=1,2,\cdots,n) \tag{4-8}$$

检验统计区域的均值和方差如下：

$$E(S_k) = \frac{n(n+1)}{4} \tag{4-9}$$

$$\text{Var}(S_k) = \frac{n(n-1)(2n+5)}{72} \tag{4-10}$$

通过对开都河、黄水沟和焉耆站径流的突变检验，将时间序列分为突变前——基准期（1960—1996 年，1960—1992 年，1960—1991 年）和突变后（1997—2018 年，1993—2017 年，1992—2016 年）两个时期。

（3）气候弹性方法。研究根据非参数方法直接使用观测到的长期气象和水文数据来确定径流对气候变化的响应。根据 Zheng 等（2009）提出的气候弹性方法，计算博斯腾湖流域源流区径流对气候变化的敏感性：

$$\varepsilon_i = \frac{\overline{X}}{\overline{Q}} \frac{\sum(X_i - \overline{X})(Q_i - \overline{Q})}{\sum(X_i - \overline{X})^2} \tag{4-11}$$

$$\Delta Q = \Delta Q_c + \Delta Q_v \tag{4-12}$$

$$\Delta Q_c = (\varepsilon_p \Delta P/P + \varepsilon_{ET_0} \Delta ET_0/ET_0)Q \tag{4-13}$$

式中：ε_i 为气候因子的弹性系数；Q_i 和 X_i 分别为气候变量（如降水、气温等）引起的年径流变化量和不同气候变量的值；$\overline{Q}$ 为长期平均径流量；$\overline{X}$ 为气候因子长期平均值；ΔQ、ΔP、ΔET_0 分别为流域内径流、降水和潜在蒸散发的变化量；ΔQ_c、ΔQ_v 分别为气候因子和其他因素（包括下垫面特性和人为因素，如土地利用和土地覆被变化、灌溉等）引起的径流变化量和气候因子间接引起的变化因素，如气温对冰川积雪的影响；ε_p 为气候因子中降水因子的弹性系数；P 为降水量；ε_{ET_0} 为气候因子中潜在蒸发因子的弹性系数；ET_0 为潜在蒸发量；Q 为径流量。

根据气候因子的弹性系数可以分别估算出降水、潜在蒸散发和气温变化引起的径流变化，详细过程参阅 Zheng 等（2009）。

（4）水量平衡。博斯腾湖是吞吐型湖泊，它的水量平衡是通过对入湖径流、湖面降水、湖面蒸发、湖泊输出等几个要素的观测来估算，它们共同构成了湖泊水循环系统的输入和输出，并决定了储水量的增加或减少。其水量平衡方程可以表示为（刘丽梅 等 2013）

$$\Delta V = Q_{in} + P_s - Q_{out} - E_s + \Delta V_X \tag{4-14}$$

$$\Delta V_X = R_p + G_r + \mu \tag{4-15}$$

式中：ΔV 为博斯腾湖变化的水量；Q_{in} 为入湖的水量（研究中只计算了开都河的入湖径流量）；P_s 为湖面降雨量；Q_{out} 为出湖的水量；E_s 为湖面蒸发量；ΔV_x 为误差和地下水交换量引起的湖水变化量；R_p、G_r 和 μ 分别为博斯腾湖周围排水补给量、湖水和地下水的交换量及误差。

二、博斯腾湖水位变化分析

1. 博斯腾湖水位波动特征

博斯腾湖多年平均水位约为 1046.99m（1956—2018 年），由湖泊变化曲线可知（见图 4-1），

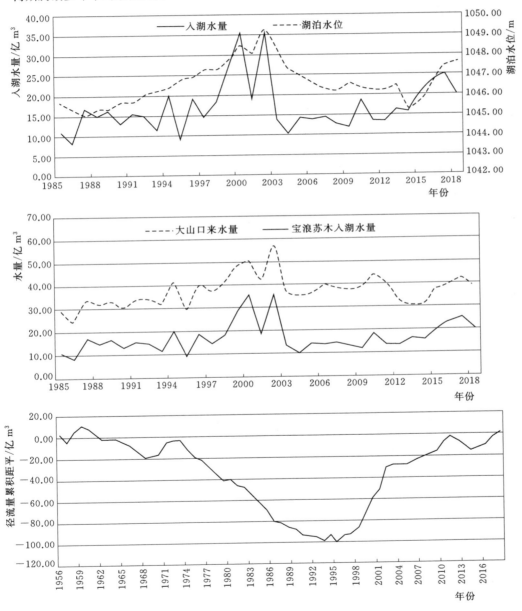

图 4-1　博斯腾湖水位变化及开都河来水量、入湖水量特征

173

博斯腾湖水位近 30 年经历了先升后降的波动过程，1985—2003 年，湖泊水位整体呈上升趋势，与宝浪苏木入湖水量同时期整体呈增加趋势线性相关。对比提供大部分入湖水量的开都河大山口径流累积距平曲线和来水量变化曲线，宝浪苏木的入湖水量直接受到开都河大山口来水水量的影响，二者曲线波动极为一致。1985—2003 年的宝浪苏木的入湖水量增加、湖泊水位的上升趋势，与开都河同时期整体处于丰枯周期并非完全吻合，自然山区来水、区段人为活动引水及相应入湖水量的共同作用是影响博斯腾湖水位的重要原因。

博斯腾湖湖泊水位在 1986—1987 年间达到最低，其中 1987 年最低水位为 1044.71m，之后伴随开都河整体进入丰水期阶段，以及开都河来水和宝浪苏木入湖水量的增加，湖泊水位开始回升，至 2002 年博斯腾湖大湖历史最高水位达 1049.39m，年末平均水位 1048.67m。2003—2014 年，湖泊水位持续下降，2014 年已降至年均 1045.06m，年中甚至一度低于 1045.00m，而这一阶段开都河来水总体处于平均略高的水平，并未显著减少，宝浪苏木入湖水量却明显减少，说明人为活动及区段引用水量增加是影响这一时期湖泊水位的主要原因。加之开都河诸小河流水资源超承载力开发，出山口后地表水资源量被利用殆尽，诸小河流断流，入湖河道堵塞，无水入湖导致入博斯腾湖整体水量显著下降，直接影响了博斯腾湖的水量平衡与湖泊水位保持。整个开都河流域最严格水资源管理落实不到位，沿河道打井，超采地下水袭夺了地表水，导致河损及湖泊入渗损耗增加，是流域整体平水年周期内湖泊水位下降的另一重要原因。自 2015 年起，伴随流域管理部门对博斯腾湖流域整体水资源的管理强化及科学调配，逐步落实自治区最严格的水资源管理制度，加之开都河进入相对丰水的小周期，博斯腾湖水位开始回升。2016 年底，博斯腾湖大湖水位在扬水站东泵站前为 1046.93m，博斯腾湖大湖水位（大河口博斯腾湖水文站）为 1047.07m。至 2019 年，湖泊水位一直在 1047.50m 以上的水位运行。

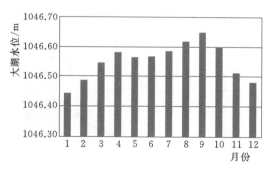

图 4-2　博斯腾湖大湖多年平均年内水位变化

由图 4-2 可知，大湖水位在每年 3—10 月相对较高，最高水位一般出现在 9 月，最低水位出现在 1 月，多年平均年内水位波动在 20cm 左右，但遇丰水年波动会显著增大，如 2002 年博斯腾湖大湖水位从年初 1 月至 8 月汛期上涨了近 1.30m。

详尽分析博斯腾湖近 60 年间水位变化可见，湖泊水位整体呈波动状态［见图 4-3（a）和表 4-1］。1960—1987 年，博斯腾湖湖泊水位平均下降速率达 0.08m/a；而 1988—2002 年，博斯腾湖水位上升速率达 0.26m/a；2003—2014 年，博斯腾湖水位的下降速率为 0.18m/a；进入 2015 年以来，博斯腾湖年均水位又表现为以 0.72m/a 速率上升。其中，1987 年和 2002 年分别是博斯腾湖水位最低值（1044.71m）和最高值（1049.39m），二者相差近 5m。

表 4-1 　　　　　　　　　　　　　Mann-Kendall 趋势检验

因子	Z	Sig	α=0.05	突变时间	趋势	显著性
水位	-4.24	0.00002	1.96	1966	下降	显著
大山口径流	3.1913	0.0014	1.96	1996	上升	显著
黄水沟径流	2.8576	0.0043	1.96	1992	上升	显著
焉耆径流	0.4816	0.6299	1.96	1991	上升	不显著
塔什店径流	3.7802	0.00016	1.96	1993	上升	显著

注　表中 Z 为 M-K 检验中的一个统计量；Sig 为显著性；α 为置信度。

博斯腾湖的年内月均水位变化呈现双峰型形态［见图 4-3（b）］。9 月的平均水位最高（1046.65m），1 月平均水位最低（1046.45m）；1—4 月水位每月的平均上升速率为 0.05m，至 4 月平均水位达到 1046.59m；4—9 月是年内平均高水位月份；10—12 月博斯腾湖平均月水位下降速率为 0.06m，至 12 月平均水位降至平均 1046.48m。

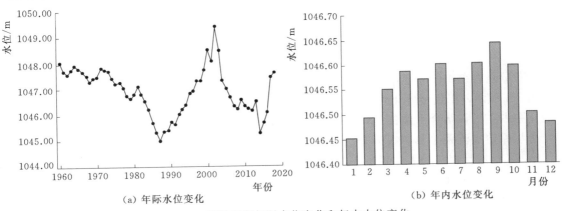

（a）年际水位变化　　　　　　　　　（b）年内水位变化

图 4-3　博斯腾湖年际水位变化和年内水位变化

对博斯腾湖 1960—2018 年水位距平进行 EEMD 分解，得到 4 个 IMF（本征函数）分量和 1 个趋势分量（RES），见图 4-4。其中，分解所得到的 IFMs 依次反映了原始水位高程距平从高频到低频不同时间尺度的波动变化，趋势项 RES 表示水位在 1960—2018 年内随时间变化的整体演变趋势。结合表 4-2 可以看出，IMF1 未通过 5% 的显著性检验，表示准 3~4 年周期属于弱周期；IMF2、IMF3 和 IMF4 均通过了 5% 的显著性检验，说明 IMF2、IMF3 和 IMF4 分量非常显著，水位具有准 8~9 年、准 29~30 年和准 33~34 年的主周期性振荡。

表 4-2　博斯腾湖水位距平各 IMF 分量的周期、方差贡献率及其与径流距平序列的相关性

IMF 分量	IMF1	IMF2	IMF3	IMF4	RES
周期/a	3.2778	8.8873	29.5000	33.8324	
与水位距平的相关系数	0.29*	0.23	0.90**	0.39**	0.29*
贡献率/%	6.88	7.61	83.04	1.68	0.79
显著性检验/%	<90	>95	>95	>95	

注　**、* 分别表示在 0.01、0.05 水平上显著相关。

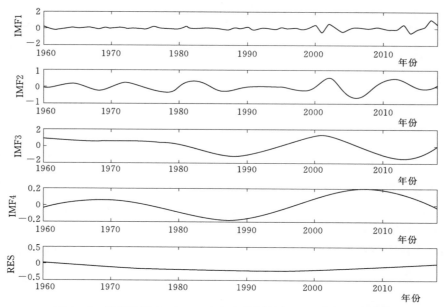

图 4-4 博斯腾湖 1956—2018 年水位距平各 IMF 分量及趋势项

各分量方差贡献率显示见表 4-2，博斯腾湖水位年际变化约占 14.49%，而年代际变化为 85.51%，年代际变化对水位整体变化的贡献高于年际变化。年代际振荡在水位长期变化中占主导，结合水位各分量（IMFs）与原始水位距平的相关关系，可以发现年代际变化与原始径流距平具有很显著的正相关关系。综合图 4-4 和表 4-2，IMF3 表征的准29～30a 周期性振荡的方差贡献率最大，约为 83.04%，该周期尺度的振荡在 1970—2000年的振幅相较于其他时期明显偏高；IMF1 表示的是准 3～4 年周期振荡，它对水位距平总体方差贡献率为 6.88%，这个周期性振荡主要是在 2010 年之后表现的比较明显；IMF2 代表的准 8～9 年的周期性振荡，方差贡献率为 7.61%，其周期性振荡在整个研究时期均有表现；IMF4 表示的是水位准 33～34 年的周期变化，其方差贡献率为 1.68%，在此时间尺度上，博斯腾湖水位在 1980—1990 年振幅处于较低水平；由趋势项变化可以看出博斯腾湖水位在 1956—2018 年期间总体上表现出非线性下降趋势。

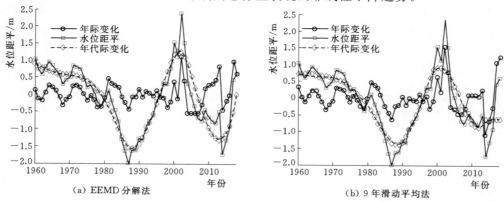

图 4-5 基于 EEMD 分解法和 9 年滑动平均法重构的博斯腾湖径流年际与年代际变化

为深入探讨博斯腾湖水位年际、年代际振荡的变化特征以及不同尺度在水位变化中的作用，根据 EEMD 分解的结果分别对水位的年际、年代际变化进行了重构［见图 4-5（a）］。对比重构的年际变化与原始水位距平序列的趋势变化可以看出，二者趋势基本是一致的，说明重构的年际变化能较好地描述原始水位距平序列在研究时期的波动变化状况。重构的年代际变化在整个研究时段表现出下降与上升相间的交替变化过程，与原始水位距平变化趋势高度一致，这也在一定程度上揭示了年代际振荡在博斯腾湖水位 59 年来变化过程中占据主导地位。

本书采用了常用的 9 年滑动平均法对水位时间序列进行了年际和年代际分离来验证 EEMD 重构的水位年际和年代际变化的合理性。由图 4-5（b）可知，采用 9 年滑动平均法得到的结果与基于 EEMD 重构的结果一致，但是 9 年滑动平均法两端缺值采用序列平均值来填补，难以反映出序列两端的真实变化情况。

2. 博斯腾湖面积和水量变化关系

分析结果显示，1960—2018 年博斯腾湖面积以 1.59km²/a 的速率减小，减小了 43.60km² ［见图 4-6（a）］；库容以 0.18 亿 m³/a 的速率减小，减少了 5.20 亿 m³ ［见图 4-6（b）］。1960—1987 年湖泊面积、库容平均下降 7.60km²/a、0.84 亿 m³/a；1988—2002 年面积增加速率约 24.06km²/a，水量增加速率 2.71 亿 m³/a；2003—2014 年面积和水量分别以 16.47km²/a 和 1.85 亿 m³/a 的速率减少；2015—2018 年两者增加速率达 66.27km²/a 和 7.35 亿 m³/a。

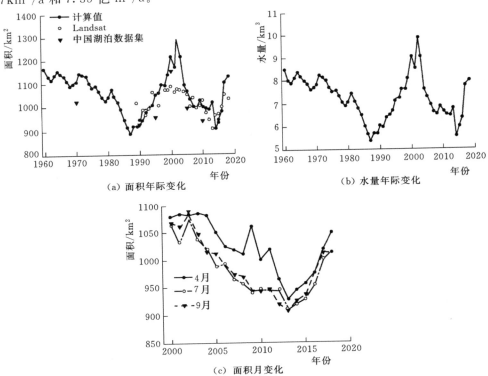

图 4-6 博斯腾湖面积年际变化、水量年际变化和面积月变化

由于冬季湖泊是冰冻的，难以监测（Jing et al.，2018；Lin et al.，2019），故研究采用2000—2018 年 4 月、7 月和 9 月的湖泊表面积代表春、夏、秋季的面积变化［见图 4-6（c）］。三个季节湖泊表面积均呈下降趋势。湖泊面积最大的月份是 4 月，最小的是 7月。湖泊面积下降速率最快的 7 月达 7.32km²/a，9 月下降速率最小为 6.20km²/a。2003年 4 月湖泊面积最大，为 1085.80km²；2002 年 7 月和 9 月湖泊面积最大，分别为1038.23km² 和 1047.26km²。2013 年 4 月、7 月、9 月湖泊面积最小，分别为927.46km²、908.72km²、905.97km²。2013 年之后博斯腾湖面积的季节差异在逐渐减小。湖泊面积的季节变化趋势为 1.04%。

3. 博斯腾湖面积与水位变化关系

详尽分析博斯腾湖的出入湖水量变化与水位关系可见，1960—1987 年入湖水量的变化速率 0.004km³/a［见图 4-7（a）］，湖面降水量变化速率达到 -0.001km³/a［见图4.7（b）］，湖面蒸发速率为 -0.012km³/a［见图 4-7（c）］，出湖水量的变化速率为0.0048km³/a［见图 4-7（d）］，湖面蒸发量和出湖水量分别约占湖泊入湖水量的51.26% 和 57.79%（见表 4-3），水量下降约 3.10km³，水位下降了 3.04m。1988—2002年入湖水量的变化速率 0.13km³/a，湖面降水量变化速率达到 0.009km³/a，湖面蒸发速率为 0.02km³/a，出湖水量的变化速率为 0.11km³/a，蒸发和出流量分别占入湖水量的29.43% 和 52.48%，水量增加 4.13km³，水位上升了约 4.01m。2003—2014 年入湖水量的变化速率 -0.004km³/a，湖面降水量变化速率达到 -0.005km³/a，湖面蒸发速率为-0.01km³/a，出湖水量的变化速率为 -0.10km³/a，蒸发和出流量分别占入湖水量的

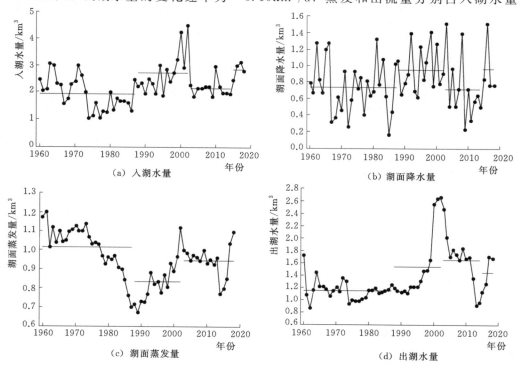

（a）入湖水量　　　　　　　　　　　　　　（b）湖面降水量

（c）湖面蒸发量　　　　　　　　　　　　　　（d）出湖水量

图 4-7　博斯腾湖水量平衡要素变化

42.99％和74.66％，总出湖水量的增加见表4-3，水位下降约3.24m。2015—2018年入湖水量的变化速率0.119km³/a，湖面降水量变化速率达到-0.01km³/a，湖面蒸发速率为0.109km³/a，出湖水量的变化速率为0.207km³/a，蒸发和出湖水量分别占入湖总水量的32.19％和49.66％，水位上升1.93m左右。

表4-3 博斯腾湖四个时期的水量平衡

阶 段	湖泊水量变化量/(km³/a)	湖 泊 补 给 量				湖 水 消 耗 量				地下水交换量+误差/(km³/a)	占比/%
		入湖水量/(km³/a)	占比/%	湖面降水量/(km³/a)	占比/%	湖面蒸发量/(km³/a)	占比/%	出湖水量/(km³/a)	占比/%		
1960—1987年	-0.11	1.92	47	0.07	2	1.02	25	1.15	28	-0.07	-2
1988—2002年	0.28	2.72	56	0.10	2	0.83	17	1.48	30	-0.23	-5
2003—2014年	-0.28	2.14	46	0.07	1	0.95	20	1.65	35	-0.11	-2
2015—2018年	0.50	2.84	54	0.08	2	0.94	18	1.45	27	-0.09	-1

从湖区水环境角度，分析了博斯腾湖湖面面积与水位的关系。由于博斯腾湖是宽浅型湖盆，当水位超过1046.50m时，随着水位的上升，湖面面积迅速上升，需要更多的水资源来满足蒸发需求，增大了湖泊的无效水分损失。例如，当水位从1045.06m增加到1046.34m时，湖面面积增加了161km²；而当博斯腾湖水位继续抬高至1047.40m时，湖面面积将继续增加30.90km²；当博斯腾湖水位从1047.50m提高到1048.00m时，湖泊水域面积将由1111km²增至1160km²，湖泊因蒸发损失导致增加5000万m³水量无效耗散。即水位越高，增加单位水位高程引起的湖面面积增加越大（见图4-8），导致的湖面无效蒸散发越多。

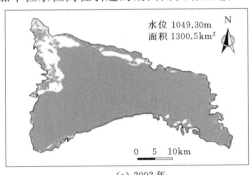

(a) 2002年

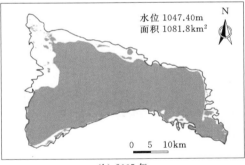

(b) 2005年

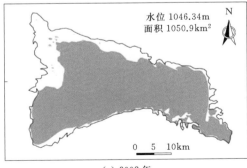

(c) 2008年

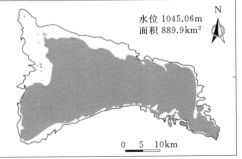

(d) 2012年

图4-8 博斯腾湖大湖区面积与水位的关系

三、博斯腾湖水位变化的影响因素分析

1. 气候因子对湖泊变化的影响分析

博斯腾湖的水量主要由开都河补给，开都河径流量变化直接影响博斯腾湖水位、面积和水量变化（苏向明 等，2016）。近些年，由于水资源开发利用强度的不断加大，博斯腾湖北部山区的诸小河普遍断流无水入湖。开都河大山口水文站与下游宝浪苏木枢纽水文监测站分别是河流出山口及入博斯腾湖的两个水文控制断面；孔雀河是博斯腾湖唯一出流河流，塔什店水文站是孔雀河自博斯腾湖出流后的水文监测站。根据博斯腾湖现状出入湖河流的特征，选用开都河大山口、宝浪苏木和孔雀河塔什店 3 处水文站作为描述博斯腾湖出入湖河流水文及径流特征的基本站与主要参证站。

大山口水文站的多年平均径流量为 35.51 亿 m^3，研究时段为 1956—2018 年。年际变化表现升—降—升—降的变化趋势。其中，20 世纪 80 年代径流量最少，为 30.91 亿 m^3。而后径流量持续增加，在 2000—2009 年径流量最大，达 41.31 亿 m^3。2010 年之后径流量开始减少（见表 4-4 和图 4-9）。

表 4-4　　　　博斯腾湖出入湖河流主要测站径流年际变化统计表　　　　单位：亿 m^3

站名	丰枯比	1956—1959 年	1960—1969 年	1970—1979 年	1980—1989 年	1990—1999 年	2000—2009 年	2010—2018 年	1956—2018 年
大山口	0.78	38.18	32.60	33.25	30.91	36.42	41.31	36.08	35.51
宝浪苏木	0.75	—	—	—	19.73	24.69	26.24	23.56	24.42
塔什店	0.58	14.01	12.05	10.91	11.62	12.89	21.05	13.80	13.74

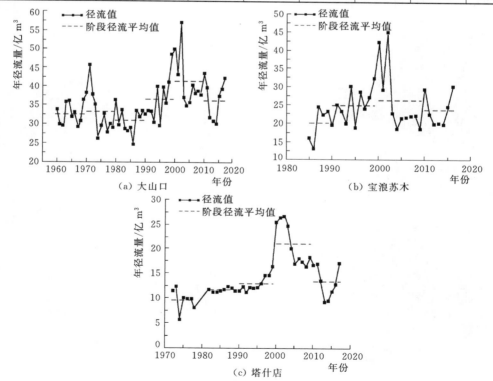

图 4-9　博斯腾湖出入湖河流主要测站年际径流特征

宝浪苏木水文站的多年平均径流量为 24.42 亿 m^3，研究时段为 1985—2018 年。年际变化整体上也表现为升—降—升的变化趋势，且也在 2000—2009 年径流量最大，为 26.24 亿 m^3。

塔什店水文站的多年平均径流量为 13.74 亿 m^3，研究时段为 1956—2018 年。年际变化整体表现为波动的变化趋势。在 2000—2009 年径流量最大，为 21.05 亿 m^3，自扬水站东、西泵站建成后，孔雀河出流主要受人为调控，视孔雀河下游用水及开都河-孔雀河上游来水、博斯腾湖水位等具体情况综合调控。

总体来看，大山口来水量多年来总体呈现增加趋势，孔雀河因库尔勒-尉犁绿洲规模的扩大、生产生活用水需求增加，出流呈增加趋势。宝浪苏木位于开都河大山口下游，水量受上游来水和流域用水共同作用，但主要受开都河上游来水影响。大山口、宝浪苏木、塔什店的丰枯比分别为 0.78、0.75、0.58。整体来看，流域的枯水年份多于丰水年份，大山口站的丰枯比最大。大山口、宝浪苏木、塔什店 3 个水文站的径流年内变化如图 4-10 所示。

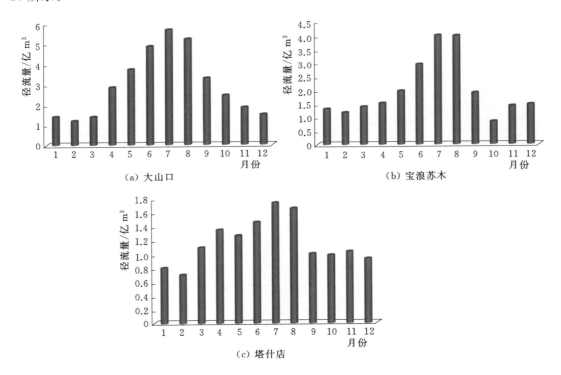

图 4-10　博斯腾湖出入湖河流主要测站径流年内分配特征

大山口水文站的春季（3—5 月）径流量为 7.96 亿 m^3，占全年径流量的 22.42%；夏季（6—8 月）径流量为 15.94 亿 m^3，占全年径流量的 44.89%；秋季（9—11 月）径流量为 7.60 亿 m^3，占全年径流量的 21.40%；冬季（12 月至次年 2 月）径流量为 4.01 亿 m^3，占全年径流量的 11.29%。博斯腾湖出入湖河流主要测站径流年内分配统计见表 4-5。

表 4-5　　　　　博斯腾湖出入湖河流主要测站径流年内分配统计表　　　单位：亿 m³

站名	1月	2月	3月	4月	5月	6月	7月	8月	9月	10月	11月	12月	全年
大山口	1.36	1.18	1.38	2.83	3.75	4.85	5.77	5.32	3.31	2.46	1.83	1.47	35.51
宝浪苏木	1.35	1.21	1.44	1.57	2.03	3.03	4.07	4.03	1.97	0.87	1.37	1.48	24.42
塔什店	0.76	0.74	1.08	1.36	1.24	1.43	1.62	1.54	1.05	0.97	1.06	0.89	13.74

宝浪苏木水文站的春季（3—5 月）径流量为 5.04 亿 m³，占全年径流量的 20.64%；夏季（6—8 月）径流量为 11.13 亿 m³，占全年径流量的 45.58%；秋季（9—11 月）径流量为 4.21 亿 m³，占全年径流量的 17.24%；冬季（12 月至次年 2 月）径流量为 4.04 亿 m³，占全年径流量的 16.54%。

塔什店水文站的春季（3—5 月）径流量为 3.68 亿 m³，占全年径流量的 26.78%；夏季（6—8 月）径流量为 4.59 亿 m³，占全年径流量的 33.41%；秋季（9—11 月）径流量为 3.08 亿 m³，占全年径流量的 22.42%；冬季（12 月至次年 2 月）径流量为 2.39 亿 m³，占全年径流量的 17.39%。

根据博斯腾湖出入湖河流 3 个主要水文站近 60 年的实测径流量数据，采用 P-Ⅲ 型曲线进行年径流频率分析见图 4-11，年径流系列的经验公式 $P = m/(n+1)\%$ 来计算。经

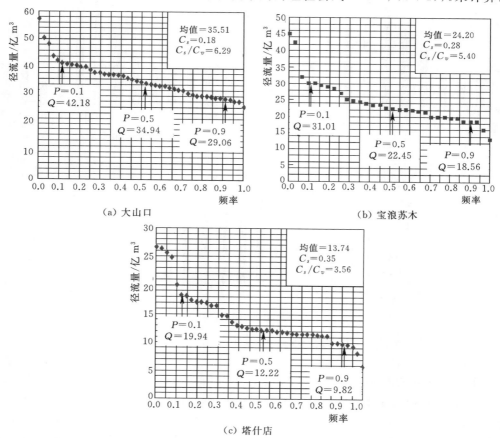

图 4-11　博斯腾湖出入湖河流各水文站径流量的频率分布特征

统计计算（见表 4-6），大山口水文站的多年平均径流量为 35.51 亿 m^3，塔什店水文站的多年平均径流量为 13.74 亿 m^3，宝浪苏木水文站（东支加西支）的多年年均径流量为 24.42 亿 m^3。大山口水文站的变异系数 C_v 值最小，表明径流年际变化相对稳定，而塔什店和宝浪苏木水文站的变异系数相对较大，径流年际变化相对不稳定。

3 个水文站的年径流频率分布特征见图 4-11。当保证率为 10%、20%、50%、75% 和 90% 情况下，大山口的年径流量为 42.52 亿 m^3、40.39 亿 m^3、34.94 亿 m^3、30.19 亿 m^3 和 29.02 亿 m^3；塔什店的年径流量为 19.91 亿 m^3、17.02 亿 m^3、12.22 亿 m^3、11.40 亿 m^3 和 9.82 亿 m^3；宝浪苏木东西支的年径流量合计为 30.59 亿 m^3、29.16 亿 m^3、22.87 亿 m^3、19.69 亿 m^3 和 18.59 亿 m^3。开都河和黄水沟作为博斯腾湖的主要入湖水资源的源流，分别占总流入水量的 84.6% 和 6.3%。由表 4-7 可以看出，入湖径流与博斯腾湖水位变化趋势基本一致。

表 4-6   博斯腾湖出入湖河流主要测站设计年径流量   单位：亿 m^3

站名	年代系列	均值	C_v	C_s/C_v	不同保证率 P 设计值				
					10%	20%	50%	75%	90%
大山口	1956—2018 年	35.51	0.17	5.30	42.52	40.39	34.94	30.19	29.02
宝浪苏木	1985—2018 年	24.42	0.27	5.03	30.59	29.16	22.87	19.69	18.59
塔什店	1956—2018 年	13.74	0.35	3.56	19.91	17.02	12.22	11.40	9.82

表 4-7   博斯腾湖湖泊水位与出入湖径流相关性

项目	博斯腾湖水位	大山口径流	宝浪苏木径流	塔什店径流
博斯腾湖水位	1			
大山口径流	0.45**	1		
宝浪苏木径流	0.385**	0.881**	1	
塔什店径流	0.430**	0.713**	0.600**	1

注   **、* 分别表示在 0.01、0.05 水平上显著相关。

由表 4-8 和表 4-9 可知，在开都河源流区，气候弹性系数 $\varepsilon_P = 0.65$、$\varepsilon_T = -0.31$、$\varepsilon_{ET_0} = -0.67$，即 1996 年之后的降水、气温、潜在蒸散发每增加 10%，其对应的径流量将增加 6.5%、3%、-6.7%。黄水沟流域径流的气候弹性系数 $\varepsilon_P = 0.93$、$\varepsilon_T = 0.98$、$\varepsilon_{ET_0} = -2.85$，即气候变化 10%，将会引起径流发生 9.3%、9.8%、-28.5% 的变化。焉耆气象站和水位站位于平原区，位于焉耆盆地腹地，水文站以上的集水区面积约为 4134.2 km^2，在该区域，干旱指数（$\varphi = ET_0/P$）大于 10，径流系数（$R_c = Q/P$）小于 0.8，属于典型的干旱区水文气候特征，其径流的气候弹性系数为 $\varepsilon_P = 0.13$、$\varepsilon_T = 0.90$、$\varepsilon_{ET_0} = -0.98$，即当降水量增加 10% 时，相应的年径流量增加 1.3%；而气温升高 10% 时，相对于基准期径流增加 9%；潜在蒸散发减少 10% 时，年径流量将增加 9.8%。大山口、黄水沟和焉耆的干旱指数（φ）相对于基准期分别减小了 13%、24% 和 19.4%，径流系数（R_c）相对于基准期上升了 3%、17% 和 -1%，表明可能由于下垫面（土地利用和土地覆盖）变化，降雨-径流关系发生了较大变化。

表 4 - 8　　　　　　　　　　不同时期气候因子和径流的变化

站名	阶段	P /mm	ET_0 /mm	T /℃	Q /mm	R_c	φ	$\rho_{P,Q}$	$\rho_{T,Q}$	$\rho_{ET_0,Q}$
大山口	1960—1996 年	257.3	632.6	−4.7	174.7	0.68	2.46	0.582**	0.322	−2.44
	1997—2018 年	303.9	642.9	−3.6	211.5	0.70	2.12	0.608**	0.045	0.521*
	1960—2018 年	274.7	636.5	−4.3	188.4	0.69	2.32	0.691**	0.427**	−0.169
黄水沟	1960—1992 年	192.52	1048.32	6.17	57.66	0.30	5.45	0.6**	0.208	−0.469**
	1993—2017 年	237.57	977.91	7.14	83.56	0.35	4.12	0.797**	−0.005	−0.421*
	1960—2017 年	211.94	1017.97	6.59	68.83	0.32	4.80	0.748**	0.337*	−0.572**
焉耆	1960—1991 年	71.23	919.2	8.2	55.8	0.78	12.9	0.178	0.200	−0.075
	1992—2016 年	82.95	864.0	9.1	63.8	0.77	10.4	0.172	0.125	−0.541**
	1960—2016 年	76.38	895.01	8.6	59.33	0.78	11.72	0.214	0.219*	−0.361**

注　**、* 分别表示在 0.01、0.05 水平上显著相关。

表 4 - 9　　　　　　　　　　气候因子变化对径流的影响

站名	弹性系数			ΔP /mm	ΔET_0 /mm	ΔT /℃	ΔQ /mm	$\Delta P/\overline{P}$ /%	$\dfrac{\Delta ET_0/}{ET_0}$ /%	$\Delta T/\overline{T}$ /%	$\Delta Q/\overline{Q}$ /%	ΔQ (P) /mm	ΔQ (T) /mm	ΔQ (E_0) /mm	ΔQ_s /mm	ΔQ_v /mm
	ε_P	ε_T	ε_{ET_0}													
大山口	0.65	−0.31	−0.67	46.61	10.33	1.10	36.82	18.11	1.63	−23.40	21.08	20.56	12.67	−1.91	31.32	5.5
黄水沟	0.93	0.98	−2.85	45.05	−70.41	0.97	25.9	23	−7	16	45	12.3	9.0	−10.4	10.9	15
焉耆	0.13	0.90	−0.98	11.72	−55.2	0.90	8	16	−6	11	14	1.2	3.1	−6.2	1.9	6.1

由表 4 - 9 可知，三个水文站的 ε_P = 0.65、0.93 和 0.13，降水分别增加了 46.61mm、45.05mm 和 11.72mm，计算得出大山口 1997—2018 年、黄水沟 1993—2017 年以及焉耆 1992—2016 年径流深比基准期增加约 20.56mm、12.3mm 和 1.2m；ε_T 分别为 −0.31、0.98 和 0.90，温度分别上升 1.10℃、0.97℃ 和 0.90℃，引起大山口、黄水沟和焉耆的径流深相对于基准期增加 12.67mm、9.0mm、3.1mm；而 ε_{ET_0} 分别为 −0.67、−2.85、−0.98，三个集水区的潜在蒸散发量分别增加了 10.33mm、−70.41mm 和 −55.2mm，导致径流深减小约 1.91mm、−10.4mm 和 6.2mm。

突变后的 1997—2018 年，由于降水、气温和潜在蒸散发的综合影响使得开都河年流深增加了 31.32mm，占径流深增加量（36.82mm）的 85.1%，其他因素作用下导致年径流深增加 5.5mm，占流量变化的 14.9%。同理，黄水沟流域在突变后的 1993—2017 年，气候变化引起径流深增加 10.9mm，占径流增加总量的 42.1%，而其他因素变化导致径流深增加 15mm，占径流变化量的 57.9%。农业较发达的焉耆盆地人类活动比较频繁，在突变后的 1992—2016 年间，气温、降水和潜在蒸散发变化直接引起的径流深的变化量约为 1.9mm，占径流总变化量的 23.8%，远小于其他因素所导致的径流深度变化（76.3%），见表 4 - 9。这说明，相对于基准期，20 世纪 90 年代后，流入博斯腾湖的水量变化除了对气温、降水和潜在蒸散发变化很敏感，其他要素对入湖水量变化也很重要。

2. 人为因素对湖泊变化的影响分析

博斯腾湖水量除了受出入湖水量以及湖水蒸发量和湖面降水量的影响之外，还受到人类活动的影响，包括农业灌溉、生产生活等。博斯腾湖流域引（耗）水量明显影响着湖泊的水量输入，图4-12显示了1960—2018年大山口至宝浪苏木段年引（耗）水量和河道损失以及入湖径流量的变化。

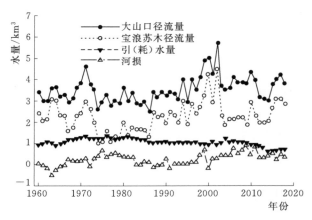

图4-12　入湖径流量与大山口至宝浪苏木段引（耗）水量

分析结果表明，20世纪70年代和21世纪初是高耗水时期，1990年前后及2010年之后为低耗水时期。在1960—1987年、1988—2002年、2003—2014年、2015—2018年四个时期，年平均入湖径流量分别为1.92km³、2.72km³、2.14km³和2.82km³，大山口至宝浪苏木分水闸处年平均耗水量约为1.16km³、1.02km³、0.97km³、0.66km³，入湖水量分别占上述四个时期上游来水量的59%、71%、59%和74%，耗水量分别约占出山口径流总量的36%、26%、27%和17%，意味着流域内的引（耗）水量对博斯腾湖水量变化有很大的影响。结合上述分析，在1988—2002年期间，流域开始进入丰水期，到2002年，博斯腾湖流域大山口出水量达到59年间的最大值，为4.49km³，博斯腾湖水位和水量也达最大值。根据已有资料（Chen et al.，2013），20世纪50年代，流域内农田灌溉面积约为100km²，至1960年，农田灌溉面积已经增长到578km²，大量的耕地开垦以及水资源的肆意利用，导致1987年之前入湖径流量不断减少，水位下降。1980年、1995年、2005年、2015年博斯腾湖流域土地利用面积变化数据见表4-10，流域内耕地面积仍然在不断增加，至2015年达到2207km²左右。1980—2015年，博斯腾湖流域耕地、城乡居民工况用地面积有所增加，其中耕地增长率高达30.5%。1986年之后，由于灌溉定额制度的实施，水资源的利用效率得以提高，流域内灌溉用水量得到有效的控制。

表4-10　　　　　　　　　　博斯腾湖流域土地利用面积变化　　　　　　　　　　单位：km²

年份	耕地	林地	草地	水域	未利用地	城乡居民工矿用地
1980	1691	428	20143	1133	19325	78
1995	1775	450	19796	1134	19536	100
2005	1900	495	19619	1162	19486	128
2015	2207	455	19636	1162	19202	133

由于水资源的超承载力利用，塔里木河下游遭受了严重的生态退化。为了恢复塔里木河下游的"绿色走廊"，2000年实施了生态输水工程，将水从博斯腾湖输送到大西海子水

库，最后到达台特马湖，其所用的水主要来自博斯腾湖，这进一步加剧了博斯腾湖流域的水资源短缺。2002—2010 年，博斯腾湖的总生态输水量为 1.91km³（陈亚宁 等，2013），这也是造成 2003—2014 年期间博斯腾湖水量下降的原因。

气候变化和人类活动均对湖泊变化有一定影响。博斯腾湖位于焉耆盆地腹地，出入湖径流、湖面蒸发和降水、农业灌溉等直接影响湖泊水量的增减。1987 年之前，入湖水量减少，湖面蒸发量在水量平衡中的贡献率达 25% 左右，出湖水量贡献率约为 28%，加之耕地面积扩大导致灌溉需水量增加，导致湖泊水位不断下降，1987 年水位下降至 1045.00m。1980—2015 年，虽然耕地增加了约 516km²，但由于制定了合理的灌溉定额，引（耗）水量呈微弱的下降趋势，而且 1983 年博斯腾湖西泵站建成运行，出湖水量开始由人为控制，使得博斯腾湖水量增加，到 2002 年达到高水位 1049.39m。从 2000 年开始，博斯腾湖向塔里木河下游生态输水，出湖水量增多，是导致 2002—2014 年水位下降的主要原因。近几年，由于对生态环境的不断重视和对博斯腾湖出湖水量的合理控制，从 2015 年开始，博斯腾湖水位开始回升。2000 年之前，人类活动对博斯腾湖的干扰程度达到 62%～67.7%，在 21 世纪可能超过 80%（陈亚宁 等，2013）。博斯腾湖流域位于西北内陆干旱区，水系统十分脆弱，全球变暖加剧了不稳定水资源的不确定性。然而，现代湖泊环境的变化，特别是短时间尺度，即几十年、几百年的变化与人为因素密切相关。人类活动正在很大程度上改变博斯腾湖流域的自然水循环系统，博斯腾湖的未来很大程度上取决于人类活动。

通过对过去近 60 年（1960—2018 年）不同时期影响下的博斯腾湖水位变化的系统分析，得出了以下初步结论：

（1）1960—2018 年博斯腾湖水位总体呈波动下降趋势，经历了下降—上升—下降—上升的过程，湖泊面积和水量经历了类似的变化。1960—1987 年湖泊水位以 0.08m/a 的速率下降，1988—2002 年上升速率为 0.26m/a，2003—2014 年的下降速率为 0.16m/a，2015—2018 年的上升速率达 0.64m/a。

（2）对博斯腾湖 1960—2018 年水位距平进行 EEMD 分解，水位具有准 8～9 年、准 29～30 年和准 33～34 年的周期性振荡。59 年来水位变化在年际尺度上存在准 3～4 年、准 8～9 年的周期性振荡，在年代际尺度上存在准 29～30 年和准 33～34 年的周期性变化。其中，存在 29～30 年时间尺度上周期振荡比较明显。

（3）通过突变后的径流分析表明，开都河源流区在 1997—2018 年期间，降水、气温和潜在蒸散发的对径流的贡献率分别为 56%、34% 和 5% 左右。黄水沟流域在 1993—2017 年间，降水、气温和潜在蒸散发对径流量的贡献率分别为 47%、35% 和 40% 左右。焉耆盆地在 1992—2016 年间，气温、降水和潜在蒸散发变化直接引起的径流变化量约占径流总变化量的 15%、39% 和 78%。

（4）博斯腾湖 1960—1987 年水位下降的主要原因是由于入湖径流量的减少以及湖面蒸发量较大；气候变化导致的入湖水量增加是 1988—2002 年水位升高的主要原因；2003—2014 年，入湖径流减少、出湖水量增多（主要以生态输水工程）导致水位下降；2015—2018 年，入湖水量增加以及对出湖水量的严格控制，是使得博斯腾湖水位呈上升趋势的主要原因。

第二节 博斯腾湖生态水位管控目标

一、博斯腾湖的最低生态水位目标

依据《巴音郭楞蒙古自治州开都-孔雀河流域水环境保护及污染防治条例》第十条规定，博斯腾湖大湖水位控制在最低 1045.00m，最高 1047.50m 的水位区间运行管理。为更准确地确定博斯腾湖大湖生态水位，本书除了参照本条例规定的控制水位外，还基于博斯腾湖大湖库容曲线分析其特征水位，以及依据水文学 Q_p 法等多种方法综合确定湖泊最低生态水位。

1. 博斯腾湖大湖区的库容特征曲线及特征水位

博斯腾湖作为开都河-孔雀河流域的一个水资源自然调节库，可以视作一个功能不完备的水库。它既是一个天然湖泊，但又在很大程度上按照水库来人为控制运行和调节水位与出入湖水量，同时又不完全具备常规水库的结构和功能，如拦洪坝、溢洪道和泄洪区等。

为了确定博斯腾湖的特征水位与特征库容，以便进行调节计算和选择湖泊合理的水位调度运行方案，参照夏军院士的研究成果《博斯腾湖水资源可持续利用——理论·方法·实践》，将博斯腾湖视作一个水库进行特征水位的确定分析。

博斯腾湖分为大、小湖两个湖区，大湖区是湖泊的主体，也是起到水库调节作用的主要湖区；小湖区面积较小，主要由 16 个小片水域与大片芦苇湿地组成，是调节的次要湖区。针对大湖区，依据巴音郭楞蒙古自治州水利局 2000 年进行的博斯腾湖库容曲线测绘可以获取面积及其库容的特征曲线，如图 4-13 所示。

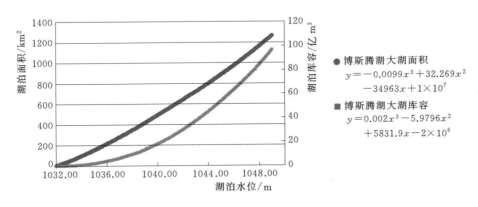

● 博斯腾湖大湖面积
$y = -0.0099x^3 + 32.269x^2 - 34963x + 1 \times 10^7$

■ 博斯腾湖大湖库容
$y = 0.002x^3 - 5.9796x^2 + 5831.9x - 2 \times 10^6$

图 4-13 博斯腾湖大湖水位-库容、水位面积曲线

水库工程为完成不同时期和隔阂总水文情况下需要控制达到或者允许消落的各种库水位称作特征水位。相应于水库特征水位以下或者两个特征水位之间的水库库容为特征库容。常用的特征水位与特征库容包括：①死水位（$Z_死$）和死库容（$V_死$）；②正常蓄水位（$Z_蓄$）和兴利库容（$V_兴$）；③防洪限制水位，也称汛限水位（$Z_限$）；④防洪高水

位（$Z_防$）和防洪库容（$V_防$）；⑤设计洪水位（$Z_{设洪}$）和拦洪库容（$V_拦$）；⑥校核洪水位（$Z_{校核}$）和调洪库容（$V_{调洪}$）。具体各特征水位与特征库容的关系见图4-14。

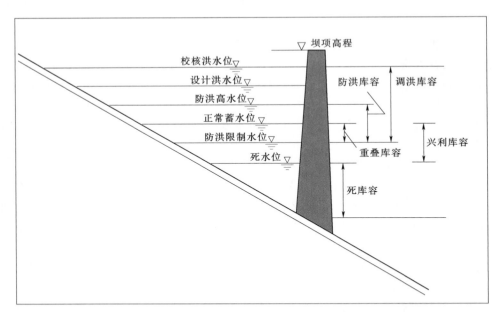

图4-14 特征水位及特征库容关系示意图

（1）博斯腾湖死水位（$Z_死$）和死库容（$V_死$）。针对博斯腾湖大湖，当湖泊达到死水位时，应使其所对应的芦苇面积和湿地在临界范围内，使大湖水质和水环境在允许范围内，同时可以保证大湖出湖水量满足向孔雀河灌区输送生产用水的最低要求。以此为主要依据和条件，并结合《巴音郭楞蒙古自治州开都－孔雀河流域水环境保护及污染防治条例》中的相关规定，选择确定博斯腾湖的死水位（$Z_死$）为1045.00m，对应的死库容（$V_死$）依据库容曲线计算为53.71亿 m^3。

考虑到博斯腾湖多年湖泊运行水位状况多在1045.00m以上，且随着水位的进一步降低，将直接影响到湖泊水体矿化度及湖泊生态环境。因此，从博斯腾湖作为天然湖泊运行规律，以及保护湖泊生态环境的角度，确定1045.00m作为博斯腾湖的死水位和运行时的最低限制水位是合理的。

由于目前博斯腾湖大湖出流在枯水期主要依靠扬水站水泵扬水，依据东西两个泵站的运行管理，最低工程取水水位在1044.75m左右（东泵站），若低于1045.00m，则泵站将难以运行。因此，从工程引水角度看，确定1045.00m作为死水位也是合理的。

（2）博斯腾湖正常蓄水位（$Z_蓄$）和兴利库容（$V_兴$）。一般对水库正常蓄水位（$Z_蓄$）和兴利库容（$V_兴$）的确定，是依据兴利调节计算，基于多年监测确定的入库水量、用水量和损失量，以及死水位和死库容，通过兴利调节计算得到 $V_兴$，利用库容曲线查出 $V_兴+V_死$ 对应的水位，即为正常蓄水位 $Z_蓄$。

兴利调节计算过程中，径流调节计算主要依据水量平衡方程：

$$W_末=W_初+W_入-W_出 \tag{4-16}$$

式中：$W_末$ 为计算时段末水库的蓄水量，依据计算时段末湖泊水位对应的库容；$W_初$ 为计算时段初水库蓄水量，依据计算时段初湖泊水位对应的库容；$W_入$ 为计算时段入库水量，依据宝浪苏木入湖水量；$W_出$ 为计算时段出库水量，依据计算时段孔雀河塔什店出湖水量，同时在计算中考虑博斯腾湖自身损耗等生态需水量。

依据近 30 年出入湖水量的数据，以及博斯腾湖在不同保证频率下自身损耗生态需水计算结果，计算不同保证率下对应的兴利库容以及依据库容曲线估算的正常蓄水位见表 4-11。计算确定并选择兴利库容 $V_兴$ 为 24.50 亿 m^3，对应的正常蓄水位 1047.50m。

表 4-11　　　　　不同保证率对应的兴利库容和正常蓄水位计算统计表

保证率/%	兴利库容 $V_兴$/亿 m^3	正常蓄水位 $Z_蓄$/m	保证率/%	兴利库容 $V_兴$/亿 m^3	正常蓄水位 $Z_蓄$/m
90	26.423	1047.74	70	14.011	1046.48
80	20.184	1047.06	建议值	24.50	1047.50
75	15.642	1046.67			

注　数据与结果来自夏军等，《博斯腾湖水资源可持续利用——理论·方法·实践》。

（3）防洪限制水位 $Z_限$。防洪限制水位是水库在汛期允许兴利蓄水的上限水位，也是水库汛期防洪运行时的起调水位。其拟定关系涉及水库防洪与兴利的结合，具体确定时要兼顾两方面的要求。

在综合利用水库中，防洪限制水位与设计洪水位、正常蓄水位之间的相互关系一般分三种情况：

1）防洪限制水位与正常蓄水位重合，即防洪库容与兴利库容不结合的情况。

2）设计洪水位与正常蓄水位重合，防洪限制水位基于正常蓄水位。在汛期初，水库只允许蓄水到防洪限制水位，到汛期末水库再蓄水到正常蓄水位，这是最理想的状态。因为防洪库容能够与兴利库容完全结合，水库这部分容积得到充分利用。这种情况适合汛期洪水变化规律稳定，或者洪水出现时期虽不稳定，但是所需库容小的情况。

3）结合上述两者之间，防洪库容与兴利库容部分结合的情况。依据博斯腾湖的实际情况，考虑以下因素，选择防洪限制水位与正常蓄水位重合。

A. 博斯腾湖汛期变化不稳定，特别是汛期来的时间变化较大，且随着气候变化与区域用水的波动，博斯腾湖入湖数量不确定性较大。

B. 博斯腾湖是一个多年调节水库，遇枯水年，孔雀河主要依靠博斯腾湖在丰水年蓄积的水量调控满足生产生态用水，一般汛期多蓄水。

C. 博斯腾湖库容较大，防洪库容也相应较大。据此确定博斯腾湖正常蓄水位 $Z_蓄$ 和防洪限制水位 $Z_限$ 均为 1047.50m。

（4）防洪高水位（$Z_防$）和防洪库容（$V_防$）。选择防洪高水位时，首先应分析水库下游地区的防洪标准，分析在遭遇某防洪标准时如何保证下游的安全。一般有两种方法，一是增加防洪库容，二是增加堤防标准。

针对博斯腾湖，下游孔雀河主要过水断面和水利枢纽最大过水能力多为 150m³/s，以此为依据进行计算。选择 $P=10\%$（10 年一遇）和 $P=5\%$（20 年一遇）频率计算博斯腾湖入湖洪水量和湖泊自身损耗需水量，按照 $150\text{m}^3/\text{s}$ 出湖调节水量计算得出：当 $P=10\%$，博斯腾湖最高洪水位为 1047.80m 时，对应库容为 81.81 亿 m^3；当 $P=5\%$，计算得到博斯腾湖防洪高水位 $Z_{防}$ 为 1048.00m 时，防洪库容为 5.70 亿 m^3。

（5）非常洪水位（$Z_{非常}$）和调洪库容（$V_{调洪}$）。由于博斯腾湖是一个天然湖泊，对于如人工建设的水库建筑物设计标准（设计洪水和校核洪水的频率）没有严格的确定与规定，因此这里只是选择某一频率，计算对应的"非常洪水位 $Z_{非常}$"。这里提到的非常洪水位相当于前面介绍的校核洪水位，是水库正常运行情况下允许达到的临时性最高洪水位，并把非常洪水位与防洪限制水位之间的库容视作调洪库容。

在计算确定非常洪水位时，选择 $P=2\%$（50 年一遇）和 $P=1\%$（100 年一遇）两个频率，分别计算入湖洪水量、湖泊自身损耗需水量，以及按照孔雀河最大下泄流量计算出湖调节水量得到：当 $P=2\%$ 时，对应的博斯腾湖最高洪水位为 1048.20m，由库容曲线获取库容为 86.49 亿 m^3；当 $P=1\%$ 时，确定为非常洪水位，得到博斯腾湖非常洪水位为 1048.30m，由库容曲线查出调洪库容为 9.27 亿 m^3 见表 4-12。

表 4-12　　　　　　　　　　　**博斯腾湖大湖特征水位、特征库容表**

特征水位/m	特征库容/亿 m^3	特征水位/m	特征库容/亿 m^3
非常洪水位 $Z_{非常}$=1048.30	调洪库容 $V_{调}$=9.27	正常蓄水位 $Z_{蓄}$=汛限水位=1047.50	兴利库容 $V_{兴}$=24.71
防洪高水位 $Z_{防}$=1048.00	防洪库容 $V_{防}$=5.70	死水位 $Z_{死}$=1045.00	死库容 $V_{死}$=53.71

注　方法、数据来自夏军等，《博斯腾湖水资源可持续利用——理论·方法·实践》。

2. 基于年保证率设定法及 Q_p 法最低生态水位确定

参考崔保山等（2005）提出的用来计算河流基本生态环境需水量的年保证率设定法的基本原理及水文学中的 Q_p 法来计算确定湖泊最低生态水位，计算公式为

$$H_{\min}=\mu H \tag{4-17}$$

式中：$H_{\min}$ 为最低生态水位；H 为设定保证率下对应的水平年年平均水位；μ 为权重，计算步骤如下：

（1）依据博斯腾湖水文资料，对历年年最低水位从大到小进行排列。

（2）根据湖泊的自然地理、功能及属性选择适宜保证率（一般为 90%）。

（3）确定权重。

以水文年年最低水位作为湖泊最低生态水位，没有考虑湖泊生物的细节而使计算的结果可能与实际情况有一定的差距。为了使得计算结果更加符合实际情况，故用权重 μ 来进行调整。它反应的是水文年年平均水位与最低生态水位的接近程度，可用专家判断法或根据水文年湖泊生态系统健康等级来估算。当水文年湖泊生态系统健康等级为较好以上时，说明该年的水位为湖泊的正常水位，这时，计算结果应适当下调；湖泊生态系统健康等级为中等时，说明该年的水位能维持湖泊生态系统的动态平衡；湖泊生态系统健康等级为差或者极差时，说明该年的水位不能满足湖泊生态系统的需水要求。此时，计算结果应适当上调。再由生态水文学原理，可确定湖泊生态系统健康等级与权重 μ 的对应关系（见表 4-13）。

表 4-13　　　　　　　　　　湖泊生态系统健康等级与权重 μ 的关系

湖泊健康等级	优	较好	中等	差	极差
权重 μ	0.945	0.975	1.000	1.005	1.013

依据设定的 90% 保证率，对应湖泊水位 1045.02m，这里取湖泊生态系统健康等级中等，权重为 1，1045.02m 作为计算所得的最低生态水位。

依据扬水站修建后近 30 年博斯腾湖大湖实测水位数据，选择每年中最低月平均水位进行排频，取 90% 保证率，对应的水位为 1045.00m。

考虑到博斯腾湖在 1986 年国民经济生产发展较慢且用水矛盾并未十分突出时，湖泊水位已经出现的 1045.00m 以下的低值，以及目前流域水资源供需矛盾突出，2012—2014年流域来水略低于多年平均水量情况下湖泊水位触及 1045.00m 的低水位现实，从湖泊水位保障水平、流域下游供水安全、博斯腾湖水环境保障需求等多方面考虑，根据博斯腾湖大湖水位变化规律及前人理论研究成果，并参考《巴音郭楞蒙古自治州开都-孔雀河流域水环境保护及污染防治条例》的规定，确定博斯腾湖大湖的最低生态水位、适宜生态水位和最高生态水位分别为 1045.00m、1046.50m 和 1047.50m。

3. 博斯腾湖小湖生态水位确定

（1）基于大、小湖实测水位的小湖生态水位估算。博斯腾湖小湖 2000 年以来实测平均水位为 1047.09m，要高于大湖同时段 1046.70m 的平均水位。由于博斯腾湖小湖库容较小（与大湖相比），主要由多个小片水域及其与之相连的水道和大片芦苇湿地组成，未做过准确的库容曲线测绘，缺乏计算的基础资料，建议博斯腾湖小湖作为大湖的泄洪区，小湖的特征水位参照大湖确定如下：

1）考虑到小湖湿地芦苇生长与生态环境的保护需要，参照大湖死水位的选择确定依据，参考多年小湖水位较大湖相对高的运行现状，初步选择小湖死水位为 1046.50m。

2）相同的参考依据，并参照大湖的正常蓄水位和小湖多年监测水位数据，选择确定小湖正常蓄水位为 1047.00m。

3）考虑到小湖作为大湖的泄洪区，兼顾考虑水库防洪与兴利的结合关系，选择防洪限制水位为 1046.50m。

4）针对小湖，因为缺少相关基础数据，无法进行调洪计算，综合考虑到小湖在作为大湖泄洪区时小湖的淹没区域与范围，以及大湖的非常洪水位，选择小湖非常洪水位与大湖一致，为 1048.30m。

（2）基于博斯腾湖芦苇面积-库容关系的小湖生态水位估算。博斯腾湖湿地盛长芦苇，是我国著名的芦苇产地。芦苇不仅是鱼类的繁殖场所，而且还是各种水禽的栖息地，对博斯腾湖及其周边地区的生态环境保护具有重要意义。考虑到芦苇生产状况和生态环境保护及功能区划的要求，以芦苇作为小湖的生态指标，对小湖的最低生态水位进行计算。采用1987—2000 年的观测资料建立湖泊库容和芦苇面积的关系曲线拟合公式（李新虎 等，2007）：

$$y = 0.4054x^3 + 94.27x^2 - 7055.7x + 201826 \quad (R^2 = 0.9563) \quad\quad (4-18)$$

$$\frac{\mathrm{d}^2 y}{\mathrm{d}x^2} = 0 \quad\quad (4-19)$$

式中：y 为芦苇面积；x 为库容。求解得到 $x=70.51$ 亿 m^3，代入库容水位关系，得到生态水位为 1047.20m。

从博斯腾湖大湖作为天然湖泊的自身运作规律，以及保护生态环境、维持自然生态的角度出发，结合对博斯腾湖水位-水质-水量的关系分析，确定博斯腾湖大湖的正常蓄水位及汛限水位，采用《巴音郭楞蒙古自治州开都-孔雀河流域水环境保护及污染防治条例》中规定的 1047.50m 的最高控制水位，博斯腾湖大湖的适宜生态水位为 1046.50m。结合博斯腾湖水位的调度运行分析，当博斯腾湖大湖水位逼近东西泵站的最低运行水位 1045.00m 时，博斯腾湖将无法保障向孔雀河供水，也无法满足库尔勒市尉犁县及农二师部分团场的灌溉需求，孔雀河流域的经济社会发展和近百万人的生产、生活将受到严重影响。参照《巴音郭楞蒙古自治州开都-孔雀河流域水环境保护及污染防治条例》，确定博斯腾湖大湖最低生态水位为 1045.00m，以维持枯水期博斯腾湖的生态环境和满足孔雀河下游的灌溉需水与生态需水，对应的最小湖泊生态面积 886.50km²，在 P 为 25%、50%、75% 和 90% 的情形下，保障湖泊最低生态水位所需的生态需水量最低分别是 12.50 亿 m^3、11.98 亿 m^3、11.63 亿 m^3、11.16 亿 m^3，即要保证平均入湖水量最低不少于 11.82 亿 m^3。小湖的适宜生态水位参照大湖水位及仅 20 年左右小湖实测水位变化，拟定为 1046.70~1047.20m，以保证小湖区的生态环境与湿地生态功能。

二、博斯腾湖的生态需水分析

1. 博斯腾湖生态需水量的研究方法

为研究需要，博斯腾湖生态需水量的估算主要以耗水量计，其中包括水面蒸发、渗漏以及植物蒸腾耗水等，这三项消耗减去水面降水即为净耗水量，就是博斯腾湖需要由径流补充的水量。水面蒸散消耗总量和水面降水总量与水面面积有关。考虑到大湖区以水面蒸发和渗漏为主，芦苇分布较少，忽略不计。而小湖区则以芦苇分布最为普遍，水域面积较少，所以对小湖区的生态需水量按生长期和非生长期分别计算，生长期只考虑植被蒸腾耗水，非生长期只考虑水面蒸发耗水。

植物需水量包括植物同化过程耗水、植物体内包含的水分、蒸腾耗水和棵间蒸发耗水四个部分，其中植物蒸腾耗水和棵间蒸发耗水占植物需水量的 99%，因而把植物需水量近似理解为植物叶面蒸腾和棵间蒸发之和，称为蒸散量（冉新军 等，2010）。生态需水量的计算公式为

$$W_耗 = A \times (E - P) + L + E_植 \tag{4-20}$$

式中：$W_耗$ 为以耗水量计的生态需水量；A 为生态水面面积；E 和 P 分别为年水面蒸发量和年降水量；L 为年渗漏量；$E_植$ 为植物蒸腾需水量。对于蒸发量和降水量都涉及不同水平年，研究选择保证率为 25%、50%、75% 和 90% 进行分析计算，分别对应丰水年、平水年、枯水年和特枯水年。

利用适线法原理绘制年降水量频率曲线（P-Ⅲ型分布曲线），从年降水量频率曲线中分别找出频率为 25%、50%、75% 和 90% 对应的值，即为不同水平年降水量设计值；再根据典型年选择原则，从实测数据中选择典型代表年，以年降水量计算缩放系数（缩放系数＝年降水量设计值/降水量实测值），用各缩放系数乘以相应的典型年各月降水量，即得

不同保证率的设计降水量年内分配。借鉴降水量频率曲线分析方法得到不同保证率的设计年蒸发量和月蒸发量。博斯腾湖小湖主要的植物蒸腾量需水实际是芦苇蒸腾需水量，研究中只计算芦苇生长旺盛期的蒸腾量，即

$$E_{植} = K_i \times \sum_{i=1}^{12} E_i \times S_i \tag{4-21}$$

式中：K_i 为第 i 月植物修正系数，参考冉新军等（2010）通过实验研究得到的 7 月、8 月、9 月植物修正系数分别为 1.5、1.43、1.06，考虑到新疆芦苇的生长期大致在 5—9 月，本研究只计算 5—9 月的芦苇蒸腾需水量，5 月和 6 月的植物修正系数参考 9 月和 8 月的；E_i 为第 i 月水面蒸发；S_i 为第 i 月生态水面面积。

各月生态水面面积 S_i 的确定方法如下。首先，参照衷平等（2005）确定生态水位系数的方法确定最低、适宜、最高生态水位系数。即用最低、适宜、最高生态水位除以多年平均水位得到对应的生态水位系数。不同的水位系数实质上就是不同的生态环境需水量的量化标准，公式如下：

$$L_w = \left| \sum_{i=1}^{n} L_i \right| / n \tag{4-22}$$

$$\delta = L_j / L_w \tag{4-23}$$

式中：L_w 为多年平均水位；n 为统计年；L_i 为第 i 年平均水位；L_j 为第 j 类生态水位，有最低、适宜、最高生态水位等类别；δ 为生态水位系数。

其次，不同的生态水位系数代表了不同生态环境标准对水位的要求，将各月水位多年平均值乘以生态水位系数，就可以得到各月的生态水位。最后，根据李新虎等（2007）对博斯腾湖最低生态水位研究中提出的水位与水域面积关系式，求得各月生态水面面积 S_i。年渗漏量的计算通过将渗透系数折算成单位面积年渗透量，再与水面面积相乘，渗漏系数参照文献（袁天华 等，2003），取博斯腾湖东泵站 2.90～3.80m 深度的渗透系数为 1.20×10^{-7} cm/s。

通过上述方法可以得到以耗水量计的博斯腾湖不同保证率最小、适宜和最大生态需水量。

2. 不同保证率降水量

博斯腾湖位于焉耆盆地，根据焉耆县 1951—2018 年降水量数据，利用适线法原理绘制年降水量频率曲线（P-Ⅲ型分布曲线），可以得到丰水年（计算取 $P=25\%$）、平水年（计算取 $P=50\%$）、偏枯水年（计算取 $P=75\%$）、特枯水年（计算取 $P=90\%$）的设计年降水量分别为 89.39mm、66.34mm、46.78mm、24.28mm。进一步计算获得缩放系数（见表 4-14）和不同保证率设计降水量年内分配（见表 4-15）。

表 4-14　　　　　不同保证率降水量设计值、代表年、实测值及缩放系数

保证率/%	设计值/mm	实测资料代表年	实测值/mm	缩放系数
25	89.39	2005 年	91.70	0.975
50	66.34	1978 年	66.50	0.998
75	46.78	2004 年	46.50	1.006
90	24.28	1977 年	24.40	0.995

表 4 - 15 不同保证率的实测和设计降水量年内分配 单位：mm

月份	实测	设计	实测	设计	实测	设计	实测	设计
	25%		50%		75%		90%	
1	0.70	0.68	0.00	0.00	4.80	4.83	0.00	0.00
2	2.00	1.95	0.00	0.00	0.00	0.00	0.00	0.00
3	0.00	0.00	0.00	0.00	9.80	9.86	0.00	0.00
4	0.00	0.00	0.00	0.00	0.80	0.80	0.20	0.20
5	20.20	19.69	4.70	4.69	15.80	15.90	1.60	1.59
6	2.90	2.83	13.80	13.77	1.70	1.71	5.80	5.77
7	32.60	31.78	34.80	34.72	6.30	6.34	0.50	0.50
8	18.30	17.84	7.90	7.88	5.00	5.03	2.40	2.39
9	10.70	10.43	5.30	5.29	0.00	0.00	4.20	4.18
10	2.60	2.53	0.00	0.00	0.50	0.50	6.50	6.47
11	0.00	0.00	0.00	0.00	0.00	0.00	3.20	3.18
12	1.70	1.66	0.00	0.00	1.80	1.81	0.00	0.00
合计	91.70	89.39	66.50	66.35	46.50	46.78	24.40	24.28

3. 不同保证率蒸发量

由于蒸发量采用的是小型蒸发皿（20cm 口径蒸发皿）数据，需要通过折算系数转换成水面蒸发值，本研究参考胡顺军等（2005）实验获得的塔里木河流域水面蒸发平均折算系数 0.5，利用适线法原理绘制年蒸发量频率曲线（P-Ⅲ型分布曲线），求得频率为 25%、50%、75% 和 90% 的设计年蒸发量分别为 1003.66mm、962.63mm、922.76mm 和 867.43mm。进一步计算获得缩放系数（见表 4-16）和不同保证率设计蒸发量年内分配（见表 4-17）。

表 4 - 16 不同保证率蒸发量设计值、代表年实测值及缩放系数

保证率/%	设计值/mm	实测资料代表年	实测值经折算/mm	缩放系数
25	1003.66	1962 年	1004.05	1.000
50	962.63	1977 年	958.60	1.000
75	922.76	1979 年	922.80	1.004
90	867.43	1988 年	877.20	0.989

表 4 - 17 不同保证率的设计蒸发量年内分配 单位：mm

月份	蒸 发 量			
	25%	50%	75%	90%
1	10.60	10.17	14.27	16.61
2	27.08	25.98	28.93	24.42
3	69.27	66.44	59.21	52.43
4	108.37	103.94	90.19	105.48

月份	蒸发量			
	25%	50%	75%	90%
5	150.07	143.94	130.04	101.45
6	145.28	139.34	135.31	129.92
7	143.85	137.97	133.89	140.61
8	144.84	138.92	121.91	111.17
9	99.10	95.05	95.54	87.49
10	63.61	61.01	66.97	53.74
11	27.98	26.84	30.67	26.47
12	13.62	13.06	15.84	17.64
合计	1003.67	962.66	922.77	867.43

4. 植物蒸腾需水量

据多年遥感影像解译，小湖面积多年平均约为 330km^2。计算得到不同水平年 5—9 月的植物蒸腾需水量作为年植物蒸腾需水量，即丰水年（计算取 $P=25\%$）、平水年（计算取 $P=50\%$）、偏枯水年（计算取 $P=75\%$）、特枯水年（计算取 $P=90\%$）小湖区植物蒸腾需水量分别为 2.72 亿 m^3，2.61 亿 m^3、2.45 亿 m^3 和 2.30 亿 m^3。

5. 渗漏量

已知博斯腾湖大湖各月生态水面面积，结合渗透系数，进一步计算得到大湖最低、适宜、最高生态水位对应的年渗漏量分别为 0.35 亿 m^3、0.38 亿 m^3 和 0.42 亿 m^3。

6. 博斯腾湖生态需水量

计算得到以耗水量计的不同水平年大湖最小、适宜、最大生态需水量，见表 4-18。由于小湖区主要以维系水域湿地面积，维护湖区生态环境和芦苇产量为目标，这里只计算现状条件下不同水平年生态需水量（见表 4-19）。

表 4-18　　　　　不同丰枯水平年大湖生态需水量　　　　　单位：亿 m^3

水平年	丰水年（25%）	平水年（50%）	偏枯年（75%）	特枯年（90%）
最小生态需水量（水位 1045.00mm）	8.75	8.38	8.23	7.92
适宜生态需水量（水位 1046.50mm）	9.67	9.48	9.31	8.96
最大生态需水量（水位 1047.50mm）	10.58	10.36	10.18	9.79

表 4-19　　　　　　不同水平年小湖生态需水量　　　　　　单位：亿 m^3

水平年	丰水年（25%）	平水年（50%）	偏枯年（75%）	特枯年（90%）
生态需水量	3.75	3.60	3.40	3.24

丰水年大湖入湖水量可依据最大生态需水量（10.58 亿 m^3），并结合其他计划用水进行调度；在平水年，大湖入湖水量可依据适宜生态需水量（9.48 亿 m^3），并结合其他计划用水进行调度；而一般枯水年和特枯水年，则依据最小生态需水量（8.23 亿 m^3 和 7.92 亿 m^3）和其他计划用水进行调度。由此计算得到不同水平年博斯腾湖（含大、小湖）的生态需水量（见表 4-20）。

表 4-20	不同水平年博斯腾湖（含大、小湖）生态需水量		单位：亿 m³	
水平年	丰水年（25%）	平水年（50%）	偏枯年（75%）	特枯年（90%）
生态需水量	14.33	13.08	11.63	11.16

三、博斯腾湖最低生态水位及出入湖水量的评估

从博斯腾湖大湖区作为天然湖泊的自身运作规律，以及保护生态环境、维持自然生态的角度出发，结合对博斯腾湖水位-水质-水量的关系分析，确立博斯腾湖大湖区的适宜生态水位为 1046.50m，最低生态水位为 1045.00m，最高控制水位为 1047.50m，以维持枯水期博斯腾湖的生态环境和满足孔雀河下游的灌溉需水与生态需水。以下从供需水、防洪需求、湖区环境等方面探讨博斯腾湖大湖区适宜生态水位与最低生态水位的合理性。

1. 供需水分析

根据博斯腾湖水量平衡，当保持湖泊水位为适宜水位 1046.50m 时（实测资料代表年为 2006—2007 年），实测入湖、出湖径流量平均值分别为 21.90 亿 m³ 和 17.30 亿 m³。当湖泊达到最低生态水位 1045.00m 时（实测资料代表年为 2011—2012 年），实测入湖、出湖径流量分别为 21.10 亿 m³ 和 16.90 亿 m³。虽然两段年份的入湖水量和出湖水量均相差不大，然而由于湖泊自身的调节功能和水位差，导致 2010—2011 年的湖泊水位降低至了最低水位，说明入出湖水量差对湖泊水位变化相关性更强。因此，研究基于湖泊的天然特征，利用水位-库容曲线和蒸散发规律分析了博斯腾湖在适宜生态水位和最低生态水位时的最佳入出湖径流（见图 4-15）。对于适宜生态水位，入湖径流与出湖径流的差应该保持在大湖、小湖适宜生态水位对应的生态需水量 11.16 亿～14.33 亿 m³ 范围内。

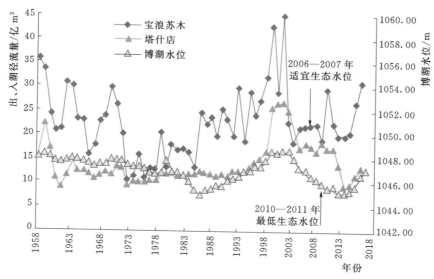

图 4-15　1958—2018 年间博斯腾湖入出湖径流量和博湖水位变化

开都河和孔雀河灌区近 3 年分别从开都河与孔雀河中的平均引水量分别为 6.45 亿 m³ 和 9.86 亿 m³，低于巴音郭楞蒙古自治州实施的最严格水资源管理制度"三条红线"控制上限指标。为满足博斯腾湖适宜生态水位和最低生态水位，在不同来水频率下，依据多年

来水与区域用水的关系特征，分别确定开都河与孔雀河的用水目标，并结合湖泊生态需水与湖泊水位的管理，推算出不同情景下博斯腾湖的出入湖水量，其中推算所得入湖水量与实测宝浪苏木多年平均入湖水量一致；充分考虑了不同丰枯水平年下来水特征与耗水差异，提出的出入湖水量基本能够满足"三条红线"用水需求及河湖生态需水，同时提出的出湖水量还充分考虑了孔雀河的生态需水要求；针对枯水年份的可能发生的生态需水缺口与实际相似保证率下历史实际发生的事件规律相符，由此可推断，博斯腾湖水量平衡与出入湖水量建议是合理的。

2. 防洪需求分析

当保持博斯腾湖大湖区适宜生态水位为 1046.50m 时，即能降低湖区的无效蒸散发，又能满足洪水期的防洪要求。

根据《巴音郭楞蒙古自治州开都-孔雀河流域水环境保护及污染防治条例》，博斯腾湖的最高控制水位为 1047.50m。当博斯腾湖水位达到适宜生态水位 1046.50m 时，库容约为 67.90 亿 m³，距离博斯腾湖水位达到最高控制水位 1047.50m 时的调蓄库容约为 10.50亿 m³；考虑到多年间 4—10 月宝浪苏木的入湖最大月径流量为 10.35 亿 m³，标准差为 1.80 亿 m³，博斯腾湖最大出湖流量（东西泵站的最大泵水能力）约为 100m³/s，合计每月 2.68 亿 m³。在未来气候持续变暖、水文变异性更强的背景下，宝浪苏木的最大月径流量假设为在现有最大径流量的基础上变幅为 1 倍的标准差，即 12.15 亿 m³，减去 2.68 亿 m³，实际月最大入湖水量为 9.47 亿 m³。因此，当湖泊水位在 1046.50m 时，即使不考虑夏日蒸发耗水，博斯腾湖也有近一个月的调洪时间，并仍有 1.03 亿 m³ 的库容空间，可以供黄水沟、清水河、乌什塔拉河等诸小河流在未来气候变化条件下的径流不确定性增加。而湖泊水位对应 1045.00m 的库容为 53.7 亿 m³，1045.00～1047.50m 湖泊水位间有 24.7 亿 m³ 的调蓄空间；1045.00～1046.50m 湖泊水位区间有 14.20 亿 m³ 的水量调蓄空间，说明湖泊处于 1046.5m 的适宜生态水位向上有足够的洪水调蓄库容，向下有应对多个特枯年的水量调节能力，总体适宜。

3. 博斯腾湖湖区环境

如图 4-16 所示，1956—2018 年间博斯腾湖水位和矿化度的变化结果表明，湖水矿化度的变化过程与水位变化正好相反。20 世纪 70 年代以前，博斯腾湖处于高水位运行状态，水位在 1047.50m 以上，湖水矿化度较低，是典型的淡水湖。然而，自 70 年代至 80年代后期，湖水水位降低，矿化度呈上升态势；90 年代初至 2002 年，随着水位的持续抬高，湖水矿化度出现降低趋势；2002—2012 年，湖水水位下降，湖水矿化度随之缓慢上升，达到 1.50g/L。

2006—2007 年间，湖水水位平均为 1046.70m，平均湖水矿化度为 1.38g/L，水质基本满足工农业用水、生活用水和生态用水需求。此时，湖面面积约为 1027km²，湖面蒸发量约为 14.37 亿 m³，可以同时满足用水需求。2010—2011 年，湖水水位平均为 1045.51m，湖水矿化度为 1.46g/L，当湖水水位继续下降低于 1045.00m 最低生态水位值时，不仅会影响下游供水，持续升高的矿化度也将严重影响湖泊的水生态系统，引起湖泊周边土壤盐渍化等问题。因此，将适宜生态水位确定为 1046.50m、将最低生态水位定位1045.00m，基本满足矿化度在 1.5g/L 以下。在科学调度、人为扰动加速水循环过程中，

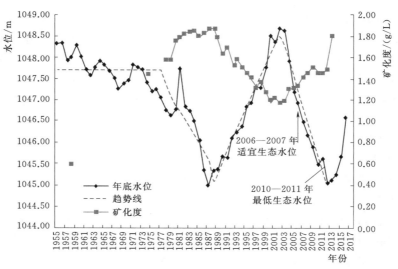

图 4-16　1956—2018 年博斯腾湖水位和水体矿化度变化特征

当湖水位达到 1047.50m 时，矿化度有望控制在 1.0g/L 左右，使得博斯腾湖得以保持为淡水湖，维护湖泊的生态平衡。

在湖区环境方面，研究分析了博斯腾湖湖面面积与水位的关系。由于博斯腾湖是宽浅型湖盆，当水位超过 1046.50m 时，随着水位的上升，湖面面积迅速上升，需要更多的水资源来满足蒸发需求，增大了湖泊的水资源蒸散损失。

相对于博斯腾湖的适宜生态水位，当湖面水位降低至 1045.50m 时，地表裸露面积增加 35.90km²，且主要集中湖区的西北部和南岸，将直接加重库尔勒市的风尘暴，影响人们适宜生存的环境。

4. 湖泊水位对焉耆盆地的影响

焉耆盆地为灌溉农田，存在排盐问题，当博斯腾湖水位过高，与焉耆盆地的地下水埋深高程差距缩小时，容易导致灌溉排水困难，从而恶化焉耆盆地的土壤盐渍化。例如 2002 年，博斯腾湖水位超过 1049.00m，博湖县农户需要紧急安置，且当博斯腾湖水位高于 1048.00m 时，湖区周边将有大片土地及湖畔景观设施被淹。相反，如果湖泊水位过低，一方面会因为宽缓湖盆裸露造成沙化、盐尘加剧，另一方面也会恶化湖泊水质，造成湖水矿化度上升，直接影响湖泊水生态系统与水环境，2012—2013 年湖泊水位曾经一度下降到 1045.00m，博斯腾湖湖水矿化度显著上升，高于 1.50g/L，已经成为微咸水。同时，低于 1045.00m 的湖泊水位也会严重影响扬水站的工作，致使孔雀河来水不足，生产、生活与生态用水无法保障。这些历史实际存在的实例为研究提供了很好的借鉴（见图 4-17）。

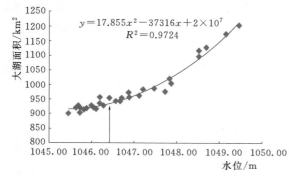

$$y = 17.855x^2 - 37316x + 2 \times 10^7$$
$$R^2 = 0.9724$$

图 4-17　博斯腾湖典型年份湖泊面积变化

综上所述，研究提出的博斯腾湖生态水位符合流域水量供需平衡、防洪需求以及博斯腾湖湖区水环境及水生态安全保障需求，同时也兼顾了湖区周边土地排水与农业生产、生活，结论是合理的。

第三节　博斯腾湖出入湖水量管理

开都河多年（1960—2018 年）平均径流量为 35.51 亿 m^3，其中，最大（57.09 亿 m^3，2002 年）、最小来水量（24.61 亿 m^3，1986 年）相差 2.3 倍。图 4－18（a）为博斯腾湖上游来水量与出入湖水量多年变化，图 4－18（b）为博斯腾湖水位年际变化，图 4－18（c）为博斯腾湖水位年内变化，图 4－18（d）为开都河大山口站来水量年内分布，图

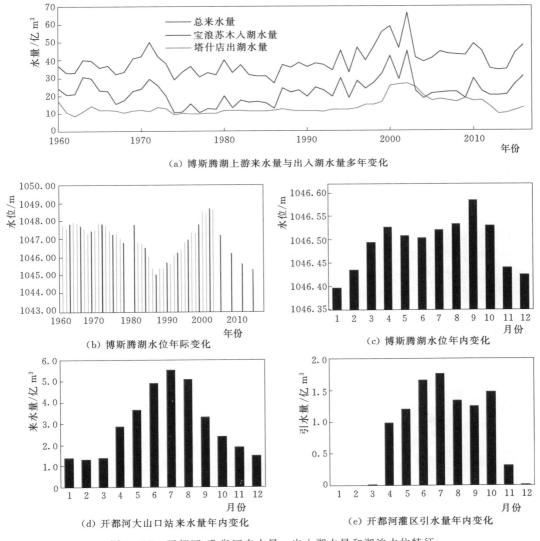

（a）博斯腾湖上游来水量与出入湖水量多年变化

（b）博斯腾湖水位年际变化

（c）博斯腾湖水位年内变化

（d）开都河大山口站来水量年内变化

（e）开都河灌区引水量年内变化

图 4－18　开都河-孔雀河来水量、出入湖水量和湖泊水位特征

4-18（e）为开都河灌区引水量年内变化。随着全球气候变化，干旱区水资源的波动性增大，2010年开都河来水44.15亿 m³，时隔两年2013年来水却只有30.73亿 m³，在水量变化如此剧烈的条件下，再加上来水与需水的时间分配不一致性，给博斯腾湖流域水资源管理和水量合理调配带来一定困难。博斯腾湖水位变化受开都河来水量影响显著，与上游来水变化趋势一致。开都河灌区的引用水主要集中在每年4—10月，这一时间也是开都河年内相对丰水时段和博斯腾湖高水位时段。因此，区段的引用水也会对博斯腾湖水位的变化形成明显影响。

一、博斯腾湖出入湖水量平衡计算与分析

博斯腾湖不仅有宝浪苏木入湖水量，在博湖的东北侧还有黄水沟、清水河等诸小河流流入湖泊，理论上开都河只占入湖水量的84%，其余诸小河占入湖水量的16%，但是这些诸小河流因地表水资源超承载力开发，普遍断流无水入湖，近十余年开都河基本提供了博斯腾湖100%的入湖水量。开都河出山口至入湖段的水量平衡关系及博斯腾湖理论出湖水量平衡计算公式如下：

$$宝浪苏木的入湖水量＝开都河来水－开都河河损－开都河用水$$
$$博斯腾湖的出湖水量＝入湖水量－博斯腾湖生态需水量（蒸发、渗漏损耗）＋$$
$$博斯腾湖水位调控库容变化的水量（有正、有负）$$

依据以上关系，在计算获取不同保证率开都河来水后，基于对开都河河损和区域"三条红线"用水指标、多年平均引用水量的数据，可以得到不同保证率来水和引用水量情况下的入湖水量，再基于不同频率下湖泊的最小生态需水，计算确定博斯腾湖的相应出湖水量。博斯腾湖出湖水量除了应满足孔雀河流域生产生活用水外，还需满足孔雀河流域的生态需水，因此整体出入湖水量最终是一个需要同时满足开都河，博斯腾湖和孔雀河上、中、下游需耗水的动态平衡过程。考虑到开都河在博斯腾湖入湖水量中理论承担比例与实际承担份额存在出入，这里分别对两种情况下的水量平衡进行分析，并最终给出建议的博斯腾湖出入湖水量平衡计算方案。

基于1960—2018年开都河大山口站径流数据，分别对代表丰水年、平水年、偏枯年和特枯年的4个频率（25%、50%、75%和90%）下的来水计算可知，开都河来水在4个频率下分别为38.58亿 m³、34.94亿 m³、30.19亿 m³ 和29.02亿 m³，2000年以来和2016年以来，大山口至宝浪苏木平均河损分别是4.98亿 m³ 和3.90亿 m³。开都河流域的用水与多年来水并无显著相关性（见图4-19），在丰水年至平水年典型频率25%～50%来水情景下，开都河供水按照"三条红线"最高用水指标7.30亿 m³ 供水，偏枯水年至特枯水年情景下（典型来水频率取 $P=75\%$，$P=90\%$）取最严格水资源制度执行以来的2016—2018

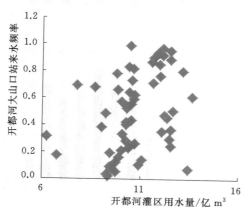

图4-19 开都河灌区用水量与
大山口站来水频率的关系

年开都河平均供水 6.45 亿 m^3 作为流域用水指标，结合对焉耆盆地农业回排水直接、间接入湖水量 2.0 亿 m^3 估算，确定基于河段多年平均河损及近 3 年平均河损不同情形下博斯腾湖的入湖水量在 25％、50％、75％和 90％频率下分别为 28.30 亿 m^3、24.66 亿 m^3、20.76 亿 m^3、19.59 亿 m^3 和 29.38 亿 m^3、25.74 亿 m^3、21.84 亿 m^3、20.67 亿 m^3，平均入湖水量分别为 23.33 亿 m^3 和 24.41 亿 m^3。

当博斯腾湖所有生态需水均由开都河提供时，结合不同频率以及不同湖泊水位情景下博斯腾湖自身最小生态需水的计算结果见表 4-21。理论出湖水量对应开都河出山口后不同河损与入湖水量情形，在 4 种频率下分别为 15.80 亿 m^3、12.68 亿 m^3、9.13 亿 m^3、8.43 亿 m^3 和 16.88 亿 m^3、13.76 亿 m^3、10.21 亿 m^3、9.51 亿 m^3，平均出湖水量分别为 11.51 亿 m^3 和 12.59 亿 m^3。

表 4-21　　　　　　　　　　博斯腾湖出入湖水量计算（一）　　　　　　　　　单位：亿 m^3

项　目	序号	$P=25\%$	$P=50\%$	$P=75\%$	$P=90\%$
大山口	1	38.58	34.94	30.19	29.02
大山口至宝浪苏木多年平均河损	2	4.98	4.98	4.98	4.98
大山口至宝浪苏木近 3 年平均河损	3	3.9	3.9	3.9	3.9
农业排水直接（间接）入湖水量	4	2	2	2	2
开都河灌区用水	5	7.30	7.30	6.45	6.45
宝浪苏木入湖 1（1-2+4-5）	6	28.30	24.66	20.76	19.59
宝浪苏木入湖 2（1-3+4-5）	7	29.38	25.74	21.84	20.67
博斯腾湖最小生态需水	8	12.50	11.98	11.63	11.16
基于博斯腾湖需水 1 理论出湖水量 1（6-8）	9	15.80	12.68	9.13	8.43
基于博斯腾湖需水 1 理论出湖水量 2（7-8）	10	16.88	13.76	10.21	9.51
孔雀河灌区用水	11	11.30	11.30	9.86	9.86

注　博斯腾湖生态需水完全由开都河提供。

这一水量平衡计算方案中，在丰水与平水年份，均能够完全保证开都河灌区与孔雀河灌区国民经济用水"三条红线"上限指标；偏枯年份可以保障两个灌区近三年实际平均用水量指标，不会对国民经济生产产生显著影响；特枯年份，在保障两个灌区近 3 年实际平均用水指标情况下，博斯腾湖有 0.35 亿～1.43 亿 m^3 的生态需水缺口。

相同背景、水文频率及河损条件下，若开都河只按照水文计算理论比例承担博斯腾湖 84％的生态需水情形下，即在水量平衡中博斯腾湖最小生态需水按照 10.50 亿 m^3、10.06 亿 m^3、9.77 亿 m^3 和 9.37 亿 m^3（见表 4-22），其他条件不变，则对应开都河大山口以下不同河损情形，博斯腾湖理论出湖水量在 4 个水文频率下分别为 17.80 亿 m^3、14.60 亿 m^3、10.99 亿 m^3、10.22 亿 m^3 和 18.88 亿 m^3、15.68 亿 m^3、12.07 亿 m^3、11.30 亿 m^3，平均出湖分别为 13.40 亿 m^3 和 14.48 亿 m^3。这一方案中，丰水及平水年均能保证开都河及孔雀河灌区"三条红线"用水上限指标，偏枯及特枯年也能保障两个灌区近 3 年实际用水量平均水量指标，不会影响整个区域国民经济发展，同时可以保障孔雀河中下游 1.44 亿～7.58 亿 m³ 的生态用水。

表 4 - 22　　　　　　　　　　博斯腾湖出入湖水量计算（二）　　　　　　　　单位：亿 m³

项目	序号	$P=25\%$	$P=50\%$	$P=75\%$	$P=90\%$
大山口	1	38.58	34.94	30.19	29.02
大山口至宝浪苏木多年平均河损	2	4.98	4.98	4.98	4.98
大山口至宝浪苏木近 3 年平均河损	3	3.9	3.9	3.9	3.9
农业排水直接（间接）入湖水量	4	2	2	2	2
开都河灌区用水	5	7.30	7.30	6.45	6.45
宝浪苏木入湖 1（1－2＋4－5）	6	28.30	24.66	20.76	19.59
宝浪苏木入湖 2（1－3＋4－5）	7	29.38	25.74	21.84	20.67
博斯腾湖最小生态需水（开都河供给 84%）	8	10.50	10.06	9.77	9.37
基于博斯腾湖需水 2 理论出湖水量 1（6－8）	9	17.80	14.60	10.99	10.22
基于博斯腾湖需水 2 理论出湖水量 2（7－8）	10	18.88	15.68	12.07	11.30
孔雀河灌区用水	11	11.30	11.30	9.86	9.86

注　博斯腾湖生态需水 84% 由开都河提供。

二、博斯腾湖出入湖水量推荐方案

由以上的水量平衡计算分析可以看出，丰水和平水年，博斯腾湖自身生态需水及上下游国民经济用水均可以得到有效保障，但是进入偏枯年份，特别是到特枯年，博斯腾湖出入湖水量则难以有效平衡。博斯腾湖最小生态需水存在 0.35 亿～1.43 亿 m³ 的缺口，而缺口程度的大小，在来水频率固定的前提下，很大程度上取决开都河出山口后河段河损的大小和实际入湖水量的情况。这一分析结论与趋势规律，与 2012—2014 年，开都河来水保证率 64.1%～73.5% 属偏枯情况下，大山口以下河损高达平均 7.46 亿 m³，博斯腾湖生态需水无法保障，水位持续下降突破 1045.00m 最低水位的现象是吻合的。

综合考虑到博斯腾湖水环境保护要求与整体生态系统、生态敏感区保护需要，考虑到开都河诸小河流目前的断流现状入湖水量的不确定性，在博斯腾湖水量平衡方案中建议博斯腾湖的最小生态需水应由来水量相对稳定的开都河完全承担。开都河出山口后至入湖段的河损建议采用 2016 年实施最严格的水资源管理制度以来的平均河损更符合现状与未来的河段河损特征。具体水量平衡计算见表 4 - 23。

表 4 - 23　　　　　　　　博斯腾湖出入湖水量平衡推荐方案与目标　　　　　　　单位：亿 m³

项目	序号	$P=25\%$	$P=50\%$	$P=75\%$	$P=90\%$
大山口	1	38.58	34.94	30.19	29.02
大山口至宝浪苏木近 3 年平均河损	2	3.90	3.90	3.90	3.90
农业排水直接（间接）入湖水量	3	2	2	2	2
开都河灌区用水	4	7.30	7.30	6.45	6.45
宝浪苏木入湖（1－2＋3－4）	5	29.38	25.74	21.84	20.67

续表

项　目	序号	$P=25\%$	$P=50\%$	$P=75\%$	$P=90\%$
博斯腾湖最小生态需水	6	12.50	11.98	11.63	11.16
基于博斯腾湖需水理论出湖水量（5—6）	7	16.88	13.76	10.21	9.51
孔雀河灌区用水	8	11.30	11.30	9.86	9.86
盈余生态用水（7—8）	9	5.58	2.46	0.35	—0.35

开都河来水在 4 个频率（25％、50％、75％和 90％）下分别为 38.58 亿 m³、34.94 亿 m³、30.19 亿 m³ 和 29.02 亿 m³，大山口至宝浪苏木平均河损 3.90 亿 m³。在丰水年至平水年，开都河供水按照"三条红线"最高用水指标 7.30 亿 m³ 供水，偏枯水年至特枯水年情景下（典型来水频率取 $P=75\%$，90％）取最严格水资源制度执行以来的 2016—2018 年开都河实际平均供水 6.45 亿 m³ 作为流域用水指标，博斯腾湖的入湖水量在 25％、50％、75％和 90％频率下分别为 29.38 亿 m³、25.74 亿 m³、21.84 亿 m³、20.67 亿 m³，平均 24.41 亿 m³，与宝浪苏木实测多年平均入湖水量 24.42 亿 m³ 基本相当。满足博斯腾湖最小生态需水后理论出湖水量分别为 16.88 亿 m³、13.76 亿 m³、10.21 亿 m³、9.51 亿 m³。丰水及平水年完全可满足孔雀河灌区红线用水指标并分别留有 2.46 亿～5.58 亿 m³ 生态用水，可用于孔雀河中下游自身生态需水和向塔里木河干流的生态输水目标实现；偏枯水年和特枯水年出湖水量可以满足孔雀河灌区近 3 年实际用水平均水量的指标，不会显著影响国民经济发展，但特枯水年会存在 0.35 亿 m³ 的生态用水缺口。

第四节　博斯腾湖水位监测、预警与管理

一、湖泊水位监测与管理

为加强、完善博斯腾湖生态水位的科学管理，应进一步强化对博斯腾湖水位、水环境的监测。除对博斯腾湖大湖区大河口、扬水站水位监测外，建议在湖区北部与东部设立水位监测站点，以科学监测管控湖泊水位，减少开都河入湖和扬水站抽水对水位的影响效应。对水质与水环境的监测，在原有大湖区 17 个国控监测点基础上，建议进一步完善博斯腾湖小湖区的水环境监测，以及所有直接或间接入湖排渠的固定监测点。

具体监测对象与监测站点布设与设置，参照《地表水和污水监测技术规范》（HJ/T 91—2002）、《地表水自动监测技术规范》（征求意见稿）和《水资源监测要素》（SYZ 201—2012）、《水资源水量监测技术导则》（SL 365—2007）等标准中关于水资源监测及地表水水质、水环境自动监测的要求和开都河流域自身实际水资源管控需要进行设置。

对博斯腾湖周边及入湖河流两岸地下水应实施水位与开采量的严格管理，全面实施"井电双控"。地下水开采量要严格以"三条红线"规定的地下水开采指标为上限不能逾越，在丰水期可利用流域地表水置换地下水指标，以达到逐步减少地下水开采的目标。

1. 监测内容

具体监测站点的监测内容主要为湖泊水位（出入湖水量）和水环境，水环境监测内容可以依据博斯腾湖自身水质特点和监控需要，参照《地表水和污水监测技术规范》（HJ/T 91—2002）、《地表水自动监测技术规范》（征求意见稿）和《水资源监测要素》（SYZ 201—2012）、《水资源水量监测技术导则》（SL 365—2007）等标准中的相关要求与流域实际需求制定。

2. 监测频次

依据博斯腾湖现有生态水位（水量）监测站点实际情况，研究提出参照实测日水位，以月平均生态水位（水量）达标程度进行具体评价考核。为此，建议各主要监测点监测频次以日监测为主，对于宝浪苏木、塔什店等重要控制断面和主要引水渠首监测断面，依据监测条件，应在日尺度下进一步细分 3～5 个监测时段，以更加准确评估日流量。

二、湖泊水位预警机制

1. 预警层级

充分考虑到博斯腾湖在流域所在地、州的重要地位与其水资源调控对地、州区域经济发展的重要支撑作用，以及湖泊水环境在区域生态服务功能和现有的综合管控能力情况，确定博斯腾湖生态水位设置 3 级预警机制。

2. 预警阈值

研究的生态水位预警方案只针对保障博斯腾湖大湖不低于最低生态水位的控制目标进行设定。预警层级设置 3 级，预警阈值分别按照确定的最低生态水位与最高控制水位间的水位差数值的 20%、10% 和 0% 在最低生态水位基础上进行水位变化预警。研究确定的博斯腾湖大湖最低生态水位为 1045.00m，最高控制水位为 1047.50m，之间水位差 250cm，20%、10% 和 0% 分别为 50cm、25cm 和 0cm，确定当博斯腾湖大湖水位达到 1045.50m 时进行蓝色预警；达到 1045.25m 时进入橙色预警，达到 1045.00m 最低生态水位时则为红色预警，原则上 1045.00m 的最低生态水位不应被突破。预警时长依据大河口水位监测控制断面具体监测频次对应相应时长设置为日尺度。

3. 预警方案

对博斯腾湖生态水位（水量）的监测，除了大河口及达吾提闸水位监测站及宝浪苏木、塔什店出入湖水量监测控制断面外，在博斯腾湖周边诸小河入湖口及主要的入湖排渠等涉湖的设施均应设置水量及水环境监测站，监测内容除了出入湖水量及流量以外，依据湖泊水环境管理需求，还应对水质实施监测。具体监测对象、监测要素参照《地表水和污水监测技术规范》（HJ/T 91—2002）、《地表水自动监测技术规范》（征求意见稿）和《水资源监测要素》（SYZ 201—2012）、《水资源水量监测技术导则》（SL 365—2007）等标准中的相关要求制定。本研究参照实测日水位（水量），以月平均生态水位（水量）达标程度进行具体评价考核。各主要监测点监测频次以日监测为主，对于宝浪苏木、塔什店等重要控制断面，依据监测条件，应在日尺度下进一步细分 3～5 个监测时段，以便更加准确地评估日流量。

博斯腾湖生态水位预警方案依据博斯腾湖生态水位管理需求，并遵照《巴音郭楞蒙古自治州开都-孔雀河流域水环境保护及污染防治条例》的规定与要求，只针对博斯腾湖大湖实施预警和考核。预警方案设置3级预警机制，预警阈值分别按照博斯腾湖大湖最低与最高水位落差的120％、110％和100％设置蓝色、橙色与红色预警。预警时长依据博斯腾湖水位监测控制断面具体监测频次对应相应时长设置为日尺度。

三、湖泊水位调度管理

1. 基本原则

（1）坚持问题导向、实事求是。聚焦目前博斯腾湖生态保护和水资源管理中存在的实际问题，把保障湖泊生态水位（水量），同时控制流域、区域水资源开发利用规模与强度、水资源合理配置、出入湖水量调度管理与水环境保护等需求相结合，确保成果能够直接服务于博斯腾湖水位（水量）调度管理的实际工作。

（2）坚持科学合理，现实可行。尊重河湖自然规律与生态规律，科学合理界定博斯腾湖生态功能定位和保护要求；同时科学把握河湖的水资源条件、开发利用状况及生态特征，结合现阶段经济社会发展实际、湖泊水环境保护和存在的生态问题，分析确定合理可行的湖泊生态水位（水量）。

（3）坚持统筹协调，综合平衡。充分利用各类已有成果，做好出入湖水量管理，针对目前湖泊生态水位（水量）和水环境管理工作中的薄弱环节和主要问题，处理好继承与创新的关系，有的放矢、创新突破。

（4）坚持因地制宜，分区分类。充分考虑博斯腾湖大、小湖不同湖泊自然条件与属性，以及自然生态系统的禀赋条件和生态特征及生态功能定位保护要求的差异性，根据不同区域、不同类型、不同水情的湖泊特点、问题和需求，有针对性地提出具体目标和保障对策。

（5）坚持突出重点，分布推进。按照"有限时间、突出重点、兼顾长远"的要求，先聚焦生态重要、问题突出、管理急需的重要问题，为全面系统分析确定博斯腾湖生态水位（水量）奠定基础。

2. 生态流量目标管理

依据博斯腾湖大、小湖属性与不同生态保护目标，选取博斯腾湖大湖大河口湖泊水位监测站和小湖达吾提闸水位监测站作为两个主要的湖泊水位监测控制站；选择开都河宝浪苏木枢纽水文监测断面和塔什店水文监测断面作为出入湖水量的监测控制断面。

经过多种方法确定博斯腾湖大湖最低生态水位为1045.00m，对应的最小湖泊生态面积为886.50km²，在 P 为25％、50％、75％和90％的情形下，保障湖泊最低生态水位所需的最低生态需水分别为12.50亿m³、11.98亿m³、11.63亿m³、11.16亿m³，即要保证平均入湖最低不少于11.82亿m³；最高运行水位控制在1047.50m，适宜生态水位宜为1046.50m；博斯腾湖小湖生态水位宜在1046.70～1047.20m运行管理。

博斯腾湖的入湖水量在25％、50％、75％和90％频率下分别为29.38亿m³、25.74亿m³、21.84亿m³、20.67亿m³，平均为24.41亿m³，与宝浪苏木实测多年平均入湖水量24.42亿m³基本相当。满足博斯腾湖最小生态需水后理论出湖水量分别为16.88亿m³、13.76亿m³、10.21亿m³、9.51亿m³。

3. 生态水位调控管理

水位是湖泊生态系统的重要特征，水位的调整能直接影响湖泊的水生态系统与水环境，进而影响整个湖泊与湖区周边生态系统和生产生活。博斯腾湖水位过高或过低都会给生态环境和农业生产带来影响。当水位过高时，湖水面积增大，引起湖区周围土壤排水困难，造成土壤次生盐渍化和潜育化，降低土地生产力，超过控制水位还会造成洪水灾害，严重威胁周边地区生命财产安全；水位过低，则会影响湖泊水生态系统与水环境，湖泊生态系统结构、功能以及水质将会退化、受损，影响渔业和下游孔雀河流域的生产、生活与生态用水保障。

因而，科学确定博斯腾湖生态水位，对湖泊水位及出入湖水量进行科学管理，对湖泊的水资源进行合理分配，对湖泊的水质进行严格管控，维持湖泊在适宜生态水位运行，是博斯腾湖水生态与水环境保障、水资源可持续利用的重要保证。

（1）博斯腾湖大湖区最低生态水位管理与最小生态需水保障。为确保博斯腾湖水生态及水环境安全，水资源可持续利用，在丰水年、平水年至偏枯水年及特枯水年需保持博斯腾湖大湖水位控制在 1045.00～1047.50m，宜将湖泊水位保持在适宜生态水位 1046.5m 左右。枯水年及枯水期最低水位不低于 1045.00m；博斯腾湖小湖生态适宜水位建议为 1046.70～1047.20m，因小湖水位缺乏准确的监测与库容曲线计算，因此只作为建议管理水位，不作为具体博斯腾湖水位考核目标，后期在完善大小湖水系连通性的情况下，建议逐步改变宝浪苏木东西支分水比例由目前的 6∶4 调整为 7∶3，进一步压低小湖水位，加大博斯腾湖大小湖间水位差，实现博斯腾湖自然出流。

为保障博斯腾湖的最低生态水位，应保证博斯腾湖处于最低生态水位时所需的最小生态需水量，即在偏枯年（$P=75\%$）和特枯年（$P=90\%$）保证博斯腾湖整体生态需水不少于 11.63 亿 m^3 和 11.16 亿 m^3，其中，博斯腾湖大湖的生态需水不少于 8.23 亿 m^3 和 7.92 亿 m^3。特别是当博斯腾湖水位已经临近最低水位 1045.00m 时，必须保证博斯腾湖入、出湖水量差不小于以上目标。

（2）博斯腾湖出入湖水量管理。兼顾考虑流域丰、平、枯来水情况与湖泊上下游国民经济用水、不同保证率下湖区生态需水等因素，在丰水年（$P=25\%$）、平水年（$P=50\%$）、偏枯水年（$P=75\%$）及特枯水年（$P=90\%$），在保障博斯腾湖最小生态需水和不影响上下游灌区国民经济发展用水的背景下，通过合理化保障区域用水，控制入湖水量在 4 个频率下分别为 29.38 亿 m^3、25.74 亿 m^3、21.84 亿 m^3 和 20.67 亿 m^3，平均为 24.41 亿 m^3。博斯腾湖出湖水量理论上可控制在 16.88 亿 m^3、13.76 亿 m^3、10.21 亿 m^3 和 9.51 亿 m^3，平均为 12.59 亿 m^3。若湖泊处于相对高水位运行期间，可以灵活调整，适当减少湖泊自身生态需水保障，增大出湖流量，以保障流域下游生态需水。

本书中博斯腾湖所有生态需水并未将开都河诸小河流纳入考虑，鉴于诸小河流当前普遍断流，入湖水量难以保证的现状，建议通过综合整治与河道疏浚，改善诸小河流与博斯腾湖的水系连通性，将诸小河流可期的入湖水量作为调节湖泊水量平衡、水循环及水环境保障的灵活备选水量，特别是对于特枯年份，可以将诸小河流应承担的平衡水量纳入统筹。

另外，对于特枯年份的生态需水缺口，在不显著影响各灌区国民经济发展的前提下，可以通过适当合理优化灌区农业用水，来保障博斯腾湖水量平衡与最低生态需水；同时可以借助开都河山区水利工程约 0.8 亿 m^3 的调蓄库容，作为紧急调控水量，以备急需。

（3）博斯腾湖水位年内波动管理。建议对博斯腾湖实施"夏放冬蓄、夏低冬高"的湖区水位调度管理模式，从每年春季开始，在桃花汛情与夏季主汛情到来之前，即开始加大由博斯腾湖向孔雀河进行调水，使得博斯腾湖夏季 4—9 月期间，大湖水位在 1045.50～1046.00m 的相对低水位区间运行，减少夏季湖区的蒸腾耗水；从 10 月至次年 3 月，减小博斯腾湖出湖调水，只需维持下游城市景观与电站、河道基本需求。利用小湖通过达吾提闸下泄，停止或减少扬水站运行，对博斯腾湖进行蓄水，使大湖水位恢复至 1046.50～1047.50m 的相对高水位。通过夏季与冬季湖区水位的波动，加速博斯腾湖水循环，改善湖泊水质。

（4）博斯腾湖水质与水环境管理保障。依据新疆维吾尔自治区人民政府以及巴音郭楞蒙古自治州人民政府关于"三条红线"规定博斯腾湖水功能区水质指标，以及《巴音郭楞蒙古自治州博斯腾湖流域水环境保护及污染防治条例》，博斯腾湖整个大湖区水质应控制在Ⅲ类水以上。为保障湖泊水质，博斯腾湖入湖河流地表水应控制在Ⅱ类水以上，湖区周边所有工农业尾水严禁直接排放入湖，必须达标排放，特别是农业高盐尾水严禁直排入湖，需做好农业尾水与夏季洪水的咸淡分流。小湖区包括整个育苇区的水质建议控制在Ⅲ～Ⅳ类水，并最终达到Ⅲ类水标准。在丰水年与平水年博斯腾湖大湖水位在 1046.50～1047.50m 运行时，湖水矿化度保持在 1.0g/L 左右，在偏枯年和特枯年，大湖水位在 1045.00～1046.50m 运行时，湖水矿化度保持在 1.5g/L 以下。

在所有进入博斯腾湖的水系入湖段增加水质监测站点，尤其对于黄水沟与清水河等诸小河流中相对较大的水系，科学评价并合理规划博斯腾湖大湖西侧湿地内的人工围堤。实施流域农业尾水与河流、洪水分流管理的措施，确保农业尾水在未经处理和降解达标的情况下不直接排入河流与湖泊。

（5）丰水期博斯腾湖高水位应急管理。虽然将博斯腾湖的汛限最高控制水位定在 1047.50m，但是伴随着开都河的丰、枯周期，博斯腾湖水位也多次突破这一界限，2002 年曾一度突破 1049.00m，给博斯腾湖周边农业生产造成较大损失。为此，在日常博斯腾湖水位管理中，大湖水位应在 1046.50m 左右的适宜生态水位，预留蓄洪容量。此外，应加强对开都河来水及山区降水的预判，当开都河 3—4 月来水达到丰水年来水频率，且降水接近或多于历史丰水年水平时，应按照较平水年来水增加比例提前加大博斯腾湖出水调度；进入主汛期后，若开都河来水依然保持丰水年频率，应在主汛期开始即实施向小湖区湿地的输水。为此，要加强博斯腾湖及其后边河湖水系连通建设工程，增强博斯腾湖大小湖区连通性及其整个博斯腾湖区的出流调水能力，保障博斯腾湖大小湖区的贯通，提高行、蓄洪能力；疏浚解放一渠过水能力到 30m^3/s 以上，作为博斯腾湖湖外泻洪通道；疏浚宝浪苏木西支过水能力达到 100～110m^3/s；改造达吾提闸，提升其自然出流能力达到 150m^3/s 以上；疏浚改造达吾提闸后河道过水能力，消除扬水站调水对达吾提闸的顶托壅水效应。

参 考 文 献

[1] Chen Z S, Chen Y N, Li B F. Quantifying the effects of climate variability and human activities on runoff for Kaidu River Basin in arid region of northwest China [J]. Theoretical and Applied Climatology, 2013, 111 (3－4): 537－545.

[2] Datta P, Das S. Analysis of long－term precipitation changes in West Bengal, India: An approach to detect monotonic trends influenced by autocorrelations [J]. Dynamics of Atmospheres and Oceans, 2019, 88: 101118.

[3] Jing Y Q, Zhang F, Wang X P. Monitoring dynamics and driving forces of lake changes in different seasons in Xinjiang using multi－source remote sensing [J]. European Journal of Remote Sensing, 2018, 51 (1): 150－165.

[4] Liu H J, Chen Y N, Ye Z X, et al. Recent Lake Area Changes in Central Asia [J]. Sci Rep, 2019, 9 (1): 16277.

[5] Pekel J F, Cottam A, Gorelick N, et al. High－resolution mapping of global surface water and its long－term changes [J]. Nature, 2016, 540 (7633): 418－422.

[6] Shirmohammadi B, Malekian A, Salajegheh A, et al. Scenario analysis for integrated water resources management under future land use change in the Urmia Lake region, Iran [J]. Land Use Policy, 2020, 90: 9.

[7] Wang H J, Pan Y P, Chen Y N. Impacts of regional climate and teleconnection on hydrological change in the Bosten Lake Basin, arid region of northwestern China [J]. Journal of Water and Climate Change, 2018, 9 (1): 74－88.

[8] Wu Z H, Hang N E. Ensemble empirical mode decomposition: A noise－assisted data analysis method [J]. Advances in Adaptive Data Analysis, 2009, 1 (1): 1－41.

[9] Zheng H, Zhang L, Zhu R, et al. Responses of streamflow to climate and land surface change in the headwaters of the Yellow River Basin [J]. Water Resources Research, 2009, 45 (7): 641－648.

[10] 柏玲, 刘祖涵, 陈忠升, 等. 开都河源流区径流的非线性变化特征及其对气候波动的响应 [J]. 资源科学, 2017, 39 (08): 1511－1521.

[11] 陈亚宁, 杜强, 陈跃滨, 等. 博斯腾湖流域水资源可持续利用研究 [M]. 北京: 科学出版社, 2013.

[12] 李新虎, 宋郁东, 李岳坦, 等. 湖泊最低生态水位计算方法研究 [J]. 干旱区地理, 2007, 30 (4): 526－530.

[13] 刘丽梅, 赵景峰, 张建平, 等. 近50a博斯腾湖逐年水量收支估算与水平衡分析 [J]. 干旱区地理, 2013, 36 (1): 33－40.

[14] 刘喆, 赵军, 师银芳, 等. 利用MODIS数据对2000—2009年新疆主要湖泊面积变化与气候响应的分析 [J]. 干旱区资源与环境, 2011, 25 (10): 155－160.

[15] 苏向明, 刘志辉, 魏天锋, 等. 艾比湖面积变化及其径流特征变化的响应 [J]. 水土保持研究, 2016, 23 (3): 252－256.

[16] 吴红波. 基于星载雷达测高资料估计博斯腾湖水位-水量变化研究 [J]. 水资源与水工程学报, 2019, 30 (3): 9－16, 23.

[17] 吴敬禄, 马龙, 曾海鳌. 新疆博斯腾湖水质水量及其演化特征分析 [J]. 地理科学, 2013, 33 (2): 231－237.

[18] 夏军, 左其亭, 邵民诚. 博斯腾湖水资源可持续利用——理论·方法·实践 [M]. 北京: 科学

出版社，2003.

[19] 袁天华，席福来，宋志建. 新疆博斯腾湖东泵站地基土的工程特性 [J]. 岩土力学，2003（S1）：105－109.

[20] 袁平，杨志峰，崔保山，等. 白洋淀湿地生态环境需水量研究 [J]. 环境科学学报，2005，25（8）：1119－1126.

第五章　博斯腾湖流域生态流量 （水量）管理

河流生态需水量是维持水生生物生存所需的水量，同时也具有满足维持河道不断流、不萎缩等环境功能（吉利娜 等，2006）。河流生态流量是指为了防止河道水体断流，即维持河流水体生存所应具有的最小流量。对于最小生态流量，也叫生态基流，其最基本的功能是要维持河流水体的基本形态，保证其成为一个连续体。河流提供了水生态系统的生存发展空间，而河流水生态系统生存与发展的前提条件是其依赖的水体必须存在。当水分条件不能满足河流流量一定的临界要求时，河流水体就会发生劣变，而这一临界要求就是河道最小生态流量（唐蕴 等，2004）。

伴随人类经济社会发展对流域水资源可持续开发利用与河湖生态环境健康保障的需求不断上升，生态流量成为河流综合管理与水电工程建设项目环境影响评价时需要重点关注的指标。科学管理生态流量，对维持河流基本的生态结构和功能、保护水生生物健康具有重要意义。同时，作为生态用水控制的基本依据，生态流量已成为水资源综合管理中亟须解决的问题之一（刘昌明，1999；陈昂 等，2016）。为维持流域河湖的正常生态功能，在流域自然资源，特别是水资源开发利用条件下，流域河湖的生态需水成为维护流域生态系统动态平衡的核心，以及避免生态系统发生不可逆的退化所需的临界水分条件（严登华 等，2007）。它包括为保护和改善河流水质，实现生态和谐、环境美化目标和其他具有美学价值目标等所需的水量；维持水生生物正常生长、保护特殊生物和珍稀物种生存所需的水量；维持河流水沙平衡、水盐平衡等各项平衡关系所需的水量；以及人类日常生产、生活所需的水量等内容（Chen et al.，2014；董哲仁 等，2009，2010）。基于流域河湖生态流量和生态需水的流域生态流量管理，特别是枯水期生态流量保障与调度，对于流域河湖水资源科学调配与管理具有重要意义。

河流生态流量（水量）目标的确定及科学管理，已经成为水资源开发利用、节约、保护、配置、调度管理的重要基础性工作，同时也是第三次全国水资源评价中调查评价的一项重要内容。伴随着"河（湖）长制"在全国各流域的推行和全面落实，河流生态流量（水量）的确定与落实也成为"河长制"工作落实与责任考核的一项内容。本章内容是在贯彻国家关于新时期生态文明建设和绿色发展的理念和文件精神，落实水利部在深化水利改革中关于抓细、抓实、抓好水资源开发、利用、节约、保护、配置、调度的相关工作要求背景下，通过对气候变化背景下的博斯腾湖流域水资源分析研究，确定博斯腾湖流域开都河、孔雀河的生态流量（水量）目标，研究提出流域生态流量管理方案，旨在协调流域和区域水资源统筹调配，加强流域水资源统一调度，保障开都河、孔雀河与博斯腾湖水生态及水环境良好状态的基本生态用水需求，为流域水资源可持续利用与管理，特别是"电调服从水调"，以及流域水利改革的深化与"河（湖）长制"的全面实施提供科技支撑。

第一节　流域生态流量（水量）确定原则与方法

一、生态流量（水量）的确定原则

本书关于博斯腾湖流域生态流量（水量）的管理目标与控制断面确定主要依据国家目前相关法律法规、标准规范和相关规划文件，具体管理方案的制定原则如下：

（1）优先保证生活用水，确保生态基本需水，保障粮食生产合理需水，优化配置生产经营用水，统筹流域内用水与跨流域调水。

（2）遵循总量控制、断面流量控制、分级管理、分级负责的原则，实行统一调度。

（3）水量调度服从防洪抗旱调度，电调服从水调，区域水量调度服从流域水量调度。

（4）严格遵照国家水资源管理指导意见和新疆维吾尔自治区、巴音郭楞蒙古自治州（以下简称巴州）水资源管理"三条红线"控制指标，以及自治区和巴州水污染防治工作方案等相关法律、法规和规范文件。

二、生态流量（水量）的研究方法

目前国内对生态流量的确定与分析多采用水文学方法，基于多种水文学方法对生态流量进行计算，可避免因使用单一方法而造成计算结果不合理。然而，不同水文学法的计算结果可能会有所差异，且不同河流适用的计算方法可能不同。本书选取 Qp 法、Tennant 法、年型划分法（典型年法）、最枯月平均流量多年平均值法等 4 种水文学方法对生态基流进行计算，在对计算结果对比分析的基础上，结合河流径流特征，判断计算结果的合理性。然后结合河流的生态需水要求，最终确定开都河生态基流的推荐值。

1. Qp 法

Qp 法也称保证率法，一般采用 90% 保证率下最枯月平均流量作为生态基流。该方法比较适合水量较小，同时开发利用程度较高的河流，要求有较长序列（一般不低于 20 年）的水文观测资料（石永强，左其亭，2017）。

2. Tennant 法

Tennant 法又称为 Montana 法（Tennant，1976），是非现场测定类型的标准设定法，是由 Don Tennant 于 1976 年首次提出，开始应用于美国中西部。通过 12 个栖息地河道流量与栖息地质量关系的研究，经多次改进，现被美国 16 个州采用。该法利用观测得到的数据建立了河宽、平均深度、流速等栖息地参数与年平均流量的关系，得出以下规律：这些参数在流量从零到年平均天然径流量的 10% 的范围内变化比其他任何流量范围内的变化都要快。所以推断：河道年平均天然流量的 10% 是保证绝对大多数水生物短时间生存所必需的瞬时最低流量。Tennant 研究得出结论：①当流量小于年平均天然流量的 10% 的情况，水深和流速发生明显降低，1/3 河床裸露，植被消失，小型鱼类聚集在深水域；而大型鱼类无法洄游，难以生存。②流量为年平均天然流量的 30% 的情况，水生生物拥有非常好的生长条件；此时的流速、河宽和水深比较适宜，河岸有一些植被，大型鱼类可以洄游。③最佳水流是年平均天然流量的 60%～100%，这种流量对应下的河宽、水深及流速为水生生物提供良好的生长环境，大部分河道急流与浅滩将被淹没，只有少数卵石、沙坝露出水面，岸边滩地将成为鱼类能够游及的地带，岸边植物将有充足的水量，无脊椎动物种类繁多、数量丰富，可以满足捕鱼、划船及大型游艇航行的要求。④最大流量为年平均天然流量的 200%，这种流量对应下的流速对于大多数水生生物所要求的适宜生存条件可能过高，但对于转移泥沙、推移质和在浅水区划船有好处。⑤对于大江大河，河道流量的 5%～10% 仍有一定的河宽、水深和流速，可以满足鱼类洄游、生存和旅游、景观的一般要求，是保证绝大多数水生生物短时间生存所必需的瞬间最低流量。Tennant 法推荐的基流标准见表 5-1。

表 5-1　　　　　　　　　　　　　Tennant 法推荐的基流标准　　　　　　　　　　　　%

栖息地的定性描述	基流标准（年平均天然流量百分数）		栖息地的定性描述	基流标准（年平均天然流量百分数）	
	枯水期（10 月至次年 3 月）	丰水期（4—9 月）		枯水期（10 月至次年 3 月）	丰水期（4—9 月）
最大	200	200	好	20	40
最佳	60～100	60～100	中	10	30
极好	40	60	差或最小	10	10
非常好	30	50	极差	0～10	0～10

Tennant 法是依据观测资料而建立起来的流量和栖息地质量之间的经验方法。只需要历史流量资料，使用简单、方便，容易将计算结果和水资源规划相结合，具有宏观的指导意义，可以在生态资料缺乏的地区使用。该法不需要现场测量。在有水文站点的河流，年平均流量的估算可以从历史资料获得；在没有水文站点的河流，可通过可以接受的水文技术获得。但由于对河流的实际情况作了过分简化的处理，没有直接考虑生物需水和生物间的相互影响，通常用于优先度不高的河段，或者作为其他方法的一种检验（方子云，1988，1993）。使用 Tennant 法应注意，它是建立在干旱半干旱地区永久性河流的基础上，判别栖息地环境优劣的推荐基流标准是在平均流量的 10%～200% 范围内设定；这种方法未考虑河流的几何形态对流量的影响，未考虑流量变化的河流及季节性河流。在实际应用时，要根据实际情况作适当改进。本研究考虑到干旱区河流径流量的季节性变化较大，所以采取典型年进行分析（魏雯瑜 等，2017）。典型年的选取方法是对年径流量的模比系数（模比系数 K＝某一年径流量/多年平均径流量）进行计算，选择模比系数最接近 1.0 的年份作为典型年。再对典型年内的季节径流量进行时段划分，对照 Tennant 法推荐的基流标准，得到特定河流不同月份不同栖息地要求的生态基流标准值。因径流量是流量在时间上的累积，所以进一步可计算得到河流不同月份不同栖息地要求的生态需水量。

3. 年型划分法（典型年法）

年型划分方法是采用距平百分率法进行丰、平、枯水年的划分（魏雯瑜 等，2017），距平百分率的计算公式为

$$E=\frac{Q_i-Q_n}{Q_n}\times100\%$$

式中：E 为断面的距平百分比，%；Q_i 为第 i 年平均径流量，亿 m^3；Q_n 为断面多年平均径流量，亿 m^3。

丰、平、枯水年型划分标准见表 5-2。

表 5-2 丰、平、枯水年型划分标准

年 型	丰水年	平水年	枯 水 年	
			偏枯水年	特枯水年
距平百分率 E/%	$E>10$	$-10 \leqslant E \leqslant 10$	$-20<E \leqslant -10$	$E<-20$
频率分析 P/%	$P \leqslant 37.5$	$37.5<P \leqslant 62.5$	$62.5<P \leqslant 87.5$	$P>87.5$

注 摘自《水文基本术语和符号标准》（GB/T 50095—2014）。

以距平百分率计最枯年份作为典型年，取该典型年最枯月的流量作为生态基流，由此估算年基本生态环境需水量。

4. 最枯月平均流量多年平均值法

最枯月平均流量多年平均值法计算公式为（魏雯瑜 等，2017）：

$$W = \frac{T}{n} \sum_{n=1}^{n} \min Q_{ij} \times 10^{-8}$$

式中：W 为河流基本生态需水量，亿 m^3；Q_{ij} 为第 i 年第 j 月的平均流量，m^3/s；T 为换算系数，取 $31.536 \times 10^6 s$；n 为统计年数。

在《制订地方水污染物排放标准的技术原则与方法》（GB/T 3839—1983）中明确规定，对于一般河流采用近 10 年最枯月平均流量。因此，本书将最枯月平均流量多年平均值法改为最枯月平均流量近 10 年平均值法。

第二节 开都河生态流量（水量）调度管理

一、生态流量（水量）的管控目标及水文情势分析

1. 控制断面的选择

开都河生态流量（水量）的管理控制断面选择大山口水文监测断面和宝浪苏木枢纽水文断面。

开都河从源头到入湖长约 560km，整条河流的上游水源涵养区均位于巴音布鲁克国家自然保护区内，基本无引水造成的水量变化，径流基本呈自然状态；中游的山区峡谷段除水能开发以外，无其他人为引水对径流和水量造成影响。开都河的主要用水区段发生在河流出山口之后的平原绿洲区，河流径流和水量的变化以及人为活动的扰动主要发生在开都河出山口以后至入湖段。因此，本方案选择位于河流山区水能开发区段末端的开都河出山口的大山口水文监测断面作为本河流最主要的生态流量（水量）控制断面，既可以用以对山区水能开发后的来水进行控制要求，同时也可以作为平原区绿洲来水和下泄水量的控制断面，符合开都河生态流量（水量）的控制要求。另外，为更好地对开都河平原绿洲区段的生态流量（水量）进行调控和管理，以及对开都河入博斯腾湖生态流量（水量）进行调控，除大山口水文站控制断面外，还选择开都河入湖前的宝浪苏木枢纽断面作为另一个控制断面，这一断面既可以配合大山口断面进行河流绿洲平原区河段的国民经济用水调控，也可用以监测控制入博斯腾湖生态流量（水量）。

2. 生态流量（水量）的管控目标

河湖生态流量管理保护目标的不同直接决定了相应目标下生态环境需水量的不同，因此明确不同属性及特征的河湖保护目标，是确定不同保护目标下生态环境需水量，进而确定生态流量和管理方案的基础。本研究依据开都河的河流自然属性、径流特征、区域社会经济发展状况及河流自然生态环境特征，确定开都河生态流量管理保护目标为3个层次。

（1）第一层次目标是保障开都河出山口后至流入博斯腾湖的下游河段不断流，其目标是保护开都河河道内生态环境，维持河流水体的基本形态，保证河流成为一个连续体。以此保证开都河提供的水生态系统的生存发展空间，维持开都河正常的生态功能与健康，包括河流水生态与水环境健康，以及河流内的水生生物健康发展。这也是开都河生态流量管理最基本的保护目标。

（2）第二层次目标是除了保证开都河出山口后下游河道不断流和下游河段河流正常生态功能外，还需保障作为开都河流域尾闾湖泊——博斯腾湖的最低生态需水，以保证博斯腾湖正常生态功能所需最低水位背景下的生态环境需水。

（3）第三个层次目标是开都河出山口控制水文站断面下泄水量对整个流域国民经济用水保障和生态文明建设需水保障的满足层面而考虑。不仅要满足开都河流域自身生产、生活及生态用水，还需要保证博斯腾湖的最低生态需水以及流域下游孔雀河灌区的生产、生活及生态用水。这也是开都河生态流量（水量）保障要求最高的层次。

3. 开都河水文情势分析

开都河是新疆国家水文站网建设的重点河流之一，本研究选用开都河大山口、焉耆、宝浪苏木3处水文站作为描述开都河水文情势及径流特征的主要参证站。

大山口水文站的多年平均径流量为35.51亿 m^3，研究时段为1956—2018年。年际变化表现升—降—升—降的变化趋势。其中，20世纪80年代径流量最少，为30.91亿 m^3。而后径流量持续增加，在2000—2009年径流量最大，达41.31亿 m^3。2010年之后径流量开始减少（见表5-3和图5-1）。

表5-3　　　　　　　　　开都河主要测站径流年际变化统计表　　　　　　　　单位：亿 m^3

站名	丰枯比	1952—1959年	1960—1969年	1970—1979年	1980—1989年	1990—1999年	2000—2009年	2010—2018年	1952—2018年
大山口	0.78	38.18	32.60	33.25	30.91	36.42	41.31	36.08	35.51
焉耆	0.73	31.22	26.23	20.32	21.84	29.17	25.35	25.83	25.10
宝浪苏木	0.75	—	—	—	19.73	24.69	26.24	23.56	24.42

焉耆水文站的多年平均径流量为25.10亿 m^3，研究时段为1952—2018年。年际变化整体表现降—升—降的变化趋势。其中，20世纪70年代径流量降到最低，为20.32亿 m^3；90年代径流量升到最大，为29.17亿 m^3。

宝浪苏木水文站的多年平均径流量为24.42亿 m^3，研究时段为1985—2018年。年际变化整体上也表现为升—降—升的变化趋势，也在2000—2009年径流量最大，为26.24亿 m^3。

大山口来水量多年来总体呈现增加趋势，焉耆站和宝浪苏木站位于开都河大山口下

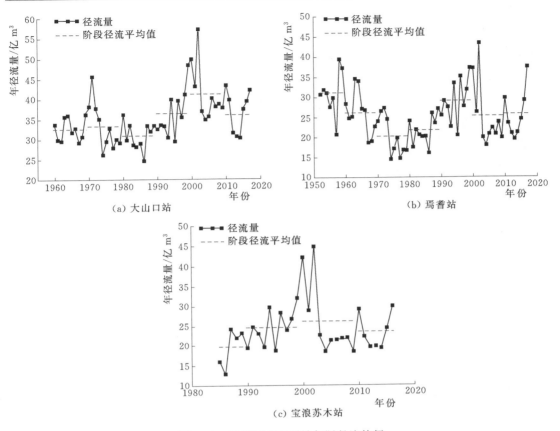

（a）大山口站

（b）焉耆站

（c）宝浪苏木站

图 5-1　开都河主要测站年际径流特征

游，水量受上游来水和流域用水共同作用，但主要受开都河上游来水影响。大山口、焉耆、宝浪苏木的丰枯比分别为 0.78、0.73、0.75。整体来看，流域的枯水年年份多于丰水年年份，大山口站的丰枯比最大。

开都河大山口、焉耆、宝浪苏木 3 个水文站的径流年内变化如图 5-2 所示。大山口水文站的春季（3—5 月）径流量为 7.96 亿 m^3，占全年径流量的 22.42%；夏季（6—8 月）径流量为 15.94 亿 m^3，占全年径流量的 44.89%；秋季（9—11 月）径流量为 7.59 亿 m^3，占全年径流量的 21.37%；冬季（12 月至次年 2 月）径流量为 4.01 亿 m^3，占全年径流量的 11.29%（见表 5-4）。

表 5-4　　　　　　　　开都河主要测站径流年内分配统计表　　　　　　　单位：亿 m^3

站名	1 月	2 月	3 月	4 月	5 月	6 月	7 月	8 月	9 月	10 月	11 月	12 月	全年
大山口	1.36	1.18	1.38	2.83	3.75	4.85	5.77	5.32	3.31	2.46	1.82	1.47	35.51
焉耆	1.14	1.15	1.38	1.92	2.31	3.15	4.06	3.85	1.95	1.34	1.51	1.34	25.10
宝浪苏木	1.35	1.21	1.44	1.57	2.03	3.03	4.07	4.03	1.97	0.87	1.37	1.48	24.42

焉耆水文站的春季（3—5 月）径流量为 5.61 亿 m^3，占全年径流量的 22.35%；夏季（6—8 月）径流量为 11.06 亿 m^3，占全年径流量的 44.06%；秋季（9—11 月）径流

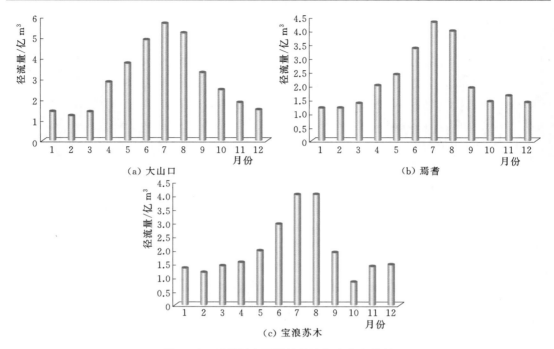

图 5-2　开都河主要测站径流年内分配特征

量为 4.80 亿 m³，占全年径流量的 19.12%；冬季（12 月至次年 2 月）径流量为 3.63 亿 m³，占全年径流量的 14.46%。

宝浪苏木水文站的春季（3—5 月）径流量为 5.04 亿 m³，占全年径流量的 20.64%；夏季（6—8 月）径流量为 11.13 亿 m³，占全年径流量的 45.58%；秋季（9—11 月）径流量为 4.21 亿 m³，占全年径流量的 17.24%；冬季（12 月至次年 2 月）径流量为 4.04 亿 m³，占全年径流量的 16.54%。

总体来看，开都河流域各水文站夏季径流量最大，其次为春季，再次为秋季，冬季径流量最少。根据开都河 3 个主要水文站的近 50 余年的实测径流量数据，采用 P-Ⅲ 型曲线进行年径流频率分析（见图 5-3），年径流系列的经验公式 $P = m/(n+1)\%$ 来计算。经统计计算（见表 5-5），大山口水文站的多年平均径流量为 35.51 亿 m³，焉耆水文站的多年平均径流量为 25.10 亿 m³，宝浪苏木水文站（东支加西支）的多年年均径流量为 24.42 亿 m³。大山口水文站的变异系数 C_v 值最小，表明径流年际变化相对稳定，而焉耆和宝浪苏木水文站的变异系数相对较大，径流年际变化相对不稳定。

表 5-5　　　　　　　　　　　开都河流主要测站设计年径流量　　　　　　　　　　单位：亿 m³

站 名	年代系列	均值	C_v	C_s/C_v	不同保证率 P 设计值				
					10%	20%	50%	75%	90%
大山口	1956—2018 年	35.51	0.17	5.30	42.52	40.39	34.94	30.19	29.02
焉耆	1952—2018 年	25.10	0.25	2.33	34.91	30.71	24.70	20.67	17.92
宝浪苏木	1985—2018 年	24.42	0.27	5.03	30.59	29.16	22.87	19.69	18.59

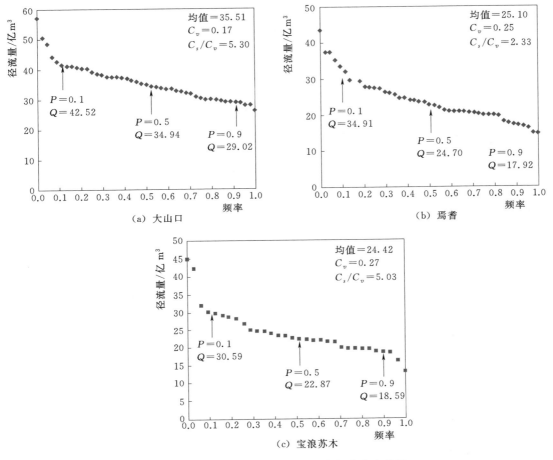

图 5-3　开都河各水文站径流量的频率分布特征

3 个水文站的年径流频率分布特征见图 5-3。当保证率为 10%、20%、50%、75% 和 90% 情况下，大山口站的年径流量分别为 42.52 亿 m³、40.39 亿 m³、34.94 亿 m³、30.19 亿 m³ 和 29.02 亿 m³；焉耆站的年径流量分别为 34.91 亿 m³、30.71 亿 m³、24.70 亿 m³、20.67 亿 m³ 和 17.92 亿 m³；宝浪苏木站（东支加西支）的年径流量分别为 30.59 亿 m³、29.16 亿 m³、22.87 亿 m³、19.69 亿 m³ 和 18.59 亿 m³。

开都河大山口水文断面是本流域水量监测和生态流量（水量）管控最为重要的监测控制断面，基于开都河大山口水文站 1956—2018 年的多年径流数据可知，开都河多年平均径流量为 35.51 亿 m³，其中 1980—2018 年多年平均径流量 36.56 亿 m³，较多年平均高出 2.96%。由多年大山口径流曲线趋势分析（见图 5-4），开都河大山口径流呈现增加趋势，1956—2018 年间，大山口径流量以每十年 1.05 亿 m³ 的速度递增。

由大山口水文站 1960—2018 年的累积距平曲线（逐年的径流量与多年径流量均值之差逐年累积而绘成的曲线，见图 5-4）和距平百分率（逐年的径流量与多年径流量均值之差相对多年均值比率，见表 5-6）特征，划分出开都河多年径流年际丰枯变化特征：偏枯水年（1956—1962 年）、平水年（1963—1964 年）、偏枯水年（1965—1968 年）、丰

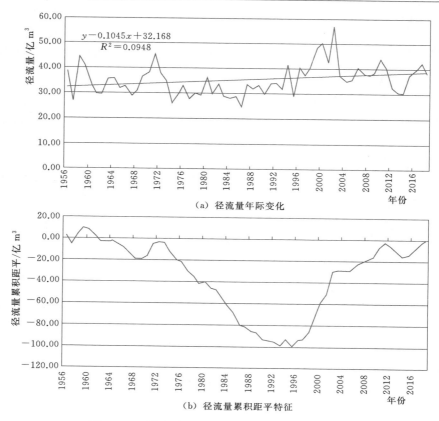

（a）径流量年际变化

（b）径流量累积距平特征

图 5-4　开都河大山口站 1956—2018 年径流特征

水年（1969—1973 年）、偏枯水年（1974—1995 年）、丰水年（1996—2011 年）、偏枯水年（2012—2014 年），2015 年至今开都河逐步进入丰水阶段。开都河大山口水文站径流及流量的年内变化中（见图 5-2 和表 5-4），4—9 月是每年流量最大、来水最多的季节，各月多年平均流量均在 100m³/s 以上（平均 162.30m³/s），而流量最大的 7 月，多年月平均流量达到 212.57m³/s；10 月至次年 3 月，多年月平均流量 62.81m³/s。对应的径流量在 4—9 月年内丰水期多年平均为 25.83 亿 m³，来水量最大的 7 月，多年月平均径流量 5.77 亿 m³；年内相对枯水的 10 月至次年 3 月多年平均径流量为 9.67 亿 m³，最小的径流量为每年 2 月，多年月平均径流量 1.18 亿 m³。

表 5-6　　　　　　开都河大山口水文站不同阶段的径流量变化特征

时间段	多年平均年径流量/亿 m³	平均距平百分率/%	时间段	多年平均年径流量/亿 m³	平均距平百分率/%
1956—1962 年	31.10	−11.19	1974—1995 年	31.10	−11.20
1963—1964 年	35.89	2.41	1996—2011 年	41.28	17.72
1965—1968 年	31.15	−11.06	2012—2014 年	30.88	−11.82
1969—1973 年	38.64	10.22	2015—2018 年	39.53	12.74

开都河的洪水多形成于山区，受气候因素、自然地理因素和人类活动因素的综合影响，开都河具有以下4种不同特征的洪水类型。

（1）融雪型洪水。由于开都河流域诸河、沟河源高程在4000m以上，流域除冬、春季节降雪外，河源还分布有永久冰雪。在春季，随着零度等温线的扰动回升，流域积雪呈日变化向河源方向消融，等温线回升到可见雪线附近，消融量达到相对稳定。这类洪水多出现在春季，特点是峰缓，洪量中等，有明显的日变化，持续时间取决于升温率，洪水历时长短不一。开都河由于受山间盆地大、小尤勒都斯（含部分湖泊和沼泽地）冬春结冰积雪影响，洪水历时长。而像靠近平原区海拔高程较低的霍拉沟等小流域，有时一次大的升温天气过程就能融尽前期春冬积雪。

（2）暴雨型洪水。由高强度、历时短的山区夏季大暴雨形成。特点是突发性强且来势凶猛，水位陡涨陡落，峰高时短；洪量大小取决于雨强、雨量笼罩面积大小及暴雨中心移动路径，极易形成灾害。纯暴雨型洪水在有冰雪补给源的河流中时有发生但不多见，仅在哈合仁郭楞沟，由于冰川条数、面积、储量较少，暴雨型洪水概率相对较高。典型的比如黄水沟的山区段和孔雀河的哈满沟。

（3）混合型洪水。这类洪水多出现在春夏汛之交及夏汛。由流域暴雨洪水与融冰化雪水叠加而形成（以暴雨洪水成分为主）。特点是来势凶猛，水位陡涨缓落，峰高量大历时长；中、低山带降暴雨时，高山带往往有降雪，所以阴雨天气过后不久，随着天晴升温往往又发生融雪型洪水（此类洪水若汇集至中、低山带时，同中、低山带暴雨洪水相遇，灾害性也很大），有时又连续出现多日降雨天气，所以易形成高峰或连续多峰或量大峰滞后的灾害性洪水，是开都河流域诸河、沟洪水的主要形式。

（4）冰凌型洪水。开都河的一些河段，由于河道冰花的堵塞，会发生壅冰现象，抬高水位，形成冬季洪水。如开都河和静县南哈尔莫墩乡1966年、1974年、1984年发生过冰洪，特别是1984年12月25—26日，冰洪造成倒塌房屋51户，淹地26.71hm²，表层有机土被冲走。冰洪多为天然河道上的新建工程壅冰抬水所造成，所以在大山口电站、开都河第一分水枢纽、宝浪苏木分水闸及一些过河大桥、挑水坝等河段，冬季应对冰情、冰洪予以警惕。

由于融雪补给及河流上游大小尤勒都斯盆地的调节作用，开都河各河段年最大洪峰流量年际变化不大，而流域诸小河沟洪水主要由暴雨所致，其洪峰流量值年际变化较大，经分析计算，开都河流域诸河、沟主要控制断面年最大洪峰流量变差系数 C_v 为：巴音布鲁克0.46、大山口0.44、焉耆0.50、莫乎查汗沟0.86、哈合仁郭楞沟0.86。

另外，年最大洪峰流量系列年际变化上随机性很强。以开都河为例，同时同量的夏季大暴雨，若暴雨中心在萨根托亥以上，由于受大、小尤勒都斯盆地的调蓄作用，洪峰常被扭曲、坦化，不易形成大的洪水；若暴雨中心在萨根托亥以下峡谷段，可立即产流形成洪水，即使暴雨中心位于同一位置，由于暴雨覆盖面不同，融冰化雪等基流补给量不同，洪水大小也不一样。洪水有以下主要特征：

（1）洪水发生时间主要集中在4—8月，以6—8月为主。

（2）峰值高，场次洪量大。

（3）洪水过程复杂，特点是来势凶猛，水位陡涨缓落，历时长短不一，易形成高峰或连续多峰的洪水。尤其是开都河大山口站，由于融冰化雪水及大、小尤勒都斯盆地充沛的流域蓄水量的影响，加上暴雨洪水的叠加，其峰形更为复杂。

（4）洪水波由大山口至焉耆、宝浪苏木站坦化缓慢。如焉耆站多年年均最大洪峰流量比上游大山口站相应值减少17.6%，宝浪苏木站比上游焉耆站减少10.4%。

开都河洪水传播时间及沿程衰减特征分析如下：

（1）大山口至焉耆站洪峰传播时间。从1955年以来，大山口至焉耆站相应洪水资料中筛选无区间来水的30场次洪水进行分析，得大山口至焉耆站洪峰传播时间为20.0～25.5h，平均为23h。

当黄水沟西支等河、沟洪水汇入开都河时，丰水年份焉耆站形成多峰洪水。原因为：丰水年份，山区一般普发洪水；当开都河退水段某一流量同黄水沟西支等沟区间来水洪峰遭遇时，形成多峰洪水，且当后峰高时，往往给人以焉耆峰显时滞后的假象；当开都河洪峰同区间来水洪峰遭遇时，其传播时间仍为23h左右，但洪峰高，危害严重。

（2）黄水沟至焉耆站洪峰传播时间。从1955年以来历年洪水资料中筛选出焉耆站出现洪峰且前期只有黄水沟站有洪峰而大山口站无明显洪峰的个例年份进行分析，发现黄水沟至焉耆站洪峰传播时间为17.0～25.0h，其变幅高于大山口至焉耆站传播时间变幅，原因是：其他支流，如莫乎查汗沟、哈合仁郭楞沟洪水发生时间不一致及各沟流程长短不一致所致。

（3）焉耆至宝浪苏木站洪峰传播时间。从焉耆、宝浪苏木站年最大对应洪峰流量发生时间进行统计分析，得焉耆站至宝浪苏木站洪峰流量传播时间为2.0～3.0h，平均为2.25h，即2小时15分钟左右（见表5-7）。

表5-7　　　　　　　　　　　　　开都河下游河段洪水传播情况

站　名	大山口	第一枢纽	解放二渠	南北支汇合口	查汗采开	焉耆	宝浪苏木
间距/km	0	20	21	12.6	32.6	18.8	11
洪峰传播时间/h	0	4.48	4.7	2.82	7.30	4.2	2.25

（4）最大洪峰流量沿程变化分析。开都河干流自上而下巴音布鲁克、大山口、焉耆站多年平均年最大洪峰流量依次为131m³/s、522m³/s、432m³/s。可见，自巴音布鲁克向大山口站呈递增趋势（为产流区），自大山口站向焉耆站呈递减趋势。大山口站比巴音布鲁克增加290%，焉耆站比大山口站衰减17.9%。

二、开都河不同目标下的生态流量（水量）计算确定

（一）开都河最小生态流量及对应生态水量的计算

1. 基于Qp法计算的开都河生态基流

采用90%保证率的Qp法进行统计（见表5-8），结果显示，1985年是来水保证率为90%的典型年份，该年份最小流量值出现在1月，该月平均径流量为33.23m³/s，以此作为Qp法确定的开都河大山口控制断面生态基流，对应的日最小生态水量为287.11万m³，对应的年最小径流量10.48亿m³作为该断面需要保证的下泄最小生态水量，该生态水量占大山口水文站控制断面多年平均径流量35.51亿m³的29.51%。

表 5 - 8   **1956—2018 年开都河大山口水文站径流频率统计**

年份	频率/%	年份	频率/%	年份	频率/%
1956	26.60	1977	95.40	1998	17.20
1957	93.80	1978	75.00	1999	4.70
1958	7.90	1979	87.50	2000	3.20
1959	14.10	1980	42.20	2001	11.00
1960	54.70	1981	79.70	2002	1.60
1961	78.20	1982	56.30	2003	39.10
1962	81.30	1983	90.70	2004	50.00
1963	46.90	1984	92.20	2005	45.40
1964	43.80	1985	90.00	2006	21.90
1965	68.80	1986	98.50	2007	31.30
1966	61.00	1987	57.90	2008	36.00
1967	84.40	1988	65.70	2009	28.20
1968	71.90	1989	59.40	2010	9.40
1969	40.70	1990	76.60	2011	20.40
1970	29.70	1991	53.20	2012	64.10
1971	6.30	1992	51.60	2013	70.40
1972	32.90	1993	67.20	2014	73.50
1973	48.50	1994	15.70	2015	34.40
1974	96.90	1995	86.00	2016	23.50
1975	82.90	1996	18.80	2017	12.50
1976	62.50	1997	37.50	2018	25.00

2. 基于 Tennant 法计算的开都河生态基流

采用 Tennant 法要求选择受人类活动干扰较少的时期，且具有 10 年以上可利用的观测数据。开都河大山口为河流出山口，以上区域受人类活动干扰少，符合 Tennant 法的使用条件，选择 1956—2018 年共 63 年径流数据进行生态流量的计算。1956—2018 年大山口站年平均径流量为 35.51 亿 m³。通过对大山口月流量数据分析可以看出，每年 12 月至次年 3 月是河流冰封期，也是开都河水量最低的时期；4—5 月和 10—11 月是开都河的平水期，同时 4—5 月还是开都河鱼类产卵育幼的主要时段；6—9 月是开都河的主要汛期，也是年内水量最为丰沛的时段。

根据开都河实际来水及用水情况，确定开都河生态基流和对应生态水量的时候，将生态需水划分为冰封期（也是年内枯水期，12 月至次年 3 月）、平水期（4—5 月，10—11 月）和汛期（6—9 月）。由于本方案基本目标是保证河道不断流的生态基流，通过对大山口至宝浪苏木段河损的分析发现，该河段河损较大。因此，将开都河的平水期及枯水期作为一般用水期，生态基流确定在河流多年对应月平均径流 20% 的标准；

汛期（6—9月）也是流域内国民经济用水高峰期，生态基流确定保持在对应月多年月平均流量的30％的标准；考虑到4—5月不仅是开都河鱼类产卵育幼期，流域内农业生产也有春灌需求，因此将4—5月生态基流在原有标准基础上提升10％至对应月多年月平均30％。计算得到冰封期（12月至次年3月）的平均生态基流为10.30m³/s，对应最小生态水量为1.08亿m³；平水期（4—5月，10—11月）的平均生态基流为26.79m³/s，对应的最小生态水量为2.83亿m³，其中4—5月的鱼类产卵育幼期生态基流为37.74m³/s，对应的生态水量为1.97亿m³；汛期（6—9月）的开都河生态基流为平均54.67m³/s，对应的最小生态水量为5.78亿m³；全年生态基流平均30.58m³/s，对应年最小生态水量为9.69亿m³，占大山口多年平均径流35.51亿m³的27.29％，详见表5-9。

表5-9 开都河大山口断面基于 Tennant 法生态基流（水量）结果

	月 份	12月	次年1月	次年2月	次年3月	平均
冰封期	生态基流/(m³/s)	10.99	10.18	9.70	10.33	10.30
	对应最小生态水量/亿 m³	0.29	0.27	0.23	0.28	1.08
	月份	4月	5月	10月	11月	平均
平水期	生态基流/(m³/s)	32.71	41.97	18.38	14.08	26.79
	对应最小生态水量/亿 m³	0.85	1.12	0.49	0.36	2.83
	月份	6月	7月	8月	9月	平均
汛期	生态基流/(m³/s)	56.19	64.65	59.54	38.31	54.67
	对应最小生态水量/亿 m³	1.46	1.73	1.59	0.99	5.78

3. 基于最枯月平均流量多年平均值法计算的开都河生态基流

选择近10年最枯月平均流量的平均值作为生态基流标准，据统计（见表5-10），近10年每年最枯月流量出现的月份不尽相同，1月出现了5次，其次是2月和12月，最枯月平均流量为45.54m³/s作为本方法确定的开都河大山口生态基流，计算得到河流基本生态环境需水量为14.36亿m³。

表5-10 开都河近10年每年最枯月流量

年 份	最枯月份	流量（m³/s）	年 份	最枯月份	流量（m³/s）
2009	1	55.71	2015	2	36.78
2010	1	43.83	2016	1	38.72
2011	2	49.50	2017	1	44.99
2012	12	45.93	2018	1	48.54
2013	12	50.62	平均		45.54
2014	1	40.75			

4. 基于年型划分法（典型年法）计算的开都河生态基流

利用开都河流域大山口水文站1956—2018年平均径流量数据，计算出1956—2018年每年的距平百分率（见表5-11），通过表5-2的标准，可以将每一年划分成丰水年、平水年和枯水年。其中，1957年、1974年、1977年、1984年、1986年为特枯水年，1958—1959年、1971年、1994年、1996年、1998—2002年、2006年、2010—2011年和

2016 年至今为丰水年，其余年份为平水年至偏枯年。其中 1986 年的距平百分率为
－30.68%，为历史最枯年，选取 1986 年中最枯月 2 月的平均流量 37.00m³/s 作为生态基
流标准。对应的年最小生态水量为 11.67 亿 m³，占大山口控制断面多年平均径流量
35.51 亿 m³ 的 32.86%。

表 5-11　　　　　　　　1956—2018 年丰、平、枯年型划分表

年份	距平百分率 $E/\%$	年型	年份	距平百分率 $E/\%$	年型
1956	8.54	平水年	1988	−9.76	平水年
1957	−21.19	特枯年	1989	−5.69	平水年
1958	25.43	丰水年	1990	−15.26	偏枯年
1959	17.32	丰水年	1991	−3.51	平水年
1960	−5.04	平水年	1992	−2.93	平水年
1961	−15.73	偏枯年	1993	−9.88	平水年
1962	−16.48	偏枯年	1994	17.34	丰水年
1963	0.75	平水年	1995	−17.51	偏枯年
1964	1.38	平水年	1996	14.80	丰水年
1965	−10.48	偏枯年	1997	5.25	平水年
1966	−7.58	平水年	1998	16.16	丰水年
1967	−17.55	偏枯年	1999	36.83	丰水年
1968	−13.54	偏枯年	2000	42.37	丰水年
1969	2.38	平水年	2001	20.29	丰水年
1970	7.77	平水年	2002	61.20	丰水年
1971	28.81	丰水年	2003	4.60	平水年
1972	6.26	平水年	2004	−1.33	平水年
1973	−1.13	平水年	2005	1.15	平水年
1974	−26.23	特枯年	2006	13.90	丰水年
1975	−16.85	偏枯年	2007	7.81	平水年
1976	−7.58	平水年	2008	5.93	平水年
1977	−21.38	特枯年	2009	8.60	平水年
1978	−15.41	偏枯年	2010	24.67	丰水年
1979	−17.88	偏枯年	2011	14.13	丰水年
1980	2.21	平水年	2012	−8.43	平水年
1981	−16.15	平水年	2013	−13.22	偏枯年
1982	−5.26	偏枯年	2014	−14.35	偏枯年
1983	−19.27	偏枯年	2015	5.95	平水年
1984	−20.70	特枯年	2016	11.13	丰水年
1985	−18.37	偏枯年	2017	18.83	丰水年
1986	−30.68	平水年	2018	8.76	平水年
1987	−5.53	平水年			

（二）开都河最小生态流量（水量）的确定

通过比较上述 4 种方法，发现年型划分法和 Qp 法的结果较为接近，最枯月平均流量法结果最大，而 Tennant 法计算结果最小。对比可知，Tennant 法结果虽然可以满足河段多年平均河损，但是却不能满足最大河损。而 Qp 法计算结果既可以满足河段平均河损，也可以满足历史最大河损，总体较为适宜。

由分析已知大山口至宝浪苏木河段 2000—2018 年的平均河损量为 4.98 亿 m³，最大为 2009 年的 10.06 亿 m³。为了验证生态基流和最小生态水量的可行性，分别将 4 种方法的结果与河损进行了比较（见表 5-12）。结果表明，大山口水文站按照 Tennant 法估算的生态基流对应的最小生态水量在无区间引水的情况下，难以满足历史最大河损；生态基流对应的生态水量偏低，可能无法保证大山口至宝浪苏木河段不断流。而采取年型划分法、最枯月平均流量法的结果数值偏大，故而最终选定 Qp 法确定的生态基流和对应的年最小生态水量作为开都河大山口控制断面目标值。即每年冰封期枯水期（12 月至次年 3 月）的生态基流不少于 14.88m³/s，日平均下泄最小生态水量不少于 128.56 万 m³，对应该期下泄的最小生态水量不少于 1.59 亿 m³；每年平水期（4 月和 9—11 月）平均生态基流不小于 28.71m³/s，日平均下泄最小生态水量不少于 248.05 万 m³，对应平水期的最小生态水量不少于 3.08 亿 m³；鱼类产卵育幼的 4—5 月对应的生态基流不少于 36.22m³/s，日平均下泄最小生态水量不少于 312.94 万 m³，对应的该期最小生态水量不少于 1.94 亿 m³；汛期（6—9 月）平均生态基流不少于 54.24m³/s，日平均下泄最小生态水量不少于 468.63 万 m³，对应的该期最小生态水量不少于 5.81 亿 m³（见表 5-13）；全年平均生态基流不少于 33.23m³/s，日平均下泄最小生态水量不少于 287.11 万 m³，对应的全年最小生态水量不少于 10.48 亿 m³。依据大山口多年月、旬径流量在全年中的比例，计算分摊对应的逐月及逐旬生态基流与生态水量见表 5-14。

表 5-12　　　　　　　　　　　　　　　　　4 种不同方法结果比较

方　　法	基本生态环境需水量 /亿 m³	生态基流 /(m³/s)	河损 /亿 m³	基本生态环境需水减去河损/亿 m³
Qp 法	10.48	33.23	大山口至宝浪苏木河段河损平均为 4.98，最大河损为 10.06	5.50
Tennant 法	冰封期 1.08 平水期 2.83 汛期 5.78 全年不小于 9.69	冰封期 10.30 平水期 26.79 汛期 54.67 全年平均 30.58		4.71
年型划分法	11.67	37.00		6.69
最枯月平均流量多年平均法	14.36	45.54		9.38

表 5-13　　　　　　　　　开都河大山口断面生态基流与对应生态水量月标准

	月　　份	12 月	次年 1 月	次年 2 月	次年 3 月	平均
冰封期	生态基流/(m³/s)	16.21	15.02	13.04	15.24	14.88
	对应最小生态水量/亿 m³	0.43	0.40	0.35	0.41	1.59

续表

平水期	月　份	4 月	9 月	10 月	11 月	平均
	生态基流/(m³/s)	31.14	36.47	27.13	20.10	28.71
	对应最小生态水量/亿 m³	0.83	0.98	0.73	0.54	3.08
汛期	月　份	5 月	6 月	7 月	8 月	平均
	生态基流/(m³/s)	41.29	53.49	63.60	58.57	54.24
	对应最小生态水量/亿 m³	1.11	1.43	1.70	1.57	5.81

表 5-14　　　　　　　　　开都河大山口断面生态基流与对应生态水量旬标准

	月　份	12 月			次年 1 月			次年 2 月			次年 3 月			平均
冰封期	旬	上	中	下	上	中	下	上	中	下	上	中	下	
	生态基流/(m³/s)	16.03	16.45	16.04	16.03	16.00	13.21	13.82	14.17	15.56	14.46	15.48	15.70	15.25
	对应最小生态水量/亿 m³	0.14	0.14	0.15	0.14	0.14	0.13	0.12	0.12	0.11	0.12	0.13	0.15	1.59
	月份	4 月			9 月			10 月			11 月			平均
平水期	旬	上	中	下	上	中	下	上	中	下	上	中	下	
	生态基流/(m³/s)	15.89	33.02	47.75	43.47	35.57	33.78	28.00	26.83	26.52	22.90	20.78	18.57	29.42
	对应最小生态水量/亿 m³	0.14	0.29	0.41	0.38	0.31	0.29	0.24	0.23	0.25	0.20	0.18	0.16	3.08
	月份	5 月			6 月			7 月			8 月			平均
汛期	旬	上	中	下	上	中	下	上	中	下	上	中	下	
	生态基流/(m³/s)	38.08	37.36	47.87	65.13	55.39	45.36	63.91	58.24	68.34	73.72	61.63	41.88	54.74
	对应最小生态水量/亿 m³	0.33	0.32	0.45	0.56	0.48	0.39	0.55	0.50	0.65	0.64	0.53	0.40	5.81

（三）不同目标下的开都河生态流量（水量）目标值确定

1. 保障开都河不断流的生态流量（水量）

依据确定的开都河 3 个层次的保护目标，若以保障开都河大山口下游河道不断流作为基本保护目标，则需保证开都河大山口水文站按照不低于生态基流的流量下泄（见表 5-13 和表 5-14），以保障河道不断流所需的基本生态环境需水量。下泄水量除了需要满足下游河段区间多年平均河损，也需要满足河段历史时期最大河损，以切实保证开都河出山口后下游河段不断流。综合对比生态基流对应的最小生态水量与大山口至宝浪苏木河段平均河损可知，利用 Qp 法确定的大山口生态基流可以保障开都河出山口（出山口水文站为大山口水文站）以下直至博斯腾湖的下游河道不断流的生态目标。

开都河中游山区没有水文监测站点，依据开都河上已建成的察汗乌苏、柳树沟水电工程库区来水数据，以及大山口、小山口电站来水情况，可知察汗乌苏水电工程至小山口电站河段存在约 0.01 亿 m³ 的区间来水。因此在不考虑河损的情况下，提出大山口以上的察汗乌苏、柳树沟水电工程及大山口以下的小山口水电工程均按照不低于大山口水文站生态基流标准下泄，以保证河流生态环境需水。

2. 保障博斯腾湖最低水位的生态流量（水量）

博斯腾湖是我国最大的内陆淡水湖，在区域生态功能中发挥着不可替代的作用。作为开都河流域的尾闾湖泊，维系博斯腾湖水位及其生态功能的入湖水量主要来自开都河，博斯腾湖周边的开都河诸小河全部断流无水入湖。因此，要保障博斯腾湖发挥正常生态功能下最低湖泊水位的生态环境需水，则需要对开都河入湖水量提出要求。本书中博斯腾湖入湖水量取宝浪苏木枢纽水量及流量监测断面为计量控制断面，基于生态保护目标的最小生态需水及区段总体水量平衡的方法计算并确定相应的生态流量（水量），暂不考虑生产用水前提下，入湖水量计算公式如下：

博斯腾湖宝浪苏木入湖水量＝大山口下泄水量－大山口至宝浪苏木断面多年平均河损量

根据对博斯腾湖水位、水质、防洪及水生态综合研究结果，以及《巴音郭楞蒙古自治州开都-孔雀河流域水环境保护及污染防治条例》确定，博斯腾湖大湖维持正常生态功能的最低湖泊控制水位为 1045.00m，最高控制水位为 1047.50m。在此背景下，依据博斯腾湖水位容积曲线计算最低水位背景下的湖泊面积，同时分别从水面蒸发、湖泊湿地的植被蒸发、渗漏及不同保证率下湖区降水等多个因素综合分析得出博斯腾湖在不同丰枯水平年下保持最低生态水位所需的生态环境需水量，以此作为入湖水量要求。在此基础上结合河损上推至大山口站，提出大山口站在此保护目标下应保证的生态流量及对应的生态水量。博斯腾湖生态需水计算结果见表 5－15。

表 5－15　　不同丰枯水平年博斯腾湖最低水位生态环境需水量　　　单位：亿 m³

水平年（典型保证率）	丰水年（25%）	平水年（50%）	偏枯年（75%）	特枯年（90%）
博斯腾湖大湖 1045.00m 水位的生态环境需水量	8.75	8.38	8.23	7.92
博斯腾湖小湖区生态环境需水量	3.75	3.60	3.40	3.24
博斯腾湖大、小湖最低生态需水合计	12.50	11.98	11.63	11.16

博斯腾湖大湖在保证 1045.00m 水位的情景下，在来水保证率 25%、50%、75% 和 90% 的整个湖区（大、小湖）生态环境需水量分别是 12.50 亿 m³、11.98 亿 m³、11.63 亿 m³ 和 11.16 亿 m³。作为生态保护目标，应在 50% 来水保证率下保障生态保护目标下基本生态水量要求，即维持开都河尾闾博斯腾湖正常生态功能最低湖泊水位 1045.00m 所需的生态环境需水量须至少保证 11.98 亿 m³（其中大湖 8.38 亿 m³，小湖 3.60 亿 m³）。为保障宝浪苏木控制断面在 50% 保证率（平水年）及偏枯和枯水年的入湖水量要求，则大山口下泄生态水量在满足河段多年平均河损的前提下，在不同保证率需分别保证不低于 16.96 亿 m³（$P=50\%$）、16.61 亿 m³（$P=75\%$）和 16.14 亿 m³（$P=90\%$）的下泄量。据多年大山口和宝浪苏木逐月径流年内分布比例，计算得出各月具体生态流量与对应生态水量（见表 5－16）。

表 5 - 16 不同来水保证率下保障博斯腾湖最低水位目标下的大山口
及宝浪苏木生态流量及对应生态水量

保证率	项目		12月	次年1月	次年2月	次年3月	平均（累积）值
50%	生态流量 /(m³/s)	大山口	26.24	24.30	23.37	24.66	平均24.64
		宝浪苏木东支	20.36	17.44	18.11	16.23	平均18.03
		宝浪苏木西支	7.20	7.25	6.71	9.90	平均7.76
	对应生态水量 /亿m³	大山口	0.70	0.65	0.57	0.66	累积2.58
		宝浪苏木东支	0.55	0.47	0.44	0.43	累积1.89
		宝浪苏木西支	0.19	0.19	0.16	0.27	累积0.81
75%	生态流量 /(m³/s)	大山口	25.69	23.80	22.88	24.15	平均24.13
		宝浪苏木东支	20.00	17.12	17.78	15.94	平均17.71
		宝浪苏木西支	6.80	6.84	6.34	9.35	平均7.33
	对应生态水量 /亿m³	大山口	0.69	0.64	0.55	0.65	累积2.53
		宝浪苏木东支	0.54	0.46	0.43	0.43	累积1.85
		宝浪苏木西支	0.18	0.18	0.15	0.25	累积0.76
90%	生态流量 /(m³/s)	大山口	24.97	23.13	22.24	23.47	平均23.45
		宝浪苏木东支	19.25	16.48	17.11	15.34	平均17.04
		宝浪苏木西支	6.48	6.52	6.04	8.91	平均6.99
	对应生态水量 /亿m³	大山口	0.67	0.62	0.54	0.63	累积2.45
		宝浪苏木东支	0.52	0.44	0.41	0.41	累积1.78
		宝浪苏木西支	0.17	0.17	0.15	0.24	累积0.73
保证率	项目		4月	9月	10月	11月	平均（累积）值
50%	生态流量 /(m³/s)	大山口	52.07	60.99	43.90	33.62	平均47.65
		宝浪苏木东支	18.03	26.39	8.56	17.93	平均17.73
		宝浪苏木西支	11.39	12.38	16.07	20.46	平均9.53
	对应生态水量 /亿m³	大山口	1.35	1.58	1.18	0.87	累积4.98
		宝浪苏木东支	0.47	0.68	0.23	0.46	累积1.85
		宝浪苏木西支	0.30	0.33	0.42	0.55	累积0.99
75%	生态流量 /(m³/s)	大山口	51.00	59.74	42.99	32.92	平均46.66
		宝浪苏木东支	17.71	25.92	8.41	17.61	平均17.41
		宝浪苏木西支	10.75	9.75	6.66	8.83	平均9.00
	对应生态水量 /亿m³	大山口	1.32	1.55	1.15	0.85	累积4.88
		宝浪苏木东支	0.46	0.67	0.23	0.46	累积1.81
		宝浪苏木西支	0.28	0.25	0.18	0.23	累积0.94
90%	生态流量 /(m³/s)	大山口	49.56	58.04	41.78	31.89	平均45.34
		宝浪苏木东支	17.04	24.94	8.09	16.94	平均16.76
		宝浪苏木西支	10.25	9.29	6.35	8.24	平均8.58
	对应生态水量 /亿m³	大山口	1.28	1.50	1.12	0.83	累积4.74
		宝浪苏木东支	0.46	0.64	1.03	1.43	累积1.74
		宝浪苏木西支	0.27	0.30	0.37	0.49	累积0.89

续表

保证率	项　　目		5月	6月	7月	8月	平均（累积）值
50%	生态流量 /(m³/s)	大山口	66.82	89.45	102.92	94.78	平均88.50
		宝浪苏木东支	24.26	40.50	54.21	55.99	平均43.74
		宝浪苏木西支	12.38	16.07	20.46	18.49	平均16.85
	对应生态 水量 /亿 m³	大山口	1.79	2.32	2.76	2.54	累积9.41
		宝浪苏木东支	0.65	1.05	1.45	1.50	累积4.65
		宝浪苏木西支	0.33	0.42	0.55	0.50	累积1.79
75%	生态流量 /(m³/s)	大山口	65.44	87.61	100.80	92.83	平均86.67
		宝浪苏木东支	23.83	39.78	53.24	54.99	平均42.96
		宝浪苏木西支	11.69	15.18	19.32	17.46	平均15.91
	对应生态 水量 /亿 m³	大山口	1.75	2.27	2.70	2.49	累积9.21
		宝浪苏木东支	0.64	1.03	1.43	1.47	累积4.57
		宝浪苏木西支	0.31	0.39	0.52	0.47	累积1.69
90%	生态流量 /(m³/s)	大山口	63.59	85.13	97.94	90.20	平均84.22
		宝浪苏木东支	22.93	38.28	51.23	52.91	平均41.34
		宝浪苏木西支	11.14	14.46	18.41	16.64	平均15.16
	对应生态 水量 /亿 m³	大山口	1.70	2.21	2.62	2.42	累积8.95
		宝浪苏木东支	0.61	0.99	1.37	1.42	累积4.40
		宝浪苏木西支	0.30	0.37	0.49	0.45	累积1.61

3. 保障流域生态、生产用水目标下的生态流量（水量）

依据确定的第 3 层次流域保护目标及生态流量（水量）指标，参考巴州最严格水资源管理"三条红线"，开都河地表水国民经济用水指标为 7.30 亿 m³。遵照国民经济用水保障要求，在 75% 来水保证率下应保障国民经济生产及生活用水不受大的影响。为此，要保障开都河及博斯腾湖生态需水和"三条红线"用水前提下，开都河大山口控制断面的生态流量及下泄生态水量应满足大山口至宝浪苏木多年平均河损及相应 75% 保证率下博斯腾湖生态需水的基础上，保障 7.30 亿 m³ 的生产生活用水指标。当遇特枯水年（取典型频率 $P=90\%$），为保障开都河不断流及博斯腾湖最低生态需水，按照大山口来水相应减少比例，并参照开都河区段近 5 年实际引用水量特征，酌减"三条红线"生产用水，以实现水量平衡。在 75% 和 90% 来水保证率下，大山口控制断面分别需要保障下泄水量 23.91 亿 m³ 和 23.16 亿 m³，则可以满足开都河多年平均河损与博斯腾湖相应最低生态需水以及开都河灌区 7.30 亿 m³ 的红线用水指标和依据来水减少比例酌减 5% 后 6.94 亿 m³ 的国民经济与生活用水（$P=90\%$）。分析发现，近 5 年开都河灌区引用水量平均为 6.24 亿 m³，实施最严格水资源管理规定的 2016—2018 年，开都河灌区平均引用水量为 6.45 亿 m³，因此提出的在 90% 保证率下区间供水 6.94 亿 m³ 的水量不会对国民经济发展产生重大影响。若同时考虑到博斯腾湖下游库尔勒-尉犁绿洲的生产生活需水保障，建议偏枯年与特枯年灌区生产生活供水参照近 3 年平均供水量实施。依据大山口多年来水逐月径流比例特征，此目标下大山口逐月生态流量与生态水量见表 5-17。

表 5-17　　　　偏枯和特枯年保障"三生"用水开都河生态流量（水量）

	月 份	12 月	次年 1 月	次年 2 月	次年 3 月	平均（累积）值
保证率 75%	生态流量/(m³/s)	36.99	34.26	32.94	34.77	平均 34.74
	对应生态水量/亿 m³	0.99	0.92	0.80	0.93	累积 3.64
	月 份	4 月	9 月	10 月	11 月	平均（累积）值
	生态流量/(m³/s)	73.41	85.99	61.89	47.39	平均 67.17
	对应生态水量/亿 m³	1.90	2.23	1.66	1.23	累积 7.02
	月 份	5 月	6 月	7 月	8 月	平均（累积）值
	生态流量/(m³/s)	94.21	126.11	145.10	133.62	平均 124.76
	对应生态水量/亿 m³	2.52	3.27	3.89	3.58	累积 13.26
保证率 90%	月 份	12 月	次年 1 月	次年 2 月	次年 3 月	平均（累积）值
	生态流量/(m³/s)	35.83	33.19	31.91	33.68	平均 33.65
	对应生态水量/亿 m³	0.96	0.89	0.77	0.90	累积 3.52
	月 份	4 月	9 月	10 月	11 月	平均（累积）值
	生态流量/(m³/s)	71.11	91.25	122.16	140.54	平均 65.06
	对应生态水量/亿 m³	1.84	2.44	3.17	3.76	累积 6.80
	月 份	5 月	6 月	7 月	8 月	平均（累积）值
	生态流量/(m³/s)	91.25	122.16	140.54	129.43	平均 120.85
	对应生态水量/亿 m³	2.44	3.17	3.76	3.47	累积 12.84

三、开都河生态流量（水量）现状及调控保障

（一）生态流量（水量）现状达标情况评价

1. 最小生态流量（水量）的现状达标及满足程度

对比开都河出山口水文站大山口控制断面近 10 年（2009—2018 年）实测月流量数据与多种方法计算确定的开都河大山口站最小生态流量（生态基流）标准（见表 5-18），过去 10 年实测大山口流量均大于确定的生态基流流量标准，无论是年内丰水期（4—9 月）还是枯水期（10 月至次年 3 月），满足度均为 100%。

对比开都河出山口水文站大山口控制断面近 10 年（2009—2018 年）实测月径流数据与多种方法计算确定的开都河大山口站生态基流对应最小生态水量标准（见表 5-19），过去 10 年实测大山口来水量均大于确定的生态基流对应的最小生态水量，无论是冰封期（12 月至次年 3 月）还是平水期（4，9—11 月）和汛期（5—8 月），满足度均为 100%，开都河大山口生态基流对应的生态水量均满足河损。

表 5 - 18　　　　　　　　　开都河大山口最小生态流量满足程度评价

项　目		1 月	2 月	3 月	4 月	5 月	6 月	7 月	8 月	9 月	10 月	11 月	12 月
大山口 实测流量 /(m³/s)	2009 年	55.71	69.06	72.15	124.85	129.01	203.74	237.35	153.78	140.82	110.42	89.97	73.80
	2010 年	43.83	47.07	73.61	103.05	142.32	272.15	288.46	308.10	138.08	103.40	85.53	66.78
	2011 年	61.03	49.50	61.11	171.84	176.54	190.82	205.44	205.44	167.86	115.63	67.75	60.19
	2012 年	57.74	57.96	47.86	106.96	98.78	149.14	206.16	194.78	98.85	81.27	83.22	45.93
	2013 年	52.54	52.88	61.06	94.10	106.17	128.58	178.96	165.79	116.19	91.40	67.37	50.62
	2014 年	40.75	43.83	49.36	93.62	106.81	153.68	194.32	180.59	87.50	82.66	71.33	45.41
	2015 年	46.57	36.78	45.77	116.90	174.48	199.23	205.52	187.65	177.60	100.03	87.61	45.08
	2016 年	38.72	57.10	68.04	124.55	82.93	176.03	249.90	303.16	150.68	110.01	71.60	57.29
	2017 年	44.99	56.38	71.98	104.09	193.77	211.88	283.83	241.23	135.84	114.55	79.40	60.15
	2018 年	48.54	54.15	70.19	104.17	123.92	214.12	221.03	213.19	163.19	105.66	79.86	67.20
最小生态流量 /(m³/s)		15.02	13.04	15.24	31.14	41.29	53.49	63.60	58.57	36.47	27.13	20.10	16.21
满足度		1.00	1.00	1.00	1.00	1.00	1.00	1.00	1.00	1.00	1.00	1.00	1.00

表 5 - 19　　　　　　　　开都河大山口站生态基流对应水量达标程度评价

项　目		1 月	2 月	3 月	4 月	5 月	6 月	7 月	8 月	9 月	10 月	11 月	12 月
大山口 实测径 流量 /亿 m³	2009 年	1.49	1.67	1.93	3.24	3.46	5.28	6.36	4.12	3.65	2.96	2.33	1.98
	2010 年	1.17	1.14	1.97	2.67	3.81	7.05	7.73	8.25	3.58	2.77	2.22	1.79
	2011 年	1.63	1.20	1.64	4.45	4.73	4.95	5.50	5.50	4.35	3.10	1.76	1.61
	2012 年	1.55	1.45	1.28	2.77	2.65	3.87	5.52	5.22	2.56	2.18	2.16	1.23
	2013 年	1.41	1.28	1.64	2.44	2.84	3.33	4.79	4.44	3.01	2.45	1.75	1.36
	2014 年	1.09	1.06	1.32	2.43	2.86	3.98	5.20	4.84	2.27	2.21	1.85	1.22
	2015 年	1.25	0.89	1.23	3.03	4.67	5.16	5.50	5.03	4.60	2.68	2.27	1.21
	2016 年	1.04	1.43	1.82	3.23	2.22	4.56	6.69	8.12	3.91	2.95	1.86	1.53
	2017 年	1.21	1.36	1.93	2.70	5.19	5.49	7.60	6.46	3.52	3.07	2.06	1.61
	2018 年	1.30	1.31	1.88	2.70	3.32	5.55	5.92	5.71	4.23	2.83	2.07	1.80
河损/亿 m³		0.32	0.24	0.25	0.49	0.40	0.54	0.49	0.53	0.30	0.47	0.36	0.26
生态基流对应月下 泄生态水量 /亿 m³		0.40	0.35	0.41	0.83	1.11	1.43	1.70	1.57	0.98	0.73	0.54	0.43
满足度		1.00	1.00	1.00	1.00	1.00	1.00	1.00	1.00	1.00	1.00	1.00	1.00

2. 保障博斯腾湖最小生态需水目标下的生态流量（水量）达标情况

近 10 年大山口及宝浪苏木断面实测流量与目标下生态流量见表 5 - 20、表 5 - 21。

表 5-20　保障博斯腾湖最小生态需水目标下大山口生态流量满足程度评价（一）

项目		1月	2月	3月	4月	5月	6月	7月	8月	9月	10月	11月	12月
大山口实测流量 /(m³/s)	2009年	55.71	69.06	72.15	124.85	129.01	203.74	237.35	153.78	140.82	110.42	89.97	73.80
	2010年	43.83	47.07	73.61	103.05	142.32	272.15	288.46	308.10	138.08	103.40	85.53	66.78
	2011年	61.03	49.50	61.11	171.84	176.54	190.82	205.44	205.44	167.86	115.63	67.75	60.19
	2012年	57.74	57.96	47.86	106.96	98.78	149.14	206.16	194.78	98.85	81.27	83.22	45.93
	2013年	52.54	52.88	61.06	94.10	106.17	128.58	178.96	165.79	116.19	91.40	67.37	50.62
	2014年	40.75	43.83	49.36	93.62	106.81	153.68	194.32	180.59	87.50	82.66	71.33	45.41
	2015年	46.57	36.78	45.77	116.90	174.48	199.23	205.52	187.65	177.60	100.03	87.61	45.08
	2016年	38.72	57.10	68.04	124.55	82.93	176.03	249.90	303.16	150.68	110.01	71.60	57.29
	2017年	44.99	56.38	71.98	104.09	193.77	211.88	283.83	241.23	135.84	114.55	79.40	60.15
	2018年	48.54	54.15	70.19	104.17	123.92	214.12	221.03	213.19	163.19	105.66	79.86	67.20
保证率 50%	生态流量 /(m³/s)	24.30	23.37	24.66	52.07	66.82	89.45	102.92	94.78	60.99	43.90	33.62	26.24
	满足度	1.00	1.00	1.00	1.00	1.00	1.00	1.00	1.00	1.00	1.00	1.00	1.00
保证率 75%	生态流量 /(m³/s)	23.80	22.88	24.15	51.07	65.44	87.61	100.80	92.83	59.74	42.99	32.92	25.69
	满足度	1.00	1.00	1.00	1.00	1.00	1.00	1.00	1.00	1.00	1.00	1.00	1.00
保证率 90%	生态流量 /(m³/s)	23.13	22.24	23.47	49.56	63.59	85.13	97.94	90.20	58.04	41.78	31.99	24.97
	满足度	1.00	1.00	1.00	1.00	1.00	1.00	1.00	1.00	1.00	1.00	1.00	1.00

表 5-21　保障博斯腾湖最小生态需水目标下宝浪苏木生态流量满足程度评价　　　单位：m³/s

项目		1月	2月	3月	4月	5月	6月	7月	8月	9月	10月	11月	12月
宝浪苏木实测流量 /(m³/s)	2009年	49.05	44.97	50.34	55.31	53.19	95.17	126.25	71.17	68.01	25.33	46.38	16.64
	2010年	43.94	43.85	64.19	52.88	78.24	182.78	179.40	220.40	75.27	24.66	68.44	76.43
	2011年	42.63	44.60	47.85	99.68	94.52	92.99	100.71	110.97	85.34	29.22	36.78	59.92
	2012年	58.77	55.03	51.40	58.84	43.18	67.92	133.93	132.67	40.68	14.56	31.32	56.63
	2013年	47.28	40.54	40.62	52.14	65.49	72.39	72.06	104.28	70.37	39.23	47.46	57.80
	2014年	39.75	41.12	46.32	66.43	66.77	101.90	129.64	131.18	53.41	27.35	27.12	5.56
	2015年	47.18	42.72	41.50	77.23	114.06	123.37	134.42	149.14	133.36	28.21	39.72	—
	2016年	52.42	88.54	66.89	74.63	43.67	124.21	191.54	249.56	111.96	52.05	22.40	62.48
	2017年	66.38	68.74	77.27	74.22	137.98	163.89	194.49	171.59	102.10	46.10	14.67	51.97
	2018年	64.51	42.38	64.94	83.54	72.38	174.20	163.88	151.58	122.69	42.56	26.23	60.48
保证率 50%	生态流量 /(m³/s)	24.68	24.82	26.13	29.42	36.64	56.57	74.67	74.47	36.71	15.62	27.28	27.56
	满足度	1.00	1.00	1.00	1.00	1.00	1.00	1.00	1.00	1.00	1.00	1.00	1.00
保证率 75%	生态流量 /(m³/s)	23.97	24.12	25.29	28.46	35.52	54.95	72.56	72.44	35.67	15.07	26.44	26.80
	满足度	1.00	1.00	1.00	1.00	1.00	1.00	1.00	1.00	1.00	1.00	1.00	1.00

项　　目		1月	2月	3月	4月	5月	6月	7月	8月	9月	10月	11月	12月
保证率 90%	生态流量 /(m³/s)	23.00	23.15	24.25	27.29	34.07	52.74	69.64	69.55	34.23	14.44	25.36	25.73
	满足度	1.00	1.00	1.00	1.00	1.00	1.00	1.00	1.00	1.00	1.00	1.00	1.00

对比发现，无论是大山口控制断面还是宝浪苏木控制断面，近10年的断面实际流量均可以满足保障开都河及博斯腾湖最小生态需水目标下对应两个控制断面的过水流量。除2015年12月，宝浪苏木枢纽因除险加固而导致缺失实测数据外，其余现状年对于本保护目标下的生态流量满足度均为100%。由于水量与流量是一一对应关系，可以得知对应的生态水量在两个控制断面的现状达标程度也是100%。

3. 保障生态、生产用水的大山口生态流量（水量）达标情况

对比开都河出山口水文站大山口控制断面近10年（2009—2018年）实测月流量数据与基于数量平衡和最小生态需水计算确定的在保障开都河与博斯腾湖最小生态需水和开都河"三条红线"用水指标目标下大山口站应保证的生态流量与对应生态水量（见表5-22），可以看到过去10年实测大山口流量均大于确定的此目标下生态流量及对应的生态水量，无论是冰封期（12月至次年3月）还是平水期（4月，9—11月）和汛期（5—8月），达标率均为100%。

表5-22　　　　保障开都河流域生态、生产用水目标大山口生态流量满足程度评价

项　　目		1月	2月	3月	4月	5月	6月	7月	8月	9月	10月	11月	12月
大山口实测流量 /(m³/s)	2009年	55.71	69.06	72.15	124.85	129.01	203.74	237.35	153.78	140.82	110.42	89.97	73.80
	2010年	43.83	47.07	73.61	103.05	142.32	272.15	288.46	308.10	138.08	103.40	85.53	66.78
	2011年	61.03	49.50	61.11	171.84	176.54	190.82	205.44	205.44	167.86	115.63	67.75	60.19
	2012年	57.74	57.96	47.86	106.96	98.78	149.14	206.16	194.78	98.85	81.27	83.22	45.93
	2013年	52.54	52.88	61.06	94.11	106.42	128.58	178.96	165.79	116.19	91.40	67.37	50.62
	2014年	40.75	43.83	49.36	93.62	106.81	153.68	194.32	180.59	87.50	82.66	71.33	45.41
	2015年	46.57	36.78	45.77	116.90	174.48	199.23	205.52	187.65	177.60	100.03	87.61	45.08
	2016年	38.72	57.10	68.04	124.55	82.93	176.03	249.90	303.16	150.68	110.01	71.60	57.29
	2017年	44.99	56.38	71.98	104.09	193.77	211.88	283.83	241.23	135.84	114.55	79.40	60.15
	2018年	48.54	54.15	70.19	104.17	123.92	214.12	221.03	213.19	163.19	105.66	79.86	67.20
保证率 75%	生态流量 /(m³/s)	34.26	32.94	34.77	73.41	94.21	126.11	145.10	133.62	85.99	61.89	47.39	36.99
	满足度	1.00	1.00	1.00	1.00	1.00	1.00	1.00	1.00	1.00	1.00	1.00	1.00
保证率 90%	生态流量 /(m³/s)	33.19	31.91	33.68	71.11	91.25	122.16	140.54	129.43	83.29	59.95	45.91	35.83
	满足度	1.00	1.00	1.00	1.00	1.00	1.00	1.00	1.00	1.00	1.00	1.00	1.00

（二）不同目标下生态流量（水量）的影响分析

由以上生态流量（水量）达标情况分析可知，近10年实际的开都河流量及水量可以完全满足不同生态保护目标下确定的开都河生态流量（水量）。为进一步明确生态基流和不同生态保护目标下确定的生态流量（水量）对开都河水资源供需平衡的影响，分别选择75%

和90％来水保证率情况下的典型年实测流量（水量）与不同目标下的生态流量（水量）对比进行分析。基于1956—2018年大山口实测径流数据计算发现1978年和1985年分别为来水保证率75％和90％的典型年，选择这两年大山口逐月流量数据作为研究对比基础。

对比分析可知（见表5-23），若不考虑国民经济用水，无论是以保证开都河不断流为目标的生态基流，还是以保证开都河与博斯腾湖最小生态需水为目标对应的生态流量，大山口控制断面在75％和90％来水保证率的情况下均能够100％满足对应这两个生态保护目标确定的生态流量。在叠加考虑开都河"三条红线"国民经济用水水量指标上限的情况下，大山口在75％来水保证率下，完全可以满足开都河与博斯腾湖最小生态需水以及开都河"三条红线"上限用水指标对应的流量（水量）。

表5-23　　保障博斯腾湖最小生态需水目标下大山口生态流量满足程度评价

项　目		1月	2月	3月	4月	5月	6月	7月	8月	9月	10月	11月	12月
大山口实测流量/(m³/s)	1978年（保证率75％）	39.99	37.81	41.66	89.03	99.88	240.5	152.13	154.82	113.73	73.41	54.84	43.43
	1985年（保证率90％）	33.20	35.6	40.7	115	175	193	131	141	78.9	66.8	48.6	41
目标1	生态基流/(m³/s)	15.02	13.04	15.24	31.14	41.29	53.49	63.60	58.57	36.47	27.13	20.10	16.21
	满足度	1.00	1.00	1.00	1.00	1.00	1.00	1.00	1.00	1.00	1.00	1.00	1.00
保证率75％目标2	生态流量/(m³/s)	23.97	24.12	25.29	28.46	35.52	54.95	72.56	72.44	35.67	15.07	26.44	26.80
	满足度	1.00	1.00	1.00	1.00	1.00	1.00	1.00	1.00	1.00	1.00	1.00	1.00
保证率90％目标2	生态流量/(m³/s)	23.00	23.15	24.25	27.29	34.07	52.74	69.64	69.55	34.23	14.44	25.36	25.73
	满足度	1.00	1.00	1.00	1.00	1.00	1.00	1.00	1.00	1.00	1.00	1.00	1.00
保证率75％目标3	生态流量/(m³/s)	34.26	32.94	34.77	73.41	94.21	126.11	145.10	133.62	85.99	61.89	47.39	36.99
	满足度	1.00	1.00	1.00	1.00	1.00	1.00	1.00	1.00	1.00	1.00	1.00	1.00
保证率90％目标3-1	生态流量/(m³/s)	33.19	31.91	33.68	71.11	91.25	122.16	140.54	129.43	83.29	59.95	45.91	35.83
	满足度	1.00	1.00	1.00	1.00	1.00	1.00	0.93	1.00	1.00	1.00	1.00	1.00
保证率90％目标3-2	生态流量/(m³/s)	33.59	32.29	34.08	71.97	92.35	123.63	142.24	131.00	84.30	60.67	46.46	36.26
	满足度	0.99	1.00	1.00	1.00	1.00	1.00	0.92	1.00	1.00	1.00	1.00	1.00

注　目标1为单纯保障开都河不断流和维持河流基本形态与生态功能的生态基流；目标2为不考虑国民经济用水前提下单纯保障开都河和博斯腾湖最小生态需水；目标3为同时保障开都河与博斯腾湖最小生态需水及开都河"三条红线"用水，其中目标3-1是在90％来水保证率下国民经济"三条红线"用水按照对应大山口75％来水保证率相应来水较少比例同比例酌减，目标3-2是90％来水保证率下仍然按照"三条红线"用水指标核算确定的结果。

当开都河处于特枯年，来水保证率在90％的情况下，若按照"三条红线"用水水量上限指标保障开都河国民经济用水（目标3-2），则在1月和7月开都河大山口断面无法完全满足对应要求的生态流量（水量），其中1月的满足程度为99％，水量赤字约0.01

亿 m^3；7 月的满足度为 92%，水量赤字约 0.31 亿 m^3；相同来水保证率下若按照来水减少比例同比例酌减"三条红线"用水，则除了 7 月流量（水量）满足度为 93%，水量赤字 0.26 亿 m^3 外，其余月份均可以满足。

（三）开都河生态流量（水量）的调控保障

基于以上分析可知，开都河的生态基流（水量）以及保障开都河与博斯腾湖最小生态需水目标下的生态流量（水量）在正常无特别人为干扰情况下，均能有效保证；只有叠加区域国民经济"三条红线"用水后，遇特枯年会在 1 月和 7 月存在生态流量（水量）保障度不足的情况，为此，提出开都河枯水期调控保障措施：

（1）电调服从水调，确保开都河生态基流。在枯水年特别是特枯年份，若以保证开都河出山口后不断流为生态保护目标，需要确保开都河的生态基流在大山口年平均不低于 33.23m^3/s，对应年生态水量在大山口不低于 10.48 亿 m^3。特别是要确保枯水年中冰封期的 12 月至次年 3 月的生态基流在大山口平均不低于 14.88m^3/s，对应的这一时段在大山口下泄生态水量不低于 1.59 亿 m^3；在平水期的 4 月和 9—11 月，大山口断面平均流量不低于 28.71m^3/s，下泄生态水量不少于 3.08 亿 m^3；在丰水期的 5—8 月流量不小于 54.24m^3/s，下泄生态水量不少于 5.81 亿 m^3，以确保开都河河道不断流，并能够满足河流基本生态功能与水生生物需水要求。上游各电站的运行管理要切实执行"电调服从水调"的原则，尤其在枯水年以及枯水年的年内相对枯水期，利用开都河流域上游察汗乌苏电站、柳树沟电站、大山口电站等水利水电设施调整水库蓄水调峰时间，保证按照不少于大山口控制断面相应流量（水量）要求执行调控。

（2）合理调配枯水年流量（水量），保障入湖水量与博斯腾湖基本生态需水。在枯水年份，除了保证开都河生态基流外，若以开都河尾闾博斯腾湖最低生态水位 1045.00m 为保护目标的情景下，还需要保障博斯腾湖维持最低水位所需要的最小生态环境需水。因此，除了保障博斯腾湖维持湖泊水位不低于 1045.00m 所需的多年平均基本生态环境需水量外，遇平水年（以 $P=50\%$ 为典型频率）、偏枯年份（以 $P=75\%$ 为典型频率）和特枯年份（以 $P=90\%$ 为典型频率），至少需要保证开都河在宝浪苏木入博斯腾湖水量分别为 11.98 亿 m^3/a、11.63 亿 m^3/a 和 11.16 亿 m^3/a，以保证博斯腾湖大、小湖在平水年份至特枯年份维持湖泊最低水位所需的最小生态环境需水量。对应的开都河宝浪苏木东支与西支在偏枯年份入博斯腾湖大湖与小湖的水量分别为 8.23 亿 m^3/a 和 3.40 亿 m^3/a，在特枯年份，开都河宝浪苏木东支与西支入博斯腾湖大湖与小湖的水量分别为 7.92 亿 m^3/a 和 3.24 亿 m^3/a。为保障偏枯年与特枯年开都河在宝浪苏木的入湖水量，则开都河大山口在偏枯年与特枯年需要保证至少 16.61 亿 m^3/a（$P=75\%$）和 16.14 亿 m^3/a（$P=90\%$）的下泄量。

（3）强化枯水期水资源监管调配，保障流域水生态安全。当需要保障开都河与博斯腾湖最小生态需水与开都河国民经济"三条红线"用水情况下，遇枯水年，尤其是特枯水年需要进一步强化水资源的监管，实行地下水与地表水统一管理。除了合理配置地表水资源外，应强化对地下水的监控管理，确保开都河流域地下水开采不超过红线规定 3.87 亿 m^3 的指标上限，以减少开都河因人为扰动造成的河损加大。

开都河中游山区已建成水利水电的蓄水工程现有调蓄库容约 0.8 亿 m^3，对于计算分析所得在遇 90% 特枯水年份，可以充分利用山区调蓄库容，对 7 月开都河大山口至宝浪苏木段 0.26 亿～0.31 亿 m³ 的水量匮缺进行调控。考虑到各水库具体调蓄库容，调控任务应主要由察汗乌苏水库承担，大山口及小山口水库辅助完成。

除了利用山区水库的调蓄库容外，可以依据具体区段水资源供需情况，酌情强化河道外用水管控，在以不对国民经济发展造成大的影响前提下，调减各主要拦河分水枢纽引水量，并结合博斯腾湖彼时水位情况，调整入湖水量等综合调控举措，实现开都河在特枯水年的水资源供需平衡。

建议尽快对开都河诸小河流进行生态流量管理，并移交流域管理机构统一管控，特别是水量较大的黄水沟与清水河，分别在黄水沟出山口与黄水沟入博斯腾湖南大闸、清水河出山口及清水河入博斯腾湖口设置生态流量（水量）控制考核断面。

四、开都河生态流量（水量）监测与预警

（一）监测方案

1. 监测对象

为加强、完善开都河流域水资源的科学管理，应进一步强化对开都河流域（包括博斯腾湖）地表水与地下水资源、水环境的监测。对开都河地表水，除了大山口及宝浪苏木控制断面外，在开都河重要来水、引退水口水量、水质实施实时监测外，还需尽快完成对黄水沟和清水河等诸小河流中主要河流地表水的水量与水质监测管理，具体建议监测点布设见表 5-24。

具体监测对象与监测站点布设与设置，参照《地表水和污水监测技术规范》（HJ/T 91—2002）、《地表水自动监测技术规范》（征求意见稿）和《水资源监测要素》（SYZ 201—2012）、《水资源水量监测技术导则》（SL 365—2007）等标准中关于水资源监测及地表水水质、水环境自动监测的要求和开都河流域自身实际水资源管控需要进行设置。

对开都河地下水应实施水位与开采量的严格管理，全面实施"井电双控"。地下水开采量要严格以"三条红线"规定的地下水开采指标为上限不能逾越，在丰水期可利用流域地表水置换地下水指标，以达到逐步减少地下水开采的目标。

尽快完善开都河流域地下水位与水质布控监测，参照《地下水环境监测技

表 5-24　开都河地表水监测站点

流域名称	序号	地表水监测规划站点
开都河流域	1	察汗乌苏电站（出入库）
	2	小山口电站（出入库）
	3	第一分水枢纽北岸干渠
	4	第一分水枢纽南岸干渠
	5	开都河南岸一支干
	6	开都河南岸二支干
	7	解放一渠（闸前）
	8	解放二渠总干渠（闸前）
	9	解放二渠南干渠
	10	解放二渠八一干渠
	11	翻身渠
	12	黄水沟出山口
	13	乌拉斯台河干流口
	14	清水河出山口
	15	黄水沟夏尔乌逊分洪闸（闸前）
	16	黄水沟入湖口
	17	清水河入湖口
	18	乌拉斯台河入开都河口
	19	博斯腾湖大湖区（大河口）
	20	博斯腾湖小湖区（达吾提闸）
	21	博斯腾湖大湖区（扬水站）

术规范》（HJ/T 164—2004）规定，国控地下水监测点网密度在平原区一般为每100km²0.2眼监测井，则开都河出山口后焉耆盆地区域内需布设约50眼地下水监测井。

2. 监测内容

具体监测站点的监测内容主要为流量（水量）和水位，其余监测内容可以参照《地表水和污水监测技术规范》（HJ/T 91—2002）、《地表水自动监测技术规范》（征求意见稿）和《水资源监测要素》（SYZ 201—2012）、《水资源水量监测技术导则》（SL 365—2007）等标准中的相关要求与流域实际需求制定。

3. 监测频次

依据开都河流域现有水资源监测网络实际情况，本方案提出参照实测日流量和旬平均流量，以月平均生态流量（水量）达标程度进行具体评价考核。为此，建议各主要监测点监测频次以日监测为主，对于大山口、宝浪苏木等重要控制断面河主要引水渠首监测断面，依据监测条件，应在日尺度下进一步细分3～5个监测时段，以更加准确评估日流量。

（二）生态流量预警机制

1. 预警层级

充分考虑到开都河在流域所在地州的重要地位与其水资源供需对地州区域经济发展的重要支撑作用，以及流域在区域生态服务功能和现有的综合管控能力情况下，确定开都河设置3级生态流量预警机制。

2. 预警阈值

本方案的生态流量（水量）预警方案只针对保障开都河不断流基本生态功能的生态基流及对应的最小生态水量设定。预警层级设置3级，预警阈值分别按照大山口控制断面生态基流目标的120%、100%和80%设置蓝色、橙色与红色预警（见表5-25）。预警时长依据大山口控制断面具体监测频次对应相应时长设置为日尺度。

表 5-25　　　　　　　　开都河大山口控制断面生态流量控制预警指标

项　　目	1月	2月	3月	4月	5月	6月	7月	8月	9月	10月	11月	12月
生态基流/(m³/s)	15.02	14.44	15.24	32.18	41.29	55.28	63.60	58.57	37.69	27.13	20.77	16.21
蓝色预警流量/(m³/s)	18.02	17.33	18.29	38.61	49.55	66.33	76.32	70.28	45.23	32.55	24.93	19.45
橙色预警流量/(m³/s)	15.02	14.44	15.24	32.18	41.29	55.28	63.60	58.57	37.69	27.13	20.77	16.21
红色预警流量/(m³/s)	12.01	11.55	12.19	25.74	33.03	44.22	50.88	46.86	30.15	21.70	16.62	12.97

第三节　博斯腾湖基于生态水位的水量管理

博斯腾湖是我国最大的内陆淡水湖，它既是开都河的尾闾，也是孔雀河的源头，发挥着上吞下吐的水资源时空调节库作用，对流域及区域水资源供需保障与可持续利用有着不可替代的地位。基于博斯腾湖生态水位的生态流量（水量）科学管理，是流域供水安全、防洪安全和水环境健康的共同需求。

关于博斯腾湖适宜生态水位及湖泊水位（水量）管控、生态需水计算分析和预警监测等内容已经在第四章中进行了详细阐述，本节着重对博斯腾湖生态水位的多年保障情况、基于生态水位的出入湖流量（水量）的达标情况与影响、博斯腾湖出入湖水量调控情景等进行分析。

一、博斯腾湖生态水位（水量）管控目标

1. 湖泊水位控制站点与出入湖水量监测断面选择

目前，博斯腾湖大湖水位监测站点主要有大河口监测点和扬水站监测点，本方案选择大河口湖泊水位监测点作为博斯腾湖大湖水位监测站，选择小湖达吾提闸前水位监测点作为博斯腾湖小湖水位监测点。基于博斯腾湖当前出入湖河流实际情况与现有水文监测站点的分布特征，选择宝浪苏木与塔什店作为博斯腾湖入湖及出湖水量的监测控制断面。

2. 博斯腾湖最低生态水位和基于水位的水量管控目标

湖泊生态水位管理保护目标的不同直接决定了相应目标下生态环境需水量及出入湖水量要求的不同，因此明确不同属性及特征的湖泊保护目标，是确定不同保护目标下湖泊生态环境需水量，进而确定出入湖生态水量管理方案的基础。本研究依据博斯腾湖的相关管理法律法规条例、湖泊自然属性、出入湖径流特征、区域社会经济发展状况及出入湖河流自然生态环境特征，结合多种方法分析确定了博斯腾湖最低生态水位和适宜生态水位目标（具体分析见第四章）。

依据《巴音郭楞蒙古自治州开都-孔雀河流域水环境保护及污染防治条例》相关规定，同时结合水文学方法，以及从供水保障、防洪安全、水环境健康需求等多方面综合分析确定博斯腾湖大湖的最低生态水位管理保护目标为 1045.00m。基于博斯腾湖大湖 1045.00m 最低水位的情景，在来水保证率 25%、50%、75% 和 90% 情况下，整个湖区（大、小湖）生态环境需水量分别是 12.50 亿 m^3、11.98 亿 m^3、11.63 亿 m^3 和 11.16 亿 m^3（见表 5-15）。作为生态保护目标，应在 50% 来水保证率及以上情景下，保障博斯腾湖最低生态水位 1045.00m 这一生态保护目标下基本生态水量要求，至少保证 11.98 亿 m^3（其中大湖 8.38 亿 m^3，小湖 3.60 亿 m^3）的博斯腾湖生态需水量，不考虑湖泊背景水位的情况下，博斯腾湖入出湖水量差应不小于 11.98 亿 m^3。特别是遇到博斯腾湖水位已经临近最低生态水位 1045.00m 的红色预警水位时，遇平水年至枯水年水文情形，应通过综合调控管理，保障博斯腾湖入出湖水量差满足不小于 11.98 亿 m^3（$P=50\%$）、11.63 亿 m^3（$P=75\%$）和 11.16 亿 m^3（$P=90\%$）的湖泊最低需水要求，以保障最低生态水位不被突破。

二、博斯腾湖最低生态水位及对应水量的现状达标分析

1. 最低生态水位（水量）现状达标情况

对比博斯腾湖大湖近 10 年（2009—2018 年）实测月水位数据与确定的 1045m 的最低生态水位目标（见表 5-26），过去 10 年实测博斯腾湖大湖月平均水位均不小于确定的最低生态水位目标，无论是年内丰水期（4—9 月）还是枯水期（10 月至次年 3 月），满足度均为 100%。

表 5-26 开都河大山口生态基流满足程度评价

项　目		1月	2月	3月	4月	5月	6月	7月	8月	9月	10月	11月	12月
博斯腾湖大湖实测水位/m	2009年	1046.01	1046.01	1046.05	1046.10	1046.14	1046.15	1046.04	1045.87	1045.77	1045.60	1045.49	1045.39
	2010年	1045.35	1045.33	1045.35	1045.39	1045.42	1045.48	1045.77	1045.71	1045.81	1045.80	1045.77	1045.72
	2011年	1045.69	1045.72	1045.80	1045.87	1045.93	1046.13	1046.08	1046.01	1045.87	1045.80	1045.70	1045.63
	2012年	1045.61	1045.57	1045.58	1045.61	1045.64	1045.60	1045.50	1045.25	1045.30	1045.25	1045.15	1045.05
	2013年	1045.00	1045.10	1045.12	1045.29	1045.28	1045.25	1045.16	1045.15	1045.03	1045.06	1045.03	1045.01
	2014年	1045.06	1045.20	1045.27	1045.29	1045.31	1045.29	1045.30	1045.30	1045.38	1045.32	1045.18	1045.18
	2015年	1045.28	1045.39	1045.45	1045.42	1045.49	1045.67	1045.72	1045.72	1045.89	1045.97	1045.94	1045.96
	2016年	1046.05	1046.16	1046.26	1046.27	1046.23	1046.33	1046.65	1047.46	1046.95	1047.05	1047.00	1046.90
	2017年	1046.96	1047.09	1047.21	1047.25	1047.34	1047.56	1047.61	1047.67	1047.74	1047.68	1047.62	1047.35
	2018年	1047.42	1047.55	1047.58	1047.65	1047.63	1047.59	1047.55	1047.60	1047.65	1047.65	1047.58	1047.45
最低生态水位/m		1045.00											
满足度		1.00	1.00	1.00	1.00	1.00	1.00	1.00	1.00	1.00	1.00	1.00	1.00

由表 5-27 可以看出，近 10 年博斯腾湖上游山区来水总体呈丰水态势，除了 2012—2014 年来水属偏枯水年外，其余年份均为丰水年，平均来水保证率在 36.14%。宝浪苏木平均入湖水量 24.25 亿 m^3，塔什店平均出湖水量 14.26 亿 m^3，入出湖平均水量差 9.99 亿 m^3，叠加估算入湖多年平均农业排水 2.00 亿 m^3，则近 10 年博斯腾湖入出湖实际水量差在 11.99 亿 m^3，基本可以满足平均湖泊生态需水 11.82 亿 m^3 的水量要求，这也是近 10 年湖泊水位总体平均并未突破 1045.00m 最低水位的保障。但是，从各个年份分别来看，近 10 年对博斯腾湖基于最低生态水位的平均生态需水的满足度只有 0.70，分别是 2009 年、2011 年和 2012 年。对比各年份湖泊平均水位可以发现，凡是湖泊生态需水无法满足的时段都与湖泊水位的下降密切相关。2011 年和 2012 年流域偏枯水年时段，博斯腾湖生态需水满足情况较平均需水量分别亏缺了 3.99 亿 m^3 和 3.71 亿 m^3，这是导致随后两年博斯腾湖持续低水位，甚至一度突破 1045.00m 最低生态水位的重要原因。

2. 最低生态水位（水量）历史典型年分析

通过对比近 60 年博斯腾湖流域 4 个典型来水频率历史典型年实际湖泊水位、出入湖水量情况与最低湖泊水位（水量）目标可知（见表 5-28），博斯腾湖入湖水量受湖泊上游来水丰枯影响显著，随开都河上游来水量增大，宝浪苏木入湖水量显著增多；塔什店出湖水量主要受人为调控与供需水变化影响，与流域丰枯条件没有显著关联；入出湖水量差总体而言与流域丰枯变化有关，但同时较大程度上受到人为调控影响，整体波动较大。例如 1992 年和 2004 年同为平水年，来水频率基本一致，但入出湖水量却天差地别，这主要

表 5-27　　　博斯腾湖近 10 年入出湖水量对最小湖泊需水量目标满足程度

年份	大山口来水频率/%	宝浪苏木入湖水量/亿 m³	塔什店出湖水量/亿 m³	出入湖水量差/亿 m³	入湖农业排水/亿 m³	湖泊年平均水位/m	最小入湖流量目标	满足度
2009	28.20	18.45	18.33	0.12	2.12	1045.89		
2010	9.40	29.30	16.78	12.52	14.52	1045.58		
2011	20.40	22.25	17.02	5.23	7.23	1045.85		
2012	64.10	19.69	13.58	6.11	8.11	1045.43	P 为 25%、50%、75% 和 90% 的情形下，湖泊最低入湖目标要求分别为 12.50 亿 m³、11.98 亿 m³、11.63 亿 m³、11.16 亿 m³，即要保证平均湖泊需水不少于 11.82 亿 m³	对博斯腾湖平均生态需水满足度 0.70
2013	70.40	19.80	9.27	10.53	12.53	1045.12		
2014	73.50	19.41	9.52	9.89	11.89	1045.26		
2015	34.40	24.50	11.39	13.11	15.11	1045.66		
2016	23.50	30.10	12.77	17.33	19.33	1046.61		
2017	12.50	30.84	17.02	13.82	15.82	1047.42		
2018	25.00	28.18	16.88	11.30	13.30	1047.58		
平均	36.14	24.25	14.26	9.99	11.99	1046.04		1.00

由于 2002 年流域经历特丰水年和历史大洪水，湖泊水位超历史极限达到 1049.39m，引发洪灾，直至 2004 年仍处于相对高水位。流域管理部门加大出湖流量以降低湖泊水位所致。从历史不同水文频率年实际情况看，遇流域偏枯水年至特枯水年情况，博斯腾湖入出湖水量差普遍无法满足湖泊自身保持最低湖泊生态水位所需生态需水量，同时湖泊水位也是屡次触及甚至跌破警戒水位，说明在偏枯水年及以下来水保证率情景下，博斯腾湖出入湖水量的合理管控是保障博斯腾湖不突破最低生态水位的关键。

表 5-28　　　博斯腾湖历史典型丰枯年入出湖水量对比最小湖泊需水量目标

年份	大山口来水频率/%	宝浪苏木入湖水量/亿 m³	塔什店出湖水量/亿 m³	出入湖水量差/亿 m³	入湖农业排水/亿 m³	湖泊年平均水位/m	最小入湖流量目标
2016	23.50	30.10	12.77	17.33	19.33	1046.56	
2018	25.00	28.18	16.88	11.3	13.30	1047.48	
1992	51.60	23.57	10.98	12.59	14.59	1046.13	P 为 25%、50%、75% 和 90% 的情形下，湖泊最低入湖目标要求分别为 12.50 亿 m³、11.98 亿 m³、11.63 亿 m³、11.16 亿 m³，即要保证平均湖泊需水不少于 11.82 亿 m³
2004	50.00	18.59	20.09	−1.50	0.50	1047.30	
1990	76.60	19.01	11.24	7.77	9.77	1045.43	
2014	73.50	19.41	9.52	9.89	11.89	1045.26	
1985	89.10	16.03	11.42	4.61	6.61	1045.69	
1995	86.00	18.14	12.18	5.96	7.96	1046.82	

三、不同现状水位背景下博斯腾湖流域水量平衡及调度管理方案

博斯腾湖是一个具有吞吐调节功能的湖泊，考虑到博斯腾湖在流域水资源调配管理中对水量的调蓄功能，本节中分别以湖泊水位 1046.50m 及以上（以 1046.50m 为例）、1045.50～1046.50m 区间（以湖泊水位 1046.00m 为例）和湖泊水位 1045.50m 为背景，分析提出三套博斯腾湖流域水量平衡调度方案。

1. 博斯腾湖水位 1046.50m 背景下流域水量调度管理方案

基于博斯腾湖 1046.50m 及以上水位背景下分析流域水量调度与整体水量平衡，以湖泊水位 1046.50m 为例，计算博斯腾湖流域水量的调度方案见表 5-29，在来水频率 25%、50%、75% 和 90% 下，大山口来水量分别为 38.58 亿 m^3、34.94 亿 m^3、30.19 亿 m^3 和 29.02 亿 m^3，焉耆盆地绿洲用水依据新疆巴州"三条红线"用水指标，在丰水至偏枯水年均按照指标上线 7.30 亿 m^3 保障，遇特枯水年按照近 3 年平均供水指标 6.45 亿 m^3 计，大山口至宝浪苏木河段河损依据近 3 年平均河损计，则宝浪苏木在 4 个频率下入湖水量分别为 29.38 亿 m^3、25.74 亿 m^3、20.99 亿 m^3、20.67 亿 m^3。在保障博斯腾湖最小生态需水量的情况下，理论上塔什店出湖水量分别为 16.88 亿 m^3、13.76 亿 m^3、9.36 亿 m^3、9.51 亿 m^3，这一出湖水量在丰水年（$P=25\%$）与平水年（$P=50\%$）可以满足孔雀河库尉绿洲 11.30 亿 m^3 生产生活用水"红线"上限指标，并且有 2.46～5.58 亿 m^3 的水量可满足博斯腾湖流域每年向塔里木河干流的 2.0 亿 m^3 生态输水任务和孔雀河部分生态需水；而偏枯年份（$P=75\%$）和特枯年（$P=90\%$）流域却有 0.35～1.94 亿 m^3 的水量亏缺。为保障水资源供需平衡，基于博斯腾湖 1046.50m 及以上湖泊水位背景，在丰水年（$P=25\%$）与平水年（$P=50\%$）提出夏季湖泊水位降至 1046.00m，冬季恢复至 1046.50m，增加湖泊出水量 2.45 亿 m^3；在偏枯年份（$P=75\%$）和特枯年（$P=90\%$）湖泊水位调整至 1046.00m，增加出水量 4.90 亿 m^3。通过湖泊水位调整，实际出湖水量在 4 个来水频率下分别为 19.33 亿 m^3、16.21 亿 m^3、14.26 亿 m^3、14.41 亿 m^3，这一出湖水量可以满足丰水年到偏枯水年整个流域"红线"用水指标上限，特枯年满足近 3 年平均供水指标的前提下，分别有 2.96 亿～8.03 亿 m^3 水量盈余，可以满足博斯腾湖流域每年向塔里木河干流的 2.0 亿 m^3 生态输水任务同时，在丰水年与平水年可以分别满足孔雀河流域全部天然植被生态需水 3.83 亿 m^3 和孔雀河沿河高覆盖植被生态需水 1.55 亿 m^3（见表 5-29），可以实现流域水资源供需平衡。

表 5-29　　　基于博斯腾湖 1046.50m 背景水位的流域水量调度管理平衡计算　　　单位：亿 m^3

项　　目	序号	来水频率			
		$P=25\%$	$P=50\%$	$P=75\%$	$P=90\%$
大山口	1	38.58	34.94	30.19	29.02
大山口至宝浪苏木近 3 年平均河损	2	3.90	3.90	3.90	3.90
农业排水直接（间接）入湖水量	3	2.00	2.00	2.00	2.00
开都河灌区用水	4	7.30	7.30	7.30	6.45
宝浪苏木入湖 1（1-2+3-4）	5	29.38	25.74	20.99	20.67

项　目	序号	来水频率			
		$P=25\%$	$P=50\%$	$P=75\%$	$P=90\%$
博斯腾湖最小生态需水	6	12.50	11.98	11.63	11.16
基于博斯腾湖需水理论出湖水量1(5−6)	7	16.88	13.76	9.36	9.51
湖泊水位调控管理方案		夏季降至1046.00m，冬季恢复1046.50m		湖泊水位由1046.50m降至1046.00m	
湖泊水位调控后实际出湖水量	8	19.33	16.21	14.26	14.41
孔雀河灌区用水	9	11.30	11.30	11.30	9.86
非调控状态水量盈余（亏缺）情势（7−9）	10	5.58	2.46	−1.94	−0.35
湖泊水位调控后水量盈余（亏缺）情势（8−9）	11	8.03	4.91	2.96	4.55

2. 博斯腾湖水位1045.50～1046.50m背景下流域水量调度管理方案

基于博斯腾湖1045.50～1046.50m区间背景下分析流域水量调度与整体水量平衡，以湖泊水位1046.00m为例，计算博斯腾湖流域水量的调度方案见表5-30，在来水频率25%、50%、75%和90%下，大山口来水量分别为38.58亿m^3、34.94亿m^3、30.19亿m^3和29.02亿m^3，焉耆盆地绿洲用水依据新疆巴州"三条红线"用水指标，在丰水至平水年均按照指标上线7.30亿m^3保障，偏枯水年按照"红线"上限用水指标95%的6.94亿m^3供水，遇特枯水年按照近3年平均供水指标6.45亿m^3计，大山口至宝浪苏木河段河损依据近3年平均河损计，则宝浪苏木在4个频率下入湖水量分别为29.38亿m^3、25.74亿m^3、21.35亿m^3、20.67亿m^3。在保障博斯腾湖最小生态需水量的情况下，理论上塔什店出湖水量分别为16.88亿m^3、13.76亿m^3、9.72亿m^3、9.51亿m^3，这一出湖水量在丰水年（$P=25\%$）与平水年（$P=50\%$）可以满足孔雀河库尔勒-尉犁绿洲11.30亿m^3生产生活用水"红线"上限指标，并且有2.46亿～5.58亿m^3的水量可满足博斯腾湖流域每年向塔里木河干流的2.0亿m^3生态输水任务和孔雀河部分生态需水；而偏枯年份（$P=75\%$）和特枯年（$P=90\%$）流域却有0.35亿～1.02亿m^3的水量亏缺。为保障水资源供需平衡，基于博斯腾湖1046.50m及以上湖泊水位背景，在丰水年（$P=25\%$）与平水年（$P=50\%$）不调整湖泊水位；在偏枯年份（$P=75\%$）和特枯年（$P=90\%$）湖泊水位调整至1045.80m，增加出湖水量1.90亿m^3。通过湖泊水位调整，实际出湖水量在4个来水频率下分别为16.88亿m^3、13.76亿m^3、11.62亿m^3、11.41亿m^3，这一出湖水量可以满足丰水年到平水年整个流域"红线"用水指标上限，偏枯年满足"红线"用水上限指标95%水量需求，特枯年满足近3年平均供水指标的前提下，分别有0.88亿～5.58亿m^3水量盈余，可以满足博斯腾湖流域在丰水至平水年每年向塔里木河干流的2.0亿m^3生态输水任务同时，在丰水年可以满足孔雀河流域沿河高覆盖植被生态需水1.55亿m^3生态需水，平水年至枯水年每2～3年至少满足一次孔雀河流域下游天然植被1.06亿m^3和孔雀河1.55亿m^3生态需水，基本实现流域水资源供需平衡。

表 5 - 30　　　　　基于博斯腾湖 1045.50～1046.50m 背景水位的流域水量调度

管理平衡计算　　　　　　　　　　　单位：亿 m³

项　目	序号	来水频率			
		$P=25\%$	$P=50\%$	$P=75\%$	$P=90\%$
大山口	1	38.58	34.94	30.19	29.02
大山口至宝浪苏木近 3 年平均河损	2	3.90	3.90	3.90	3.90
农业排水直接（间接）入湖水量	3	2.00	2.00	2.00	2.00
开都河灌区用水	4	7.30	7.30	6.94	6.45
宝浪苏木入湖 1（1－2＋3－4）	5	29.38	25.74	21.35	20.67
博斯腾湖最小生态需水	6	12.50	11.98	11.63	11.16
基于博斯腾湖需水理论出湖水量 1（5－6）	7	16.88	13.76	9.72	9.51
湖泊水位调控管理方案		不调整湖泊水位及库容		湖泊水位降低 20cm	
湖泊水位调控后实际出湖水量	8	16.88	13.76	11.62	11.41
孔雀河灌区用水	9	11.30	11.30	10.74	9.86
非调控状态水量盈余（亏缺）情势（7－9）	10	5.58	2.46	－1.02	－0.35
湖泊水位调控后水量盈余（亏缺）情势（8－9）	11	5.58	2.46	0.88	1.55

3. 博斯腾湖水位 1045.50m 背景下流域水量调度管理方案

基于博斯腾湖 1045.50m 及以下区间背景下分析流域水量调度与整体水量平衡，以湖泊水位 1045.50m 为例，计算博斯腾湖流域水量的调度方案见表 5-31。在来水频率 25％、50％、75％和 90％下，大山口来水量分别为 38.58 亿 m³、34.94 亿 m³、30.19 亿 m³ 和 29.02 亿 m³。焉耆盆地绿洲用水依据新疆巴州"三条红线"用水指标，在丰水至平水年均按照指标上线 7.30 亿 m³ 保障，偏枯水年至特枯水年按照近 3 年平均供水指标 6.45 亿 m³ 计。大山口至宝浪苏木河段河损依据近 3 年平均河损计，则宝浪苏木在 4 个频率下入湖水量分别为 29.38 亿 m³、25.74 亿 m³、21.84 亿 m³、20.67 亿 m³。在保障博斯腾湖最小生态需水量的情况下，理论上塔什店出湖水量分别为 16.88 亿 m³、13.76 亿 m³、10.21 亿 m³、9.51 亿 m³，这一出湖水量在丰水年（$P=25\%$）与平水年（$P=50\%$）可以满足孔雀河库尔勒-尉犁绿洲 11.30 亿 m³ 生产生活用水"红线"上限指标，并且有 2.46 亿～5.58 亿 m³ 的水量可满足博斯腾湖流域每年向塔里木河干流的 2.0 亿 m³ 生态输水任务和孔雀河部分生态需水；在偏枯年份（$P=75\%$）可以满足库尔勒-尉犁绿洲近 3 年供水水平，并有 0.35 亿 m³ 水量盈余；但特枯年（$P=90\%$）流域却有 0.35 亿 m³ 的水量亏缺。本方案中博斯腾湖水位已降至 1045.50m 蓝色预警水位，若非特别需求，不建议下调湖泊水位增加出湖水量。在此状态下，丰水年（$P=25\%$）与平水年（$P=50\%$）整个流域"红线"用水指标上限，同时丰水年可以满足向塔里木河干流的生态输水目标和孔雀河沿河高覆盖天然植被 1.55 亿 m³ 的生态需水和近 2.0 亿 m³ 水量调整湖泊水位回升；在平水年满足向塔里木河干流的生态输水目标的同时，有 0.16 亿 m³ 水量调整湖泊水位回升；

偏枯水年暂不建议向塔里木河干流输水；特枯水年通过流域山区水库调节库容和区域生产用水供需调整弥补 0.35 亿 m³ 水量亏缺。对于孔雀河流域生态需水，在湖泊水位处于 1045.50m 蓝色预警水位以下，又遇流域平水至枯水年，建议暂缓实施本流域生态输水，以 3～5 年为一周期，视流域具体水情和博斯腾湖水位情况，适时开展向中下游的生态补水。

表 5 - 31　　　　基于博斯腾湖 1045.50m 背景水位的流域水量调度管理平衡计算　　　单位：亿 m³

项　　目	序号	来水频率			
		$P=25\%$	$P=50\%$	$P=75\%$	$P=90\%$
大山口	1	38.58	34.94	30.19	29.02
大山口至宝浪苏木近 3 年平均河损	2	3.90	3.90	3.90	3.90
农业排水直接（间接）入湖水量	3	2.00	2.00	2.00	2.00
开都河灌区用水	4	7.30	7.30	6.45	6.45
宝浪苏木入湖 1（1−2＋3−4）	5	29.38	25.74	21.84	20.67
博斯腾湖最小生态需水	6	12.50	11.98	11.63	11.16
基于博斯腾湖需水理论出湖水量 1（5−6）	7	16.88	13.76	10.21	9.51
湖泊水位调控管理方案		不调整湖泊水位及库容			
湖泊水位调控后实际出湖水量	8	16.88	13.76	10.21	9.51
孔雀河灌区用水	9	11.30	11.30	9.86	9.86
非调控状态水量盈余（亏缺）情势（7−9）	10	5.58	2.46	0.35	−0.35
湖泊水位调控后水量盈余（亏缺）情势（8−9）	11	—	—	—	—

第四节　孔雀河生态流量（水量）调度管理

一、生态流量（水量）的管控目标及水文情势分析

1. 控制断面的选择

孔雀河生态流量（水量）的管理控制断面选择孔雀河上唯一的水文监测断面塔什店水文断面，孔雀河下游生态控制断面选择 35 团营盘大桥作为计算孔雀河荒漠河岸林自然植被生态需水及生态保护的终点控制断面。

孔雀河上游上段穿行于博斯腾湖小湖区，到阿洪口才有河道，向西流至塔什店镇和塔什店水文监测断面，在水文检测站以上基本没有大得引水口与引水渠首。因此本方案选择位于河流上游出湖后的塔什店水文监测断面作为本河流最主要的生态流量（水量）控制断面，既可以用以对博斯腾湖出湖流量进行监测考核，也可以作为孔雀河下泄生态流量（水量）的控制断面，符合孔雀河生态流量（水量）的控制要求。另外，孔雀河的生态流量（水量）主要是基于孔雀河沿河荒漠河岸林生态保护目标的最小生态需水，结合多种水文学方法综合确定的，对于确定生态保护目标与生态需水计算控制断面的要求，参照遥感解译与野外实地调查的结果，最终确定孔雀河下游 35 团营盘大桥作为生态保护范围确定、

自然植被保护及其生态需水计算的生态控制终点断面。

2. 生态流量（水量）的管控目标

依据开都河-孔雀河流域水文特征，以及孔雀河水资源利用管理及生态环境现状，孔雀河中、下游河道断流多年，只有孔雀河第三枢纽以上河段保持常年有水的客观情况，考虑到孔雀河流域现有的水资源供需平衡关系，恢复孔雀河至不断流状态短期内难以实现。因此，确定孔雀河生态保护目标为保障当前孔雀河第三枢纽以上河道不断流，阶段性恢复孔雀河中、下游河道水流，同时以保障孔雀河中、下游沿河荒漠河岸林生态系统生态需水为主要目标，以不同保护范围的天然植被生态需水量为具体指标，参照确定孔雀河生态流量，并通过生态水的输送，分阶段及河段逐步恢复孔雀河中、下游河道水量。

孔雀河生态流量管理保护目标主要有两个层面：一是保障孔雀河沿河荒漠河岸林天然植被生态需水及孔雀河上、中游河流景观形态与河流生态功能。因为孔雀河沿河荒漠河岸林天然植被的生态需水主要依靠孔雀河河道内来水入渗补充地下水进而满足，所以保障沿河天然植被生态需水与保持孔雀河河流生态功能是协调统一的，利用生态水量的沿河输送逐步恢复断流河道；二是除了保障孔雀河流域自身生态需水外，作为塔里木河流域"四源一干"的重要一源，承担着每年向塔里木河干流 2 亿 m³ 生态供水的任务指标。

保护孔雀河沿河天然植被又可以分为三个小目标：一是保护孔雀河所有沿河荒漠河岸林天然植被，并保障这些天然植被生态需水；二是在遇平水和枯水年无法保证整个孔雀河天然植被生态需水时，以孔雀河下游（阿恰枢纽以下）易受损的生态敏感区天然植被为保护目标，满足下游生态敏感区天然植被需水；三是遇平水和枯水年，无法保证孔雀河所有天然植被生态需水情景下，以第三枢纽以下沿河两侧 2km 范围内荒漠河岸林天然植被中的林地和高覆盖草地等主要植被分布区为保护目标，保障这一部分沿河天然植被的生态需水。考虑到孔雀河现阶段水资源状况及供需关系，短时间内完全恢复孔雀河河流不断流恐难以实现，所以在保障孔雀河河流景观特征与河流生态功能时，目标是与保护沿河天然植被相结合，先确保上游第三枢纽以上河道不断流和普惠水库以上逐步恢复水流，中下游河道结合生态输水每年阶段性恢复水流 1—2 月，逐步分段恢复断流河道来水，实现孔雀河水系连通性改善和河流生态功能修复。

3. 孔雀河水文情势分析

孔雀河塔什店水文站的多年平均径流量为 13.74 亿 m³，研究时段为 1955—2018 年。年际变化整体表现为波动的变化趋势。在 2000—2009 年径流量最大，为 21.05 亿 m³，自扬水站东、西泵站建成后，孔雀河出流主要受人为调控，视孔雀河下游用水及开都河-孔雀河上游来水、博斯腾湖水位等具体情况综合调控 [见表 5-32，图 5-5 (a)]。

表 5-32　　　　　　　　孔雀河流塔什店站径流年际变化统计表　　　　　　单位：亿 m³

站名	丰枯比	1955—1959 年	1960—1969 年	1970—1979 年	1980—1989 年	1990—1999 年	2000—2009 年	2010—2018 年	1955—2018 年
塔什店	0.58	14.01	12.05	10.91	11.62	12.89	21.05	13.80	13.74

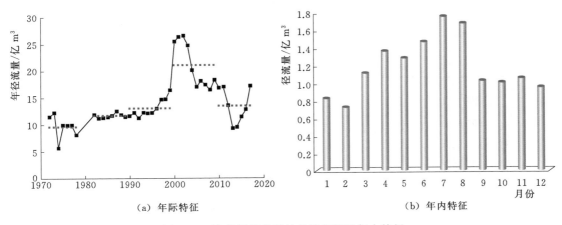

(a) 年际特征 (b) 年内特征

图 5-5　孔雀河塔什店站径流年际及年内特征

塔什店水文站的春季（3—5 月）径流量为 3.64 亿 m³，占全年径流量的 26.49%；夏季（6—8 月）径流量为 4.78 亿 m³，占全年径流量的 34.79%；秋季（9—11 月）径流量为 3.01 亿 m³，占全年径流量的 21.91%；冬季（12 月至次年 2 月）径流量为 2.34 亿 m³，占全年径流量的 17.03% [见表 5-33，图 5-5（b）]。

表 5-33　　　　　　　　孔雀河流塔什店站径流年内分配统计表　　　　　　　单位：亿 m³

站名	1 月	2 月	3 月	4 月	5 月	6 月	7 月	8 月	9 月	10 月	11 月	12 月	全年
塔什店	0.76	0.74	1.08	1.36	1.24	1.43	1.62	1.54	1.05	0.97	1.06	0.89	13.74

根据塔什店站的近 60 年的实测径流量数据，采用 P-Ⅲ型曲线进行年径流频率分析（见图 5-6），年径流系列的经验公式 $P=m/(n+1)$% 来计算。经统计计算，塔什店水文站的多年平均径流量为 13.74 亿 m³，变异系数 C_v 值 0.35，径流年际变化相对不稳定。当保证率为 10%、20%、50%、75% 和 90% 情况下，塔什店的年径流量为 19.91 亿 m³、17.02 亿 m³、12.22 亿 m³、11.40 亿 m³ 和 9.82 亿 m³（见表 5-34）。

孔雀河博斯腾湖出流站为塔什店水文站，基于该站 1955—2018 年的多年径流数据分析可知，孔雀河多年平均（1955—

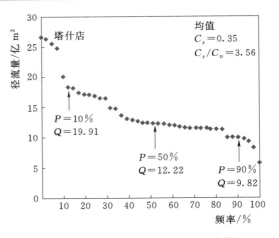

图 5-6　塔什店水文站径流频率分布特征

2018 年）年径流量为 13.74 亿 m³，其中 1980—2018 年多年平均年径流量 14.87 亿 m³，较 1955—2016 年多年平均高出 8.22%。由多年出山口径流曲线趋势分析（见图 5-7），孔雀河塔什店径流呈现增加趋势，1955—2018 年，塔什店径流量以每 10 年 0.87 亿 m³ 的速度递增，水量波动幅度变大。

表 5-34　　　　　　　博斯腾湖出入湖河流主要测站设计年径流量　　　　　单位：亿 m³

站名	年代系列	均值	C_v	C_s/C_v	不同保证率 P 设计值				
					10%	20%	50%	75%	90%
塔什店	1955—2018 年	13.74	0.35	3.56	19.91	17.02	12.22	11.40	9.82

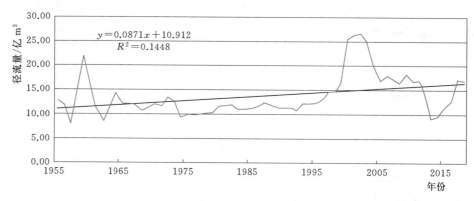

图 5-7　孔雀河塔什店站多年年际径流变化特征

根据距平有正有负的特点，当距平累积持续增大时，指示该时段内径流量距平持续为正，即径流量高于多年平均；当距平累积持续不变，表明该时段距平持续为零，即保持平均，径流量与多年平均相比变化不大；当距平累积持续减小时，指示该时段内径流量距平持续为负，即径流量小于多年平均。据此，可以直观地反映径流量年际变化的阶段（冯夏清 等，2009）。由塔什店水文站 1955—2018 年的累积距平曲线（见图 5-8，逐年的径流量与多年径流量均值之差逐年累积而绘成的曲线）和相对距平曲线（见图 5-9，逐年的径流量与多年径流量均值之差相对多年均值比率的曲线）特征，划分出开都河多年径流年际丰枯变化特征与如下阶段（见表 5-35）：枯水年份（1955—1958 年），特丰水年（1959—1961 年），偏枯水年（1962—1996 年，其中1974—1979 年为特枯水年），丰水年（1997—2012 年），特枯水年（2013—2015 年），2016 年至今孔雀河来水逐步进入丰水阶段。

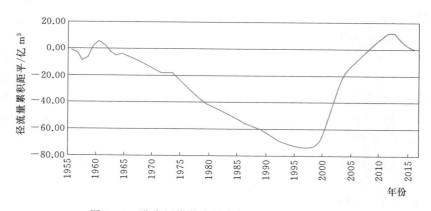

图 5-8　孔雀河塔什店站多年径流累积距平曲线

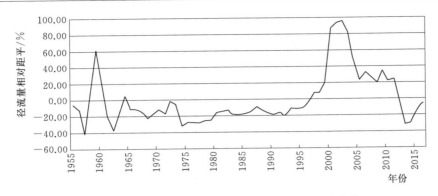

图 5-9　孔雀河大山口多年径流量相对距平变化曲线

表 5-35　　　　　　　　孔雀河塔什店水文站不同阶段的径流量变化特征

时间段	多年平均年径流量/亿 m³	相对距平/%
1955—1958 年	12.02	—20.09
1959—1961 年	16.62	33.02
1962—1996 年	11.46	—16.12
1997—2012 年	18.97	39.10
2013—2015 年	10.06	—26.24
2016 年至今	15.56	14.05

从孔雀河塔什店 1972—2018 年各个月份径流特征变化趋势可知（见图 5-10），除了 9—10 月外，全年各个月份，孔雀河塔什店来水呈现增加趋势，其中夏季 6—8 月三个月是增加趋势最为明显的，约每 10 年增加 0.24 亿～0.36 亿 m³；其次是春季 3 月和 4 月，约每 10 年增加 0.21 亿～0.24 亿 m³；秋冬季节变化趋势不明显。由于孔雀河自 20 世纪 80 年代中后期逐步改由人工扬水实现博斯腾湖向孔雀河水量下泄，流域上游来水年内变化及孔雀河供需水关系是径流变化的主要原因。

孔雀河塔什店水文站径流及流量的年内变化如图 5-11 所示，3—8 月是每年中流量最大，来水最多的季节，多年平均月流量 53.99m³/s，而流量最大的 7 月，多年平均流量 65.19m³/s；9 月至次年 2 月多年平均的月流量 35.41m³/s。对应的径流量在 3—8 月多年月平均为 1.40 亿 m³，来水量最大的 7 月，多年月平均 1.71 亿 m³；年内相对枯水的 9 月至次年 2 月多年平均月径流量为 0.89 亿 m³，最小的径流量为每年 2 月，多年平均径流量 0.69 亿 m³。

二、孔雀河不同目标下的生态流量（水量）计算确定

（一）孔雀河最小生态流量（水量）的计算

1. 基于 Qp 法孔雀河生态流量的计算

采用 90% 保证率的 Qp 法进行统计（见表 5-36），结果显示 1976 年是来水保证率为 90% 的典型年份，该年份最小流量值出现在 1 月，该月平均流量为 20.81m³/s，以此作为 Qp 法确定的孔雀河塔什店控制断面生态基流，对应的日最小生态水量为 179.80 万 m³，对应的年径流量 6.56 亿 m³ 作为该断面需要保证的下泄最小生态水量，该生态水量占塔什店水文站控制断面多年平均年径流量 13.74 亿 m³ 的 47.74%。

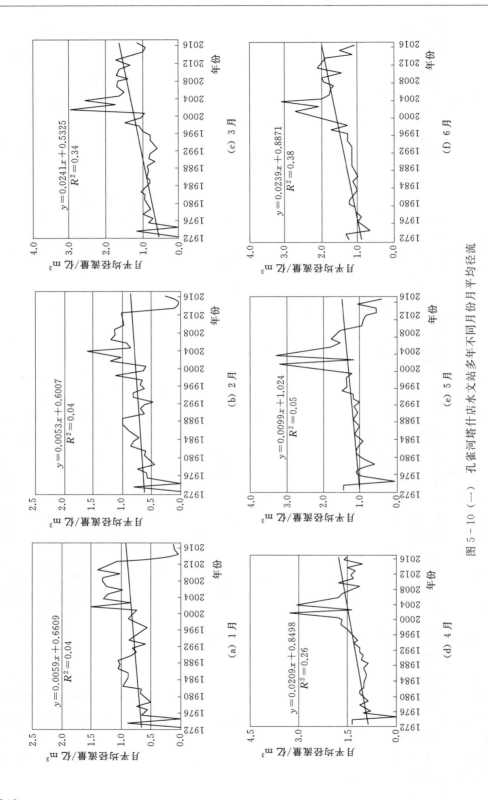

图 5-10（一）　孔雀河塔什店水文站多年不同月份月平均径流

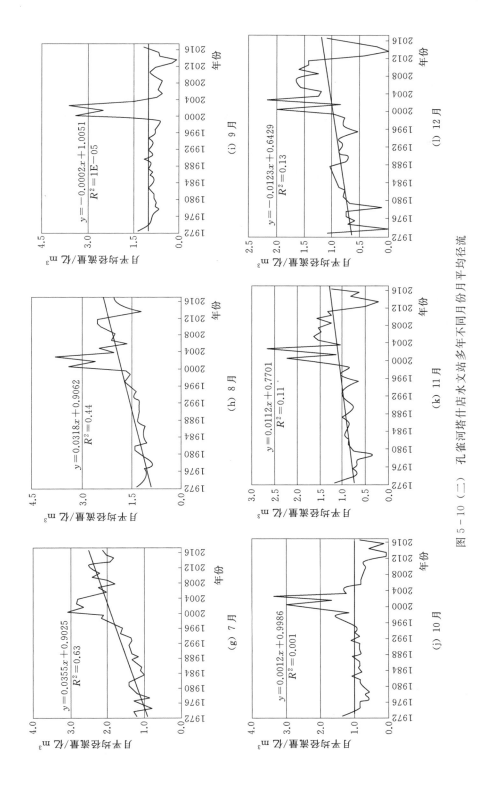

图 5-10（二） 孔雀河塔什店水文站多年不同月份月平均径流

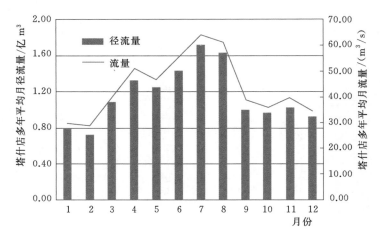

图 5-11 孔雀河年内径流及流量变化特征

表 5-36　　　　　　1956—2018 年孔雀河塔什店水文站径流频率统计

年份	频率/%	年份	频率/%	年份	频率/%
1956	53.90	1977	90.80	1998	29.30
1957	98.50	1978	86.20	1999	26.20
1958	27.70	1979	84.70	2000	4.70
1959	7.70	1980	63.10	2001	3.10
1960	15.40	1981	61.60	2002	1.60
1961	81.60	1982	55.40	2003	6.20
1962	97.00	1983	78.50	2004	9.30
1963	72.40	1984	77.00	2005	20.00
1964	32.40	1985	72.40	2006	12.40
1965	47.70	1986	60.00	2007	13.90
1966	49.30	1987	43.10	2008	24.70
1967	58.50	1988	57.00	2009	10.80
1968	83.10	1989	66.20	2010	23.10
1969	64.70	1990	75.40	2011	18.50
1970	52.40	1991	67.70	2012	33.90
1971	72.40	1992	80.00	2013	95.40
1972	35.40	1993	44.70	2014	92.40
1973	38.50	1994	50.80	2015	73.90
1974	93.90	1995	46.20	2016	41.60
1975	87.70	1996	37.00	2017	17.00
1976	90.80	1997	30.80	2018	21.60

2. 基于 Tennant 法的孔雀河生态流量计算

参照 Tennant 法推荐的生态基流标准，基于多年塔什店径流数据，获得孔雀河不同优异度定性描述下的生态基流标准。虽然孔雀河来水近年来多是人工通过扬水站从博斯腾湖扬水实现，塔什店多年径流，尤其是近些年的径流自然属性降低，但是就整个开都河-孔雀河流域而言，流域丰、枯水期的节律基本一致，加之孔雀河流域的用水也存在显著的春夏多而秋冬少的节律，所以依据孔雀河塔什店的径流丰、枯期特征，将年内 4—8 月确定为每年的年内丰水季节，同时也是孔雀河流域用水和生态需水的高峰期；3 月、9 月—11 月为年内平水期，流域用水和生态需水相对较低的时段；12 月至次年 2 月为年内河流冰封期，除了农业冬灌用水外，基本无其他用水。

基于塔什店 60 余年（1955—2018 年）径流数据，利用 Tennant 法，考虑到孔雀河的生态退化现状与生态修复的紧迫需求，冬季冰封期（12 月至次年 2 月）以中等水平按照相应时段流量 20% 确定生态基流，平均 5.99m³/s，对应的该时段生态水量为 0.47 亿 m³；要保证孔雀河生态处于较好的恢复状态，需要在每年 3—11 月生态基流保持河流相应时段流量的 30%，平均不低于 14.39m³/s，对应的该时段生态水量为 3.43 亿 m³；其中每年 4—8 月生态基流平均为 16.62m³/s，对应生态水量为 2.20 亿 m³，全年生态基流平均为 12.29m³/s，对应的全年生态水量为 3.90 亿 m³，占塔什店多年平均年径流量 13.74 亿 m³ 的 28.38%，各时段及各月的生态流量与基本生态环境需水量见表 5-37。

表 5-37　　　　　孔雀河塔什店断面基于 Tennant 法生态流量（水量）

	月份	12 月	次年 1 月	次年 2 月			平均
冰封期	生态流量/(m³/s)	6.63	5.65	5.69			5.99
	对应最小生态水量/亿 m³	0.18	0.15	0.14			0.47
	月份	3 月	9 月	10 月	11 月		平均
平水期	生态流量/(m³/s)	12.08	11.76	10.81	11.85		11.63
	对应最小生态水量/亿 m³	0.32	0.31	0.29	0.31		1.23
	月份	4 月	5 月	6 月	7 月	8 月	平均
丰水期	生态流量/(m³/s)	15.22	13.83	16.50	19.14	18.35	16.62
	对应最小生态水量/亿 m³	0.40	0.37	0.43	0.51	0.49	2.20

3. 基于典型年法的孔雀河生态流量计算

利用孔雀河流域塔什店水文站 1955—2018 年平均径流量数据，计算出 1955—2018 年每年的距平百分率（见表 5-38），通过表 5-2 的标准，可以将每一年划分成丰水年、平水年和枯水年。63 年期间 1957 年、1961—1962 年、1968 年、1974—1979 年、2013—2014 年为特枯水年，1955 年、1958—1959 年、1999—2008 年、2010—2011 年和 2016 年至今为丰水年，其余年份为平水年至偏枯年。选择历史时期最枯年的 1957 年为典型年，选取 1957 年中最枯月 11 月的平均流量 16.26m³/s 作为生态基流标准。对应的日和年最小生态水量为 140.49 万 m³ 和 5.13 亿 m³，年生态水量占塔什店控制断面多年平均径流量 13.74 亿 m³ 的 37.34%。

表 5 - 38　　　　　　　　　孔雀河 1955—2018 年丰、平、枯年型划分表

年份	距平百分率 E/%	年型	年份	距平百分率 E/%	年型
1955	-6.16	平水年	1987	-8.80	平水年
1956	-12.61	偏枯年	1988	-13.49	偏枯年
1957	-41.50	特枯年	1989	-16.06	偏枯年
1958	12.83	丰水年	1990	-17.60	偏枯年
1959	61.14	丰水年	1991	-16.20	偏枯年
1960	25.07	平水年	1992	-19.50	偏枯年
1961	-20.67	特枯年	1993	-10.48	偏枯年
1962	-36.22	特枯年	1994	-11.29	偏枯年
1963	-16.28	偏枯年	1995	-10.70	偏枯年
1964	4.99	平水年	1996	-4.47	平水年
1965	-10.78	偏枯年	1997	7.40	平水年
1966	-11.22	偏枯年	1998	7.84	平水年
1967	-13.78	偏枯年	1999	20.09	丰水年
1968	-22.07	特枯年	2000	86.95	丰水年
1969	-15.62	偏枯年	2001	93.26	丰水年
1970	-12.17	偏枯年	2002	94.79	丰水年
1971	-16.28	偏枯年	2003	81.30	丰水年
1972	-1.25	平水年	2004	47.29	丰水年
1973	-4.99	平水年	2005	24.77	丰水年
1974	-31.82	特枯年	2006	32.56	丰水年
1975	-27.42	特枯年	2007	27.35	丰水年
1976	-28.08	特枯年	2008	20.25	丰水年
1977	-28.08	特枯年	2009	34.39	平水年
1978	-25.81	特枯年	2010	23.03	丰水年
1979	-24.63	特枯年	2011	24.78	丰水年
1980	-15.18	偏枯年	2012	-0.44	平水年
1981	-14.66	偏枯年	2013	-32.01	特枯年
1982	-13.05	偏枯年	2014	-30.21	特枯年
1983	-18.26	偏枯年	2015	-16.50	偏枯年
1984	-17.67	偏枯年	2016	-6.38	平水年
1985	-16.28	偏枯年	2017	24.79	丰水年
1986	-14.52	偏枯年	2018	23.72	平水年

4. 基于最枯月平均流量法的孔雀河生态流量计算

选择近 10 年最枯月平均流量的平均值作为生态基流标准，据统计（见表 5 - 39），近 10 年每年最枯月流量出现的月份不尽相同，10 月出现了 4 次，其次是 2 月和 1 月，最枯

月平均流量为 10.58m³/s 作为本方法确定的孔雀河大山口生态基流，对应日最小生态水量 91.41 万 m³，计算得到年平均最小生态水量为 3.34 亿 m³。

表 5-39　　　　　　　　孔雀河塔什店站近 10 年每年最枯月平均流量

年份	最枯月份	流量/（m³/s）	年份	最枯月份	流量/（m³/s）
2009	10	24.68	2015	2	2.76
2010	10	26.88	2016	1	3.70
2011	10	25.50	2017	2	9.71
2012	10	3.01	2018	1	8.59
2013	12	0.86	平均		10.58
2014	2	0.06			

（二）孔雀河沿河天然植被保护范围及生态需水量

1. 孔雀河天然植被保护范围及面积

开都河-孔雀河流域平原区天然林草植被主要分布在孔雀河的中、下游至 35 团营盘大桥，总面积 31.18 万 hm²，本研究将此作为流域平原区天然植被总的保护范围，主要植被类型及面积为：有林地 0.06 万 hm²，疏林地 2.86 万 hm²，灌木林地 0.58 万 hm²，草地 27.68 万 hm²。保护范围内天然林草主要建群乔木种为胡杨；其中，灌木物种以柽柳、黑果枸杞、盐穗木等为主；草本植物主要以芦苇、大蓟、苦豆子、花花柴等为主。天然植被生态敏感区保护区分布于孔雀河 66 分水闸（阿恰枢纽）以下的河道两岸，面积 7.27 万 hm²，主要由以胡杨为主的乔木林和以柽柳为主的灌木林组成，为荒漠地带特有的走廊式荒漠河岸林。孔雀河第三枢纽以下位于河岸两侧 2km 范围，分布着整个流域 80% 以上的林地与高覆盖草地，面积 7.39 万 hm²，其中有林地 0.06 万 hm²，灌木林地 0.58 万 hm²，疏林地 2.86 万 hm²，高盖度草地 3.89 万 hm²（见表 5-40）。

表 5-40　　　　　　　　　　孔雀河流域生态需水量计算

保护目标	植被类型	面积/万 hm²	定额法/亿 m³	水平衡公式法/亿 m³	阿氏公式法/亿 m³	定额/（m³/hm²）
孔雀河全部天然植被	有林地	0.06	0.02	0.02	0.02	3000
	灌木林地	0.58	0.17	0.10	0.09	3000
	疏林地	2.86	0.43	0.01	0.01	1500
	高盖度草地	3.89	1.17	1.28	1.17	3000
	中盖度草地	8.52	1.92	1.49	1.28	2250
	低盖度草地	15.27	1.72	0.35	0.24	1125
	合计	31.18	5.43	3.25	2.81	—
三种方法计算结果平均				3.83		
孔雀河下游天然植被	有林地	0.03	0.01	0.01	0.01	3000
	灌木林地	0.28	0.08	0.05	0.04	3000
	疏林地	0.86	0.13	0.00	0.00	1500
	高盖度草地	0.91	0.27	0.30	0.27	3000

续表

保护目标	植被类型	面积/万 hm²	定额法/亿 m³	水平衡公式法/亿 m³	阿氏公式法/亿 m³	定额/(m³/hm²)
孔雀河下游生态敏感区天然植被	中盖度草地	3.00	0.67	0.52	0.45	2250
	低盖度草地	2.19	0.25	0.05	0.03	1125
	合计	7.27	1.42	0.94	0.81	—
三种方法计算结果平均				1.06		
孔雀河中、下游沿河林地及高覆盖草地	有林地	0.06	0.02	0.02	0.02	3000
	灌木林地	0.58	0.10	0.09	0.17	3000
	疏林地	2.86	0.01	0.01	0.43	1500
	高盖度草地	3.89	1.28	1.17	1.17	3000
	合计	7.39	1.41	1.29	1.79	
三种方法计算结果平均				1.50		

2. 孔雀河沿河天然植被生态需水量

孔雀河流域平原区沿河天然植被生态保护面积为 31.18 万 hm²，包括有林地 0.06 万 hm²，需水定额 3000m³/hm²，平均地下水埋深 2.5m；疏林地 2.86 万 hm²，需水定额 1500m³/hm²，平均地下水埋深 4.5m；灌木林地 0.58 万 hm²，需水定额 3000m³/hm²，平均地下水埋深 3m；高盖度草地 3.89 万 hm²，需水定额 3000m³/hm²，平均地下水埋深 2.5m；中盖度草地 8.52 万 hm²，需水定额 2250m³/hm²，平均地下水埋深 3m；低盖度草地 15.27 万 hm²，需水定额 1125m³/hm²，平均地下水埋深 4m。根据定额法计算结果，孔雀河平原区生态保护红线下需水量为 5.43 亿 m³；基于潜水蒸发法的阿克苏水平衡公式计算结果为 3.25 亿 m³，阿氏公式计算结果为 2.81 亿 m³。根据计算结果进行平均，则孔雀河生态红线需水量为 3.83 亿 m³（见表 5-40）。

孔雀河下游天然植被分布于 66 分水闸以下的河道两岸，面积 7.27 万 hm²，包括有林地 0.03 万 hm²，需水定额 3000m³/hm²，平均地下水埋深 2.5m；疏林地 0.86 万 hm²，需水定额 1500m³/hm²，平均地下水埋深 4.5m；灌木林地 0.28 万 hm²，需水定额 3000m³/hm²，平均地下水埋深 3m；高盖度草地 0.91 万 hm²，需水定额 3000m³/hm²，平均地下水埋深 2.5m；中盖度草地 3.00 万 hm²，需水定额 2250m³/hm²，平均地下水埋深 3m；低盖度草地 2.19 万 hm²，需水定额 1125m³/hm²，平均地下水埋深 4m。定额法计算的生态敏感区生态需水量为 1.42 亿 m³，阿克苏水平衡公式计算需水量为 0.94 亿 m³，阿氏公式计算需水量为 0.81 亿 m³，三者平均为 1.06 亿 m³。

相同方法，计算孔雀河中、下游沿河面积 7.39 万 hm² 的林地、高盖度草地生态需水，定额法、水平衡公式法和阿氏公式法计算生态需水结果分别为 1.41 亿 m³、1.29 亿 m³ 和 1.79 亿 m³，平均生态需水量 1.50 亿 m³。

（三）孔雀河最小生态流量（水量）的确定

孔雀河流域沿河荒漠河岸林天然植被保护范围的最小生态需水量为 3.83 亿 m³，孔雀河的生态基流是结合水文学方法计算结果，并参照保证天然植被的最小生态需水综合确定。对比 Qp 法、Tennant 法、年型划分法（典型年法）和最枯月平均流量多年平均值法估算确定的孔雀河最小生态流量（见表5-41）可知，Tennant法计算结果与流域自然植被最小生态需水量结果最为接近，年生态水量3.9亿 m^3，占塔什店多年平均径流量的28.38%，相对较为适宜；Qp法、年型划分法（典型年法）计算结果较大，而最枯月平均流量多年平均值法确定的生态水量无法满足孔雀河沿河天然植被生态需水。最终采用基于Tennant法计算的结果，其生态流量全年平均为12.29 m^3/s，对应的基本生态环境需水量3.90亿 m^3。逐月及逐旬生态基流与对应生态水量见表5-42、表5-43。

表5-41　　　　　　　　　　　　　四种不同方法结果比较

方　法	最小生态水量/亿 m^3	生态流量/(m^3/s)	天然植被生态需水/亿 m^3	基本生态环境需水减去河损/亿 m^3	备　注
Qp法	6.56	20.18	沿河荒漠河岸林天然植被生态需水量每年3.83	2.73	以90%保证率特枯年1976年最枯月流量计
Tennant法	冰封期0.47，平水期1.23，汛期2.20，全年平均3.90	冰封期5.99，平水期11.63，丰水期16.62，全年平均12.29		0.07	以保障河流中等至较好水平径流比例计
年型划分法（典型年法）	5.13	16.26		1.30	以典型特枯年1957年最枯月平均流量计
最枯月平均流量多年平均值法	3.34	10.58		—0.49	以近10年最枯月平均流量计

表5-42　　　　　　　孔雀河塔什店断面生态流量与对应生态水量月标准

冰封期	月份	12月	次年1月	次年2月			
	生态流量/(m^3/s)	6.63	5.65	5.69			平均5.99
	对应最小生态水量/亿 m^3	0.18	0.15	0.14			合计0.47
平水期	月份	3月	9月	10月	11月		
	生态流量/(m^3/s)	12.08	11.76	10.81	11.85		平均11.63
	对应最小生态水量/亿 m^3	0.32	0.31	0.29	0.31		合计1.23
丰水期	月份	4月	5月	6月	7月	8月	
	生态流量/(m^3/s)	15.22	13.83	16.50	19.14	18.35	平均16.62
	对应最小生态水量/亿 m^3	0.40	0.37	0.43	0.51	0.49	合计2.2

表5-43　　　　　　　孔雀河塔什店断面生态流量与对应生态水量旬标准

	月份	12月			次年1月			次年2月			
	旬	上	中	下	上	中	下	上	中	下	
冰封期	生态流量/(m^3/s)	6.19	6.74	6.97	6.04	5.55	5.45	4.78	5.47	7.15	
	对应最小生态水量/亿 m^3	0.05	0.06	0.07	0.05	0.05	0.05	0.04	0.05	0.05	

续表

	月份	3月			9月			10月			11月			
	旬	上	中	下	上	中	下	上	中	下	上	中	下	
平水期	生态流量/(m³/s)	12.05	12.38	11.89	12.73	11.54	11.14	13.97	9.01	9.73	10.47	12.62	12.32	
	对应最小生态水量/亿m³	0.10	0.11	0.11	0.11	0.10	0.10	0.12	0.08	0.09	0.09	0.11	0.11	
	月份	4月			5月			6月			7月			8月		
	旬	上	中	下	上	中	下	上	中	下	上	中	下	上	中	下
汛期	生态流量/(m³/s)	12.33	16.42	17.08	14.03	14.49	13.21	16.59	15.50	17.57	18.38	20.12	18.98	19.62	18.60	17.03
	对应最小生态水量/亿m³	0.11	0.14	0.15	0.12	0.13	0.13	0.14	0.13	0.15	0.16	0.17	0.18	0.17	0.16	0.16

（四）不同目标下的孔雀河生态流量（水量）目标值确定

1. 保障天然植被生态需水的孔雀河生态流量（水量）

当开都河-孔雀河流域以及孔雀河来水遇丰水年，不考虑国民经济用水，以保护孔雀河沿河荒漠河岸林天然植被生态需水为生态保护目标的情景下，需要保障孔雀河流域平原区天然植被所需的每年 3.83 亿 m³ 的生态需水。此情景下，孔雀河塔什店须保障不低于生态激流的流量，即平均生态流量不低于 12.29m³/s，对应年生态水量 3.83 亿 m³（见表 5-41）。此水量不仅可以保证孔雀河沿河自然植被的生态需水，同时可以保障孔雀河普惠水库以上常年不断流（基于多年河损估算，孔雀河塔什店至孔雀河第三枢纽年河损 2.87 亿 m³），孔雀河下游 35 团营盘大桥以上超过 600km 河道每年恢复水流 3~6 个月。

除了自身的生产生活用水以外，依据塔里木河流域近期综合治理规划，开都河-孔雀河流域向塔里木河干流的生态下泄数量指标为 2.0 亿 m³/a，若将此生态水量考虑在内，则塔什店年平均下泄最小生态水量应为 5.83 亿 m³。对应年平均流量 18.49m³/s。依据塔什店多年径流数据，年内丰枯期及逐月来水占年内总水量比例，则年内冰封期（12 月至次年 2 月）下泄生态水量 0.99 亿 m³，对应生态流量平均 12.71m³/s；年内平水期（3 月，9—11 月）下泄生态水量 1.73 亿 m³，对应生态流量平均 16.44m³/s；年内丰水期下泄生态水量 3.12 亿 m³，对应同时期生态流量 23.49m³/s。这一生态流量能保证全部天然植被生态需水的情况下，可以保证向塔里木河干流 2.0 亿 m³ 的生态输水（见表 5-44）。

表 5-44　　　　保障生态需水及向塔河输水目标的孔雀河生态流量（水量）

	月　份	12月	次年1月	次年2月	
冰封期	生态流量/(m³/s)	14.07	11.99	12.06	平均12.71
	对应最小生态水量/亿m³	0.38	0.32	0.29	合计0.99

续表

	月 份	3月	9月	10月	11月		
平水期	生态流量/(m³/s)	17.08	16.63	15.29	16.76		平均16.44
	对应最小生态水量/亿 m³	0.46	0.43	0.41	0.43		合计1.73
	月 份	4月	5月	6月	7月	8月	
丰水期	生态流量/(m³/s)	21.53	19.57	23.34	27.07	25.95	平均23.49
	对应最小生态水量/亿 m³	0.56	0.52	0.61	0.73	0.70	合计3.12

2. 保护孔雀河下游或沿河优势天然植被的生态流量（水量）

（1）保障孔雀河下游生态敏感区天然植被生态需水为目标。遇流域平水年或偏枯水年，难以保证孔雀河全部天然植被生态需水的情景下，若不考虑国民经济用水，单以保护孔雀河下游生态敏感区天然植被为目标，则需要保证孔雀河下游天然植被生态需水1.06亿 m³（以孔雀河第一分水枢纽计）。建议以2～3个月阶段性生态输水（4—11月期间）下泄生态水，则塔什店需保证生态水量不小于1.55亿 m³，对应3个月平均生态流量19.93m³/s（依据近几年生态输水进程和河段河损估算，输水2～3个月，塔什店至第一分水枢纽河损约0.49亿 m³）。

在2016—2019年连续4年对孔雀河实施生态补水，有效改善水系连通性与地下水环境基础上，若输水沿孔雀河河道经孔雀河第三分水枢纽和普惠水库下泄，此生态水量可以保障水头到达孔雀河下游铁曼坡林场大桥附近；若沿孔雀河第一分水枢纽至东干渠和阿恰枢纽前泄洪闸路线，可以保证生态水头到达孔雀河下游35团营盘大桥断面。

若在此基础上，兼顾每年向塔里木河干流2.0亿 m³ 的生态水量目标，则塔什店需保证生态水量全年应不小于3.55亿 m³，对应年平均流量11.26m³/s。此水量小于确定的孔雀河塔什店生态基流对应的最小生态水量，因此，在保证生态基流的前提下即可以满足这一生态保护目标下的生态流量（水量）。

（2）保障孔雀河中、下游沿河高覆盖优势天然植被生态需水为目标。遇流域平水年或偏枯水年，难以保证孔雀河全部天然植被生态需水的情景下，若以保护孔雀河中、下游沿河林地和高覆盖草地优势天然植被为目标，则需要保证孔雀河下游天然植被生态需水1.50亿 m³（以孔雀河第一分水枢纽计）。建议以2～3个月阶段性生态输水（4—11月期间）下泄生态水，则塔什店需下泄1.99亿 m³，对应3个月平均生态流量25.59m³/s（依据近几年生态输水进程和河段河损估算，输水2～3个月，塔什店至第一分水枢纽河损约0.49亿 m³）。输水沿孔雀河河道经第三分水枢纽、普惠水库下泄，可以保证生态输水水头到达孔雀河下游35团营盘大桥断面，输水可以有效补给沿河荒漠河岸林主要天然林草分布区的生态需水。

若在此基础上，兼顾每年向塔里木河干流2.0亿 m³ 的生态水量目标，则塔什店需保证生态水量应不小于3.99亿 m³/a，对应年平均流量12.65m³/s。

（3）保障流域生态需水与区段国民经济用水目标下的生态流量（水量）。依据确定的孔雀河不同保护目标下对应的生态流量（水量）指标，参考巴州最严格水资源管理"三条红线"孔雀河地表水国民经济用水指标上限为11.30亿 m³。遵照国民经济用水保障要求，在75％来水保证率下应保障国民经济生产及生活用水不受大的影响。为此，要保障开都河及博斯腾湖生态需水和"三条红线"用水前提下，孔雀河塔什店控制断面的生态流量及下泄生态水量应满足区域相应的国民经济用水及相应来水保证率下确定的生态保护目标和生态需水。

当遇特枯水年（取典型频率$P=90\%$），为保障孔雀河国民经济发展需求，建议按照近3年流域平均供水水平，优先保障流域国民经济用水，即塔什店应保证下泄水量不小于9.86亿m^3（见表5-45）。

当遇平水年（取典型频率$P=50\%$）和偏枯水年（取典型频率$P=75\%$），区域国民经济供水可分别按照"三条红线"上限（$P=50\%$时）和近3年平均实际供水水平（$P=75\%$时）确定供水。生态保护建议以孔雀河中、下游沿河林地与高覆盖草地（$P=50\%$）和保障孔雀河下游天然林草（$P=75\%$）为目标确定相应的生态需水，分别为1.50亿m^3和1.06亿m^3，则累积"三条红线"上限供水水量11.30亿m^3（$P=50\%$）和近3年平均供水水量9.86亿m^3（$P=75\%$）引水情景下，塔什店应保证的生态水量分别为12.80亿m^3（$P=50\%$）和10.92亿m^3（$P=75\%$），塔什店水文控制断面对应的年平均流量分别为40.59m^3/s和34.63m^3/s。

当遇丰水年（取典型频率$P=25\%$），结合区域国民经济供水按照"三条红线"用水上限指标11.30亿m^3及保护孔雀河流域沿河全部天然植被生态需水3.83亿m^3综合确定塔什店断面应保证生态水量15.13亿m^3，对应塔什店平均流量为47.98m^3/s。

依据塔什店水文监测断面多年实测月径流在年径流中平均所占比例特征，将不同水文保证率下基于不同生态保护目标与国民经济用水指标确定的塔什店生态流量与水量分配至逐月（见表5-45）。

表5-45　　　　　　　　不同水文保证率下孔雀河生态流量（水量）

	月份	12月	次年1月	次年2月			平均（累积）值
保证率25％	生态流量/（m^3/s）	36.53	31.12	31.31			平均32.99
	对应生态水量/亿m^3	0.98	0.83	0.76			累积2.57
	月份	3月	9月	10月	11月		平均（累积）值
	生态流量/（m^3/s）	44.33	43.16	39.69	43.49		平均42.67
	对应生态水量/亿m^3	1.19	1.12	1.06	1.13		累积4.50
	月份	4月	5月	6月	7月	8月	平均（累积）值
	生态流量/（m^3/s）	55.88	50.78	60.58	70.26	67.34	平均60.97
	对应生态水量/亿m^3	1.45	1.36	1.57	1.88	1.80	累积8.06
保证率50％	月份	12月	次年1月	次年2月			平均（累积）值
	生态流量/（m^3/s）	30.90	26.49	37.50			平均31.63
	对应生态水量/亿m^3	0.83	0.64	1.00			累积2.47
	月份	3月	9月	10月	11月		平均（累积）值
	生态流量/（m^3/s）	47.27	36.51	33.58	36.79		平均38.54

	月份	3月	9月	10月	11月		平均（累积）值
保证率50%	对应生态水量/亿 m³	1.23	0.95	0.90	0.95		累积4.03
	月份	4月	5月	6月	7月	8月	平均（累积）值
	生态流量/(m³/s)	47.27	42.96	51.25	59.44	56.97	平均51.58
	对应生态水量/亿 m³	1.23	1.15	1.33	1.59	1.53	累积6.83
保证率75%	月份	12月	次年1月	次年2月			平均（累积）值
	生态流量/(m³/s)	26.36	22.46	22.60			平均23.81
	对应生态水量/亿 m³	0.71	0.60	0.55			累积1.86
	月份	3月	9月	10月	11月		平均（累积）值
	生态流量/(m³/s)	31.99	31.15	28.65	31.39		平均30.80
	对应生态水量/亿 m³	0.86	0.81	0.77	0.81		累积3.25
	月份	4月	5月	6月	7月	8月	平均（累积）值
	生态流量/(m³/s)	40.33	36.65	43.72	50.71	48.60	平均44.00
	对应生态水量/亿 m³	1.05	0.98	1.13	1.36	1.30	累积5.82
保证率90%	月份	12月	次年1月	次年2月			平均（累积）值
	生态流量/(m³/s)	23.80	20.28	20.40			平均21.50
	对应生态水量/亿 m³	0.64	0.54	0.49			累积1.67
	月份	3月	9月	10月	11月		平均（累积）值
	生态流量/(m³/s)	28.89	28.13	25.87	28.34		平均27.81
	对应生态水量/亿 m³	0.77	0.73	0.69	0.73		累积2.92
	月份	4月	5月	6月	7月	8月	平均（累积）值
	生态流量/(m³/s)	36.41	33.09	39.48	45.79	43.89	平均39.73
	对应生态水量/亿 m³	0.94	0.89	1.02	1.23	1.18	累积5.26

三、孔雀河生态流量（水量）调控保障

（一）生态流量（水量）现状达标情况评价

1. 最小生态流量（水量）的现状达标及满足程度

对比孔雀河塔什店水文站控制断面近10年（2009—2018年）实测月流量数据与多种方法计算确定的孔雀河塔什店站生态基流流量标准（见表5-46），过去10年实测塔什店流量在年内丰水期，即用水高峰期，均大于确定的生态基流流量标准，满足度均为100%。但是在年内平水期和冰封期则普遍无法达标，满足度在70%~90%之间，特别是冰封期的1—2月，满足度均为70%。近10年多年平均月流量均可以实现生态基流100%达标。

由于水文站流量与径流的一一对应关系，因此孔雀河塔什店水文站控制断面近10年（2009—2018年）实测月径流数据与生态基流对应最小生态水量标准的达标情况与流量一致。为更好地评价年内不同时段的生态水量的满足情况，对比过去10年实测塔什店冰封期、年内平水期和年内丰水期的来水量可以看出（见表5-47），年均径流量、年内平水期和年内丰水期的均大于确定的相应时段生态基流对应的最小生态水量，满足度均为

100％。只有年内冰封期（12月至次年2月），近10年满足度为80％，而从近10年多年平均看，各时段对生态基流对应生态水量的满足度均可以达到100％。

表 5 - 46　　　　　　　　孔雀河塔什店生态流量满足程度评价

项　目		1月	2月	3月	4月	5月	6月	7月	8月	9月	10月	11月	12月
塔什店实测流量/(m³/s)	2009年	38.19	38.90	62.99	66.20	57.68	76.50	89.68	89.68	31.40	24.68	60.11	59.70
	2010年	52.16	39.39	61.38	50.58	35.99	55.09	82.36	93.15	37.00	26.88	49.88	52.68
	2011年	43.79	39.52	48.87	52.97	35.10	80.59	91.17	93.19	31.10	25.50	50.39	53.69
	2012年	39.50	40.08	64.20	48.80	32.60	75.50	93.70	72.60	9.76	3.01	19.00	17.40
	2013年	11.26	3.28	50.38	56.74	21.01	72.64	74.77	45.78	4.08	1.60	8.78	0.86
	2014年	0.13	0.06	35.70	40.77	21.16	44.05	68.87	63.73	23.60	19.86	31.49	7.35
	2015年	3.57	2.75	32.91	60.45	40.52	57.91	77.94	71.27	26.53	4.41	24.94	26.47
	2016年	3.70	10.21	40.46	57.38	15.39	41.43	79.90	75.27	43.67	29.64	46.83	39.89
	2017年	9.86	9.71	49.40	45.95	36.51	70.10	83.71	100.40	79.40	71.72	71.80	16.54
	2018年	8.59	11.57	58.62	82.56	73.40	77.16	91.47	84.01	65.20	26.51	39.74	20.91
	平均	28.88	28.19	41.13	51.85	47.12	56.21	65.19	62.48	40.05	36.83	40.35	33.89
生态基流/(m³/s)		5.65	5.69	12.08	15.22	13.83	16.50	19.14	18.35	11.76	10.81	11.85	6.63
满足度		0.7	0.7	1.00	1.00	1.00	1.00	1.00	1.00	0.80	0.70	0.90	0.90

表 5 - 47　　　　　　　　孔雀河塔什店站生态水量满足程度评价

项　目		年内冰封期	年内平水期	年内丰水期	全年
塔什店实测径流量/亿 m³	2009年	3.60	4.72	10.05	18.36
	2010年	3.80	4.62	8.40	16.82
	2011年	3.60	4.10	9.34	17.05
	2012年	2.53	2.55	8.55	13.62
	2013年	0.41	1.73	7.15	9.28
	2014年	0.20	2.92	6.32	9.43
	2015年	0.87	2.33	8.15	11.36
	2016年	1.42	4.22	7.13	12.78
	2017年	0.94	7.16	8.92	17.02
	2018年	1.07	5.00	10.81	16.88
	平均	1.84	3.93	8.48	14.26
生态基流对应生态水量/亿 m³		0.47	1.23	2.20	3.90
满足度		0.80	1.0	1.0	1.0

而由全年水量和平均流量均大于生态基流对应水量及流量的情况看，孔雀河塔什店水文控制断面实际现状的流量和水量均是可以满足生态基流及其水量的，只需要完善具体调控及水量分配，适当增加冰封期流量即可以保障生态基流与对应生态水量。生态基流同时也可以实现孔雀河沿河荒漠河岸林天然植被 3.83 亿 m³ 生态需水的保障。

2. 保障下游天然植被生态需水的生态流量（水量）达标情况

遇流域平水年或偏枯水年，难以保证孔雀河全部天然植被生态需水的情景下，若以保护孔雀河下游生态敏感区天然植被为目标，则需要保证孔雀河下游天然植被生态需水1.06亿 m³。在年内丰水期以阶段性生态输水（2～3个月）下泄生态水的情景下，则塔什店需下泄1.55亿 m³，对应3个月平均生态流量19.93m³/s（依据2018年生态输水进程和河段河损估算，输水2～3个月，塔什店至第一分水枢纽河损约0.49亿 m³）。对比塔什店水文站2009—2018年的年内4—11月实测流量，在此生态保护目标下，对应生态流量达标程度在5月、11月为90%，在9月为80%，在10月为60%，其余月份均为100%（见表5-48）。而多年平均4—11月的流量数据显示可以100%满足这一生态保护目标下所需生态水量对应的平均月流量。

表5-48　　　保障孔雀河下游天然植被生态需水目标下塔什店生态流量满足程度评价

项　　目		4月	5月	6月	7月	8月	9月	10月	11月
塔什店 实测流量 /(m³/s)	2009年	66.20	57.68	76.50	89.68	89.68	31.40	24.68	60.11
	2010年	50.58	35.99	55.09	82.36	93.15	37.00	26.88	49.88
	2011年	52.97	35.10	80.59	91.17	93.19	31.10	25.50	50.39
	2012年	48.80	32.60	75.50	93.70	72.60	9.76	3.01	19.00
	2013年	56.74	21.01	72.64	74.77	45.78	4.08	1.60	8.78
	2014年	40.77	21.16	44.05	68.87	63.73	23.60	19.86	31.49
	2015年	60.45	40.52	57.91	77.94	71.27	26.53	4.41	24.94
	2016年	57.38	15.39	41.43	79.90	75.27	43.67	29.64	46.83
	2017年	45.95	36.51	70.10	83.71	100.40	79.40	71.72	71.80
	2018年	82.56	73.40	77.16	91.47	84.01	65.20	26.51	39.74
	平均	51.85	47.12	56.21	65.19	62.48	40.05	36.83	40.35
生态流量/(m³/s)		以2～3个月阶段输水形式实施，平均月流量19.93							
满足度		1.00	0.90	1.00	1.00	1.00	0.80	0.60	0.90

在不考虑国民经济用水的前提下，对比过去10年孔雀河塔什店水文断面实测4—11月的径流量与保障孔雀河下游生态需水及叠加向塔里木河干流生态输水指标对应的生态水量1.55亿 m³和3.55亿 m³可以看出，近10年4—11月间的塔什店实际来水均可以100%满足这一生态保护目标下1.55亿 m³的生态水量需求，以及满足叠加向塔河干流生态输水指标后的3.55亿 m³生态水量需求（见表5-49）。

表5-49　　　保障孔雀河下游天然植被生态需水及向塔里木河输水目标的
生态水量满足度评价

项　　目		4—11月	全年
塔什店实测径流量 /亿 m³	2009年	13.08	18.36
	2010年	11.38	16.82
	2011年	12.14	17.05

项　　目		4—11 月	全年
塔什店实测径流量/亿 m³	2012 年	9.38	13.62
	2013 年	7.52	9.28
	2014 年	8.28	9.43
	2015 年	9.60	11.36
	2016 年	10.27	12.78
	2017 年	14.76	17.02
	2018 年	14.24	16.88
	平均	11.06	14.26
不同生态目标下的对应生态水量/亿 m³		单以保障孔雀河下游天然植被生态需水的生态水量为 1.55，叠加向塔里木河干流生态输水指标对应的生态水量为 3.55	
满足度		1.0/1.0	1.0/1.0

3. 保障孔雀河沿河优势林草生态需水的生态流量（水量）达标情况

遇流域平水年，难以保证孔雀河全部天然植被生态需水的情景下，若以保护孔雀河中、下游林地和高覆盖草地优势天然植被为目标，则需要保证孔雀河中、下游这一保护范围天然植被生态需水 1.50 亿 m³。建议在流域年内相对丰水的 4—11 月期间以 2～3 个月阶段性生态输水下泄生态水的情景下，则塔什店需下泄 1.99 亿 m³，对应 3 个月平均生态流量 25.59m³/s（依据 2018 年生态输水进程和河段河损估算，输水 2～3 个月，塔什店至第一分水枢纽河损约 0.49 亿 m³）。对比塔什店站 2009—2018 年的年内丰水期实际流量，在此生态保护目标下，生态环境需水过程在 4—11 月，4 月、6 月、7 月、8 月的达标率均为 100%，5 月、9 月、11 月的达标率为 70%，10 月的达标率最低，为 40%（见表 5-50）。

表 5-50　保障孔雀河沿河优势林草生态需水目标的生态流量满足程度评价

项　　目		4 月	5 月	6 月	7 月	8 月	9 月	10 月	11 月
塔什店实测流量/(m³/s)	2009 年	66.20	57.68	76.50	89.68	89.68	31.40	24.68	60.11
	2010 年	50.58	35.99	55.09	82.36	93.15	37.00	26.88	49.88
	2011 年	52.97	35.10	80.59	91.17	93.19	31.10	25.50	50.39
	2012 年	48.80	32.60	75.50	93.70	72.60	9.76	3.01	19.00
	2013 年	56.74	21.01	72.64	74.77	45.78	4.08	1.60	8.78
	2014 年	40.77	21.16	44.05	68.87	63.73	23.60	19.86	31.49
	2015 年	60.45	40.52	57.91	77.94	71.27	26.53	4.41	24.94
	2016 年	57.38	15.39	41.43	79.90	75.27	43.67	29.64	46.83
	2017 年	45.95	36.51	70.10	83.71	100.40	79.40	71.72	71.80
	2018 年	82.56	73.40	77.16	91.47	84.01	65.20	26.51	39.74
	平均	51.85	47.12	56.21	65.19	62.48	40.05	36.83	40.35
生态流量/(m³/s)		以 2～3 个月阶段输水形式实施，平均月流量 25.59							
满足度		1.00	0.70	1.00	1.00	1.00	0.70	0.40	0.70

除保障孔雀河自身生态需水外，博斯腾湖河流域还有每年向塔河干流输送 2.0 亿 m³ 生态水的指标。在不考虑国民经济用水的前提下，对比过去 10 年孔雀河塔什店水文断面实测 4—11 月的径流量与保障孔雀河中、下游林地和高盖度草地优势天然植被生态需水及叠加向塔里木河干流生态输水指标对应的生态水量 1.99 亿 m³ 和 3.99 亿 m³ 可以看出，近 10 年的 4—11 月间，塔什店实际来水均可以 100% 满足这一生态保护目标下的生态水量需求（见表 5-51）。

表 5-51　　　　　保障孔雀河沿河优势林草生态需水及向塔里木河输水目标的
生态水量满足度评价

项　　目		4—11 月	全年
塔什店实测径流量 /亿 m³	2009 年	13.08	18.36
	2010 年	11.38	16.82
	2011 年	12.14	17.05
	2012 年	9.38	13.62
	2013 年	7.52	9.28
	2014 年	8.28	9.43
	2015 年	9.60	11.36
	2016 年	10.27	12.78
	2017 年	14.76	17.02
	2018 年	14.24	16.88
	平均	11.06	14.26
不同目标下的对应生态水量/亿 m³		单以保障孔雀河中、下游林地和高覆盖草地生态需水，生态水量为 1.99，叠加向塔里木河干流生态输水指标对应的生态水量为 3.99	
满足度		1.0/1.0	1.0/1.0

4. 保障孔雀河生态、生产用水目标的塔什店流量（水量）达标情况

依据博斯腾湖水量平衡计算的推荐方案（见表 5-52）的计算结果，在不考虑湖泊水位管理下库容调节的水量变动，博斯腾湖理论上在偏枯水年（取典型保证率 $P=75\%$）和特枯年（取典型保证率 $P=90\%$）的出湖水量均难以满足孔雀河库尉灌区 11.30 亿 m³ 的"三条红线"用水上限指标。在偏枯水年理论出湖水量可以满足近 3 年（2016—2018 年）孔雀河库尉灌区平均国民经济发展供水量，遇特枯年则对于近 3 年平均供水指标尚有 0.35 亿 m³ 的缺口。

表 5-52　　　　　　　　博斯腾湖出入湖水量平衡计算分析　　　　　　　单位：亿 m³

项　　目	序号	$P=25\%$	$P=50\%$	$P=75\%$	$P=90\%$
大山口	1	38.58	34.94	30.19	29.02
大山口至宝浪苏木近 3 年平均河损	2	3.90	3.90	3.90	3.90
农业排水直接（间接）入湖水量	3	2.00	2.00	2.00	2.00
开都河灌区用水	4	7.3	7.3	6.45	6.45

续表

项　　目	序号	$P=25\%$	$P=50\%$	$P=75\%$	$P=90\%$
宝浪苏木入湖1（1-2+3-4）	5	29.38	25.74	21.84	20.67
博斯腾湖最小生态需水	6	12.50	11.98	11.63	11.16
基于博斯腾湖需水1理论出湖水量1（5-6）	7	16.88	13.76	10.21	9.51
孔雀河灌区用水	8	11.30	11.30	9.86	9.86
盈余生态用水（7-8）	9	5.58	2.46	0.35	-0.35

因此，在流域当前水资源供需关系的背景下，遇特枯年建议暂缓孔雀河中下游的生态输水，通过开都河山区水库及博斯腾湖库容调节满足孔雀河流域库尉绿洲以近3年平均国民经济发展供水水量标准为依据确定塔什店应保障的下泄水量和对应的流量，即保障塔什店下泄不少于9.86亿 m³ 的水量，对应的年平均流量为 31.27m³/s。

遇偏枯水年，若恰逢博斯腾湖处于生态水位蓝色预警水位 1045.50m 以下，难以通过湖泊水位及库容调节增加出湖水量，则仍以保障孔雀河库尉绿洲近三年国民经济供水平均指标为主要目标，塔什店保障下泄水量不小于 9.86亿 m³；若博斯腾湖水位处于适宜生态水位 1046.50m 或以上时，可以通过调整湖泊水位，增加出湖水量来保障孔雀河国民经济用水和相应生态保护目标下的生态水量。这里建议偏枯水年若出湖水量可以满足并不会对国民经济发展造成重大影响的情况下，可以保障孔雀河下游天然植被生态需水 1.06亿 m³ 的水量，叠加国民经济用水按照近3年实际供水量确定的 9.86亿 m³，则塔什店应保障下泄生态水量不少于 10.92亿 m³，具体各年水量达标情况见表 5-53。近10年除了2013—2014年孔雀河来水保证率为特枯年（2013年 95.40%，2014年 92.4%）的情况下，其余年份的实际塔什店径流均可以满足孔雀河流域在偏枯年份和特枯年份确定的塔什店应保障水量。

表5-53　偏枯及特枯年保障生态、生产用水目标的塔什店生态流量满足度评价

年份	2009	2010	2011	2012	2013	2014	2015	2016	2017	2018	平均
塔什店实测径流量/（m³/s）	18.36	16.82	17.05	13.62	9.28	9.43	11.36	12.78	17.02	16.88	18.36
75%	保障国民经济用水不少于近3年平均供水水量，保护孔雀河下游植被生态需水量为10.92亿 m³										
	1.00	1.00	1.00	1.00	0.85	0.86	1.00	1.00	1.00	1.00	1.00
90%	保障国民经济用水不少于近3年平均供水水量9.86亿 m³										
	1.00	1.00	1.00	1.00	0.94	0.96	1.00	1.00	1.00	1.00	1.00

（二）生态流量目标的影响分析

由以上生态流量（水量）达标情况分析可知，近10年实际的孔雀河流量及水量基本可以满足不同生态保护目标下确定的孔雀河塔什店生态流量（水量）。为进一步明确生态基流和不同生态保护目标下确定的生态流量（水量）对孔雀河水资源供需平衡的影响，分别选择75%和90%来水保证率情况下的典型年实测流量（水量）与该保证率下建议的不同目标下的生态流量（水量）对比进行分析。基于1956—2018年塔什店实测径流数据计算发现1990年（$P=75.4\%$）和1976年（$P=90.8\%$）分别为来水保证率最接近75%和90%的典型年，

选择这两年塔什店逐月流量数据作为研究对比基础。

对比分析可知（见表 5-54），遇偏枯水年（$P=75\%$），若单纯保障孔雀河库尔勒-尉犁绿洲国民经济用水以不少于近 3 年实际供水平均水量 9.86 亿 m^3 的目标，则对应 75% 塔什店实测典型年可以 100% 逐月满足这一目标下确定的塔什店对应流量；若要保障国民经济用水 9.86 亿 m^3 和孔雀河下游天然植被生态需水 1.06 亿 m^3 的目标，则 75% 保证率典型年（1990 年）的实测月流量对这一目标下确定的塔什店逐月流量的达标率平均为 99.17%。其中，3 月、4 月和 8 月的达标率在 95%～98%，其余月份均 100% 达标。

表 5-54　　　　　保障孔雀河流域生产用水目标的塔什店流量满足程度评价

项　目		1 月	2 月	3 月	4 月	5 月	6 月	7 月	8 月	9 月	10 月	11 月	12 月
塔什店实测流量/(m^3/s)	1990 年（75%）	27.80	27.30	30.40	39.40	40.40	44.500	52.30	47.10	34.00	31.30	32.30	32.30
	1976 年（90%）	20.81	22.66	26.40	29.88	40.60	38.83	46.98	41.87	31.22	20.89	25.53	27.34
75% 目标 1	生态流量/(m^3/s)	22.46	22.60	31.99	40.33	36.65	43.72	50.71	48.60	31.15	28.65	31.39	26.36
	满足度	1.00	1.00	0.95	0.98	1.00	1.00	1.00	0.97	1.00	1.00	1.00	1.00
75% 目标 2	生态流量/(m^3/s)	20.28	20.40	28.89	36.41	33.09	39.48	45.79	43.89	28.13	25.87	28.34	23.80
	满足度	1.00	1.00	1.00	1.00	1.00	1.00	1.00	1.00	1.00	1.00	1.00	1.00
90% 目标 1	生态流量/(m^3/s)	20.28	20.40	28.89	36.41	33.09	39.48	45.79	43.89	28.13	25.87	28.34	23.80
	满足度	1.00	1.00	0.91	0.82	1.00	1.00	1.00	0.95	1.00	0.81	0.90	1.00

注　目标 1 为单纯保障孔雀河流域库尔勒-尉犁绿洲国民经济用水不少于 2016—2018 年近 3 年平均实际供水水量 9.86 亿 m^3 的目标；目标 2 为同时保障孔雀河流域库尔勒-尉犁绿洲国民经济用水不少于 2016—2018 年近 3 年平均实际供水水量 9.86 亿 m^3 和孔雀河下游天然植被生态需水 1.06 亿 m^3 的目标。

当开都河处于特枯年，来水保证率在 90% 的情况下，以保障孔雀河库尉绿洲国民经济供水按照不少于近 3 年平均供水量确定的水量目标为 9.86 亿 m^3，实测 90% 来水保证率典型年 1976 年逐月流量对这一目标下对应各月流量的达标程度为 94.92%，其中 3 月、4 月、8 月和 10 月的达标率在 81%～91%，其余月份达标率均为 100%。

（三）生态流量（水量）调控保障与管理

孔雀河的生态流量管理与博斯腾湖生态水位、出湖水量密切相关，同时为满足孔雀河中、下游荒漠河岸林的保育需求，其生态流量的主要功能是保障孔雀河荒漠河岸林天然植被的生态需水及逐步恢复河流生态功能。

1. 孔雀河的生态基流管理

基于多种计算方法与枯水年孔雀河重点保护天然植被范围的最小生态需水量，确定在孔雀河的生态基流在塔什店全年平均为 12.29m^3/s，对应的生态水量为 3.90 亿 m^3。其中，冰封期（12 月至次年 2 月）平均 5.99m^3/s，对应的该时段最小生态水量为 0.47 亿 m^3；每年 3 月、9～11 月生态基流保平均不低于 11.63m^3/s，对应的生态水量为 1.23 亿 m^3；年内丰水期的 4—8 月，保障塔什店平均流量不低于 16.62m^3/s，对应的生态水量在塔什店控制断面不少于 2.20 亿 m^3。

2. 孔雀河中、下游生态需水保障管理

依据多种方法计算不同丰枯水年下孔雀河相应生态保护范围与保护天然植被面积所需的最小生态需水量，结果表明，在丰水年（$P \leqslant 37.5\%$），为保护孔雀河沿岸荒漠河岸林31.18 万 hm^2 的天然植被，每年最少需下泄生态水 3.83 亿 m^3（孔雀河第一分水枢纽计），同时需保障向塔河干流每年 2.0 亿 m^3 的生态输水指标。为此，塔什店需保证年平均18.49m^3/s 的生态流量，对应下泄的生态水量为 5.83 亿 m^3；遇平水年至偏枯水年（$37.5\% < P < 87.5\%$），在博斯腾湖能够保障生态水位前提下，通过水资源科学调配应优先保护孔雀河荒漠河岸林近河道林地与高覆盖草地 7.39 万 hm^2 天然植被，或者孔雀河下游生态敏感区 7.27 万 hm^2 天然植被，对应的生态需水分别为 1.50 亿 m^3 和 1.06 亿 m^3，以持续 2～3 个月的阶段生态输水实施，塔什店分别需要保证输水期间平均不低于25.59m^3/s 和 19.93m^3/s 的生态流量，对应塔什店下泄的生态水量分别为 1.99 亿 m^3 和1.55 亿 m^3（在生态需水基础上，叠加了塔什店至第一分水枢纽 2—3 月 0.49 亿 m^3 的河损）；考虑到孔雀河流域荒漠河岸林天然植被的退化现状与抢救紧迫性，建议每 3～5 年遇丰水年至少保障一次从塔什店下泄生态水量不少于 3.83 亿 m^3，以补给孔雀河天然植被的生态需水。

3. 生态输水及跨流域调水河、湖、库水系连通管理

为保证孔雀河天然植被的生态需水，以及更好贯彻自治区关于抢救塔里木河流域胡杨林行动的工作精神，建议利用孔雀河现有自然及人工水利设施、河道和水库，在开都河-孔雀河流域与塔里木河干流中下游间构建河、湖、库水系连通工程（见图 5-12）。借助构建的网状水系，实现向孔雀河中、下游的多渠道生态输水，并依据各连接流域与水系的丰枯特征，实施流域水资源综合管理与跨流域调水，达到丰-枯互济、河-湖-库互济、区域空间与各河流间互调的目标，增强流域及区域水资源承载力。同时，需疏浚孔雀河第三分水枢纽以下主要河道和塔里木河至孔雀河输水通道，提升孔雀河河道及其塔里木河至孔雀河主要输水通道的过水能力。

4. 孔雀河流域枯水期调度运行

（1）科学调配枯水年的博斯腾湖出水量，保障孔雀河用水。孔雀河来水主要依靠博斯腾湖调配出湖水量，在枯水年保障博斯腾湖生态需水的前提下，通过科学调配出湖水量，以满足孔雀河流域在枯水年的用水需求。当博斯腾湖背景水位处于 1047.50m 的最高水位背景下遇偏枯水年和特枯水年，只需适当降低湖泊水位夏半年至 1046.50m，冬半年保持 1047.00m，出湖水量可以在原有理论出湖水量的基础上增加 7.95 亿 m^3，达到 18.16 亿 m^3 和 17.41 亿 m^3，可以保证孔雀河流域生产用水以"三条红线"规定的地表水上限用水指标供应，同时满足孔雀河流域沿河天然植被 3.83 亿 m^3 的生态需水；当博斯腾湖背景水位为 1046.50m，遇偏枯水年和特枯年需将湖泊水位降低至1046.00m，则实际出湖水量可以在理论出湖水量基础上增加 4.90 亿 m^3，实际出湖水量达到 15.11 亿 m^3 和 14.41 亿 m^3，可以保证孔雀河流域按照"三条红线"供水上限水量指标供水的同时，可以满足孔雀河流域沿河林地与高覆盖草地天然植被 1.99 亿 m^3的生态需水；当博斯腾湖背景水位已经处于 1045.50m 的蓝色预警水位时，又遇偏枯水年和特枯水年，湖泊水位不建议调整，通过相应酌减孔雀河生产用水，孔雀河按照近 3

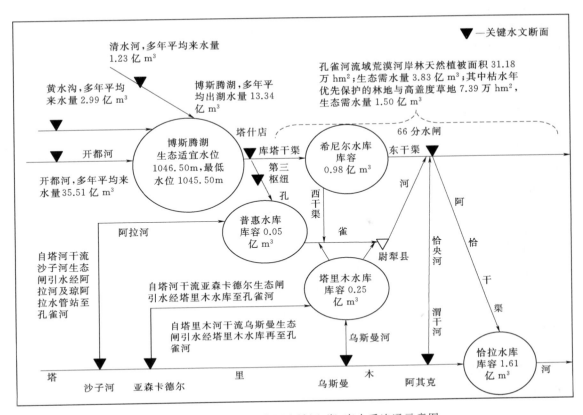

图 5-12 开都河-孔雀河流域河-湖-库水系连通示意图

年实际平均供水量确定国民经济供水目标，暂时不进行生态输水。

（2）合理保障枯水年生产用水，确保生态需水。遇流域枯水年，应相应酌情减少流域引水，以保证水资源供需平衡，满足最低生态需水。若枯水年之前的背景年型为丰水或平水年，且博斯腾湖背景水位情况良好，可以酌情放宽用水指标，通过湖泊水位调整，调配水资源以满足孔雀河枯水年用水需求。当博斯腾湖背景水位处于 1046.50～1047.50m 时，孔雀河流域可以保持"三条红线"地表水最高用水指标 11.30 亿 m³ 供水，通过适当降低湖泊水位，调配出湖水量可以满足枯水年孔雀河生产用水与天然植被生态需水。当湖泊背景水位处于 1045.50m，则孔雀河流域需在偏枯和特枯水年按照近 3 年多年供水平均水量指标供水，即供水不超过 9.86 亿 m³（以 2016—2018 年为例），则相应出湖水量可以保障不影响国民经济"三生"用水，暂缓进行生态补水和向塔河干流实施生态输水。

（3）确保特枯年生态基流，完善水系连通与跨流域调水。遇多年枯水年，尤其是特枯年份时，确保孔雀河生态基流不少于 12.29m³/s，对应基本生态环境需水量在塔什店不少于 3.90 亿 m³/a。为更好地保障枯水年孔雀河流域的水资源供需平衡，建议进一步加强流域河-湖-库水系连通，构建网状水系，基于"水联网"理念，建立实时、集成、动态、智能的水信互联系统，利用水资源及需耗水的时空分布的差异，结合跨流域、跨区域的水资源调配，满足枯水年孔雀河流域的用水矛盾。遇开都河-孔雀河流域枯水，而塔里木河干流来水较好年份，可借助跨流域调水，在偏枯年与特枯年孔雀河来水与区域用水符合以上调配时，从塔里木河调水 1.0 亿～1.50 亿 m^3，则可以保证在博斯腾湖最低水位且又遇枯水年情况下，孔雀河流域适当的生态需水。

四、孔雀河生态流量（水量）监测与预警

（一）监测方案

1. 监测对象

对孔雀河地表水，除了塔什店控制断面外，在孔雀河哈曼沟入河口、重要引水枢纽和引退水口、普惠水库泄洪闸、尉犁县、阿克苏甫水库、铁曼坡林场和 35 团营盘均应设置水量监测站，监测内容除了水量及流量以外，依据流域水资源管理需求，具体监测对象、监测站点布设与设置、监测要素参照《地表水和污水监测技术规范》（HJ/T 91—2002）、《地表水自动监测技术规范》（征求意见稿）和《水资源监测要素》（SYZ 201—2012）、《水资源水量监测技术导则》（SL 365—2007）等标准中关于水资源监测及地表水水质、水环境自动监测的要求和开都河流域自身实际水资源管控需要进行设置。

对孔雀河地下水应实施水位与开采量的严格管理，全面实施"井电双控"。地下水开采量要严格以"三条红线"规定的地下水开采指标为上限不能逾越，在丰水期可利用流域地表水置换地下水指标，以达到逐步减少地下水开采的目标。

2. 监测内容

具体监测站点的监测内容主要为流量（水量）和水位，其余监测内容可以参照《地表水和污水监测技术规范》（HJ/T 91—2002）、《地表水自动监测技术规范》（征求意见稿）和《水资源监测要素》（SYZ 201—2012）、《水资源水量监测技术导则》（SL 365—2007）等标准中的相关要求与流域实际需求制定。

3. 监测频次

依据孔雀河流域现有水资源监测网络实际情况，本方案提出参照实测日流量和旬平均流量，以月平均生态流量（水量）达标程度进行具体评价考核。为此，建议各主要监测点监测频次以日监测为主，对于塔什店控制断面和主要引水渠首监测断面，依据监测条件，应在日尺度下进一步细分 3～5 个监测时段，以更加准确评估日流量。

（二）生态流量预警机制

1. 预警层级

充分考虑到孔雀河在流域所在地州的重要地位与其水资源供需对地州区域经济发展的重要支撑作用，以及流域在区域生态服务功能和现有的综合管控能力情况下，确定孔雀河设置 3 级生态流量预警机制。

2. 预警阈值

本方案的生态流量（水量）预警方案只针对保障孔雀河沿河荒漠河岸林天然植被生态需水的生态基流及对应的最小生态水量设定。预警层级设置 3 级，预警阈值分别按照大山口控制断面生态基流目标的 120%、100% 和 80% 设置蓝色、橙色与红色预警（见表 5-55）。预警时长依据大山口控制断面具体监测频次对应相应时长设置为日尺度。

表 5-55　　　　　孔雀河塔什店控制断面生态流量控制预警指标　　　　单位：m³/s

月　份	1	2	3	4	5	6	7	8	9	10	11	12
生态流量	5.65	5.69	12.08	15.22	13.83	16.50	19.14	18.35	11.76	10.81	11.85	6.63
蓝色预警流量	6.78	6.82	14.49	18.27	16.60	19.80	22.97	22.02	14.11	12.98	14.22	7.96
橙色预警流量	5.65	5.69	12.08	15.22	13.83	16.50	19.14	18.35	11.76	10.81	11.85	6.63
红色预警流量	4.52	4.55	9.66	12.18	11.07	13.20	15.31	14.68	9.41	8.65	9.48	5.31

第五节　生态流量管理保障措施

（1）强化组织领导，建立完善生态流量（水位）管理的机制。水资源的科学利用、管理与保护是河长制推行中一项重要的内容，要更好地实施流域水资源与生态环境的管理保护，需要尽快确定河流生态流量并将其管理保护纳入河长制的考核机制中，在各级党委、政府实施河长制，保护河湖健康，推动生态文明建设的过程中强化生态流量（水量）管理保护，加强领导，明确责任，狠抓落实，抓紧制定本流域河流生态流量（水量）管理保护的实施方案。将生态流量（水量）的管理保护工作作为联席会议制度交流讨论的一项重要内容，建立由河长负责牵头召集河长制办公室和责任单位，协调解决河流生态流量（水量）管理中的重点难点问题，对河流生态流量（水量）管理重要事项进行督办。

在开都河流域水资源及水能开发利用中要协调好资源开发与生态环境保护，利用与管理相协调，依据各河流具体河段的生态需水及水量调度管理需求，科学规划、严格项目审查，将水量调度和水资源开发与最严格的水资源管理制度、相关法律法规、具体河段的防洪保安、水生态保护、区域经济发展需求及规划、河长制管理要求相协调并衔接，以实现水资源的可持续利用与生态环境的有效保护。

（2）完善法律法规，加强生态流量（水位）管理的法律保障。在开都河生态流量（水量）调度管理过程中，除了严格遵守《中华人民共和国水法》《中华人民共和国防洪法》《中华人民共和国环境保护法》《中华人民共和国水土保持法》和《中华人民共和国河道管理条例》《新疆维吾尔自治区河道管理条例》《新疆维吾尔自治区塔里木河流域水资源管理条例》等主要相关法律、法规和条例外，还应该结合流域生态流量（水量）调度管理的实际需求及河长制推行中的实际需要，建立完善流域相关生态流量（水量）管理与监测监督的相关条例，使得生态流量（水量）管理能够有法可依，强化生态流量（水量）管理的法律保障。生态流量（水量）管理职能部门，依据出台的法律、法规和相关条例，尽快出台和完善可操作的、细化且具体的实施法律、法规、条例的具体工作方案或实施办法，将已有的法律、法规条例中的规定落地、落实并更好贯彻，服务流域河长制的推行与河湖水环境、水生态管理保护。

（3）创新管理机制，完善流域河湖生态流量（水量）占用补偿制度。在新时期流域河长制推行的具体需求和允许范围内，结合流域河湖水量调度配置和生态流量（水量）管理等需求，为更加高效地开发利用自然资源，更好地保护河湖生态环境，应充分发挥经济杠杆在水资源开发利用与治理管护中的作用，建立并完善流域生态流量（水量）占用的补偿与赔偿机制的相关管理制度，尽快确立生态水权，在相关法律法规和规划的保障下，强化生态流量（水量）管理，为区域经济社会可持续发展及生态文明建设服务。同时对于违规占用生态水量，造成河湖防洪保安、生态环境及湖泊生态水位管理保障不利影响的项目，除了限期整改、调整及清退外，造成不良后果的，应该对造成的影响与不良后果进行补偿和赔偿。为此，应建立完善的制度，借此推动整个流域河湖生态流量（水量）管理的机制与体制改革。

（4）加强监测监管，增大生态水位管理投资投劳保障。博斯腾湖是我国最大的内陆淡水湖，区内既有国家级的湿地公园，也有国家级 AAAAA 景区。要有效保障生态水位（水量），必须加强生态水位（水量）的监测监管，加大监管的人力物力投入，完善监测断面及站点，升级监测设备，增设监管职能与监管巡护人员，加强生态水位（水量）管理。针对流域水量调度管理及相关水利工程中存在的问题，依据轻重缓急，有步骤地实施综合整治。为此，需要在统一规划指导下，加强涉及生态水位（水量）管理的工程措施建设，结合工程措施，改善河道过水能力和水系连通性，加强沿河地下水管控，增强博斯腾湖整体的水资源调控能力。这些都需要加强投资投劳保障，以确生态水位（水量）管理的各项工作与措施能够顺利实施。

（5）加强科技支撑，提高生态水位（水量）的监管水平。对于生态水位（水量）的监测管理，应借助先进的科技，比如自动化的监测预警设备，将生态水位（水量）的监管与河长制管理信息平台与自动化系统相结合，实现更加高效科学现代化的管理，实现"大河小沟一张图"清晰呈现；各级湖长巡检人员在巡河过程中通过手机移动端就能上报、处理、反馈涉及生态流量（水量）的事务；公众可以通过手机微信等 APP 操作系统进入公众平台监督，所反映的问题可以几日内就可得到解决，将河湖生态流量（水量）管理与能够覆盖全流域的智慧河长监控处理系统有机结合。通过该系统，市、县、镇、村四级河长可以通过 PC 端和移动端进行管理，公众可以通过 APP、微信、热线电话等参与监管，从而实现河湖生态流量（水量）监管的强化。

（6）加强分析研究，增强流域生态流量（水量）的科学管理能力。在全球气候变化的背景下，流域水循环规律及河流山间来水的不确定性与波动性增大，河流演变及生态环境的变化不确定性也增强。所以应该加强对河流水资源变化规律、生态演变和生态水量调度及可持续保障能力的基础研究，进一步整合流域的基础监测体系，构建更全面的自动化监测系统，实现监测数据的共享与定期分析评价，为开都河流域生态流量（水量）的综合管理和政策制定提供科技支撑与指导。

（7）加强电调服从水调及兵地、跨县、跨部门的沟通协调与会商机制。提供博斯腾湖主要入湖水量的开都河虽然不是一条跨区的河流，但是也跨越多个县市、兵团与地方，在生态流量（水量）监管与水量调度需要多地区、多部门、兵地间的充分协调合作，以及水能开发部门与流域水资源管理部门协调，方能将生态流量（水量）管理相关方案与措施更好地贯彻执行。为此，需要建立并完善一套有效的联合执法、电调服从水调的沟通协调机制。流域管理部门是整个流域生态流量（水量）管理的主体单位，但是在具体水量调度上还需要与临河的各地方县市、兵团和巴州各职能主管部门充分沟通协调，并在河长制联席会议中充分利用建立的会商机制，集中解决相关问题。

（8）强化宣传教育。与流域河（湖）长制宣传督导机制相结合，充分利用已有的河（湖）长制信息平台与宣传网络，充分宣传流域河湖生态流量（水量）的重要性，采取多渠道、多方式的宣传手段，提升社会公众对于生态流量（水量）科学管理和保障的认识，普及相关知识，公示相关制度，让公众充分参与到流域河湖生态流量（水量）监督管理中来，共同完成流域河湖生态流量（水量）的科学管理与河湖水生态安全保障。

参 考 文 献

[1] Chen J X，Qiao R Z，Li W H，et al. Research on the ecological water demand based on physical habitat simulation model [J]. Advanced Materials Research，2014，1022：376－379.

[2] Tennant D L. Instream flow regimens for fish，wildlife，recreation and related environmental resources [J]. Fisheries，1976，1（4）：6－10.

[3] 陈昂，隋欣，廖文根，等. 我国河流生态基流理论研究回顾 [J]. 中国水利水电科学研究院学报，2016（6）：401－411.

[4] 董哲仁，孙东亚，赵进勇，等. 河流生态系统结构功能整体性概念模型 [J]. 水科学进展，2010，21（4）：550－559.

[5] 董哲仁. 河流生态系统研究的理论框架 [J]. 水利学报，2009（2）：4－12.

[6] 方子云. 水利建设的环境效应分析与量化 [M]. 北京：中国环境科学出版社，1993.

[7] 方子云. 水资源保护手册 [M]. 南京：河海大学出版社，1988.

[8] 吉利娜，刘苏峡，吕宏兴，等. 湿周法估算河道内最小生态需水量的理论分析 [J]. 西北农林科技大学学报（自然科学版），2006，34（2）：124－130.

[9] 刘昌明. 中国 21 世纪水供需分析：生态水利研究 [J]. 中国水利，1999（10）：18－20.

[10] 石永强，左其亭. 基于多种水文学法的襄阳市主要河流生态基流估算 [J]. 中国农村水利水电，2017（2）：50－54，59.

[11] 唐蕴，王浩，陈敏建，等. 黄河下游河道最小生态流量研究 [J]. 水土保持学报，2004，18（3）：171－174.

[12] 魏雯瑜，刘志辉，冯娟，等. 天山北坡呼图壁河生态基流量估算研究 [J]. 中国农村水利水电，2017（6）：92－96.

[13] 严登华，王浩，王芳，等. 我国生态需水研究体系及关键研究命题初探 [J]. 水利学报，2007（3）：15－21.

第六章　开都河源流区水源涵养与水土保持

　　水是生命之源，土是生存之本，水土资源是人类赖以生存和发展的物质基础，是经济社会发展依赖的基础资源。开都河发源于天山南坡，是一条典型的内陆河，主要由高山区冰川、积雪融水、中山森林带降水以及低山带基岩裂隙水等构成。开都河作为巴音郭楞蒙古自治州（以下简称巴州）境内的最大河流，多年平均年径流量 35.51 亿 m³，是唯一能常年补给博斯腾湖的河流，承担着下游 237.72 万 hm² 灌溉（其中地方灌溉面积 193.73 万 hm²，第二师灌溉面积 43.99 万 hm²）用水任务和多年平均向塔里木河及塔里木垦区输送生态及灌溉用水 4.5 亿 m³ 的任务。但是，近年来，随着人类经济社会活动的不断加剧，开都河源流区草场退化，土地沙化，水土流失加剧，水源涵养能力下降。加快开展开都河源流区水土保持与生态建设、遏制其水土流失与生态退化的趋势，对于确保博斯腾湖的生态安全，促进巴州社会经济的可持续发展具有重要的意义。

第一节　开都河源流区水土流失现状及问题分析

　　开都河发源于天山山脉中部依连哈比尔尕山南坡的巴音布鲁克草原，河源高程 4292～4812m，河流高山区终年积雪，有现代冰川 519 条，流域 3600m 以上终年积雪。开都河流经大、小尤勒都斯山间盆地、峡谷以及焉耆盆地，最后注入博斯腾湖。开都河源流区面积约 1.86 万 km²，分布有我国第一大亚高山高寒草甸草原——巴音布鲁克草原，草原总面积 155.46 万 hm²，大小河流 40 余条，天然湖泊众多；分布有我国唯一的国家级自然保护区——巴音布鲁克国家自然保护区，是博斯腾湖流域的重要水源涵养区。

　　开都河源流区水土流失侵蚀类型包括水力侵蚀、风力侵蚀、冻融侵蚀、重力侵蚀以及啮齿动物及矿业开发等侵蚀影响。水力侵蚀面积 8492km²，占源流区总面积的 45.7%；风力侵蚀中度、重度面积共约 1026km²，占总面积的 5.5%；冻融侵蚀面积 3624km²，占总面积的 19.5%；重力侵蚀面积 2088km²，占总面积的 11.2%；啮齿动物活动造成水土流失面积 282km²，占总面积的 1.5%；矿业开发侵蚀区面积虽小，但影响大，危害重。

一、水土流失面积及分布

　　开都河源流区水土流失面积约 1.55 万 km²，占源流区总面积（1.86 万 km²）的比例高达 83.33%。其中，额勒再特乌鲁乡水土流失面积约为 4863km²、巴音郭楞乡约为 6178km²、巴音布鲁克镇约为 4445km²。侵蚀以水力侵蚀、风力侵蚀和冻融侵蚀为主，水力侵蚀主要分布在小尤勒都斯盆地北部，河流冲刷侵蚀主要分布在各河沟两岸，面积超过 8492km²；风力侵蚀主要分布在额勒再特乌鲁乡西部小山一带，面积约为 1026km²；冻融侵蚀主要分布于巴音布鲁克高地草原区，现代雪线以上高山带，面积 3624km²。

　　开都河源流区水土流失在发生时间上表现比较集中，侵蚀一类是暴雨型洪水所致，暴雨强度大，洪水急而洪峰高，以山洪的形式出现，主要发生在 7—8 月，季节性强；另一类是融雪型洪水导致，量中等且持续时间长，发生在 5—6 月。源流区巴音布鲁克站多年平均 4—6 月输沙量占年均输沙量 9.81 万 t 的 80%。开都河多年平均输沙量自上而下由巴音布鲁克站到大山口站呈明显递增趋势，说明河流离开源流区后山区峡谷段有大量泥沙输入河流。

二、水土流失成因分析

开都河源流区的水土流失以草原"三化"（退化、沙化、碱化）的危害最为严重，其中，草原的人、地矛盾突出以及不合理放牧方式是导致草原水土流失的主要原因，而自然因素也扮演着重要角色，加剧了其发展。任由上述水土流失现象存在，将会严重危害畜牧业生产和土地资源利用，进一步发展，甚至会急剧恶化生存环境、引发生态灾害。因此，草原"三化"应是治理的重点类型。对于其他类型的侵蚀，如冻融侵蚀主要由自然因素导致，如果避免人为活动干扰，良好的自然条件将会抑制侵蚀的发展，实现生态的自我修复，然而一旦受到人为扰动和地表、植被的破坏，将会加速侵蚀的发展。

影响开都河流域水土流失的因素多而复杂，概括起来主要有自然因素和人为因素两大类。自然因素有气候、地质、地貌、水文、植被、土壤等，人为因素有农牧业生产活动、建设项目开发等破坏地表植被的行为。影响水土流失的各因素之间相互影响，相互诱发。

1. 自然因素

（1）地形地貌。开都河源流区的山区峡谷河段，两岸悬崖峭壁，山高坡陡，山体岩石裸露。陡峻而风化强烈的山体在冻融、水力及重力作用下，极易形成山体坍塌风化，造成水土流失。由于山区河道纵坡陡，水流流速大，河床岩石破碎或胶结较松散的戈壁河段，容易在水流作用下造成水土流失。因此，开都河源流区水土流失可归结为：河谷坡土水土流失和河床质冲刷水土流失。

（2）气候变化。研究区属大陆性气候，气候干燥，风化强烈。虽然年降雨量小，但时空分布相对集中且多以暴雨形式出现，另外大风天气多，加之地面植被覆盖物分散稀疏，裸露破碎的岩体，在大气、阳光、水力等外营力作用下易风化而造成水土流失。近年来，随着全球气候变暖，草原区域蒸发增强，造成草场蓄水量下降，产草量减少，草场下垫面沙化加剧，偶发集中降雨更易形成严重的水土流失。

（3）土壤、植被。开都河山区峡谷河段土层较薄，植被稀疏，土壤水土保持能力较弱，遇暴雨形成的地表径流冲刷，山坡表层土壤很容易流失，而河床及两岸河道土质颗粒都相对较细、胶结松散，抗冲能力较低。在洪水作用下，部分河道稳定性较差，河槽横向冲淤更替较频繁，造成河道弯道较多并形成较大的水土流失。

2. 人为因素

（1）水土资源开发不合理。随着社会经济的发展，人口增多，人类活动加剧，特别是不合理利用土地和水资源，致使土地生产力降低，出现了天然植被和人工植被遭受破坏。人类的生产行为，如开矿、筑路等，产生大量的废弃土石，加之当地居民掠夺式采挖药材，导致草场退化，森林覆盖率降低，生态环境变异，多年形成的戈壁硬盖遭到破坏，尤其以牧道更为严重。

（2）超载过牧。超载过牧是造成巴音布鲁克草场退化的主要原因。根据测定，巴音布鲁克天然草地鲜草总贮藏量为 23 亿 kg，干草为 6.8 亿 kg。草地全年理论载畜量为 113.66 万只绵羊单位，而实际放牧牲畜为 253.08 万只绵羊单位，其中，大尤勒都斯（主要为巴音布鲁克牧民放牧地）为 117.3 万只绵羊单位；小尤勒都斯为 135.78 万只绵羊单位。过度放牧，致使天然草场严重退化、沙化，载畜能力下降。风蚀、水蚀也更加严重，生态环境日趋恶劣。

（3）基础设施建设严重滞后。巴音布鲁克草原基础设施建设严重滞后，绝大部分草场基本上是靠天补充水源，维持生长（雨养型）；同时，蝗虫、鼠害、有害杂草马先蒿等对草场破坏也较为严重。加之过牧导致草场退化和水土流失面积不断增加。

三、水土流失问题及危害

1. 水土流失的问题

在全球变化与开都河源流区经济社会发展过程中，不断增强的人类社会扰动致使开都河源流区水土涵养功能下降，水土保持现状及问题体现在以下几个方面：

（1）水源涵养及水土保持功能下降。目前，巴音布鲁克草原"三化"面积达 404.69 万 hm^2，占总面积的 43%。其中小尤勒都斯草场已有 81.9% 的草地退化，严重退化的有 52.41 万 hm^2，占退化面积的 53.2%；中度退化的 38.45 万 hm^2，占退化面积的 39.1%；轻度退化的 7.61 万 hm^2，占退化面积的 7.7%。巴音布鲁克草原牧草覆盖率从 20 世纪 70 年代的 75% 下降至 45%，呈现明显沙化、退化和盐碱化的态势。其主要原因为：①超载放牧，草畜矛盾突出，草场保水蓄水功能下降，草场下垫面沙化加剧。巴音布鲁克草原理论载畜量为 113.66 万只绵羊单位，实际放牧量为 253.08 万只绵羊单位，超载达 100%。大量牲畜粪便使水源地含氮量增加，加重了水源污染风险。②草场鼠虫灾害加剧，有害杂草加速蔓延。一种严重抑制牧草生长的有害杂草马先蒿面积已达 14.16 万 hm^2，且以每年 2.02 万 hm^2 的速度蔓延，目前尚无有效根治办法。③在草原上进行的道路建设、旅游或矿产开发过程中，机动车随意碾压破坏草场现象仍有不同程度发生。

（2）湿地萎缩、功能退化。巴音布鲁克天鹅湖湿地位于新疆天山深处的巴音布鲁克草原之上。曾经一段时间，由于过度放牧，天鹅湖湿地草原生态遭到破坏，草场退化严重，昔日水草丰茂的草场已开始沙漠化。巴音布鲁克天鹅湖由大小不等的数百个河湾和高山湖泊组成，每年夏秋之季，数以万计的天鹅聚集在这里。由于湿地面积缩减、生态退化、湿地景观丧失、生物多样性衰退、湿地生态功能下降，对这里的天鹅数量产生了一定影响。

（3）开发建设项目加重水土流失。随着经济建设步伐的加快，开发建设项目逐渐增多，部分开发建设项目建设生产过程中造成新的水土流失未得到有效治理。片面追求眼前利益和局部利益，边治理边破坏，一处治理、多处破坏的现象依然存在。建设单位在施工过程中未按水土保持方案要求进行防护，是导致新增水土流失的主要原因之一，特别是小尤勒都斯盆地北部及西北山区的矿业开发以及巴音布鲁克草原的畜牧过载等人为扰动与毒害草物种入侵造成的草场退化较为显著。

（4）水源涵养区环境污染存在潜在风险。巴音布鲁克区至今生活污水尚未建立排水及污水处理系统，污水仍处于直排状态，部分企业污水排放也不达标。

（5）水土流失治理任务艰巨。根据水土流失普查结果，源流区有超过一半的面积仍存在水土流失现象，水土流失不仅导致土地肥力下降，而且使山塘水库、河流淤积，减少山塘水库的调节库容，降低防洪能力，影响防洪、供水、发电、灌溉等效益的发挥，且直接对城乡供水和水环境构成威胁。水质的污染很大程度上减少了可利用水量，不利于水资源的可持续利用、社会经济的可持续发展和人们生活质量的改善提高。

2. 水土流失的危害

（1）降低土地质量。严重的水土流失造成地表植被破坏，土地肥力下降，加剧了天然草场的退化和土地沙化，产草量下降，载畜量日趋降低，形成恶性循环。在 6—9 月汛期，河道两岸时常被洪水淘刷，造成塌岸，吞蚀草场，降低土地质量。过度开垦与放牧，使植被的减少，不但削弱了地表植被防风固沙的功能，而且也致使涵养水源的能力减弱。大量草原"三化"（退化、沙化、碱化），很大程度上降低了土地生产力，甚至丧失生产力，对畜牧业的可持续发展产生不利影响。

（2）淤积下游河道，加重下游洪水灾害。上、中游的水土流失，在下游山前冲积洪积扇群地带淤积。4—6 月融雪或雨夹雪形成，其特征是洪峰起涨较为缓慢，洪水流量小；7—8 月是洪水季节，其特征是暴雨型洪水，洪峰涨势幅度大，突发性强，洪峰流量大，夹带大量推移质碎石和悬移质泥沙，具有很大的破坏性和危害性。造成大量泥沙由河水带入下游区，在下游河道中沉积、淤积，抬高了河床，淤塞渠道。据资料统计，下游河道的焉耆县、博湖县范围内的开都河河道较 20 世纪 80 年代抬高了近 1m，部分地段已成悬河。随着河床的抬高，焉耆县、博湖县的防洪堤不断加高、加厚，洪水对焉耆、博湖两县的威胁也不断加剧。另外，随着河床与河水位升高，河水对两岸灌区的地下水补给增多，加剧了两岸耕地的次生盐渍化。此外，水土流失作为面源污染物传输的载体，是造成开都河河水、湖库水质恶化的重要原因之一，对于以水养农业为主的开都河下游绿洲来说，这无疑会对绿洲农业产生不利影响，严重威胁绿洲经济社会发展和生态安全。

（3）对大山口电站的运行带来隐患。大山口电站是一座日调节水量的小型水库，由于中游峡谷段大量泥沙在电站前沉积，已使电站的调节库容减少了近 1/3，降低了其行洪调蓄能力，直接对电站发电运行带来直接不利影响。

（4）造成博斯腾湖库容减小和水质恶化。由于上、中游地区的水土流失，河水携带大量泥沙进入下游区，在下游河道中沉积淤积，抬高了河床，淤塞渠道，最终被带入博斯腾湖沉积下来，造成博斯腾湖湖底抬升，库容减小。遭遇枯水年份，湖水储存量明显减少，水质下降，直接影响到博斯腾湖向塔里木河的输水量和水质。遇到丰水年，湖水向周边扩展，淹没周围农田、村庄，造成水患。

（5）破坏生态环境和景观。水土流失在造成植被破坏、土地退化的同时，还导致湖库萎缩，生物群落结构和自然环境遭受破坏，野生动物的栖息地条件恶化，繁殖率和存活率降低，甚至威胁到种群的生存，影响生态环境和生态系统的稳定与安全，并对居民的生活环境也产生了一定的影响。水土流失造成坡面裸露和土地退化，对景观造成影响。此外，矿山开采形成的裸露宕口，以及堆砌废弃矿渣，也在很大程度上影响到周边环境和自然景观。

四、水土保持现状及面临的挑战

新的历史时期，随着经济社会的快速发展，开都河流域资源环境面临的压力持续增大，水土保持工作面临诸多挑战。

（1）自然与人为水土流失日益加重。近年来，随着西部开发战略的实施，人类社会活动范围的增加，社会经济的发展，各行各业的开发建设，特别是群众的经济活动受经济利益的驱动，只注重近期的经济利益而忽视长远的生态效益，致使开都河流域出现了比较严重的水土流失。2005 年以来，针对越来越突出的生产建设活动新增水土流失问题，流域不断加大预防监督力度，人为水土流失面积有所降低，但经济建设中重开发、轻保护的现象仍普遍存在，特别是目前超载过牧、矿山开采、无序的农林业开发等生产建设活动，点多量大，监管难度很大，有法不依、知法犯法的现象仍时有发生。

巴音布鲁克是全新疆、全国乃至世界著名的高山草原，是国家自然保护区。巴音布鲁克草原具有涵养水分、调节空气等功能，堪称新疆之肺，是开都河和博斯腾湖的源头。根据最新草地普查数据，巴音布鲁克总面积为 213.85 万 hm^2，其中草地总面积 155.47 万 hm^2、草地净面积 138.65 万 hm^2，有林地 3.61 万 hm^2、裸地 54.71 万 hm^2、水域 0.063 万 hm^2。在草地面积中，大尤勒都斯草地总面积 97.59 万 hm^2，净面积 87.04 万 hm^2；小尤勒都斯草地总面积 53.5 万 hm^2，净面积 47.25 万 hm^2；巩乃斯沟草地总面积 4.38 万 hm^2，净面积 4.36 万 hm^2。长期以来，由于缺乏统一管理，加之在巴音布鲁克放牧的单位和个人普遍存在一些错误认识，认为草场是老天爷赐给的，取之不尽用之不竭，缺乏合理使用和保护意识，不顾草场的承载能力，超载、超时地过度放牧，掠夺性经营；另外，受全球气候变暖影响，以及毒害草及蝗虫等生物灾害的影响，巴音布鲁克草原大片牧草枯黄和旱死，导致草场"三化"（退化、沙化、盐碱化）和水土流失严重。据目前统计，草原沙化面积 14 万 hm^2，退化 40 万 hm^2，盐碱化面积 13.33 万 hm^2，"三化"总面积达 67.33 万 hm^2，而且恶化程度还在日益加剧。按照近 20 年来的发展速度，"三化"面积目前正以每年 3.33 万 hm^2（50 万亩）以上的速度扩展。据在严重退化的小尤勒都斯草原测定：同 1980 年比较，目前草原年产鲜草总量由 72 亿 kg 下降为 36 亿 kg，牧草覆盖度由 60% 下降为 35%，草群高度由 30cm 下降为 10cm。沙化草原区已出现大面积流动沙丘，水土流失面积达 4.07 万 hm^2。

开都河源流区海拔高、气温低，气温日、年较差大的气候特点使得该区冻融交替频繁，为冻融侵蚀的发生、发展创造了条件，冻融侵蚀区主要分布在巴音布鲁克和霍位山区、和硕县北部山区，面积 1.958 万 km^2，占全流域土壤侵蚀面积的 65.6%，冻融侵蚀是该区最主要的土壤侵蚀类型，也是该区所面临的主要生态环境问题之一。冻融侵蚀给当地的生产、生活造成了很大危害，正严重威胁着草地资源、公路等基础设施，已成为制约开都河流域社会经济发展的主要因素之一。冻融侵蚀区以自然气候形成为主，人为活动和环境变化影响较小，随着全球变暖加剧，冰雪消退，地表裸露面积增加，冻融侵蚀区面积必然会扩大。然而，冻融侵蚀目前仍未引起相关部门和水土保持工作者的足够重视。

开都河流域的水土流失，生态环境恶化，难以短时间内得到有效遏制，将对当地人民生活质量的提高产生很大的影响，直接威胁到人工绿洲和塔里木河区域综合治理的成果，成为制约区域经济社会发展的因素之一。

（2）水土流失防治任务繁重。2005 年，《新疆维吾尔自治区开都河流域水土保持生态建设规划报告》完成并实施，对遏制开都河流域水土流失及生态环境恶化起到一定的作用。但受地理位置和自然条件制约、人口增长和经济规模扩张以及全球气候变化的大环境影响，加之经济发展方式转变滞后，资源开发依赖程度强，生态环境的压力持续增加，在短期内难以改变，至目前已治理面积占全流域水土流失面积不足 50%，治理进度缓慢，按照现有进度，2020 年要完成开都河流域水土流失治理任务极为困难；同时在治理过程中新的水土流失问题也日益凸显，特别是近年来由于源流区过度放牧，重放轻养造成草场退化，土地沙化，加之全球变暖致使冰川积雪消融，地表裸露面积增加，冻融发生区不断扩大，土壤冻融侵蚀加剧，源流区水土流失严重。原有规划已远不能满足开都河流域社会、经济的快速发展对水土资源安全的要求。

在当前经济下行压力加大、环境承载力有限的情况下，面对实现中央"五位一体"战略布局目标，流域生态保护与建设面临着更为严峻的形势和挑战。从治理难度和区域上看，生态保护和治理难度越来越大，区域上更为分散。从生态演变特性和阶段特征上看，生态演变总体上依然呈现"面上向好、局点恶化、博弈相持、尚未扭转"的特点，生态问题"边治理、边发生""已治理、又复发"的现象依然存在，生态恶化的形势尚未得到根本遏制，生态依旧脆弱的特质没有改变，生态保护与建设"持久战"的局面还将延续。特别是植被破坏、草地退化、水土流失、自然灾害等生态环境问题，仍然是制约开都河流域经济社会可持续发展的主要生态"瓶颈"，生态保护与建设依然任重道远。

（3）水土保持政府职能亟待加强。目标考核机制未建立，水土保持工作难以全面提升。改革开放以来，开都河流域经济发展很快，但是在资源环境方面也付出了很大代价，亟待按照新修订的《中华人民共和国水土保持法》实施地方政府水土保持目标责任制，切实落实好地方政府在生态保护中的责任。

政府统一管理未形成格局，部门间未形成有效的协调管理机制。水土流失防治是一项综合性工作，涉及多个部门。目前，开都河流域水土保持工作统筹协调不够，在综合防治、资金投入、监督执法、组织管理等方面没有形成合力，政出多门，水土保持资金多头管理。

基层监督管理力量薄弱。目前，水行政主管部门及所属事业单位编制压缩较多，大部分还未单独设立水土保持科，人员普遍缺乏专业教育，管理手段落后，基层监管工作跟不上形势发展的需要；多年来，基层水土保持技术服务体系缺失，县级水土保持站的职能作用远未得到充分发挥。随着政府水土保持目标责任制的实施，水土流失防治及监管任务将更加繁重，基层的职能亟待加强。

（4）科技推广滞后、社会参与不足。近 20 年来，开都河流域在水土流失规律、防治技术研究方面取得了许多成果，但目前的科研，大多是结合部门的需要，缺乏系统性和综合性，影响了科研工作全面、纵深发展。同时，尚未建立完善的试验与示范推广体系，科技成果没有很好地转化为生产力，导致流域水土保持科学研究还不能适应生态建设的需要。

水土保持社会参与不足，主要表现在：水土保持是一项社会公益性事业，经济效益相对较低，对社会资金的吸引力不强；土地计划性配置与市场性配置吻合度差，水土流失防治主体协调性不强；由于缺乏资金、技术、税收等方面的优惠扶持，群众参与水土流失防治的主动性不强。

（5）监测还不能满足新时期水土保持工作的需要。开都河流域水土保持监测工作处于起步阶段，目前还未建立起监测总站、监测分站、监测点（场）三级监测体系。同时，由于监测机构性质和职责定位不清、监测经费缺乏保障等原因，使得监测能力建设较为滞后，水土流失动态监测与公告、公益性水土流失监测等工作未能正常有序开展，制约了水土保持监测在水土流失预报、预防监督管理、水土保持生态建设决策中支持与服务功能的充分发挥，不能满足新时期水土保持工作的需要。

（6）气候变化给水土保持工作带来的新的挑战。近年来，气候变化一直是人们关注的热点，因为它与人类生产、生活息息相关。同样，气候变化对水土流失的影响也在逐渐显现。在开都河源流区的气候暖化，直接导致草地植物的物候期出现变化，其生物量在空间和时间上的差异变大。气候暖化不仅突破了草原生态系统自组织功能和水、土、生物循环再生机制的底限，而且超越了草原在丰年时利用的上限，同时会使草地生物多样性下降，生物量减少，覆盖度降低，从而导致草地生态系统退化，使草地沙化速度逐年加快。科学应对气候变化给开都河源流区水土保持带来的不利影响，已经迫在眉睫。

开都河是开都河-孔雀河流域的水源和产流河流，是塔里木河的四源流之一，承担着塔里木河近期实施的综合治理、多年平均向塔里木河及塔里木垦区输送生态及灌溉用水4.5亿 m^3 的任务。开展开都河源流区水土保持生态工程建设，遏制水土流失生态恶化的趋势，对开都河-孔雀河流域构建和谐社会，促进人类与自然和谐，实现经济发展及人类与自然和谐共处势在必行。这样既可以改善和保护流域内的生态环境、水源地的水质和水量，又可保证塔里木河综合治理的实施。从南疆生态安全的战略高度看，开都河源流区作为开都河-孔雀河流域最重要的产流区，对其生态环境进行水土保持综合治理迫在眉睫。

第二节　开都河源流区水土流失类型及分区

根据遥感监测和实地调查，在开都河源流区主要存在水力侵蚀、风力侵蚀、重力侵蚀、冻融侵蚀、矿业开发及啮齿动物影响诱发侵蚀等主要类型，同时在各侵蚀区内局部地区还存在有风力-水力交错侵蚀、重力-冻融交错侵蚀、水力-重力交错侵蚀等。

一、水土流失类型

（1）水力侵蚀。水力侵蚀分布集中，季节性强。开都河源流区为草原盆地区，由于植被遭到人为和自然因素影响，水力侵蚀时有发生，主要分布在小尤勒都斯盆地北部，河流冲刷侵蚀主要分布在各河沟两岸，面积超过 $8492km^2$。土石山区属重点水力侵蚀区，水力侵蚀类型其一类是暴雨型洪水，暴雨强度大，洪水急而洪峰高，常发生在 7—8 月，季节性强，以山洪的形式出现；另一类是融雪型洪水，量中等且持续时间长，常发生在 5—6月。水力侵蚀使沟底下切，沟头前进，形成千沟万壑的土石山，同时诱发重力侵蚀。

（2）风力侵蚀。风力侵蚀一年四季均存在，发生范围较广，面积约为 $1026km^2$。开都河源流区属多风地带，巴音布鲁克年最大风速可达 26m/s，8 级以上的大风多发生在 4—8月。由于风大、频繁，气候干旱，风力侵蚀特别严重，以吹蚀和堆积为主，主要分布在额勒再特乌鲁乡西部小山一带。

（3）重力侵蚀。重力侵蚀面积集中，与水力侵蚀相互诱发，互为动力。重力侵蚀主要发生在开都河源流区南边缘及西北部的山谷区，随着沟底的下切，沟谷扩大，沟谷断面由

"V"形向"U"形慢慢过渡，造成大量的泥沙流失，在暴雨季节偶有以泥石流的形式出现。同时，在山区经常发生崩塌、泻溜现象。开都河源流区目前重力侵蚀面积为2088km²，约占源流区总面积的11.2%。

（4）冻融侵蚀。开都河源流区以山区为主，海拔高程相对较高，气候严寒，冰川发育普遍，现有冰川上千条，冰川的"蠕动"机械地破坏地表；冻融侵蚀在开都河源流区危害虽然不突出，但或多或少地以不同强度在各季节时有发生。冻融侵蚀以自然气候形成为主，人为活动和环境变化影响较小。冻融侵蚀主要分布于巴音布鲁克高地草原区，现代雪线以上高山带，面积为3624km²。

二、水土流失类型分区

（1）水力侵蚀区。开都河源流区水力侵蚀面积共有8492km²，为第一大主要土壤侵蚀类型，其中中度以上面积约占水力侵蚀总面积的27.6%。水力侵蚀整体上表现出分布集中、季节性强的特征。开都河源流区多为草原盆地区，植被覆盖率高，整体水力侵蚀较小。开都河源流区艾尔温根山东南部坡度大于35°的河谷，水力侵蚀区较为剧烈，水力侵蚀类型一类是暴雨型洪水，暴雨强度大，洪水急而洪峰高，常发生在7—8月，季节性强，以山洪的形式出现；另一类是融雪型洪水，量中等且持续时间长，常发生在5—6月。水力侵蚀使沟底下切，沟头前进，形成千沟万壑的土石山，同时诱发重力侵蚀。水力侵蚀强度、分布及面积见表6-1。

表6-1　　　　　　　　　　水力侵蚀强度、分布及面积

类型	强度/[t/(km²·a)]	分 布 区 域	面积/km²
水力侵蚀	微度　≤200	大、小尤勒都斯，坡度在5°～10°的区域	4120
	轻度　200～2500	大、小尤勒都斯盆地边缘，坡度在10°～15°的区域	2026
	中度　2500～5000	山区向盆地过渡的坡地，坡度在10°～25°的区域	1366
	重度　5000～15000	山区河谷，坡度在25°～35°区域	898
	剧烈　≥15000	面积较小，主要分布在艾尔温根山东南部坡度大于35°的河谷	82

畜牧业快速发展，超载过牧现象频发，草场破坏较为严重，极易造成水土流失。因此，本类型区以维护草地资源、提高土壤水土保持功能为主要防治方向，水土保持的重点是加强预防保护，同时注重局部水土流失治理。加强对大、小尤勒都斯草地以及沿河林草地的预防保护；加强局部水土流失治理，以拦沙蓄水、植树种草、草场封育、沟壑治理、陡坡还林等为主要手段；综合施治，同时适度调整产业结构，有必要时可实施生态移民政策。

（2）风力侵蚀区。风力侵蚀是干旱和半干旱地区一种常见的土壤侵蚀方式。风力侵蚀程度主要与风速、地表物质组成及植被覆盖度等因素有关。在开都河源流区，风力侵蚀四季存在，范围比较广。开都河源流区属多风地带，年最大风速为26m/s（巴音布鲁克），8级以上的大风多发生在4—8月，由于风大、频繁，气候干旱，风力侵蚀特别严重，在整个流域内均有发生，以吹蚀和堆积为主。目前，风力侵蚀中度、重度面积共约1026km²，其中中度侵蚀主要分布在额勒再特乌鲁乡西部小山一带，而重度侵蚀主要位于巴音布鲁克镇南部西萨恨托亥河一带（见表6-2）。侵蚀形态为风蚀新月形沙丘、沙链和风蚀洼地。

表 6-2　　　　　　　　　　　　　　　　风力侵蚀强度及面积

类型	强度/[t/(km² · a)]		分　布　区　域	面积/km²
风力侵蚀	中度	200～1500	额勒再特乌鲁乡西部小山一带	400
	重度	1500～5000	大尤勒都斯盆地南缘德尔比勒金牧场山前矮丘	626

　　风蚀不仅造成表土损失及土地沙漠化，直接危害农牧业生产，而且导致风沙活动及环境污染，影响人们健康，并造成河流泥沙增加。风力侵蚀的防治主要在于减弱地表风速和改善表土条件。防治措施可采用植物措施、耕作措施和机械措施，增加灌草覆盖度，禁止农业开发活动以及过度放牧，减少地表裸露导致的风蚀现象的发生。

　　（3）重力侵蚀区。重力侵蚀严重地破坏了土地资源。由于重力侵蚀，沟道堆积大量泥沙和碎石，一遇洪水，水沙俱下，淤积下游河床，损坏水利设施，在大暴雨时可能形成泥石流。水是重力侵蚀的加速剂，是重力侵蚀与水力侵蚀联结的纽带，要减缓重力侵蚀的发展，必须控制水力侵蚀；要减少输沙量，必须防治重力侵蚀，二者是相辅相成不可分割的，而且都必须在"水"上做文章。因此，布设防治措施的基本出发点就是让水在有滑坡或崩塌危险地段顺畅通过，或控制径流不通过有滑坡或崩塌危险的地段，防止土体含水量增加；在无滑坡或崩塌危险的地段，应采取一切措施拦蓄降水以减少冲刷，制止坡脚侧蚀，促进坡面稳定。研究区重力侵蚀强度、分布区域及面积见表 6-3。

表 6-3　　　　　　　　　　　　　　重力侵蚀强度、分布区域及面积

类型	强度/[t/(km² · a)]	分　布　区　域	面积/km²
重力侵蚀	＞1000	巴音郭楞乡北部山区及开都河流域峡谷段	2088

　　（4）冻融侵蚀区。冻融侵蚀是多年冻土在冻融交替作用下发生的土壤侵蚀现象，发生在多年冻土区的坡面、沟壁、河床、渠坡等处。开都河流域山区面积大，海拔高程相对较高，气候严寒，冰川发育普遍，现有冰川上千条，冰川的"蠕动"机械地破坏地表。冻融侵蚀以自然气候形成为主，人为活动和环境变化影响较小。目前，开都河源流区冻融侵蚀面积达 3624km²，约占源流区总面积的 19.5%，为第二大主要土壤侵蚀类型，主要分布于艾尔温根山和源流区周边高寒山区，现代雪线以上高山带（见表 6-4）。冻融侵蚀在开都河上游区危害虽然不突出，但或多或少地以不同强度在各季节时有发生。

表 6-4　　　　　　　　　　　　　　　　冻融侵蚀强度及面积

类型	强度/[t/(km² · a)]		分　布　区　域	面积/km²
冻融侵蚀	轻度	≤1000	艾尔温根山东部和巴音郭楞乡西部，这两个区域海拔超过4000m，终年被冰川覆盖	495
	中度	1000～5000	艾尔温根山东部、巴音郭楞乡西部及额勒再特乌鲁乡北部的依连哈比尕山	2421
	重度	≥5000	艾尔温根山东部、巴音郭楞乡西部及额勒再特乌鲁乡北部的依连哈比尕山，这些区域均为坡度大于 35°的季节性冻融区域	708

　　在影响冻融侵蚀的因素中，温度、土壤、地形与坡向因子为不可变因子，而可变的只有植被与人为活动两个因子，所以冻融侵蚀的治理也要从这两方面进行突破。因此，要选

择适应性广、抗寒能力强、根系发达、经济价值高的树种及草种，对冻融侵蚀易发生的路坡、沟壁、渠坡、河床等处进行植被恢复工作；选择适宜的工程措施，如截流沟、削坡等措施防治或延缓冻融侵蚀发生，对植物措施起到一定的辅助作用，防治效果也更加明显；采取封育措施，减少人为活动对冻融侵蚀地区的影响，同时也能加快植被的恢复速度，是防治冻融侵蚀的较为有效的措施之一。

（5）矿业开发影响侵蚀区。矿区水土流失是由于人为扰动地表或堆置固体废弃物而造成的水土资源的破坏和损失，是以人类活动为外营力而产生的一种特殊的水土流失类型。在开都河源流区，矿产开采不仅对地表破坏严重，还将产生大量的水土流失，造成水体污染、植被破坏、弃渣危害。许多矿山产生的弃土、弃渣往往随坡就地堆放，缺少拦挡措施，每遇强降雨，易造成水土流失、甚至滑坡等地质灾害。矿区水土流失最主要原因是不合理的经济活动，而采矿者水土保持意识差，法制观念淡薄也是重要原因。采用手工、机械、爆破等手段挖掘破坏地貌、植被；弃土弃渣未设专门的堆放地，随意向斜坡面、沟谷堆放，甚至不采取任何拦挡防护措施。开都河源流区矿业开发区域分布与矿区土壤侵蚀面积见表 6 - 5。

表 6 - 5　　　　　　　　　　矿业开发区域分布与矿区土壤侵蚀面积

类型	分 布 区 域	面积/km^2
矿产开采	备战铁矿，位于和静县城西北方向 123km；查岗诺尔铁矿，位于和静县西北约 165km 处；诺尔湖铁矿，位于和静县城西北部，距离巴音布鲁克镇约 80km；敦德铁矿，位于和静县西北部，距离县城直线距离 163km	46

铁矿开采等开发建设项目加剧了水土流失，人为水土流失增长较快。目前，尽管矿业开采侵蚀面积仅占 46km^2，但矿山在开采过程中的水土流失较为严重，危害较大。因此，在矿山的开采过程中，应加强水土流失的治理，采用工程措施、植物措施、土地整治和复耕措施及其他措施，按照"三同时（同时设计、同时施工、同时竣工验收）"原则进行治理。当地水行政主管部门应加强对矿山建设及开采过程中的监督工作，防止人为的新的水土流失。同时，对于金属矿山，建议采用科研单位筛选出的适合矿山生长的超富集植物作为渣场及尾矿的植物措施，以减轻矿山开采过程中的重金属污染，改善矿山的生态环境。

（6）啮齿动物破坏影响侵蚀区。草场是畜牧业的主要饲料生产基地，草场生产力的高低直接影响着畜牧业的发展。在哈尔努尔牧场和巴音布鲁克牧场，由于啮齿动物活动，如旱獭打洞和啃食等，草场遭受多方面危害，造成水土流失面积 282km^2。啮齿动物啃食优良牧草，春季牧草返青前后，一般啮齿动物的挖掘活动比较频繁，挖洞时把大量的下层土壤推到地面，在洞口前形成大小不一的土丘。土丘覆压原有的优良牧草，为杂草滋生创造了条件，从而降低了草地的生产力。由于啮齿动物的活动，造成土壤肥力大量损失，土壤水分大量蒸发，使草地变干燥，严重影响了牧草的生长。

目前，在啮齿动物破坏较为严重的地方，草原植物群落有发生逆向演替的迹象。因此，以改善草地生态条件、提高草地生产能力和可持续发展畜牧业生产为目标，在综合分析和科学监测的基础上，采取生物防治、物理防治、化学防治等措施减少啮齿动物对草场的危害。

第三节　开都河源流区水源涵养与水土保持分区

一、水土保持分区治理

结合开都河源流区水土保持林草建设、草场退化治理、冻融区监测保护、河道及溪沟治理、生产建设项目影响区的水土流失状况和发展趋势，同时尽量兼顾生态清洁小流域的治理需求，选择研究区治理需求迫切、集中连片、水土流失治理程度较低的区域，确定：①高山冰雪冻融侵蚀区监测、保护治理。②严重退化沙化草场风蚀区综合保护治理。③源流区河道及水生态安全综合保护治理。④矿业开发影响区综合监测与治理，共4个重点水土保持治理分区。

治理措施主要包括水土保持工程措施、非工程措施和管理措施三类。主要内容包括水土保持林草建设、草场退化治理、冻融区监测保护、河道及溪沟治理、生产建设项目影响区水土流失治理等，同时，兼顾生态清洁小流域的治理需求。

1. 高山冰雪冻融侵蚀区监测、保护治理

该区域包括一镇两乡四牧场周边山区，面积约3624km²。近期治理范围包括额勒再特乌鲁乡北部的依连哈比尕山、巴音郭楞乡西部和艾尔温根山东部的高山冰雪冻融区的监测与封育治理，面积708km²；远期完成额勒再特乌鲁乡北部、巴音郭楞乡西部和艾尔温根山的监测与封育治理，面积2916km²，实现对这些区域冰雪冻融侵蚀的动态监测，包括气候、气象、侵蚀强度与时空分布、草场破坏面积等，完成对这一区域冰雪冻融侵蚀发育且地形坡度大于20°的草场封育。

该区涉及开都河源流区大、小尤勒都斯盆地周边高山草甸区，同时也是主要的高山冰雪冻融侵蚀区。这一区域主要地理景观以高山草甸为主，有部分高寒湿地，冻融侵蚀表现为冻融胀丘的形式破坏草场，因地形起伏较大，冻融侵蚀常常与重力侵蚀叠加而加剧侵蚀过程，表现为陡坡草场连片地滑塌形成裸露面。加之这一区域又是牧区的夏牧场，在放牧压力下，会进一步加剧草场的破坏，目前对这一区域冻融侵蚀缺乏必要的监测与保护。

该区的治理以侵蚀类型及其行政区域为基本单元，兼顾地形地貌格局，对整个开都河源流区的高山冰雪冻融侵蚀区进行综合动态监测，获取冻融侵蚀强度分级与时空分布特征，及因为冻融侵蚀造成的草场破坏面积。对于大坡度冻融侵蚀与重力侵蚀叠加区和冻融侵蚀高发的陡峻地势牧区实施围栏封禁，降低草场破坏性扰动，帮助生态系统恢复。

依据开都河源流区高山冰雪冻融侵蚀区域的分布特征，以及由此造成的草场破坏程度与水土流失现状，兼顾研究区经济社会发展模式与景观格局，遵循轻重缓急、迫切优先的原则，确定在该区域优先实施高山冰雪冻融侵蚀重点区域综合监测、大坡度草场冻融侵蚀区的围栏封育保护两大措施。

（1）高山冰雪冻融侵蚀重点区域综合监测。具体涉及开都河源流区北缘与南缘的伊克扎克斯台牧场、哈尔努尔牧场部分高山草甸区、巴音郭楞牧场北部与西部和德尔比勒金牧场南部的高山冰雪冻融侵蚀区的监测。这些区域草场因冻融侵蚀遭到破坏，并且在放牧扰动下，常常会加剧冻融侵蚀对草场的破坏，造成无植被或低植被覆盖的土壤侵蚀策源地，必须加以重点监测并定期评估。监测主要通过监测站点与动态移动监测车实施，重点监测冻融侵蚀区的气候、气象变化、冻融侵蚀区的时空变化特征、因冻融侵蚀破坏的草场面积等。基于对冻融侵蚀重点区域的监测，实现冻融侵蚀发展趋势的预估与预报，为其综合整治与草场保护服务。

（2）大坡度草场冻融侵蚀区的围栏封育保护。该封育保护区涉及开都河源流区北缘与南缘的伊克扎克斯台牧场、哈尔努尔牧场部分高山草甸区、巴音郭楞牧场北部与西部和德尔比勒金牧场南部的高山冰雪冻融侵蚀区，地形坡度多大于20°，面积约3624km²。这些区域因为地形坡度较大，冻融侵蚀极易与重力侵蚀叠加而加剧侵蚀过程，且常常受到放牧扰动，是冻融侵蚀下生态环境与草场稳定性较为脆弱的区域。为避免多种侵蚀叠加与人类扰动共同作用导致的坡面草场植被破坏失稳，降低其生态涵养功能，建议对坡度大于20°，冻融侵蚀多发的高山草场实施围栏封育。封育区内禁止放牧，可以定期刈割牧草作为牲畜饲草。围栏以角铁刺铁丝或混凝土筑水泥桩加镀锌片钢丝为宜，冻融侵蚀区治理措施见表6－6。

表6－6　　　　　　　　　　高山冰雪冻融侵蚀区治理措施一览表

工 程 分 期	治 理 范 围	封育面积 /km²	围栏长度 /km
近期（2016—2020年）	额勒再特乌鲁乡北部的依连哈比朵山	235	57
	巴音郭楞乡西部	225	68
	艾尔温根山东部	248	100
远期（2021—2030年）	额勒再特乌鲁乡北部	310	480
	巴音郭楞乡西部	455	92
	艾尔温根山	2142	223

2. 严重退化沙化草场风蚀区综合保护治理

该区包括源流区额勒再特乌鲁乡与德尔比勒金牧场严重沙化的草场风蚀区，面积1026km²。其中，①严重退化沙化草场的围栏封育工程，近期封育面积626km²，远期封育面积400km²。②严重沙化草场风蚀区的综合治理工程，设置人工沙障112.70km，治理面积5.63km²，其中近期治理长度46.88km，远期治理长度65.82km；人工撒草治理面积307.80km²，近期面积123.12km²，远期面积184.68km²。③人工草场建设与退化草场改良工程。人工喷灌辅助自然草场51.30km²，其中近期喷灌面积20.52km²，远期喷灌面积30.78km²。

该区治理范围涉及开都河源流区额勒再特乌鲁乡与德尔比勒金牧场严重沙化的草场风蚀区、大尤勒都斯盆地南缘德尔比勒金牧场山前矮丘沙化草场风蚀区，水土流失强度以中度为主，局部沙化风蚀强烈，植被盖度小于50％，地貌景观主要为山间盆地高山草原，地形坡度在相对较大的区域上从3°～5°到10°不等，局部微地形坡度大于10°。

该区的治理以侵蚀类型及其行政区域为单元，兼顾小流域与地形地貌格局，对开都河源流区的这两块主要的严重沙化风蚀草场进行综合治理，依据对这两个区域地表植被状况、土壤侵蚀特征与现状及其总体生态环境的监测，配置科学合理的综合治理措施体系，对这两块区域内的退化草场实施修复，对由沙化造成的风蚀进行综合治理。通过近期治理，实现基本遏制草场沙化趋势，并开展综合治理示范。该区的综合治理旨在遏制沙化风蚀进程，改良草场至适合轮牧状态。近期对沙化风蚀区内严重沙化区块进行综合整治，提升治理区植被盖度 15%～20%，减少水土流失 20%，通过研究集成并提出适合研究区风蚀沙化草场综合治理的恢复技术模式，建设沙化风蚀草场综合治理试验示范区 1 个（包含 6 个监测小区），为后期的综合治理提供借鉴。

根据开都河源流区沙化草场的分布特征与实际情况，综合考虑治理区的社会经济发展状况与条件，遵循风蚀强烈、集中连片且治理需求强烈的区域优先治理与循序渐进、由点逐面的原则，该区域治理的具体措施包括围栏封育、沙化草场治理和草场改良。

（1）严重退化沙化草场的围栏封育保护。涉及开都河源流区额勒再特乌鲁乡与德尔比勒金牧场，围栏封育严重沙化草场 1026km²，围栏长度 1590km。其中，近期封育面积 626km²，围栏长度 970km；远期封育面积 400km²，围栏长度 620km。实施过程应结合已有封育措施与近期草场风蚀沙化进程与水土流失现状具体实施。围栏以角铁刺铁丝或混凝土筑水泥桩加镀锌片钢丝为宜。围栏区内在治理工程实施近期内禁止放牧，但可以依据草场实际情况进行饲草刈割，以此来减少过牧对沙化草场的压力与人为扰动，借助草场生态系统自我恢复的能力，实现草场生态环境的恢复与水土保持，具体沙化草场的围栏封育工程见表 6－7。

表 6－7　　　　　　　严重退化沙化草场的围栏封育保护一览表

工 程 分 期	治 理 范 围	封育面积/km²	围栏长度/km
近期（2016—2020 年）	大尤勒都斯盆地南缘	206	319
	德尔比勒金牧场山前矮丘	420	651
远期（2021—2030 年）	额勒再特乌鲁乡西部小山一带	400	620

（2）严重沙化草场风蚀区的综合治理工程。涉及开都河源流区额勒再特乌鲁乡与德尔比勒金牧场封育的沙化草场风蚀区内强烈退化沙化、植被盖度小于 30% 的起伏坡地，这些区域沙化较为严重，单纯依靠封育可能难以在短期内遏制风蚀并有效恢复退化草场，必须辅以人工措施，对其进行综合治理。主要在沙化风蚀强烈区段迎风坡设置沙障，结合封育，遵循治理区植被生态系统的演替规律，在每年秋末实施人工撒播草种，补充因退化造成的草场种源下降，借此改良草场并增加地表植被盖度。在有水源供给条件的区段，通过建设人工喷灌装置，对退化草场实施季节性灌溉补水，激活种子库，加速退化草场的恢复。强化风蚀区的水土保持，在严重沙化草场风蚀区的综合治理方面，设置人工沙障 112.70km，治理面积 5.63km²，其中近期治理长度 46.88km，远期治理长度 65.82km；人工撒草治理面积 307.80km²，近期面积 123.12km²，远期面积 184.68km²。

（3）人工草场建设与退化草场改良措施。综合考虑到治理区经济社会发展状况与风蚀区综合治理可能给治理区农牧发展带来的影响，建议在治理区地势相对平坦的区域进行人工草场建设，并辅以草场灌溉配套设施，通过高产人工草场生产的饲草以及改良后的草场弥补封育区草场牲畜需求，并可适当减缓自然放牧对草场的压力以及草场季节性饲草不足的情况。人工喷灌辅助自然草场 51.30km²，其中近期喷灌面积 20.52km²，远期喷灌面积

$30.78km^2$，同步配套草场灌溉渠系管道及相关设施。选择本土优质草种，每年秋季对治理区实施人工撒播，改良治理区退化草场种质。因地制宜，在山区建设小型水库，供季节性草场灌溉与牧民饮用水，并可兼顾发电。

3. 源流区河道及水生态安全综合保护治理

该区包括源流区所有支流河流与开都河干流在源流区的区段，行政区划上包括整个源流区一镇两乡与四个牧场。重点工程主要有源流区主要河道综合整治工程和巴音布鲁克镇供排水系统建设工程。近期主要是对源流区开都河干流河段以及巴音郭楞河、依克赛河、玄特克郭勒、扎合斯台郭勒等河道进行综合整治。其中，水安全综合治理集中于巴音布鲁克镇人口聚居区，并兼顾额勒再特乌鲁乡与巴音郭楞乡牧民集中分布区。源流区河流山区河道比降相对较大，多在 5‰～8‰，河道狭窄且常因重力侵蚀滑塌造成河道淤塞；进入山间盆地后的河流河道比降较小，多在 1‰～2‰，河道呈曲流形态，侧蚀与淤积明显，且采砂、采金对河道影响显著，不同河段均存在河道综合整治的需求。巴音布鲁克镇是研究区内主要的人口聚居区与旅游服务区，紧邻开都河干流，对生活用水安全性及废水处理的需求极为迫切，同时也是影响开都河水质的一个关键节点与因子。

这一保护治理区的河道综合治理以小流域为单元，兼顾行政区域与地形地貌格局，治理以工程措施为主，主要为河道综合疏浚、整治，提升行洪过水能力；明确河道划界确权，布设管理范围界桩，部分河段增设围栏以减少人类活动对河道的影响。减少重力侵蚀与河岸冲刷水蚀造成的水土流失和可能诱发的地质灾害。加快推进巴音布鲁克镇及二乡、四场主要牧民聚居区水源地工程及供排水系统工程建设，改善提升居民生活条件，保护生态环境，完成巴音布鲁克镇供排水系统工程建设。

通过该区保护治理实施，逐步完成开都河源流区所有重要支流与干流段的河道综合整治，完成开都河源流区一镇二乡四场主要牧民聚居区水源地及供排水系统工程建设，实现主要人口聚居区的饮用水安全与废水无害处理。近期对源流区开都河干流河段与巴音郭楞河、依克赛河、玄特克郭勒、扎合斯台郭勒等河道进行综合整治，协助完成巴音布鲁克镇供排水系统工程建设，以保证人民生活水平与开都河水质。

根据开都河源流区主要河流河道具体情况与治理迫切需求，综合考虑开都河源流区人民饮用水需求与水质安全隐患，遵循措施可行、效益明显与循序渐进、整体规划、近远期结合的原则，确定了源流区主要河道综合整治工程和巴音布鲁克镇供排水系统建设工程 2 个重点工程。

（1）源流区主要河道综合整治工程。该工程具体涉及源流区一镇二乡四场辖区范围内的 18 条河流，近期对扎合斯台郭勒河、巴音郭楞河、依克赛河、玄特克郭勒各辖区内河段的河道，远期对所有河道进行综合整治，兴建并加强河道行洪险段的防洪堤工程，明确过水通道，巩固岸线，实现对河道因重力侵蚀滑塌、沉积物淤积及因非法采砂、采金等活动造成的河道破坏与淤塞等问题的修复，提升河道行洪过水能力与防灾等级。

（2）巴音布鲁克镇供排水系统建设工程。该工程具体涉及巴音布鲁克镇辖属的主要人口聚居区与旅游服务区，遵循以人为本、注重民生及人与自然和谐的原则，通过协助完成巴音郭楞镇供排水系统建设，解决这一区域的人民生活饮用水安全问题，同时通过完善废水处理系统，杜绝因生活废水乱排造成的影响开都河水质的安全隐患。依据所处的地形地貌与具体的水资源分布特征，因地制宜地建设山区小型蓄水水库，兼顾人畜饮用水、季节性草场灌溉及发电使用，提升人民生活水平，改善人居环境及人与自然的和谐关系。

4. 矿业开发影响区综合监测与治理

重点监测小尤勒都斯盆地北部的新疆和合矿业有限责任公司的查岗诺尔铁矿、巴州凯宏矿业有限责任公司的诺尔湖铁矿、和静县备战矿业有限责任公司的备战铁矿、巴州敦德矿业有限责任公司的敦德铁矿。近期以小尤勒都斯盆地北部的阿吾拉勒铁多金属成矿带四大铁矿与小尤勒都斯盆地额勒再特乌鲁乡北部一些山间河流及大尤勒都斯盆地东部萨恨托亥河一带的河道采金等对周边生态环境与水源涵养功能的影响区的监测评估与综合治理为主。

该分区涉及整个开都河源流区矿业开发区的监测及矿业开发造成的生态破坏区的综合整治。其中，小尤勒都斯盆地北部的铁矿集中开采区主要有四大铁矿，分别是新疆和合矿业有限责任公司的查岗诺尔铁矿、巴州凯宏矿业有限责任公司的诺尔湖铁矿、和静县备战矿业有限责任公司的备战铁矿、巴州敦德矿业有限责任公司的敦德铁矿。矿区开采区多位于海拔3000m以上的高山区，选矿厂则多位于218国道以北的山前区域，且多临近山区河流，采矿造成的地貌景观破坏、工程建设与废渣堆砌，废水排放造成的草场破坏与水源涵养功能下降是这一区域的主要生态环境问题。山区河流中的非法采金也常常造成河道破坏与水土流失加剧。这些区域多为山区，地形起伏较大，是水土流失的易发区。

治理以行政区域为基本单元，兼顾地形地貌与地理景观格局，对开都河源流区主要矿业开发区及其影响区域进行综合监测与定期评估，对于因为矿业开发造成的对开都河源流区水源涵养功能、水生态安全、水土保持等负面影响与效应提出治理要求与治理方案，由各矿业公司依据方案治理。对于曾经非法采金与采矿遗留下的对草场、河道的破坏影响区进行评估与综合治理，恢复其生态环境与正常生态功能。通过综合治理，逐步实现整个开都河源流区矿业开发从建设到投产全过程的监控与评估，完成开都河源流所有因非法采矿遗留下的生态环境破坏区的综合评估与整治。

依据开都河源流区矿点主要分布及矿业开发过程对水源涵养功能及水土保持影响的严重程度与治理迫切性，确定了近期亟须开展的：①矿业开发影响区的综合监测评估。②矿山建设影响区的综合治理。③矿业开发尾矿废渣与废水的综合治理。④非法采金造成的河道与地表破坏区的综合治理共4个重点工程。

（1）矿业开发影响区的综合监测评估工程。主要涉及小尤勒都斯盆地北部4大铁矿矿业开发的矿山开采区、选矿区的建设及其生产过程中对草场、河流的主要影响区，以及额勒再特乌鲁乡北部山区河流与大尤勒都斯盆地东部萨恨托亥河一带采金活动的主要影响区。设置专门人员，借助开都河源流区水土保持监测网络体系的监测站点、综合监测平台及移动监测车辆监测平台，对开矿过程中造成的景观地貌破坏、草场破坏、水生态安全影响、粉尘影响、动植物生态系统影响等进行综合监测评估，定期公布评估报告，为矿业开发中造成的生态环境破坏综合治理提供服务与基础信息。

（2）矿山建设影响区的综合治理工程。主要是对涉及上述监测区内矿山开发建设过程中表土剥采、公路建设、采矿区和选矿厂场地与厂区建设等造成的山区坡面、河道沟谷、草场破坏区的综合整治。对于矿山开发过程中造成的地表植被与草场破坏，应通过林草措施进行恢复，具体包括剥采区坡面治理，坡面与剥采废渣堆砌区的综合整治与覆盖、植被草场恢复治理，矿山公路沿侧植被与草场恢复治理，临近矿山的河流与河道及其主要草场分布区围栏保护等。围栏采用角铁刺铁丝或混凝土筑水泥桩加镀锌片钢丝为宜，封禁区内禁止矿山车辆进入，减少开矿过程中的人为扰动。

（3）矿业开发尾矿废渣与废水的综合治理工程。涉及小尤勒都斯盆地北部四大铁矿生产与额勒再特乌鲁乡北部山区河流及萨恨托亥河采金冶金过程中废渣、废液等固态、液态尾矿影响区。基于对矿业开发过程中及其开发后遗留的废弃物影响的综合监测与评估，对其进行综合治理，旨在减少矿业开发尾矿废弃物对生态环境、水源涵养及水生态安全的负面影响。对于四大铁矿矿业开发中的尾矿废渣与固、液态废弃物通过建设规范的尾矿场坝，进行严格堆放、覆盖与生态植被恢复治理。其中对于矿业开发过程中产生的废渣、废液可能随临近河流或季节性冲沟迁移的区域，通过设置多重拦渣坝对迁移废渣进行拦蓄，并定期清理、掩埋、覆盖。对于可能随地下水过程进行迁移的矿业开发废液与尾矿矿浆，需专门建设沉淀、无害处理池，同时建设具有防渗层的尾矿坝，对废浆进行无害处理与排放掩埋，并通过林草措施对尾矿掩埋区进行植被恢复，同时对尾矿区进行围栏封禁，避免可能造成的人畜伤害。

（4）非法采金造成的河道与地表破坏区的综合治理工程。涉及开都河源流区额勒再特乌鲁乡与萨恨托亥河一带非法采金遗留下的河道与地表破坏区。基于对这些区域的综合评估，通过河道与沟谷综合治理，结合护岸与护坡工程措施、河道过水通道治理、废渣掩埋与拦渣坝设施、围栏封禁与适当林草措施进行综合整治。其中通过护坡与护岸工程对采金造成的河道岸线破坏进行修复，稳固岸坡，减少降水与季节性洪水对河岸的冲刷与侵蚀；通过拦砂、拦渣坝等沟谷治理工程与废渣掩埋处理，减少废渣的迁移；通过围栏封禁降低可能的人为扰动，为破坏区生态恢复提供条件。

二、水土流失预防保护

（1）高山草原预防保护区。本区是开都河流域的上游地区，面积为 17244km^2，涉及和静县额勒再特乌鲁、巴音郭楞两乡及巴音布鲁克镇，为和静县主要牧区。本区气候整体严寒，年平均气温 −5.1℃，年内最低温度 −40.5℃，冬季长达 5 个月，最大冻土深 4.4mm。常年多为西北风，最大风速 20m/s。巴音布鲁克山间盆地自河源到呼斯台西里，河源为山地地貌，是径流形成区，海拔高程 3500～4500m。河道流经大、小尤勒都斯盆地，长 242km，此段河道蜿蜒曲折，河网交错，天然湖泊星罗棋布，沼泽发育，水草丛生，牧草丰茂，植被较好。巴音布鲁克高山草原区，降水 300mm 左右，集中在 6—8 月份，气候湿润，草原植被发育，地形平缓，冻融作用强烈，冻土层发育，是全国著名的天鹅自然保护区。该区域的水土流失特点表现为：草场退化、盐碱化，土地部分沙化以及水土流失问题日益显现，人为活动影响日益加剧。

高山草原区的巴音布鲁克草原是全国第二大天然草原，是新疆主要畜牧业生产基地。近年来，因干旱、过度放牧等多种原因形成的草场退化、沙化现象严重。该区水土保持生态建设的重点是加强现有天然草场的保护和建设，进行草场改良，开展草原基础设施配套建设。

该区重点是贯彻"预防为主，保护优先，防治结合"的方针，依法保护现有的自然保护区自然植被、天然林地、草场和水土资源，防止毁林、毁草、过度放牧，以封育保护为主的技术措施和严格的管理措施相配合，构建开都河源流区水土流失预防保护体系，促使水土保持功能得到全面恢复。其中：①在主要饮用水水源地，强化水源涵养林草建设，保护和改善河流水质，维护水环境质量和饮水安全。②在生态脆弱区，利用适宜的光、热、降雨资源，实施大面积封育保护和水源涵养林草建设，逐步提高其水源涵养功能，基本实现清水长流、土不下山。③在矿产资源开发、工程建设等其他重点预防区，加强封育保护和矿渣、弃土等的清除，巩固封育成果。④在冻融区，区分冻融形态，采取相应的治理布局，利用工程措施输导外营力，通过封禁措施，避免人为因素加重冻融侵蚀。同时，严格落实相关法律，实施分区管理，强化对生产建设行为和农牧林开发活动的约束，依法保护好现有的水土保持设施，控制人为水土流失。

针对不同水土流失类型，实施分类治理。草地"三化（退化、沙化、盐碱化）"区，把抢救恢复草地资源、维护牧民基本生存条件作为首要任务，加大封禁力度，积极开展轮牧轮放和分区休牧，设立警示标志，加强预防监督，防止人为破坏现象的发生，同时也应加强雨水集蓄利用以及草场灌溉工程建设，提高草地质量。面蚀、沟蚀区，实施沟坡兼治，加强天然林草封禁，营造水土保持林草，控制水土流失，加强局部侵蚀沟道治理。

（2）土石山区预防保护区。本区主要包括开都河第一分水枢纽以上至呼斯台西里，面积 927km²。海拔高程 1200～3500m，地势由西北向东南倾斜，整个区域为山地峡谷，山体岩石裸露，风化强烈，河道比降 7.19‰，植被覆盖率低。气候温凉、干燥，年平均气温 6.2℃，年平均降水量 200mm 左右，集中在 6—8 月，多年平均风速 2.2m/s，多为西北风。该区水土流失特点主要为：区域内多为光山秃岭，岩石裸露、冻融、重力侵蚀、水蚀严重，植被覆盖率极低，峡谷山高坡陡沟谷深，沟床下切，沟头延伸，造成严重的水土流失。山前丘陵区因河道纵坡比降由陡变缓，水流分散，冲刷面积增大，形成冲积、洪积扇群的同时，造成水土流失。

该区土地全部是山地峡谷，整个地势由西北向东南倾斜，因长期受干旱荒漠气候的影响，特别是干热风的侵袭，降水稀少，裸露的岩石面积大，山地风化十分强烈，冻融、重力侵蚀、水力侵蚀发育明显，属中度水土流失区。该区应加强对裸露土石山区的监督、管理以及封禁封育为主的预防监督，利用大自然的自我修复能力，使沟道次生林和荒漠草场得以自然恢复，减少和控制水土流失。

第四节　开都河源流区水土保持治理措施

一、治理原则

（1）以人为本，注重人与自然和谐。在开都河源流区水土涵养生态功能以及水土保持得到有效保障基础上，科学合理地规划牧区发展，实现牧民稳定增收。源流区重点生态保护区与水土流失易发区需限制开发与人为扰动，通过分流出部分牧民改变生产方式进入聚居区实行定居，结合旅游开发，发展第三产业与旅游服务业，借此解决部分分流牧民生计问题并提高生活水平。定居后的牧民可利用更好的教育资源,通过提高教育水平,实现原贫困人口的逐步自然转移。配合牧区灌溉水利建设,适当规划发展种植高产牧草,减轻草场的放牧压力。源流区水土保持生态建设与解决农牧民生计并举,可巩固水土生态工程建设的成果,促进人地关系和谐发展,并最终改善人居环境。

(2)系统研究,整体推进。开都河源流区涉及一镇两乡四个牧场,水土保持综合研究与治理可能涉及水利、农牧、旅游、矿产与土地管理等。因此,在实施开都河源流区水土流失综合治理的过程中,必须系统研究、协同推进,强调整个源流区生态系统的整体性与系统性,依据区域定位和治理需求,区分治理的轻重缓急,合理确定治理期内近、远期治理规模,整体推进开都河源流区水土流失治理。

(3)局部优先,重点突出。开都河源流区作为全国和新疆维吾尔自治区重要的生态主体功能区,同时也是区域与流域重要的水源涵养区,生态建设标准要求高,需合理确定治理范围,依据流域与区域水土流失特征、现状与水土保持需求安排近期优先治理;治理期内,完成全部开都河源流区省级水土流失重点治理面积。同时,通过实施重点项目,推动重点治理区的治理。

(4)自然恢复为主,人工措施为辅。自然生态系统是一个错综复杂且具有自我修复能力的整体,在进行开都河源流区水土涵养生态功能保育恢复与水土保持综合治理过程中,尊重生态系统自身演替规律与治理区实际情况,充分考虑自然生态系统各因子间的相互作用,少一些人为扰动,多一些休养,更多地借助自然的恢复力量实施生态恢复。在水土流失多发区与生态退化显著区域的综合治理中,要注重自然生态系统的自我设计与自我恢复,同时依据具体区段的实际情况,辅以一定的人为辅助措施,实施综合治理。

二、治理措施体系与配置

在分区拟定综合治理范围,确定综合治理对象的基础上,明确各治理范围中治理对象中、长期防治任务和重点,针对综合治理范围内各治理对象的具体水土流失特征与水土保持现状与需求,综合参考前期水土保持治理工作中涉及的综合治理经验与措施,选择并拟定适用于本治理工程的综合治理措施,以维护和增强水土保持功能为原则,合理配置,形成综合治理措施体系,为开都河源流区水土流失综合治理服务。

(一)治理措施体系

依据对开都河源流区水土流失特征与水土保持现状的调查分析,确定在该区域实施水土保持所涉及的治理措施主要包括水土保持工程措施、水土保持非工程措施和水土保持监测、管理措施三类。

1. 水土保持工程措施

水土保持工程措施是专门防治土壤侵蚀,保护与合理开发利用水土资源而兴建的治坡、治沟、治沙、治滩等工程措施的方案和设计,其作用是通过工程措施来改变小地形,拦蓄地表径流,增加土壤入渗,防止地面再度侵蚀,充分利用光、热、水、土资源,建立良好生态环境,达到减少或防止土壤侵蚀、合理开发和利用水土资源的目的。依据研究区具体特征,本研究涉及的水土保持工程措施主要包括坡面治理工程措施、沟道治理工程措施和围栏封育工程措施等。此外,随着经济发展,工程建设产水的水土流失对环境等的危害也越来越严重,特别是公路建设、采矿等开挖形成的边坡和弃土弃渣等问题,对其进行整治和处理的工程措施，如边坡防护工程、拦渣坝、拦渣堤等，也应当加以重视，但根据"谁破坏、谁治理"的原则，工程建设产生的水土流失工程治理未纳入本研究的工程治理措施部分，而在管理措施中加以强调。

（1）坡面治理工程措施。坡面治理工程措施的作用在于改变小地形，防止坡地水土流失，将雨水及蓄水就地拦蓄，使其渗入草地或下垫面，减少或防止形成坡面径流，增加牧草可利用的土壤水分；同时，将未能就地拦蓄的坡地径流引入小型蓄水工程；在有发生重力侵蚀危险的坡地上，修筑排水工程与支撑护坡工程，防止滑坡作用。根据研究区坡面产流多为超渗产流的特征，涉及的坡面治理工程措施主要包括用于坡面截流和拦蓄的截水沟、截水坑和用于坡地排水与固定的排水沟措施等。

（2）沟道治理工程措施。沟道径流泥沙输移的通道，常是水力侵蚀与重力侵蚀综合作用的区域，且坡面侵蚀和沟道侵蚀互为因果，治坡的同时，必需治沟。沟道治理工程措施主要是针对山沟中所存在的沟床下切、沟岸移动、沟头前进、泥沙下泄等现象问题进行控制，主要是通过对山洪洪峰流量大小的调节，减缓沟床纵坡长度，对泥石流中固体物质含量进行控制，从而降低沟口冲击危害，实现安全排泄山洪，减少沟道水土流失的目的。沟道治理措施主要包括用于沟头防护池埂与排水相结合的措施、用于减缓坡降和抬高沟床侵蚀基准的谷坊措施、用于水土流失固体物质的拦沙坝和淤泥坝治理措施，以及用于减少河岸冲刷侧蚀的护岸、防护堤等。沟道治理措施主要布设在干、支、毛沟的沟头、沟床中及河岸侧蚀冲刷强烈区段，沟道治理措施工程的设计标准，应根据具体情况参照国家标准或有关水土保持技术规范确定。

（3）围栏封育工程措施。围栏封育工程措施是有效减缓人为扰动对自然生态系统影响的有效措施，通过围栏封禁，减少或完全去除人类活动对自然的干扰，依靠自然生态系统的自我修复能力实现恢复，达到养育草场的目的。围栏封育应首选人为扰动剧烈且草场及自然生态系统退化严重的区域，同时封育区应尚具有较好的植被种群结构和自我修复基础，为达到更好的恢复目的与水土保持绩效，围栏封育可以与林草生物措施结合，并施以一定的人工辅助措施，以加快生态修复进程。

2. 水土保持非工程措施

水土保持非工程措施包括水土保持林草措施、水土保持与生态保护宣传教育措施、水土保持及管理人员培训措施。其中水土保持林草措施主要是在水土流失区增加地表植被覆盖，保护地表土壤免遭雨滴直接打击；拦蓄径流，涵养水源，调节河川、湖泊和水库的水文状况；增加土壤抵抗水流冲刷的能力，防止土壤侵蚀，改良土壤，改善生态环境的相关措施。水土保持与生态保护宣传教育措施旨在提高全民环境意识，构建人与自然和谐共处的共识。水土保持及管理人员培训措施是针对涉及水土保持相关从业人员的措施，旨在提高整体工作与管理水平、提升综合监管能力。

依据开都河源流区自然生态系统与植被群落结构特征，遵循在生物林草措施配置过程中重视生态适应性、适地适物种，重视草本与灌木的选择，重视生态功能与景观功能优化配置，重视生态安全性等原则。在开都河源流区建议实施的水土保持生物林草措施为草场改良措施，人工草场培育措施，山区坡地、沟谷林草措施等。

（1）草场改良措施。草场改良措施主要是为针对开都河源流区草场退化导致的水土涵养能力下降。开都河源流区草场的退化是由于降雨减少、土壤水分有效性下降等自然因素过度放牧等人为扰动因素共同作用，草场的退化除了表现为植被覆盖度下降、地表生物量减少外，还表现在草种退化与毒害草入侵和灌丛入侵等。因此实施草场改良措施应当是一个综合的治理措施，并且与围栏封育、休牧禁牧等措施相结合实施。具体草场改良措施包括用于增加降水与改善土壤水分有效性的人工降雨措施和草场灌溉措施；用于改善草场植被覆盖度与草种质量的草种飞播措施；用于改善草场群落结构的毒害草灭杀与防治措施等。

（2）人工草场培育措施。人工草场培育措施主要是针对研究区天然草场退化显著，草场生物量难以满足过牧扰动下人类活动对草场的需求而设置，目的是通过适当发展人工高产草场，缓解放牧对天然草场的压力，同时也是有效解决春季干旱与牲畜越冬牧草匮乏的措施。人工培育草场宜选择适宜研究区气候条件的高产刈割型牧草，人工草场可以与草场改良措施中毒害草、灌丛入侵遏制措施及休牧、禁牧措施结合实施。

（3）山区坡地、沟谷林草措施。开都河源流区山区坡地与河流沟谷是水土流失易发、高发区，除了地形地貌原因外，这些区域植被覆盖相对较少且在重力侵蚀与沟谷、坡面水蚀作用下易被破坏也是引发水土流失的一个重要因素。因此，通过在山区坡地、沟谷实施林草生物措施，增大地表植被覆盖，改善植被对表层土壤的固持能力，是山区坡地与沟谷水土保持的有效措施，同时这一措施可以与坡地治理工程措施及沟道治理工程措施中的谷坊、截水沟等相结合，在山区坡地利用本土灌木与草本构建护坡防护林，防护林物种可以选择适宜本土物候且适应能力好、生长迅速、萌蘖强和适口性好、能刈割作为牲畜饲料的物种。在沟谷林草措施中除了通过改善地表植被增强水土涵养功能外，可以选择适应性强、根系发达的灌木，通过在冲沟内密植，充当植物篱，并与沟道工程措施中的拦沙坝、淤地坝等结合，实现沟道水土流失的有效防治。

3. 水土保持监测、管理措施

开都河源流区的水土保持问题除了有全球气候变化下的自然因素和人类活动扰动的人为因素外，研究区水土保持、生态环境综合监测不足，经济社会发展综合管理措施欠完善也是造成区域水土保持与生态环境问题的一个主要原因。因此，开都河源流区的水土保持与水土流失治理，除了工程措施与生物林草措施外，很重要的一项是加强综合监测与管理的非工程措施建设。面对开都河源流区新出现且日益凸显的生态环境问题，构建完善的监测网络系统，实时掌控研究区水土流失及生态环境现状、发展趋势，坚持生态与经济协同发展、治理与管理同步进行，以及以预防为主的原则，以优化区域国土资源利用格局、人与自然相协调为出发点，最终实现源流区经济社会可持续发展与水土保持可持续管理相统一的目标。具体包括源流区水土保持监测网络体系构建、水资源及流域管理措施、牧区草场及牧业管理措施、矿业开发管理措施、自然景观及旅游管理措施等。

（1）监测网络体系构建。针对开都河源流区原有对水土保持监测不足的现状，构建开都河源流区水土保持监测网络与体系，完善监测站点、管理平台、数据库及数据监测的自动化信息系统，科学合理布控并实时监测开都河源区雨情、雪情、冰川、水情及生态环境的变化，通过搭建远程监控系统平台，及时准确掌握源头区水土变化信息，为制定水土流失防治工程及非工程措施提供基础数据，从而更好地进行开都河源流区水土保持工作。

（2）水资源及流域管理措施。在全面监测的基础上，进一步完善开都河源流区的水资源及流域综合管理，包括地表水与地下水的统一规划与调配；河道划界确权；山间小型库塘水库的运行管理；河道采砂、采金的管理等。这些可为开都河源流区的水资源可持续利用和流域生态环境可持续管理奠定基础。

（3）牧区草场及牧业管理措施。研究区地理景观以草原为主，经济社会发展形式以牧业为主。因此，牧区的草场及牧业管理对与研究区水土保持以及生态环境保育至关重要。涉及的管理主要包括，牧场载畜量的管理；轮牧、休牧、禁牧的贯彻执行与管理；草场确权与草场流转的管理等。

（4）矿业开发管理措施。研究区矿产资源丰富，开矿等人为扰动对区内水土保持与生态环境保育提出严峻挑战，严格执行并完善矿业开发的管理措施，是确保研究区生态环境的一个重要前提。为此，同步规划、同步实施、同步发展的"三同步"方针和经济效益、环境效益、社会效益的三统一应该自始至终贯穿于矿业开发过程中，必须严格禁止无规划地山区矿业开发。具体措施应包括，矿业开发的严格准入与采矿权的审批管理；矿业开发过程中的监测、评估与管理；矿业开发对环境扰动的恢复与修复评估管理；矿业开发对生态环境影响的补偿机制与管理等。

（5）自然景观及旅游管理措施。研究区有着优质的旅游景观，是全国著名的旅游度假区，也是"新疆天山"被列为世界自然遗产保护的重要提名地之一。加强并完善自然景观及旅游管理措施是有效防治旅游带来的人为扰动对开都河源流区水土保持及生态环境负面影响的途径之一。主要涉及的管理措施包括：旅游区的机动车管理；旅游区生活垃圾、废水与固体废弃物的管理；旅游区开发与禁止开发区域的界定及相关管理等。

（二）治理措施配置

造成水土流失的原因涉及自然、社会、经济多个方面，水土保持与水土流失治理工作涉及土壤、地质、林业、农业、水利、生态学、工程学、土地开发利用学、法律等众多学科，同时涉及财政、环保、农业、林业、水利、国土资源、交通等诸多部门。水土流失治理措施体系中应考虑到水土流失控制、生态环境建设以及社会、经济协调发展等多种因素，根据因地制宜、因害设防的原则，统一规划，综合治理；社会效益、生态效益、经济效益三者兼顾；工程措施、生物措施、管理措施相结合；近期利益和长远利益相结合，优化治理措施体系的配置，达到防止水体流失、发展生产、改善生态环境的目的。

（1）冻融侵蚀区。研究区内冻融侵蚀的发生多源自自然因素，但是却会与过度放牧、重力侵蚀等作用相互叠加而加剧侵蚀破坏。因此，在治理措施上应结合坡面支护、沟道治理、围栏封育等工程措施与坡面林草、休牧禁牧等生物与管理措施，同时还需加强监测预报，共同应对这一研究区最普遍的水土保持问题。

（2）重力侵蚀区。研究区内的重力侵蚀区多发生于河道峡谷陡峻山区，因此坡面及沟道工程治理措施是首选，同时应与围栏封禁、休牧禁牧结合，并需要加强矿产开发过程中诱发的重力侵蚀。在措施配置上结合多种措施，实施坡面支护、沟道拦渣、拦沙，实施围栏封禁并适当营建坡面与沟道生态防护植被体系，构建综合的防治系统。

（3）沟谷、坡面水力侵蚀区。开都河源流区的水力侵蚀相对较少，主要位于源流区溪流冲沟、低植被覆盖大坡度坡地。针对研究区水力侵蚀的特征，在加强监测与管理措施的同时，主要以围栏封育措施和生物林草措施为主。对于个别坡降大且冲蚀强烈的沟谷与河岸，结合沟道及河岸护坡工程措施，冲沟主要结合谷坊与拦沙、淤地坝，并结合植物篱等生物措施，减少侵蚀与水土流失。冲刷侧蚀强烈河岸结合护岸、堤防、拦洪坝与河道整治等多种工程措施，以及河道管理维护等相关管理措施同步开展治理与保护。

（4）风蚀区。针对研究区风蚀区相对集中且连片的特征，对于风蚀区的主要对策与措施是以增加地表植被覆盖和恢复草场为主，主要的治理措施包括：围栏封育与休牧禁牧措施，加强草场灌溉与飞播草种的草场改良措施，加强牧区草场管理与旅游、开矿等人为扰动管理的措施，人工草场建设与人工降雨措施等。

三、重点水土保持措施

1. 林草措施

（1）封禁。开都河源头作为塔里木河的"四源流"之一，承担每年向塔里木河输送生态及灌溉用水 4.5 亿 m^3 的任务。为了保护好开都河的水源地，保障开都河向塔里木河继续供水。根据《巴音郭楞蒙古自治州牧区草原生态保护水资源保障规划》，将海拔 2800.00m 以上的草场区域作为开都河的水源涵养区，进行封禁封育保护，减少人畜活动。为此，本研究建议对巴音布鲁克 33.5 万 hm^2 的草场、2.54 万 hm^2 的林进行封禁，治理措施采用围栏、轮牧轮放、分区休牧、封禁封育。对于人为破坏现象，设立警示标志。

（2）草地建设。包括草场改良与人工草场。

1）草场改良。本研究主要是围绕开都河上游的河道两岸及 217 和 218 国道两侧 2～3km 范围内人为破坏较为严重的地区，进行天然草场改良，需要改良的草场面积为 11.1 万 hm^2，主要采用围栏封育、补播、灭除毒草、灭鼠治虫等综合措施，封育和改良天然草地；实行以草定畜、轮牧政策，杜绝超载放牧；巩固和加强畜牧业发展基础，提高畜牧业科技推广水平，推进畜牧业的产业化进程，发展高产、优质、高效的畜牧业。

2）人工草场。选择在海拔 2800.00m 以下，交通方便，地平、土厚、水多、光热资源相对较丰富的地带建立大规模的人工草场，作为巴音布鲁克的放牧区，本研究主要在额勒再特乌鲁乡，巴音郭楞乡，巴音布鲁克镇草场退化、沙化较为严重的天然草场上发展人工草地 0.93 万 hm^2，以缓解天然草场的超载放牧压力。

（3）湿地保护与恢复。由于巴音布鲁克草原的不合理开发，导致湿地面积急剧减小，地下水位下降，动植物种类和数量锐减，许多种类已处于濒危状态，亟待加以保护。因此，对巴音布鲁克自然保护区进行湿地保护是非常必要的。对巴音布鲁克自然保护区进行湿地保护与恢复，实行退牧措施，将自然保护区周围的牧区向后推移 2～3km，以扩大湿地面积，主要采用围栏封育、设立警示标志等退牧措施，加强保护自然保护区的生态环境，恢复湿地生态系统，使保护区内的动物、植物资源得以还原。建议湿地保护与恢复面积 7.8 万 hm^2。

2. 水土保持生态建设配套工程设施

研究建议实施草场改良 11.1 万 hm^2，人工草场 0.93 万 hm^2，为保证种草的成活率，必须建设一定的工程灌溉配套措施。

（1）节水灌溉工程。为保证开都河继续向塔里木河供水，充分有效利用水资源，在水资源缺少的人工草场地区兴建喷灌、滴灌等水利灌溉工程，保证新建设种植的草地成活率。每45hm²为一个单元，每单元打机井1眼，共需修建32眼机井配套相应的灌溉措施。

（2）灌溉渠道工程。灌溉渠道工程主要修建在人工草场地区，保证人工草场的灌溉，沿着草带每隔150～200m平行设置一条灌水渠，每个条田设计1个闸口。为充分利用水资源，防止渗漏，干支渠全部采用混凝土预制板防渗，共需修建灌水支渠47km。

（3）拦渣蓄水工程。为改善牧区牧民的生活条件和生产环境，结合生物措施治理的同时，在牧区有建坝条件的沟道修建小型蓄水坝（淤地坝）、塘坝，有效拦蓄洪水、泥沙，解决人畜饮水困难问题，同时稳定和抬高沟道侵蚀基点，防止沟底下切、沟岸扩张和沟头溯源侵蚀。

（4）水平截水工程。为了减少水土流失，充分利用水资源，对35°以下缓坡，在有条件的地方修建水平截水沟，拦蓄坡面径流。设计按5～10年一遇24h暴雨防御标准及株行距布设要求进行。一般水平截水沟阶面宽0.5～1.0m，阶面水平或稍向内倾，阶长3～5m，阶间距2～3m，有埂，且呈品字形排列。

（5）沉沙池工程。在山前洪积、冲积扇区接壤地区，由于山高坡陡，一遇降雨，易形成坡积洪水，对公路、草地等造成极大的破坏和威胁。建议在洪积、冲积扇区山前的沟道下游修建沉沙池工程，有效降低洪水威胁并将洪水安全排走，减轻洪水对下游公路、草地的危害。

四、预防措施

1. 管理措施

（1）制定管理办法，实施分级管理。制定开都河源流区水土流失重点防治区管理办法，实施预防分级管理，重点预防区的预防要求需高于其他地区。针对重点预防区现阶段提出以下预防限制性要求：

1）坚持预防为主、保护优先的方针，强制性实施天然林草保护，大力实行生态修复，控制开发建设活动，特别是扰动、破坏地表及植被规模较大的开发建设活动，有效避免人为破坏，保护植被和生态。

2）水土流失重点预防区的林草地应逐步建设为生态公益林草地；对建成的用材林和在牧草地，林业和草业行政主管部门应采取措施，逐步改变为公益林草地。

3）禁止在饮用水水源保护区和湖泊湿地范围内进行商业性开发活动。

4）对区内开展道路建设、山区开挖建房等不受生产建设项目水土保持规定约束的建设活动，各乡镇水利所应加大监督力度，对于不能满足水土保持要求的，一律要求完备水土保持设施。

5）严格限制种植经济林、矿产开采等导致严重水土流失的非公益性生产建设项目。

6）生产建设项目选址、选线应当避让水土流失重点预防区，经专题论证无法避让的，生产建设项目的水土流失防治标准不低于二级标准；优化施工工艺，减少地表扰动和植被损坏范围，有效控制可能造成的水土流失。

（2）建立管护制度。重点预防区内，对纳入生态公益林草、实施封育保护的林草地，建立管护制度。在充分考虑当地山林、草地权属和群众农（牧）林生产及开展多种经营需要的基础上，明确封禁范围，组织专职或兼职管护队伍，落实管护责任，制定林草封禁的乡规民约。管护工作纳入乡镇（场）、村行政管理权限，严格考核，有奖有惩。

（3）制定配套政策。制定重点预防区的退耕还林还草的水土保持奖励政策及预防保护成绩显著的集体和个人奖励政策等，确保封育保护效果；制定减免税收、提供贷款等扶持政策，充分调动各方参与水土流失预防保护的积极性，鼓励各种所有制经济实体和个人承包、参与封山育林和植被重建项目；实施绿色 GDP 政府绩效考核。根据主体功能区定位，对于重点预防区所在的重点生态功能区，实行生态保护优先绩效评价，将水土流失防治、林草覆盖率、生态公益林草比例等作为重要的考核指标。

2. 技术措施

（1）封育保护。对水土流失重点预防区内的生态公益林草地以外的商品林地和牧草地，在改造的基础上实施封育保护，将实施封育保护的林草地逐步改变为生态公益林草地。根据植被状况，划定封禁区域及边界，制定封禁办法，落实管护人员，确保植被的恢复。封禁期，需要设置标志或围栏，严禁人畜进入。此外，为保证封育效果，应大力推进农村新能源替代工作，积极推广经济适用型太阳能热水器，改善其能源结构。

（2）林草改造。为提高林草质量、增强林草的生态功能，在封育之前，对部分林草地进行林草改造。按照水土保持林草和水源涵养林草的建设要求，通过人工补种、补植方式，改善林草状况。

（3）多措施并举遏制草场"三化"（退化、沙化、盐碱化）。合理利用草场，引导牧民合理配置畜群，以草定牧，大小畜分群管理，加强草场建设，施行轮牧、休牧、退牧还草等措施，减少放牧天数，实行季节性放牧，限定时间、限定区域、限量放牧，对重点区域实行禁牧和围栏封育。在牧区，大力发展牧区牧民定居点人工种植饲草料，改变牧民过去逐水草而居的方式。针对马先蒿草严重侵害草场的情况，采取人工拔除，统一收购，统一销毁，通过坚持不懈的努力，彻底根除马先蒿草的危害。在蝗虫侵袭草场的地方，采取用鸡、鸭灭蝗的办法。

（4）滨水区生物隔离。重点针对饮用水水源地实施，以水质净化为目的。通过在滨岸带植草、建设护岸林等，有效地拦截净化地表径流挟带的泥沙和其他污染物，减轻对饮用水源地的污染。

（5）建立自然保护区。巴音布鲁克草原范围内有大小河流 40 余条，年径流量 30 多亿 m^3，有众多的天然湖泊，其中以天鹅湖为主的较大湖泊有 7 个，这里存在着沼泽湿地、河流湿地、湖泊湿地。湿地内容丰富，物种繁多，可以作为亚高山高寒区的典型类型。同时，可划为湿地自然保护区加以保护、管理，或者扩大天鹅湖自然保护区范围，成立巴音布鲁克天鹅湖湿地自然保护区。

第五节　开都河源流区水土保持监管体系建设

一、监督管理

1. 监督机构的建设

建立健全水土保持预防监督执法体系和法规机构，对已有的水土保持治理成果加强管理，使之充分发挥综合效益。县级水土保持监督站必须是经由地方编委批准成立，政府明确执法主体地位，全额拨款能独立行使行政管理职能的行政或事业单位，其行政经费由县财政拨划，业务经费在预防监督费中划拨。

机构人员配置建议专门配备专职水土保持监督执法人员多名，此外，各个乡（镇、牧场）需配备兼职水土保持监督员。

县级专职水土保持监督执法人员的行政经费由县财政划拨，业务经费在预防监督费中划拨，乡（镇）兼职水土保持监督员给予工资补助和必要的活动经费。配备相应的办公设施和执法装备，执法人员应统一执法服装，佩戴执法标志，持证上岗。

由于建设项目对水土保持预防监督工作的要求较高，预防监督任务重、面广量大、工作时效性强，根据实际情况需配备部分交通工具和必要的监督设备。水土保持监督执法人员必须具有良好的政治素质，并经专门培训合格，掌握水土保持业务和法律知识，可持县级以上人民政府颁发的水土保持监督检查员证上岗开展水土保持监督执法业务。

2. 监督内容

开展流域水土保持监督管理，严格执行开发建设项目水土保持"三同时"（同时设计、同时施工、同时竣工验收）制度，有效控制认为水土流失，实现水土保持与开发建设协调发展，把开发建设项目造成的水土流失和植被破坏减少到最低限度。通过进一步完善流域涉及市、县、乡三级监督网络和监督管理机制，强化预防保护和监督执法，提高水土保持法制观念，使全流域开发建设项目水土保持方案编报率达100％、执行率达95％以上。

3. 监督管理的法规体系建设

制定和完善适合本地特点的水土保持配套法规、规范性文件及有关制度，对所有可能造成人为水土流失的在建、续建、开发建设项目实行水土保持方案审批制度，建立预防监督年检制度、"三同时"制度、宣传制度，完善监督执法人员管理办法，认真落实退耕护岸林还草、还湖工作。水土保持方案要严格按规定实行分级审批，杜绝越级审批。评审论证的程序要规范化，明确责任，分级负责。要按照水土保持方案编制的技术标准和结合开发建设项目实际严格评审，确保水土保持方案的质量，确保其可行性和有效性。

人民政府要建立每年向同级人民代表大会、上级水行政主管部门和流域机构报告的水土保持工作制度，并建立政府领导任期内水土保持目标考核制度，使水土保持工作逐步走上法制化、制度化、规范化的轨道，为水土保持工作顺利开展奠定坚实基础。工作中针对实际情况要进一步完善和健全适合当地的法规体系，对某些法规条文进行补充修改和完善，使其更具操作性，真正做到有章可循、有法可依，保证经济建设与环境保护协调发展。

制定优惠政策，建立健全管护组织机构，加强宣传，提高人民群众的水土保持意识、严格监督管理，保障水土保持治理目标的实现。要利用社会力量，特别是群众、舆论的监督，充分利用新闻媒体对违法行为进行曝光，提高水土保持地位，扩大水土保持监督执法工作的社会影响。

4. 完善和落实政策，多渠道增加投入

一是建立水土保持生态建设的异地补偿制度。由受益区向保护区补偿，下游区向上游区补偿，发达区向欠发达区补偿。二是实行积极的财政政策，增加20年或30年长期贷款，财政和银行挂钩，用少量贴息吸引更多贷款，以调动社会各方面力量，共同投入到水土保持建设中来。三是依法征收水土流失防治费，水土保持设施补偿费，用于返还治理。从已经发挥效益的水利、水电工程每年收取的税费、电费中提取部分资金，用于本区域的水土保持，以增加水土保持综合治理的投入。

二、科技支撑

（1）突出重点，开展重大课题研究。针对政府决策所关注的水土保持生态建设重大战略问题，以及当前水土保持生产实践中继续解决的热点、难点问题，加强水土保持前瞻性、战略性、方向性的重大理论问题和生存急需的关键技术研究。深入开展水土保持与可持续发展的关系，水土保持生态环境建设与水资源的关系问题，西部地区生态环境用水问题，生态环境演变与水土流失的关系，水土保持在退耕还林还草中的作用，水土流失的预测预报技术，水土保持宏观效益评价，不同地区水土保持综合治理模式，高新技术在水土保持领域的应用等重大战略性课题研究，为政府水土保持宏观决策提供依据，为生产实践提供技术支撑。

（2）建立健全服务体系，加大科技推广力度。教学、科研和业务主管等部门，应面向生产实践，建立自上而下的技术服务和科技推广体系。不断总结和大力推广水土保持综合治理、集雨节灌、坡面水系、水力治沙，经济林果栽培、水保林营造、地埂生物化，旱作保墒耕作、地膜覆盖穴播、等高耕作、大垄沟耕作、免耕、轮耕、留茬等使用技术，使水土保持在工程质量、效益和速度上有一个新的提高。

（3）应用高新技术，逐步实现信息现代化。大力推广遥感技术、地理信息系统和地球定位系统等先进技术在水土保持工作中的应用，建立网络信息系统，进一步加快管理的现代化，提高工作效率。

（4）宣传与培训并举。发展经济学研究证明，人们的认识在经济发展汇总具有特别重要的作用，对于开都河上游水土流失治理而言，尤其要重视对人们环境保护意识的重视和培养。

长期以来，开都河流域缓慢的经济发展一直未能给文化教育事业提供足够的资金，流域人均文化素质较低，人们的环境保护意识与经济社会可持续发展的要求之间形成了很大的差距，严重阻碍了生态安全与社会经济的协调发展。因此，要强化宣传教育，重点对水土流失防治内容、意义、方法和措施进行全民普及，及时对实际涉及水土流失治理人员进行技术培训和理念宣传，改变开都河流域人们一味追求经济效益，无度开采水土资源的状况，这将对开都河上游水土流失防治和水土涵养区保持起到重大推动作用。

宣传教育主要针对不同人群，包括当地居民、外来游客等大范围的民众，如对游客以保护生态、文明行为、遵守景区管理、减少废弃物丢放等教育为主；对于牧民主要是以保护草原、养护草地、可持续发展畜牧的生态精神等进行宣传教育；在河道区域可以宣传禁止非法采砂、非法淘金等。通过宣传图册、多媒体视频、标识与警示牌、公益广告投放等措施，进行宣传。提升全民环保意识，强调人与自然和谐共处，培养人人维护生态环境、保护水源涵养区责任感。树立生态思想、提升生态意识、普及生态知识、繁荣生态文化、弘扬生态道德、倡导生态行为。

培训措施主要针对研究区职能管理部门，水土保持监测监督管理、环境保护、工程建设及可能涉及水源涵养区生态功能维护与从事相关水土保持、旅游、水资源、矿产开发、畜牧与土地开发等相关部门的从业人员，通过定期组织授课、会议交流、多媒体学习等培训，增强完善管理水平，丰富管理经验，提高服务水平，提高从业人员监管水平与工作能力，以便更好地从事本职工作，为整个水土保持工作的顺利实施提供保障与支撑。

主要是培训科学管理理念、可持续发展与生态文明建设思想、国家及自治区各阶段关于水土保持与生态文明建设的法律、法规、制度与相关文件精神，培训各部门的管理经验，进行经验交流。目的是提升综合管理水平与能力，完善整个开都河源流区的生态文明建设。培训内容包括生态政策法规、可持续发展理论、世界生态文化和教育、社会生态学、环保运动、国际环保计划等。培训期间举行业务竞赛、模拟游戏、专题辩论、交流会、展示会、研讨会等。

除对从事水土保持工作相关的从业人员培训外，基层水务部门也要在"世界水日""中国水周"等特定时段对整个开都河源流区的全部居民及牧民进行水土保持的教育培训，各乡镇牧场在相对集中的地方进行教育培训。

三、基础设施与管理能力建设

1. 强化政府行政推动力

（1）加强组织领导，强化政府行政推动力。一是各级人民政府要把水土保持生态建设作为当地国民经济、社会发展计划的重要组成部分和可持续发展战略的一项重大任务，列为重要议事日程。二是要把目标、任务与干部政绩考核紧密结合起来，真正落实到各级领导身上，建立健全领导任期目标责任制，做到换届不换任务，一任接着一任干，坚持不懈，持之以恒。三是要健全地方政府向同级人大和上级水行政主管部门报告水体保持工作的制度。

（2）坚持归口管理，加强部门合作。

1）搞好部门之间的统筹协调。流域水土保持综合治理是跨学科、跨行业、跨部门的综合性、群众性工作，水土保持工作在宏观上必须实行统一管理，规划设计、工程质量、检查验收等均应做到"一盘棋"，必须强化政府行为，搞好组织协调。水行政主管部门要当好政府的参谋，搞好技术服务，加强部门合作，实行"水保搭台，政府导演，部门唱戏"，共同助力水土流失。在各县、乡建立各级政府领导任期内的水土保持目标责任制，并建立每年向同级人大常委会及上级水行政主管部门报告水土保持工作的制度，各级水土保持委员会等机构要负责综合协调县（乡）环保部门、电力部门、水资源管理部门、林业部门等，以水土保持规划作为统筹协调的平台，在项目布局、建设重点上，把各方面治理水土流失的生态建设项目整合起来，充分发挥各部门的积极性。

2）加强行业监管。各级水行政主管部门作为水土保持的行业主管部门，要认真履行职责，承担起行业管理的职能，对各个行业、部门或个人投资水土保持工程，都根据相关水土保持规划的总体要求进行，将其纳入水利水保行业管理范畴，履行审批程序，执行水土保持建设行业标准规范，由水利部门与投资主管部门联合验收。各级水利部门要主动监督管理，通过各级政府做出明文规定。

3）加强面上治理统计工作。对流域水土保持综合治理面积的统计工作，不仅要统计水利部门组织实施的工程完成的任务，也要统计其他行业、社会力量投资开展的水土流失防治任务。逐步建立包括林业、农业、国土、扶贫等相关部门在内的统计联系人制度，做到信息共享。

（3）广泛宣传，提高全民水保意识。采取多种形式，广泛、深入、持久地开展《中华人民共和国水土保持法》《中华人民共和国水土保持法实施条例》等有关法律法规、水土流失危害性以及水土保持建设成就的宣传，在水土报纸宣传工作方面，要政府组织，搞好舆论导向，唤起全社会、全民族的水土保持意识，形成水土保持认人有责，自觉维护、珍惜、合理利用水土资源的氛围，从而使保护生态环境成为每个公民的自觉行动。水土保持宣传要从长计议，从娃娃抓起，从教育上提前介入，把水土保持的宣传贯穿到幼儿园、小学和中学的教育中去。在水土流失地区，要结合典型事例，教育农民，保护水土资源和生态环境就是保护自己的家园，强化人们的忧患意识。

2. 加强队伍建设，提高人员素质

水土保持综合治理是一项非常艰苦的工作，同时又是一项有着较强技术性的综合性工作，需要一大批能吃苦耐劳，甘愿奉献、懂专业的水土保持工作者。加强队伍建设，一是要解决水土保护队伍经费来源于保障问题，水土保护队伍的人员经费应纳入县财政预算，或由其他渠道给予保障；二是要改革用人机制，引进人才。把拥有现代知识技术的相关专业人才吸收到水土保持队伍之中；三是要加强理论学习，提高政策水平，加大培训力度，提高专业技术能力；四是要加大改革力度，精兵简政，把好进人关口，确保水土保持队伍的基本素质。

3. 创新工程建设管理机制

全面推行农民用工承诺制、工程建设公示制、工程质量监理制、资金使用报账制和治理成果产权确认制，逐步推行监理制，确保流域水土保持综合治理工程建设顺利实施和健康发展。

（1）农民用工承诺制。鉴于国家取消农村"两工"的政策实施，再不能搞"一平二调"，应充分尊重群众意愿，多做细致的工作，凡是新上的水土流失综合治理工程项目，在项目设计阶段，采取"一事一议"的方式征求群众意见，经项目区 2/3 以上群众同意，由村民委员会以书面形式向县级水利水保部门做出承诺后，方可列入申报立项并实施。组织群众投劳一般只在项目受益村进行，不得跨村或平调适应劳动力。确需跨村投工的，可采取借工或换工的形式组织进行。

（2）工程建设公示制。项目实施前，水土保持部门应就项目建设内容、质量标准、竣工期限、补助方式、标准和规模、兑现期间、预期效益和所需群众投劳数量等向群众张榜公示（称为"事前公示"）。工程竣工后，水土保持部门还应将事前公示内容的落实、兑现情况张榜公布，接受群众监督（称为"事后公示"）。在工程建设前期过程中，对水土保持综合治理措施的具体安排时，也应向群众公示，并由群众代表一同参与设计，相关成果要及时反馈到群众中广泛征求意义。

（3）工程质量监理制。监理单位由县级水利水保部门通过招标的方式择优选定，且必须由具有水土保持生态工程监理资质的单位承担。监理单位依据合同，按照《水土保持生态建设工程监理管理暂行办法》，公正、独立、自主地开展监理工作。监理内容主要包括计划的实施与完成，工程进度与质量，资金到位与使用管理情况等。

（4）资金使用报账制。项目开工建设后，可拨付一定比例的预付资金给承建单位用于启动工程建设，其余资金根据工程建设进度与质量，经主管部门和监理单位验收合格后方可拨付。实行先干后补，大干大支持，小干小支出，不干不支持。

（5）治理成果产权确认制。在项目立项阶段或工程建成后，必须明确工程建后管护责任。能落实到农户的一律落实到农户，并明确相应的责权利，确保工程长期发挥效益。按照"谁受益，谁管护"的原则，对坡面水土整治工程、种草、水保林等措施，按土地使用权落实所有权和管护权；对经果林等示范工程，首先应明确经营管护主体，鼓励通过土地流转机制实现规模经营，并保护农民利益；对山塘、溪沟整治等公益性基础设施，可采取承包、拍卖使用权等形式，运用市场机制健全运行管护机制。产权的确认要按照国家有关规定到相关机构办理产权确认手续。在工程建成后，应办理移交手续，凡是产权不落实、管护不到位的工程，不得通过竣工验收。

4. 建立促进可持续发展的考核机制

尽快建立绿色 GDP 核算体系，即把资源和环境损失因素纳入经济社会发展考核体系。在现有的 GDP 中扣除资源和环境的直径经济损失，以及为维护生态平衡、补充资源损失所必须支付的经济投资。建立以绿色 GDP 为核心的经济社会发展核算体系，不仅有利于保护资源和环境，促进经济社会的可持续发展，而且有利于加快经济增长方式的转变，提高经济效益，也有助于更实际地测算区域经济的生产能力。水土资源是环境资源的重要因素，经济社会发展和人民群众的生产生活无不与之相关。在构建绿色 GDP 核算体系时要充分考虑水土资源因素，将水土保持生态环境建设和保护列为重要的考核指标，构建并实施一个实现可持续发展的、以绿色 GDP 为核心的经济社会发展考核体系。

第六节　开都河源流区水土保持实施保障措施

（1）组织保障。水土流失问题日益严重归根结底在于经济发展与生态保护失衡，但是仅依靠市场经济行为的自由选择，而忽视组织领导的监督，最终将使兼顾水土保持的保护性开发治理成为一纸空谈。因此，必须通过加强组织领导减缓水土流失，避免环境恶化。政府通过制定相应的约束和激励政策进行市场调控和干预，一方面能够制止和规范水土资源开发与经营者的不当行为，另一方面积极的激励政策具有良好的导向作用。

开都河应从政府层面上，把上游水源涵养与水土流失持续治理摆在重要位置，在领导实绩考核内容中列入建设区域美好家园的责任目标。政府成立水土流失治理领导小组，设立一个常设机构（流域管理部门在巴音布鲁克专门设置一个管理机构，有 25 人编制），负责处理流域与水土流失治理有关的日常工作，有助于水土流失治理技术成果的推广。为了适应开都河源流区水土流失治理的需求，要不断完善实用技术培训制度，强化从事水土保持人员的技能培训。开都河必须建立在建项目水土保持方案分级审批制度和水土保持方案年检制度，审批人员严格按照程序开展水土保持方案审批工作，并对审批、监督、收费切实落实"三权一方案（审批、监督、收费权和水土保持方案）、三同时（同时设计、同时施工、同时竣工验收）"，并开展经常性督查，对不按照规定执行相关制度的，坚决按照水土保持法规收缴制度执行罚款，并保障罚款收缴率达 90% 以上。

（2）政策保障。建议根据开都河上游水土流失现状布局和发展规律，制定适合开都河上游水土涵养的相应政策，因地制宜地安排和引导开都河流域产业构成体系和环境保护补偿的整体政策。开都河上游水土流失治理一方面在于执行封禁措施，通过制定封山育林、退耕还草制度，结合护林失职责任追究等制度，严格实施严厉的封育政策，直接保护现有生态环境状况。另一方面在于针对配套资金紧缺，制定实施积极的资金补助补偿激励政策，在项目资金的使用和管理上，发挥补助补偿资金的调节作用，实行"大干多补，小干少补，不干不补"政策，通过中下游经济发展状况来决定对上游生态的补偿力度，对上游水土流失治理起到积极的导向作用。

开都河流域可以依托国家重大工程实施，加强区域生态环境建设，将上游水土流失防治区域发展为我国西北干旱区水源涵养的国家示范基地，加强区域生态环境建设的支持和投入范围，同时，鼓励各种企业、个人参与生态建设，实施减免生态产业税收政策，快速实现投资方式多元化和投资主体多元化，从政策上引导投融资体制进行改革创新。

（3）科技保障。开都河上游水土流失具有自身发生规律，要对其进行防治和保护性开发，就需要依靠科技知识，准确掌握开都河上游水土流失形成的条件、类型和危害程度、空间分布范围、发展趋势等特点和规律，从而根据不同水土环境状况，对水土流失区进行科学划分，对治理核心区、重点保护区、优先开发区等区域分别制定科学的保护性开发治理方案，采取差异化治理保护开发措施，向治理、保护、开发同步推进发展。

同时，要依靠科技进步，建立上游水土流失时空动态变化监测网络，依托最新科技成果，采取适宜的生态修复和重建模式，集中力量进行综合治理和开发，加快恢复原生生态系统。

（4）体制保障。确保开都河上游水土流失综合治理这一基础战略，就必须创新管理机制、资金补偿机制和保障体系。在上游水土流失综合治理的资金补偿机制方面，除了接受国际国内社会的各种援助，并在现行财税制度基础上完善中央转移支付制度，逐步加大中央和地方对开都河地区的各项专项资金投入，特别是水土流失治理资金投入，减免、调整有关税收外，还可发行生态环境建设彩票，面向社会筹措资金。

退耕还林还草，加强开都河上游生态环境保护与建设是一项公益性很强的事业。上游保护，下游造福。因此，要完善流域内的资金补偿机制，通过对下游单位经济产值附加生态保护税费，创造下游补偿上游的资金补偿体制。同时，根据开都河流域人们的收入水平和经济的市场化程度，由政府和彩票发行承办单位长期持续发行生态环境建设彩票，筹集资金投入开都河上游水土流失治理。

（5）资金保障。开都河上游水土流失治理应始终把生态环境保护与建设放在首位。越是加大开发力度，越是要重视和加大生态环境保护与建设方面的投入。开都河流域最终能够在多大程度上得到开发和发展，从根本上受制于开都河上游的生态环境条件能够在多大程度上得到改善。但问题是塔里木河流域生态保护与建设任务十分繁重，资金需求量大，资金投入能力严重不足。

首先，目前开都河地区经济发展水平落后，民众生活贫困，地方政府财政能力极其有限，发展经济和生态环境保护与建设两方面难以做到统筹兼顾、良性互动。就开都河流域自身而言，没有外部力量的输入，仅仅依靠地方自身力量难以走出生态环境恶化和社会经济发展落后二者相互不断加重的"发展陷阱"。开都河流域的发展，必须以生态环境保护与建设作为先决条件。从长远看，开都河上游生态环境保护与建设的根本出路，在于一方面加大保护与建设的投入力度，通过退耕还林还草，保护现有植被，促进自然生态环境系统良性发展；另一方面通过发展经济，调整和优化经济结构和产业结构，彻底转变资源过渡依附性和掠夺性的生产方式，拓宽当地居民的致富门路，才能把生态环境保护与建设建立在可持续发展的轨道上。就目前而言，中央财政既要扶持开都河流域许多收不抵支的地方财政，又要向该区生态环境建设以及其他事业投入资金，有限的中央财政不可能承担开都河上游生态环境保护与建设所需全部资金。因此，必须拓展其他融资渠道，例如，促进企业和私人机构向生态环境保护与建设事业投资，同时接受来自国内外企业财团和国际国内公益组织的公益性资助。再有，政府通过政策优惠，扶持、吸引企业和私人从事一些开发性的生态环境保护与建设，从而保障退耕还林还草和生态环境保护与建设。

（6）宣传教育。发展经济学研究证明，人们的认识在经济发展中具有特别重要的作用，对于开都河上游水土流失治理而言，尤其要重视对人们环境保护意识的重视和培养。

长期以来，开都河流域缓慢的经济发展一直未能给文化教育事业提供足够的资金，流域人均文化素质较低，人们的环境保护意识与经济社会可持续发展的要求之间形成了很大的差距，严重阻碍了生态安全与社会经济的协调发展。因此，要强化宣传教育，重点对水土流失防治内容、意义、方法和措施进行全民普及，及时对实际涉及水土流失治理的人员进行技术培训和理念宣传，改变开都河流域人们一味追求经济效益、无度开采水土资源的状况，这将对开都河上游水土流失防治和水土涵养区保持起到重大推动作用。

第七章　孔雀河流域生态保育恢复管理研究

孔雀河作为塔里木河的姊妹河，其中、下游河道与塔里木河干流河段基本平行，两河之间横向距离大致在 20～80km，218 国道与建设中的库尔勒-格尔木铁路在两河之间穿行。自 2000 年以来，孔雀河流域作为重要的水源与输水通道承担着向塔里木河下游输水的重要功能，为拯救塔里木河下游的生态作出了重要的贡献。

孔雀河中、下游的荒漠河岸林生态系统是塔里木河下游自然植被带与生态系统的重要组成部分，与塔里木河中下游的荒漠河岸林共同组成塔里木河下游"绿色走廊"，它犹如一道天然生态屏障，有效阻挡了东部的库鲁克塔格沙漠与西部的塔克拉玛干沙漠这两大沙漠的合拢，保卫着塔里木盆地东部地区人们赖以生存的这片生命绿洲，也保护着穿越在两河之间的 218 国道和库尔勒-格尔木铁路，在国家"丝绸之路经济带"新疆核心区建设关键区域的生态安全上发挥了重要的生态功能。

在过去的半个多世纪里，由于大规模的水土资源开发，导致孔雀河中、下游河道相继断流和干涸，尤其在过去的 10 余年间，因耕地面积的不断扩大、严重超采地下水而导致地下水位迅速降低，孔雀河沿河两岸的胡杨林因河道断流、地下水位的大幅下降而大面积死亡，荒漠河岸林生态系统严重受损，濒临崩溃。孔雀河中、下游胡杨林生态系统的退化不仅严重影响库尔勒-尉犁绿洲经济的健康发展，涉及各族群众的切身利益，同时，加速了塔里木河下游"绿色走廊"整体的破碎化发展，加剧了"丝绸之路经济带"重要通道的生态危机。

自 2000 年国家投资上百亿元实施了塔里木河流域综合治理工程以来，流域生态系统保护与修复取得了显著的成效，塔里木河下游沿河两岸垂死的胡杨得到拯救，生态环境得到初步改善和恢复。但是，就整个塔里木河流域而言，生态系统整体退化趋势与格局仍未扭转。作为塔里木河的姊妹河，孔雀河中、下游胡杨林大面积衰亡尤为突出。据遥感数据统计，2000—2015 年孔雀河流域林地和草地分别以每年 227hm^2 和每年 360hm^2 的速度退化。孔雀河下游荒漠河岸林中，60％～80％胡杨处于枯死状态，胡杨死梢率达 70％～90％，天然植被群落面积 15 年内减少了 46％，70％以上的草场退化甚至荒漠化，生物多样性丧失，土地沙化加剧。荒漠河岸林天然植被的生态防护功能显著下降，致使浮尘、沙尘暴灾害性天气明显增加。

孔雀河长期断流及胡杨林生态系统的持续退化，引起了政府、社会各界和国际社会的高度关注，保护和抢救以胡杨为主体的荒漠河岸林，不论在维护流域生态安全，还是保护世界上这一具有重要生态功能的渐危种都十分必要，迫在眉睫。保障孔雀河沿河荒漠河岸林的生态需水，抢救孔雀河严重退化的胡杨林生态系统是南疆生态环境保护修复与生态文明建设的有力举措，也是实施推进国家丝绸之路经济带建设生态安全保障与维护区域社会稳定、实现可持续发展的共同需要，对协同并系统推进塔里木河流域综合治理、改善人居环境、助力区域脱贫攻坚都具有重要意义。

第一节　孔雀河流域生态系统退化分析

孔雀河下游伴随着阿克苏甫水库的建成，下游河道断流，生态退化趋势加重。为监测评估孔雀河下游生态退化特征与规律，在孔雀河下游建设了三个断面，包括 15 眼地下水监测井和 15 个植物样地，结合样地调查，分析了孔雀河下游荒漠植物群落特征的变化，对孔雀河下游植物个体、种群、群落、生态系统变化进行了分析，以阐明环境退化条件下，群落物种间的生存选择，旨在对荒漠河岸林衰退、群落植被恢复与植被重建提供理论依据。

一、荒漠河岸林的生境退化特征

1. 野外样地布设和数据采集

于 2013 年 7 月，在孔雀河下游建立了 3 个野外样地监测断面。每个断面按垂直距离河道 100m、200m、400m、600m、800m 处，设置固定样地 50×50m，每个样地中设置 4 块样方，共 60 个样方，调查显示，孔雀河下游共有植物 9 科 13 属 16 种（见表 7-1）。每个样方中分别调查乔木、灌木和草本植物的物种组成、植被盖度、个体数目、乔木胸径、株（丛）高、冠（丛）幅和数量等，并将每种植被进行编号。在每个样地中采用分层取样的方法，分析 0～5cm、5～15cm、15～30cm、30～50cm、50～80cm、80～120cm、120～170cm 七层的土壤，利用 FOSS 全自动定氮仪，DU800 紫外分光光度计，原子吸收测定土壤中的养分含量，离子色谱仪、电感耦合等离子发射光谱测定土壤中的盐分含量，样品测定由中国科学院新疆生态与地理研究所中心实验室分析提供。在各断面各样地内，布设地下水监测井，获取地下水埋深数据，并以 GPS 进行定位，记录每个样地的经纬度。

表 7-1　　　　　　　　　　　　孔雀河下游高等植物统计分类

科	属	种	编号
杨柳科 Salicaceae	杨属 Populus L.	胡杨 Populus euphratica Oliv	S1
蔷薇科 Rosaceae	李属 Prunus L.	黑刺 Lycium ruthenium Mun	S2
蒺藜科 Zygophyllaceae	白刺属 Nitraria L.	白刺 Nitraria sibirica Pall	S3
藜科 Chenopodiaceae	猪毛菜属 Salsola L.	猪毛菜 Salsola collina Pall.	S4
		刺沙蓬 Salsola ruthenica lljin.	S5
	盐穗木属 Halostachys C. A. Mey	盐穗木 H. caspica（Bieb.）C. A. Mey	S6
	盐爪爪属 Kalidium Moq.	盐爪爪 Kalidium foliatum（Pall.）Moq.	S7
	盐节木属 Halocnemum Bieb.	盐节木 H. strobilaceum（Pall.）Bieb.	S8
菊科 Compositae	花花柴属 Karelinia Less.	花花柴 K. caspia（Pall.）Less	S9
柽柳科 Tamaricaceae	柽柳属 Tamarix L.	刚毛柽柳 Tamarix hispida Willd.	S10
		多枝柽柳 Tamarix ramosissima Ledeb.	S11
豆科 Leguminosae	甘草属 Glycyrrhiza L.	胀果甘草 G. inflata Bat.	S12
		甘草 G. uralensis Fisch.	S13
	铃铛刺属 Halimodendron	铃铛刺 H. halodendron（Pall.）Voss	S14
萝藦科 Asclepiadaceae	鹅绒藤属 Cynanchum L.	牛皮消 Cynanchum auriculatum Royle ex Wight	S15
禾本科 Graminae	芦苇属 Phragmites Adans	芦苇 P. australis（Cav.）Trrin. ex Steud	S16

2. 断流河道生境的退化类别

通过聚类分析，得出孔雀河下游样地聚类分析树状图（见图 7-1）。由表 7-2 得出，三断面 15 个样地分为 3 类：样地 1～样地 3、样地 5、样地 7 和样地 9 为第Ⅰ类，其中大多数样地分布在第一断面，第Ⅱ类样地包括样地 4、样地 8 和样地 10，绝大部分分布在第二断面，第三断面的各样地为第Ⅲ类，故将第一断面归结为第Ⅰ类，第二断面归结为第Ⅱ类，第三断面归结为第Ⅲ类。

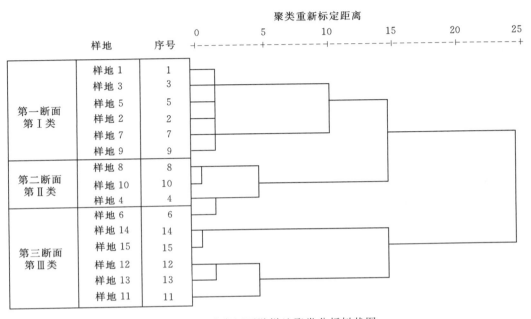

图 7-1　孔雀河下游样地聚类分析树状图

植被盖度在 10%～20% 范围，为绿洲向荒漠化过渡的临界阈值。第Ⅰ类和第Ⅲ类近河道 100m、200m 和 400m 处植被盖度在绿洲-荒漠化过渡带的临界范围，但第三断面植被多为真盐生的灌木和草本；第Ⅱ类植被盖度低于 10%，植被退化严重；第Ⅰ类和第Ⅲ类的 Shannon-Wiener 多样性指数，除了在第一断面距离河道 100m 处和第三断面距离河道 800m 处的样地内小于 1 以外，其余样地内指数均大于 1；第Ⅱ类 Shannon-Wiener 多样性指数约等于 1；第Ⅰ类 Margalef 丰富度指数值在 0.6～1.2 范围内，第Ⅱ类和第Ⅲ类在 0.1～1.0 范围内。由表 7-2 得出，第Ⅰ类样地物种主要为胡杨、铃铛刺、牛皮消、刺沙蓬和甘草，第Ⅱ类样地以黑刺、刚毛柽柳和猪毛菜为主，第Ⅲ类样地以白刺、多枝柽柳、盐穗木、盐爪爪、盐节木和花花柴居多。

结合综上对环境因子的分析及不同类样地物种频度，将孔雀河下游生态系统的退化程度分为 3 类：

第Ⅰ类为绿洲-荒漠过渡区。此类植被盖度在 9.04%～21.10% 之间，物种 Shannon-Wiener 多样性指数均值为 1.18、Margalef 丰富度指数均值为 0.94，植被类型以胡杨和不耐盐类草本为主。高地下水位埋深，盐分均值为 67.74mg/g，偏碱性，为砂质壤土。

表 7 - 2　　　　　　　　　　　　不同类样地物种频度变化

样地类型	分类	物种	物种个体数	出现频率/%
第Ⅰ类 绿洲-荒漠 过渡区	乔木	胡杨	207	84.8
	灌木	黑刺	16	9.9
		刚毛柽柳	4	0.8
		铃铛刺	115	72.8
		多枝柽柳	8	26.7
		牛皮消	1	100
		盐穗木	10	4.2
	草本	猪毛菜	220	46.6
		刺沙蓬	1	100
		胀果甘草	1	100
		甘草	69	97.2
		芦苇	18	2.2
第Ⅱ类 轻度荒漠区	乔木	胡杨	37	15.2
	灌木	黑刺	98	60.5
		刚毛柽柳	357	70
		铃铛刺	43	27.2
		多枝柽柳	2	6.7
		盐穗木	24	10.1
	草本	猪毛菜	252	53.4
		甘草	2	2.8
		芦苇	793	97.7
第Ⅲ类 盐土荒漠区	灌木	黑刺	48	29.6
		白刺	9	100
		刚毛柽柳	149	29.2
		多枝柽柳	20	66.7
		盐穗木	204	85.7
		盐节木	183816	100
		盐爪爪	17640	100
	草本	芦苇	1	0.1
		花花柴	49	100

　　第Ⅱ类为轻度荒漠区。此类植被盖度低于 10%，物种 Shannon-Wiener 多样性指数均值为 0.95、Margalef 丰富度指数均值为 0.53，植被类型以刚毛柽柳和黑刺为代表的灌木为主。高地下水位埋深，盐分均值为 62.11mg/g，偏碱性，为砂质壤土。

　　第Ⅲ类为盐土荒漠区。此类植被盖度近河道 100m、200m 和 400m 处较高，在 15% 以上，远河道不到 3%；物种 Shannon-Wiener 多样性指数均值为 1.26、Margalef 丰富度指数均值为 0.69，植被类型以真盐生的草本和灌木为主。低地下水位埋深，盐分含量最高，均值为 79.75mg/g，中性，近河道为砂土，荒漠化严重。

3. 断流河道地下水位水质特征

河道断流后，残存水体面积逐渐萎缩，河水水质下降。据 2013 年的河道采样分析表明（见图 7-2），第一断面、第二断面水体矿化度达到 40g/L，远远高于 2012 年博斯腾湖出湖水体矿化度的 1.5g/L。而第三断面残存水的矿化度则高达 100g/L，反映出没有淡水及时补充的条件下，强烈蒸发作用使土壤盐分不断溶于残存水体，造成残余水环境的高盐分状况。

图 7-3 为孔雀河下游 3 个断面 15 个样地观测井实测地下水位埋深数据变化情况。第一断面在距河道 100～800m 处，地下水位埋深在 5.6～7.1m；第二断面地下水位埋深在 5.2～7.4m，为高地下水位埋深；第三断面地下水位埋深在 2.2～3.0m，远小于前两个断面，为低地下水位埋深。根据其他学者研究成果显示，对于干旱区，地下水位埋深在 4.5m 以内，土壤水分就能基本满足乔、灌木生长需水，不会发生荒漠化；地下水位埋深在 4.5～6.0m，土壤水分亏缺，植被开始退化，受沙漠化潜在威胁，是警戒水位；地下水位埋深在 6.0～10.0m，土壤含水量小于凋萎含水量，植被枯衰，是沙漠化普遍出现的水位。第一断面和第二断面的地下水位埋深基本处在 6.0～7.0m，属于荒漠化地下水位埋深。

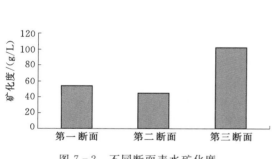

图 7-2　不同断面表水矿化度

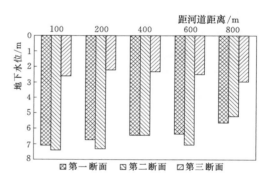

图 7-3　孔雀河下游地下水位埋深变化特征

二、荒漠河岸林的群落退化特征

1. 荒漠河岸植被盖度退化

植被盖度顺沿河道呈逐渐减少趋势，除第三断面真盐生草本植物大量生长使近河道植被盖度达到 50% 外，其余绝大多数样地植被盖度低于 20%，呈现出荒漠化的景象。胡杨盖度最高达 15% 以上，在三道坝（第一断面）、六道坝（第二断面）有出现。而灌木的盖度在极个别样地有达 25% 以上，绝大多数样地在 10% 以下。草本植被盖度情况则更加严重，除 3 个样地盖度较高外，其余样地都低于 5%（见图 7-4）。

2. 建群种胡杨的退化特征

孔雀河下游的建群种胡杨面临极大的生存威胁。在孔雀河下游第一断面（K1，见图 7-5），近河道 100m 位置样地内胡杨总个体数最高达 68 个，但死亡个体数达 13 个。在孔雀河下游第二断面（K2）近河道样地胡杨个体数达 32 个，但死亡个体数达 21 个。在孔

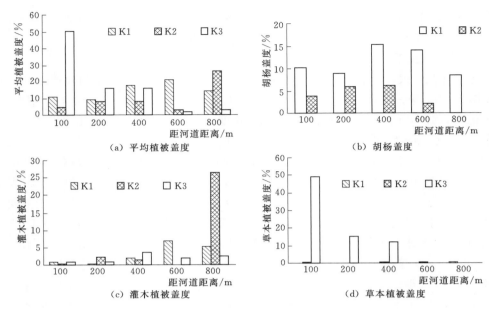

图 7-4　孔雀河下游河岸植被覆盖度变化

雀河下游第三断面（K3），胡杨死亡率达 100%，从残存根体来看，绝大多数是幼龄胡杨。从胡杨的总体死亡趋势来看，顺沿河道胡杨的死亡率呈逐渐增加的趋势。

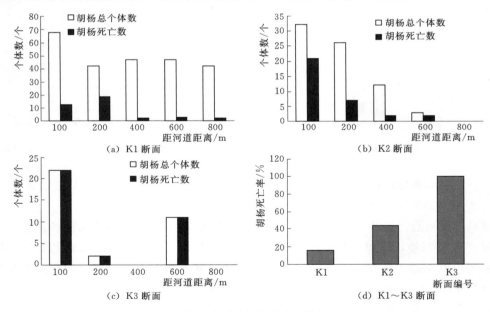

图 7-5　断面建群种胡杨的存活数与死亡率

调查区内，存活胡杨的生长态势也不容乐观，在第二断面胡杨死梢率达 60%~90% 以上。从 Hill 格局强度指数看（见图 7-6），第二断面样地间的 Hill 格局强度明显要大，表明密集区比稀疏区差异性要大得多，加之存活的幼龄林平均拥挤度低于 5%，说明胡杨衰退过程以幼林死亡较高为特征，成龄林的平均拥挤度最高，聚集性也大。另外，在调查区内，第二断面的胡杨叶光泽度差，部分树叶出现虫害现象，这与环境恶化胡杨抵抗外来干扰能力下降有一定的关系。

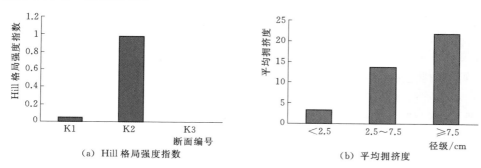

（a）Hill 格局强度指数　　　　　（b）平均拥挤度

图 7-6　孔雀河下游胡杨种群 Hill 格局强度指数与平均拥挤度

3. 荒漠河岸群落物种多样性变化

研究区内，第一断面物种多样性相对要好，各样地均匀度变化不大，多样性指数在 1 以上（见图 7-7），表明物种的分布程度与丰富度相对保存较好。第二断面物种多样性相对较差，各样地均匀度变化较大，物种丰富度指数低于 1。第三断面物种分布的均匀性差

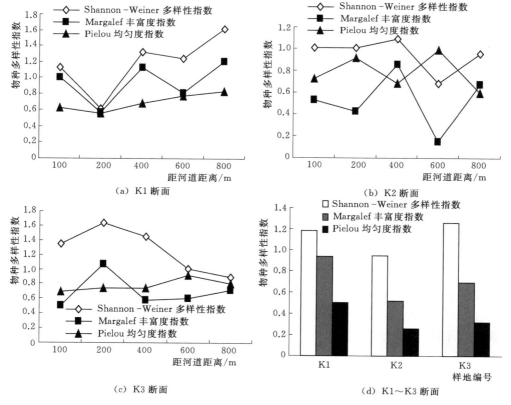

（a）K1 断面　　　　　　　　　　（b）K2 断面

（c）K3 断面　　　　　　　　　　（d）K1～K3 断面

图 7-7　孔雀河下游群落多样性退化特征

异不大，丰富度指数不同，但近河道多样性相对要大。这是由于高盐分土壤中出现了盐爪爪、盐节木等真盐生植物所致，建群种及灌木相对数目要少得多。三个断面相比，仅第一断面具有较好的物种多样性，群落结构较完整，物种丰富度、均匀度都较高。其他两个断面都表现出多样性减少的趋势。

三、荒漠河岸群落衰退演替机理

1. 植被种间联结性

以同类型样地为整体，计算复合关联系数 VR 的值得出每类样地的总体相关性（见表7-3）。绿洲-荒漠过渡区和盐土荒漠区的种群在总体上表现为显著正关联，且盐土荒漠区的关联性强于绿洲-荒漠过渡区，轻度荒漠区种群在总体上表现为无关联。有时候种群内一些种对间表现为"正"的关联，而另一些种对间是"负"的关联，但这些情况通过复合关联系数 VR 却难以反映出来，因此针对种对间联结性作进一步关联性分析。

表 7-3 不同退化类型总体关联性分析

类　型	方差比率 VR	检验统计量 W	X^2 临界值	测度结果
绿洲-荒漠过渡区	1.86	37.19	(10.85，31.41)	显著正关联
轻度荒漠区	0.86	17.14	(10.85，31.41)	不显著正关联
盐土荒漠区	3.07	61.50	(10.85，31.41)	显著正关联

对比三种退化程度样地的种对间、种间联结系数的测定结果（见表7-4~表7-6）可以看出，绿洲-荒漠过渡区中12个物种的66个种对组合中，有31对是正联结，33对负联结，2对完全独立。其中，灌木与草本正联结对数为13对，占正联结对数的约42%，其余乔木与灌木、草本与草本等种类联结都在4~5对；负联结对数中灌木和草本对数最多，为18对，比其余种类联结对数之和都多。轻度荒漠区中9个物种的36个种对组合中，有16对是正联结，20对负联结。正联结中，灌木和灌木，灌木与草本的联结对数最多，都为6对；负联结中灌木和草本的联结对数最多为9对。盐土荒漠区中9个物种的36个种对组合中，有25对是正联结，10对负联结，1对完全独立，在正负联结对数中仍是灌木和草本的联结对数最多。三类样地相对应的种对中，正关联种对所占比例分别为47%、44.4%、69.4%，负关联种对数所占的比例分别为50%、55.6%、27.8%。可见，盐土荒漠区正关联种对数最多，与上文物种总体相关性分析中盐土荒漠区的总体呈现显著正相关的结论相一致。绿洲-荒漠过渡区正负关联种对数相当，轻度荒漠区的负关联种对数超过正关联种对数。进一步分析三类样地的种间联结性，总体来看，孔雀河下游三断面中表现为极显著或显著联结的种对数较少，绿洲-荒漠过渡区中仅有5对表现为显著关联，轻度荒漠区中仅1对，盐土荒漠区中有1对表现为极显著相关，5对表现为显著相关，大多数表现为一般相关。绿洲-荒漠过渡区、轻度荒漠区含盐量相对较小地区，乔灌木间易形成的较强的联结；含盐量大的盐土荒漠区，以耐盐草本的联结为主。绿洲-荒漠过渡区中 S1~S5、S1~S12、S1~S15（胡杨与刺沙蓬、胀果甘草、牛皮消）为显著正关联，S1~S6（胡杨与盐穗木）为显著负关联，S14~S13（铃铛刺和甘草）为显著正相关。轻度荒漠区中 S10~S11（刚毛柽柳和多枝柽柳）呈显著正相关，盐土荒漠区中 S7~S8（盐爪爪和盐节木）呈极显著正相关，S7~S2（盐爪爪和黑刺）、S7~S9（盐爪爪和花花柴）、

S8~S2（盐节木和黑刺）、S8~S9（盐节木和花花柴）、S2~S9（黑刺和花花柴）呈显著正相关。S7~S11（盐爪爪和多枝柽柳）、S8~S11（盐节木和多枝柽柳）、S10~S11（刚毛柽柳和多枝柽柳）为负联结。

表 7－4　　　　　　　　　　孔雀河下游绿洲-荒漠过渡区物种 X^2 测定矩阵表

种编号	S1	S10	S2	S4	S5	S12	S14	S13	S11	S15	S16
S10	[+]0.4										
S2	[+]0.2	[+]1.3									
S4	[+]1.9	[+]0.0	[+]0.0								
S5	[+]4.5	[+]0.4	[−]0.2	[+]1.9							
S12	[+]4.5	[+]0.4	[−]0.2	[+]1.9	[+]4.5						
S14	[−]0.0	[−]0.0	0.2	[−]0.6	[−]0.0	[−]0.0					
S13	[+]0.2	[−]0.0	[+]0.6	[−]0.0	[−]0.2	[−]0.2	[+]6.0				
S11	[+]1.9	[−]0.0	[−]0.0	[−]0.6	[−]1.9	[−]1.9	[+]0.6	[+]0.0			
S15	[+]4.5	[−]0.4	[+]0.2	[+]1.9	[−]4.5	[−]4.5	[−]0.0	[−]0.2	[−]1.9		
S16	[+]1.9	[−]0.0	[−]0.0	[−]0.6	[−]1.9	[−]1.9	[+]0.6	[+]0.0	[+]0.6	[−]1.9	
S6	[−]0.6	0.4	[+]2.5	[−]0.0	[−]0.6	[−]0.6	[+]2.8	[+]2.5	[−]0.0	[−]0.6	[+]0.0

注　[＋]表示正联结（ad＞bc），[−]表示负联结（ad＜bc），普通格式为完全独立。

表 7－5　　　　　　　　　　孔雀河下游轻度荒漠区物种 X^2 测定矩阵表

种编号	S2	S4	S14	S16	S10	S13	S11	S6
S1	[+]1.8							
S2	[+]0.0	[+]1.1						
S4	[+]0.8	[+]3.2	[−]0.1					
S14	[−]0.9	[−]7.9	[−]1.8	[−]0.4				
S16	[−]4.3	[−]0.0	[+]0.1	[−]0.6	[−]0.1			
S10	[−]0.0	[−]0.0	[−]0.4	[+]0.0	[+]0.1	[+]0.4		
S13	[−]1.6	[+]0.0	[+]1.2	[−]1.1	[−]0.5	[+]6.4	[−]1.0	
S11	[−]0.0	[+]0.0	[+]0.4	[−]0.0	[−]0.1	[+]0.4	[−]4.5	[+]1.0

注　[＋]表示正联结（ad＞bc），[−]表示负联结（ad＜bc），普通格式为完全独立。

表 7－6　　　　　　　　　　孔雀河下游盐土荒漠区物种 X^2 测定矩阵表

种编号	S6	S7	S8	S3	S2	S9	S16	S11
S10	[+]2.0							
S6	[+]2.8	[+]1.1						
S7	[+]2.8	[+]1.1	[+]16.1					
S8	[+]0.3	[+]0.7	[+]3.6	[+]3.6				
S3	[+]0.5	[+]1.1	[+]4.8	[+]4.8	[+]0.2			
S2	[+]0.5	[+]0.0	[+]4.8	[+]4.8	[+]0.2	[+]4.1		
S9	[+]1.0	[−]0.6	[+]0.0	[+]0.0	[−]0.2	[−]0.1	[+]0.1	
S16	[−]0.1	0.4	[−]0.3	[−]0.3	[−]0.0	[−]0.1	[−]0.1	[−]0.4

注　[＋]表示正联结（ad＞bc），[−]表示负联结（ad＜bc），普通格式为完全独立。

三种退化程度下种对间联结达显著或极显著与负联结的测定结果见表7-7。

表7-7　不同退化程度样地关联显著或极显著种对的 X^2 检验统计量和 OI 指数

类　型	种对	联结性	X^2 值	OI 指数
绿洲-荒漠过渡区	S1－S5	＋	4.49*	0.23
	S1－S12	＋	4.49*	0.23
	S1－S15	＋	4.49*	0.23
	S14－S13	＋	5.95*	0.77
	S5－S12	＋	4.49*	1
	S1－S6	－	0.59	0.34
轻度荒漠区	S10－S11	＋	6.41*	0.77
	S1－S16	＋	0.88	0.24
	S14－S10	－	0.61	0.15
	S14－S16	－	0.38	0.25
盐土荒漠区	S7－S8	＋	16.05**	1
	S7－S2	＋	4.84*	0.76
	S7－S9	＋	4.84*	0.76
	S8－S2	＋	4.84*	0.76
	S8－S9	＋	4.84*	0.76
	S2－S9	＋	4.06*	0.71
	S7－S11	－	0.28	0.26
	S8－S11	－	0.28	0.26
	S10－S11	－	0.13	0.43

注　＊代表 $P<0.05$；＊＊代表 $P<0.01$。

2. 群落演替机理

在图7-8中，以空心三角形表示物种，带实心箭头的线段表示环境因子，做出某一样点到环境因子射线的垂直投影点，垂直投影点与环境因子空心箭头越近，表示该种样点与该类生境因子的正相关性越大，图中椭圆Ⅰ和Ⅱ处物种较密集，Ⅰ处物种分别为S1、S4、S5、S12、S13、S14、S15、S16；Ⅱ处物种分别为S3、S7、S8、S9。

从图7-8中可以看出，椭圆Ⅰ处的物种多为乔木和对土壤养分等环境因子要求相对较高的部分深根系草本，具体为S1胡杨、S4猪毛菜、S5刺沙蓬、S12胀果甘草、S13甘草、S14铃铛刺、S15牛皮消、S16芦苇；椭圆Ⅱ处物种多为耐盐性草本，分别为S3白刺、S7盐爪爪、S8盐节木、S9花花柴；其余4个物种分布较散，但S6盐穗木、S10刚毛柽柳、S11多枝柽柳位于同一象限，说明对环境因子的需求相近，S2为黑刺。经上文分析，K1和K2断面的地下水、盐分、养分等含量相近，即环境相似，统计出两断面生长的物种大体也相似，以椭圆Ⅰ中的物种为主。研究区少数种对联结达显著或极显著水平，其中第一断面（K1）中胡杨与刺沙蓬、胀果甘草和牛皮消是显著正联结，与盐穗木是负联结。胡杨、刺沙蓬、胀果甘草、牛皮消四个物种样点对环境因子射线做垂线，与各环境因子空心箭头的距离相当，说明这 4 个物种对环境因子的要求相似，对土壤有机质要求均较高；胡杨和盐穗木表现为负联结，在图中位置相对，对环境要求截然不同，存在较大的生境差异。铃铛刺与甘草、胀果甘草和牛皮消表现为显著正关联，图中铃铛刺与甘草、胀果甘草和牛皮消的位置十分接近，铃铛刺与甘草对土壤中的速效钾和有机质要求较高，胀果甘草与牛皮消对土壤全磷、全钾、速效钾以及有机质正关联程度较大，说明这些物种生长需要足够的养分。第二断面（K2）中刚果柽柳与多枝柽柳对生境要求类似，在图中位置接近，表现为显著正相关，刚果柽柳和多枝柽柳的位置显示，两者对土壤养分的需求小于第一断面的主要物种，与土壤中的总盐量相关性较大，说明两者有一定的耐盐性，而铃铛刺和刚果柽柳呈现为负联结的原因也不难得出，主要是对环境的要求不同而致。第三断面（K3）中，盐爪爪、盐节木和花花柴聚集，对生存环境要求相同，相互依赖，故种间联结表现为显著正联结，盐爪爪和盐节木更表现为极显著。

在图 7-8 中，物种分布密集的椭圆 I 与上文分析的高地下水位埋深中存在的物种基本相同，椭圆 II 处与低地下水位埋深中存在的物种相同，这一现象说明，物种分布受地下水位埋深的影响。上文分析得出地下水位埋深的高低由于研究区特殊的气候条件，进一步影响土壤中的盐分含量，高地下水位埋深的土壤盐分明显低于低地下水位埋深中的土壤盐分，土壤盐分对物种的分布又产生影响，说明研究区物种分布及种群联结的关系主要受地下水位埋深的影响。

结合图 7-8 不难看出，对生境要求相似且生长在环境条件较好的断面的物种间多表现为正联结，如椭圆 I 中的大多物种，若生境要求相似但环境较恶劣，如椭圆 II 中的大多物种，且无种间竞争，物种间也会形成较为显著的种间联结，共同改善生态环境。反之，若两物种对生境要求截然不同，如胡杨和盐穗木，或因环境因子条件恶劣而存在种间竞争，如第三断面的刚毛柽柳和多枝柽柳，则两物种间表现为负联结。

通过分析孔雀河下游三断面的土壤盐分发现，K1 和 K2-4、K2-5 样地盐分主要表现为次表层积聚，K2-1、K2-2、K2-3 样地和 K3 表现为表层积聚。其中，K1、K2 地下水在（6.5±0.9）m 范围内，埋藏较深，盐分不易到达地表，在次表层积聚；K3 地下水位埋深在（2.5±0.5）m 范围内，又因研究区独特的气候条件，地下水强烈蒸发反盐，使得 K3 盐分含量明显高于 K1 和 K2。

通过上文分析，孔雀河下游属于贫瘠土壤，但值得注意的是钾含量却异乎寻常地高。孔雀河最终注入罗布泊，可能将丰富的钾盐带入此地，进一步证实了孔雀河地区也含有较多的钾盐。孔雀河下游植被物种对不同环境因子的依赖程度不同。三断面具体物种间联结，大多数并不显著，表明在群落内的大多数种间关系以独立的形式共存。在第一断面中胡杨和盐穗木为显著负联结。上文分析得出第一断面（K1）和第二断面（K2）土壤条件较好，物种正负联结的对数基本相同，而较前两断面土壤条件略差的第三断面（K3），正联结对数明显多于负联结对数。分析其原因可能是对生境要求相同的物种，通过两者之间的正联结作用，共同积聚土样养分，分享土壤水分等营养物种，克服盐分含量较高等恶劣环境条件。较为特殊的是，刚毛柽柳与多枝柽柳，在第二断面（K2）表现为显著正相关，而在第三断面（K3）表现为负联结。其中，多枝柽柳特别需要含水量较多的土壤环境，也具有一定的耐盐性，第三断面（K3）刚毛柽柳和多枝柽柳出现的样方数明显多于第二

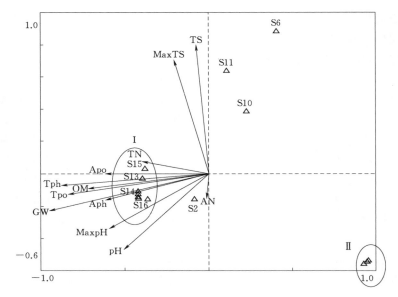

图 7-8　物种 CCA 二维排序图

OM—剖面各层有机质平均值；Tph—剖面各层全磷平均值；Tpo—剖面各层全钾平均值；Apo—剖面
各层速钾平均值；pH—剖面各层酸碱度平均值；TS—剖面各层总盐平均值；MaxTS—剖面各层总盐最
大值；MaxpH—剖面各层酸碱度最大值；GW—各样地地下水位埋深；TN—剖面各层全氮平均值；
AN—剖面各层速氮平均值；Aph—剖面各层速磷平均值

断面（K2），分析其原因可能为第三断面（K3）的土壤水分少于第二断面（K2），使得多枝柽柳和刚毛柽柳间产生竞争，由于种间竞争而造成的排它现象。

3. 荒漠河岸林退化的潜在危害

15 个样地分层土壤总盐测定结果显示（见图 7-9），研究区各断面土壤盐分呈现出距河越远土壤盐分相对越高的趋势。在地面以下 0～50cm 间土壤盐分变化剧烈，第三断面总盐含量明显高于第一和第二断面，最高达 150mg/g 以上。与塔里木河下游同距离土壤总盐（17.7mg/g）相比，近河道土壤在没有淡水的补给下远高于塔里木河，而远河道相差不大。长期的高盐土壤条件下，养分含量势必受到影响，从而造成土壤质量的下降。

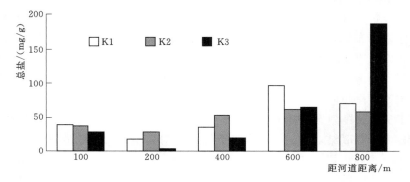

图 7-9　孔雀河不同距离 0～50cm 土层总盐含量

土壤的颗粒组成是反映土壤肥力的一个重要指标，根据国际制土壤颗粒成分分级标准，对研究区颗粒组成进行分析（见表 7-8）。从表 7-8 中可以看出，各断面颗粒组成中砂粒＞粉粒＞黏粒，0～15cm 土层砂粒所占比重为 55%～85%，粉粒在 0%～45% 之间，黏粒在 0%～15% 之间，属于砂质壤土，15～30cm 土层粉粒所占比重有所提高，砂粒比重下降，属于砂质壤土或粉砂质壤土。总体来看，孔雀河下游土壤属于砂质壤土，土壤通透气强但保肥保水效果差，其中第三断面较为特殊，距河道 100m 处 0～15cm 土层砂粒所占比重在各样地中最高，到 15～30cm 达到 100%，说明第三断面近河道土壤沙化严重。

表 7-8　孔雀河下游三断面 0～15cm 土层和 15～30cm 土层土壤颗粒组成　　　　　%

断面	距河道距离	0～15cm 土层			15～30cm 土层		
		黏粒(<0.002mm)	粉粒(0.002～0.02mm)	砂粒(0.02～2mm)	黏粒(<0.002mm)	粉粒(0.002～0.02mm)	砂粒(0.02～2mm)
第一断面	100m	3.04	18.59	78.37	6.01	36.40	57.59
	800m	5.66	36.56	57.78	7.66	60.15	32.19
第二断面	100m	2.17	14.53	83.31	3.41	21.83	74.75
	800m	2.44	15.39	82.17	2.53	15.18	82.29
第三断面	100m	2.04	12.34	85.62	0.00	0.00	100
	800m	4.78	42.12	53.10	5.73	49.14	45.13

历史上，塔里木河与孔雀河是密切联系的两条河，是古丝绸之路的交通要塞。孔雀河下游近 500km 的河道走向几乎与塔里木河平行，两河相距较远处约 50km，最近处只有 3～5km，沿两条河发育的荒漠河岸林是塔里木盆地东北缘的一条重要绿色屏障，阻止了库鲁克沙漠与塔克拉玛干沙漠合拢。孔雀河下游荒漠河岸林的衰败，将极大影响塔里木河"绿色走廊"的生态防护功能及其阻止库鲁克沙漠扩张的作用，同时，重要交通枢纽 218 国道、库尔勒-格尔木铁路将面临沙漠侵蚀的危险。

第二节　孔雀河流域荒漠河岸林保护范围与生态需水量

在孔雀河流域，天然降水无法满足荒漠植物正常的生长需求，地下水成为维系其生长的主要水源。由于人类活动范围和强度的不断加大，河道断流、地下水位下降，导致孔雀河流域荒漠植被分布面积缩小，生长状况衰退。最新统计资料显示，目前孔雀河流域胡杨林面积约 2.06 万 hm²，其中上、中、下游分别为 0.45 万 hm²、0.47 万 hm²、1.15 万 hm²。据遥感数据调查，1975—2015 年间，孔雀河中游的生态用地在空间分布上和面积上都发生了显著变化（见表 7-9）。2000 年以前，沿孔雀河两岸还有大片分布的原始胡杨林地、草地等，尤其是孔雀河南岸，有大片成片分布的生态用地。2010 年后，整片的生态用地几乎消失殆尽，生态用地分布破碎化，大片的草地和林地被开垦，原始胡杨林大面积衰败或死亡。中游河道断流使得沿岸地下水失去补给来源，加之开荒和沿岸地下水超采挤占了荒漠河岸林的生态用水，地下水位显著下降至自然植被可利用的临界水位以下，是导致沿岸荒漠河岸林自然植被严重退化衰败的重要因素。

表 7 - 9　　　　孔雀河普惠-尉犁河段生态用地植被指数（NDVI）面积变化　　　单位：万 hm²

年份	NDVI					
	0.1～0.2	0.2～0.4	0.4～0.6	0.6～0.8	0.8～1	合计
1975	2.99	5.68	0.47	0.00	0.00	9.14
1990	3.28	5.46	0.53	0.03	0.00	9.29
2000	3.29	4.17	1.63	0.04	0.00	9.13
2005	2.15	4.48	1.51	0.05	0.00	8.19
2010	0.51	2.25	1.15	0.12	0.00	4.03
2015	0.86	1.55	0.73	0.49	0.17	3.79

一、荒漠河岸林植被生态保护目标

针对孔雀河流域荒漠河岸林植被现状、规划年流域水资源供需平衡与配置情况，荒漠河岸林生态保育的目标主要包括以下两个方面：

（1）有效保护孔雀河水源地与下游生态系统稳定性和完整性，构建流域生态安全屏障。坚持保护优先、自然恢复为主的方针，保障河道生态用水，局部河段实现河-湖-库连通，增强河道输水能力，保障河流健康。合理调度生态水量，使荒漠河岸林植被盖度在距离河道 5km 范围内总体上达到 10％～30％，沿河一定距离内地下水位埋深保持在 6m 以内，保障主要乔灌植被正常生长。加大生态保护力度，有效保护流域现状荒漠河岸林植被 31.18 万 hm²，包括林地 3.50 万 hm²，高盖度草地 3.89 万 hm²，中盖度草地 8.52 万 hm²。逐步对部分地区受损生态系统（主要包括部分退化林地及 15.27 万 hm² 低盖度草地）进行修复，使沙漠化扩张趋势基本得到遏制。

（2）建设水资源合理配置和高效利用体系，提升流域生态功能。用水总量控制、用水效率控制、水功能区限制纳污控制体系的建立和落实，有助于增强流域水资源调控能力，提高水资源的利用效率。建设流域水资源保护体系，建成水功能区限制纳污控制体系，主要河段水质基本达到Ⅲ类水以上标准，城镇供水水源地水质全面达标，居民饮水安全得到保障，流域生态功能得到提升。

二、荒漠河岸林植被生态保护范围

流域荒漠河岸林植被保护范围根据生态保护远期目标与近期目标，并结合生态需水的保障程度可划分为两个层次：

1. 荒漠河岸林植被保护范围

综合考虑孔雀河流域平原区荒漠河岸林荒漠植被在保障绿洲生态安全、绿洲城市文明可持续发展以及区域生物多样性保育等方面的重要功能，确定荒漠河岸林植被保育的范围为流域内自然分布的全部天然林草。据流域土地利用分析，流域内现有天然植被总面积 31.18 万 hm²，其中林地 3.50 万 hm²，包括有林地 0.06 万 hm²，灌木林地 0.58 万 hm²，疏林地 2.86 万 hm²；草地总面积 27.68 万 hm²，包括高盖度草地 3.89 万 hm²，中盖度草地 8.52 万 hm²，低盖度草地 15.27 万 hm²。天然林草主要建群乔木种为胡杨，灌木物种以柽柳、黑果枸杞、盐穗木等为主；草本植物主要以芦苇、甘草、花花柴、猪毛菜等为主。从植被类型与面积来看，流域天然植被主要以草地为主，占天然植被总面积的

88.77%，其中低盖度草地面积最大，占天然植被总面积的48.97%。因此，流域内天然植被退化严重，大面积低盖度草地荒漠化趋势明显。

2. 荒漠河岸林植被重点保护范围

在现状条件下，为了逐步推进生态保护总目标，依据天然植被分布格局、水分来源，并考虑枯水年整个流域平原区天然植被生态需水供应可能面临不足的现实情况，流域天然植被保护范围可优先考虑下游具有极重要生态防护功能，同时对水分条件响应敏感的生态脆弱区，即灌区以下连片分布的天然河岸植被。流域荒漠河岸林植被重点保护区位于阿恰水利枢纽以下（灌区以下）的河道两岸。该区域分布的荒漠河岸林植被为主要由以胡杨为主的乔木林、以柽柳为主的灌木林以及大面积草地组成，为荒漠地带特有的走廊式荒漠河岸林植被。重点保护区有天然植被7.27万 hm²，其中林地1.17万 hm²，包括有林地0.03万 hm²，灌木林地0.28万 hm²，疏林地0.86万 hm²；草地6.10万 hm²，包括高盖度草地0.91万 hm²，中盖度草地3.00万 hm²，低盖度草地2.19万 hm²。重点保护区仍然以草地为主，面积比例达84.52%，其中中盖度草地占比为41.10%，其中，第三分水枢纽以下的胡杨林生态保护应作为重中之重（见表7-10）。

表7-10　　　　　孔雀河流域天然植被保护面积与植被类型　　　　　单位：万 hm²

保护范围	保护目标	植被类型	植被面积
流域内自然分布的天然植被	确保绿洲生态安全，遏制荒漠区天然植被退化趋势，并有所好转	有林地	0.06
		灌木林地	0.58
		疏林地	2.86
		高盖度草地	3.89
		中盖度草地	8.52
		低盖度草地	15.27
		合计	31.18
灌区下游河岸植被重点保护区	确保灌区以下河岸植被不再退化，进行生态修复与保育	有林地	0.03
		灌木林地	0.28
		疏林地	0.86
		高盖度草地	0.91
		中盖度草地	3.00
		低盖度草地	2.19
		合计	7.27

重点保护区天然植被面积占流域天然植被总面积的23.41%。重点保护区林地面积占整个流域林地面积的33.43%，显然，流域内的天然林集中分布在灌区的河道两岸，是生态保育需重点关注的地方。

三、天然植被生态需水估算

1. 植被需水计算方法

（1）Penman法。通过计算作物潜在腾发量来推算作物生态需水量。植物所需补充的水量可通过水量平衡法来计算。潜在腾发量的计算目前常用的是改进后的 Penman 公式。

实际需水量的计算公式如下：

$$ET = ET_0 K_c f(s) \qquad (7-1)$$

式中：ET 为作物实际需水量，mm/d；ET_0 为植物潜在腾发量，mm/d；K_c 为植物系数，随植物种类、生长发育阶段而异，生育初期和末期较小，中期较大，接近或大于 1.0，一般通过试验取得；$f(s)$ 为土壤影响因素。

在非充分灌溉条件下或水分不足时，土壤影响因素主要反映土壤水分状况对植物蒸腾量的影响，即

$$f(s) = \begin{cases} 1 & \text{当 } \theta \geqslant \theta_{c1} \text{ 时} \\ \dfrac{\ln(1+\theta)}{\ln 101} & \text{当 } \theta_{c2} \leqslant \theta < \theta_{c1} \text{ 时} \\ \dfrac{\alpha \exp(\theta - \theta_{c2})}{\theta_{c2}} & \text{当 } \theta < \theta_{c2} \text{ 时} \end{cases} \qquad (7-2)$$

式中：θ 为实际平均土壤含水率，对于旱地，为占田间持水率百分数，%；θ_{c1} 为土壤水分适宜含水率，旱地为田间持水率的 90%；θ_{c2} 为土壤水分胁迫临界土壤含水率，为与作物永久凋萎系数相对应的土壤含水率；α 为经验系数，一般为 0.8～0.95。

植物在生命任一时段，土壤湿润层内储水的变化量可用水量平衡法计算。在干旱缺水时，对土壤湿润层储水量的要求是植物不发生凋萎死亡，范围可定为土壤适宜含水量和植物凋萎时所对应的含水量之间，由此来确定时段内植物所需补充的水量。

一般用 Penman 法计算的是在充分供水、供肥、无病虫害理想条件下获得的作物需水量，即植被的最大需水量，理论上讲并不是维持植物生长、不发生凋萎的生态需水量，但是该方法主要利用能量平衡原理，理论上比较成熟完整，实际上具有很好的操作性。针对我国对植物生态需水量计算方法研究还比较薄弱的实际情况，该方法可近似计算植物生态需水量。

（2）潜水蒸发法。根据潜水蒸发量间接计算生态需水量。该方法适用于干旱区植被生存主要依赖地下水的情况。对于某些地区天然植被生态用水量计算，若以前工作积累较少，模型参数获取困难，也可考虑采用此方法。干旱区天然植被的实际蒸散可近似地用潜水蒸发量 W 表示。

$$W = E \cdot A \qquad (7-3)$$

式中：E 为潜水蒸发强度，mm；A 为要维持或保护的植被面积。

潜水蒸发与气象要素、土壤质地、土壤水分储量和地下水位埋深等密切相关。目前潜水蒸发法常用的计算公式有：

阿维里扬诺夫公式：

$$E = a(1 - H/H_{\max})^b E_{\Phi 20} \qquad (7-4)$$

阿克苏水平衡站公式：

$$E = E_{20} \cdot (1 - H/H_{\max})^{2.51} \qquad (7-5)$$

式中：E 为潜水蒸发强度，mm；$E_{\Phi 20}$ 为常规气象蒸发皿观测值，mm；H 为地下水位埋深，m；E_{20} 为 20m^2 蒸发池水面蒸发量，使用阿克苏水平衡站多年实测平均值

1292.2mm；H_{max} 为地下水极限埋深，m，按 5m 计算；a、b 分别为经验系数，取 $a=0.62$，$b=2.8$。

需要指出的是，以上公式计算结果均为裸地条件下的潜水蒸散发数值，若考虑不同植被覆盖条件下的潜水蒸散发，需通过植被系数对裸地条件下蒸散发计算结果进行修正，依据宋郁东、樊自立等的研究，塔里木河流域不同潜水埋深条件下的植被影响系数见表 7-11。

表 7-11　　　　　　　　　不同潜水埋深条件下的植被影响系数

潜水埋深/m	1.0	1.5	2.0	2.5	3.0	3.5	4.0
植被影响系数	1.98	1.63	1.56	1.45	1.38	1.29	1.00

（3）不同植物的实测蒸腾量估算。

$$\mu \Delta H = P\lambda_1 + R\lambda_2 - Q_1 \tag{7-6}$$

式中：P、R 分别为灌水量和降水量；λ_1、λ_2 分别为灌溉、降水补给系数。

（4）定额法。

$$W_p = \sum_{i=1}^{n} W_{pi} = A_i m_{pi} \tag{7-7}$$

式中：W_p 为相应植被需水保证率下的植被生态需水量；A_i 为 i 类的植被面积；m_{pi} 为相应保证率的植被需水定额；n 为植被类型数。

（5）基于遥感和 GIS 技术的研究方法。目前最新的研究方法是基于植被生长需水地域分异规律，通过遥感手段、地理信息系统软件和实测资料相结合计算生态需水量。主要思路为：首先利用遥感和 GIS 技术进行生态分区，然后通过生态分区与水资源分区叠加，分析确定各级生态分区的面积及其需水类型，再进一步分析生态分区的空间对应关系，确定生态耗水的范围和标准（定额），并以流域为单元进行降水平衡分析和水资源平衡分析，在此基础上计算生态需水量。

2. 适宜生态水位的确定

自苏联土壤学家波勒诺夫建立"地下水临界深度"的概念以来，许多学者对如何确定潜水位临界深度及怎样把潜水位控制在临界深度以下作了大量研究。在国外，Rli 等（2000）研究了地下水位埋深与植物生长以及土壤盐渍化的关系，研究表明地下水位埋深存在一个合适埋深（2.5~3.0m），在该埋深条件下，既不会减少作物的产量也不会引起土壤的盐渍化。Eamus 等（2006）指出，在缺水环境，陆生植被的生存与演变依赖于能否从潜水面或毛细带直接吸取水分。Lubczynski（2005）在干旱荒漠地区研究得出树木根系能延伸到地下数十米，直接从潜水面吸取蒸腾水分的结论。在国内，临界水位的确定主要考虑因素为土壤盐渍化、植被生长以及环境地质等问题。

地下水适宜水位是指能维持良好地下水环境、保证地下水可持续开发利用、发挥地下水资源环境功能的地下水位埋深。不同的水文地质条件、环境问题和水文年，地下水适宜水位也不相同，因而地下水适宜水位是一个阈值，一般可用最高和最低水位（或埋深）限制值。确定地下水适宜水位的范围主要考虑以下几种因素：①潜水蒸发和土壤盐碱化条件。②地下水可能造成污染的条件。③工程地质环境破坏的条件。④生态环境破坏的条件。⑤地下水的战略储备和空间储备。

　　干旱区植物生存的水分来源包括地表径流、降水和地下水。由于干旱区降雨稀少，地表径流一般都具有时空分布的差异性和有限性，大多数情况下，干旱区植被主要利用地下水来维持其正常生长。因此，对干旱区，地下水开发时应保证该区的地下水位埋深处于一个合理的范围之内，即地下水生态水位。干旱区影响植被生长的土壤水分和盐分与地下水位埋深高低密切相关。地下水位埋深过高，在蒸发的作用下，溶解于地下水中的盐分沿毛管上升水流聚积于表土，使土壤发生盐渍化，对植物产生盐胁迫；地下水位埋深过低，毛管上升水流不易到达植物根系层，使上层土壤干旱，植物生长受到水分胁迫而生长不良，发生荒漠化。从防治土壤盐渍化角度讲，地下水位埋深埋藏深可减少土壤积盐，有利于盐分淋洗；但从防治荒漠化角度，地下水位埋深过深，若无灌溉，植物所需水分难以保证，导致生长衰败，从而促进风蚀沙化的发展。

　　适宜地下水生态水位概括地讲是指满足生态环境要求、不造成生态环境恶化的地下水位埋深，主要受地质结构、地形、地貌和植被等条件影响，是一个随时空变化的函数，是地下水的一个水位区间，其上、下限在不同区域各不一样。在干旱区，其适宜地下水位上限是潜水强烈蒸发的地下水深度，下限是潜水蒸发极限地下水深度。本书把维持天然植被生长所需水分的地下水位埋深称作生态地下水位埋深。由于水量有限，确定合理生态水位的基本原则是地面通常不允许积聚水量，地下水一般不允许上升至根系吸水层以内，以免加重土壤盐渍化。地面水和地下水必须通过毛管适时适量地转化成为植被根系吸水层中的土壤水，才能较好地被各种植物所吸收。因此，合理生态水位的确定有两个限制条件：①地下水位埋深过高，超过毛管水最大含水率的重力水，一般都下渗流失，不能为土壤所保存，不能很好地被植被所吸收；另外在蒸发作用下，溶解于地下水中的盐分可在表层土中聚积，使土壤溶液浓度增大，从而引起土壤溶液渗透压力增加，不利于植被生长。同时土壤水允许的含盐溶液浓度的最高值视盐类及作物的种类而定。②若地下水位埋深过低，地下水不能通过毛管上升来补充因蒸发而损失的土壤水分，使土壤含水率降至凋萎系数以下，即形成所谓的土壤干旱情况，干旱时间过长，即会造成植物死亡。因此，防止土壤干旱的最低要求，就是使土壤水的渗透压力不小于根毛细胞液的渗透压力。

　　由于流域河道两侧植被种类的多样性及交叉覆盖，决定了取单纯的某一植被作为典型计算并不具有代表性，而各种植被同时计算则由于无一致性而对其值无法取舍，需通过实际调查植被分布状况，分析地下水、土壤水与植被生长状况的关系确定生态地下水位埋深，也就是确定既不使土壤发生强烈盐渍化又不发生荒漠化的适宜生态水位。适宜生态水位不是一个值，而是包含上限和下限的区间，其中上限值即为潜水强烈蒸发的地下水深度，下限值即为潜水蒸发极限地下水深度。

　　根据生态适宜性原理，在植被最适地下水位埋深附近，植物生长最好，出现频率最高，相应的植被盖度就高；在植物的适宜地下水范围内，植物生长良好；在其他地下水范围内则植被长势受水分亏缺或土壤盐渍化的影响，生长相对不好，出现频率相应就低，盖度就低。依据在塔里木河下游8个断面地下水变化与野外实地调查数据的统计分析：塔里木河下游植被的盖度、物种数、植物总高度等，在不同的地下水位埋深范围内差异明显。总的来说，植被盖度、物种数、总高度这3个指标随着地下水位埋深的增加而呈现下降趋势：在4m前植被盖度下降速度较快，4～5m间变化不大，超过5m植被盖度再次下降，且低于 10%；随着地下水位埋深的下降，样地内植物种类也逐渐下降，从最高一个样地的 8 种植物降到只剩 2 种植物，说明随着水分条件的恶化，群落结构趋向单一。研究认为 5m 左右是植被特征发生显著变化的埋深。5m 是大多数植被生存的生态地下水位埋深下限。如果超过这一水位，潜水停止蒸发，不能增加上层土壤水分含量，植被难以生存。另外，当地下水位埋深在 3.72～4.86m 变动时，土壤含水量的变动范围是 4.403%～11.404%，平均土壤含水量为 8.129%，略高于该流域天然植被的凋萎系数 7%，说明当地下水位埋深超过 5m 时，土壤水分得不到有效供应，低于该凋萎系数，植被将逐渐衰亡。土壤含水量与天然植被的这种关系进一步证实，5m 可作为地下水蒸发的极限埋深。因此将 5m 定为地下水蒸发的极限埋深是合理的。

3. 生态需水定额

生态用水的形式主要以河道入渗补给地下水及洪水漫溢的地面灌溉为主。河道入渗在河道两岸横断面上形成一个近似梯形的地下水区域，使荒漠河岸林植被的根系能够有效地吸收水分；洪水漫溢地面灌溉可使植被达到自我更新、孕育幼林和草本植物生长的需水要求。

在确定孔雀河流域生态需水定额时，主要以塔里木河干流的相关研究成果为参考。据 2008 年塔里木河干流上、中、下游分区荒漠河岸林生态耗水分析，干流生态用水定额为 $2235m^3/hm^2$，其中，上游区为 $2125.6m^3/hm^2$，中游区为 $2277.7m^3/hm^2$，下游区为 $2344.6m^3/hm^2$。上游区植被主要以林木为主，以灌、草类植被为辅，生态用水以河道漫溢形成的地面灌溉为主，河道入渗补给地下水为辅，故用水指标较高；中游区植被以林、灌、草结合，生态用水形式以河道及叉流入渗补给地下水为主，河道漫溢形成的地面灌溉为辅，用水指标适中；下游区由于总水量不足，植被衰败、枯萎，生态用水以河道入渗补给地下水为主，下游英苏以下河道断流 30 多年，地下水位埋深已下降至 9～13m，用水指标异常偏低。

根据生态用水的不同特点，特别是塔里木河两岸的自然植被主要依靠洪水漫溢和河道入渗补给地下水维持生机的特点，其生态用水指标也由于各自统计计算方法不同而计算值各异：

（1）中科院新疆地理所计算资料为 $3900m^3/hm^2$。

（2）新疆水利厅流域规划办公室计算资料为 $3885m^3/hm^2$。

（3）清华大学塔里木河干流水均衡模型计算资料为 $3495m^3/hm^2$。

（4）根据前人研究成果，有林地为 $3000m^3/hm^2$；疏林地为 $1500m^3/hm^2$；高盖度草地为 $2340m^3/hm^2$。

根据上述指标，并参考潜水蒸发与水平衡公式计算的需水量结果，确定孔雀河流域现状条件下：有林地和灌木林需水定额为 $3000m^3/hm^2$；疏林地需水定额为 $1500m^3/hm^2$；高盖度、中盖度与低盖度草地需水定额分别为 $3000m^3/hm^2$、$2250m^3/hm^2$ 和 $1125m^3/hm^2$。

4. 生态需水计算结果

采用潜水蒸发法和定额法分别估算了孔雀河流域荒漠河岸林植被最低生态需水量，其中潜水蒸发法采用了阿克苏水平衡公式和阿维里扬诺夫公式。根据估算结果，如果以流域内分布的全部天然植被为保护目标，则阿克苏水平衡公式计算的最低生态需水量为 3.25 亿 m^3，其中有林地、灌木林地、疏林地、高盖度草地、中盖度草地和低盖度草地生态需水量分别为 200 万 m³、1000 万 m³、100 万 m³、1.28 亿 m³、1.49 亿 m³ 和 3500 万 m³；阿维里扬诺夫公式计算的天然植被生态需水量为 2.81 亿 m³，其中有林地、灌木林地、疏林地、高盖度草地、中盖度草地和低盖度草地生态需水量分别为 200 万 m³、900 万 m³、100 万 m³、1.17 亿 m³、1.28 亿 m³ 和 2400 万 m³；定额法计算的天然植被生态需水量为 5.43 亿 m³，其中有林地、灌木林地、疏林地、高盖度草地、中盖度草地和低盖度草地生态需水量分别为 200 万 m³、1700 万 m³、4300 万 m³、1.17 亿 m³、1.92 亿 m³ 和 1.72 亿 m³。

为了避免单一计算方法的不确定性，将上述三种方法计算结果进行平均，最终流域天然植被最低生态需水量为 3.83 亿 m³，其中林地需水 2900 万 m³，草地需水 3.54 亿 m³。将阿恰枢纽以下河岸植被作为流域天然植被重点保护区域，则重点保护区域内天然植被最低生态需水量计算结果为：阿克苏水平衡公式计算的生态需水量为 9340 万 m³，其中有林地、灌木林地、疏林地、高盖度草地、中盖度草地和低盖度草地生态需水量分别为 100 万 m³、500 万 m³、40 万 m³、3000 万 m³、5200 万 m³ 和 500 万 m³；阿维里扬诺夫公式计算的天然植被生态需水量为 8030 万 m³，其中有林地、灌木林地、疏林地、高盖度草地、中盖度草地和低盖度草地生态需水量分别为 100 万 m³、400 万 m³、30 万 m³、2700 万 m³、4500 万 m³ 和 300 万 m³；定额法计算的天然植被生态需水量为 1.41 亿 m³，其中有林地、灌木林地、疏林地、高盖度草地、中盖度草地和低盖度草地生态需水量分别为 100 万 m³、800 万 m³、1300 万 m³、2700 万 m³、6700 万 m³ 和 2500 万 m³。3 种计算结果平均，重点区生态需水量为 1.05 亿 m³，其中林地需水量 1100 万 m³，草地需水量 9500 万 m³（见表 7-12）。

表 7-12　　　　　　　　孔雀河流域不同保护范围最低生态需水量估算

保护范围	植被类型	植被面积/万 hm²	最低生态需水量/亿 m³		
			阿克苏水平衡站公式	阿维里扬诺夫公式	定额法
流域内自然分布的天然植被	有林地	0.06	0.02	0.02	0.02
	灌木林地	0.58	0.10	0.09	0.17
	疏林地	2.86	0.01	0.01	0.43
	高盖度草地	3.89	1.28	1.17	1.17
	中盖度草地	8.52	1.49	1.28	1.92
	低盖度草地	15.27	0.35	0.24	1.72
	合计	31.18	3.25	2.81	5.43
	平均		3.83		
灌区下游河岸植被重点保护区	有林地	0.03	0.01	0.01	0.01
	灌木林地	0.28	0.05	0.04	0.08
	疏林地	0.86	0.00	0.00	0.13
	高盖度草地	0.91	0.30	0.27	0.27
	中盖度草地	3.00	0.52	0.45	0.67
	低盖度草地	2.19	0.05	0.03	0.25
	合计	7.27	0.93	0.80	1.41
	平均		1.05		

续表

保护范围	植被类型	植被面积/万 hm²	最低生态需水量/亿 m³		
			阿克苏水平衡站公式	阿维里扬诺夫公式	定额法
应急输水天然植被抢救保护区	有林地	0.06	0.02	0.02	0.02
	灌木林地	0.58	0.10	0.09	0.17
	疏林地	2.86	0.01	0.01	0.43
	高盖度草地	3.89	1.28	1.17	1.17
	合计	7.39	1.41	1.29	1.79
	平均		1.50		

将第三枢纽以下离河岸横向距离 2~3km 以内的良好河岸植被作为应急输水天然植被抢救保护范围，则抢救保护区域内天然植被最低生态需水量计算结果为：阿克苏水平衡公式计算的最低生态需水量为 1.41 亿 m³；阿维里扬诺夫公式计算的最低生态需水量为 1.29 亿 m³；定额法计算的最低生态需水量为 1.79 亿 m³。3 种计算结果平均，天然植被"抢救"保护范围最低生态需水量为 1.50 亿 m³，其中良好林地需水 2900 万 m³，良好草地需水 1.21 亿 m³（见表 7-12）。

第三节　基于生态恢复的孔雀河应急输水与效益评估

在南疆塔里木盆地，主要以山地和荒漠为主体，绿洲面积不足 5%，且被荒漠分割包围。因此，绿洲外围荒漠植被的保护和荒漠环境的稳定对人类生存、生活的载体——绿洲的生态安全与可持续发展至关重要。在过去的几十年里，孔雀河流域的经济社会得到了快速发展。然而，在人工绿洲面积不断扩大，城市建设突飞猛进，人们生活水平大幅度提升的同时，绿洲外围广大荒漠区的生态系统退化，荒漠河岸林植被大面积死亡，荒漠化加剧发展，库尔勒-尉犁绿洲的生态隐忧日益凸显。孔雀河中、下游胡杨林生态系统严重退化的关键原因在于水，由于耕地面积的不断扩大，流域生态用水被强烈挤占，特别是地下水开发管控力度不够，过度开发地下水用于灌溉，维系荒漠植被生存的地下水水位大幅下降，导致荒漠生态系统严重退化，生态保护与屏障功能降低。针对孔雀河中、下游河道长期断流、胡杨林严重衰败及引发的严峻生态环境问题，为落实国家生态文明建设方针部署，践行国家绿色发展理念，2016 年起，以抢救孔雀河荒漠河岸林自然植被为主旨的孔雀河应急生态输水开始系统实施，截至 2019 年底，已经连续实施 4 年。

孔雀河的应急生态输水工程是"丝绸之路经济带"生态文明建设的一项务实行动，生态效益显著。通过对孔雀河中、下游连续 4 年的生态补水，沿河地下水位埋深明显提升，上游由输水前平均埋深 10.59m，抬升到目前平均埋深 5.85m，平均抬升 4.74m；中游地下水位埋深由输水前平均埋深 15.36m 抬升到平均埋深 10.36m，平均抬升 5.00m；下游平均抬升 0.18~0.63m。输水后上、中游地下水矿化度分别平均降低了 0.62g/L 和 2.47g/L，下游地下水矿化度平均下降了 1.42~2.45g/L。

通过 2016—2019 年连续 4 年对孔雀河生态补水，生态输水累计影响范围超过

1500km²；自然植被面积由 171km² 增加到 352km²，增加了 181km²；水体面积从无增加到 31km²，超过 600km 的干枯河道再次迎来河水；自然植被 NDVI 值显著增加，植被长势好转，绿度增加；中、低盖度自然植被及高盖度自然植被随输水进程均显著增加；

2016—2019 年连续 4 年对孔雀河的生态补水，受到各级政府、领导与社会各界的广泛关注，新华社、新华网、中国新闻网、环球网及环球日报、中国财经、新浪新闻、搜狐新闻及网易新闻等主流媒体全程跟踪报道，获得了社会上一致好评与点赞。这既彰显了国家与各级政府自党的十八大以来推行绿色发展、强化人与自然和谐发展理念的决心，同时也是对全社会实施的一次关于生态文明建设宣传教育的实践，有效提升了公众的生态意识，获得社会普遍认可与一致好评，同时获得流域各族人民的满意赞同，取得了良好的社会效益。

一、生态输水实施情况及输水方案

（一）孔雀河生态输水实施情况

向孔雀河中、下游的应急生态输水工程自 2016 年起至 2019 年已经连续实施了 4 年，累计向孔雀河中、下游输送生态水超过 17 亿 m³，各年输水时间及输水量如下。

2016 年 8 月 26 日，孔雀河生态输水正式开始实施，输水同时从博斯腾湖调水经第三分水枢纽和塔里木河干流经乌斯曼河、亚森卡德尔生态闸等向孔雀河断流河道输水。于 9 月 24 日，水头到达孔雀河下游阿克苏甫乡一道坝，完成了预期输水目标，10 月 9 日输水停止。本次孔雀河生态输水历时 45d，向孔雀河干涸河道输水距离长达 265km，五条线路累计向孔雀河中、下游输水 2 亿 m³。

2017 年塔里木河流域管理局结合对上游来水情况和博斯腾湖水位以及孔雀河生态需水的分析，于 8 月 1 日再次向孔雀河中、下游实施生态输水。输水采用博斯腾湖与塔里木河干流双水源调水，沿孔雀河河道、西干渠、东干渠和塔里木河干流乌斯曼枢纽和亚森卡德尔生态闸口至乌斯曼河、阿其克枢纽至恰阳河五条通道多线路同步协同实施。10 月 26 日，生态输水历时 87d，水头到达孔雀河下游的 35 团营盘大桥，并在历经 15 年后再次到达下游"孔雀大开屏"位置（孔雀河下游 1 号节制闸下游河道开阔处）。截至 2017 年 11 月 18 日，累计输送生态水 6.22 亿 m³，其中经博斯腾湖调水 3.98 亿 m³，从塔河干流调水向孔雀河输水 2.24 亿 m³。

为巩固前两年生态输水成果，恰逢开都河丰水年和博斯腾湖高水位的有利时机，通过科学调度，精心组织，2018 年 4 月 6 日，连续第三年向孔雀河中、下游实施生态输水，水头历经 44d 到达孔雀河下游营盘大桥。夏季农业用水高峰期错峰后，8 月末再次实施向孔雀河中、下游的生态输水，水头再次到达孔雀河下游的"孔雀大开屏"。截至 10 月 10 日，累计生态输水 4.34 亿 m³。

2019 年，开都河连续丰水年，并且孔雀河源头——博斯腾湖水位持续保持在 1048m 左右的高水位，4 月 10 日，流域管理部门与地方政府统一协调，连续第四年向孔雀河实施生态输水，截至 12 月底，累计输送生态水 4.52 亿 m³。具体 4 年的生态输水情况见表 7-13。

表 7 - 13　　　　　　　　　　2016—2019 年孔雀河生态输水情况统计

输水年	水源	输水路线方案	输水时间	水头到达位置	输水量/亿 m³
2016	博斯腾湖与塔里木河干流双水源调水	多路线分段协同调水分别沿孔雀河河道、东干渠、西干渠、乌斯曼河、恰阳河等五条路线协同实施	8 月 26 日至 10 月 9 日	尉犁县阿克苏甫乡一道坝	2.00
2017	博斯腾湖与塔里木河干流双水源调水	多路线分段协同调水分别沿孔雀河河道、东干渠、西干渠、乌斯曼河、亚森卡德尔河、阿拉河、恰阳河等多条路线协同实施	8 月 1 日至 11 月 18 日	水头到达 35 团营盘以下的"孔雀大开屏"	6.22
2018	博斯腾湖	经孔雀河河道实施	4 月 6 日至 10 月 10 日	水头到达 35 团营盘以下的"孔雀大开屏"	4.34
2019	博斯腾湖	经孔雀河河道实施	4 月 10 日至 12 月 31 日	水头到达 35 团营盘以下的"孔雀大开屏"	4.52
2016—2019 年累计输水量					17.08

（二）孔雀河生态输水方案及路线

在综合考虑生态输水水源、输水路线距离、输水沿途可能的损耗、输水前提和各引水枢纽实施生态输水的可行性，并兼顾考虑流域水资源的时空差异性等，确定了向孔雀河中、下游生态输水采用多渠道、多水源、多路线分段协同实施的方案。

依据输水水源的不同，分为博斯腾湖引水方案与"引塔济孔"方案，每一套方案下，又依据输水路线的不同，在博斯腾湖引水向孔雀河中、下游生态输水中又分为东线与西线协同分段输水。东线为博斯腾湖引水至第一分水枢纽，经希尼尔水库沿东干渠向孔雀河下游输水；西线为博斯腾湖引水入孔雀河河道，经第三分水枢纽、普惠水库向孔雀河中游输水至尉犁县城。在"引塔济孔"方案中提出包括北线、中线和南线三条输水路线的输水方案。北线是引塔里木河干流来水经沙子河生态闸、沙子河故道调水入普惠水库向孔雀河中、下游输水；中线是引塔里木河干流来水经乌斯曼枢纽及其上、下游的部分生态闸，沿乌斯曼河经塔里木水库向孔雀河中、下游输水；南线是经阿其克枢纽，沿渭干河与恰阳河引水至 66 分水闸，向孔雀河下游输水。

经过多次野外实地踏勘与野外调查，结合流域水资源及水文特征的综合分析，提出针对博斯腾湖调水和"引塔济孔"两个水源方案的五条路线，具体阐述如下。

1. 博斯腾湖引水方案

（1）西线。这一输水路线是从博斯腾湖引水作为向孔雀河下游生态输水的水源，经博斯腾湖引水，下输生态水沿孔雀河河道下泄，先后经孔雀河第一分水枢纽、第三分水枢纽后进入普惠水库，然后沿河道向尉犁县城输水，此路线主要是向孔雀河中游实施生态输水，以抢救中游河岸两侧濒死的胡杨。

博斯腾湖引水西线输水经过孔雀河流域中游主要灌区，可以有效缓解各绿洲区因河道断流和地下水超采造成的地下水位埋深下降的问题，并对绿洲区自然植被的生态需水保障有实际意义，也能够带来良好的社会效益与经济效益。这一输水路线在多年断流和绿洲区地下水过量开采的背景下，河损相对较大，特别是普惠水库至尉犁县城段的 106km 河段，以及尉犁县城以下至 66 分水闸段的河道断流多年，生态输水下泄过程中会下渗较多，输水进程会较为迟缓，因此要保证输水水头，可以考虑把西干渠作为本路线的补充，以加快这一路线的输水进程，在有限的丰水期内保证输水目标的完成。

（2）东线。这一输水路线是从博斯腾湖引水作为向孔雀河下游生态输水的水源，经第一分水枢纽后进入东干渠，沿东干渠经希尼尔水库至 66 分水闸或者闸前向孔雀河分水通道，实施向孔雀河下游的生态输水。

博斯腾湖引水东线输水结合孔雀河河道与流域内输水干渠，沿途的希尼尔水库为塔里木河流域管理局管辖，可以实现生态输水及时下泄，整个东线输水通道完整，孔雀河第一分水枢纽沿东干渠至 66 分水闸仅 55km，输水线路快捷可行。这一输水路线有效地利用了流域较为完备的水利设施，通过流域内防渗输水干渠向孔雀河下游实施生态输水，输水线路更短，沿途损耗更小，输水效率更高，同时沿干渠水量监测管理相对完善，容易对输水进程和水量进行管理和及时调整。

2. "引塔济孔"调水方案

（1）北线。"引塔济孔"北线输水是在塔里木河干流洪水期，从沙子河、亚森卡德尔生态引水闸引水，沿沙子河、阿拉河故道分别至普惠水库、塔里木书库等区域，之后经由普惠水库、塔里木水库库外输水渠道向孔雀河中、下游实施生态输水。

每年夏季，塔里木河干流会有为期近一月的洪水期，干流来水会显著增加，包括沙子河生态引水闸在内的各干流生态引水通道可实现引水。沙子河故道形态基本保留，塔河干流沙子河生态引水闸口功能完好，引塔里木河干流水经此向孔雀河实施生态输水是可行的。这一生态引水输水路线充分利用了塔里木河干流的洪水与干流生态引水设施，通过跨流域调水，可以有效缓解流域水资源时空分布差异造成的管理型与工程型缺水，有助于实现各流域间的"丰枯互济、空间互调、优势互补"，增加流域水资源的利用有效性。同时，经由这一输水路线向孔雀河调水并实施生态输水，可以兼顾塔里木河干流中游北岸数十公里荒漠河岸林植被的生态修复与生态水补给，具有较好的生态效益。但是，输水路线较长，下泄生态水沿途损耗较大，输水效率相对较低，输水成本较高。

（2）中线。"引塔济孔"中线输水路线是通过塔里木河干流乌斯曼分水枢纽和亚森卡德尔生态闸口等，在干流洪水期经乌斯曼河故道，流经塔里木水库至孔雀河，经尉犁县城向 66 分水闸和孔雀河下游实施生态输水。

塔里木河干流乌斯曼枢纽在经过近期综合治理改建后，功能完备且引水过水能力显著提升，并可以实时监控来水及引水量。这一输水路线充分利用了塔里木河干流的生态引水设施，可以实现在不影响干流下泄水任务的情况下合理调水。同时，经由这一路线的生态输水同样可以兼顾到塔里木河干流中游中下段北岸荒漠河岸林的保育修复，对塔里木河干流的生态保育，特别是距离干流河道较远的胡杨林保育具有较好的生态效益。

（3）南线。"引塔济孔"南线输水路线是通过塔里木河干流阿其克分水枢纽，在干流洪水期经渭干河、恰阳河故道至 66 分水闸向孔雀河下游实施生态输水。

阿其克分水枢纽位于塔里木河干流中游，功能完好并设有水文监测站，该枢纽常年承担着分流干流来水及附近灌区的分水任务。由此向东北方向的渭干河和恰阳河河道形态完整，且恰阳河近年进行过疏浚整理，过水能力较好，经由此向孔雀河下游实施生态输水可行。这一输水路线是"引塔济孔"方案中三条路线中最短的一条，由塔里木河干流分水枢纽至孔雀河66分水闸仅有约35km，沿途灌区较少，因下渗和可能发生的灌区沿途取水造成的输水水量损失相对较低。个别区段需要进行疏浚整治，提高过水能力过程中可能发生的占地与移民问题等基本不存在，可以有效地保证"引塔济孔"生态输水的下泄。输水前需要对河道部分狭窄瓶颈处进行整治，以提升过水能力，保证生态输水水头。另外，因为多年断流，原有孔雀河近66分水闸及恰阳河河道部分区段有当地居民拦蓄水建成的土坝，在输水前需要拆除，以保证生态水下泄。

二、生态输水对地下水位埋深的影响

本项研究地下水监测依托在孔雀河建设的8条地下水长期监测断面，共有40眼地下水监测井。分别采用HOBO U20系列水位记录仪和自动发射水位监测系统实时自动采集数据。同时，为了更全面了解区域内生态输水前后地下水位埋深变化情况，在孔雀河输水初期监测断面尚未建立时，在孔雀河上游（第三分水枢纽-普惠水库）和中游（普惠水库-66分水闸）沿河选择了25眼农用井进行地下水位埋深监测。

（一）地下水监测断面与监测井的建设

2014年在孔雀河下游阿克苏甫水库以下建设三条地下水监测断面（K1、K2、K3），每个断面5眼地下水监测井，每眼监测井距河道的距离分别为：100m、200m、400m、600m和800m。

2016年为配合孔雀河生态补水效应的监测，分别在库尔勒市普惠水库上游和经济牧场以下的尉犁县境内分别增设了两个地下水监测断面（KS、KZ），每个断面5眼地下水监测井，距河道距离分别为100m、200m、400m、600m和800m。

2018年，为精细监测孔雀河上、中游沿河地下水位埋深大，生态退化最为显著的区段，在孔雀河上游的曾家桥、中游被誉为巴音郭楞蒙古自治州（以下简称巴州）后花园的古勒巴格乡和阿克苏甫水库上游三地新增3条地下水监测断面，每条断面5眼地下水监测井，每眼监测井距河道的距离分别为：100m、200m、400m、600m和800m。

（二）生态补水前后孔雀河沿岸地下水位埋深变化

1. 孔雀河上、中、下游平均地下水位埋深在生态输水中的变化

从纵向上看（见图7-10），无论是输水前还是输水后，孔雀河中游普惠水库以下地下水位埋深都最大，输水前孔雀河中游地下水位埋深平均为15.36m，经过近四年生态输水，地下水位埋深抬升至平均10.36m，地下水位埋深平均抬升了5.00m；孔雀河上游地下水位埋深在输水前仅次于中游，平均埋深10.59m，经过近四年生态输水，地下水位埋深抬升至平均5.85m，平均抬升了4.74m；孔雀河下游因为相对较少人为活动扰动，地下水位埋深输水前平均在2.04~6.48m，平均地下水位埋深4.98m，近四年输水后，地下水位埋深分别抬升0.18~0.63m不等。

分别对孔雀河上、中、下游地下水位埋深随输水进程的变化特征分析可以看出，伴随着2016—2019年胡杨林抢救生态输水专项工作的进展，孔雀河两岸的地下水得到有效的补给，特别是孔雀河上、中游地区，原本因为地下水超采造成的地下水位埋深加剧的问题得到遏制，地下水位开始逐步恢复（见图7-11）。

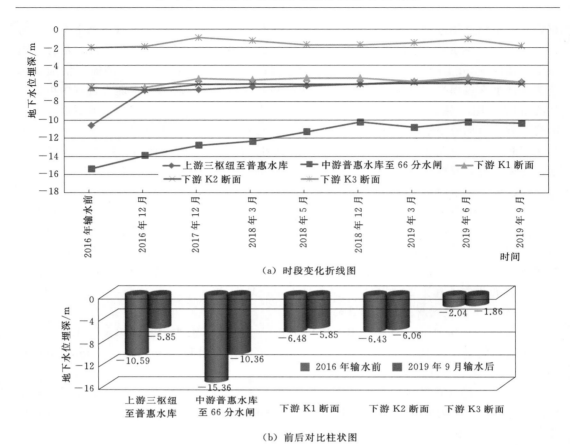

（a）时段变化折线图

（b）前后对比柱状图

图 7-10　孔雀河河岸两侧 1km 范围内地下水位埋深纵向变化特征

孔雀河第三分水枢纽至普惠水库的上游河岸两侧约 1km 范围内，地下水位埋深由生态输水前的 10.59m，经 2016—2019 年生态输水，输水后分别抬升至平均 6.77m、6.68m、6.04m 和 5.85m；普惠水库至 66 分水闸段的中游河岸两侧 1km 范围地下水位埋深由输水前的平均 15.36m 抬升至输水后分别平均为 13.88m、12.77m、10.23m 和 10.36m；阿克苏甫水库以下的孔雀河下游河岸两侧 1km 范围内地下水位埋深变化不大，但也略有抬升，2016 年生态输水前孔雀河下游三个断面地下水位埋深平均 4.98m，经过 2016—2019 年连续 4 年的生态输水，沿河两岸地下水位埋深抬升至平均 4.59m（见图 7-11）。

2. 孔雀河各断面生态输水前后横向上地下水位埋深变化

（1）孔雀河上游曾家桥断面（Kzjq）地下水位埋深变化特征。孔雀河上游曾家桥断面（Kzjq）是 2018 年新建断面，5 眼地下水监测井分别距离河道 100m、200m、400m、600m 和 800m。经过 2016—2019 年的生态输水，孔雀河上游曾家桥断面在 2018 年 10 月地下水位埋深 5.08～7.29m，平均 6m 左右。随后虽然生态输水结束，但是因为河道里的生态水仍在补给地下水，因此地下水位仍在缓慢抬升。至 2018 年 12 月，伴随河道内水位下降，地下水位埋深开始回落，埋深增加至 5.33～8.64m。2019 年 4 月生态输水后，该断面五口监测井地下水位均有所抬升，至 2019 年 6 月 1 日，距离河道 100m、200m、

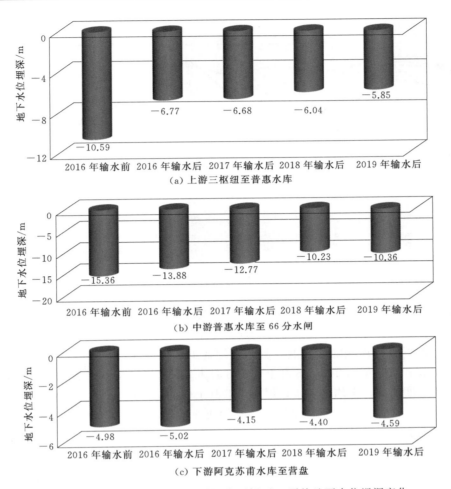

图 7-11　孔雀河上、中、下游河岸两侧 1km 平均地下水位埋深变化

400m、600m 和 800m 的地下水位埋深分别为 5.16m、5.43m、6.56m、6.91m、5.52m。7 月、8 月随着灌溉期的来临，抽取地下水量增大，地下水位埋深下降，9 月灌溉期结束后地下水位埋深缓慢回升（见图 7-12）。

（2）孔雀河上游 KS 断面地下水位埋深变化特征。孔雀河上游 KS 断面建于 2016 年 12 月。距河道 100m、200m、400m、600m 和 800m 的初始地下水位埋深分别是 7.93m、7.17m、5.82m、6.40m 和 6.73m，表现为在靠近河道处，由于接近农区，地下水位埋深更深，波动也更大。距河道 100m 和 200m 的地下水位埋深最深，远高于断面平均埋深，而距河道 400m 的地下水位埋深最浅；距河道 600m 和 800m 的地下水位埋深也浅于断面平均地下水位埋深。这是因为靠近农区的监测井受地下水开采所致。

2016 年 12 月 24 日至 2017 年 1 月上旬，KS 断面总体地下水位埋深呈微弱的抬升趋势，平均地下水位埋深由 6.81m 抬升至 6.74m，抬升了 0.07m。原因包括两方面：一是 2016 年生态输水的贡献；二是随着秋冬季用水减少，地下水位埋深自然回升。2017 年 1 月上旬至 2 月上旬，地下水位埋深呈下降趋势，平均下降了 0.16m。2 月上旬至 2 月底，

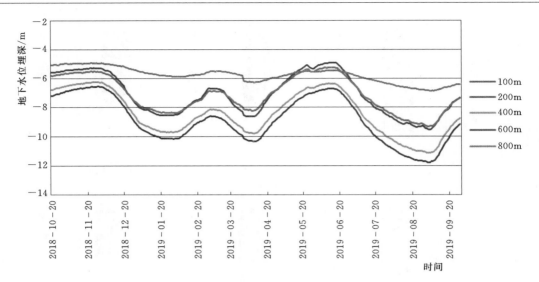

图 7-12　孔雀河上游曾家桥断面地下水位埋深变化

地下水位埋深又呈抬升趋势，平均地下水位埋深由 2 月上旬的 6.90m 抬升至 2 月底的 6.84m，抬升了 0.06m。这主要是冬灌引起的地下水位埋深波动。3 月初至 4 月底，随着春灌开始，地下水位埋深随之开始下降，平均地下水位埋深由 3 月初的 6.86m 下降至 4 月底的 7.10m，下降了 0.24m。5 月上旬至 8 月上旬，正值棉花生长需水高峰期，地下水位埋深下降速度加快，平均地下水位埋深由 5 月上旬的 7.05m 下降至 8 月上旬的 7.54m，下降了 0.49m。8 月 10 日之后，地下水位埋深快速抬升，距河道 800m 范围内地下水位埋深的差距逐渐变小，尤其是距河道 100m 的地下水位埋深抬升最快（见图 7-13）。

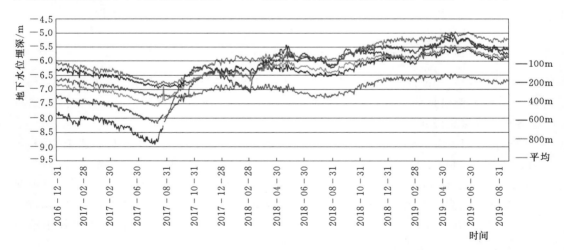

图 7-13　孔雀河上游（KS 断面）距河不同距离地下水位埋深变化

上游 KS 断面 2017 年 9 月 1 日，距河道 100m、200m、400m、600m 和 800m 的地下水位埋深分别是 7.93m、7.89m、6.48m、6.90m 和 7.22m，平均地下水位埋深为 7.28m。9 月 1 日至 11 月 20 日，地下水位埋深逐步抬升，平均抬升了 0.22m，距河道

800m 范围内地下水位埋深的差距逐渐变小，尤其是距河道 100m 的地下水位埋深抬升最快，距河道距离越远，抬升幅度越小。除了农业灌溉高峰已过，停止抽取地下水灌溉棉花这一原因外，更主要是 2017 年生态输水对地下水的快速补给。2017 年 11 月 20 日至 2018 年 2 月中旬，距河道 100m 的地下水位埋深呈显著下降趋势，下降了 0.84m，而距河道较远的地下水位埋深保持稳定。2 月下旬，地下水位埋深都呈下降趋势。3 月之后，随着补水量增大，地下水位埋深又呈上升趋势。至 5 月底，距河道 100m、200m、600m 和 800m 的地下水位埋深分别为 5.70m、5.88m、6.33m、7.02m，平均为 6.23m，相对于 2 月底平均抬升了 0.58m。2018 年 9 月，年内第二次生态输水启动，地下水再次接受补给使地下水位埋深继续抬升。2018 年 10 月底，KS 断面平均地下水位埋深抬升至平均 6.07m，至 2018 年底，KS 断面地下水位埋深已经抬升至 5.58～6.73m，平均 6.04m，较 2016 年底平均 6.81m 的埋深抬升了 0.77m。距河道近的地下水位埋深受河道流量影响大，地下水位埋深波动较远离河道的地下水位埋深更大（见图 7-13）。

2019 年生态输水后，地下水位埋深明显抬升。至 2019 年 5 月 30 日，距河道 100m、200m、400m、600m 和 800m 的地下水位埋深分别为 5.30m、5.24m、5.00m、5.62m 和 6.53m，平均地下水位埋深 5.54m，比 2018 年同期平均地下水位埋深高 0.62m。6—8 月植物生长旺盛，用水量增大，地下水位埋深略有下降，平均地下水位埋深从 6 月初的 5.62m 下降到 8 月底的 5.86m，下降了 0.24m。9 月灌溉期逐渐结束，地下水位埋深开始缓慢抬升。

孔雀河上游沿岸地下水对生态输水响应最为迅速，输水开始一周内地下水位埋深即会明显响应，地下水位埋深对输水的响应幅度随距离河道渐远而逐渐下降，距离河道 800m 处对生态输水响应较慢，多在输水一个月后才缓慢响应。生态输水对地下水的补给影响范围在孔雀河上游超过 800m 宽。距离河道 100m 范围内的地下水在生态输水后最先迅速反应，水位快速抬升，但是在停止输水后，因为地表水对地下水补给的水力坡降减小，以及沿河地下水开采等人为因素，水位快速回落，特别是距河道 200m 范围内地下水位埋深下降尤为明显。距离河道 200m 以远的区域，地下水位埋深在生态输水结束后相对比较平稳。2017 年多次联合执法之后，2017 年生态输水结束后，上游断面地下水位埋深除近河道 100m 内范围地下水位埋深回落外，其余并未像 2016 年生态输水结束后显著下降，这为 2018 年生态输水该区域地下水位埋深进一步恢复打下了良好基础。在 2018 年和 2019 年期间，地下水位埋深都维持较平稳的态势，未出现大幅度下降，说明生态输水对于地下水位埋深的补给产生持续且稳定的作用。上游地下水位埋深变化具体见表 7-14。

表 7-14　　　　孔雀河上游（KS 断面）距河不同距离地下水位埋深变化　　　　单位：m

时间（年-月-日）	100m	200m	400m	600m	800m	平均
2016-12-24	-7.93	-7.17	-5.82	-6.40	-6.73	-6.81
2016-12-31	-7.87	-7.25	-5.76	-6.33	-6.64	-6.77
2017-01-31	-8.10	-7.42	-5.90	-6.40	-6.70	-6.91
2017-02-28	-7.95	-7.36	-5.87	-6.36	-6.65	-6.84
2017-03-31	-8.02	-7.42	-5.99	-6.49	-6.79	-6.94

续表

时间（年-月-日）	100m	200m	400m	600m	800m	平均
2017-04-30	-8.26	-7.64	-6.09	-6.60	-6.90	-7.10
2017-05-31	-8.35	-7.74	-6.20	-6.67	-7.00	-7.19
2017-06-30	-8.70	-7.92	-6.31	-6.78	-7.10	-7.36
2017-07-31	-8.89	-8.09	-6.40	-6.86	-7.12	-7.47
2017-08-31	-7.97	-7.93	-6.48	-6.90	-7.19	-7.29
2017-09-30	-6.92	-7.41	-6.42	-6.91	-7.23	-6.98
2017-10-31	-6.28	-6.74	-6.40	-6.66	-7.21	-6.66
2017-11-30	-6.25	-6.40	-6.15	-6.44	-7.04	-6.46
2017-12-31	-6.55	-6.40	-6.06	-6.40	-6.98	-6.48
2018-01-31	-6.79	-6.39	-5.84	-6.25	-6.84	-6.42
2018-02-28	-7.06	-6.61	-5.98	-6.36	-7.04	-6.61
2018-03-31	-6.02	-6.16	-5.86	-6.25	-6.99	-6.26
2018-04-30	-5.81	-6.02	-5.85	-6.29	-6.93	-6.18
2018-05-31	-5.69	-5.79	-5.83	-6.24	-6.97	-6.10
2018-06-30	-5.72	-5.86	-5.86	-6.39	-7.12	-6.19
2018-07-31	-5.96	-5.99	-5.89	-6.50	-7.22	-6.31
2018-08-31	-6.23	-6.17	-5.93	-6.48	-7.19	-6.40
2018-09-30	-5.59	-5.79	-5.73	-6.35	-7.10	-6.11
2018-10-31	-5.78	-5.73	-5.59	-6.24	-7.00	-6.07
2018-11-30	-5.83	-5.68	-5.40	-6.15	-6.91	-5.99
2018-12-31	-5.77	-5.48	-5.23	-5.89	-6.63	-5.80
2019-01-31	-5.98	-5.64	-5.18	-5.90	-6.7	-5.88
2019-02-28	-6.11	-5.71	-5.29	-5.90	-6.66	-5.93
2019-03-31	-5.58	-5.48	-5.18	-5.81	-6.60	-5.73
2019-04-30	-5.33	-5.36	-5.15	-5.74	-6.61	-5.64
2019-05-31	-5.35	-5.34	-5.03	-5.67	-6.57	-5.59
2019-06-30	-5.35	-5.33	-5.03	-5.65	-6.61	-5.59
2019-07-31	-5.59	-5.48	-5.19	-5.85	-6.72	-5.77
2019-08-31	-5.67	-5.60	-5.31	-5.95	-6.78	-5.86
2019-09-21	-5.76	-5.60	-5.23	-5.89	-6.70	-5.84

（3）孔雀河中游 KZ 断面地下水位埋深变化特征。中游的 KZ 断面地下水位埋深波动最大。这是因为该断面被大面积农田包围，农用井主要分布在农田附近，频繁的抽水灌溉导致地下水位埋深时间上的波动变大，空间上的差异变小。2016 年 12 月，距河道 100m、200m、400m 和 600m 的初始地下水位埋深分别是 13.95m、14.12m、13.67m 和 13.23m，平均地下水位埋深 13.74m。2016 年 12 月至 2017 年 1 月，受冬灌的影响，地下水位埋深在 1 月出现

的较明显的波动：至 1 月下旬，平均地下水位埋深由 13.73m 增加到了 15.58m，地下水位埋深下降了 1.85m；1 月底至 3 月初，农事活动少，不存在大量抽取地下水的现象，地下水位埋深缓慢回升，平均地下水位埋深恢复至 3 月上旬的 14.04m。随着 3 月春灌开始，截至 4 月上旬，地下水位埋深大幅度增加，由 3 月上旬的 14.04m 增加到清明前后的 17.97m，水位下降了 3.93m。春灌结束后，至 5 月底，是棉花出苗期和苗期，大范围大量抽取地下水的现象减少，地下水位埋深得以稳步回升，至 5 月底地下水位埋深恢复至 15.08m，回升了 2.89m。6 月初至 7 月中旬为棉花的蕾期和花铃期，需水量大，地下水位埋深又快速下降，至 7 月中旬，平均地下水位埋深为 17.82m，加深了 2.74m。7 月中旬至 8 月上旬，随着对非法地下水开采联合执法强度加大，地下水位埋深下降得到遏制，且伴随 8 月 1 日生态输水的实施，8 月上旬之后，地下水位埋深快速抬升（见图 7-14 和表 7-15）。

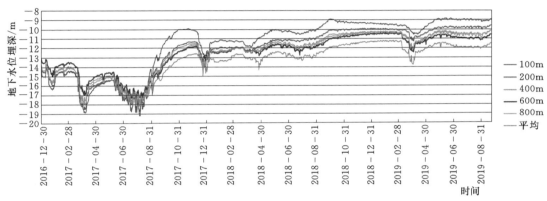

图 7-14　孔雀河中游（KZ 断面）距河流不同距离地下水位埋深变化

表 7-15　　　　　孔雀河中游（KZ 断面）距河流不同距离地下水位埋深变化　　　　　单位：m

时间（年-月-日）	100m	200m	400m	600m	800m	平均
2016-12-24	-13.95	-14.12	-13.67	-13.23	—	-13.74
2016-12-31	-14.02	-14.41	-13.86	-13.23	—	-13.88
2017-01-31	-14.94	-14.78	-14.39	-13.95	—	-14.52
2017-02-28	-14.36	-14.37	-13.87	-13.41	—	-14.00
2017-03-31	-18.11	-18.18	-17.37	-16.52	—	-17.55
2017-04-30	-16.10	-15.96	-15.32	-14.99	—	-15.59
2017-05-31	-15.44	-15.42	-14.93	-14.58	-14.59	-14.99
2017-06-30	-17.39	-17.19	-16.53	-16.39	-16.94	-16.89
2017-07-31	-17.93	-17.67	-16.71	-16.62	-16.64	-17.11
2017-08-31	-14.87	-16.18	-15.84	-15.84	-16.17	-15.78
2017-09-30	-11.37	-13.00	-13.50	-13.66	-14.03	-13.11
2017-10-31	-9.93	-11.59	-12.28	-12.27	-13.07	-11.83
2017-11-30	-9.96	-11.22	-11.57	-11.76	-12.53	-11.41
2017-12-31	-12.23	-12.37	-12.68	-12.63	-13.93	-12.77
2018-01-31	-11.04	-11.80	-12.15	-12.30	-13.23	-12.10
2018-02-28	-11.18	-11.85	-11.99	-11.95	-12.69	-11.93

续表

时间（年-月-日）	100m	200m	400m	600m	800m	平均
2018 - 03 - 31	−11.73	−12.28	−12.33	−12.22	−13.07	−12.35
2018 - 04 - 30	−10.78	−11.71	−12.12	−12.27	−13.18	−11.95
2018 - 05 - 31	−10.05	−11.08	−11.55	−11.64	−12.48	−11.29
2018 - 06 - 30	−10.14	−11.02	−11.54	−11.70	−12.56	−11.31
2018 - 07 - 31	−10.38	−11.16	−11.94	−12.10	−13.98	−11.87
2018 - 08 - 31	−9.92	−10.75	−11.38	−11.63	−12.54	−11.15
2018 - 09 - 30	−8.84	−10.06	−10.65	−10.87	−11.83	−10.34
2018 - 10 - 31	−9.20	−10.08	−10.55	−10.68	−11.61	−10.36
2018 - 11 - 30	−9.25	−10.01	−10.37	−10.49	−11.39	−10.26
2018 - 12 - 31	−9.22	−9.80	−10.19	−10.35	−11.19	−10.15
2019 - 01 - 31	−9.33	−9.83	−10.12	−10.29	−11.10	−10.14
2019 - 02 - 28	−9.60	−10.05	−10.33	−10.46	−11.26	−10.34
2019 - 03 - 31	−10.26	−10.93	−11.95	−12.27	−13.56	−11.80
2019 - 04 - 30	−9.67	−10.36	−11.06	−11.53	−11.94	−10.91
2019 - 05 - 31	−8.86	−9.72	−10.22	−10.48	−11.35	−10.12
2019 - 06 - 30	−8.89	−9.69	−10.34	−10.72	−11.64	−10.26
2019 - 07 - 31	−8.85	−9.66	−10.51	−11.14	−12.10	−10.45
2019 - 08 - 31	−9.09	−10.05	−11.12	−11.80	−13.48	−11.11
2019 - 09 - 22	−8.83	−9.50	−10.04	−10.45	−11.36	−10.04

2017年9月1日，孔雀河中游KZ断面距河道100m、200m、400m、600m和800m的地下水位埋深分别是14.85m、15.98m、15.69m、15.90m和16.58m，平均地下水位埋深为15.80m。9月至11月中旬，地下水位埋深快速抬升，平均抬升了4.60m，越靠近河道的地下水位埋深抬升幅度越大。11月中旬至12月上旬，地下水位埋深保持稳定，缓慢抬升。12月上旬至中旬，随着补水量减少，地下水位埋深呈下降趋势，平均下降了0.60m。

2018年1月上旬至3月中旬，地下水位埋深比较稳定，缓慢抬升。由于退耕管理效果显著，地下水位埋深受春灌的影响微弱，地下水位埋深保持稳定，平均地下水位埋深为11.98m。2018年4月初至6月上旬，伴随着生态输水，地下水补给增加，水位开始再次抬升。至6月10日，平均地下水位埋深恢复至11.26m，相对于4月初平均上升了1.15m。6月上旬至7月中旬，随着输水量减少，地下水位埋深呈缓慢下降趋势，波动不大。2018年9月，伴随着孔雀河2018年第二次生态输水的启动，孔雀河中游KZ断面地下水位埋深再次抬升，至2018年10月底，KZ断面地下水位埋深已经抬升至平均10.28m，较2011年初的平均14.23m抬升了3.95m。截至2018年底，孔雀河中游经济牧场一带KZ断面的地下水位埋深已经恢复至平均10.23m，其中，距离河道200m范围内的地下水位埋深已经恢复至10m以内，较生态输水前这一地区平均15.36m的地下水位埋深抬升了5.13m。2019年1月至3月，受春灌的影响地下水位埋深有所下降，4月生态输水后地下水得到补给，KZ 断面水位有所抬升，至 5 月 1 日距河道 100m、200m、400m、600m 和 800m 的地下水位埋深分别是 9.63m、10.32m、10.83m、11.13m 和 11.97m，平均埋深 10.77m。6—8 月棉花生长旺盛，需水量大，地下水位埋深略有波动下降。9 月后农事活动逐渐减少，地下水位埋深缓慢抬升，9 月下旬，地下水位埋深逐渐抬升到 10.05m 左右（见图 7-14）。

中游河段沿河地下水位埋深表现出规则的随距离河道渐远，埋深增大的规律，且伴随输水，距离河道越近的区域，地下水无论是响应敏感性还是抬升幅度均要显著大于距离河道相对较远区域。即使距离河道 800m 开外的区域，地下水位埋深对生态输水的响应依然十分显著，说明生态输水在中游对地下水的影响宽度远超过 800m。在 2017 年联合执法的作用下，2017 年输水结束后地下水位埋深并未像 2016 年输水结束后呈显著下降趋势，但在 2017 年 12 月至 2018 年 1 月，2018 年 3 月底至 2018 年 4 月初，以及 2019 年 3 月下旬至 4 月初地下水位埋深仍有下降的趋势，说明沿河 1km 范围内依然存在地下水开采对水位的影响。中游地下水位埋深具体变化见表 7-15。

（4）孔雀河中游"后花园"断面（Khhy）地下水位埋深变化特征。位于孔雀河中游古勒巴格乡的"后花园"断面（Khhy）建于 2018 年，旨在监测素有巴州"后花园"的古勒巴格乡一带生态退化显著区域的地下水位埋深。经过 2016 年至 2019 年上半年的生态输水，古勒巴格乡一带地下水位埋深已经恢复至 2018 年 6 月初的 6.6～7.32m。2018 年 6—9 月，为错开农业用水高峰，孔雀河暂停生态输水，古勒巴格乡一带地下水位埋深略有下降，至 2018 年 9 月，孔雀河 2018 年下半年生态输水启动，古勒巴格乡地下水位埋深显著抬升至 10 月初的 3.19～5.98m，较 6 月初平均抬升 1.7m。随 2018 年生态输水结束，地下水位埋深缓慢回落至 2018 年底的 6.25～7.29m。2019 年 4 月 10 日生态输水启动，地下水位埋深逐渐抬升，至 2019 年 6 月 1 日，距河道 100m、200m、400m、600m 和 800m 的地下水位埋深分别为 5.96m、4.73m、6.41m、5.77m 和 5.94m。7 月、8 月用水量增大，地下水位埋深下降，之后逐渐抬升（见图 7-15）。

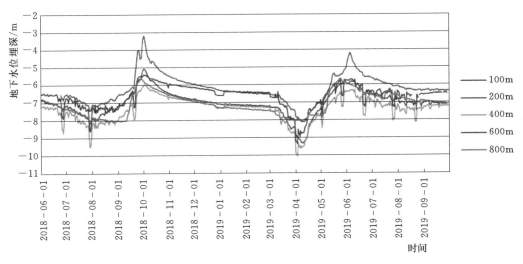

图 7-15　孔雀河中游"后花园"断面地下水位埋深变化

（5）孔雀河中游阿克苏甫断面（Kaksf）地下水位埋深变化特征。位于孔雀河中游末端的阿克苏甫断面（Kaksf）建于 2018 年，5 眼监测井距河道分别 100m、200m、400m、600m、800m。经过 2016—2018 年的生态输水至 2018 年 7 月，阿克苏甫水库附近地下水位埋深已经恢复至 5.35～6.47m，之后伴随生态输水的暂停，地下水位埋深缓慢回落，其中距离河道越近地下水位埋深回落越快。随着 2018 年 9 月孔雀河启动第二次生态输水，阿克苏甫断面地下水位埋深开始显著抬升，同样距离河道越近地下水位埋深抬升越快。之后随 2018 年生态输水结束，地下水位埋深再次回落至 2018 年末的平均 5.98m。2019 年生态输水后地下水位埋深抬升，至 2019 年 6 月 1 日距河道 100m、200m、400m、600m和 800m 的地下水位埋深分别为 5.63m、5.24m、5.07m、5.46m 和 4.68m，生态输水效果显著（见图 7-16）。

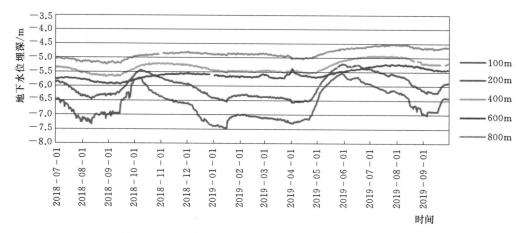

图 7-16 孔雀河中游阿克苏甫断面地下水位埋深变化

（6）孔雀河下游 K1 断面地下水位埋深变化特征。孔雀河下游 K1 断面（阿克苏甫乡下游三道坝附近）附近的耕地面积较上游和中游的小，地下水位埋深受人类活动的影响也较小，地下水位埋深也较上游和中游浅。2016 年初，监测断面建成时距河道 100m、200m、400m、600m 和 800m 的初始地下水位埋深分别是 6.83m、6.85m、6.35m、6.68m 和 5.88m，平均地下水位埋深为 6.52m（见图 7-17 和表 7-16）。至 2016 年生态输水前的 8 月中旬，孔雀河下游 K1 断面距河道 100m、200m、400m、600m 和 800m 的地下水位埋深分别是 7.03m、7.15m、6.67m、6.94m 和 6.13m。经过 2016 年的生态输水，至 2016 年末，距河道 100m、200m、400m、600m 和 800m 的地下水位埋深分别为 6.89m、6.64m、6.38m、6.82m 和 5.94m，平均为 6.53m，地下水位埋深较输水前提升了 0.25m。2017 年上半年，断面距离河道不同位置地下水位埋深均呈现下降趋势，至 2017 年 7 月底，距河道 100m、200m、400m、600m 和 800m 的地下水位埋深分别为 7.25m、6.94m、6.70m、7.11m 和 6.19m，平均 6.84m。伴随 2017 年的生态输水，孔雀河上游 K1 断面地下水受补给再次明显抬升，至 2017 年 11 月末，距河道 100m、200m、400m、600m 和 800m 的地下水位埋深分别是 5.04m、4.57m、5.08m、6.32m 和 5.45m，平均地下水位埋深已较 2017 年输水前抬升了 1.44m，至 5.29m。达到了近几年来的最浅地下水位埋深。

2017 年 11 月末至 2018 年生态输水前的 4 月底，受河道水量减少的影响，地下水位埋深整体呈下降趋势，至 2018 年 4 月 30 日，距河道 100m、200m、400m、600m 和 800m 的地下水位埋深分别为 6.50m、5.83m、5.48m、6.17m 和 5.17m，平均为 5.83m。随着 2018 年生态输水进程，2018 年 4 月底至 7 月上旬，断面平均地下水位埋深逐步抬升，2018 年 5 月末平均地下水位埋深抬升至 5.39m，之后伴随生态输水暂停，地下水位埋深略有回落。2019 年 4 月开始生态输水后，2019 年 4 月底至 7 月上旬，断面平均地下水位埋深逐步抬升，2019 年 5 月末平均地下水位埋深抬升至 5.31m，至 2019 年 7 月底，距河道 100m、200m、400m、600m 和 800m 的地下水位埋深分别是 5.96m、5.38m、5.33m、6.04m、5.11m，平均地下水位埋深 5.56m，比 2017 年同期平均地下水位埋深抬升 1.28m。

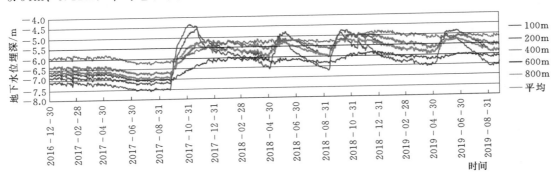

图 7-17　孔雀河下游（K1 断面）距河流不同距离地下水位埋深变化

表 7-16　　　　孔雀河下游（K1 断面）距河流不同距离地下水位埋深变化　　　　单位：m

时间（年-月-日）	100m	200m	400m	600m	800m	平均
2016-01-01	-6.83	-6.85	-6.35	-6.68	-5.88	-6.52
2016-01-31	-6.73	-6.75	-6.24	-6.58	-5.78	-6.41
2016-02-29	-6.80	-6.83	-6.33	-6.65	-5.86	-6.49
2016-03-31	-6.94	-6.97	-6.47	-6.77	-6.00	-6.63
2016-04-30	-6.97	-7.00	-6.50	-6.78	-6.00	-6.65
2016-05-31	-6.94	-6.97	-6.47	-6.75	-5.92	-6.61
2016-06-30	-6.94	-7.08	-6.60	-6.86	-6.05	-6.71
2016-07-31	-7.08	-7.23	-6.74	-6.99	-6.19	-6.84
2016-08-31	-7.01	-6.90	-6.67	-7.02	-6.15	-6.69
2016-09-30	-7.15	-6.89	-6.65	-7.02	-6.13	-6.67
2016-10-31	-6.96	-6.73	-6.48	-6.89	-6.00	-6.53
2016-11-30	-6.88	-6.65	-6.39	-6.82	-5.93	-6.45
2016-12-31	-6.89	-6.64	-6.38	-6.82	-5.94	-6.53
2017-01-31	-6.92	-6.67	-6.40	-6.83	-5.92	-6.46
2017-02-28	-6.82	-6.59	-6.33	-6.75	-5.83	-6.37
2017-03-31	-6.93	-6.67	-6.40	-6.82	-5.91	-6.45

续表

时间（年-月-日）	100m	200m	400m	600m	800m	平均
2017 - 04 - 30	-7.03	-6.73	-6.47	-6.87	-5.94	-6.50
2017 - 05 - 31	-7.14	-6.81	-6.56	-6.96	-6.03	-6.59
2017 - 06 - 30	-7.24	-6.92	-6.67	-7.08	-6.15	-6.71
2017 - 07 - 31	-7.25	-6.94	-6.70	-7.11	-6.19	-6.84
2017 - 08 - 31	-7.28	-6.96	-6.72	-7.13	-6.21	-6.76
2017 - 09 - 30	-6.22	-6.46	-6.63	-7.15	-6.20	-6.61
2017 - 10 - 31	-4.44	-4.64	-5.68	-6.62	-5.71	-5.42
2017 - 11 - 30	-5.04	-4.57	-5.08	-6.32	-5.45	-5.29
2017 - 12 - 31	-5.63	-5.10	-5.13	-6.18	-5.29	-5.47
2018 - 01 - 31	-5.69	-5.15	-5.07	-6.04	-5.06	-5.40
2018 - 02 - 28	-5.93	-5.39	-5.27	-6.13	-5.16	-5.57
2018 - 03 - 31	-6.05	-5.46	-5.25	-6.05	-5.06	-5.57
2018 - 04 - 30	-6.50	-5.83	-5.48	-6.17	-5.17	-5.83
2018 - 05 - 31	-5.26	-4.98	-5.29	-6.21	-5.24	-5.39
2018 - 06 - 30	-5.84	-5.27	-5.25	-6.17	-5.20	-5.54
2018 - 07 - 31	-6.26	-5.63	-5.42	-6.22	-5.23	-5.75
2018 - 08 - 31	-6.58	-5.93	-5.60	-6.32	-5.33	-5.95
2018 - 09 - 30	-5.04	-5.02	-5.33	-6.17	-5.19	-5.35
2018 - 10 - 31	-5.48	-4.96	-4.99	-5.96	-5.02	-5.28
2018 - 11 - 30	-5.64	-5.09	-4.98	-5.88	-4.91	-5.30
2018 - 12 - 31	-5.96	-5.32	-5.04	-5.84	-4.81	-5.39
2019 - 01 - 31	-6.16	-5.55	-5.22	-5.93	-4.86	-5.54
2019 - 02 - 28	-6.33	-5.77	-5.48	-6.14	-5.08	-5.76
2019 - 03 - 31	-6.51	-5.85	-5.49	-6.13	-5.04	-5.81
2019 - 04 - 30	-6.48	-5.89	-5.65	-6.20	-5.16	-5.88
2019 - 05 - 31	-5.06	-4.92	-5.34	-6.11	-5.14	-5.31
2019 - 06 - 30	-5.44	-4.98	-5.12	-6.01	-5.10	-5.33
2019 - 07 - 31	-5.96	-5.38	-5.33	-6.04	-5.11	-5.56
2019 - 08 - 31	-6.58	-5.84	-5.55	-6.16	-5.20	-5.87
2019 - 09 - 23	-6.36	-5.85	-5.57	-6.13	-5.14	-5.81

（7）孔雀河下游 K2 断面地下水位埋深变化特征。孔雀河下游 K2 断面地下水位埋深的时空变化与 K1 断面相似，但 K2 断面地下水位埋深的空间变化更大。2016 年初，监测断面距河道 100m、200m、400m、600m 和 800m 的初始地下水位埋深分别是 7.31m、7.32m、6.27m、7.18m 和 5.03m，平均地下水位埋深为 6.62m（见图 7 - 18 和表 7 - 17）。至 2016 年生态输水前的 8 月中旬，本断面地下水位埋深并没有太大波动，平均地下水位埋深较年初略有下降，为 6.90m。因为 2016 年的生态输水并未到达该断面所在的位置，因此直至 2017 年实施生态输水前的 2017 年 7 月 31 日，本断面各监测井地下水位埋

深并没有太大变化，距河道100m、200m、400m、600m和800m的初始地下水位埋深分别是7.75m、7.66m、6.56m、7.44m和5.28m，平均地下水位埋深为6.94m。随着2017年生态输水的实施，本断面河道在干涸多年后再次迎来河水，地下水得到有效补给，地下水位埋深抬升显著，至2017年末，距河道100m、200m、400m、600m和800m的初始地下水位埋深分别是6.61m、6.52m、5.71m、6.82m和4.73m，平均地下水位埋深为6.08m，较输水前断面地下水位埋深平均抬升0.86m。2019年生态输水后，7月31日距河道100m、200m、400m、600m和800m的初始地下水位埋深分别是6.83m、6.66m、5.55m、6.58m和4.55m，平均地下水位埋深为6.03m，比2017年同期平均地下水位埋深抬升了0.91m。

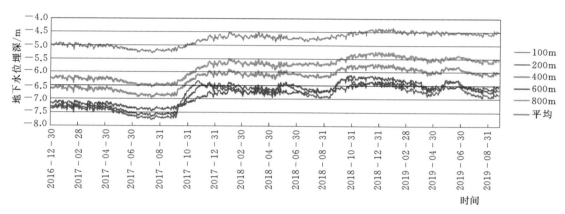

图7-18　孔雀河下游（K2断面）距河流不同距离地下水位埋深变化

下游K2断面受人类活动的影响小，地下水位埋深主要是在自然状态下因为植物蒸腾耗水表现为冬季高，夏季低，波动幅度不大。2017年11月下旬之后，地下水位埋深基本保持稳定，截至2019年9月23日，距河道100m、200m、400m、600m和800m的地下水位埋深分别为6.85m、6.68m、5.56m、6.57m和4.50m，平均水位为6.03m。整体分析各监测井的水位变化，距河道越近，受输水的影响越大，输水后响应变化的也越明显（见表7-17）。

受输水河道损耗的影响，沿输水路线，越往河流下游，生态水量相对越小，因此对地下水补给形成的水力坡度也较上游更小，因此，在短时间内影响的宽度也更有限，基本距离河道超过400m后，输水后地下水位埋深响应变化不大。但是，随着时间推移，输水影响范围会逐渐推至距离河道600m以外。

表7-17　　　孔雀河下游（K2断面）距河流不同距离地下水位埋深变化　　　　单位：m

时间（年-月-日）	100m	200m	400m	600m	800m	平均
2016-01-01	-7.31	-7.32	-6.27	-7.18	-5.03	-6.62
2016-01-31	-7.19	-7.19	-6.14	-7.05	-4.91	-6.50
2016-02-29	-7.27	-7.29	-6.24	-7.15	-5.01	-6.59
2016-03-31	-7.42	-7.43	-6.38	-7.30	-5.15	-6.74
2016-04-30	-7.47	-7.45	-6.41	-7.32	-5.17	-6.76

续表

时间（年－月－日）	100m	200m	400m	600m	800m	平均
2016－05－31	－7.50	－7.45	－6.38	－7.27	－5.14	－6.75
2016－06－30	－7.63	－7.56	－6.47	－7.36	－5.20	－6.84
2016－07－31	－7.78	－7.69	－6.59	－7.49	－5.31	－6.97
2016－08－31	－7.71	－7.68	－6.58	－7.45	－5.30	－6.94
2016－09－30	－7.69	－7.66	－6.56	－7.44	－5.28	－6.93
2016－10－31	－7.53	－7.50	－6.43	－7.33	－5.15	－6.79
2016－11－30	－7.46	－7.42	－6.35	－7.25	－5.09	－6.72
2016－12－31	－7.44	－7.39	－6.34	－7.25	－5.09	－6.70
2017－01－31	－7.45	－7.41	－6.35	－7.26	－5.12	－6.72
2017－02－28	－7.37	－7.32	－6.28	－7.20	－5.05	－6.65
2017－03－31	－7.45	－7.40	－6.35	－7.27	－5.13	－6.72
2017－04－30	－7.53	－7.46	－6.41	－7.33	－5.19	－6.79
2017－05－31	－7.62	－7.54	－6.47	－7.37	－5.23	－6.85
2017－06－30	－7.71	－7.64	－6.54	－7.44	－5.28	－6.92
2017－07－31	－7.75	－7.66	－6.56	－7.44	－5.28	－6.94
2017－08－31	－7.79	－7.68	－6.59	－7.47	－5.31	－6.97
2017－09－30	－7.81	－7.71	－6.61	－7.49	－5.33	－6.99
2017－10－31	－6.71	－6.96	－6.11	－7.14	－4.99	－6.38
2017－11－30	－6.42	－6.47	－5.80	－6.91	－4.79	－6.08
2017－12－31	－6.61	－6.52	－5.71	－6.82	－4.73	－6.08
2018－01－31	－6.54	－6.42	－5.55	－6.64	－4.56	－5.94
2018－02－28	－6.73	－6.59	－5.68	－6.77	－4.69	－6.09
2018－03－31	－6.71	－6.54	－5.61	－6.67	－4.59	－6.03
2018－04－30	－6.83	－6.65	－5.69	－6.75	－4.66	－6.11
2018－05－31	－6.53	－6.53	－5.78	－6.80	－4.76	－6.08
2018－06－30	－6.68	－6.52	－5.70	－6.75	－4.73	－6.08
2018－07－31	－6.84	－6.63	－5.66	－6.71	－4.74	－6.12
2018－08－31	－6.91	－6.70	－5.71	－6.72	－4.73	－6.15
2018－09－30	－6.39	－6.34	－5.52	－6.57	－4.59	－5.88
2018－10－31	－6.34	－6.17	－5.39	－6.51	－4.54	－5.79
2018－11－30	－6.39	－6.17	－5.30	－6.41	－4.45	－5.74
2018－12－31	－6.40	－6.16	－5.25	－6.32	－4.36	－5.70
2019－01－31	－6.43	－6.19	－5.27	－6.33	－4.36	－5.72
2019－02－28	－6.66	－6.37	－5.46	－6.51	－4.53	－5.91
2019－03－31	－6.70	－6.37	－5.47	－6.49	－4.50	－5.91

续表

时间（年-月-日）	100m	200m	400m	600m	800m	平均
2019 - 04 - 30	-6.81	-6.65	-5.55	-6.57	-4.52	-6.02
2019 - 05 - 31	-6.29	-6.36	-5.44	-6.53	-4.50	-5.82
2019 - 06 - 30	-6.55	-6.42	-5.43	-6.55	-4.53	-5.90
2019 - 07 - 31	-6.83	-6.66	-5.55	-6.58	-4.55	-6.03
2019 - 08 - 31	-6.93	-6.75	-5.64	-6.65	-4.60	-6.11
2019 - 09 - 23	-6.85	-6.68	-5.56	-6.57	-4.50	-6.03

（8）孔雀河下游 K3 断面地下水位埋深变化特征。孔雀河下游 K3 断面由于远离人类活动区，地下水位埋深波动不大，且受北山夏季雨水的补给，地下水位埋深浅，且越靠近河道地下水位埋深越浅。2016 年初，距河道 200m、400m、600m 和 800m 的地下水位埋深分别为 1.59m、1.62m、1.96m 和 2.51m，平均地下水位埋深 1.92m。因为 2016 年的生态输水并未到达孔雀河下游 K3 断面，本断面地下水位埋深变化总体不大，只是随季节交替，因为潜水蒸发和少量植物的蒸腾夏季水位相对较深达到地表 2m 以下，冬季则相对较浅，地下水位埋深在 1.80~1.95m 波动。至 2017 年 9 月底，生态输水到达本断面前夕，该断面的平均地下水位埋深在 2.19m。

2017 年 10 月，生态输水经过孔雀河下游 35 团营盘大桥并在河岸两侧漫溢，伴随生态水对地下水的有效补给，K3 断面的地下水位埋深进一步抬升，至 2017 年 11 月末，距河道 200m、400m、600m 和 800m 的地下水位埋深分别为 0.07m、0.00m、0.24m 和 1.37m，平均地下水位埋深 0.42m，较 2017 年生态输水前平均地下水位埋深抬升 1.77m。之后，随 2017 年生态输水历程结束，地下水位埋深逐步回落。至 2018 年 7 月 12 日，距河道 200m、400m、600m 和 800m 的地下水位埋深分别为 1.43m、1.75m、2.26m 和 1.81m，平均地下水位埋深 1.81m。2019 年生态输水后至 2019 年 9 月 23 日，距河道 200m、400m、600m 和 800m 的地下水位埋深分别为 1.62m、1.59m、1.86m 和 2.28m，平均地下水位埋深为 1.84m（见图 7-19 和表 7-18）。

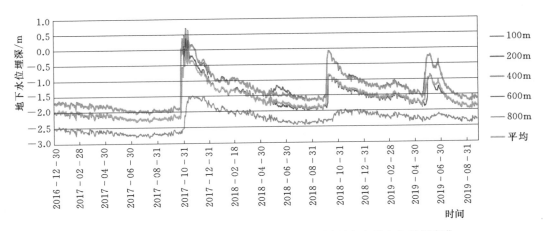

图 7-19　孔雀河下游（K3 断面）距河流不同距离地下水位埋深变化

表 7 - 18　　　　　孔雀河下游（K3 断面）距河流不同距离地下水位埋深变化　　　单位：m

时间（年-月-日）	200m	400m	600m	800m	平均
2016 - 01 - 01	-1.59	-1.62	-1.96	-2.51	-1.92
2016 - 01 - 31	-1.49	-1.52	-1.86	-2.42	-1.83
2016 - 02 - 29	-1.53	-1.59	-1.96	-2.53	-1.90
2016 - 03 - 31	-1.72	-1.76	-2.11	-2.67	-2.06
2016 - 04 - 30	-1.78	-1.81	-2.15	-2.70	-2.11
2016 - 05 - 31	-1.79	-1.79	-2.10	-2.65	-2.08
2016 - 06 - 30	-1.87	-1.85	-2.15	-2.68	-2.14
2016 - 07 - 31	-2.00	-1.99	-2.27	-2.78	-2.26
2016 - 08 - 31	-1.89	-1.86	-2.11	-2.64	-2.13
2016 - 09 - 30	-1.88	-1.87	-2.12	-2.63	-2.13
2016 - 10 - 31	-1.58	-1.64	-1.95	-2.48	-1.91
2016 - 11 - 30	-1.58	-1.61	-1.89	-2.43	-1.88
2016 - 12 - 31	-1.62	-1.65	-1.92	-2.45	-1.91
2017 - 01 - 31	-1.68	-1.70	-1.97	-2.50	-1.96
2017 - 02 - 28	-1.61	-1.64	-1.91	-2.45	-1.90
2017 - 03 - 31	-1.71	-1.74	-2.00	-2.53	-2.00
2017 - 04 - 30	-1.82	-1.82	-2.09	-2.62	-2.09
2017 - 05 - 31	-1.88	-1.87	-2.12	-2.64	-2.13
2017 - 06 - 30	-1.92	-1.91	-2.15	-2.65	-2.16
2017 - 07 - 31	-1.91	-1.90	-2.13	-2.64	-2.15
2017 - 08 - 31	-1.92	-1.92	-2.15	-2.65	-2.16
2017 - 09 - 30	-1.95	-1.95	-2.18	-2.69	-2.19
2017 - 10 - 31	-0.10	0.01	-0.61	-2.38	-0.77
2017 - 11 - 30	-0.07	0.00	-0.24	-1.37	-0.42
2017 - 12 - 31	-0.73	-0.51	-0.83	-1.63	-0.92
2018 - 01 - 31	-0.85	-0.78	-1.08	-1.72	-1.11
2018 - 02 - 28	-0.90	-0.76	-1.11	-1.91	-1.17
2018 - 03 - 31	-1.11	-0.95	-1.19	-1.85	-1.27
2018 - 04 - 30	-1.33	-1.22	-1.46	-2.02	-1.51
2018 - 05 - 31	-1.39	-1.50	-1.78	-2.30	-1.74
2018 - 06 - 30	-1.38	-1.51	-1.86	-2.36	-1.76
2018 - 07 - 31	-1.53	-1.57	-1.87	-2.34	-1.83
2018 - 08 - 31	-1.62	-1.63	-1.91	-2.35	-1.88

续表

时间（年–月–日）	200m	400m	600m	800m	平均
2018 – 09 – 30	−1.48	−1.55	−1.82	−2.26	−1.78
2018 – 10 – 31	−0.58	−0.54	−1.13	−2.05	−1.07
2018 – 11 – 30	−0.85	−0.92	−1.33	−1.99	−1.27
2018 – 12 – 31	−1.03	−1.04	−1.42	−1.99	−1.37
2019 – 01 – 31	−1.15	−1.15	−1.50	−2.05	−1.46
2019 – 02 – 28	−1.19	−1.23	−1.62	−2.22	−1.56
2019 – 03 – 31	−1.22	−1.26	−1.60	−2.16	−1.56
2019 – 04 – 30	−1.45	−1.45	−1.75	−2.27	−1.73
2019 – 05 – 31	−0.23	−0.26	−1.02	−2.27	−0.95
2019 – 06 – 30	−0.82	−0.76	−1.41	−2.16	−1.29
2019 – 07 – 31	−1.46	−1.48	−1.75	−2.26	−1.74
2019 – 08 – 31	−1.67	−1.66	−1.92	−2.36	−1.90
2019 – 09 – 23	−1.62	−1.59	−1.86	−2.28	−1.84

（三）地下水位埋深变化的原因分析

大量抽取地下水是导致地下水位大幅下降的根本原因。根据对耕地附近表的农用井监测发现，尽管 2016 年生态输水后，区域内的地下水位都显著抬升了，但到 2017 年 3 月以后至 8 月 22 日（此时已经是 2017 年生态输水开始 3 周后），区域内的地下水位埋深仍然很深，除了尉犁县至 66 分水闸河段外，上、中游其他河段的地下水位埋深甚至深于 2016 年生态输水前。而对胡杨林内的地下水位埋深监测发现，受生态输水影响，至 2016 年 12 月，上游（KS 断面）地下水位埋深已经由输水前的平均 10.59m 抬升至 6.81m，中游（KZ 断面）地下水位埋深由输水前的平均 15.36m 抬升至 13.74m，但是进入 2017 年，由于附近区域大量抽取地下水灌溉，胡杨林内的地下水位埋深也深受影响。冬灌时（1 月中旬），中游经济牧场断面（KZ 断面）的地下水位埋深由 13.78m 下降至 15.38m，下降了 1.60m；春灌时（3—4 月），地下水位埋深由 2 月底的 14.00m 下降至 3 月底的 17.55m，下降了 3.55m；6—8 月棉花需水高峰期，KZ 断面的地下水位埋深由 5 月底的 14.99m 下降至 7 月底的 17.11m，下降了 2.12m。而在上游（KS 断面）和下游（K1、K2、K3 断面），由于耕地距监测断面较远，且耕地面积较中游小，地下水位埋深变化随灌溉季节的变化较小，2016 年 12 月至 2017 年输水前，地下水位埋深相对比较稳定。因此，必须严禁在胡杨林分布区及附近超采地下水。2017 年 6—11 月连续 3 次的孔雀河联合执法，对于沿河非法地下水开采与河道取水加强了执法，2017 年输水后的 2018 年初与春季，孔雀河上、中游地下水位下降幅度明显小于 2017 年初与春季，说明联合执法有效阻止了沿河地下水的非法开采。

河道附近的地下水位埋深受河道补水而波动较大。河道补水期，距河道近的地下水能够优先得到补给，地下水位得以快速抬升；而在断流期，靠近河道的地下水失去河流这一补给源，且靠近河道的土层相对疏松，地下水蒸发更加旺盛，受附近农区抽水等影响，地下水位首先下降。因此，越靠近河道的地下水位埋深波动越大。孔雀河上游 KS 断面、中游 KZ 断面、下游 K1 和 K2 断面的地下水位埋深都存在这种空间变化。

河道滞水时间和流量与河道两岸地下水位埋深变化有直接影响。河道滞水时间越长，河水对两岸地下水的补给时间越长，地下水位埋深越能够趋于稳定；河流流量越大，对地下水的补给量越大，两岸地下水能够越快的得到补给。孔雀河 2017 年的生态输水量比 2016 年的大，截至 2017 年 11 月 18 日累计输水 5.71 亿 m³，因此，2017 年地下水位埋深抬升幅度大于 2016 年。2017 年生态输水后，上游和中游河段滞水时间比下游断面长，地下水位埋深开始抬升时间早，抬升幅度也更大。2017 年 8 月 1 日开始生态输水后，上游 KS 断面和中游 KZ 断面的地下水位埋深开始抬升，KS 断面的地下水位于 8 月 4 日开始抬升，KZ 断面的地下水位于 8 月 5 日开始抬升；水头于 9 月 16—17 日到达下游 K1 断面，地下水位埋深于 9 月 22 日开始明显抬升；水头于 10 月初到达下游 K2 断面，地下水位埋深于 10 月 5 日开始抬升；而截至 10 月 18 日，水头仍未到达下游 K3 断面，因此 K3 断面的地下水位埋深没有明显的抬升过程。截至 2017 年 10 月 16 日，KS、KZ、K1 和 K2 断面的平均地下水位埋深分别抬升到 6.78m、12.31m、6.09m 和 6.68m，分别抬升了 0.69m、4.80m、0.67m 和 0.31m。KZ 断面地下水位埋深抬升异常显著，这与 KZ 断面地下水位埋深初始值大，附近耕地面积广，地下水位埋深波动受人类活动影响大有关。

2018 年生态输水水头行进显著快于 2016 年与 2017 年，水头仅 44d 即到达孔雀河下游营盘，比 2017 年提前 43d，生态输水量 1 亿 m³ 左右，比 2017 年水头到达营盘生态水量 4.25 亿 m³ 显著减少。这一方面是因为 2018 年春季，孔雀河上游沿河道进行春灌给水，有效补给了上游地下水，使得 4 月输水时上游段河损减少；另一方面，2017 年生态输水对河道两侧地下水的有效补给让 2018 年生态输水进程更快，也说明通过生态输水对沿河地下水进行补给的措施是有效的。

2019 年生态输水后地下水位埋深抬升，上游河段地下水位埋深变化较平稳，至 4 月 30 日，距河道 100m、200m、400m、600m 和 800m 的地下水位埋深分别为 5.33m、5.36m、5.15m、5.74m 和 6.61m，平均地下水位埋深 5.64m。中游断面地下水位埋深在生态输水后逐渐抬升，6—8 月，由于灌溉需水地下水位埋深有所下降。下游 K1 断面水位从 4 月 30 日开始明显抬升，K2 断面水位从 5 月 7 日开始明显抬升，K3 断面水位从 5 月 14 日开始明显抬升，至 2019 年 6 月 1 日，K1、K2 和 K3 断面平均水位分别抬升到 5.33m、5.85m 和 0.95m，输水效果显著。2019 年生态输水水头行进快于 2018 年，水头仅 36d 到达营盘桥，比 2018 年提前 8d 到达，这是由于前三年的生态输水显著抬升了地下水位埋深，减少了垂直方向上的水量消耗，使 2019 年输水水头更快地到达下游地区，为河道两岸的生态恢复提供了保障。

（四）地下水开采的影响半径分析

1. 地下水开采影响半径分析方法

地下水开采"影响半径"R 是水文地质中一个重要参数，它受到抽水量、土壤质地、释水系数等因素的影响。影响半径的正确估算对计算渗透系数 K、开采井群间距的设计、地下水资源的评价具有重要的意义。当大量提取地下水时，地下水位埋深出现大幅下降，这时水井周边的水会向中心汇集以维系地下水位埋深空间上的相对平衡，并以水井为中心，形成地下水漏斗（见图7-20），影响周边地下水的水位变化。

确定地下水井影响半径的方法很多，例如：利用观测孔直接测量；利用经验公式计算；根据单位涌水量或单位水位降深，根据含水层岩石特性等求得。本文采用库萨金公式，该公式适用于潜水、抽水达到稳定的情况下，对人工降低地下水位及计算水井涌水量时，用该公式较为合适，对于口径小的井由该公式计算所得之值略大。公式如下：

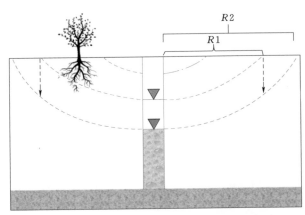

图7-20　抽水引起的周边地下水水位下降对植被生长的影响

（蓝色虚线表示地下水能够满足植被的生长需求，红色虚线表示地下水位埋深下降到对植被生长产生水分胁迫）

$$R = 2s\sqrt{KH} \qquad (7-8)$$

式中：R 为单井抽水的影响半径；s 为地下水位埋深降深；K 为渗透系数；H 为含水层厚度。

孔雀河流域地下水含水层多以中砂为主，局部有细砂层，该类含水层的渗透系数 K 为 $5.184 \sim 20.73$ m/d。含水层厚度为 $50 \sim 100$ m。当取综合渗透系数为 15m/d、含水层厚度为 60m 时，根据库萨金公式，可计算输水前后的影响范围。

在孔雀河上、中游的普惠至经济牧场段的两个断面打井获得了详细的地质资料。每个断面 5 口井，距离河道的垂直距离分别为 100m、200m、400m、600m、800m。在普惠上游断面，距离河道 200m 的范围内，从表层到深层土壤质地分别为黏土、粗砂、黏土、细砂，各层厚度略有差异，距离河道 200m 以外出现变化，从表层到深层土壤质地以黏土、细砂、粗砂、黏土变化，且各层出现不断上移的趋势。在团结荒地断面距离河道 400m 的范围内，从表层到深层土壤质地以黏土、细砂、黏土、粗砂、细砂变化，且各层也出现不断上移。400m 以外变化更为复杂，无明显规律，但细沙层厚度明显变大。

2. 生态输水前后影响半径分析

表7-19为孔雀河上中下游断面的监测井在生态输水前后的影响半径。在 2017 年 1 月 1 日至 7 月 31 日期间，位于经济牧场的孔雀河中游断面的地下水位埋深最大，平均深度达到 15.41m，因此，该区域因为灌溉抽水导致的水位下降使得监测井周围形成了巨大的地下水漏斗，可对周边平均 925m 范围内的地下水产生影响。上游普惠地区的断面耕地面积少于中游经济牧场段的耕地面积，对地下水的利用强度较小一些，埋深相对浅一些，平均地下水位埋深为 7.11m，然而，仍然受到人为抽水活动的影响，使得观测井周边平均 448m 的范围内的地下水受到影响。在孔雀河下游的第一断面（K1）和第二断面（K2）的平均地下水位埋深分别为 6.65 和 6.82m，水位略低于上游断面的监测井。因此，对地下水的影响半径分别为 309m 和 409m。在孔雀河下游的第三断面，由于远离人类活动区，地下水位埋深波动不大，还有北山泉水的补给，水位埋深浅，平均地下水位埋深为 2.06m，远低于受人类活动影响较大的上中游段面的监测井，只对周边平均约 124m 的范围内的地下水有影响。

表 7-19　　　　　孔雀河流域不同断面的监测井输水前后的影响半径

	断面		监测井 1	监测井 2	监测井 3	监测井 4	监测井 5	平均值
影响半径 /m	KS	输水前	488	459	369	399	417	426
		输水后	393	435	373	406	431	408
	KZ	输水前	931	948	919	901	N/A	925
		输水后	651	767	786	785	N/A	747
	K1	输水前	421	405	392	417	362	399
		输水后	300	328	373	415	361	355
	K2	输水前	455	451	387	441	312	409
		输水后	436	442	386	442	312	404
	K3	输水前	N/A	108	109	124	155	124
		输水后	N/A	110	110	124	155	125

注　KS 为孔雀河上游监测断面；KZ 为孔雀河中游监测断面；K1~K3 分别为孔雀河下游的 3 个监测断面，N/A 为缺测。

在 2017 年 8 月 1 日对孔雀河第二次生态输水以后，孔雀河流域不同断面监测井的地下水位埋深得以抬升，影响半径也出现了不同程度的缩小。在输水后的第六周，经济牧场至尉犁县河段平均地下水位埋深上升到 12.45m，上升幅度最大的监测井甚至缩小了 4.67m，这一断面的监测井影响半径缩小也最大，接近 178m，同时靠近河流的监测井最快得到补给，地下水位抬升较大，因生态输水对沿河地下水的有效补充，在一定程度上缓解了地下水开采对地下水位的影响，使得近河道处地下水井因开采对地下水位的影响半径明显缩小，且较远离河道的井缩小更快。在孔雀河上游断面，地下水位由 7.11m 抬升到 6.79m，影响半径由 426m 缩小到 408m。孔雀河下游的第一断面（K1），抬升的幅度较大一些，由 6.65m 抬升到 5.92m，影响半径缩小了 44m。而下游的第二断面（K2）和第三断面（K3），地下水位抬升较小，水位基本维持不变，影响半径减少也最少。从上述分析可知，生态输水有效地补充了灌区（尤其是普惠农场到经济牧场）的地下水，抬升了地下水位埋深，减小了地下水漏斗区的影响半径，为沿岸生态的恢复提供了保障与支持。

3. 生态输水前后不同断面监测井影响半径的动态变化

地下水位埋深变化是控制影响半径大小的关键因素，而地下水位埋深变化则受到距离水源地的远近以及周边人类活动尤其是农业灌溉等行为的影响。孔雀河流域的 5 个监测断面分布于河流的不同位置，地下水的初始值也各异，周边的环境尤其是农业强度也存在很大差异。因此，分析了不同监测断面监测井的影响半径的时间序列与地下水位埋深变化的关系以及农业抽水灌溉对它的影响。

图 7-21 为孔雀河上游普惠水库附近断面不同监测井影响半径的时间序列。该断面靠近河道的监测井的影响半径大于远离河道的影响半径，这是因为靠近河道的监测井由于接近农区，初始水位值较大。以初始水位最大和最小的两个监测井为例，在距离河道 100m 的监测井地下水位埋深的初始值为 7.93m，平均影响半径为 477m。而距离河道 400m 的监测井地下水位埋深的初始值仅为 5.82m，平均影响半径为 367m，比靠近河道 100m 的监测井小了 110m 之多。

从各个监测井的影响半径的平均时间序列来看，在 2016 年 12 月 24 日至 2017 年 1 月上旬，KS 断面的影响半径呈略微的下降，这时的地下水因受到 2016 年生态输水以及冬季地下水的回升，平均水位由 6.81m 抬升至 6.74m，抬升了 0.07m。影响半径由 408.6m 变为 404.4m，缩小了 4.2m。在 2017 年 1 月上旬至 2 月上旬，受冬灌的影响地下水位埋深出现下降，影响半径在这一时期增大了 9.6m。冬灌结束后水位开始慢慢回升，但是从 3 月初至 4 月底棉花进入了春灌期，大量的灌溉需水迫使地下水在这一时段不断下降。到了 5 月上旬至 8 月上旬，棉花的需水到达了高峰期，地下水位埋深下降速度加快，整个阶段的平均地下水位埋深由 3 月初的 6.86m 下降至 8 月上旬的 7.54m，下降了 0.68m，影响半径扩大了 40m 之多（见图 7-21）。

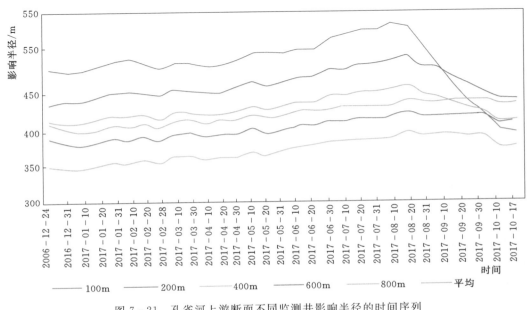

图 7-21　孔雀河上游断面不同监测井影响半径的时间序列

孔雀河中游断面位于经济牧场附近，该断面所位于的中游断面是孔雀河流域耕地面积最为集中的区域，人类活动对地下水位埋深产生强烈的干扰，同时中游段还是初始地下水位埋深最低的河段远高于上游和下游断面监测井，中游监测断面建成时距河道 100m、200m、400m 和 600m 的初始地下水位埋深分别是 13.95m、14.12m、13.67m 和 13.23m，平均地下水位埋深为 13.74m。与上游监测井的影响半径相比，中游断面的监测井的影响半径不仅较大而且还存在强烈的波动变化。从图 7-20 中可以看出不同断面影响半径的大小差异不大，平均值在 900m 左右（见图 7-22）。

2016 年 12 月 24 日至 2017 年 1 月上旬，中游 KZ 断面影响半径波动平缓，波动范围为 840m 左右。进入 1 月上旬至 1 月中旬开始进行冬灌，地下水位埋深快速下降，平均地下水位埋深由 13.73m 下降至 15.38m，下降了 1.65m，影响半径增大了 99m。冬灌结束后在 1 月中旬至 1 月底，地下水位埋深又快速抬升，影响半径开始缩小。随着 3 月初春灌开始，截至 3 月底，地下水位埋深下降了 3.41m，影响半径由 3 月上旬的 848.4m 增大到 3 月底的

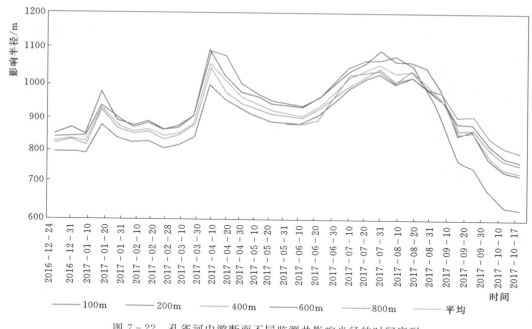

图 7-22　孔雀河中游断面不同监测井影响半径的时间序列

1053m。3 月底春灌结束后，至 5 月底，抽水活动减少，地下水位埋深得以稳步回升，影响半径逐步缩小到 899m。进入到需水最为旺盛的 6 月初至 7 月中旬用水达到高峰，地下水位埋深快速下降，至 7 月中旬，平均地下水位埋深为 17.52m，下降了 2.53m。此时的抽水活动可对周边 1051.2m 范围内的地下水产生影响。受生态输水补给，8 月上旬之后，地下水位埋深快速抬升甚至超过了自然状态下冬季的地下水位埋深达到 12.31m，相较于 7 月底的地下水位埋深抬升了 3.47m，此时的影响半径仅为 738.6m，缩小了 208.2m。

　　孔雀河下游第一断面（K1）的 5 个监测井的初始地下水位埋深为 6.57m、6.30m、6.67m 和 5.70m。与孔雀河上游断面监测井相比埋深相对较浅一些。影响半径在这一河段为平均值 378.6m，其中距离河道 100m 的监测井影响半径最大为 417m，其他距离河道 200m、400m、600m 和 800m 的监测井的影响半径分别为 403.1m、389.1m、413.1m 和 358.9m。由于孔雀河下游第一断面监测较早，并且较少受到人类活动的影响，影响半径在自然状态下波动情况且地下水位埋深的变化表现为夏季地下水位埋深下降，冬季地下水位埋深回升。因此，影响半径表现为夏季的扩大和冬季的缩小。冬夏两季的影响半径的差值在 20~25m 之间波动，随着生态输水的开始，水头在 10 月 16 日到达该断面，平均地下水位埋深已达 6.09m，抬升了 0.67m，达到了近几年来的最浅地下水位埋深，其中距河道 100m、200m、400m、600m 和 800m 的监测井的影响半径分别缩小了 144.0m、97.2m、34.2m、15.0m 和 13.2m（见图 7-23）。

　　孔雀河下游的第二断面（K2）较少受到人类干预，因此影响半径波动不大，冬夏之间的差值在 10m 左右（见图 7-24）。同时，由于距离水源地较远，且对生态输水的响应有滞后效应，因此，在输水后的很长一段时期水位没有太大的变化，仅在 10 月 16 日，距河道 100m、200m、400m、600m 和 800m 的地下水位埋深分别抬升了 0.65m、0.42m、

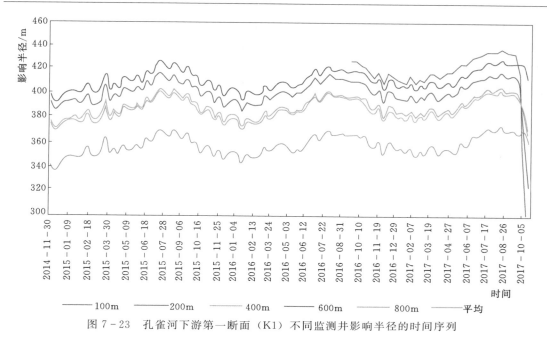

图 7-23 孔雀河下游第一断面（K1）不同监测井影响半径的时间序列

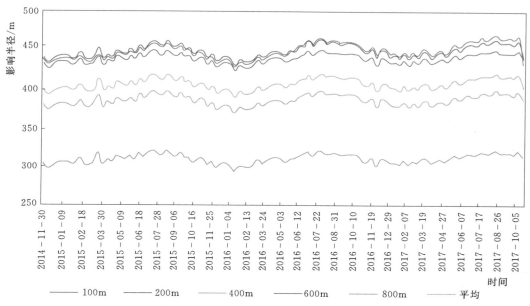

图 7-24 孔雀河下游第二断面（K2）不同监测井影响半径的时间序列

0.21m、0.14m 和 0.13m，影响半径开始出现减小的趋势。

孔雀河下游第三断面（K3）是孔雀河流域内地下水位埋深最浅的河段，平均地下水位埋深为 2.04m，这主要与该区域远离人类活动区，且与北山泉水的补给有关。在该河段距离河道越近的监测井影响半径越小，从 2014 年 11 月底建成至今，距河道 200m、400m、600m 和 800m 的平均地下水位埋深分别为 1.74m、1.77m、2.05m 和 2.59m，影响半径分别为 104.4m、106.2m、123m 和 155.4m（见图 7 - 25）。从时间序列上来看，下游第三断面（K3）的影响半径大致呈现冬季小夏季大的季节波动。由于生态输水截至 2017 年 10 月 17 日尚未到达该区域，因此，并未出现如其他河段影响半径迅速减小的时段，但该区域的季节波动性较下游第一断面（K1）和第二断面（K2）的波动性大，在 30m 左右。

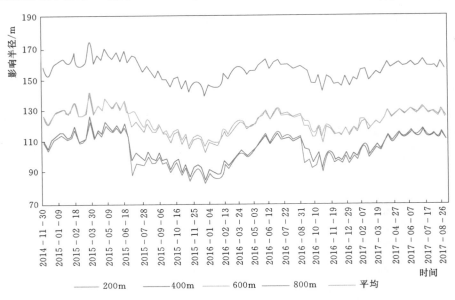

图 7 - 25　孔雀河下游第三断面（K3）不同监测井影响半径的时间序列

4. 灌溉量和地下水位埋深与影响半径的关系

在调查中得知，孔雀河流域的普惠及经济牧场一带主要以种植棉花为主，其中，2008 年以后开垦的耕地大多靠抽取地下水灌溉。结合棉花生长季 400m³/亩的灌溉定额（滴管），全生长季需要灌溉 16 次。一次棉花生长季灌溉会导致水位下降 3～5m 不等。由于不同地下水位埋深的差异，抽水过程中对周边地下水的影响半径上也是不同的。采用库萨金公式，对孔雀河上中游两个不同区段水井地下水位埋深下降 1m、3m、5m 三个不同情景对周边地下水的影响半径进行了模拟，结果显示，同一地下水位埋深下，抽水降深越大，影响半径越大。同一降深下，地下水位埋深越大，影响半径也越大。其中，普惠水库至经济牧场段由于地下水位埋深较大，在灌溉期抽水对地下水的影响半径也最大。在降深 5m 的情况下达到 1224m，是同情况的孔雀河第三分水枢纽至普惠水库段影响半径的 1.68 倍（见表 7 - 20）。

表 7 - 20　　　　　　　抽水降深对不同地下水位埋深的影响半径

抽水降深	不同地下水位埋深的影响半径		抽水降深	不同地下水位埋深的影响半径	
	7.11m[①]	15.41m[②]		7.11m[①]	15.41m[②]
1m	486	984	5m	726	1224
3m	606	1104			

① 孔雀河上游断面（KS）的地下水位埋深。
② 孔雀河中游断面（KZ）的地下水位埋深。

调查结果显示，孔雀河流域第三分水枢纽至普惠水库段，井灌面积约 $800hm^2$，目前尚在使用的井约 100 眼，每年开采地下水 480 万 m^3；普惠水库至经济牧场段，井灌面积约 0.65 万 hm^2，目前尚在使用的井约 150 眼，每年开采地下水 3920 万 m^3；经济牧场至 66 分水闸段，井灌面积约 0.33 万 hm^2，地下水开采井约 1000 眼，每年开采地下水 2000 万 m^3。

根据上述三个地段种植棉花的井灌面积，可计算出第三分水枢纽至普惠水库段、普惠水库至经济牧场段、经济牧场至 66 分水闸段三个区段单口井每年抽水量分别为 4.8 万 m^3、26 万 m^3、2 万 m^3。根据抽水降深与当地的土壤质地可以计算出，灌溉期，单口井抽水使这三个区段的地下水水位下降平均为 0.68m、3.45m 和 0.3m，从而使得影响半径分别扩大了 40.8m、207m 和 18m。经济牧场至 66 分水闸段虽然单口井的影响半径较小，但是地下水井的分布密度较大，因此，总体对地下水位埋深的影响也是较大的。

5. 影响半径结论分析

影响半径 R 是水文地质中的重要参数，在计算渗透系数 K、开采井群间距的设计、地下水资源的评价、防护带的圈定上具有重要的作用。上文分析了生态输水前后孔雀河流域不同断面监测井对影响半径的影响。在生态输水前，人类活动往往是导致水位变化的主要原因，以地下水位埋深最大的中游经济牧场断面为例，在春灌期，该地区的井灌面积约 0.65 万 hm^2，每年开采地下水 3920 万 m^3。地下水位埋深由 2 月的 14.00m 下降到 3 月底的 17.55m；6—8 月棉花需水高峰期，地下水又下降了 2.12m。这种行为会导致以抽水井为中心形成巨大的漏斗区。而下游由于耕地面积较少且有外来河水的补给，水位波动较小，能很好地维系该区域植被的正常生长。

生态输水虽然可以有效的补充地下水，使水位抬升，但是如果不能有效控制地下水超采，依旧不能为孔雀河流域河岸林的恢复提供可靠的保障。因此，应控制耕地扩张，加快实施退耕还水计划，坚持以水定地、以水定结构、以水定发展的原则，取缔非法机电井，在生态输水背景下，争取尽快恢复地下水位埋深，以维系沿河两岸胡杨林生态系统的健康。

三、生态输水过程中的土地利用变化

2016 年生态输水以来，研究河段内土地利用结构发生了显著变化。农业用地与裸地面积减少，而自然植被与水体面积增大。2016—2019 年，农业用地由 $389km^2$ 减少到 $342km^2$，减少了 $47km^2$；裸地面积由 $766km^2$ 减少到 $601km^2$，减少了 $165km^2$；而自然植被面积由 $171km^2$ 增加到 $352km^2$，增加了 $181km^2$；水体面积从无增加到 $31km^2$，515km 的河道从干河道变成了有水的河道。

受严格的退耕还林管理制度的影响，第三分水枢纽至 66 分水闸河段的农业用地显著减少了，尤其是曾家桥至经济牧场河段，农业用地由 2016 年的 $340km^2$ 减少到 2019 年的 $289km^2$。而随着生态输水后地下水位埋深持续抬升，各河段的裸地面积都显著减少，自然植被面积都显著增加（见图 7-26～图 7-29）。

四、生态输水过程中的植被指数（NDVI）变化

随着生态输水后地下水位埋深的持续抬升，研究河段内的自然植被不仅面积增加了，植被的生长状况和覆盖度也显著增加了。研究河段内 $NDVI < 0.4$（中低植被覆盖度）的自然植被面积由 2016 年 7 月的 $158km^2$ 增加到 2019 年 7 月的 $288km^2$；$NDVI > 0.4$（高植被覆盖度）的自然植被面积由 $13km^2$ 增加到 $15km^2$（见图 7-30～图 7-34）。

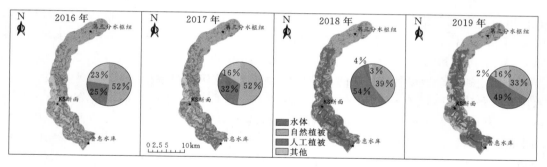

图 7-26　第三分水枢纽至普惠水库河段土地利用时空分布图

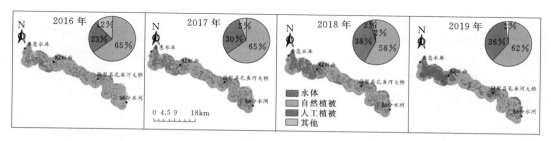

图 7-27　普惠水库至 66 分水闸河段土地利用时空分布图

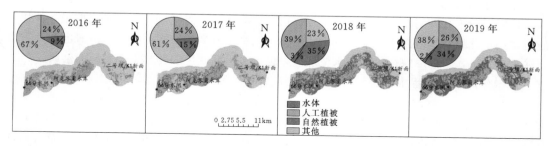

图 7-28　66 分水闸至二号坝河段土地利用时空分布图

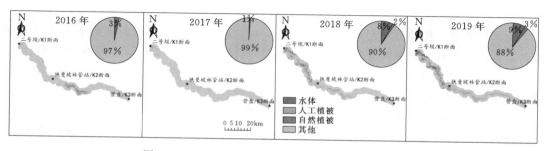

图 7-29　二号坝至营盘河段土地利用时空分布图

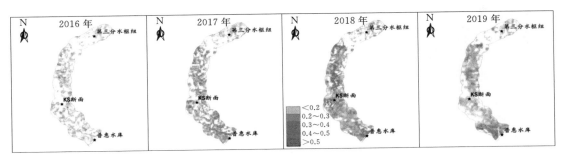

图 7-30　第三分水枢纽至普惠水库河段自然植被 *NDVI* 时空分布图

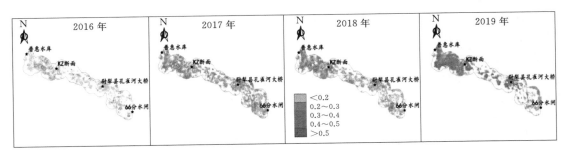

图 7-31　普惠水库至 66 分水闸河段自然植被 *NDVI* 时空分布图

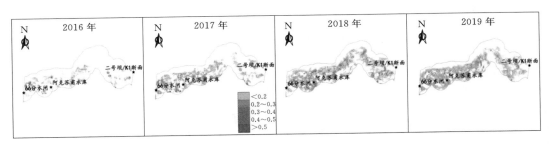

图 7-32　66 分水闸至二号坝河段自然植被 *NDVI* 时空分布图

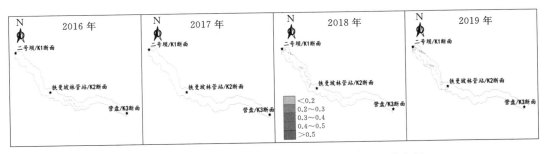

图 7-33　二号坝至营盘河段自然植被 *NDVI* 时空分布图

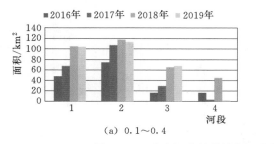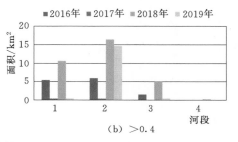

(a) 0.1～0.4　　　　　　　　　　　　　(b) >0.4

图 7-34　孔雀河自然植被归一化指数（NDVI）时空变化特征

1—第三分水枢纽至普惠水库河段；2—普惠水库至 66 分水闸河段；

3—66 分水闸至二号坝河段；4—二号坝至营盘河段

五、生态输水过程中的植被盖度变化

各河段的低植被覆盖度的植被面积都显著增加，而中高植被覆盖度的主要增加河段是第三分水枢纽至 66 分水闸（97km²）（见图 7-35～图 7-41）。

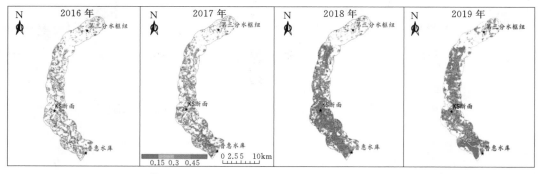

图 7-35　第三分水枢纽至普惠水库河段自然植被覆盖度时空分布图

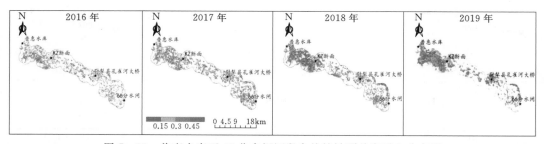

图 7-36　普惠水库至 66 分水闸河段自然植被覆盖度时空分布图

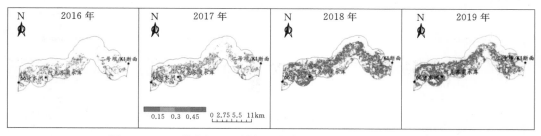

图 7-37　66 分水闸至二号坝河段自然植被覆盖度时空分布图

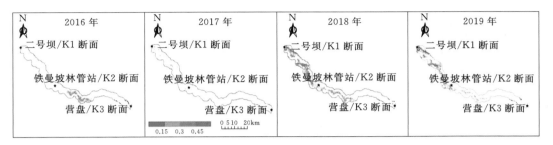

图 7-38　二号坝至营盘河段自然植被覆盖度时空分布图

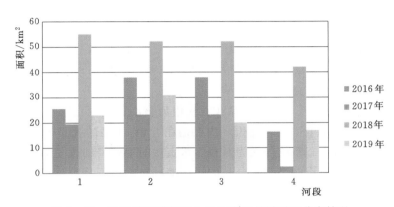

图 7-39　自然植被覆盖度小于 15％ 的植被时空分布情况

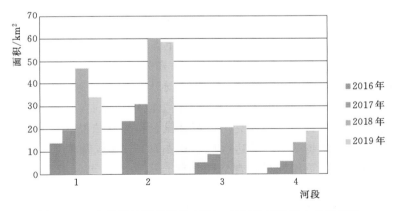

图 7-40　自然植被覆盖度为 15％～40％ 的植被时空分布情况

2016 年秋季输水后，2017 年 7 月相对于 2016 年 7 月，研究河段内自然植被面积增加了 38km²。而高植被覆盖度的植被面积减少了 12km²，其中减少河段主要是第三分水枢纽至普惠水库（5km²）和普惠水库至 66 分水闸（6km²）；中低植被覆盖度的植被面积增加了 50km²，主要是第三分水枢纽至 66 分水闸河段（50km²）增加最显著。

2017 年输水后，2018 年 7 月相对于 2017 年，研究河段内的自然植被面积增加了 158km²，增加的区域内植被以中低植被覆盖度为主。

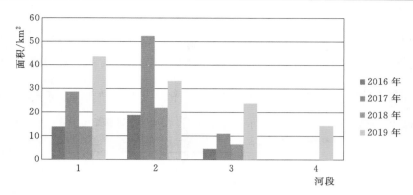

图 7-41　自然植被覆盖度大于 40% 的植被时空分布情况

2018 年输水后，2019 年 7 月相对于 2018 年，研究河段内的自然植被面积减少了 14km²，但是高植被覆盖度较 2018 年大大提高，由 43km² 增加到 115km²。

六、生态输水的社会效益

近 30 年来，孔雀河流域在以水资源开发利用为核心的高强度经济和社会活动的作用下，流域自然生态过程发生了显著变化。特别是在近 10 年来的孔雀河下游地区，以胡杨林等天然植被为主体的生态系统因人为对自然水资源时空格局的改变而受到严重影响，出现了严重的生态退化，河流两岸绵延分布的原始胡杨林大面积衰败死亡。生态保护与环境整治是塔里木河下游生态输水工程的主要目标，因此，生态输水能否起到改善环境和推动地方经济发展的作用是社会各界所关注的焦点。当地百姓是生态输水效益最为直接的感受者，因此，常年生活在塔里木河下游的他们是否感受到了生态输水带来的环境变化，他们是如何认识和看待环境的变化与自身利益的关系的，这些问题不仅可为全面认识和评价生态输水工程提供帮助，也可以为今后实施和开展生态输水工程提供决策依据和理论指导。

由于孔雀河中、下游普惠地区-尉犁县的居民多为维吾尔族同胞，因此本次输水后进行的社会调查以面对面采访调查方式为主，当地水利局和水管站工作同志给予了翻译帮助。采访对象以了解当地生态环境变化的 30 岁以上成年人为主，共采访 30 余户，主要是分布在孔雀河两岸的德尔特克、塔什克尼、塔什昆、科克喀依曼、雅其克村、经济牧场、库克喀依那木村、孔雀农场四队、哈达墩村、孔雀农场三队、古勒巴格乡、阿克其开村、巴西买里村、统其克村、英库勒村、吉格代其克、66 分水闸等区域和村落。调查主要内容包括：全面了解当地居民对生态输水工程的反响和支持度；对生态输水前后当地居民生活、居住环境的变化进行分析，从当地居民和牧民切身体会来客观反映输水的社会效益。

通过调查，所有受访居民对此次生态输水都非常满意，但是依旧感觉水量较少，不能够弥补河道十几年来的干旱情况，他们希望未来政府能够保证生态输水的时间、次数和获得更多的水量。调查时发现，尉犁县域内孔雀河河道输水结束后 3～4d 后就已经干涸，全部下渗，地下水得到补给；普惠地区输水后河道水情较尉犁县相比好一些，河道依旧存有少量的水。同时，所有居民认为生态输水非常必要，并与他们的生活、生产息息相关。多数当地居民对生态输水的效益给予了很高的评价和肯定，他们深信如果生态输水能持续，这里的生态环境会越来越向好的方向发展。

（1）生态输水体现了生态文明建设的理念，有效提升了公众生态意识。生态文明建设是党的十八大以来社会主义现代化建设工作的重中之重。此次孔雀河生态输水秉承生态文明建设宗旨，也是贯彻执行"丝绸之路经济带"生态文明建设的务实行动，同时更是对公众进行建设生态文明社会理念教育的一次精神洗礼。在孔雀河普惠至尉犁县段沿岸，被采访的所有居民都明确了解此次生态输水的目的，是为了拯救孔雀河两岸的胡杨林，保护环境。孔雀河下游河道多年干涸，村民反映同时期河道有水还是在 13 年前。调查显示，孔雀河下游两岸 1～2km 附近的胡杨林受灾面积达到 80％以上，经济牧场至古勒巴格乡一带河岸附近大面积胡杨林干枯死亡，普惠农场亚齐克村附近 80％～90％的胡杨林死亡。随着胡杨林受灾面积的不断扩大，沿岸村民们深刻体会到了生态恶化对其生活各方面的影响，例如，风沙灾害多了，野生动物少了，棉田没有防护林保护了，牛羊没有草吃了，更糟糕的是，空气质量差了，全年生活在满目枯黄的环境里，心情也变得十分不明朗。因此，老百姓非常关心胡杨林的生长态势，认为此次输水对保护和拯救胡杨林的生长至关重要。

在调查访问中了解到，虽然当地老百姓不太了解可持续发展的概念，但是却明白为子孙后代的长远生活考虑。统其克村一位维吾尔族大叔被采访时感慨地说，"如果政府有政策能够经常向河道输水，胡杨就会好好生长，我们的生活环境就会更好，这是造福我们子孙后代的事情，我们也希望我们的孩子过得好好的"。当地老百姓看到那些垂死的胡杨重新焕发生机，心情十分愉悦。孔雀河中、下游两岸生态输水前后的实际生态环境的对比，给当地老百姓上了一堂最为实际生动的生态文明课，只有拥有良好的生态环境，才会有好的生活环境，否则，没有了"青山绿水"，再多的"金山银山"又有何用。普惠农场一位大叔主动说："政府经常下来进行胡杨林保护的宣传教育活动，我们也都知道这个水是为了保护胡杨的，而胡杨也保护着我们老百姓，所以这次输水，我们老百姓都非常自觉，都没有去偷水的。"这句话虽然很实际，但是却代表了当地普通民众已经拥有了一定的生态保护意识。

此外，孔雀河生态输水引起了社会各界广泛关注，CCTV-13 新闻频道和新疆电视台新闻综合频道对本次生态输水进行了专题报道；新华社、新华网、中国新闻网、环球网及环球日报、中国财经、新浪新闻、搜狐新闻及网易新闻等主流媒体全程跟踪报道，生态输水获得了社会上一致好评。这既彰显了国家与各级政府自党的十八大以来推行绿色发展、强化人与自然和谐发展理念的决心，同时也是对全社会实施的一次关于践行生态文明建设的宣传教育，有效提升了公众的生态意识，社会效益显著。

（2）生态输水可以有效改善生态环境，美化居民的生活环境。伴随着经济的不断发展，在物质生活逐渐变好的同时，老百姓对于优美生活环境的追求不断提升。近 10 年来，孔雀河中、下游河道断流，湖泊干涸，地下水位埋深大幅度下降，以胡杨林为主体的荒漠植被全面衰败，沙漠化过程加剧，面积扩大，野生动物种类和数量迅速减少，浮尘、沙尘暴灾害性天气增加，这里已经成为塔里木河流域最严重的生态灾难区之一。几位 50 多岁的维吾尔族牧民大叔回忆起他们的小时候，那时孔雀河河水充沛，居住的周边地区景色宜人，但在 2003 年河道断流以后，环境日渐恶化，尘土飞扬，满目枯黄，很多野生动物也越来越难遇到。生态输水后，与此前同时期（8月底至10月中旬）相比，原来此时河道附近的胡杨林大部分已经变黄落叶，而本次生态输水后，胡杨林长势良好，依旧翠绿，部分干枯的胡杨林来年也可能生长复苏。此外，地下水位埋深抬升，沿岸其他树草植被也得到了有效的水分补充，农民们近期还可以看到野兔和黄羊出来野外觅食、喝水；河湖有了水，也吸引了黄鸭等大批鸟类归来。有了水的孔雀河及其两岸地区，又成了一带充满生命力的绿洲。正值丰收的金秋时节，老百姓又能见到孔雀河的水，也依旧可以看到生机勃勃的胡杨林，生活和生产工作心情十分愉悦。因此，生态输水从本质上与老百姓对优美生活环境的向往和追求相一致，有效地改善和美化了河道两岸村民的生活环境。

（3）生态输水可以提高生活环境质量，保护居民的身体健康。由于河道多年干涸，地下水超采，输水前地下水位埋深接近植物的死亡深度或抑制生长的深度，使植物群落严重衰败，以胡杨林为主的大面积林草植被干枯或死亡，其净化空气、涵养水源、保持水土、防风固沙、调节气候、美化环境等生态功能减弱。近年来，孔雀河两岸老百姓的生活环境多受风沙侵袭，尤其是每逢春秋季节，风力强度增大，扬尘和浮尘天气增加，黑风暴增加，空气质量极差。采访时有村民反映最严重的一次沙尘暴是在 2014 年 4 月 23 日，该区发生了 10 年以来的特强沙尘天气，能见度小于 50m，生活和生产工作已经无法正常进行。风沙灾害严重影响了孔雀河河道两岸村民的身体健康，常见呼吸系统疾病。生态输水后，距河道 300m 范围内，由于地下水位埋深上升，此范围内的胡杨等天然荒漠林草植物长势出现好转，生态防护功能也随之提高。因此，生态输水间接有助于减轻当地风沙侵袭的危害并提高空气质量，有利于保护当地居民健康的生活环境。

此外，由于孔雀河中、下游地区分布着很多散户牧民，这些牧民的家位置偏僻，相互之间距离较远，通自来水极其不方便，因此井水成为其主要生活饮用水源。为了满足不断增长的灌溉需求，孔雀河两岸地区严重超采地下水，地下水水位迅速降低，水质下降，矿化度增加，无法直接引用，造成了散户牧民的生活用水出现困难。通过此次生态输水，河道两岸地区地下水水位明显上升，水质得到提高，散户村民的生活饮用水质量得到改善。

调查时了解到，在通过生态输水补给和抬升地下水位埋深的同时，为了管理地下水超采现状，库尔勒市水利管理部门在管辖范围内全面推行安装地下水 IC 卡计量器，目的旨在有效监测地下水的开采量和地下水位埋深，并可以利用水价经济杠杆促进地下水的合理使用。为了落实这项工作，尉犁县政府由县长亲自指挥，尉犁县水利局主要执行推进，目前已经取得快速推广。尉犁县 2015 年在管辖范围内 218 国道东侧地区建立试点，2016 年开始全面推行，截止到调查时间 2016 年 10 月中旬，已经安装地下水 IC 卡计量器约 4000 个，预计 2017 年上半年全县范围内 6000 余口井全部安装完毕。安装地下水 IC 卡计量器后，每公顷给定水额上限为 9000m³，按照 7.5 元/hm² 收费，超出 9000m³ 部分按照 1～1.5 倍费用收费。此外，尉犁县和普惠农场还对原来农民随意打井的现象进行了规范管理，制订了严格的开井制度和程序，加大了对随意开井现象的惩罚力度，根据地下水和耕地的实际情况进行有序封井。多年来无序开井的情况得到了规范和治理。这些制度措施与生态输水一起，确保了未来地下水的合理使用，以及散户牧民的用水安全。

（4）生态输水可以促进当地经济发展，保障居民的经济收入。水资源是孔雀河两岸当地居民生存和发展的命脉，水资源问题直接影响当地社会的长治久安。首先，孔雀河两岸地区主要以种植棉花和发展畜牧业为主要经济来源，地表水短缺和地下水超采，直接引发耕地与灌溉之间的矛盾，影响牛羊赖以生存的草类植物的生长。没有了水，就意味着农民和牧民没有了收入。同时，风沙灾害直接影响棉花的生长和收获，对农业正常生产和农民收入产生严重影响。此次生态输水，在促进以胡杨林为主的天然林草植被恢复的同时，也有效提高了孔雀河两岸附近的地下水水位。通过本次输水，地下水位埋深得到了很好的补给，距河道100m范围内的地下水位埋深抬升了4~5m，距河道300m位置的地下水位埋深普遍抬升了1m左右。地下水水位的提升为第二年农作物生长奠定了良好基础，也可以促进来年草本植物的生长，保证畜牧业的正常发展。因此，生态输水对孔雀河两岸的农牧业增产增收有促进作用。

其次，孔雀河中游地区联立打造了以罗布人村寨、天然胡杨林和沙漠景观为主的三位一体的旅游景区群。每年都会有大批游客专门来孔雀河下游地区观赏胡杨，主要集中在10月下旬胡杨林树叶变黄期间。金色的胡杨林与荒漠、孔雀河交相辉映，景色美不胜收，大批游客慕名而来。很多农牧民在此期间，开办了农家院餐饮和住宿，给游客提供了体验民族风情、品美食、赏美景的机会。但是由于近年来孔雀河中下游两岸的天然胡杨林受灾面积不断扩大，影响了来前来观赏胡杨林的游客人数，也极大地降低了当地的旅游收入。通过生态输水可以恢复和促进胡杨林的生长，为尉犁县打造胡杨林观景区提供了可靠保证，也可以间接促进了发展旅游副产品，提高旅游产品附加值，极大地增加当地的旅游收入。

（5）生态输水可以保护荒漠区生物多样性，促进生态可持续发展。近10年来，孔雀河中下游河道长期断流以及地下水超采，由地下水维系的植被群落出现严重退化，以芦苇、罗布麻、骆驼刺等为主的草本植物大片死亡，胡杨、柽柳等大面积衰败，风蚀沙化加剧，土地荒漠化过程加强。黄羊、野兔、狼、狐狸、水鸟等野生动物越来越少。水资源短缺直接影响和威胁到了孔雀河中下游地区的生物多样性安全。由于生态输水长时间的持续，植被的恢复状况得到了明显的改善。通过当地居民对树木和草地长势变化的感知调查可以得到验证。生态输水后，孔雀河两岸距河道100m范围内的地下水位埋深抬升了4~5m，距河道300m位置的地下水位埋深普遍抬升了1m左右。随着水分条件改善，自然植被退化趋势得到一定遏制。被采访的一位农民正在采摘棉花，他说："野生动物都多了起来了，有水了，草也绿了，胡杨也好好长了，好得很。"因此，生态输水有助于保护孔雀河两岸地区生态多样性安全，有利于促进地区的生态可持续发展。

第四节　孔雀河流域生态治理、保育分区

孔雀河源于博斯腾湖，流经巴州首府库尔勒市与尉犁县，尾闾是罗布泊。从源区到尾闾，流域涵盖了湖泊、湿地生态系统、人工绿洲生态系统、绿洲-荒漠过渡带以及流域下游的荒漠河岸林生态系统等。各生态系统均发挥着重要的生态服务功能，基于对孔雀河流域各主要生态系统的空间分布及生态功能划分，以生态重要性、保护紧迫性及实施的可行性等为主要原则，在孔雀河源区、孔雀河上、中游和孔雀河下游规划布局了三个生态保育

分区，分别是博斯腾湖湖泊-湿地生态保育区，孔雀河上、中游自然植被恢复治理区和孔雀河下游荒漠河岸林生态保育恢复区。针对每个分区具体生态功能与存在的生态环境问题，制定适宜的生态保护治理对策。

一、孔雀河上、中游胡杨林生态恢复治理区

流域平原区天然植被是流域人工绿洲建立与发展的重要基础与生态防护屏障，同时这些天然植被为流域内平原区物种多样性提供了重要生境。然而，伴随着人口的增长与流域水土资源的持续开发，人工绿洲规模不断扩大，而流域内林草及湿地沼泽面积则呈现明显的减小趋势，导致整体生态系统服务价值下降。位于孔雀河上、中游的库尔勒及其尉犁绿洲及绿洲周边的绿洲-荒漠过渡带是一个典型例子。伴随耕地面积的不断扩大，这一区域自然植被持续萎缩，农业的大量用水与地下水超采挤占抢夺了生态用水，致使自然植被大面积衰败死亡，生态防护功能下降，风沙灾害加剧。为此提出在孔雀河上、中游段平原区库尉绿洲及其外围绿洲-荒漠过渡带建立自然植被恢复治理区，保护区内与过渡带内天然植被与湿地，特别是沿河发育的以胡杨为主的荒漠河岸林，涵养人工绿洲外围生态环境，提升其生态防护功能，保障人工绿洲的可持续发展。

（1）绿洲及绿洲-荒漠过渡带自然植被封禁保护。孔雀河上、中游（扬水站至阿克苏甫水库）目前沿河道两侧及人工绿洲边缘分布的较好的自然植被面积约 3.78 万 hm^2，其中胡杨林面积约 0.91 万 hm^2，灌木林草面积 2.87 万 hm^2。这些植被重要分布在孔雀河沿岸普惠水库以上和孔雀河中游普惠水库至阿克苏甫水库河道南侧。对这一区域的自然植被分布区应严令禁止开荒，对目前河岸边及绿洲-荒漠过渡带连片的自然植被分布区实施封禁，严控地下水开采并有控制地放牧，以保护持续萎缩的自然植被。

（2）孔雀河上、中游退耕、封井、还水。孔雀河上、中游沿河两侧持续的大面积开荒与地下水超采，是造成沿河两侧地下水位埋深急剧下降，胡杨等自然植被大面积衰败死亡的主要原因。特别是在河道两岸 1km 范围内的毁林开荒与打井超采地下水现象普遍且目前尚未得到遏制，而这一区域正是孔雀河上、中游天然胡杨林的主要分布区，如果不遏制河道两岸的开荒并退减耕地，沿河道生态输水将难收成效，并将进一步刺激新一轮的开荒。

为此，在这一区域的自然植被恢复治理中，十分必要且重要的一项就是坚定不移地实施"退耕、封井、还水"。这一治理措施必须由自治区政府尽早出台相关政策，对河道沿岸的开荒与地下水超采加以制止；进一步强化"三条红线"的贯彻落实，并将此与地方领导考核责任挂钩；尽快决策并实施孔雀河河道两侧 1km 范围内的生态保育封禁，加快实施"退耕、封井、还水"行动。

（3）孔雀河上、中游沿河生态设施建设。孔雀河在流入平原区后，河道坡降较小，且因河道断流多年失修，过水能力明显不足，加之两岸开荒过程中私自挖口、堵坝、河床内修路、打井等问题突出，对胡杨林抢救生态输水的进程影响极大；再则，沿自然河道实施的生态输水对地下水及两岸胡杨的保育恢复范围有限，加之孔雀河沿河缺少能够实施生态引水的闸口与相关设施，从而限制了借生态输水契机增大生态受水面积与胡杨恢复范围的实施，同时也弱化了生态输水的绩效。

因此，在孔雀河上、中游自然植被恢复治理中，需对孔雀河第三分水枢纽以下至一道

坝主要河道以及输水通道进行综合疏浚整治，提升河道过水能力；依据地势与自然植被分布，加快建设拦河分水枢纽、生态引水枢纽及分水闸、堰，以便借助生态输水契机，人工调控河水满溢，扩大生态受水面积和输水效益，实现沿河两侧胡杨林的有效保育和恢复。

（4）孔雀河上、中游沿河生态旅游发展。孔雀河上、中游是流域人口聚居和人工绿洲集中分布的区域，规划并建议在生态输水恢复孔雀河河流景观与自然环境的同时，引入民间资本，依据实际情况，合理布局，适当发展生态林草与城镇郊区休闲产业，在涵养过渡区生态环境的同时，开发利用其景观与旅游服务价值，促进地方服务产业，解决当地就业，增加当地居民收入，改变单一依靠开荒增加收入的粗放农业发展模式，增强人们对过渡区生态服务价值的认知与感受，实现绿洲-荒漠过渡带的生态涵养与区域经济社会发展双赢。

二、孔雀河下游荒漠河岸林生态保育恢复区

1976 年以后，由于人工绿洲大规模扩张，孔雀河上游河水被大量引入水库用于农业灌溉，尉犁县阿克苏甫水库以下的孔雀河下游基本断流，致使下游水分条件恶化，11.2 万 hm² 荒漠河岸林植被呈现极端衰败现象，荒漠化面积逐渐扩大，已直接威胁到绿色走廊的畅通以及下游农牧区的生产、生活和可持续发展，孔雀河中下游生态环境治理已成为当务之急。为更好地实施孔雀河下游荒漠河岸林修复保育，确保其生态需水量，恢复孔雀河下游植被盖度与群落健康结构，改善生态环境，遏制库鲁克沙漠西移，规划建议在孔雀河下游阿恰枢纽以下至 35 团甘草场建立荒漠河岸林生态保育恢复区。保育恢复区优先保护孔雀河两岸 3～5km 范围内以胡杨为主的荒漠河岸林自然植被，保育区内严禁一切开荒与地下水的开采，并应限制放牧，实施封育养护，结合生态输水与综合生态恢复措施，实现孔雀河下游荒漠河岸林的保育恢复。

（1）孔雀河下游荒漠河岸林封育及综合修复。虽然孔雀河下游荒漠河岸林生态脆弱区内定居人口较少，但是一直以来也受到诸如放牧、薪柴砍伐的人类活动扰动，特别是近十几年，一些开荒活动已经明显对这一重要河岸林生态系统产生影响。为防止生态恢复与生态输水后诱使更大强度的人类活动扰动，建议对孔雀河下游阿恰枢纽以下的约 11.2 万 hm² 荒漠河岸林植被实施封育保护，封育区内禁止一切开荒与薪柴砍伐，依据实际情况禁止放牧或有控制地轮牧。通过封育的实施，保障河岸林植被最小限度地被扰动，以促进其恢复。借助生态输水契机，依托下游河道引水通道与生态闸，在封育保护区内有条件的地方通过人工漫溢漂种、胡杨断根萌蘖以及人工植被与天然植被生态融合等技术途径，逐步恢复并重建下游退化的河岸林群落。

（2）生态退耕封禁。在孔雀河下游荒漠河岸林生态保育恢复区内，近 10 年河岸两侧 3～5km 范围内新开垦了大面积耕地，建议逐步实施生态退耕、还林、还草，并予以封禁。河岸两侧 3～5km 核心保护区外的过渡区，可适当布局牧业，但应严格控制地下水的开采。

（3）生态输水与河道整治。为更好地实现孔雀河下游退化生态系统的恢复，将建立生态保育恢复自然保护区与孔雀河下游的生态输水与河道整治相结合，在保证博斯腾湖合理生态水位的基础上，合理调配孔雀河水资源，向孔雀河中、下游实施生态输水 1.50 亿 m³/a，以保证孔雀河下游阿恰枢纽以下长势相对良好的荒漠河岸林植被；每 3～5 年或遇开都河-孔雀河流域及塔里木河流域丰水年，向孔雀河中、下游实施输水 3.83 亿 m^3/a，保证孔雀河中、下游荒漠河岸林生态脆弱区天然植被生态需水，恢复河岸两侧 3～5km 范围内天然植被。输水时间可在夏末 8 月至秋季 11 月左右。为配合输水，需对原有淤塞河道实施疏浚，同时依据地势和原有河流汊道，建设生态引水通道与生态闸，输水除沿疏浚河道下行外，建议通过生态引水通道与生态闸等设施，分段对两岸荒漠河岸林植被进行有控制的淹灌，以扩大生态恢复范围与绩效。

第五节　孔雀河流域生态退化原因及保护对策

孔雀河是一个封闭的典型内流河，生态系统脆弱易受扰动，在全球变化，特别是近几十年不断增强的人类活动扰动下，流域生态系统失衡并发生逆向演替，持续的人类活动扰动使得仅仅依靠生态系统自身的恢复能力难以达到恢复目的。依据生态学和社会经济学的基本原理，基于生态系统自我设计并辅以人工调控，聚焦生态系统有机整体或复合生态系统多目标的生态工程与综合治理工程是恢复流域退化生态系统的首选。通过综合治理工程的实施，结合生态系统自我恢复与人工调控，最终实现退化生态系统的恢复与生态效益、社会效益和经济效益的共赢。

一、孔雀河流域生态退化原因诊断

（1）水资源超承载力开发，生态与生产用水的矛盾加剧并凸显。孔雀河流域资源性缺水严重，持续不断的开荒和灌溉面积的扩大，打破了流域生态系统平衡，加剧了流域内经济与生态之间的矛盾，生态危机加剧。在流域资源性缺水的客观背景下，加之农业耗水过大，地下水超采，生态用水被挤占等现存问题，加剧了流域管理型缺水与结构型缺水，导致流域水资源的供需矛盾进一步突出。孔雀河作为塔里木河的重要源流，流域水量在塔里木河水域系统内起着重要的承上启下的作用，这决定了流域在水资源利用上既要保障流域经济生产和生态保护的需求，又要保障其对下游塔里木河生态输水的贯通。在孔雀河源区博斯腾湖水位多年低位运行并触及且突破生态极限最低水位的背景下，流域有限的地表水与地下水资源将难以满足现有的约 15.87 万 hm^2 灌溉面积的农业需水要求，目前的农业灌溉面积已经超出了孔雀河流域水资源的承载能力。过高的农业用水进一步加剧了流域水资源的供需矛盾，不但挤占了流域自然植被的生态需水，同时也限制了流域内第二、第三产业的发展与区域城镇化进程，掣肘了区域经济社会的可持续发展，阻碍了区域内人民生活水平的提高。经济社会发展的滞缓进一步驱使本地人民开荒，并落入"发展滞缓-开荒-无水可用-生态破坏-发展滞缓-开荒"的恶性循环怪圈。2017 年，孔雀河流域用水总量超出"三条红线"用水指标 2.05 亿 m^3。其中库尔勒 2017 年用水 10.23 亿 m^3，高出同区域 9.00 亿 m^3 的"三条红线"用水指标 1.23 亿 m^3；尉犁县 2017 年用水总量 2.75 亿 m^3，超出"三条红线"规定孔雀河流域尉犁县用水指标 0.32 亿 m^3。孔雀河流域在有限水资源基础上，要实现经济健康快速增长，必须要压缩高耗水的农业生产，减地退水，促进高附加值的第二、三产业生产，实现优化产业结构与水资源的可持续开发。

（2）地下水超采严重，沿江地下水位大幅下降危及荒漠河岸林生态系统。持续增长的农业灌溉面积使得农业用水量激增，在有限的地表水量难以满足农业灌溉需求的情况下，超采地下水已经成为目前孔雀河流域的一个常态。据统计，综合治理之前，孔雀河流域地下水机井已超过 8000 眼。开都河-孔雀河地下水可开采量 6.08 亿 m³，2011 年实际提取 11.05 亿 m³，2013 年达 13 亿 m³，超出红线 113.8%。2017 年库尔勒地下水开采量 4.79 亿 m³，显著超出"三条红线"规定 3.13 亿 m³ 指标 1.66 亿 m³，尉犁县地下水开采 0.74 亿 m³，显著超出"三条红线"规定 2015 年地下水开采指标 0.44 亿 m³ 的 68.18%。地下水的超采导致地下水位埋深持续下降，依靠地下水维系的浅根系植被大面积死亡，河道自然损耗增加，地下水水质恶化，农业生产、经济发展与生态保护的用水矛盾进一步加剧。

（3）耕地面积持续扩大，农业用水强烈挤占了生态用水，导致生态退化。孔雀河流域耕地面积在过去 40 年大幅度增加，大大超出了水资源承载力，并严重挤占了生态用水，生态用水的严重萎缩导致流域胡杨林生态系统严重退化。孔雀河流域产业结构单一，在传统的农业为主发展模式与理念下，近几十年来农业耕地面积持续扩大。据遥感调查统计，在过去的 40 年间（1975—2015 年），孔雀河流域的普惠-尉犁段耕地面积从 0.71 万 hm² 增加到 8.67 万 hm²。尤其 2005 年—2010 年 5 年间，耕地由 3.81 万 hm² 增加到 7.82 万 hm²，平均每年增加 0.80 万 hm²。2008 年以来沿孔雀河两岸增扩的耕地大多由打井抽水灌溉来维持，这期间，孔雀河普惠至尉犁县段的耕地向南北两岸迅速扩张，尤其是北岸，大片林地和草地被开垦成农田。持续增长的耕地面积，造成农业用水比例过大，占据整个流域用水量的 97%。万元 GDP 用水量高达 4530.6m³，远高于全疆当年平均水平的 984.10m³，相比全国 129m³ 的平均水平更是高出 35 倍。耕地面积不断扩大、人工绿洲扩张的同时，天然林地、草地面积大幅度减少，地下水位埋深明显下降，天然植被衰败死亡，荒漠生态系统的稳定性下降、生态功能降低。

（4）孔雀河胡杨林生态系统濒临崩溃，生态防护功能显著下降。孔雀河中下游的荒漠河岸林生态系统是塔里木河下游自然植被带与生态系统的重要组成部分，与塔里木河干流下游的荒漠河岸林共同组成塔里木河流域下游"绿色走廊"，构成了阻挡库木塔格沙漠与塔克拉玛干沙漠合拢的天然生态屏障，对于保护库尔勒-尉犁绿洲经济的健康发展和塔里木河流域下游绿洲生态安全，保障 218 国道与库尔勒-格尔木铁路的畅通发挥着重要的生态防护与生态服务功能。然而，由于大规模、高强度的水土开发，导致河道断流，荒漠河岸林植被衰败，天然绿洲萎缩，荒漠化加剧。据统计，1999—2012 年孔雀河下游胡杨有林地和草地以每年约 26.67hm² 速度减少，约 60%～80% 的胡杨处于枯死状态，胡杨死梢率达 70%～90%，70% 以上的草场退化甚至荒漠化；浮尘、沙尘暴灾害性天气明显增加，2011—2014 年间，尉犁县沙尘 50 余天，特大沙尘暴在 20 次以上。孔雀河中下游生态系统的退化，不仅涉及各族群众的切身利益，对库尔勒-尉犁绿洲经济的健康发展和生存环境造成严重影响，危及 218 国道与库尔勒-格尔木铁路，同时加速了塔里木河下游"绿色走廊"整体的破碎化发展，加剧了"丝绸之路经济带"重要通道的生态危机。

（5）流域生态水权管理体制缺失，地表-地下水未统一管理调度，水资源管控能力及管理水平有待提升。生态水权就是分配给生态环境使用水资源的权利，流域生态水权管理体制缺失，生态用水难以得到保障。作为典型干旱区内陆河流域的孔雀河，生态环境对水的依赖性很强，由于灌溉面积的不断扩大，造成流域农业用水量大幅增长，严重挤占了生态用水，从而导致了一系列生态与环境问题。实施的应急生态输水是对生态严重受损地区生态用水亏欠的补偿。目前，由于流域生态水权管理体制的缺失，使得这类补水用的是谁的水权、补水责任的主体应当是谁都并不十分清楚，从而导致补水难以持续、生态用水难以得到保障。在我国现行的水资源管理体制下，政府必须承担生态水权代言人的责任，并将生态水权以法律的形式确定下来，将生态水权制度纳入水资源管理体制，实现流域水资源合理配置和生态系统的可持续管理。生态用水缺失导致的自然植被生态防护功能与服务价值显著下降，自然灾害，特别是沙尘与风害频发，严重危及农业生产和基本农户的稳定收入。这些都是经济社会发展过程中的不稳定因素。

流域地表水、地下水尚无实现统一管理和联合调度利用，水资源综合管理能力亟待提升。孔雀河流域管理涉及地方、兵团等多个部门，国民经济与生态系统之间、地区间和部门间用水矛盾尖锐，近年来流域地表水资源基本实现了统一调度管理，但是地表水、地下水统一管理、联合调度机制缺失。地下水的开发利用处在各地州、兵团及水管部门多头管理状态，未能真正实现流域水资源的统一管理，从而导致出现无序开发利用地下水资源现象，造成流域内地下水过度开采。地下水的过度开发，一方面导致地下水位埋深大幅度下降，地下水质恶化；另一方面，沿河道、湖泊附近地下水的超量开采加大了对河道地表水的袭夺。而现状，孔雀河地表水、地下水动态监控能力不足，水系连通性不够，流域水资源调度管理和监控能力有待提高。由于对地下水的管理和监控严重不足，缺乏系统的规划、监测和管控，从而导致在部分地区地下水严重超采、地下水位埋深大幅下降的情况得不到应有的管理和制止。同时，地表水、地下水实时供水水情信息的监控能力不足，难以准确反映水情信息和指导地表水、地下水的合理开采与联合利用，制约了水资源的科学管理。

二、孔雀河流域生态保育修复管理措施

1. 优化孔雀河中、下游胡杨林生态抢救方案，提升生态输水效益

向孔雀河中、下游实施生态输水，抢救绿色天然屏障，势在必行且刻不容缓。抢救、恢复孔雀河中、下游天然植被是可行的，孔雀河的老河道目前基本上是完整的。尽管多年河水断流，流沙大量淤积并堵塞河道，但通过适当的河道疏浚等工程，可以实现向孔雀河中、下游的生态输水，关键是水源和输水路线及输水时间以及河道疏浚等问题。针对此现状，提出以下建议。

（1）优化输水方案，扩大输水效益。在输水水源问题上，建议当在博斯腾湖水位达到1046.5m以上时，可以考虑从博斯腾湖向孔雀河下游调水0.5亿～1.0亿m^3，调水引起的博斯腾湖水位变化在5～10cm，总体不会影响博斯腾湖供水及湖区生态；博斯腾湖水位在1046.5m左右时，湖泊水域面积为1018.8km²，库容为67.92亿m^3。2016年底湖水位达到并超过了1047m，2017年以来，博斯腾湖水位一直处于相对较高水位运行状态，这期间如果合理调度博斯腾湖水位，加速湖泊水体循环，可以降低湖水矿化度，改善湖泊水生环境。

在过去8年间（2011—2018年），塔里木河下游大西海子节点向下游输送生态水逾40亿m^3，平均年下泄水量已远超出塔里木河流域近期综合治理目标（3.5亿m^3）。因此，基于塔里木河干流与孔雀河的河-河连通工程，实现塔里木河与孔雀河的水资源空间互济、丰枯互补，遇塔里木河干流丰水年而孔雀河枯水情况下，可在塔里木河洪水期从塔里木河干流调一定生态水量补给孔雀河中、下游生态用水，不会影响塔里木河下游输水指标及生态保护目标的完成。

在输水路线上，一是从博斯腾湖输水有西线、中线、东线三条输水方案。西线：由孔雀河第三分水枢纽，经普惠水库到达孔雀河中下游；中线：由西干渠向孔雀河输水，水量较小；东线：由第一分水枢纽，经西尼尔水库由东干渠输水至孔雀河下游。二是"引塔济孔"有北线（沙子河）、中线（乌斯曼河、阿拉河）和南线（恰阳河）方案可选择。

在输水时间和输水量上，建议在年内的输水时间应与农业用水时间错开，以8月底至9月为宜；在输水间隔上，由于荒漠河岸林主要依靠地下水维系其生长，地下生物过程发育，结合对输水过程中地下水位埋深变化的实地勘察，确定输水频次。在水源条件及水资源量满足情况下，初始几年建议频次加密，条件允许的话，每年输水一次，输水量不少于1.5亿 m³/a，以尽快恢复孔雀河沿岸地下水环境，遏制沿河荒漠河岸林的退化趋势；在水源条件及水资源量难以保证条件下，建议可以每2～3年为一个周期输一次水，或孔雀河中游与下游隔年分别实施生态输水，输水水量在1.0亿～1.5亿 m³。在输水过程中，除了通过沿自然河道输水，抬升河道附近地下水位埋深，拯救河流两岸死的天然植被外，建议借助生态输水契机，借助一定生态工程辅助措施（如生态引水通道、生态闸堰和节制闸）或沿河道修建生态提水泵站，通过有控制地向两岸实施人工淹灌，增大生态受水面积，以扩大输水的生态效应。

在输水时机上，遇平水年，当年7月31日前开都河大山口来水达到21亿 m³，且博斯腾湖水位在1046.50m左右时，可以考虑在灌区农业用水停止后（8月25日），开始实施生态输水，保持博斯腾湖水位不超过1047.00m；当博斯腾湖水位在1046.00m以下时，根据当年的水情状况，需调整输水方案，或实施"引塔济孔"。遇丰水年，当年7月31日前开都河来水达到24亿 m³，且博斯腾湖水位在1047.00m以上时，可以考虑在8月1日就开始实施生态输水，严格控制博斯腾湖水位在1047.50m以下，以1047.00m为宜；根据来水情况，可以实施多线路输水，包括从孔雀河河道经普惠、经济牧场至尉犁县城和由希尼尔水库东干渠至孔雀河下游。此时，不需要"引塔济孔"。相反，这期间如果塔里木河干流来水较少，可以考虑"引孔济塔"，孔雀河水经66分水闸向塔里木河下游输生态水；遇枯水年份以保证灌区的生产、生态、生活用水为前提，在博斯腾湖高水位运行状态下（1047.50m），可以考虑在8月25日后输生态水，当水位在1047.00m以下时，不输水。

（2）疏浚河道，提高输水效率。孔雀河中下游自然坡降很小，部分河段由于长期断流、风沙淤积，使河床整体抬高，河道周围农区人为在河道内设置的一些土坝土埂，增大了水流运行的阻力致使水头运行缓慢、停滞甚至倒流，增加了河损。而且，由于河道长期断流，部分河段内生长比较茂密的灌草植物，阻滞水流下泄，滞缓了生态输水阶段任务的完成。

孔雀河第三分水枢纽至普惠水库包头湖段的堤防比较薄弱，并且河床内生长大量的芦苇等杂草，在本次输水中，在35m³/s的流量下即发生了漫滩现象，严重妨碍水量足额下泄，与其应具有的150m³/s的泄洪流量相差甚远，建议相关部门组织清淤。对于在此次输水过程中，水头前进比较慢甚至倒流的河段（如66分水闸口上下河段），应进行勘察，查明本次输水水流迟滞原因，采取必要措施加以疏通，并进行输水方式和线路上的调整。

2016 年合计从塔里木河调水约 1.08 亿 m³。然而，实际流入孔雀河生态水量为却仅为 0.32 亿 m³。按此计算，由塔河调水汇入孔雀河的沿途水量耗散达 70%。虽然沿途耗散的水补充了当地的地下水同样具有生态意义，但对于亟待拯救的孔雀河中、下游天然植被来说，这无异于劫夺了它的"救命水"，从而一定程度上削弱了河-河水系连通、互济互补、联合调度生态输水的实施效果。因此，为保障"引塔济孔"主要线路——乌斯满河向孔雀河输水通道和恰阳河向孔雀河输水通道的畅通，提高输水效益，建议尽快对输水线路实施必要的清淤疏浚、拆障等措施，增大输水通道的过流能力。恰阳河输水通道应满足 25～30 m³/s 的过流能力，乌斯满河输水通道本次输水流量为 3.5 m³/s，也应采取措施加大过流能力，在水情允许的条件下，增大"引塔济孔"水量，以确保生态输水能够更多到达孔雀河下游，从而加快输水目标的实现。

（3）明晰孔雀河沿岸生态保育管护责权与生态水权，强化生态设施建设与协作，扩大输水效益。针对孔雀河沿河生态保育与胡杨林抢救存在责权不清，生态输水的生态水权不明等问题，建议明确孔雀河生态输水与抢救胡杨林行动的具体部门责权，结合流域生态流量目标制定与保障管理方案的编制实施，明确生态输水的生态水权，为孔雀河生态用水提供保障。

针对以上问题，建议明确孔雀河生态输水与抢救胡杨林行动地表水资源调配与管理的实施责任主体为塔里木河流域巴音郭楞管理局及流域管理职能部门，监督责任主体为塔里木河流域管理局及孔雀河河长办；孔雀河沿河两岸地下水管控的实施责任主体为巴州水利局及沿岸各县（市），监督责任主体为巴州人民政府及孔雀河河长办；生态输水过程中，沿岸荒漠河岸林天然林草的保护与恢复措施实施，以及借助生态输水沿河修建生态恢复辅助工程设施的实施责任主体为巴州及沿河各县（市）自然资源局与生态环境局相关林草保护与生态保育的职能部门，监管责任主体为巴州人民政府和孔雀河河长办。

建议：①对孔雀河第三分水枢纽至 35 团营盘主要河道以及输水通道除采取综合疏浚整治提升河道过水能力外，依据地势与自然植被分布，加快建设生态引水通道、引水枢纽及生态闸、堰和节制闸，人工调控河水有控制地漫溢，扩大生态受水面积和输水效益。②难以实现自然引水扩大受水面积的河段，应由林业管理职能部门沿河修建生态提水泵站，通过人工提水对沿岸退化严重区段的国家公益林实施生态补水。③对于生态退化显著且受人为活动扰动较强的区域，建议针对性地实施封育，以加速退化生态系统的自我修复。④借助生态输水契机，配合生态恢复辅助工程设施，在孔雀河中、下游实施包括人工补植、引水激活种子库、胡杨断根萌蘖、人工漂种、封育保护等多种措施的生态综合修复工程。⑤继续并加快孔雀河两岸的生态退耕工程实施，尤其是国家公益林范围内的新垦土地，借助生态输水契机，对孔雀河沿河两岸已实施生态退耕的土地，有目的地进行辅助灌溉，加速退耕土地的自然恢复。

2. 加强监管力度，杜绝非法开荒和取水，控制用水总量，加强地下水监管

（1）坚持"以水定地"原则，加大农业节水力度。加大控制河流域灌溉面积，积极进行产业结构调整和经济用水结构调整，对现有土地的清理整治工作，严厉打击非法开荒和非法取水行为。对地下水超采县（市），编制地下水超采治理规划，积极实施地下水压采

回补措施，尽快实现地下水采补平衡；加大农业节水力度，减少农业用水，保障源头水量。加强大中型灌区续建配套节水项目、高效节水重点县项目、小农水等各类项目的整合和建设力度，大力发展高效节水农业，提高农业用水效率。

（2）加强监管力度，杜绝非法取水现象。孔雀河流域持续增长的耕地面积使得农业灌溉用水高居不下，巨大农业灌溉用水缺口不断靠开采地下水和占用生态用水补给。孔雀河在来水量已不足的前提下，耕地面积持续扩大，仅依靠抽取地表水已很难满足农业用水需要。于是，绿洲灌溉井的数量成倍增加，农业用水量激增，已经严重挤占了生态用水，地下水超采、地下水位埋深下降导致生态用水岌岌可危。

因此，应在确保孔雀河中、下游天然植被恢复的前提下，摸清孔雀河水资源的土地承载力，确定农业灌溉面积，严格控制地下水资源利用规模。对河道管理范围以外1km范围内的机电井进行摸底调查，摸清现有机电井基本情况，采取封井退地措施，落实井电双控政策，严格地下水资源管理。不仅要在输水期间加大巡查和管理力度，禁止沿线非法取水，遏制河流引水和沿河深井抽取地下水的行为，确保输水量足额下泄，而且在输水后的监管仍不能放松，切实遏制地下水位埋深的持续下降，确保孔雀河中、下游早日恢复到生态水位，以保护濒临衰败的天然胡杨林。同时可考虑通过设立服务窗口、网络平台和监督举报电话等，鼓励群众积极参与，执法人员严格执法，严厉打击非法取水行为。目前部分区段内采用的IC卡机电井是一个值得推广的管理手段。

（3）加快实施"退耕、封井、还水"行动。孔雀河沿岸打井开荒，造成地下水位埋深大幅下降。特别是在河道两岸1km范围内的毁林开荒与打井超采地下水现象普遍且尚未得到彻底遏制，这是造成孔雀河沿岸地下水位埋深急剧下降、胡杨林大面积死亡的重要原因，特别是孔雀河河道两侧1km范围内分布有大面积的天然胡杨林，如果不遏制河道两岸的开荒并退减耕地，沿河道输水将难收成效，并可能进一步刺激新一轮的开荒。为此，建议自治区政府尽早出台相关政策，对河道沿岸的开荒与地下水超采加以制止；进一步强化"三条红线"的贯彻落实，并将此与地方领导考核责任挂钩；尽快决策并实施孔雀河河道两侧1km范围内的生态保育封禁，加快实施"退耕、封井、还水"行动。

3. 进一步明确生态保护恢复措施实施责任主体

明晰孔雀河荒漠河岸林保育恢复措施实施责任主体与具体责权，加强沿孔雀河的生态恢复辅助工程设施建设，完善生态恢复中各部门间的沟通协调机制，借助生态输水契机与生态辅助设施，扩大生态受水面积与影响范围，促进孔雀河生态输水的恢复绩效。

针对孔雀河荒漠河岸林抢救保护沿自然河道实施的生态输水对地下水及两岸胡杨的保育恢复范围有限，加之孔雀河沿河缺少能够实施生态引水的闸口与相关生态恢复工程辅助设施，从而限制了胡杨恢复范围，弱化了生态输水的绩效问题。

4. 构建孔雀河流域生态管护与合作以及联合执法的沟通协调机制

孔雀河虽然并不涉及跨区，但是也流经多个市（县）、团场，涉及兵-地、多部门、流域及区域等不同管护责任主体，围绕孔雀河水资源调配管理、生态输水管护、生态保育与恢复措施实施、生态辅助工程设施建设、执法监管等工作，亟须一套能够有效沟通和支撑相关管理工作的制度与机制。建议强化上层设计，尽快由巴州人民政府、塔里木河流域管理局牵头，制定围绕孔雀河生态输水及沿河生态保育恢复、联合执法及管护等相关工作的协作制度与沟通协调机制，为孔雀河生态保育恢复工作与后期可持续管护提供制度保障与服务支撑。

依据孔雀河流域现状及存在的问题分析，遵循生态重要性、保护紧迫性、实施可行性等原则，提出在孔雀河区域亟须开展的3项重点工程。分别是：①地表水与地下水的自动化监测工程。②生态输水与流域河、湖、库水资源联合调度工程。③孔雀河中、下游综合生态修复工程。

对地表水量、水质的实时动态掌控是对地表水资源科学调配及对水生态系统与水环境可持续管理的重要基础。虽然孔雀河来水量主要受人为调控，整体波动不大，但是对源区博斯腾湖的水位、水量与水环境监测，以及流域平原区引、退水量与水质的监测对流域及其灌区水资源的合理规划配置与管理、科学确定河流水文过程线意义重大。建议尽快对孔雀河流域全面实施地下水监测工程，为流域地下水资源的规划管理提供数据支撑与指导服务。

保护生态、建设生态文明，要以资源环境承载能力为基础，以自然规律为准则，以可持续发展、人与自然和谐为目标，建设生产发展、生活富裕、生态良好的文明社会。针对孔雀河流域胡杨林生态系统退化、生态功能下降、生态隐忧日益凸显的严重问题，建议国家尽快启动并实施《南疆水资源开发利用与水利工程建设规划》中的生态建设与保护专项，加大塔里木河流域生态保护治理力度，并将孔雀河流域生态修复纳入塔里木河流域生态综合治理项目中；加强孔雀河流域水功能区管理和保护，积极推进生态型水利工程建设，坚持"以水定地"原则，控制用水总量，加强地下水监管力度，杜绝非法取水现象，实施地表水、地下水联合调度，提高水资源利用效率；加快实施河-湖-库水系连通工程，提升水资源空间均衡配置水平及其对生态环境与经济社会发展的支撑保障能力；强化"三条红线"的贯彻落实，尽快决策并实施孔雀河河道两侧1km范围内的生态保育封禁，加快规划并实施"退耕、封井、还水"行动；明晰孔雀河流域胡杨林生态管护的权、责、利，明确责任主体；高位推动，构建包括林业、农业、环保及水行政管理等部门在内的孔雀河流域生态管护与合作机制，确保胡杨林生态保护行动的顺利实施。

三、孔雀河流域荒漠河岸林保育恢复工程

（一）孔雀河中、下游生态输水工程

向孔雀河中、下游实施生态输水的输水量与输水到达位置是基于对孔雀河中、下游荒漠河岸林天然植被现状与生态需水，以及孔雀河中、下游荒漠河岸林植被主要分布区域与范围做出的。旨在抢救孔雀河中、下游极度衰败的荒漠河岸林，遏制生态退化趋势。

孔雀河上、中游（主要分布于第三枢纽至阿恰枢纽）有胡杨林约0.91万hm^2，孔雀河流域全部自然植被31.18万hm^2，总计生态需水约3.83亿m^3。以孔雀河中、下游河岸两侧目前分布的相对集中的胡杨林和天然灌木林草为保护对象，保护范围为孔雀河第三分水枢纽至阿恰枢纽下游180km的河段两岸2km，这一范围内的天然植被集中了孔雀河沿岸80%的林地与高覆盖草地，面积约7.39万hm^2，生态需水为1.50亿m^3。孔雀河下游天然植被主要分布于阿恰水利枢纽以下的河道两岸，总面积7.27万hm^2，其中林地1.17万hm^2，草地6.10万hm^2。若保护范围为阿恰枢纽以下全部7.27万hm^2荒漠河岸林植被，则保护区域内天然植被最低生态需水量为1.06亿m^3。考虑到当前孔雀河生态输水主

要沿河道实施，实际难以惠及全部孔雀河天然植被，即无法通过沿河道输水满足全部植被3.83亿 m³ 的生态需水。但是，却可以借助一定的生态恢复辅助工程措施，实现沿河两岸2～3km 范围内流域80％以上优势天然植被的保护与有效恢复，以及孔雀河下游荒漠河岸林大部分天然植被的保护与恢复。

在此，规划建议亟须开展的孔雀河中、下游生态抢救应急输水，优先以抢救保护河岸两侧2km 范围内胡杨与集中分布的天然灌木林草为主，优先遏制良好植被分布区的河岸林植退化趋势，依托河-湖-库水系连通建设与基于空间均衡理念的"多水源、多路线、分段协同"输水方案，向孔雀河中、下游实施生态输水 1.50亿 m³/a，输水至35团营盘即可；遇平水年或偏枯水年，可依托生态输水方案中的博斯腾湖调水东线方案，从孔雀河第一枢纽经东干渠从阿恰枢纽前泄洪闸向孔雀河下游实施生态输水 1.06亿 m³/a，输水范围至35团营盘；兼顾到干旱区植被群落得整体生理节律与抗旱能力，遇连续枯水年，可2～3年为一个周期实施生态补水。在此基础上，每3～5年，逢开都河-孔雀河或塔里木河干流丰水年时段，借助生态恢复辅助工程，尽可能将保护范围延伸至整个流域荒漠河岸林植被分布区，实施一次3.83亿 m³ 的生态输水，输水至35团营盘后可逐段对沿河两侧天然植被实施有控制的人工引水漫溢，扩大受水面积，提升恢复效益。

（二）孔雀河河道综合治理与生态设施建设工程

为更好地利用流域丰（洪）水期顺利实施生态输水，需保证输水通道的畅通。但是，孔雀河中、下游河道坡降较小，且河道断流多年失修，河道过水能力明显不足，加之两岸开荒过程中私自挖口、堵坝、河床内修路、打井等问题突出，对生态输水的进程影响极大。此外，沿自然河道实施的生态输水对地下水及两岸胡杨的保育恢复范围有限，加之孔雀河沿河缺少能够实施生态引水的闸口与相关设施，从而限制了借生态输水契机增大生态受水面积与胡杨恢复范围的实施，同时也弱化了生态输水的绩效。

规划建议对孔雀河第三分水枢纽以下至一道坝主要河道以及输水通道进行综合疏浚整治，提升河道过水能力；依据地势与自然植被分布，加快建设生态引水枢纽及分水闸、堰，人工调控河水满溢，扩大生态受水面积和输水效益。

（1）河道综合治理。塔什店段自达吾提闸至铁门关水库段河道（长约13km）治理以疏浚、整治为主，使其过水流量达到150m³/s，以提高输水能力。

孔雀河第二分水枢纽至普惠水库（长约90km），建议部分过水能力不足河段借助流域岸线规划方案的落实与综合治理，实施河道综合疏浚治理并修筑堤防和堤岸管理道路。同时，巴州政府，以及巴州自然资源局的林草资源保护管理职能部门、生态环境局相关职能部门，应借助生态输水契机，加强沿河生态引水通道、生态闸堰和沿岸生态提水泵站的建设。

因孔雀河下游35团营盘以下至罗布泊河段部分在军事管理区，且孔雀河下游荒漠河岸林植被在营盘以下已极为稀疏，因此孔雀河下游河道治理的节点定在营盘。孔雀河中游普惠水库至阿恰枢纽段的河床现状较好，只需清除河内土坝等阻水障碍，加强生态引水通道与生态闸堰、泵站建设。河道治理主要考虑从阿恰枢纽至35团营盘，以疏浚和修建生态引水通道、闸堰、节制闸等生态恢复辅助设施为主，提高生态输水效果，扩大生态受水面积，逐步修复下游日益衰败的生态环境。

结合2016—2017年多路线生态输水的实践，规划建议对乌斯曼河与恰阳河实施过水河道综合疏浚治理。其中乌斯曼河主要是输水到达塔里木水库后的过水受阻明显，建议完善塔里木水库库外渠，同时疏浚治理塔里木水库以下至孔雀河的过水排渠与相应节点桥涵，提升过水能力至 $15\sim20\text{m}^3/\text{s}$。恰阳河上中段河道曾实施过疏浚，过水能力较好，但在渭干河与恰阳河接口处个别过水桥涵和恰阳河下段还需要进一步实施过水河道治理，以疏浚和增大过水桥涵过水能力为主，建议提升整条输水通道过水能力至 $20\text{m}^3/\text{s}$。此外，建议考虑塔里木河下游至孔雀河间的输水通道（如纳绅河故道），作为塔里木河干流下游与孔雀河下游水系连通的通道。

除了输水通道的综合治理工程外，在生态输水过程中，应兼顾地方及兵团各道路、引水管路等与输水通道的交汇节点，完善输水河道流经道路与管线及与之交叉处的过水涵管，避免输水造成的不必要损失。例如兵团 31 团、32 团至北山的公路，以及地方乡镇和兵团从北山的引水管路，特别是新建的库尔勒-格尔木铁路及高速公路等。

（2）生态设施建设。为满足河岸植被保育用水需求和扩大生态输水的受水面积，提升生态输水的效益，规划建议依据地势，沿河每 $10\sim20\text{km}$ 左右在两岸修建生态引水闸与生态引水通道，考虑到孔雀河中游河道下切较深，建议每 80km 左右选取合适位置，修建拦河闸以便分段抬高河道水位，实施两岸自然植被的人工淹灌与面上供水。对于难以通过引水实现两岸生态补水的区段，建议应由巴州自然资源局林草保护管理部门主导，在主要胡杨林保护区修建生态提水泵站，用于孔雀河两岸国家公益林生态补水及保育恢复。

在生态闸建设的前期工作中，应对输水河道沿线生态植被进行充分调查，以调查统计的现状自然河流汊道与分水口为基础，根据引水口可控制的生态面积，参考汛期洪水水位，根据生态输水供水量，合理确定生态闸的设计流量。生态闸建设应在结合输水堤防的走向、引水条件、河道走势基础上，利用现有引水沟道，将闸建在自然沟道上。自然沟的沟底高程应高于疏浚后的主河道河槽，并低于自然地面 $1.0\sim1.5\text{m}$ 左右，充分利用现状自然沟冲淤基本平衡的优势，不改变自然沟的现状纵坡，将生态闸闸底高程与建闸处的沟底高程设为同一高程。

根据上下游水位关系及自然地形，参考塔里木河干流生态闸建设的成功经验，兼顾结构简单和施工方便的原则，生态闸一般采用堰形。如果生态闸下游设置输水渠与引水通道，则闸孔宽度一般按宽顶堰淹没出流计算；如果生态闸下游没有输水渠，则水流过闸后水位很快降低，闸孔宽度一般按宽顶堰自由出流计算。由于孔雀河下游河两岸多无电力供应，闸门启闭为手动，因此，生态闸单孔宽度应在 $2\sim3\text{m}$ 左右较为合适。依据疏浚后的河道过水能力及生态输水量，参考相关规范关于闸门设计的规定，合理计算并设计闸高。孔雀河生态闸闸后消能设计可以参照塔里木河干流，并根据自身河流水头等实际情况设置消力设施，防护引水渠底。

（三）孔雀河河-湖-库水系连通工程

河-湖-库贯通，旨在通过水系连通，提高水资源统筹调配能力和承载能力，修复和改善水生态环境，降低水旱灾害风险，保障水安全。规划设计实现塔里木河与孔雀河水资源互通互补的水利工程体系，在遇特殊干旱年份，相互补济，避免干旱或洪涝造成的生态灾难。

　　1976 年以来，由于人工绿洲大规模扩张，孔雀河上游河水被大量引入水库和灌区用于农业灌溉，尉犁县阿克苏甫水库以下的孔雀河下游基本断流。近几年普惠以下已经完全断流，加之河流两岸持续增加的耕地与地下水超采用于农业灌溉，致使中、下游水分条件恶化，生态用水严重被挤占，孔雀河上、中游约 0.91 万 hm² 沿河胡杨和下游两岸 7.27 万 hm² 荒漠河岸林天然植被呈现极端衰败现象，已直接威胁到绿色走廊的畅通以及下游农牧区的生产、生活和可持续发展，孔雀河中、下游生态环境治理已成为当务之急。实施向孔雀河中、下游生态输水，修复孔雀河下游荒漠河岸林生态系统，确保其生态需水量，改善生态环境，对于遏制库鲁克沙漠西移，保障 218 国道、库尔勒-格尔木铁路和区域绿洲的生态安全，实现区域国民经济可持续发展有着重要的现实意义和长远的战略意义。为此，规划向孔雀河中、下游实施常态化的生态输水，为顺利实现生态输水，确保孔雀河中、下游植被生态用水，规划实施生态输水与流域河-湖-库联合贯通水资源联合调度工程。

　　针对孔雀河中下游短流多年，短期内难以有效恢复，流域水系连通不足，沿河荒漠河岸林衰败退化显著的问题，建议结合孔雀河近 4 年来生态输水的经验与河-湖-库水系连通建设的实践与已有设施，在孔雀河流域进一步开展并实施"河-湖-库水系连通及荒漠河岸林保育恢复生态工程"。

　　孔雀河作为塔里木河的姊妹河，其中、下游河道与塔里木河干流河段基本平行，具有河-河连通的自然条件。事实上，在历史上，塔里木河与孔雀河也是自然连通、可以互为补给的。建议基于对流域地表、地下水的监测掌控，充分利用现有河道和沟渠，结合新建渠道，辅以桥、涵、闸等工程措施，构建能够"丰枯调剂、多源互补、空间可调"的河-湖-库水系连通体系，实现流域水资源的联合调度。借助库塔干渠、东干渠、西干渠以及沙子河、乌斯曼河、恰阳河、那送河故道，将西尼尔水库、普惠水库、塔里木水库和孔雀河、塔里木河干流联合贯通，实现孔雀河与塔里木河干流的水资源联合调度，在流域内形成河-河连通、河-湖连通、河-库连通与湖-库连通的格局，通过水系连通性的增强，使流域能够实现水资源丰-枯互补、河-湖-库互济、区域空间与各河流间互调，进而增强流域水资源承载力与水系网络的稳定性，缓解水资源空间分布不均与水土资源不匹配导致的矛盾，提升水资源对生态环境与经济社会发展的支撑保障能力。

　　为此，除了在近 4 年生态输水过程中已经实施的水系连通工程，以及前面提到的对达吾提闸至铁门关水库、孔雀河第二枢纽至普惠水库河段的河道综合整治外，建议对乌斯曼河与恰阳河实施过水河道综合疏浚治理。

　　通过实施河-湖-库水系连通工程，在流域内形成河-河连通、河-湖连通、河-库连通与湖-库连通的新局面，通过水系连通性的增强，提升流域水资源承载力与水系网络的稳定性，缓解水资源空间分布不均、水土资源不匹配、生态用水紧张引发的矛盾，提升水资源对生态环境与经济社会发展的支撑保障能力，增强对于自然灾害的抵御能力，并借助水系的连通促进流域湿地恢复、水土流失控制和生态环境改良，形成良性的生态循环趋势，产生较好的生态效益、社会效益和经济效益。

　　（四）孔雀河中、下游生态综合整治工程

　　孔雀河中、下游段荒漠河岸林退化严重，现有河岸林植被多以衰败的胡杨和稀疏的灌木林草为主，呈不连续的带状、斑块状分布。基于孔雀河中、下游荒漠河岸林现状，规划建议确保孔雀河中、下游荒漠河岸林生态需水的同时，配合封育保护并结合综合的人工修复重建生态工程措施，以实现对孔雀河中、下游荒漠河岸林植被的恢复与重建。

借助生态输水的契机，在孔雀河曾家桥至普惠水库河段针对沿河两岸退耕土地实时有控制人工漫溢淹灌，激活土壤种子库，加速自然植被恢复；在曾家桥至阿克苏甫乡三道坝河段两岸荒漠河岸林，依据受到人类活动扰动强弱和退化程度不同，开展包括封育、补植、胡杨断根萌蘖和引水漫溢激活土壤种子库、人工漂种等为主要恢复措施的综合生态恢复；在阿克苏甫乡三道坝以下至35团营盘，主要开展以有控制的人工引水漫溢激活种子库和人工漂种为主的荒漠植被自然恢复人工促进技术措施。

1. 植被群落结构改造的物种选择与配置

孔雀河地处内陆，远离海洋，属典型的温带大陆性荒漠气候，区内植被物种多样性较低，分布的植物物种以温带荒漠植被为主。因为生境恶劣且脆弱性强，区内植物群落结构及整个生态系统稳定性较差，原本经过成百上千年形成的植物群落格局因为整个生态系统的严重退化而大大改变，物种多样性显著下降，因此在恢复过程中需要对恢复植被物种进行科学审慎的选择。

(1) 物种选择。孔雀河中、下游地区的气候属暖温带荒漠干旱气候，其主要特点是气候干旱、降水稀少，多大风和风沙天气、夏季炎热高温，为极端干旱气候区。因此，在这样一个极端恶劣的环境中种植植被和进行生态恢复，一个关键问题在于选择合适的植物种和采取恰当的栽培技术。从植被恢复的立地条件看，孔雀河中、下游地区除了光热资源有利外，其他条件都十分严酷，这里水分奇缺，地表含盐量高，尤其对于植被恢复初期的幼苗来讲，极为不利。因此，在选择植物种时，要特别注意选择耐盐、耐旱、耐高温、耐沙埋的植物种。在孔雀河中、下游进行水土保持与生态植被恢复，物种的选择应首选本土物种。区域内现有物种是在整个生态系统经历了千百年自然选择的结果，现存各个物种在长期对生境的适应过程中，已经在驯化机制与适应机制下形成了良好的对恢复区环境的适应能力，如耐干旱、耐盐碱、耐高温、耐沙埋等，这些物种是群落演替过程中自然选择的结果，更适合用于恢复区的植被修复。因为干旱区生态系统中生境的异质性较强，而孔雀河下游在多年的生态环境退化下，植物群落格局及生境更是破碎化、斑块化，异质性也更强，因此在选择过程中同时要兼顾具体恢复区实际的生境条件。对于恢复区周边存在相对较完善植被群落结构的，可根据其群落特征进行修复物种选择；对于严重退化且目前已经没有植被覆盖区段，在选定乔灌木框架物种的同时，应根据土壤种子库中的物种组成，复原并重建恢复区的群落结构特征。

在综合考虑到恢复植被物种应具备的本土化、高抗逆性、生态位交错、易成活、生长快等条件，在孔雀河中、下游进行植被恢复过程中，乔木首选胡杨（*Populus - euphratica*）；灌木选择本土物种柽柳（*Tamarix* spp.）、沙拐枣（*Calligonum - caputmedusae*）、梭梭（*Chenopodiaceae*）；乔灌木林下层草本物种选择多年生草本为主，主要为本土胀果甘草（*Glycyrrhiza inflata*）、疏叶骆驼刺（*Alhagi sparsifolia*）、罗布麻（*Apocynum venetum*）、花花柴（*Karelinia caspica*）、河西苣（*Hexinia polydichotoma*）等。

（2）物种配置。生态系统中的植物群落在不同生境下演替过程中会形成一定的群落结构物种组成，生态系统内的各植物种会依据自身的生活习性与生境资源条件在植物群落结构中占据一定的生态位，以保证自身种群对生境的最优适应和对生境资源的最佳利用，并相应减小与其他物种的种间竞争。因此在进行植被恢复与重建的过程中，要进行恢复物种的配置，这样一方面可以加速整个植物群落的构建，缩短生态系统中植物群落的演替过程，加速恢复周期；另一方面，合理的物种搭配可以适当避免物种间的竞争，优化对有限生境资源的利用。在加入了人工设计理念的生态恢复过程中，特别是将来可能实施的退耕还林还草中，应依据恢复区实际生境条件，遵循"宜草则草、宜灌则灌、宜乔则乔"的原则，因地制宜地进行物种配置。模式主要为灌草群落结构物种配置、草本群落结构物种配置、乔木林下层灌草群落结构物种配置。

1）灌草群落结构物种配置。灌木选择本土物种柽柳和沙拐枣、梭梭为主，通过补植灌木，构建植物群落的框架，同时通过漫溢灌溉时对种子库的激活增加物种多样性，激活土壤中草本植物种。对于土壤种子库中种源丢失的区段，可以通过适当的人工漂种进行种源补充，漂种宜选择本土多年生草本，首选多年生草本甘草、骆驼刺等豆科植物，在实现物种搭配的同时，可以兼顾利用豆科草本的固氮作用对土壤进行适当改良。

2）草本群落结构物种配置。对于单一草本群落结构恢复重建中的物种配置，宜根据土壤种子库中物种组成进行物种配置，以实现退化前恢复区群落结构的特征。对于土壤种子库中物种单一且缺少多年生草本的区段，可以通过漂种进行种源补充，在物种搭配上选择多年生深根系草本为主，可以与土壤中单年生浅根系草本搭配。多年生草本首选骆驼刺、甘草、花花柴等。

3）乔木林下层灌草群落结构物种搭配。随着生境的恶化及地表水文过程的改变，胡杨群落中胡杨种群更新乏力，胡杨林下植被退化严重，林下沙地活化，物种多样性下降。在构建乔木林下层群落结构时，可以选择相对耐阴的本土灌木柽柳作为林下灌木层，同时选择多年生草本甘草、河西苣等组成草本层共同构建林下灌草结构。

2．生态综合恢复

（1）生态恢复方法。在尊重自然演替规律的基础上，适当加入人为恢复措施以辅助退化的生态系统恢复。通过人工设计和恢复措施，在受干扰破坏的生态系统的基础上，恢复和重新建立一个具有自我恢复能力的健康的生态系统（包括自然生态系统、人工生态系统和半自然半人工生态系统）；同时，重建和恢复的生态系统在合理的人为调控下，既能为自然服务，长期维持在良性状态，又能为人类社会和经济服务，长期提供资源的可持续利用，即服务于包括人在内的自然界和人类经济社会。

根据生态恢复原则，在孔雀河中、下游胡杨林外侧或旁侧生态系统及植被群落退化严重区段和将来可能实施的退耕还林区采取物种框架法为主要指导思想的补植恢复。物种选用恢复区本土及塔里木盆地抗逆性强、生长迅速、再生能力强的灌木物种（柽柳、沙拐枣、梭梭）作为先锋框架物种，在补植前后进行灌溉激活土壤种子库中的潜在植物种源，进而实现群落的正常演替。这其中通过补植或漂种等措施，实现选中的先锋框架物种的定植与建立，通过漫溢灌溉激活种子库实现其他植物种的补充与群落的演替。实施区宜选在现存胡杨林外侧或附近退化区域，或者因退化稀疏分布的柽柳或胡杨群落中以及斑块状分布的植物种群之间的退化区域，通过这些恢复措施的实施，促进退化生态系统的恢复，实现恢复植被与自然植被的融合，进而形成更大范围的生态功能区。

（2）生态植被恢复具体步骤。孔雀河下游地处极端干旱区，生态环境恶劣，风沙、酷暑、干旱多种因素胁迫。特殊的生态环境条件以及植被整体退化的现状要求在这个区域进行生态植被恢复要根据实际情况进行合理的设计与规划，制定适宜的恢复模式与步骤。

1）恢复措施实施前的灌溉。由于生态恢复试验区土壤中水分含量较低，特别是近地表 50cm 的土壤层，水分含量基本都在萎蔫系数以下，直接进行植被恢复基本不可能，无论是补植还是自然落种的过程都难以实现幼株的建立与定植。因此在恢复措施实施前对恢复区进行底水的补充尤为重要，通过一到两次足量的漫溢式灌溉，可以极大地提升土壤墒情，为后续植被恢复措施的实施创造条件。

恢复措施前的灌溉应借助河道生态输水，实施期宜选在秋末，这样一来可以减少水分的无效蒸发，延长灌溉水的下渗时间，更高效地利用有限的生态水，另外也能够使土壤中的水分在冬季因冻结而得以最大限度保存，为春季自然植被的萌发与人工补植恢复等创造条件。

2）恢复措施实施时间的选择。基于"生态契合"的理念，对孔雀河下游进行生态植被恢复时，应该与恢复区内植被的正常生理过程与发生规律相符合。生态输水应选在植物萌发的春季或者区内胡杨、柽柳等主要优势种落种的 7—10 月，同时适时地扩大受水面积，这样可以使有限的生态水资源发挥更有效的作用。

利用河道输水对恢复区进行漫溢恢复时，应首选秋季，这样一来可以在漫溢的同时兼顾柽柳等物种的落种期，同时可以利用秋季收集的本土物种种子对退化严重、种源缺失地段进行漂种以补充种源。另外，秋季随着气温的下降，蒸发减弱，有利于漫溢生态水的下渗和对土壤水分的补给，为第二年春季种子库第一时间激活并萌发创造条件。另一个漫溢的时间为早春 2—3 月，这个季节植物均还未萌发，同时温度不高，蒸发较弱，灌溉的生态水可以更为有效地补充土壤水分，在气温上升后对土壤种子库进行激活。

补植恢复措施实施时间可以选在秋季或春季，其中春季补植可以减少补植幼株从种植到萌发定植的时间，避免幼株萌发前因失水被抽干，从而能够提升补植幼株的成活率。若生态输水能够在秋季实施，则在秋末植被进入休眠后进行补植也可，补植后应利用生态输水对补植恢复区进行一次充分灌溉，补充土壤水分，提高土壤墒情，帮助补植幼株在第二年春天定植成功。

断根萌蘖措施应选在春季胡杨没有萌发前进行，早春 3 月底实施断根，可以缩短断根后到根蘖的时间，减小断根因天干失水被抽干而失活的危险。因为春季是恢复区的风季，植物失水较快，对选定的胡杨母株进行断根后，应适时通过灌溉补充土壤水分，刺激并保证根蘖的发生。

3）生态修复措施实施后，应利用生态输水对保育恢复区的荒漠河岸林植被适时进行抚育灌溉，保证恢复绩效，防治恢复后的荒漠河岸林植被出现逆向演替。

综上，整个恢复过程模式与步骤可以概括为：秋末漫溢补水，早春实施具体措施，综合恢复措施实施后再次适时抚育灌溉补水这三个步骤。

（3）生态综合恢复的技术。这里主要介绍以下五种技术。

1）退化荒漠河岸林生态系统综合恢复技术措施。结合对孔雀河下游多年的生态监测及对生境条件的分析，并结合已经实施的试验示范中的经验与教训，提出以下荒漠河岸林退化群落修复改造与生态多样性构建技术措施。

种源补充生境改善技术措施。是针对生态退化导致生物群落物种丢失和种源短缺，并且受非生物因素控制，缺乏繁育条件，群落难以自然发生，在进行人工种源补充的同时，通过一定的人工措施改善繁育生境，促进和加速其生态恢复。

主要技术措施包括：①种子采集和处理。根据退化植物群落物种构成和参考生态系统物种构成，在种子成熟时采集退化植物群落丢失物种的种子，检测种子活力，并进行低温保存。②生境改善。在4—5月利用地下水或9—10月的河水对荒漠植被进行不定期漫灌补水。利用灌水前开垦的犁沟，因势利导，引导水流尽可能地均匀灌溉。对荒漠植被进行灌溉，不仅可以激活土壤种子库中的种子，促进种子萌发和幼苗生长，而且还能改善退化群落丢失物种的繁育生境。③种源补充。灌溉补水时，再通过水流撒播退化群落丢失物种种子，模拟丢失物种种群的自然繁育过程。

荒漠河岸林植物群落自然发生人工激发技术措施。在有种源保障的条件下，利用地表水过程，在恰当的时空范围内，通过改变退化生态系统土壤水分条件，有效激活退化荒漠生态系统的土壤种子库，促进和加速退化生态系统的生态恢复。主要措施是在土壤种子库 $0 \sim 5 cm$ 种子密度大于 200 粒/m^2 的生态退化区，在4—5月利用地下水或9—10月的河水对退化荒漠植被进行不定期漫灌补水。利用灌水前开垦的犁沟，因势利导，引导水流尽可能地均匀灌溉。对退化荒漠生态系统进行灌溉，可以激活土壤种子库中的种子，促进种子萌发和幼苗生长。

2）荒漠植被自然恢复人工促进技术。根据生境状况，选择性改变种植地条件，依靠天然传播种子机制，促进退化荒漠植被的恢复。具体技术途径是将种源补充生境改善技术与荒漠植物群落自然发生人工激发技术联合应用。

主要技术措施包括：①种子采集和处理。在6—10月柽柳、胡杨种子成熟时采集种子。当蒴果由绿变黄，少数蒴果开裂时，即应抓紧采收。采种时，应选择生长旺盛、花枝繁茂的植株。采集的蒴果如果当时不撒播，应摊开或晒干。②生境改善。在8—9月利用河流洪水对退化荒漠生态系统进行灌溉。利用灌水前开垦的犁沟，因势利导，引导水流尽可能地均匀灌溉。对荒漠植被进行灌溉，不仅可以激活土壤种子库中的种子，促进种子萌发和幼苗生长，而且还能改善退化群落丢失物种的繁育生境。③种子撒播。灌溉补水时，在弃水的入水口撒播柽柳、胡杨种子，模拟柽柳（胡杨）种群的自然生繁过程。第二年再补水两次，并引导其根系向深层伸展，两年生的柽柳即可免灌而自维持。

3）退化群落的人工改造技术。因人为干扰影响和严重缺水，下游荒漠植被群落结构遭到破坏，植被盖度下降。在离水源较近的地段，利用土壤种子库、种子流进行群落改造。这是因为植被严重退化地段，结种母树较少，土壤含水率低，植被的天然更新受阻。利用土壤种子库或人工撒种，促进严重退化地段植物种群的发生和植被的恢复。

主要技术措施包括：①种子采集和处理。柽柳种类较多，种子成熟期也不一致，新疆从6月起到10月都有柽柳种子成熟，种子易飞散。当蒴果由绿变黄，少数蒴果开裂时，即应抓紧采收。采种时，应选择生长旺盛，花枝繁茂的植株。采集的蒴果如果当时不撒播，应摊开或晒干。②开沟。在有柽柳种源的植被退化区进行开沟，沟的深、宽为40～50cm，沟间距离为2～4m。可采用人工或机械开沟，在8—9月向沟内蓄水。沟内蓄水后，土壤盐分受到灌水淋洗淡化，有利于种子的发芽和出苗。若种源不足，可在蓄水后向水面人工撒播柽柳（胡杨）种子。③灌水。在8—9月利用弃水对荒漠植被进行不定期漫灌补水。利用灌水前开垦的犁沟，因势利导，引导弃水尽可能地均匀灌溉。对荒漠植被进行灌溉，可以激活土壤种子库中的种子，促进种子萌发和幼苗生长。④种子撒播。灌溉补水时，在弃水的入水口撒播柽柳种子（也可撒播胡杨种子），模拟柽柳（胡杨）种群的自然生繁过程。第二年再补水两次，并引导其根系向深层伸展，两年生的柽柳即可免灌而自维持。

4）人工植被与天然植被的生态融合技术。在不破坏原有天然植被的前提下，向退化荒漠植被中适度引入人工植被，并向人工植被有控制供水，在保证人工植被成活的同时，产生一定的空间生态效应，使融合区和响应区的原有荒漠植被得到保育和恢复。

主要技术措施包括：①引入树种。树种主要选择生长稳定、长寿、抗旱性强的乡土树种，如：胡杨、灰杨、柽柳、梭梭、沙拐枣等。②栽种技术。树木栽种方法采用带状配置方式和穴状局部整地方式，以常规造林方法栽植，株行距为2m×2m，树坑大小为40cm×40cm×50cm。同时，铺设输水管线，确保人工栽种树木的灌溉。融合区配置为4条人工植被带＋3条原生天然植被带，其中人工植被带的宽度为20～30m，保留原生天然植被带宽度为30～40m。

5）胡杨萌蘖更新技术。此项技术包括胡杨表层根系自然萌蘖更新人工促进技术、胡杨开沟断根萌蘖更新技术等。

萌蘖更新的范围：现阶段胡杨的大面积更新恢复受给水条件等限制，采用人工辅助引水实现胡杨群落更新，首先应在河道附近0～150m的范围局部实施较适宜。

孔雀河下游大地形平坦，但胡杨分布区微地形差异很大，落差高达2～5m，地表面淀积40cm厚细粒沙壤土，林内运输不便，大部分胡杨分布区主河道下切较深。实施更新给水条件很困难，采用人工和调用机械挖掘也存在许多问题。

由于在离河道边50m区域，根系分布状况较好，近期输水后，地下水位和土壤水分可基本满足植物生长的需求，具备萌蘖更新的条件；距河道边50～150m的范围实施萌蘖更新有一定的风险，随着与断流源区大西海子距离的增加，风险增大；距河道边250m以上的区域进行萌蘖更新困难很大。

自然萌蘖更新的人工促进措施：选取距离河道100m范围内长势良好的成年胡杨作为亲株，在胡杨主干附近距离胡杨主干3～5m的距离开挖环形灌溉沟，沟宽1～2m，深50cm左右，借助生态输水的契机，利用生态闸抬高水位或通过泵取，在秋季入冬前和早春对选定胡杨进行充分灌溉，在胡杨亲株附近形成高土壤墒情的区域，刺激补水区域内胡杨水平根系活力，促进根蘖的发生。

断根萌蘖更新措施：根据试验研究和分析可知，无论机械断根和人工采挖断根都可实现胡杨萌蘖更新，但需要达到一定的土壤深度并有适当的给水。实施范围可以延伸到距河岸300m甚至更远的范围内，实施主要以开沟断根萌蘖方式为主。其中开沟分为引水沟和断根沟，引水沟主要起引水作用。引水沟开好后，应及时对胡杨林进行灌溉一次，以有效补充土壤水分，提高地下水位。在此基础上再开断根沟，沟深 $100 \sim 150 \mathrm{cm}$，宽 50cm 左右，长 $5 \sim 10 \mathrm{m}$。胡杨水平根生长特性是：距地表 60cm 以上的水平根所占比例为 51.5%，深度在 $60 \sim 80 \mathrm{cm}$ 的水平根所占比例为 27.5%，深度在 80cm 以下的水平根所占比例为 20%。毛沟开到 1.0m 深度时，大部分水平根系可切断，有利于大比例萌芽。综合比较断根沟深度，以 $100 \sim 130 \mathrm{cm}$ 为宜。断根在秋季与春季均可进行，但是春季效果更好。在早春 3 月底至 4 月初，胡杨母株尚未萌芽之时，对选取的母株临近河岸侧或向阳侧进行断根沟开挖，并适时进行一次充分灌溉补水，一般当年即可萌发多株幼苗。

参 考 文 献

［1］ Chen A，Sui X，Wang D S，et al. River ecosystem health assessment and implications for post - project environmental appraisal in China ［J］. Applied Mechanics and Materials，2014，692：8 - 12.

［2］ Tennant D L. Instream flow regimens for fish，wildlife，recreation and related environmental resources. In：Orsborn J F，Allman C H（eds.），Instream Flow Needs ［M］. American Fisheries Society，Bethesda，Maryland，1976：359 - 373.

［3］ 陈昂，隋欣，廖文根，等. 我国河流生态基流理论研究回顾 ［J］. 中国水利水电科学研究院学报，2016，14（6）：401 - 411.

［4］ 陈亚宁，杜强，陈跃斌. 博斯腾湖流域水资源可持续利用研究 ［M］. 北京：科学出版社，2013.

［5］ 董哲仁，孙东亚，赵进勇，等. 河流生态系统结构功能整体性概念模型 ［J］. 水科学进展，2010，21（4）：550 - 559.

［6］ 董哲仁. 河流生态系统结构功能模型研究 ［J］. 水生态学杂志，2008，1（5）：1 - 7.

［7］ 董哲仁. 河流生态系统研究的理论框架 ［J］. 水利学报，2009，40（2）：129 - 137.

［8］ 方子云. 水利建设的环境效应分析与量化 ［M］. 北京：中国环境科学出版社，1993.

［9］ 方子云. 水资源保护手册 ［M］. 南京：河海大学出版社，1988.

［10］ 郭涛，朱建春. 黄水沟试验河段洪量损失率分析 ［J］. 甘肃水利水电技术，2012，48（12）：7 - 10，13.

［11］ 胡顺军，田长彦，宋郁东，等. 塔里木河流域水面蒸发折算系数分析 ［J］. 中国沙漠，2005，25（5）：649 - 661.

［12］ 吉利娜，刘苏峡，吕宏兴，等. 湿周法估算河道内最小生态需水量的理论分析 ［J］. 西北农林科技大学学报（自然科学版），2006，34（2）：124 - 130.

［13］ 李新虎，宋郁东，张奋东，等. 博斯腾湖最低生态水位计算 ［J］. 湖泊科学，2007，19（2）：177 - 181.

［14］ 刘昌明. 中国 21 世纪水供需分析：生态水利研究 ［J］. 中国水利，1999（10）：18 - 20.

［15］ 冉新军，沈利，李新虎. 博斯腾湖沼泽芦苇需水规律研究 ［J］. 水资源与水工程学报，2010，21（3）：66 - 69.

［16］ 唐蕴，王浩，陈敏建，等. 黄河下游河道最小生态流量研究 ［J］. 水土保持学报，2004，18（3）：171 - 174.

［17］ 魏雯瑜，刘志辉，冯娟，等. 天山北坡呼图壁河生态基流量估算研究 ［J］. 中国农村水利水电，2017，（6）：92 - 96.

［18］　严登华，王浩，王芳，等．我国生态需水研究体系及关键研究命题初探［J］．水利学报，2007，38（3）：267－273.

［19］　袁天华，席福来，宋志建．新疆博斯腾湖东泵站地基土的工程特性［J］．岩土力学，2003，24（增刊）：105－109.

［20］　张强，崔瑛，陈永勤．基于水文学方法的珠江流域生态流量研究［J］．生态环境学报，2010，19（8）：1828－1837.

［21］　张远．黄河流域坡高地与河道生态环境需水规律研究［R］．北京：北京师范大学博士学位论文，2003.

第八章 博斯腾湖流域水资源管理
决策支持系统

水资源管理决策支持系统（Water Resources Management Decision Support System，WRMDSS）是在决策支持系统（Decision Support System，DSS）的基础上，建立起水资源管理人员与水文学家之间的桥梁。WRMDSS 主要是源于管理学，以运筹学、控制论和行为科学为基础，其主要特点是解决水资源管理中多种因素的耦合问题，为决策者提供决策依据（Power，1994），在水资源管理决策中扮演辅助角色（Arnott et al.，2008），而非代替决策者（Turban et al.，2008）。如今，面向多元水文信息的半结构化、非结构化复杂问题，传统的管理方式已很难适应不断发展的水资源管理需求。同时，随着地理信息技术的快速发展，人类对水资源管理和开发的力度、范围不断扩大，需要掌握和处理的信息也越来越多，水资源管理的方法已经不再局限于传统人工监测管理。水资源管理决策支持系统的运用成为很好的解决途径，系统综合运用计算机、地理信息系统、网络通信等多方面技术，将数据采集与管理、空间可视化表达、流域水资源实时查询、流域水量平衡计算等功能融为一体，形成综合的管理决策体系（王浩 等，2008）。

本章节根据博斯腾湖流域实际面临的水资源管理问题与性质，结合新疆塔里木河流域管理局的决策需求，选择系统开发方法和计算模型，设计系统总体架构和功能模块，结合已有成功的 WRMDSS 开发经验，研发博斯腾湖流域水资源管理决策支持系统。

第一节 系统框架与功能模块设计

一、系统架构

系统架构如图 8-1 所示，采用 Visual Studio 工具集开发，由数据采集层、中间服务层、外观层三层组成。在流域各项水文数据基础上，结合设计要求，以时空变换方式实现信息的动态模拟，其结果以人机交互方式提供给决策者。按照架构规划，系统实现过程可分为数据整合、模拟分析、系统开发和系统运行四部分。

（1）数据整合。根据系统的设计要求，将流域已有水文数据，包括流域中水文站、水电站、分水枢纽、水质监测点的数据与空间地理数据进行整合。同时做好不同数据的存储规则，方便对实时资料的获取处理以及数据库的构建。

（2）模拟分析。系统对博斯腾湖流域水文信息进行动态模拟，需借助 GIS 分析工具处理空间要素，同时也需借助专业分析工具，以相关模型算法作为后台运行基础。例如，空间地理数据中参考流域不同用地类型，利用监督分类对流域 DEM 数据进行地形划分，并以图层的形式在系统视图中进行显示，方便流域水文要素的空间表达；根据实际情况集合 Tennant 法、年型划分法、最枯月平均流量多年平均值法、90%保证率法四种水文学

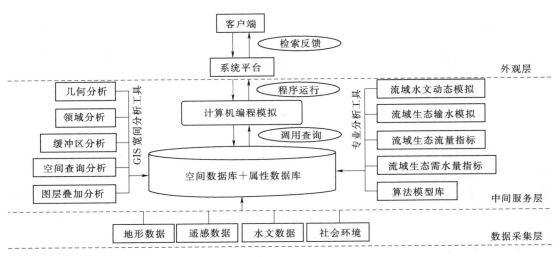

图 8-1　系统架构

算法对流域生态基流进行计算，选择 Penman 法、潜水蒸发法、定额法等估算流域天然植被需水量等。系统所涉及的算法模型利用 C 语言建立类库并与数据库连接，同时将整合后的数据与分析工具进行编程匹配，实现水资源的宏观统一管理和水情综合分析预报。

（3）系统开发。根据系统开发的复杂程度、开发时间以及用户的需求，采用了 Microsoft. Net 环境下的 C 作为程序设计语言，利用 Visual Studio 开发工具集进行开发。同时结合 ESRI 公司的 ArcGIS Engine 搭建 GIS 功能，并以 Microsoft SQL Server 实现水文数据存储。在系统架构基础之上，对系统进行各功能模块设计，整个系统开发过程借鉴组件式开发模式，可以独立开发业务功能组件，增强了系统的可扩展性。

（4）系统运行。系统目前初步服务于博斯腾湖流域水资源管理，在试运行期间，将根据管理人员的使用反馈对系统进行更新维护，以便更好地服务于博斯腾湖流域管理。

二、系统功能设计

目前博斯腾湖流域水资源管理决策支持系统包括地图管理、基础信息管理、流域水资源管理以及用户管理等主要功能模块，其运行机制如图 8-2 所示。除此之外系统还包括一些辅助功能，如方便空间查询设计的鹰眼坐标窗口，为将基础信息表达融合到空间要素设计的属性表窗口等。系统主界面可分为菜单区、图层区、视图区、鹰眼区和坐标区五个部分。

（1）地图管理。此模块主要是辅助用户进行流域空间浏览和查询，包括对主要空间要素的添加、删除、修改和保存。系统所有的地图要素都是提前使用 ArcGIS 产品编辑好并存储在其空间地理数据库中，用户成功登录后，系统主界面将会通过接口自动实现流域地图要素的显示，且每个地图要素都有各自对应的空间地理坐标和属性表内容，属性表中包含要素的水文数据，用户可利用此模块中设计的空间查询功能缩放到所找要素，实现水文要素空间查询及其属性内容的显示。

（2）基础信息管理。方便博斯腾湖流域水文信息的管理，根据水系分布情况，决定将整个流域划分为上、中、下游来进行研究，上游分为开都河、黄水沟、清水河流域，中游以博斯腾湖为主，下游为孔雀河流域。因此，将基础信息管理模块分为"流域水文信息"

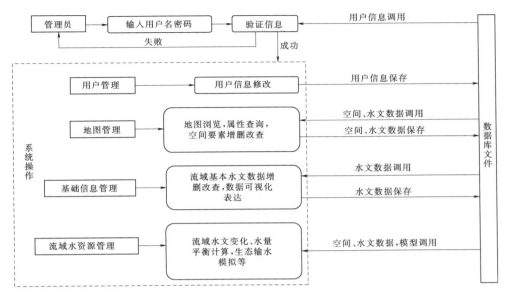

图 8-2 系统主要模块运行机制

和"博斯腾湖信息"两个模块。"流域水文信息"按各子流域进行划分，每个子流域中包含其现有水文站点等信息；"博斯腾湖信息"包括湖泊的水位信息和水质信息等。每个数据窗口将设计数据编辑、数据导出、数据统计图显示等功能，实现水文数据增加、删除、修改、查询以及动态模拟的可视化表达功能。

（3）流域水资源管理。该功能主界面以博斯腾湖流域水量平衡计算来设计，菜单区中可分为"开都河-孔雀河生态流量管理""博斯腾湖生态水位管理""适宜流量及水位计算"等子模块。功能中集合水文站点多年监测数据生成流域水量、水位年内和年际变化特征，以流域基础水文数据为基础，按照来水、耗水、用水进行计算预测，并通过算法模型计算出适宜生态流量及生态需水量，同时根据计算结果和流域生态流量调度管理方案，结合空间模型模拟河流生态输水。在模块显示的各个界面中将会设置提示弹窗，对一些专业概念进行解释说明，提高管理人员对系统运行结果的理解程度。

（4）用户管理。模块中包括用户信息管理和帮助系统使用的说明文档。用户可在此模块中注册用于登录系统的管理员信息，同时也可修改、删除相关的用户名和密码。说明文档可帮助用户了解详细的系统使用方法，也包含系统中所涉及计算公式的解释说明。

第二节　系统主要功能模块

系统功能设计着眼于管理人员的决策需求，以实现传统方法无法进行的工作要求。博斯腾湖流域水资源管理决策支持系统既有结合管理决策者的需求，从水文数据空间动态模拟、流域水量平衡计算出发，也有针对性的功能设计，以满足相关人员的决策需求。

一、空间动态模拟

博斯腾湖流域涉及水文站点、分水枢纽、水库、泵站、排渠站等数量众多水文节点，其背后也都涉及各自的水文资料属性。根据管理者需求，系统首先将各水文站点数据进行整理，分别以月和日为单位存储在后台数据库中，方便系统查询调用以及径流数据的可视化表达。同时利用 GIS 技术地把各站点图形数据和属性数据结合，既实现流域水文要素的空间浏览，又方便对流域中工程配置的详细信息进行显示。

二、流域生态流量（水量）计算分析

博斯腾湖流域位于生态环境较为脆弱的西北干旱区，流域管理者要求在做好人类生产生活用水规划的同时，也需兼顾生态环境用水，所以系统选取 90％保证率法、Tennant 法、年型划分法、最枯月平均流量多年平均值法等四种水文学方法对流域两条主要河流开都河、孔雀河的生态流量（水量）进行计算分析，结合河流的生态需水要求，最终确定博斯腾湖流域生态流量的目标值。

三、流域生态输水规划

在过去的几十年里，博斯腾湖流域下游的孔雀河地区经济社会得到了快速发展。然而，作为整个流域的水资源耗散区，在人工绿洲面积不断扩大，人们生活水平大幅度提升的同时，河流绿洲外围荒漠化加剧发展，断流河道植被大面积死亡，生态隐忧日益凸显。对此，系统以近年孔雀河实施的生态输水工程为例，模拟孔雀河生态输水，并针对生态输水方案给出相关决策建议。

四、流域水量平衡分析

此决策功能是管理部门需求的核心，也是本系统决策支持的核心。它是以整个博斯腾湖流域水量平衡为背景，兼顾其中各类水资源问题需求。

（1）流域不同水平年来水量估算。为方便决策，系统对流域内不同水平年下各个主要水文站点的月均来水量及博斯腾湖的生态需水量进行估算，同时依据"三条红线"对流域不同水平年的生产生活用水进行划分。

（2）年内水平年预测。根据开都河大山口水文站实际年中前 n 月（$1 < n < 12$）的来水情况，预测出该年的水平年类型，以便根据该水平年下流域理论来水量估算值进行用水规划。

（3）开都河河道区间水量计算。系统根据用户所需求的时间跨度，对开都河出山口至博斯腾湖河段的河损进行估算，即系统自动根据开都河该河段中水文站间的相关历史径流数据及引水量数据，对河道耗损进行计算。

（4）博斯腾湖水量平衡计算。博斯腾湖水量计算涉及 3 个参考值：首先是湖泊涵盖水量，即利用历史出入湖水量数据计算相关时段内湖泊涵盖的总体水量值；其次利用湖泊水位与水容量的关系，计算出该时段湖泊实际存储水量；最后需利用湖泊涵盖水量与存储水量之间的关系计算湖泊湖损参考值。

（5）出入湖水量计算。根据系统已经计算出的大山口来水量、大山口至博斯腾湖河道耗损值进行湖泊入湖水量计算，同时结合湖泊涵盖水量参考值计算出塔什店站适宜出湖水量。

（6）流域不同河段用水规划。根据塔什店站出湖水量，对比孔雀河相关时段的灌区用水，根据水量差值大小，适当调整上游开都河河段用水量以及博斯腾湖出入湖水量，以弥补灌区用水差值。

为方便系统实现以上决策需求，将首先选择相关的研究理论，对不同水平年中开都河大山口来水量、博斯腾湖生态水量以及孔雀河灌区用水量的各月数值进行预测估算，结合流域各河段间近60年水文数据进行河道、湖泊耗水计算，同样以流域自上而下（开都河-博斯腾湖-孔雀河）的逻辑顺序，逐步满足管理者的决策需求。

第三节　系统运行及主要功能介绍

一、系统登录及用户管理

启动系统，其登录界面如图8-3所示，第一次启动系统需利用默认用户名和密码进行登录（用户名123密码123），登录成功后可在图8-4所示的"用户管理"界面对默认用户名和密码进行修改，"用户管理"界面在系统软件顶部菜单区里点击进入。

二、地图管理

从菜单区的"地图管理"模块及其中的快捷按钮栏，另外结合图层区、鹰眼区、主视图区组成系统的地图管理功能，主要包括空间浏览、空间查询，空间要素添加及属性显示等。

（1）快捷按钮。快捷菜单界面（见图8-5）主要是对地图要素进行编辑的快捷按钮，能够方便进行地图浏览、地图属性查询、地图编辑等。

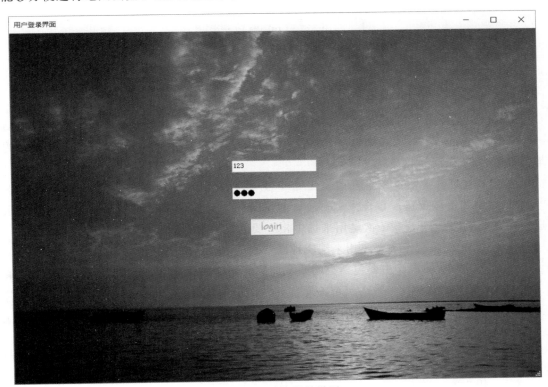

图8-3　系统登录界面

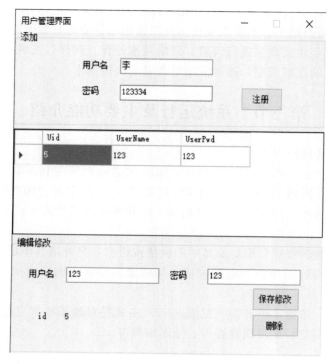

图 8-4　用户管理界面

图 8-5　快捷菜单界面

　　　　主要是对地图要素添加和保存按钮，其中　　主要是用于打开要素集，包括
.mxd，.pmf，*.mxt 文件等；　　是用来另存地图要素集的；　　用来添加相关的
地图要素，例如 *.shp 文件等。

　　　　此快捷菜单主要是辅助地图浏览和空间查询的。其中
　　是撤销和重做按钮；　　　　　是对主视图的全局显示和放大缩小；　　是用来显示
选中要素的属性；　　　　　依次是用来选中相应要素、缩放到要素、取消选中要素。

　　　　此块按钮主要是用来编辑地图要素的。

　　（2）空间要素编辑。主要包括空间要素加载、删除和保存等。此功能除了利用快捷菜

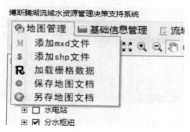

图 8-6　地图管理界面

单来实现外，还包括菜单区的"地图管理"模块。点击
"地图管理"，可以弹出地图管理界面（见图 8-6），点
击需求的选项可以弹出相应的操作界面。

　　以"添加 *.shp 文件"为例，界面如图 8-7 所示，
可以选择相应的文件路径进行添加，添加文件后，可以
在主视图区中显示以及在图层区显示相应的图标。

　　点击保存文档将会自动将文档保存在原来路径，另

384

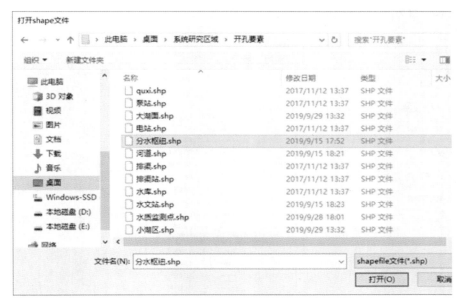

图 8-7　*.shp 文件添加界面

存为界面如图 8-8 所示，可以选择相应的存储路径，将所有地图要素存储成 *.mxd 文件。

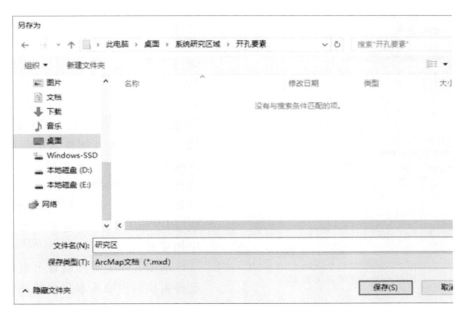

图 8-8　系统另存为界面

（3）空间查询和属性显示。此功能模块主要用到图层区右键菜单、主视图区要素属性显示菜单以及菜单区的相关快捷按钮。这里以空间要素"分水枢纽"中的宝浪苏木分水闸为例来进行空间查询和要素属性显示。右键选中图层区中的"分水枢纽"，在右键菜单中选中属性表，打开其属性表界面（见图 8-9）。

图 8-9 要素属性表界面

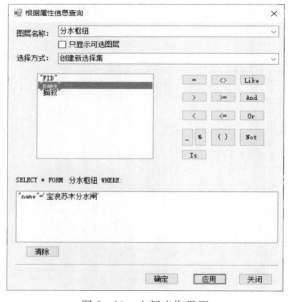

图 8-10 空间查询界面

点击"按属性选择"界面如图 8-10 所示。结合属性表，在查询栏中输入相应 SQL 语言命令，此处输入的是："name"='宝浪苏木分水闸'，也可通过界面中的快捷按钮快速输入命令。然后点击应用，关闭界面，接着可在图层区右键选择"缩放到图层"，也可点击菜单栏中的快捷按钮缩放到图层。（注：如果在属性表中容易找到要查询要素的编号，那么输入的 sql 语言也可以按照查询的要素编号 FID 来写，例如"name"='宝浪苏木分水闸'也可写成"FID"=13，这样也能在主视图中选中相应要素。）

从图 8-11 中可以看出主视图界面已经定位到宝浪苏木分水闸的位置，然后点击属性查询按钮即可显示分水闸的属性数据，结合"基础数据管理"中的宝浪苏木分水闸实时径流数据，可完成空间查询。

三、基础数据管理

此功能主要是对系统后台数据库中所基于的水文信息进行整理显示，方便对流域中主要水位站点、湖泊每天的径流和水位情况进行查看，是整个系统运行所依据的数据基础。

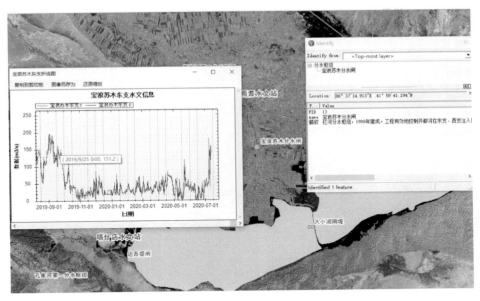

图 8-11 空间查询结果

"基础信息管理"模块如图 8-12 所示，完成研究区中各水文站点、分水枢纽、博斯腾湖水位以及流域水质的导入导出、显示与修改。菜单一共分为四级显示。

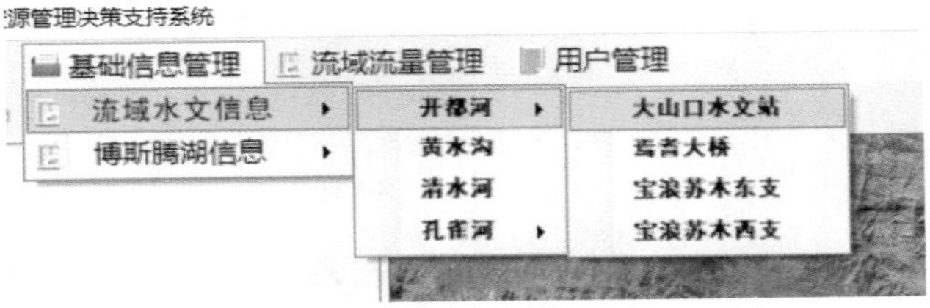

图 8-12 "基础信息管理"模块

"基础信息管理"一级菜单下面分两个二级菜单，对应的二级菜单下面分为三级、四级菜单。在三、四级菜单中单击相应选项，将会弹出对应的界面，这里以"开都河"为例，单击"开都河"按钮，界面如图 8-13 显示。

三级菜单点开后的界面上方包括三个操作选项："数据编辑""数据导出""折线图"。在"数据编辑"界面中（见图 8-14），可以对数据进行增加、删除、修改等操作。点击"数据导出"将会弹出路径对话框（见图 8-15），界面数据将会以 *.xls 的格式存储，存储成功与否都会弹出相应提示框，实现了灵活的导出。"折线图"选项将会将数据框中的数据以折线图的形式进行可视化表达，方便对不同时间段的数据进行观察对比，亦可补充空间查询中要素的属性显示（见图 8-16）。

三级菜单中的"折线图"是将其对应的四级子菜单中所有选项的数据在一个图中显示，用户如果想单独查看此流域中某一个站点的数据，可以在四级菜单中选择相应的选项，在界面图中打开站点的折线图（见图 8-17）来查看。

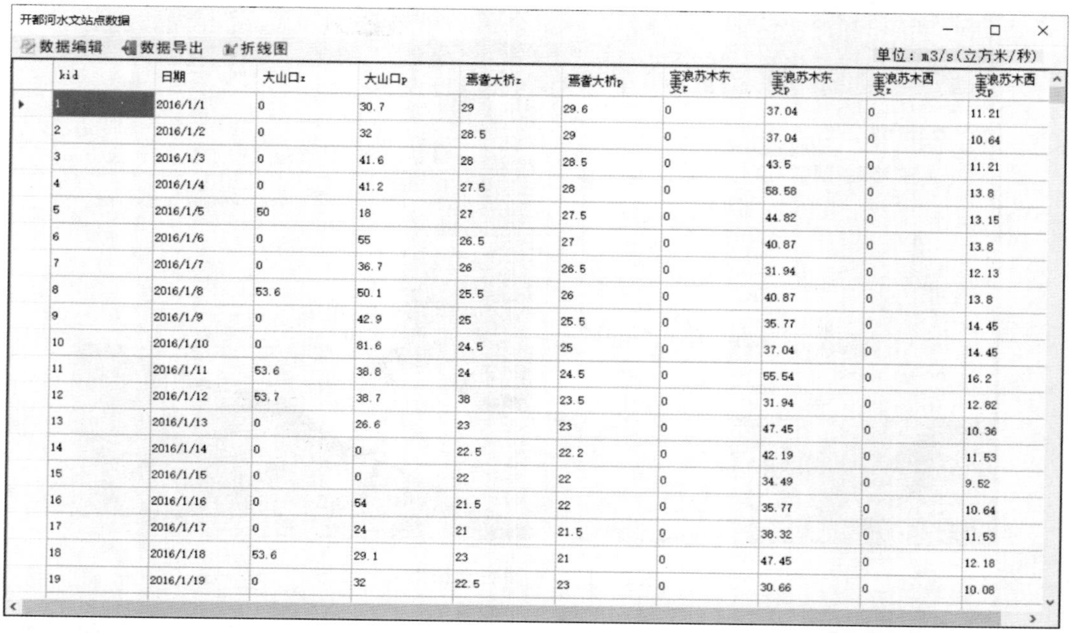

开都河水文站点数据

数据编辑 数据导出 折线图 单位：m3/s(立方米/秒)

kid	日期	大山口z	大山口p	焉耆大桥z	焉耆大桥p	宝浪苏木东支z	宝浪苏木东支p	宝浪苏木西支z	宝浪苏木西支p
1	2016/1/1	0	30.7	29	29.6	0	37.04	0	11.21
2	2016/1/2	0	32	28.5	29	0	37.04	0	10.64
3	2016/1/3	0	41.6	28	28.5	0	43.5	0	11.21
4	2016/1/4	0	41.2	27.5	28	0	58.58	0	13.8
5	2016/1/5	50	18	27	27.5	0	44.82	0	13.15
6	2016/1/6	0	55	26.5	27	0	40.87	0	13.8
7	2016/1/7	0	36.7	26	26.5	0	31.94	0	12.13
8	2016/1/8	53.6	50.1	25.5	26	0	40.87	0	13.8
9	2016/1/9	0	42.9	25	25.5	0	35.77	0	14.45
10	2016/1/10	0	81.6	24.5	25	0	37.04	0	14.45
11	2016/1/11	53.6	38.8	24	24.5	0	55.54	0	16.2
12	2016/1/12	53.7	38.7	38	23.5	0	31.94	0	12.82
13	2016/1/13	0	26.6	23	23	0	47.45	0	10.36
14	2016/1/14	0	0	22.5	22.2	0	42.19	0	11.53
15	2016/1/15	0	0	22	22	0	34.49	0	9.52
16	2016/1/16	0	54	21.5	22	0	35.77	0	10.64
17	2016/1/17	0	24	21	21.5	0	38.32	0	11.53
18	2016/1/18	53.6	29.1	23	21	0	47.45	0	12.18
19	2016/1/19	0	32	22.5	23	0	30.66	0	10.08

图 8-13　开都河水文数据

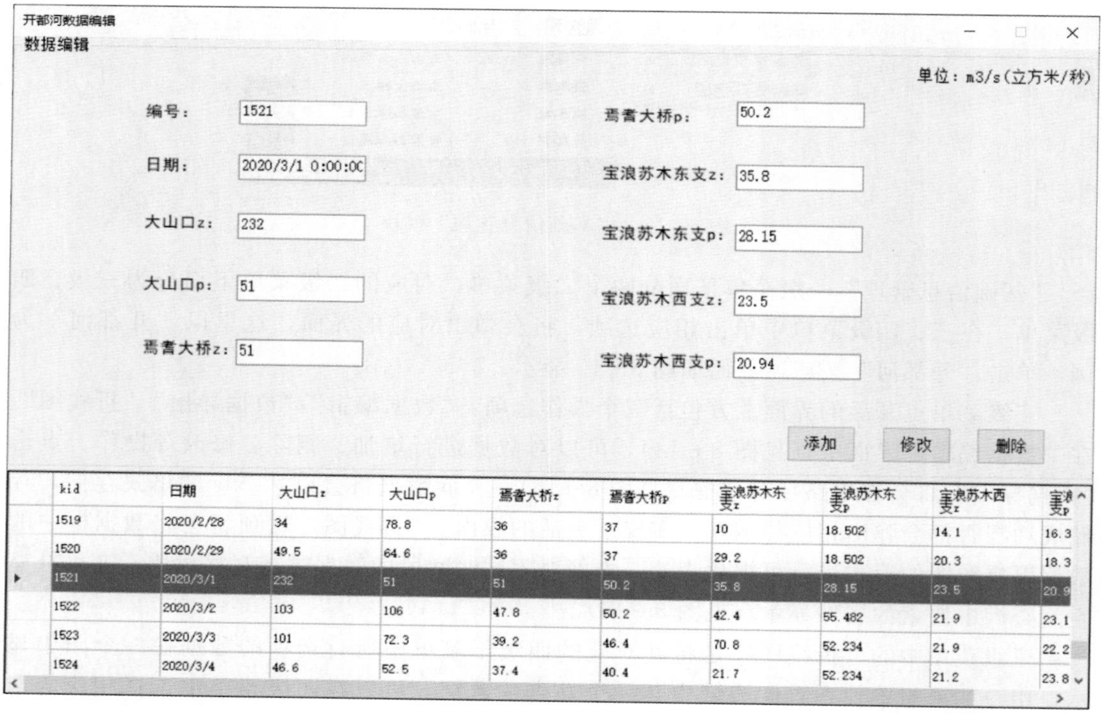

开都河数据编辑

数据编辑 单位：m3/s(立方米/秒)

编号： 1521　　　　　　　焉耆大桥p： 50.2

日期： 2020/3/1 0:00:00　　宝浪苏木东支z： 35.8

大山口z： 232　　　　　　宝浪苏木东支p： 28.15

大山口p： 51　　　　　　　宝浪苏木西支z： 23.5

焉耆大桥z： 51　　　　　　宝浪苏木西支p： 20.94

添加　　修改　　删除

kid	日期	大山口z	大山口p	焉耆大桥z	焉耆大桥p	宝浪苏木东支z	宝浪苏木东支	宝浪苏木西支z	宝浪苏木西支p
1519	2020/2/28	34	78.8	36	37	10	18.502	14.1	16.3
1520	2020/2/29	49.5	64.6	36	37	29.2	18.502	20.3	18.3
1521	2020/3/1	232	51	51	50.2	35.8	28.15	23.5	20.9
1522	2020/3/2	103	106	47.8	50.2	42.4	55.482	21.9	23.1
1523	2020/3/3	101	72.3	39.2	46.4	70.8	52.234	21.9	22.2
1524	2020/3/4	46.6	52.5	37.4	40.4	21.7	52.234	21.2	23.8

图 8-14　开都河数据编辑

图 8-15　水文数据导出

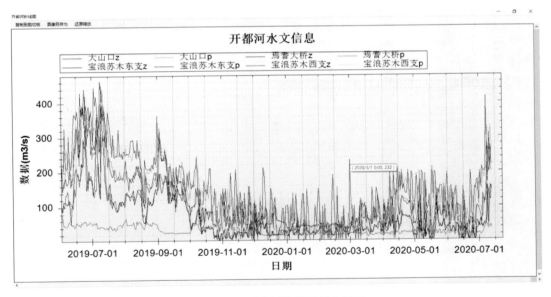

图 8-16　开都河数据可视化显示

　　以四级菜单中的大山口选项为例，界面如图 8-18 所示。此界面与三级菜单界面相比少了"数据编辑"，因为三级、四级菜单对应的数据类相同，在三级菜单中编辑好数据后，其相应四级子菜单的数据也会随之变化，所以无须再添加"数据编辑"。另外"数据导出"与"折线图"与三级菜单相同。

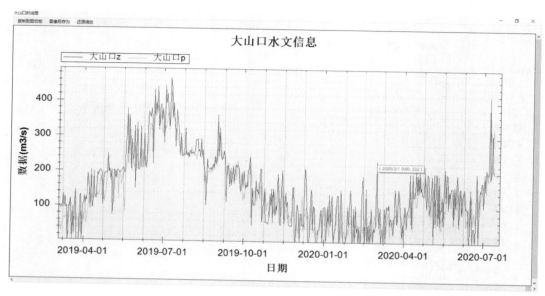

图 8-17　大山口数据可视化显示

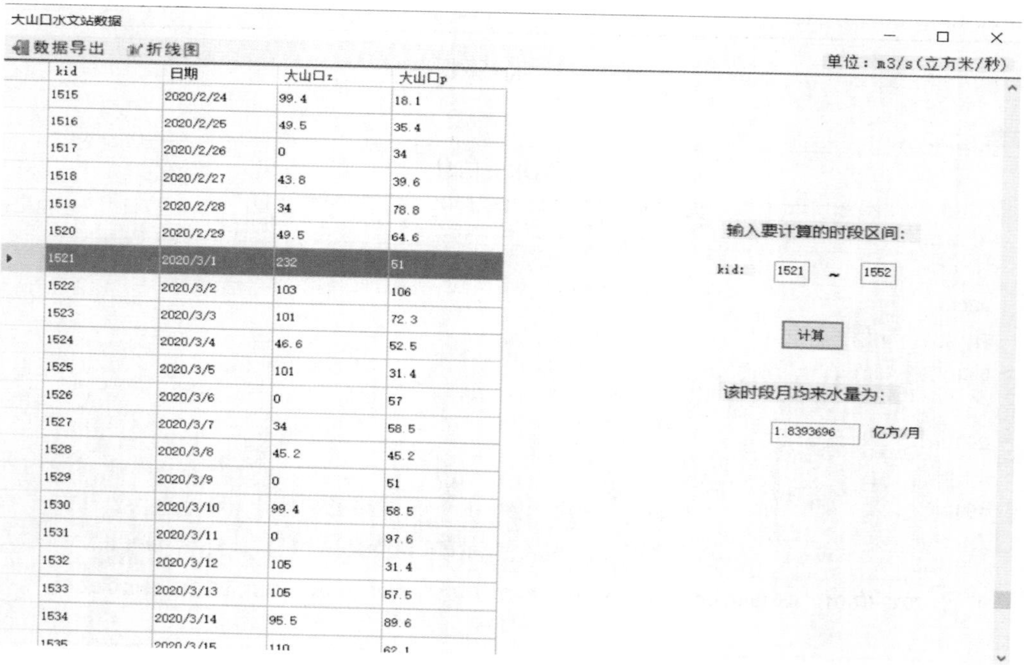

图 8-18　大山口水文数据

四、流域流量管理

此模块为本系统主要的决策支持部分，包括系统主要的运算功能及部分流域信息查询，其主界面如图 8-19 所示。点击系统主界面中菜单区的"流域流量管理"即可进入。此模块主界面中以博斯腾湖流域水量平衡为基础进行功能设计，菜单区是以博斯腾湖流域各个子流域的信息查询、计算来划分的，下面分别进行介绍。

图 8-19　流域流量管理

1. 博斯腾湖水量平衡分析功能

（1）流域水平年预测。在此子模块中，用户可根据实际情况，输入本年中前 n 月（$1 <$ $n < 12$）的月均来水量（单位：亿 m^3），然后输入想要对比的相关年份区间。点击"同期对比计算"即可得到模块中显示的相关信息，如图 8-20 所示。月均来水量可点击"月均来水计算"按钮来计算大山口相关月份的平均来水量，也可在图 8-19"各站点实时数据查询及月均值计算"中点击"大山口"来进行计算。

图 8-20　流域水平年预测

（2）开都河河道区间耗水量预测。用户可依据提示输入相关数值，进行开都河大山口至宝浪苏木河段耗水量预测，计算结果如图 8-21 所示。

（3）宝浪苏木入湖水量估算。根据用户输入，系统将利用已经得出的大山口来水量、区间耗水量计算得出博斯腾湖相应月份的入湖水量，如图 8-22 所示。

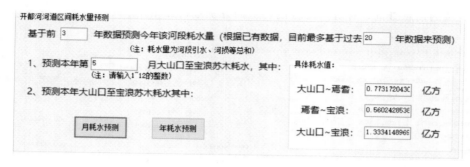

图 8-21 开都河河道区间水量计算

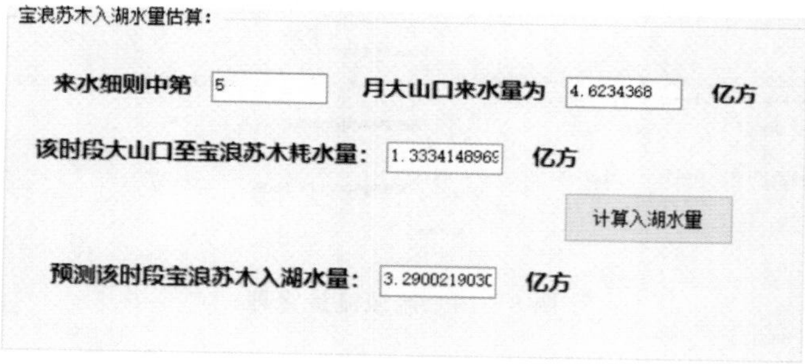

图 8-22 宝浪苏木入湖水量估算

（4）博斯腾湖水量平衡计算。由于博斯腾湖蒸发、下渗、地下水回流水量监测难度大，系统将其涵盖于"博湖涵盖水量中"。用户可根据提示输入相关指标，计算出相关月份博斯腾湖涵盖水量的黑匣值，如图 8-23 所示。

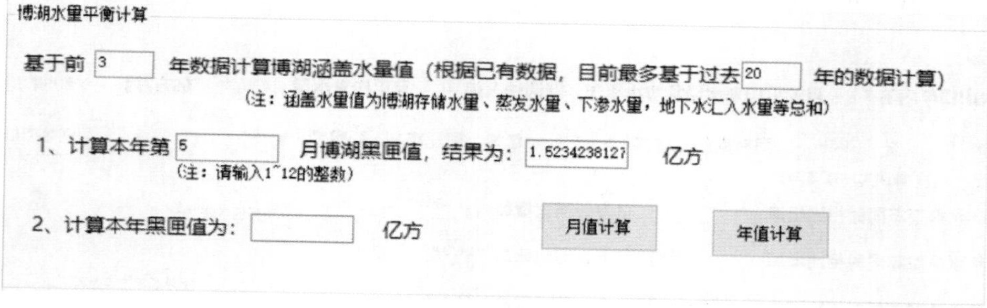

图 8-23 博斯腾湖水量平衡计算

（5）塔什店出湖水量估算。系统将根据以上子窗口的计算结果，计算相关月份的塔什店出湖水量，如图 8-24 所示。

（6）博斯腾湖水位与水量关系计算。此功能主要是未来方便调整湖泊适宜水位而设计的，用户可根据湖泊水位与水量的关系，以及未来上、下游来水用水情况做出湖泊水位、水量调整，为湖泊出入湖水量管理提供依据，如图 8-25 所示。

（7）不同水平年月来水查询。此模块界面如图 8-26 所示，主要起辅助作用，其相关

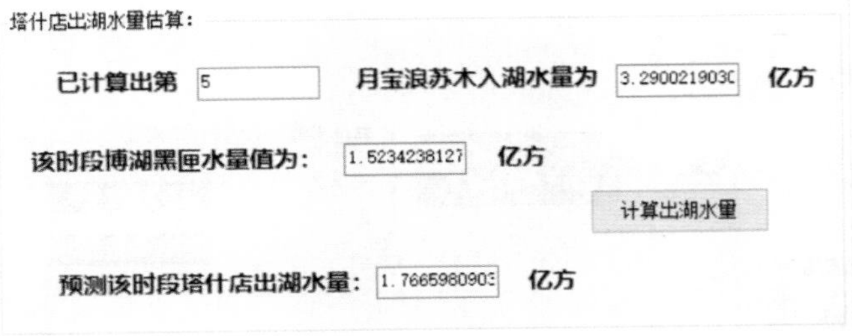

图 8-24 塔什店出湖水量

数据系统已在后台计算好，用户根据需要点击查询即可。例如在（1）中利用前 N 月预测出本年为丰水年，在此模块中可输入 N+1 月，点击"大山口"来水查询下一个月份大山口丰水年的来水数值；接着当用户计算开都河河道耗水量（耗水量为河段引水、河损、下渗等总和）时，亦可点击"开都河河道区间河损"查询第 N+1 月份该水平年中开都河大山口至宝浪苏木的河道河损数值，结合（2）中计算出的该河段耗水值可计算区间除河损外其他用水数值的总和；另外，（3）中的大山口相关月份的来水量也可在这里查询，（4）中计算出的博斯腾湖涵盖水量值可与博斯腾湖生态需水量进行对比，查看博斯腾湖总体涵盖水量是否满足相关月份生态需水的需求，涵盖水量大于生态需水的部分值可在（6）中计算湖泊水位变化，最后在（5）中可利用塔什店出湖水量估算对比孔雀河灌区用水数值，用户可根据差值作出未来用水规划。

图 8-25 湖泊水位与水量关系计算　　　图 8-26 不同水平年月来水查询

（8）决策树。用户在博斯腾湖水量平衡计算完后，可根据系统推荐的简易的决策树思路进行决策，如图 8-27 所示，为用户决策支持提供思路引导。

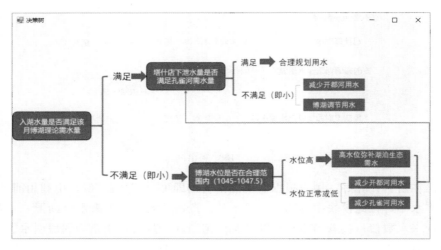

图 8 - 27　决策树示意图

2. 菜单区介绍

菜单区主要是对开都河、孔雀河近 60 年来的径流变化进行了可视化表达，并利用相关公式设计了河流的生态基流计算，如图 8 - 28 所示。在孔雀河中单独添加了孔雀河生态输水 5 条协同路线，模拟近年来实施的孔雀河生态输水。菜单中也包括对博斯腾湖近年水位水量变化的整理与表达。

图 8 - 28　流域生态流量计算

参 考 文 献

[1] Power D J. A Brief history of decision support systems [J]. Itc. Scix. Net，1994，48（6）：567 - 574.

［2］ Arnott D，Pervan G. Eight key issues for the decision support systems discipline ［J］. Decision Support Systems，2008，44（3）：657－672.

［3］ Turban E，Aronson J E，Liang T P，et al. Decision support and business intelligence systems（9th Edition）［M］. 2010.

［4］ 王浩，游进军. 水资源合理配置研究历程与进展 ［J］. 水利学报，2008，39（10）：1168－1175.